数据库程序员面试笔试宝典

猿媛之家　组编

李华荣　等编著

机械工业出版社

本书针对当前各大 IT 企业面试笔试的特性与侧重点，精心挑选了近 3 年以来近百家顶级 IT 企业的数据库面试笔试真题，这些企业涉及的业务包括系统软件、搜索引擎、电子商务、手机 App、安全关键软件等，面试笔试真题非常具有代表性与参考性。同时，本书对这些题目进行了合理的划分与归类，并且对其进行了庖丁解牛式的分析与讲解。针对试题中涉及的部分重难点问题，本书都进行了适当地扩展与延伸，力求对知识点的讲解清晰而不紊乱，全面而不啰嗦，不仅如此，本书除了对数据库的基础知识进行深度剖析以外，还针对 Oracle、MySQL、SQL Server 等常见数据库的笔试面试做了非常详细的介绍。

本书是一本计算机相关专业毕业生面试、笔试的求职用书，同时也适合期望在计算机软、硬件行业大显身手的计算机爱好者阅读。

图书在版编目（CIP）数据

数据库程序员面试笔试宝典 / 猿媛之家组编. —北京：机械工业出版社，2018.8

ISBN 978-7-111-60496-9

Ⅰ.①数…　Ⅱ.①猿…　Ⅲ.①数据库－程序设计－资格考试－自学参考资料　Ⅳ.①TP311.1

中国版本图书馆 CIP 数据核字（2018）第 161186 号

机械工业出版社（北京市百万庄大街 22 号　邮政编码 100037）

策划编辑：时　静　责任编辑：时　静

责任校对：张艳霞　责任印制：张　博

三河市宏达印刷有限公司印刷

2018 年 8 月第 1 版 • 第 1 次印刷

184mm×260mm • 21.75 印张 • 534 千字

0001－3000 册

标准书号：ISBN 978-7-111-60496-9

定价：69.00 元

凡购本书，如有缺页、倒页、脱页，由本社发行部调换

电话服务	网络服务
服务咨询热线：（010）88361066	机工官网：www.cmpbook.com
读者购书热线：（010）68326294	机工官博：weibo.com/cmp1952
（010）88379203	教育服务网：www.cmpedu.com
封面无防伪标均为盗版	金书网：www.golden-book.com

前　言

　　程序员求职始终是当前社会的一个热点，而市面上有很多关于程序员求职的书籍都是针对基础知识的讲解，没有一本专门针对数据库程序员的面试笔试宝典。虽然网络上有一些 IT 企业的数据库面试笔试真题，但这些题大多七拼八凑，毫无系统性可言，而且绝大多数都是一些博主自己做的，答案简单，准确性不高，即使偶尔答案正确了，也没有详细的讲解，这就导致读者做完了这些真题，根本就不知道自己做得是否正确，完全是徒劳。如果下一次这个题目再次被考察，自己还是不会。更有甚者，网上的答案很有可能是错误的，此时还会误导读者。

　　针对这种情况，我们创作团队经过精心准备，从互联网上的海量数据库面试笔试真题中，选取了当前顶级企业（包括微软、谷歌、百度、腾讯、阿里巴巴、360、小米等）的面试笔试真题，挑选出其中比较典型、考察频率较高、具有代表性的真题，做到难度适宜，兼顾各层次读者的需求，同时对真题进行知识点的分门别类，做到层次清晰、条理分明、答案简单明了。本书特点鲜明，所选真题以及写作手法具有以下特点。

　　第一，考察率高：本书中所选真题全是数据库程序员面试笔试常考点，如数据库基础知识、操作系统、计算机网络、数据结构与算法、海量数据处理等。

　　第二，行业代表性强：本书中所选真题全部来自于顶级知名企业，它们是行业的风向标，代表了行业的高水准，其中绝大多数真题因为题目难易适中，而且具有非常好的区分度，通常会被众多中小企业全盘照搬，具有代表性。

　　第三，答案详尽：本书对每一道题目都有非常详细的解答，不只是告诉读者答案，还提供了详细的讲解。

　　第四，分类清晰、调理分明：本书对各个知识点都进行了分门别类的归纳，这种写法有利于读者针对个人实际情况做到有的放矢、重点把握。

　　由于图书的篇幅所限，我们无法将所有的程序员面试笔试真题内容都写在书稿中，鉴于此，我们猿媛之家在官方网站（www.yuanyuanba.com）上提供了一个读者交流平台，读者可以在该网站上传各类面试笔试真题，也可以查找到自己所需要的知识，同时，读者也可以向本平台提供当前最新、最热门的程序员面试笔试题、面试技巧、程序员生活等相关材料。除此以外，我们还建立了公众号：猿媛之家，作为对外消息发布平台，以最大限度地满足读者需要。

本书适合的读者对象主要有如下几类：
- 刚毕业找工作的同学，及从其它岗位转数据库岗位的人员
- 面试 Oracle DBA 初中级工作的人员
- 面试 Oracle 开发工作的人员
- 面试初级 MySQL 和初级 SQL Server 管理工作的人员
- Oracle 运维人员
- 数据库爱好者

阅读本书注意事项

　　（1）由于篇幅原因，书中很多部分的实验内容、部分实用代码、部分结果或其它一些延伸性的知识，我都写在了随书 pdf 文件里，大家可以在 pdf 文件中阅读。还有部分内容不适合在 pdf 里展现的，我都写在了博客或微信公众号中，并且在 pdf 文件中给出了链接地址。读者若想了解更深层次的知识，可以去链接地址阅读。链接中给出的实验部分除非读者已经非常熟悉了，不然实验的内容需要读者亲自动手实

践，以便更深刻理解其中的知识点。需要注意的是，这些延伸性的知识点有可能在面试中也会出现。例如，本书中讲解了 ASMM 和 AMM 的特性，但是并没有讲解有关大内存页的使用，而只是在小节后给出了相应的链接文章，但是，在一些高级 DBA 的面试中，面试官也有可能询问有关大内存页的知识。所以，对于有能力的读者，可以适当阅读研究一下这些知识点。

（2）数据库中的知识繁多而复杂，本书只针对一些常见的重要知识点进行分析，更多更细节的内容可以参阅相关的官方文档。

（3）本书中若没有特殊说明 Oracle 的版本的话，则默认实验版本为 11.2.0.3。

在本书的编写过程中，得到了杨伟豪、刘雪梅、楚沔西、秦榆、夏男颖、刘鹏、杨建荣的帮助，在此深表感谢。

由于编者水平有限，书中不足之处在所难免，还望读者见谅。读者如果发现问题，可以通过邮箱 yuancoder@foxmail.com联系我们。

猿媛之家

目　录

上篇　面试笔试经验技巧篇

　　想找到一份程序员的工作，一点技术都没有显然是不行的，但是，只有技术也是不够的。面试笔试经验技巧篇主要介绍了数据库程序员面试笔试经验、数据库行业发展、面试笔试问题方法讨论等。通过本篇的学习，求职者必将获取到丰富的应试技巧与方法。

第1章　求职经验分享

1.1　踩别人没有踩过的坑，走别人没有走过的路

> 孔令波，目前就职于一家港资企业，担任数据库管理员。他的网名叫潇湘隐者/潇湘剑客，英文名叫 Kerry，兴趣广泛，个性随意，不善言辞，执意做一名会写代码的 DBA（Database Administrator，数据库管理员），混迹于 IT 行业。

收到李华荣的邀请，写一篇关于数据库方面的学习经验和感悟心得的文章，最初有点诚惶诚恐，因为自己在技术上也只能算个半吊子，无奈他不嫌弃，那就硬着头皮分享一下自己在数据库方面的一些学习经验以及心得体会吧，希望对刚入门的同行有所帮助。

关于学习方法，个人感觉因人而异，有些方法不见得适合所有人。个体不同，学习方式与学习效率也各有不同。找到适合自己的学习方法才是最重要的。所以，关于这方面的内容，大家最好秉承取其精华、去其糟粕的原则。

有句话说得很好，"以大多数人的努力程度之低，根本轮不到拼天赋"，一直以来，我都觉得自己天赋很差，但我相信勤能补拙，所以，我也比大部分人稍微努力一点，我勤奋地写博客，总结归纳数据库的各个知识点、遇到的案例等。另外，经常有网友问我如何学好数据库技术。很多人都在寻找捷径，他们相信有快速、高效的方法能让他们迅速精通数据库技能，忽略了数据库学习是日积月累的，是需要辛勤付出的。其实这是在舍本逐末，方法固然重要，但是如果你不勤奋，即使你有最好的方法，也一样学不好数据库。你见过哪些技术牛人的勤奋努力比普通人少呢？光看看他们写的博客，就知道他们看了多少文档、书籍，做了多少实验、测试。

有很多人会问，做 DBA 有没有前途？轻松不轻松？他们想转做 DBA 这一行。其实这个不好一概而论，很多时候是城里面的人想出去，城外面的人想进来。也许你想进入这一行或刚刚步入这一行，个人认为你应该先抛开这些问题，要先了解自己对数据库有没有兴趣。如果没有兴趣，你一旦步入这一行，你会觉得非常痛苦，因为你不能在工作中得到快乐，工作反而会给你带来无穷无尽的痛苦和烦恼。兴趣决定你能在这一行走多远，如果实在没有多少兴趣，奉劝各位不要贸然进入这一行。

兴趣也分一时的头脑发热和发自内心深处的喜欢，如果是前者，奉劝三思而后行。当然，很少有人一开始就对数据库兴趣浓厚，他们往往是在优化一个性能问题后，感觉特别有成就感，这样一种正向的自我肯定和激励慢慢演变成了对数据库的浓烈兴趣，然后想更多、更深入地了解一下数据库方面的知识，慢慢就演变成兴趣和动力了。当你有兴趣了，即使再苦再累，在你眼里也变成了一件美好的事情。很多人特别怕数据库出故障，但我却恰恰相反。对我而言，出现了故障和问题，我有时候甚至有点小兴奋，我觉得又多了一次经验积累和深入了解的机会。也许你觉得有点不解，举一个简单例子，喜欢看小说的朋友，可能连续看几个小时都不觉得累。试想如果让他去看一本《高等数学》，我想他翻看一两页就不想看了。

DBA 这一行，往往要求你对数据库、操作系统、硬件存储、网络拓扑、系统架构、系统业务都有所了解，甚至还要擅长和其他同事交流、沟通。精通数据库就会耗尽你无穷的精力，所以，很多时候都是在考验你的学习能力，当然上面所涉及的有些知识，不是说要你全部精通，而是要你有所了解，因为数据库优化和性能问题诊断真是很复杂，会涉及其中的某一方面，如果你一点都不了解，就很难从全局去分析、诊断问题。很多时候，人都是对自己不了解的东西有所畏惧，觉得这东西很复杂、很难掌握。其实你只要抱着开放的心态，多去了解和学习一下，慢慢就会积累一些知识的。

勤于思考也非常重要，这是一个优秀、资深的 DBA 所具有的特质。只有勤于思考的人，才能在数

据库技术上更深入一层，才能将原理和实践结合起来，融会贯通，运用自如。很多时候，如果你在一个问题上比别人多思考一些，更深入一点，你就有可能掌握更多的知识，了解更多的原理。很多人遇到问题都习惯性咨询其他人，殊不知这就是懒惰的表现，不愿意思考，不愿意研究问题，自然也学不到东西。所以，对于广大希望从事 DBA 行业的人，我的建议是遇到问题，先自己思考，尝试解决，实在解决不了，再寻求其他途径解决。

最后一个就是态度问题，积极的心态和消极的心态在工作中的区别非常明显。如果你以积极的心态去解决工作中遇到的问题，把各种能尝试的方法都尝试一遍，你就会克服各种困难；如果你以消极的心态去解决工作中遇到的问题，你就会各种推脱，找各种理由逃避，本来可以积累经验的案例，结果也会错失。积极的心态能让你不断成长、进步，而消极心态则会让你慢慢固步自封、怨天尤人。

1.2 一只小白成长为 DBA 的心路历程

> 陈喜强，目前就职于一家金融理财产品企业，网名为宇墨轩/雨墨轩，英文名为 Silence。他特别想成为一个专注于集数据库运维、优化以及开发于一身的全能选手。他的信念就是：脚踏实地，不断坚持，没有终点，永远在路上。

作为一名进入职场不到三年的"老司机"，我的职业生涯是曲折的。大学的时候因为专业的原因知道了数据库，最开始接触的是 SQL Server 2000，那时还因为自己的计算机安装不上 SQL Server 2005 而果断放弃过，所以毕业以后从事的工作和数据库没有关系。我第一份工作是裸辞的，然后我就发誓，一定要进入到数据库这个行业里来。由于公司的原因，我开始了对陌生的 Oracle 领域的学习。刚开始的学习是辛苦的，刚去公司，老员工们都离职了，我不得不硬着头皮在各个项目上来回转，虽然总是出现各种问题，但是也是自己成长最快的一段时间。第二份工作就是自己的沉淀，专注 MySQL 的学习，专注 SQL 数据库优化以及开发的一些内容。

下面从以下几个方面谈谈关于成长的问题。

1）态度。态度决定一切。就我个人而言，我目前的状态就是每天都要学习，哪怕是周末的时间。针对态度，每个人都有一个度量，我一直认为："只有自己端正态度的时候才是真正进步的时候"。

2）技术学习。这就有针对性了，我开始工作学习的时候，一开始只作为工作来干，但是同行的人可能又都有这样一个同感，你了解得越多，会越觉得这里边的知识很深。当面临自己不熟悉或者完全陌生的环境时，有些束手无策或者无从下手。后来一位前辈告诉我两句话，第一句：实验，当碰到问题的时候尽量提前实验一番，然后做到胸有成竹；第二句：当碰到别人没有碰到的问题时，要觉得你很庆幸，因为这种事情是可遇而不可求的，是成长的一剂良药。

3）面试。总体来说，基础知识很重要，经验是靠项目积累的，但是基础知识却是我们时刻都能用到的，只有扎实的基础再加上项目的磨练，才能成为真正的"老司机"。我个人认为，面试除了项目的滋润以外，数据库的体系结构很重要。目前，我依然在不断地学习体系结构，因为它能给我解惑，能给我带来一些解决未知问题的思路和动力。例如，对 Redo，Undo 的理解，当你了解它们在数据中的运行机制的时候，何愁不能解决其所带来的问题。

4）健康。IT 界的我们都会为颈椎、腰椎的疼痛以及其他的以计算机为伴的生活亚健康状态所困扰，所以，一定不要忘了每天锻炼身体，注意饮食。有身体无碍，你的工作学习才能无碍。

1.3 一个热衷于 SQL 优化的 DBA 成长经历

> 易渠霖，目前是一家通信软件公司的技术顾问，网名为行者，一心想成为一位专注于数据库 SQL 优化的 DBA。

　　我接触 Oracle 已经有 5 年了，在这期间数据库出现故障、缓慢几乎都是 SQL 语句性能变差在作怪，相信大家跟我遇到的情况差不多，所以优化 SQL 对整个数据库的维护至关重要。

　　提到 SQL 的优化，我认为首先要掌握数据库体系结构，对数据库有整体认识，整个 SQL 从开始查询到最终返回结果这个过程中，数据库全部的处理过程，然后看 SQL 的执行计划，就算是错的执行计划也要搞清楚为什么优化器会选择错误的计划，其实 SQL 优化的精髓就是"减少 I/O"；其次一定要熟悉 Oracle 自身的函数和正则表达式，对 SQL 优化的改写非常有帮助。希望大家遇到问题时，多交流，多看书，多看论坛博客，多做实验。

第 2 章　数据库程序员的求职现状

2.1　当前市场对于数据库程序员的需求如何？待遇如何？

数据库开发人员和维护人员在市场上一直都是急缺人才。

如果想往 DBA 这个方向发展，那么 Oracle、MySQL、DB2 或非关系型数据库（如 MongoDB）都可以。在 Oracle 收购 MySQL 后，MySQL 的发展势头也不错，大公司也都在将部分数据库往 MySQL 迁移，例如阿里巴巴、盛大网络等等公司的部分数据库，很多都使用的是 MySQL 数据库。所以，市场上也有很大一部分的 MySQL DBA 的需求。Oracle 自然就不用说了，关系型数据库中的老大，大部分有实力的公司使用的都是 Oracle 或者 DB2 与 MySQL 的结合。如果都使用 Oracle，则成本太高，使用 DB2 一般都能享受到 IBM 提供的一条龙服务，从服务器到数据库再到数据库管理软件，DB2 大部分都应用于金融领域。SQL Server 的使用者相对较少，主要因为微软的软件对平台依赖性比较大，发展受到了限制。不过现在微软在开发基于 Linux 平台的 SQL Server。如果只是想了解数据库的简单操作，那么可以从事数据库的开发工作。

小公司数据量有限，使用 SQL Server 数据库就可以满足日常的需求，但 SQL Server 的可移植性差，且相比 DB2 和 Oracle，数据处理功能较差。其实，公司使用什么数据库需要看公司的性质，金融行业的公司或大企业、巨型企业、银行等肯定首选 DB2 或 Oracle，一般不会使用其他数据库。因为这类公司数据量大，日数据量可达到过亿条，每日要处理如此庞大的数据量，必须选择 DB2 或 Oracle。对于普通民营小公司，待处理数据量有限，使用 SQL Server 也完全能够满足需求。

有关待遇方面，可以看看猎聘网给出的对 DBA 的薪资：

总体而言，在有工作经验的情况下，在上海、北京这些一线城市中，最低的工资水平都可以达到 1 万元/月以上，二线城市在 7000 元/月左右，具体月薪，因人而异（备注：以上工资标准为 2016 年市场行情）。

2.2　数据库程序员有哪些可供选择的职业发展道路？

一般来说，可供数据库程序员选择的职业发展道路有以下几个：数据库开发转 DBA，DBA 升项目经理，DBA 升公司技术总监，转行做技术销售，转到大数据上，转到云计算上，转到数据库架构师上。

2.3　当企业在招聘时，对数据库程序员通常有何要求？

下面来看看猎聘网给出的对 Oracle DBA 的招聘职位 JD（Job Description，工作说明）。

岗位职责：

1）承担数据库逻辑结构设计、历史数据归档管理、数据库安装、调测、调优、日常维护、备份及恢复。

2）性能优化和数据库配置管理。

3）产品性能测试、分析和推动改善。

4）数据库技术支持。

5）数据架构研究工作。

职位要求：

1）具有 3 年以上的主流数据库开发经验，1 年以上大型项目数据库架构设计及管理经验。

2）精通 PostgreSQL 数据库，熟悉 Oracle、MySQL、SQL Server 等主流数据库，熟悉数据存储、性能优化、数据挖掘及数据同步技术。

3）精通存储过程、函数。

4）具备通用数据库访问层逻辑代码封装能力。

5）精通数据建模技术，熟悉各种数据集成和数据迁移技术。

6）熟悉 Linux/UNIX 操作系统，具备 TB 级数据处理经验。

7）有 OCP 证书者优先。

8）具备良好的抽象思维，能理性地做出技术决策，具有风险控制意识。

下面再看看第二家公司的招聘 MySQL 职位 JD。

工作职责：

1）负责线上、线下数据库环境的建设、迁移、维护。

2）负责数据库日常运行监控和性能调优。

3）负责预研新的数据库技术适应业务增长的需求。

4）建立数据库操作标准，开发数据库相关工具。

5）负责数据库方面技术难题的攻关。

岗位要求：

1）计算机及相关专业本科及以上学历，有大型互联网公司工作经验者优先。

2）5 年以上分布式 MySQL 数据库系统的工作经验，精通/熟悉 MySQL 数据库的运行机制和体系架构。

3）精通/熟悉 MySQL 性能优化与调整，有大型分布式 MySQL 数据库系统的工作经验者优先。

4）较强基于 RDBMS 底层的代码的优化和 Debug 经验。

5）对数据库系统中间件的开发，以及分布式环节运维工具有经验。

6）了解主流分布式存储产品，如 Redis、Hbase、MongoDB 等产品，并有应用、开发、运维等经验。

7）了解主流数据库，并对数据库安全有很强的经验。

8）有良好的沟通协调能力，有责任心，思维逻辑性强。

对 DBA 而言，掌握数据库的基本知识是必不可少的。从数据库的操作角度而言，SQL 语句才是基础中的基础。DBA 一方面要根据需求在数据库中实现某些功能，另一方面要指导非数据库专业人士在数据库中完成他们想要实现的功能，所以，关于数据库中很多细节性的东西都需要 DBA 去掌握。

另外，需要了解数据库架构方面的知识，掌握 SQL 底层的一些知识。例如，一般学过数据库的人都知道索引对提高查询性能十分重要，但却不知道过多的索引也会给数据的处理带来负担。如果不了解索引的内部实现机制以及 SQL 使用索引的原理，那么就无法合理地创建索引。

在实现了用户的需求后，接下来的工作就是维护。再好的数据库架构，也需要经常被维护和保养。例如，原来很有效的索引因为索引碎片的增多，读取的性能就会下降；因为业务的变化，有的索引被删除了，那么如何保证重要的数据不会丢失，敏感的数据不会被不该访问的人访问。这一系列的问题，除了要调查、分析，并制订出一套完整的方案外，还需要相关的知识来实施这套方案。日常维护的过程中会遇到非常多的问题，这些问题除了 SQL 的问题外，很多是跟系统或者网络相关的，甚至是程序中出现的问题需要调试。所以，对于一名优秀的 DBA 而言，操作系统、计算机网络与通信、程序设计语言等相关知识都需要有所涉猎。

为了管理好数据库，特别是管理好多台服务器，DBA 有时也需要编写工具来辅助完成任务。所以，懂 Shell 或 Python 也是必不可少的。

通过上面的分析，可以得出 DBA 需要的技能如下：

1）数据库知识（熟练掌握），包括 SQL 语言、备份、恢复、管理、数据库结构知识、数据库运行原理。

2）至少熟练掌握一种数据库，了解其他数据库（有一定应用能力）。很少有不与其他类型数据库交互的数据库，如果只熟练掌握一种数据库，那么当需要与其他数据库交互时，就会无从下手。

3）综合能力（有一定的应用能力）。有一定的程序设计能力，包括操作系统、网络与安全等知识。

2.4　数据库程序员的日常工作是什么？

从 DBA 的角度而言，DBA 的工作职责基本包含以下几点：

- 每日监控数据库以保证其可用性。
- 收集系统统计和性能信息，以便做定向分析。
- 配置和调整数据库实例，以便可以在应用程序特定要求下达到最佳性能。
- 分析和管理数据库安全性。控制和监视用户对数据库的访问，必要时需要开启数据库的审计功能。
- 制定备份恢复策略，保证备份的可用性。
- 升级 RDBMS 软件，在必要时使用补丁。
- 安装、测试和评估 Oracle 新的相关产品。
- 设计数据库表结构。
- 创建、配置和设计新的数据库实例。
- 诊断，故障检测和解决任何数据库相关问题。在有必要时，需联系 Oracle 支持人员以便使问题得到解决。
- 确保监听程序正常运行。
- 与系统管理员一起工作，保证系统的高可用。

DBA 的工作内容包含以下几点：

1．实时监控数据库告警日志

对于 DBA 来说，实时地监控数据库的告警日志是必须进行的工作，监控并且应该根据不同的告警级别，发送不同级别的告警信息（通过邮件、短信），这有助于及时了解数据库的变化与异常，及时响应并介入处理。

2．实时监控数据库的重要统计信息和等待事件

实时监控对于数据库的运行至关重要。要高度关注那些能够代表数据库重要变化的统计信息，并且据此发送告警信息。监控哪些统计信息应当根据不同的环境来区别对待，对于单机、RAC 环境等各不相同。

3．部署自动的 AWR 报告生成机制

每天要检查前一天的 AWR 报告（AWR 报告是 Oracle 10g 下提供的一种性能收集和分析工具，它能提供一个时间段内整个系统资源使用情况的报告，通过这个报告，就可以了解一个系统的整体运行情况，这就像一个人的全面的体检报告），熟悉数据库的运行状况，做到对数据库了如指掌。

4．每天至少了解或熟悉一个 Top SQL

根据 AWR 报告，每天至少了解或熟悉一个 Top SQL，能优化的要提出优化和调整建议。一个 DBA 应当对稳定系统中的 SQL 非常熟悉和了解，这样才可能在系统出现性能问题时快速地作出判断和响应。

5．部署完善的监控系统，并对重要信息进行采样

DBA 应该对数据库部署完善的监控系统，并对重要信息进行采样，能够实时或定期生成数据库重要指标的曲线图，展现数据库的运行趋势。

6．全面深入地了解应用架构

对于一名 DBA 而言，一定要深入了解应用。在数据库本身变得更加自动化和简化之后，未来的 DBA 应该不断走向前端，加深对于应用的了解，从应用角度对数据库及全局进行把握和优化。

7．撰写系统架构、现状、调整备忘录

根据对数据库的研究和了解，不断记录数据库的状况，撰写数据库架构、现状及调整备忘录，不放过任何可能的优化与改进的机会。

当然，DBA 的工作内容远不止上面列出的这几点，像数据库安装、数据库备份、数据库恢复等都属于 DBA 的工作内容，这里不再详述。

2.5 要想成为一名出色的数据库程序员，需要掌握哪些必备的知识？

数据库应用可以分为数据库开发、数据库管理、数据库优化、数据库设计等，要根据自己的工作性质来选择性地学习。总体来说，需要了解数据库有哪些功能，数据库应用可以如何分类，并且要知道哪些是重点知识。如果你是一个数据库开发人员，那么你就应该首先了解 SQL 和 PL/SQL 的编写，而不是数据库的备份与恢复。数据库开发要求开发人员能利用 SQL 完成数据库的增加、删除、修改、查询的基本操作，能用 PL/SQL 完成各类逻辑的实现。

相比数据库开发来说，数据库管理人员的人数需求在 IT 市场要少得多。这是由工作性质决定的。无论生产还是测试环境，搭建数据库都不可能非常频繁。如果数据崩溃需要恢复、数据需要迁移、紧急故障需要处理的情况频繁出现，那么这个企业基本上也就无法正常运营下去了。但是一旦出现问题，管理人员无法及时恢复故障，将会受到来自各方面的指责，压力非常大。和开发人员相比，管理人员不需要每时每刻地忙碌着，但是却要时刻注意充电，提升自己的应急处理能力，还需要时刻对系统进行健康检查，以防不测。此外，虽然开发在逻辑思维方面的要求要高于管理，但是责任和压力却远没有管理这么大。数据库管理人员能完成数据库的安装、部署、参数调试、备份恢复、数据迁移等系统相关的工作，能完成分配用户、控制权限、表空间划分等管理相关工作；能进行故障定位、问题分析等数据库诊断修复相关工作。

不少企业没有设置专门的数据库优化岗位，它可能被融入资深开发、资深管理和资深设计人员的技能之中。对于有这样角色的企业来说，场景可能是这样的：生产环境运行缓慢，数据库管理人员通过跟踪诊断，查出问题所在，原来是系列 SQL 运行缓慢导致的整个数据库性能低下。这个时候对于数据库管理人员来说，他的工作结束了，然后优化人员介入，利用自己的知识优化这些 SQL。在没有专门角色的场景下，可能是这个管理人员有着丰富的技能，他优化了这些 SQL，也可能是资深开发人员或者是资深设计人员优化了这些 SQL。但是从工作职责划分、从更专业的角度来说，应该设置专职人员。数据库优化所需要的人员是最难估算的，或许很多，或许很少，甚至没有，但是却是最重要的技能之一。数据库优化能在深入了解数据库的运行原理的基础上，利用各类工具及手段发现并解决数据库存在的性能问题，从而提升数据库运行效率，这个说着轻巧，其实很不容易。

数据库设计需要掌握的知识点最多，从事数据库设计是很不容易的，这是属于核心岗位的位置，少数人的规划和部署决定了产品最终的质量和生命力。从市场需求来说，从事设计的人员最少。一般来说，一个应届毕业生在相关开发、管理岗位努力工作两年后，都可以把开发及管理工作做得比较出色。要把优化工作做得心应手应该至少要 3 年以上。要想从事设计相关工作，一般需要 5 年以上的工作经验。数据库设计需要深刻理解业务需求和数据库原理，合理高效地完成数据库模型的建设，设计出各类表及索引等数据库对象，让后续应用开发可以高效稳定。

另外，在就业的时候很多人眼高手低，一毕业就想从事设计及优化相关工作，结果碰了一鼻子灰找不到工作，因为企业根本不给你这个机会。也有人一个劲儿想做数据库管理工作，但是由于管理相关的岗位比较少，结果成功的人寥寥无几。很多时候当兴趣和工作不匹配时，不要强求，要耐心找机会。例如，掌握 SQL 开发技巧后，可以匹配到很多适合自己的岗位，轻易地获取工作机会，而精通 SQL 及 PL/SQL 开发技巧，对管理优化和设计都是非常有帮助的。

刚毕业从事数据库开发相关工作，后续有机会再从事管理相关工作，期间兼顾优化相关的技能学习，主动承担起优化的任务，争取成为一个兼职或者专职的优化人员。最后，随着业务的熟悉，水到渠成的从事数据库设计相关工作。当然，大家千万不要误认为设计就一定比管理好，管理就一定强过开发，市场的供需决定了人员的比例，但是各个岗位都可以有出色的专家，最完美的还是在自己感兴趣的领域中大展手脚。

要想成为一名出色的 DBA，需要掌握的知识非常多，尤其现今的很多企业对 DBA 的要求极高，一般都是要求熟练掌握一种数据库，同时熟悉其他数据库。下图展示了一名优秀的 DBA 需要掌握的一些基本内容。

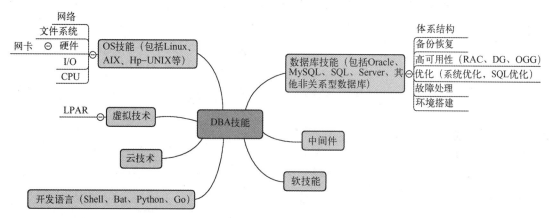

对于这些内容，可以从一些博客或著名网站去学习，如作者的博客、itpub 论坛、Oracle 官方网站等。一定要学会对 Oracle 官方文档的搜索。工作环境没有外网的读者可以先在有外网的环境下去编者的云盘下载离线的官方文档。在 Oracle 学习初期可以利用编者制作好的 CHM 格式的官方帮助文档进行全文搜索。另外，编者在个人云盘里分享了很多的学习资料，包括数据库、Java 等其他资料，读者可以有选择性地下载需要的学习资料。所以，总体来说，获取 Oracle 知识的可靠途径包括官方文档（Concepts 部分需要反复阅读）、好的培训机构、购买相关书籍、阅读博客和公众号、请教公司前辈、做实验摸索总结等。

接下来将业内名人的一些话送给大家：①勤奋、坚持，这两点非常重要；②在看不清方向的时候，低下头来把手中的工作做好；③向他人学习，向聪明人学习，借鉴成功者、同行者的经验非常重要；④敞开心胸，平淡看得失；⑤在正确的时间做正确的事；⑥行动有时候比思想更重要。

2.6　各类数据库求职及市场使用情况

先看一组 DB-Engines（该网站统计全球数据库的排行榜，网址为 https://db-engines.com/en/ranking）

发布的 2017 年 8 月份的数据库排名数据，前 10 名排名情况如下图所示。

331 systems in ranking, August 2017

Rank			DBMS	Database Model	Score		
Aug 2017	Jul 2017	Aug 2016			Aug 2017	Jul 2017	Aug 2016
1.	1.	1.	Oracle ➕ 🛒	Relational DBMS	1367.88	-7.00	-59.85
2.	2.	2.	MySQL ➕ 🛒	Relational DBMS	1340.30	-8.81	-16.73
3.	3.	3.	Microsoft SQL Server ➕ 🛒	Relational DBMS	1225.47	-0.52	+20.43
4.	4.	↑5.	PostgreSQL ➕ 🛒	Relational DBMS	369.76	+0.32	+54.51
5.	5.	↓4.	MongoDB ➕ 🛒	Document store	330.50	-2.27	+12.01
6.	6.	6.	DB2 ➕	Relational DBMS	197.47	+6.22	+11.58
7.	7.	↑8.	Microsoft Access	Relational DBMS	127.03	+0.90	+2.98
8.	8.	↓7.	Cassandra ➕	Wide column store	126.72	+2.60	-3.52
9.	9.	↑10.	Redis ➕	Key-value store	121.90	+0.38	+14.57
10.	10.	↑11.	Elasticsearch ➕	Search engine	117.65	+1.67	+25.16

在上图中，Oracle、MySQL 和 Microsoft SQL Server 仍占据前三名，Oracle 虽然排名第一，但得分却呈下降趋势，与上月相比少了 7.00，与去年同期相比少了 59.85。第二名的 MySQL 得分也有所下降，与去年同期相比少了 16.73，与上月相比下降 8.81。第三名的 Microsoft SQL Server 得分较上月下降了 0.52，与去年同期相比，得分有比较高的提升。此外，PostgreSQL 数据库排名也有所上升趋势。

下图是每个数据库的变化趋势。

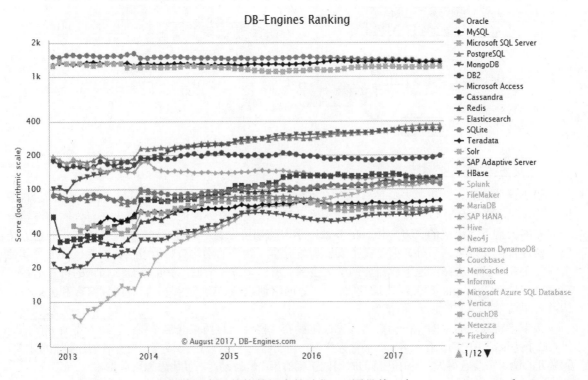

可以看到，前 3 名一直保持着远高于其他数据库的地位。下图是前 3 名（Oracle、MySQL 和 Microsoft SQL Server）数据库的排名详图。

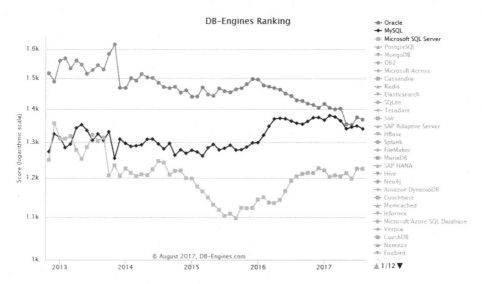

可以看到，第二名的 MySQL 和第三名的 Microsoft SQL Server 已经越来越接近第一名的 Oracle，说不定在下一次排名发布时，就能看到不一样的三甲排名。

DB-Engines 排名的数据依据于以下几个不同的因素：

- Google 以及 Bing 搜索引擎的关键字搜索数量。
- Google Trends 的搜索数量。
- Indeed 网站中的职位搜索量。
- LinkedIn 中提到关键字的个人资料数。
- Stackoverflow 上相关的问题和关注者数量。

需要注意的是，这份榜单分析旨在为数据库相关从业人员提供一个技术方向的参考，其中涉及的排名情况并非基于产品的技术先进程度或市场占有率等因素。无论排名先后，选择适合与企业业务需求相匹配的技术，才是最重要的。

目前对于市场上数据库的求职，主要以 Oracle 和 MySQL 为主。对于 NoSQL 的要求，一般都是包含在 Oracle 或 MySQL 之内的，要求精通 Oracle 或 MySQL，熟悉一种 NoSQL 数据库。Oracle 主要在传统行业招聘，而 MySQL 主要在互联网行业招聘。

第3章 如何应对程序员面试笔试?

3.1 如何巧妙地回答面试官的问题?

在程序员面试中,求职者不可避免地需要回答面试官各种刁钻、犀利的问题,回答面试官的问题千万不能简单地回答"是"或者"不是",而应该具体分析"是"或者"不是"的理由。

回答面试官的问题是一门很大的学问。那么,面对面试官提出的各类问题,如何才能条理清晰地回答?如何才能让自己的回答不至于撞上枪口?如何才能让自己的回答结果令面试官满意呢?

谈话是一种艺术,回答问题也是一种艺术,同样的话,不同的回答方式,往往也会产生不同的效果。在此,编者提出以下几点建议,供读者参考。首先回答问题务必谦虚谨慎。既不能让面试官觉得自己很自卑,唯唯诺诺,也不能让面试官觉得自己清高自负,而应该通过回答问题表现出自己自信从容、不卑不亢的一面。例如,当面试官提出"你在项目中起到了什么作用"的问题时,如果求职者回答:"我完成了团队中最难的工作",此时就会给面试官一种居功自傲的感觉,而如果回答:"我完成了文件系统的构建工作,这个工作被认为是整个项目中最具有挑战性的一部分内容,因为它几乎无法重用以前的框架,需要重新设计"。这种回答不仅不傲慢,反而有理有据,更能打动面试官。

其次,回答面试官的问题时,不要什么都说,要适当地留有悬念。人一般都有猎奇的心理,面试官自然也不例外,而且,人们往往对好奇的事情更有兴趣、更加偏爱,也更加记忆深刻。所以,在回答面试官问题时,切记说关键点而非细节,说重点而非和盘托出,通过关键点,吸引面试官的注意力,等待他们继续"刨根问底"。例如,当面试官对你的简历中的一个算法问题有兴趣,希望了解时,可以进行如下回答:"我设计的这种查找算法,对于80%以上的情况都可以将时间复杂度从 $O(n)$ 降低到 $O(\log n)$,如果您有兴趣,我可以详细给您分析具体的细节"。

最后,回答问题要条理清晰、简单明了,最好使用"三段式"方式。"三段式"有点类似于中学作文中的写作风格,包括"场景/任务""行动"和"结果"三部分内容。以面试官提的问题"你在团队建设中,遇到的最大挑战是什么"为例,第一步,分析场景/任务:在我参与的一个 ERP 项目中,我们团队一共 4 个人,除了我以外的其他 3 个人中,有两个人能力很给力,人也比较好相处,但有一个人却不太好相处,每次我们小组讨论问题时,他都不太爱说话,也很少发言,分配给他的任务也很难完成。第二步,分析行动:为了提高团队的综合实力,我决定找个时间和他好好单独谈一谈。于是我利用周末时间,约他一起吃饭,吃饭的时候,顺便讨论了一下我们的项目,我询问了一些项目中他遇到的问题,通过他的回答,我发现他并不懒,也不糊涂,只是对项目不太了解,缺乏经验,缺乏自信而已,所以越来越孤立,越来越不愿意讨论问题。为了解决这个问题,我尝试着把问题细化到他可以完成的程度,从而建立起他的自信心。第三步,分析结果:他是小组中水平最弱的人,但是慢慢地,他的技术变得越来越厉害了,也能够按时完成安排给他的工作了,人也越来越自信了,也越来越喜欢参与我们的讨论,并发表自己的看法,我们也都愿意与他一起合作了。"三段式"回答的一个最明显的好处就是条理清晰,既有描述,也有结果,有根有据,让面试官一目了然。

回答问题的技巧,是一门大的学问。求职者完全可以在平时的生活中加以练习,提高自己与人沟通的技能,等到面试时,自然就得心应手了。

3.2 如何回答技术性问题?

在程序员面试中,面试官会经常询问一些技术性的问题,有的问题可能比较简单,都是历年的笔试面试真题，求职者在平时的复习中会经常遇到，应对自然不在话下。但有的题目可能比较难，来源于Google、Microsoft等大企业的题库或是企业自己为了招聘需要设计的题库，求职者可能从来没见过或者从来都不能完整地、独立地想到解决方案，而这些题目往往又是企业比较关注的。

如何能够回答好这些技术性的问题呢？编者建议：会做的一定要拿满分，不会做的一定要拿部分分。即对于简单的题目，求职者要努力做到完全正确，毕竟这些题目，只要复习得当，完全回答正确一点问题都没有；对于难度比较大的题目，不要惊慌，也不要害怕，即使无法完全做出来，也要努力思考问题，哪怕是半成品也要写出来，至少要把自己的思路表达给面试官，让面试官知道你的想法，而不是完全回答不会或者放弃，因为很多时候面试官除了关注你独立思考问题的能力外，还会关注你技术能力的可塑性，观察求职者是否能够在别人的引导下去正确地解决问题，所以，对于你不会的问题，他们很有可能会循序渐进地启发你去思考，通过这个过程，让他们更加了解你。

在回答技术性问题时，一般都可以采用以下6个步骤来完成。

（1）勇于提问

面试官提出的问题，有时候可能过于抽象，让求职者不知所措，或者无从下手。所以，对于面试中的疑惑，求职者要勇敢地提出来，多向面试官提问，把不明确或二义性的情况都问清楚。不用担心你的问题会让面试官烦恼，影响你的面试成绩，相反还对面试结果产生积极影响：一方面，提问可以让面试官知道你在思考，也可以给面试官一个心思缜密的好印象；另一方面，方便后续自己对问题的解答。

例如，面试官提出一个问题：设计一个高效的排序算法。求职者可能丈二和尚摸不到头脑，排序对象是链表还是数组？数据类型是整型、浮点型、字符型，还是结构体类型？数据基本有序还是杂乱无序？数据量有多大，1000以内还是百万以上个数？此时，求职者大可以将自己的疑问提出来，问题清楚了，解决方案也自然就出来了。

（2）高效设计

对于技术性问题，如何才能打动面试官？完成基本功能是必须的，仅此而已吗？显然不是，完成基本功能顶多只能算及格水平，要想达到优秀水平，至少还应该考虑更多的内容。以排序算法为例：时间是否高效？空间是否高效？数据量不大时也许没有问题，如果是海量数据呢？是否考虑了相关环节，如数据的"增删改查"？是否考虑了代码的可扩展性、安全性、完整性及鲁棒性？如果是网站设计，是否考虑了大规模数据访问的情况？是否需要考虑分布式系统架构？是否考虑了开源框架的使用？

（3）伪代码先行

有时候实际代码会比较复杂，上手就写很有可能会漏洞百出、条理混乱，所以，求职者可以首先征求面试官的同意，在编写实际代码前，写一个伪代码或者画好流程图，这样做往往会让思路更加清晰明了。

切记在写伪代码前要告诉面试官，他们很有可能对你产生误解，认为你只会纸上谈兵，实际编码能力却不行。只有征得了他们的允许，方可先写伪代码。

（4）控制节奏

如果是算法设计题，面试官都会给求职者一个时间限制用以完成设计，一般为20min左右。完成得太慢，会给面试官留下能力不行的印象，但完成得太快，如果不能保证百分百正确，也会给面试官留下毛手毛脚的印象。速度快当然是好事情，但只有速度，没有质量，肯定不会给面试加分。所以，编者建议，回答问题的节奏最好不要太慢，也不要太快，如果实在是完成得比较快，也不要急于提交给面试官，最好能够利用剩余的时间，认真仔细地检查一些边界情况、异常情况及极性情况等，看是否也能满足要求。

（5）规范编码

回答技术性问题时，多数都是纸上写代码，离开了编译器的帮助，求职者要想让面试官对自己的代码一看即懂，除了字迹要工整外，最好能够严格遵循编码规范：函数变量命名、换行缩进、语句嵌套和代码布局等。同时，代码设计应该具有完整性，保证代码能够完成基本功能、输入边界值能够得到正确地输出、对各种不合规范的非法输入能够做出合理的错误处理，否则，写出的代码即使无比高效，面试官也不一定看得懂或者看起来非常费劲，这些对面试成功都是非常不利的。

（6）精心测试

在软件界，有一句真理：任何软件都有漏洞。但不能因为如此就纵容自己的代码，允许错误百出。尤其是在面试过程中，实现功能也许并不困难，困难的是在有限的时间内设计出的算法的各种异常是否都得到了有效的处理，各种边界值是否都在算法设计的范围内。

测试代码是让代码变得完备的高效方式之一，也是一名优秀程序员必备的素质之一。所以，在编写代码前，求职者最好能够了解一些基本的测试知识，做一些基本的单元测试、功能测试、边界测试以及异常测试。

在回答技术性问题时，注意在思考问题的时候，千万别一句话都不说，面试官面试的时间是有限的，他们希望在有限的时间内尽可能地去了解求职者。如果求职者坐在那里一句话不说，不仅会让面试官觉得求职者技术水平不行，还会觉得求职者的思考问题的能力以及沟通能力可能都存在问题。

其实，在面试时，求职者往往会存在一种思想误区，把技术性面试的结果看得太重要了。对于面试过程中的技术性问题来说，结果固然重要，但也并非是最重要的内容，因为面试官看重的不仅仅是最终的结果，还包括求职者在解决问题的过程中体现出来的逻辑思维能力以及分析问题的能力。所以，在面试的过程中，求职者要适当地提问，通过提问获取面试官的反馈信息，并抓住这些有用的信息进行辅助思考，从而获得面试官的青睐，进而提高面试的成功率。

3.3　如何回答非技术性问题？

评价一个人的能力，除了专业能力，还有一些非专业能力，如智力、沟通能力和反应能力等，所以在 IT 企业招聘过程的笔试面试环节中，并非所有的笔试内容都是 C/C++、数据结构与算法、操作系统等专业知识，也包括其他一些非技术类的知识，如智力题、推理题和作文题等。技术水平测试可以考查一个求职者的专业素养，而非技术类测试则更加强调求职者的综合素质，包括数学分析能力、反应能力、临场应变能力、思维灵活性、文字表达能力和性格特征等内容。考查的形式多种多样，但与公务员考查相似，主要包括行测（占大多数）、性格测试（大部分都有）、应用文和开放问题等内容。

每个人都有自己的答题技巧，答题方式也各不相同，以下是一些相对比较好的答题技巧（以行测为例）：

1）合理有效的时间管理。由于题目的难易不同，因此不要对所有题目都"绝对的公平""一刀切"，要有轻重缓急，最好的做法是不按顺序回答。行测中有各种题型，如数量关系、图形推理、应用题、资料分析和文字逻辑等，而不同的人擅长的题型是不一样的，因此应该首先回答自己最擅长的问题。例如，如果对数字比较敏感，那么就先答数量关系。

2）注意时间的把握。由于题量一般都比较大，因此可以先按照总时间/题数来计算每道题的平均答题时间，如 10s，如果看到某一道题 5s 后还没思路，则马上放弃。在做行测题目的时候，以在最短的时间内拿到最多分为目标。

3）平时多关注图表类题目，培养迅速抓住图表中各个数字要素间相互逻辑关系的能力。

4）做题要集中精力。只有集中精力、全神贯注，才能将自己的水平最大限度地发挥出来。

5）学会关键字查找。通过关键字查找，能够提高做题效率。

6）提高估算能力。有很多时候，估算能够极大地提高做题速度，同时保证正确率。

除了行测以外，一些企业非常相信个人性格对入职匹配的影响，所以都会引入相关的性格测试题用于测试求职者的性格特性，看其是否适合所投递的职位。大多数情况下，只要按照自己的真实想法选择就行了，不要弄巧成拙，因为测试是为了得出正确的结果，所以大多测试题前后都有相互验证的题目。如果求职者自作聪明，选择该职位可能要求的性格选项，则很可能导致测试前后不符，这样很容易让企业发现你是个不诚实的人，从而首先予以筛除。

3.4　在被企业拒绝后是否可以再申请？

很多企业为了能够在一年一度的招聘季节中，提前将优秀的程序员锁定到自己的魔下，往往会先下手为强。他们通常采取的措施有以下两种：招聘实习生和多轮招聘。

如果应聘者在企业的实习生招聘或在企业以前的招聘中没被录取，一般是不会被拉入企业的黑名单的。在下一次招聘中，应聘者和其他求职者具有相同的竞争机会（有些企业可能会要求求职者等待半年到一年时间再次应聘该企业，但上一次求职的糟糕表现不会被计入此次招聘中）。

以编者身边的很多同学和朋友为例，很多人最开始被一家企业拒绝了，过了一段时间，又发现他们已成为该企业的员工。所以，即使被企业拒绝了也不是什么大不了的事情，以后还有机会的，有志者自有千计万计，无志者只感千难万难，关键是看你愿意成为什么样的人了。

3.5　如何应对自己不会回答的问题？

在面试的过程中，对面试官提出的问题，求职者并不是每个问题都能回答上来，计算机技术博大精深，很少有人能对计算机技术的各个分支学科了如指掌。抛开技术层面的问题，在面试那种紧张的环境中，回答不上来也很正常。面试的过程是一个和面试官"斗智斗勇"的过程，遇到自己不会回答的问题时，错误的做法是保持沉默或者支支吾吾、不懂装懂，硬着头皮胡乱说一通，这样会使面试气氛很尴尬，很难再往下继续进行。

其实面试遇到不会的问题是一件很正常的事情，没有人是万事通，即使对自己的专业有相当的研究与认识，也可能会在面试中遇到感觉没有任何印象、不知道如何回答的问题。在面试中遇到实在不懂或不会回答的问题，正确的做法是本着实事求是的原则，告诉面试官不知道答案。例如，"对不起，不好意思，这个问题我回答不出来，我能向您请教吗？"

征求面试官的意见时可以说说自己的个人想法，如果面试官同意听了，就将自己的想法说出来，回答时要谦逊有礼，切不可说起没完，然后应该虚心地向面试官请教，表现出强烈的学习欲望。

所以，遇到自己不会的问题时，正确的做法是："知之为知之，不知为不知"，不懂就是不懂，不会就是不会，一定要实事求是，坦然面对。最后能给面试官留下诚实、坦率的好印象。

3.6　如何应对面试官的"激将法"语言？

"激将法"是面试官用以淘汰求职者的一种惯用方法，是指面试官采用怀疑、尖锐或咄咄逼人的交流方式来对求职者进行提问的方法。例如，"我觉得你比较缺乏工作经验""我们需要活泼开朗的人，你恐怕不合适""你的教育背景与我们的需求不太适合""你的成绩太差""你的英语没过六级""你的专业和我们不对口""为什么你还没找到工作"或"你竟然有好多门课不及格"等，遇到这样的问题，很多求职者会很快产生我是来面试而不是来受侮辱的想法，往往会被"激怒"，于是奋起反抗。千万要记住，面试的目的是要获得工作，而不是要与面试官争个高低，也许争辩取胜了，却失去了一份工作。所以对于此类问题，求职者应该进行巧妙的回答，一方面化解不友好的气氛，另一方面得到面试官的认可。

受到这种"激将"时，求职者首先应该保持清醒的头脑，企业让你来参加面试，说明你已经通过了他们第一轮的筛选，至少从简历上看你符合求职岗位的需要，企业对你还是感兴趣的。其次，做到不卑不亢，不要被面试官的思路带走，要时刻保持自己的思路和步调。此时可以换一种方式，如介绍自己的经历、工作和优势，来表现自己的抗压能力。

针对面试官提出的非名校毕业的问题，比较巧妙的回答是：比尔·盖茨也并非毕业于哈佛大学，但他一样成为世界首富，成为举世瞩目的人物。针对缺乏工作经验的问题，可以回答：每个人都是从没经验变为有经验的,如果有幸最终能够成为贵公司的一员,我将很快成为一个经验丰富的人。针对专业不对口的问题,可以回答:专业人才难得,复合型人才更难得,在某些方面,外行的灵感往往超过内行,他们一般没有思维定势,没有条条框框。面试官还可能提问:你的学历对我们来讲太高了。此时也可以很巧妙地回答:今天我带来的 3 张学历证书,您可以从中挑选一张您认为合适的,其他两张,您就不用管了。针对性格内向的问题,可以回答:内向的人往往具有专心致志、锲而不舍的品质,而且我善于倾听,我觉得应该把发言机会更多地留给别人。

面对面试官的"挑衅"行为,如果求职者回答得结结巴巴,或者无言以对,抑或怒形于色、据理力争,那就掉进了对方所设的陷阱,所以当求职者碰到此种情况时,最重要的一点就是保持头脑冷静,不要过分较真,以一颗平淡的心对待。

3.7 如何处理与面试官持不同观点这个问题?

在面试的过程中,求职者所持有的观点不可能与面试官一模一样。当与面试官持不同观点时,有的求职者自作聪明,立马就反驳面试官,如"不见得吧!""我看未必""不会""完全不是这么回事!"或"这样的说法未必全对"等。也许确实不像面试官所说的,但是太过直接的反驳往往会导致面试官心理的不悦,最终的结果很可能是"逞一时之快,失一份工作"。

就算与面试官持不一样的观点,也应该委婉地表达自己的真实想法,因为我们不清楚面试官的度量,碰到心胸宽广的面试官还好,万一碰到了"小心眼"的面试官,他和你较真起来,吃亏的还是自己。

所以回答此类问题的最好方法是先赞同面试官的观点,给对方一个台阶下,然后再说明自己的观点,用"同时""而且"过渡,千万不要说"但是",一旦说了"但是""却"就容易把自己放在面试官的对立面去。

3.8 什么是职场暗语?

随着求职大势的变迁发展,以往常规的面试套路,因为过于单调、简明,已经被众多"面试达人"们挖掘出了各种"破解秘诀",形成了类似"求职宝典"的各类"面经"。所谓"道高一尺,魔高一丈",面试官们也纷纷升级面试模式,为求职者们制作了更为隐蔽、间接的面试题目,让那些早已流传开来的"面试攻略"毫无用武之地,一些蕴涵丰富信息但以更新面目出现的问话屡屡"秒杀"求职者,让求职者一头雾水,掉进了陷阱里面还以为吃到了肉了。例如,"面试官从头到尾都表现出对我很感兴趣的样子,营造出马上就要录用我的氛围,为什么我最后还是悲剧了?""为什么 HR 会问我一些与专业、能力根本无关的怪问题,我感觉回答得也还行,为什么最后还是被拒了?"其实,这都是没有听懂面试"暗语",没有听出面试官"弦外之音"的表现。"暗语"已经成为一种测试求职者心理素质、挖掘求职者内心真实想法的有效手段。理解这些面试中的暗语,对于求职者而言,不可或缺。

以下是一些常见的面试暗语,求职者一定要弄清楚其中蕴含的深意。

(1)请把简历先放在这,有消息我们会通知你的

面试官说出这句话,则表明他对你已经"兴趣不大"。为什么一定要等到有消息了再通知?难道现在不可以吗?所以,作为求职者,此时一定不要自作聪明、一厢情愿地等待着他们有消息通知你,因为他们一般不会有消息了。

(2)我不是人力资源的,你别拘束,咱们就当是聊天

一般来说,能当面试官的人都是久经沙场的老将,都不太好对付。他们表面上彬彬有礼,看上去笑眯眯、很和气的样子,说起话来可能偶尔还带点小结巴,但没准儿一肚子"坏水",巴不得下个套把你套进去。求职者千万不能被眼前的这种"假象"所迷惑,而应该时刻保持高度警觉,面试官不经意间问出来的问题,看似随意,很可能是他最想知道的。所以,千万不要把面试过程当作聊天,不要把面试官提

出的问题当作是普通问题，而应该对每一个问题都仔细思考，认真回答，切忌不经过大脑的随意接话和回答。

（3）是否可以谈谈你的要求和打算

面试官在翻阅了求职者的简历后，说出这句话，很有可能是对求职者有兴趣，此时求职者应该尽量全方位地表现个人水平与才能，但也不能像王婆卖瓜那样引起对方的反感。

（4）面试时只是"例行公事"式的问答

如果面试时只是"例行公事"式的问答，没有什么激情或者主观性的赞许，此时希望就很渺茫了。如果面试官对你的专长问得很细，而且表现出一种极大的关注与热情，那么此时希望会很大，作为求职者，一定要抓住机会，将自己最好的一面展示在面试官面前。

（5）你好，请坐

简单的一句话，从面试官口中说出来其含义就大不同了。一般而言，面试官说出此话，求职者回答"你好"或"您好"不重要，重要的是求职者是否"礼貌回应"和"坐不坐"。有的求职者的回应是"你好"或"您好"后直接落座，也有求职者回答"你好，谢谢"或"您好，谢谢"后落座，还有求职者一声不吭就坐下去，极个别求职者回答"谢谢"但不坐下来。前两种行为都可接受，后面两种行为都不可接受。通过问候语，可以体现一个人的基本修养，直接影响求职者在面试官心目中的第一印象。

（6）面试官向求职者探过身去

在面试的过程中，面试官会有一些肢体语言，了解这些肢体语言对于了解面试官的心理情况以及面试的进展情况非常重要。例如，当面试官向求职者探过身去时，一般表明面试官对求职者很感兴趣；当面试官打呵欠或者目光呆滞，甚至打开手机看时间或打电话、接电话时，一般表明面试官此时有了厌烦的情绪；当面试官收拾文件或从椅子上站起来，一般表明此时面试官打算结束面试。针对面试官的肢体语言，求职者也应该迎合他们：当面试官很感兴趣时，应该继续陈述自己的观点；当面试官厌烦时，此时最好停下来，询问面试官是否愿意再继续听下去；当面试官打算结束面试，领会其用意，并准备好收场白，尽快地结束面试。

（7）你从哪里知道我们的招聘信息的

面试官提出这种问题，一方面是在评估招聘渠道的有效性，另一方面是想知道求职者是否有熟人介绍。一般而言，熟人介绍总体上会有加分，但是也不全是如此。如果是一个在单位里表现不佳或者其推荐的历史记录不良的熟人介绍，则会起到相反的效果。而大多数面试官主要是为了评估自己企业发布招聘广告的有效性，顺带评估 HR 敬业与否。

（8）你念书的时间还是比较富足的

表面上看，这是对他人的高学历表示赞赏，但同时也是一语双关，如果"高学历"的同时还搭配上一个"高年龄"，就一定要提防面试官的质疑：比如有些人因为上学晚或者工作了以后再回来读的研究生，毕业年龄明显高出平均年龄。此时一定要向面试官解释清楚，否则，如果面试官自己揣摩，往往会向不利于求职者的方向思考，如求职者年龄大的原因是高考复读过、考研用了两年甚至更长时间或者是先工作后读研等。如果面试官有了这种想法，最终的求职结果也就很难说了。

（9）你有男/女朋友吗？对异地恋爱怎么看待

一般而言，面试官都会询问求职者的婚恋状况，一方面是对求职者个人问题的关心，另一方面，对于女性而言，绝大多数面试官不是特意来打探你的隐私，他提出是否有男朋友的问题，很有可能是在试探你是否近期要结婚生子，将会给企业带来什么程度的负担。"能不能接受异地恋"，很有可能是考查你是否能够安心在一个地方工作，或者是暗示该岗位可能需要长期出差，试探求职者如何在感情和工作上做出抉择。与此类似的问题还有"如果求职者已婚，面试官会问是否生育，如果已育可能还会问小孩谁带？"所以，如果面试官有这一层面的意思，尽量要当场表态，避免将来的麻烦。

（10）你还应聘过其他什么企业

面试官提出这种问题是在考核你的职业生涯规划，同时顺便评估下你被其他企业录用或淘汰的可能性。若面试官对求职者提出此种问题，则表明面试官对求职者是基本肯定的，只是还不能下决定是否最终录用。如果你还应聘过其他企业，请最好选择相关联的岗位或行业回答。一般而言，如果应聘过其他企业，则一定要说自己拿到了其他企业的录用通知（offer）。如果其他的行业影响力高于现在面试的企业，则无疑可以加大你自身的筹码，有时甚至可以因此拿到该企业的顶级 offer。如果行业影响力低于现在面试的企业，如果回答没有拿到 offer，则会给面试官一种误导：连这家企业都没有给你 offer，如果我们给你 offer 了，岂不是说明我们不如这家企业。

（11）这是我的名片，你随时可以联系我

在面试结束时，若面试官起身将求职者送到门口，并主动与求职者握手，给求职者名片或者自己的个人电话，希望日后多加联系，此时，求职者一定要明白，面试官已经对自己非常肯定了，这是被录用的前兆，因为很少有面试官会放下身段，对一个已经没有录用可能的求职者还如此"厚爱"。很多面试官在整个面试过程中会一直塑造出一种即将录用求职者的假象，如"你来到我们公司的话，有可能会比较忙"等模棱两可的表述，但如果面试官亲手将名片递给求职者，言谈中也流露出兴奋、积极的意向和表情，一般是表明了一种接纳你的态度。

（12）你担任很多职务，时间安排得过来吗

对于有些职位，如销售等，学校的积极分子往往更具优势，但在应聘研发类岗位时，却并不一定吃香。面试官提出此类问题，其实就是对一些在学校当"领导"的学生的一种反感，大量的社交活动很有可能占据学业时间，从而导致专业基础不牢固等。所以，针对上述问题，求职者在回答时，一定要告诉面试官，自己参与组织的"课外活动"并没有影响到自己的专业技能。

（13）面试结束后，面试官说"我们有消息会通知你的"

一般而言，面试官让求职者等通知，有多种可能性：没戏了；面试你的人不是负责人，拿不了主意，还需要请示领导；公司对你不是特别满意，希望再多面试一些人，把你当作备胎，如果有比你更好的就不用你了，如果没有就会找你；公司需要对面试过并留下来的人进行重新选择，可能会安排二次面试。所以，当面试官说这话时，表明此时成功的可能性不大，至少这一次不能给予肯定的回复。如果对方热情地和你握手言别，再加一句"欢迎你应聘本公司"的话，此时一般十有八九能和他成为同事了。

（14）我们会在几天后联系你

一般而言，如果面试官说出这句话，则表明面试官对求职者还是很感兴趣的，尤其是当面试官仔细询问你所能接受的薪资情况等相关情况，否则他们会尽快结束面谈，而不是多此一举。

（15）面试官认为该结束面试时的暗语

一般而言，求职者自我介绍之后，面试官会相应地提出各类问题，然后转向谈工作。面试官首先会介绍工作内容和职责，接着让求职者谈谈今后工作的打算和设想，然后双方会谈及福利待遇问题，谈完之后你就应该主动作出告辞的姿态，不要盲目拖延时间。

面试官认为该结束面试时，往往会说以下暗示的话语来提醒求职者：

1）我很感激你对我们公司这项工作的关注。

2）真难为你了，跑了这么多路，多谢了。

3）谢谢你对我们招聘工作的关心，我们一旦做出决定就会立即通知你。

4）你的情况我们已经了解。在做出最后决定之前，我们还要再面试几位申请人。

此时，求职者应该主动站起身来，露出微笑，和面试官握手告辞，并且谢谢他，然后有礼貌地退出面试室。适时离场还包括不要在面试官结束谈话之前表现出浮躁不安、急欲离去或另去赴约的样子，过早地想离场会使面试官认为你应聘没有诚意或做事情没有耐心。

（16）如果让你调到其他岗位，你愿意吗

有些企业招聘岗位和人员较多，在面试中，当听到面试官说出此话时，言外之意是该岗位也许已经招满了，但企业对你兴趣不减，还是很希望你能成为企业的一员。面对这种提问，求职者应该迅速做出反应，如果认为对方是个不错的企业，你对新的岗位又有一定的把握，也可以先进单位再选岗位；如果

对方情况一般，新岗位又不太适合自己，最好当面回答不行。

（17）你能来实习吗

对于实习这种敏感的问题，面试官一般是不会轻易提及的，除非是确实对求职者很感兴趣，相中求职者了。当求职者遇到这种情况时，一定要清楚面试官的意图，他希望求职者能够表态，如果确实可以去实习，一定及时地在面试官面前表达出来，这无疑可以给予自己更多的机会。

（18）你什么时候能到岗

当面试官问及到岗的时间时，表明面试官已经同意给 offer 了，此时只是为了确定求职者是否能够及时到岗并开始工作。如果确有难处千万不要遮遮掩掩，含糊其辞，说清楚情况，诚实守信。

针对面试中存在的这种暗语，在面试过程中，求职者一定不要"很傻很天真"，要多留一个心眼，多推敲面试官的深意，仔细想想其中的"潜台词"，从而将面试官的那点"小伎俩"掌控在股掌之中。

下篇　面试笔试技术攻克篇

　　面试笔试技术攻克篇主要针对近 3 年以来近百家顶级 IT 企业的面试笔试真题而设计，这些企业涉及面非常广泛，面试笔试真题难易适中，覆盖面广，非常具有代表性与参考性。本篇对这些真题以及其背后的知识点进行了深度剖析，并且对部分真题进行了庖丁解牛式的分析与讲解。针对真题中涉及的部分重难点问题，本篇都进行了适当的扩展与延伸，力求对知识点的讲解清晰而不紊乱，全面而不啰嗦，使得读者通过本书不仅能够获取到求职的知识，同时更有针对性地进行求职准备，最终能够收获一份满意的工作。

第4章　数据库基础

本章主要介绍数据库基础部分的面试题，比较适合应届毕业生，也适合由其他岗位转数据库岗位的人员。本章主要对数据库基础部分常见的面试笔试内容做了介绍，其中，SQL 语言的查询部分是重点，无论是 Oracle、MySQL，还是 SQL Server，都需要通过 SQL 与数据库进行交互，所以，该部分的内容需要大量地练习，希望读者重视起来。另外，有关索引、事务及其特性、锁（包括死锁）的理解是难点，还有一些基本的概念，包括存储过程、函数、触发器、视图、约束和索引等，无论是学习哪种数据库，这些内容都应该熟练掌握。

4.1　为什么使用数据库？

对于这个面试题，可以举例回答。看以下的例子：

1）京东网、淘宝网、腾讯网、今日头条、微信公众平台等都有各自的功能，那么当关闭系统后，用户下次再访问这些网站时，为什么他/她们各自的信息还存在呢？

2）基于 C/S 架构的软件，如网游的游戏积分和装备、QQ 的聊天记录、三大运营商的电话号码，它们又是怎样保存数据的呢？

解决之道有以下两种方式：文件、数据库。虽然说文件可以保存数据，但是使用文件保存数据，存在以下几个缺点：① 文件的安全性问题，一般的文件格式容易被黑客截取并获取到其中的内容。② 文件不利于查询和对数据的管理。③ 文件不利于存放海量数据。④ 文件在程序中控制不方便。

为了解决上述问题，专家们设计出了一种更加有利于管理数据的方法——数据库（本质就是一个软件）。它能更有效地管理数据，现如今对数据库的理解程度也是衡量一个程序员水平高低的重要指标。

4.2　数据库系统有哪几类数据模型结构？

数据库模型是数据库管理的形式框架，用来描述一组数据的概念和定义。模型的结构部分规定了数据如何被描述（如树、表等）。数据库系统的数据模型结构有以下 3 种：网状模型、层次模型和关系模型，见下表。

	网状模型	层次模型	关系模型
简介	网状模型是满足以下两个条件的基本层次联系的集合：①允许一个以上的结点没有双亲结点；②一个结点可以有多个双亲结点 网状模型中的数据用记录的集合来表示，数据间的联系用链接（可看作指针）来表示，数据库中的记录可被组织成任意图的集合	层次模型是满足以下两个条件的基本层次联系的集合：①有且只有一个结点，没有双亲结点（这个结点叫根结点）；②除根结点外的其他结点有且只有一个双亲结点 层次模型与网状模型类似，分别用记录和链接来表示数据和数据间的联系。与网状模型不同的是，层次模型中的记录只能组织成树的集合而不能是任意图的集合。层次模型可以看成网状模型的特例，它们都是格式化模型。它们从体系结构、数据库语言到数据存储管理均有共同的特征。在层次模型中，记录的组织不再是一张杂乱无章的图，而是一棵"倒长"的树	关系模型用表的集合来表示数据和数据间的联系。每个表有多个列，每列有唯一的列名。在关系模型中，无论是从客观事物中抽象出的实体，还是实体之间的联系，都使用单一的结构类型——关系来表示。在对关系进行各种处理之后，得到的还是关系（一张新的二维表） 关系模型由关系数据结构、关系操作集合和关系完整性约束三大要素组成。关系模型的数据结构单一，在关系模型中，现实世界的实体以及实体间的各种联系均用关系表示。关系操作的特点是集合操作方式，即操作的对象和结果都是集合。关系代数、元组关系演算和域关系演算均是抽象的查询语言，这些抽象的语言与具体的 DBMS 中实现的实际语言并不完全一样，但它们能用作评估实际系统中查询语言能力的标准或基础。数据库的数据完整性是指数据库中数据的正确性和相容性，是一种语义上的概念，主要包括与现实世界中应用需求的数据的相容性和正确性、数据库内数据之间的相容性和正确性

（续）

	网 状 模 型	层 次 模 型	关 系 模 型
优点	① 能够更为直接地描述现实世界，如一个结点可以有多个双亲 ② 具有良好的性能，存取效率较高	① 模型简单，对具有一对多层次关系的部门描述非常自然、直观，容易理解，这是层次数据库的突出优点 ② 用层次模型的应用系统性能好，特别是对于那些实体间联系是固定的且预先定义好的应用，采用层次模型来实现，其性能优于关系模型 ③ 层次数据模型提供了良好的完整性支持	① 关系模型与非关系模型不同，它是建立在严格的数学概念的基础上的 ② 关系模型的概念单一，无论实体还是实体之间的联系都用关系表示，操作的对象和操作的结果都是关系，所以其数据结构简单、清晰，用户易懂易用 ③ 关系模型的存取路径对用户透明，从而具有更高的数据独立性、更好的安全保密性，也简化了程序员的工作和数据库开发建立的工作
缺点	① 结构比较复杂，随着应用环境的扩大，数据库的结构会变得越来越复杂，不利于最终用户掌握 ② 其 DDL、DML 语言复杂，用户不容易使用。由于记录之间的联系是通过存取路径实现的，应用程序在访问数据时必须选择适当的存取路径，因此用户必须了解系统结构的细节，加重了编写应用程序的负担	① 现实世界中很多联系是非层次性的，如多对多联系、一个结点具有多个双亲等，层次模型不能自然地表示这类联系，只能通过引入冗余数据或引入虚拟结点来解决 ② 对插入和删除操作的限制比较多 ③ 查询子女结点必须通过双亲结点	由于存取路径对用户透明，查询效率往往不如非关系数据模型，因此为了提高性能，必须对用户的查询请求进行优化，增加了开发数据库管理系统的难度

【真题1】 关系模型的优点有（　　　）。

A．结构简单　　　　B．适用于集合操作　　　　C．标准语言　　　　D．可表示复杂的语义

答案：A、B、C。

【真题2】 用树形结构表示实体之间联系的模型是（　　　）。

A．关系模型　　　B．网状模型　　　C．层次模型　　　D．以上3个都是

答案：C。

4.3 关系型数据库系统与文件系统有什么区别？

关系型数据库系统与文件系统的区别主要体现在以下几个方面：

1）关系型数据库的整体数据是结构化的，采用关系模型来描述，这是它与文件系统的根本区别（数据模型包括数据结构、数据操作以及完整性约束条件）。

2）数据库系统的数据共享度高、冗余低，是面向整个机构、整个系统来组织数据的；而文件系统则是面向某个应用来组织数据，具有应用范围的局限性，不易扩展。

3）数据库系统具有高度的数据独立性，而文件系统的数据独立性差。关系型数据库系统采用两级映射机制，保证了数据的高度独立性，从而使得程序的编写和数据都存在很高的独立性。这方面是文件系统无法达到的，它只能针对于某一个具体的应用。二级映射：保证逻辑独立性的外模式/模式映射和保证物理独立性的内模式/模式映射。外模式：用户模式，是数据库用户的局部数据的逻辑结构特征的描述。模式：数据库全体数据的逻辑结构特征的描述。内模式：数据最终的物理存储结构的描述。

4）关系型数据库系统由统一的 DBMS 进行管理，为数据提供了安全性保护、并发控制、完整性检查和数据库恢复服务，而文件系统中由应用程序自己控制。

【真题3】 关系模型通常由3部分组成，它们是（　　　）。

A．数据结构、数据通信、关系操作　　　　　　B．数据结构、数据操作、数据完整性约束

C．数据通信、数据操作、数据完整性约束　　　D．数据结构、数据通信、数据完整性约束

答案：B。

关系模型由关系数据结构、数据操作和数据完整性约束三大要素组成。

本题中，对于选项A，数据通信与关系操作不属于关系模型的组成部分。所以，选项A错误。

对于选项 B，关系模型由关系数据结构、数据操作和数据完整性约束三大要素组成。所以，选项 B 正确。

对于选项 C，数据通信不属于关系模型的组成部分。所以，选项 C 错误。

对于选项 D，数据通信是建立在硬件系统之上的系统。所以，选项 D 错误。

所以，本题的答案为 B。

【真题 4】 以下关于关系型数据库的描述中，正确且全面的是（   ）。

A．在关系模型中，数据的逻辑结构是一张二维表

B．DML 是介于关系代数和关系演算之间的语言，它充分体现了关系型数据库语言的特性和优点

C．关系模型的完整性规则是对关系的某种约束，分为实体完整性和参照完整性约束

D．在关系型数据库中，关系也称为数据库，元组也称为行，属性也称为列

答案：A。

本题中，对于选项 A，在关系模型中，数据的逻辑结构是一张二维表。所以，选项 A 正确。

对于选项 B，SQL 语句是介于关系代数和关系演算之间的（结构化查询）语言。因为选项 B 描述的不全面，所以，选项 B 错误。

对于选项 C，关系模型的完整性包括实体完整性、域完整性、参照完整性和用户定义完整性。域完整性、实体完整性和参照完整性是关系模型必须满足的完整性约束条件，选项 C 的说法不完整。所以，选项 C 错误。

对于选项 D，关系是一张表，表中的每行（即数据库中的每条记录）是一个元组，每列是一个属性，选项 D 描述反了。所以，选项 D 错误。

所以，本题的答案为 A。

4.4 数据库系统的组成与结构有哪些?

数据库系统（DataBase System，DBS）一般由以下 4 个部分组成：数据库、硬件、软件、人员。

1）数据库：是指长期存储在计算机内的、有组织、可共享的数据的集合。数据库中的数据按一定的数学模型组织、描述和存储，具有较小的冗余、较高的数据独立性和易扩展性，并可为各种用户共享。

2）硬件：构成计算机系统的各种物理设备，包括存储所需的外部设备。硬件的配置应满足整个数据库系统的需要。

3）软件：包括操作系统、数据库管理系统及应用程序。数据库管理系统（DataBase Management System，DBMS）是数据库系统的核心软件，它在操作系统的支持下工作，解决如何科学地组织和存储数据，如何高效获取和维护数据的系统软件，其主要功能包括数据定义功能、数据操纵功能、数据库的运行管理、数据库的建立与维护等。

4）人员：主要有 4 类。第一类为系统分析员和数据库设计人员：系统分析员负责应用系统的需求分析和规范说明，他们和用户及数据库管理员一起确定系统的硬件配置，并参与数据库系统的概要设计。数据库设计人员负责数据库中数据的确定、数据库各级模式的设计。第二类为应用程序员，负责编写使用数据库的应用程序。这些应用程序可对数据进行检索、建立、删除或修改。第三类为最终用户，他们利用系统的接口或查询语言访问数据库。第四类用户是数据库管理员（DBA），负责数据库的总体信息控制。DBA 的职责通常包括以下几点内容：维护数据库中的信息内容和结构，制定数据库的存储结构和存取策略，定义数据库的安全性要求和完整性约束条件，监控数据库的使用和运行，负责数据库的性能改进、数据库的重组和重构，以提高系统的性能。其中，应用程序包含在软件范围内，是指数据库应用系统，如开发工具、人才管理系统、信息管理系统等。

层次关系如下图所示：

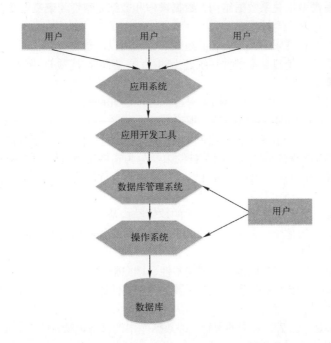

数据库系统的主要特点有哪些？

数据库系统的主要特点如下。

① **数据结构化**：数据库系统实现整体数据的结构化，这是数据库的主要特征之一，也是数据库系统与文件系统的本质区别。在数据库系统中，数据不再针对某一个应用，而是面向全组织，具有整体的结构化。不仅数据是结构化的，而且数据的存取单位（即一次可以存取数据的大小）也很灵活，可以小到某一个数据项（如一个学生的姓名），大到一组记录（成千上万个学生记录）。在文件系统中，数据的存取单位只有一个：记录，如一个学生的完整记录。

② **数据的共享性高，冗余度低，易扩充**：数据库的数据不再面向某个应用而是面向整个系统，因此可以被多个用户、多个应用以多种不同的语言共享使用。数据面向整个系统，是有结构的数据，不仅可以被多个应用共享使用，而且容易增加新的应用，这就使得数据库系统弹性大，易于扩充。数据共享可以大大减少数据冗余，节约存储空间，同时还能够避免数据之间的不相容性与不一致性。数据面向某个应用是指数据结构是针对某个应用设计的，只被这个应用程序或应用系统使用，可以说数据是某个应用的"私有资源"。弹性大是指系统容易扩充也容易收缩，即应用增加或减少时不必修改整个数据库的结构，只需做很少的改动。可以取整体数据的各种子集用于不同的应用系统，当应用需求改变或增加时，只要重新选取不同的子集或加上一部分数据，就可以满足新的需求。

③ **数据独立性高**：数据独立性是数据库系统的一个最重要的目标之一。它能使数据独立于应用程序。数据独立性表示应用程序与数据库中存储的数据不存在依赖关系，包括数据的物理独立性和数据的逻辑独立性。数据库管理系统的模式结构和二级映像功能保证了数据库中的数据具有很高的物理独立性和逻辑独立性。物理独立性是指用户的应用程序与存储在磁盘上的数据库中的数据是相互独立的。也就是说，数据在磁盘上怎样存储由DBMS管理，用户程序不需要了解，应用程序要处理的只是数据的逻辑结构，这样当数据的物理存储改变时，应用程序不用改变。逻辑独立性是指用户的应用程序与数据库的逻辑结构是相互独立的，即当数据的逻辑结构改变时，用户程序也可以不变。

④ **数据由DBMS统一管理和控制**：数据库的共享是并发的共享，即多个用户可以同时存取数据库

中的数据，甚至可以同时存取数据库中同一个数据。为此，DBMS 必须提供统一的数据控制功能，包括数据的安全性保护、数据的完整性检查、并发控制和数据库恢复。DBMS 数据控制功能包括以下 4 个方面。①数据的安全性保护：保护数据以防止不合法的使用造成的数据的泄密和破坏；②数据的完整性检查：将数据控制在有效的范围内，或保证数据之间满足一定的关系；③并发控制：对多用户的并发操作加以控制和协调，保证并发操作的正确性；④数据库恢复：当计算机系统发生硬件故障、软件故障，或者由于操作员的失误以及故意的破坏影响数据库中数据的正确性，甚至造成数据库部分或全部数据的丢失时，能将数据库从错误状态恢复到某一已知的正确状态（也称为完整状态或一致状态）。

使用数据库系统的好处是由数据库管理系统的特点或优点决定的。使用数据库系统的好处如下：

使用数据库系统可以大大提高应用开发的效率，方便用户的使用。在数据库系统中，应用程序不必考虑数据的定义、存储和数据存取的具体路径，这些工作都由 DBMS 来完成。用一个通俗的比喻，使用了 DBMS 就如有了一个好参谋、好助手，许多具体的技术工作都由这个助手来完成。开发人员就可以专注于应用逻辑的设计，而不必为数据管理的复杂的细节操心。当应用逻辑改变，数据的逻辑结构也需要改变时，由于数据库系统提供了数据与程序之间的独立性，数据逻辑结构的改变是 DBA 的责任，因此开发人员不必修改应用程序，或者只需要修改很少的应用程序，从而既简化了应用程序的编制，又大大减少了应用程序的维护和修改。

使用数据库系统可以减轻数据库系统管理人员维护系统的负担。因为 DBMS 在数据库建立、运用和维护时对数据库进行统一的管理和控制（包括数据的完整性、安全性、多用户并发控制、故障恢复等）都由 DBMS 执行。

总之，使用数据库系统的优点是很多的，既便于数据的集中管理，控制数据冗余，提高数据的利用率和一致性，又有利于应用程序的开发和维护。

4.6 试述数据模型的概念、数据模型的作用、常用数据模型的分类和数据模型的三个要素

数据模型是数据库中用来对现实世界进行抽象的工具，是数据库中用于提供信息表示和操作手段的形式构架。一般来说，数据模型是严格定义的概念的集合。这些概念精确描述了系统的静态特性、动态特性和完整性约束条件。因此数据模型通常由数据结构、数据操作和完整性约束 3 部分组成。

1）数据结构：是所研究的对象类型的集合，是对系统静态特性的描述。

2）数据操作：是指对数据库中各种对象（型）的实例（值）允许进行的操作的集合，包括操作及有关的操作规则，是对系统动态特性的描述。

3）完整性约束：是一组完整性规则的集合。完整性规则是给定的数据模型中数据及其联系所具有的制约和依存规则，用以限定符合数据模型的数据库状态以及状态的变化，以保证数据的正确、有效、相容。解析数据模型是数据库系统中最重要的概念之一。

数据模型是数据库系统的基础。任何一个 DBMS 都以某一个数据模型为基础，或者说支持某一个数据模型。在数据库系统中，模型有不同的层次。根据模型应用的不同目的，可以将模型分成两类或者两个层次：一类是概念模型，是按用户的观点来对数据和信息建模，用于信息世界的建模，强调语义表达能力，概念简单清晰；另一类是数据模型，是按计算机系统的观点对数据建模，用于机器世界，人们可以用它定义、操纵数据库中的数据，一般需要有严格的形式化定义和一组严格定义了语法和语义的语言，并有一些规定和限制，便于在机器上实现。

数据模型的种类很多，按照这些数据模型在数据建模和数据管理中的不同作用，数据模型可以分为概念模型、逻辑模型和物理模型 3 类。

1. 概念模型

概念模型是现实世界到机器世界的一个中间层次。概念模型用于信息世界的建模，是现实世界到信

息世界的第一层抽象，是数据库设计人员进行数据库设计的有力工具，也是数据库设计人员和用户之间进行交流的语言。概念模型确定领域实体属性关系等，是独立于计算机系统的数据模型，完全不涉及信息在计算机中的表示，主要用于数据库设计。概念模型是一种面向客观世界，面向用户的模型，如 E-R 模型（Entity-Relationship Model，实体－联系模型）属于概念模型，而 E-R 图主要由实体、属性和联系 3 个要素组成的。

2. 逻辑模型

逻辑数据模型（Logical Data Model，LDM）又称为结构数据模型，简称逻辑模型，直接面向数据库的逻辑结构。逻辑模型将概念模型转化为具体的数据模型，即按照概念结构设计阶段建立的基本 E-R 图，按照选定的管理系统软件支持的数据模型（层次、网状、关系、面向对象）转换成相应的逻辑模型。这种转换要符合关系模型的原则。目前最流行的就是关系模型，也就是对应的关系型数据库。逻辑模型有严格的定义，数据库专家 E.F.Codd 认为：一个基本数据模型是一组向用户提供的规则，这些规则规定数据结构如何组织以及允许进行何种操作。它是一种与数据库管理系统相关的模型，主要用于 DBMS 的实现，如层次模型、网状模型、关系模型、面向对象模型均属这类数据模型。一个数据库的数据模型应包含数据结构、数据操作和数据完整性约束 3 部分。

3. 物理模型

物理模型就是根据逻辑模型对应到具体的数据模型的机器实现。物理模型是对真实数据库的描述。例如，关系型数据库中的一些对象为表、视图、字段、数据类型、长度、主外键、约束、默认值等。

【真题 5】 在数据库技术中，实体－联系模型是一种（   ）。

A．概念数据模型　　　　B．结构数据模型　　　　C．物理数据模型　　　　D．逻辑数据模型

答案：A。

4.7 数据库设计过程包括哪几个主要阶段？数据库结构的设计在生存期中的地位如何？

数据库应用系统的开发是一项软件工程，一般可分为以下几个阶段：规划、需求分析、概念模型设计、逻辑设计、物理设计、实施、运行及维护。

以上这些阶段的划分目前尚无统一的标准，各阶段间相互链接，而且常常需要回溯修正。在数据库应用系统的开发过程中，每个阶段的工作成果是相应的文档。每个阶段都是在上一阶段工作成果的基础上继续进行，整个开发过程有依据、有组织、有计划、有条不紊地展开。

1. 规划

规划阶段的主要任务就是做必要性及可行性分析。在收集整理有关资料的基础上，需要确定将建立的数据库应用系统与周边的关系，需要对应用系统定位，系统规模的大小、所处的地位、应起的作用做全面的分析和论证。明确应用系统的基本功能，划分数据库支持的范围。分析数据来源、数据采集的方式和范围，研究数据结构的特点，估算数据量的大小，确立数据处理的基本要求和业务的规范标准。规划人力资源调配。对参与研制和以后维护系统运作的管理人员、技术人员的技术业务水平提出要求，对最终用户、操作员的素质做出评估。拟定设备配置方案。论证计算机、网络和其他设备在时间、空间两方面的处理能力，要有足够的内外存容量，系统的响应速度、网络传输和输入/输出能力应满足应用需求并留有余量。要选择合适的 OS、DBMS 和其他软件。设备配置方案要在使用要求、系统性能、购置成本和维护代价各方面综合权衡。对系统的开发、运行、维护的成本做出估算。预测系统效益的期望值。拟定开发进度计划，还要对现行工作模式如何向新系统过渡作出具体安排。规划阶段的工作成果是写出详尽的可行性分析报告和数据库应用系统规划书。规划阶段的内容应包括系统的定位及其功能、数据资源及数据处理能力、人力资源调配、设备配置方案、开发成本估算、开发进度计划等。可行性分析报告和数据库应用系统规划书经审定立项后，成为后续开发工作的总纲。

2. 需求分析

需求分析大致可分成以下 2 步来完成：①需求信息的收集。需求信息的收集一般以机构设置和业务活动为主干线，从高层、中层到低层逐步展开。②需求信息的分析整理，对收集到的信息要做分析整理工作。准确了解与分析用户需求（包括数据与处理）是整个设计过程的基础，是最困难、最耗费时间的一步。

3. 概念模型设计

在管理信息系统的分析阶段，已经得到了系统的数据流程图和数据字典，现在要结合数据规范化的理论，用一种数据模型将用户的数据需求明确地表示出来。概念模型设计阶段是整个数据库设计的关键，通过对用户需求进行综合、归纳与抽象，形成一个独立于具体 DBMS 的概念模型对用户要求描述的现实世界。这个概念模型应反映现实世界各部门的信息结构、信息流动情况、信息间的互相制约关系以及各部门对信息存储、查询和加工的要求等。所建立的模型应避开数据库在计算机上的具体实现细节，用一种抽象的形式表示出来。以扩充的实体—联系模型（E-R 模型）方法为例，第一步先明确现实世界各部门所含的各种实体及其属性、实体间的联系以及对信息的制约条件等，从而给出各部门内所用信息的局部描述（在数据库中称为用户的局部视图）。第二步再将前面得到的多个用户的局部视图集成为一个全局视图，即用户要描述的现实世界的概念数据模型。概念数据模型是面向问题的模型，反映了用户的现实工作环境，与数据库的具体实现技术无关。建立系统概念数据模型的过程叫作概念结构设计。

4. 逻辑设计

逻辑设计阶段的主要任务是将现实世界的概念数据模型设计成数据库的一种逻辑模式，即适应于某种特定数据库管理系统所支持的逻辑数据模式。这一步设计的结果就是"逻辑数据库"。根据已经建立的概念数据模型，以及所采用的某个数据库管理系统软件的数据模型特性，按照一定的转换规则，把概念模型转换为这个数据库管理系统所能够接受的逻辑数据模型。不同的数据库管理系统提供了不同的逻辑数据模型，如层次模型、网状模型、关系模型等。

5. 物理设计

根据特定数据库管理系统所提供的多种存储结构和存取方法等依赖于具体计算机结构的各项物理设计措施，对具体的应用任务选定最合适的物理存储结构（包括文件类型、索引结构和数据的存放次序与位逻辑等）、存取方法和存取路径等。这一步设计的结果就是"物理数据库"。为一个确定的逻辑数据模型选择一个最适合应用要求的物理结构的过程叫作数据库的物理结构设计。数据库在物理设备上的存储结构和存取方法称为数据库的物理数据模型。

6. 实施

运用 DBMS 提供的数据语言、工具及宿主语言，根据逻辑设计和物理设计的结果建立数据库，编制与调试应用程序，组织数据入库，并进行试运行。

7. 运行及维护

数据库应用系统经过试运行后即可投入正式运行。数据库、容纳数据的仓库、数据库系统、数据库管理系统、硬件、操作人员合在一起的总称就是数据库管理系统，用来管理数据及数据库的系统。数据库系统开发工具以数据库管理系统为核心，用高级语言开发一套给用户使用的数据库应用系统的软件。

概念设计、逻辑设计和物理设计三者的关系：由上到下，首先进行概念设计，然后进行逻辑设计，最后进行物理设计，一级一级设计。数据库结构的设计在生存期中的地位很重要，数据库结构的设计包括逻辑设计和物理设计，逻辑设计把概念模式转化为与选用的具体机器上的 DBMS 所支持的数据模型相符合的逻辑结构，而物理设计主要是设计 DB 在物理设备上的存储结构与存取方法等。

4.8 范式

当设计关系型数据库时，需要遵从不同的规范要求，设计出合理的关系型数据库，这些不同的规范要求被称为不同的范式（Normal Form，NF），越高的范式数据库冗余越小。应用数据库范式可以带来许多好处，但是最主要的目的是为了消除重复数据，减少数据冗余，让数据库内的数据更好地组织，让磁盘空间得到更有效的利用。范式的缺点：范式使查询变得相当复杂，在查询时需要更多的连接，一些复合索引的列由于范式化的需要被分割到不同的表中，导致索引策略不佳。

4.8.1 第一、二、三、BC范式

第几范式是表示关系的某一种级别，所以经常称某一关系 R 为第几范式。目前关系型数据库有以下 6 种范式：第一范式（1NF）、第二范式（2NF）、第三范式（3NF）、巴斯-科德范式（BCNF）、第四范式（4NF）和第五范式（5NF，又称完美范式）。满足最低要求的范式是第一范式（1NF）。在第一范式的基础上进一步满足更多规范要求的称为第二范式（2NF），其余范式依次类推。一般说来，数据库只需满足第三范式（3NF）就行了。满足高等级的范式的先决条件是必须先满足低等级范式。

在关系数据库中，关系是通过表来表示的。在一个表中，每一行代表一个联系，而一个关系就是由许多的联系组成的集合。所以，在关系模型中，关系用来指代表，而元组用来指代行，属性就是表中的列。对于每一个属性，都存在一个允许取值的集合，称为该属性的域。

下表介绍范式中会用到的一些常用概念。

概　念		简　介
表	实体（Entity）	实体就是实际应用中要用数据描述的事物，它是现实世界中客观存在并可以被区别的事物，一般是名词，如"一个学生""一本书""一门课"等。需要注意的是，这里所说的"事物"不仅仅是看得见摸得着的"东西"，也可以是虚构的，如"老师与学校的关系"
	数据项（Data Item）	数据项即字段（Fields），也可称为域、属性、列。数据项是数据的不可分割的最小单位。数据项可以是字母、数字或两者的组合。通过数据类型（逻辑的、数值的、字符的等）及数据长度来描述。数据项用来描述实体的某种属性。数据项包含数据项的名称、编号、别名、简述、数据项的长度、类型、数据项的取值范围等内容。教材上对数据项的解释为"实体所具有的某一特性"，由此可见，属性一开始是一个逻辑概念，如"性别"是"人"的一个属性。在关系数据库中，属性又是一个物理概念，属性可以看作"表的一列"
	数据元素（Data Element）	数据元素是数据的基本单位。数据元素也称元素、行、元组、记录（Record）。一个数据元素可以由若干个数据项组成。表中的一行就是一个元组
码	码	码也称为键（Key），它是数据库系统中的基本概念。码就是能唯一标识实体的属性，它是整个实体集的性质，而不是单个实体的性质，包括超码、候选码、主码和全码
	超码	超码是一个或多个属性的集合，这些属性的集合可以在一个实体集中唯一地标识一个实体。如果 K 是一个超码，那么 K 的任意超集也是超码。也就是说，如果 K 是超码，那么所有包含 K 的集合也是超码
	候选码	在一个超码中，可能包含了无关紧要的属性。对于一些超码，如果它们的任意真子集都不能成为超码，那么这样的最小超码称为候选码
	主码	从候选码中挑一个最少键的组合，叫主码（也叫主键，Primary Key）。每个主码应该具有下列特征：唯一的、最小的（尽量选择最少键的组合）、非空、不可更新的（不能随时更改）
	全码	如果一个码包含了所有的属性，则这个码就是全码（All-key）
	外码	关系模式 R 中的一个属性或属性组 X 并非 R 的码，但 X 是另一个关系模式的码，则称 X 是 R 的外码，也称外键（Foreign Key）。例如，在 SC（Sno、Cno、Grade）中，Sno 不是码，但 Sno 是关系模式 S（Sno、Sdept、Sage）的码，则 Sno 是关系模式 SC 的外码。主码与外码一起提供了表示关系间联系的手段
主属性		一个属性只要在任何一个候选码中出现过，这个属性就是主属性（Prime Attribute）
非主属性		与主属性相反，没有在任何候选码中出现过的属性就是非主属性（Nonprime Attribute）或非码属性（Non-key Attribute）
依赖表（Dependent Table）		依赖表也称为弱实体（Weak Entity），是需要用父表标识的子表
关联表（Associative Table）		关联表是多对多关系中两个父表的子表
函数依赖	函数依赖	函数依赖是指关系中一个或一组属性的值可以决定其他属性的值。函数依赖就像一个函数 $y=f(x)$ 一样，x 的值给定后，y 的值也就唯一地确定了，写作 $X \rightarrow Y$。函数依赖不是指关系模式 R 的某个或某些关系满足的约束条件，而是指 R 的一切关系均要满足的约束条件
	完全函数依赖	在一个关系中，若某个非主属性数据项依赖于全部关键字，则称为完全函数依赖。例如，在成绩表（学号、课程号、成绩）关系中，（学号、课程号）可以决定成绩，但是学号不能决定成绩，课程号也不能决定成绩，所以"（学号、课程号）→ 成绩"就是完全函数依赖
	传递函数依赖	传递函数依赖是指如果存在"A → B → C"的决定关系，则 C 传递函数依赖于 A

下表列出了各种范式：

范式	特征	详解	举例
第一范式(1NF)	每一个属性不可再分	第一范式(1NF)是指在关系模型中,对域添加的一个规范要求,所有的域都应该是原子性的,即数据库表的每一列都是不可分割的原子数据项,而不能是集合、数组、记录等非原子数据项。即当实体中的某个属性有多个值时,必须将其拆分为不同的属性。在符合第一范式(1NF)表中的每个域值只能是实体的一个属性或一个属性的一部分。简句言之,第一范式就是无重复的域。需要注意的是,在任何一个关系型数据库中,第一范式(1NF)是对关系模式的设计基本要求,一般设计时都必须满足第一范式(1NF)。不过有些关系模型中突破了1NF的限制,这种称为非1NF的关系模型。换句话说,是否必须满足1NF的最低要求,主要依赖于所使用的关系模型。不满足1NF的数据库就不是关系数据库。满足1NF的表必须要有主键,且每个属性不可再分	由"职工号""姓名""电话号码"组成的职工表,由于一个人可能有一个办公电话和一个移动电话,因此这时可以将其规范化为1NF。将电话号码分为"办公电话"和"移动电话"两个属性,即职工表(职工号,姓名,办公电话,移动电话)
第二范式(2NF)	符合1NF,并且,非主属性完全依赖于码	在1NF的基础上,每一个非主属性必须完全依赖于码(在1NF基础上,消除非主属性对主键的部分函数依赖) 第二范式(2NF)是在第一范式(1NF)的基础上建立起来的,即满足第二范式(2NF)必须先满足第一范式(1NF)。第二范式(2NF)要求数据库表中的每个实例或记录必须可以被唯一地区分。选取一个能区分每个实体的属性或属性组,作为实体的唯一标识 第二范式(2NF)要求实体的属性完全依赖于主关键字。完全依赖是指不能存在仅依赖主关键字一部分的属性,如果存在,那么这个属性和主关键字的这一部分应该分离出来形成一个新的实体,新实体与原实体之间是一对多的关系。为实现区分通常需要为表加上一个列,以存储各个实例的唯一标识。简而言之,第二范式就是在第一范式的基础上,属性完全依赖于主键 所有单关键字的数据库表都符合第二范式,因为不可能存在组合关键字	在选课关系表(学号,课程号,成绩,学分)中,码为组合关键字(学号,课程号)。但是,由于非主属性学分仅仅依赖于课程号,对关键字(学号,课程号)只是部分依赖,而不是完全依赖,因此这种方式会导致数据冗余、更新异常、插入异常和删除异常等问题,其设计不符合2NF。解决办法是将其分为两个关系模式:学生表(学号,课程号,分数)和课程表(课程号,学分),新关系通过学生表中的外键字课程号联系,在需要时通过两个表的连接来取出数据
第三范式(3NF)	符合1NF,且每个非主属性既不部分依赖于码,也不传递依赖于码(在2NF基础上消除传递依赖)	如果关系模式R是第二范式,且每个非主属性都不传递依赖于R的码,则称R是第三范式的模式。第三范式(3NF)是第二范式(2NF)的一个子集,即满足第三范式(3NF),必须满足第二范式(2NF)。满足第三范式的数据库表应该不存在如下依赖关系: 关键字段 → 非关键字段x → 非关键字段y 假定学生关系表为(学号,姓名,年龄,所在学院,学院地点,学院电话),关键字为单一关键字"学号",因为存在如下决定关系:(学号) → (姓名,年龄,所在学院,学院地点,学院电话),这个关系是符合2NF的,但是不符合3NF,因为存在如下决定关系:(学号) → (所在学院) → (学院地点,学院电话),即非关键字段"学院地点""学院电话"对关键字段"学号"的传递函数依赖。它也会存在数据冗余、更新异常、插入异常和删除异常的情况。把学生关系表分为以下两个表: 学生:(学号,姓名,年龄,所在学院) 学院:(学院,地点,电话) 这样的数据库表是符合第三范式的,消除了数据冗余、更新异常、插入异常和删除异常	对于学生表(学号,姓名,课程号,成绩),若学生姓名无重名,则该表有两个候选码(学号,课程号)和(姓名,课程号),则存在函数依赖:学号→姓名,(学号,课程号)→成绩,(姓名,课程号)→成绩,唯一的非主属性成绩对码不存在部分依赖,也不存在传递依赖,所以属于第三范式
BCNF(Boyce-Codd Normal Form)	在1NF基础上,任何非主属性不能对主键子集依赖(在3NF基础上消除对主键子集的依赖)	若关系模式R是第一范式,且每个属性(包括主属性)既不存在部分函数依赖,也不存在传递函数依赖于R的候选键,则这种关系模式就是BCNF模式。即在第三范式的基础上,数据库表中如果不存在任何字段对任一候选关键字段的传递函数依赖,则符合BCNF。BCNF是修正的第三范式,有时也称扩充的第三范式。 BCNF是第三范式(3NF)的一个子集,即满足BCNF必须满足第三范式(3NF)。通常情况下,BCNF被认为没有新的设计规范加入,只是对第二范式与第三范式中设计规范要求更强,因而被认为是修正第三范式,也就是说,它事实上是对第三范式的修正,使数据库冗余度更小。这也是BCNF不被称为第四范式的原因。 对于BCNF,在主键的任何一个真子集都不能决定于主属性。关系中U为主键,若U中的任何一个真子集X都不能决定于主属性Y,则该设计规范属于BCNF。例如,在关系R中,U为主键,A属性是主键中的一个属性,若存在A->Y,Y为主属性,则该关系不属于BCNF	假设仓库管理关系表(仓库号,存储物品号,管理员号,数量),满足一个管理员只在一个仓库工作;一个仓库可以存储多种物品。则存在如下关系: (仓库号,存储物品号)→(管理员号,数量) (管理员号,存储物品号)→(仓库号,数量) 所以,(仓库号,存储物品号)和(管理员号,存储物品号)都是仓库管理关系表的候选码,表中的唯一非关键字段为数量,它是符合第三范式的。但是,由于存在如下决定关系: (仓库号)→(管理员号) (管理员号)→(仓库号) 即存在关键字段决定关键字段的情况,因此其不符合BCNF范式。把仓库管理关系表分解为两个关系表:仓库管理表(仓库号,管理员号)和仓库表(仓库号,存储物品号,数量),这样的数据库表是符合BCNF范式的,消除了删除异常、插入异常和更新异常

4 种范式之间存在如下关系：

$$BCNF \subseteq 3NF \subseteq 2NF \subseteq 1NF$$

【真题6】下列关于关系模型的术语中，所表达的概念与二维表中的"行"的概念最接近的术语是（　　）。

A. 属性　　　　　　B. 关系　　　　　　C. 域　　　　　　D. 元组

答案：D。

【真题7】在一个关系 R 中，如果每个数据项都是不可再分割的，那么 R 一定属于（　　）。

A. 第一范式　　　B. 第二范式　　　　C. 第三范式　　　　D. 第四范式

答案：A。

【真题8】一个关系模式为 Y（X1，X2，X3，X4），假定该关系存在着如下函数依赖：（X1，X2）→X3，X2→X4，则该关系属于（　　）。

A. 第一范式　　　B. 第二范式　　　　C. 第三范式　　　　D. 第四范式

答案：A。

对于本题而言，这个关系模式的候选键为{X1，X2}，因为 X2→X4，说明有非主属性 X4 部分依赖于候选键{X1，X2}，所以，这个关系模式不为第二范式。

所以，本题的答案为 A。

【真题9】如果关系模式 R 所有属性的值域中每一个值都不可再分解，并且 R 中每一个非主属性完全函数依赖于 R 的某个候选键，则 R 属于（　　）。

A. 第一范式（INF）　　　　　　　　B. 第二范式（2NF）

C. 第三范式（3NF）　　　　　　　　D. BCNF 范式

答案：B。

如果关系 R 中所有属性的值域都是单纯域，那么关系模式 R 是第一范式。符合第一范式的特点包括①有主关键字；②主键不能为空；③主键不能重复；④字段不可以再分。如果关系模式 R 是第一范式的，而且关系中每一个非主属性不部分依赖于主键，则称关系模式 R 是第二范式的。很显然，本题中的关系模式 R 满足第二范式的定义。所以，选项 B 正确。

【真题10】设有关系模式 R（职工名，项目名，工资，部门名，部门经理）

如果规定，每个职工可参加多个项目，各领一份工资；每个项目只属于一个部门管理；每个部门只有一个经理。

（1）试写出关系模式 R 的基本函数依赖和主码。

（2）说明 R 不是 2NF 模式的理由，并把 R 分解成 2NF。

（3）进而将 R 分解成 3NF，并说明理由。

答案：（1）根据题意，可知有如下的函数依赖关系：

（职工名，项目名）→ 工资

项目名 → 部门名

部门名 → 部门经理

所以，主键为（职工名，项目名）。

（2）根据（1），由于部门名、部门经理只是部分依赖于主键，因此该关系模式不是 2NF。应该做如下分解：

R1（项目名，部门名，部门经理）

R2（职工名，项目名，工资）

以上两个关系模式都是 2NF 模式。

（3）R2 已经是 3NF，但 R1 不是，因为部门经理传递依赖于项目名，故应该做如下分解：

R11（项目名，部门名）

R12（部门名，部门经理）

分解后形成的 3 个关系模式 R11、R12、R2 均是 3NF 模式。

4.8.2　反范式

严格遵守范式设计出来的数据库，虽然思路很清晰，结构也很合理，但是有时却要在一定程度上打破范式设计。范式越高，设计出来的表可能越多，关系可能越复杂，但是性能却不一定会很好，因为表一多，就增加了关联性。特别是在高可用的 OLTP 数据库中，这一点表现得很明显，所以就引入了反范式。

不满足范式的模型就是反范式模型。反范式跟范式所要求的正好相反，在反范式的设计模式中，可以允许适当的数据冗余，用这个冗余可以缩短查询获取数据的时间。反范式其本质上就是用空间来换取时间，把数据冗余在多个表中，当查询时就可以减少或者避免表之间的关联。反范式技术也可以称为反规范化技术。

反范式的优点：减少了数据库查询时表之间的连接次数，可以更好地利用索引进行筛选和排序，从而减少了 I/O 数据量，提高了查询效率。

反范式的缺点：数据存在重复和冗余，存在部分空间浪费。另外，为了保持数据的一致性，必须维护这部分冗余数据，因此增加了维护的复杂性。所以，在进行范式设计时，要在数据一致性与查询之间找到平衡点，因为符合业务场景的设计才是好的设计。

在 RDBMS 模型设计过程中，常常使用范式来约束模型，但在 NoSQL 模型中则大量采用反范式。常见的数据库反范式技术如下：

- 增加冗余列：在多个表中保留相同的列，以减少表连接的次数。冗余法以空间换取时间，把数据冗余在多个表中，当查询时可以减少或者避免表之间的关联。
- 增加派生列：表中增加可以由本表或其他表中数据计算生成的列，减少查询时的连接操作并避免计算或使用集合函数。
- 表水平分割：根据一列或多列的值将数据放到多个独立的表中，主要用于表的规模很大、表中数据相对独立或数据需要存放到多个介质的情况。
- 表垂直分割：对表按列进行分割，将主键和一部分列放到一个表中，主键与其他列放到另一个表中，在查询时减少 I/O 次数。

举例，有学生表与课程表，假定课程表要经常被查询，而且在查询中要显示学生的姓名，则查询语句为

```
SELECT CODE,NAME,SUBJECT FROM COURSE C,STUDENT S WHERE S.ID=C.CODE WHERE CODE=?
```

如果这个语句被大范围、高频率执行，那么可能会因为表关联造成一定程度的影响。现在，假定评估到学生改名的需求是非常少的，那么就可以把学生姓名冗余到课程表中。注意，这里并没有省略学生表，只不过是把学生姓名冗余在了课程表中，如果有很少的改名需求，只要保证在课程表中改名正确即可。

修改以后的语句可以简化为

```
SELECT CODE,NAME,SUBJECT FROM COURSE C WHERE CODE=?
```

范式和反范式的对比见下表。

模　型	优　点	缺　点
范式化模型	数据没有冗余，更新容易	当表的数量比较多，查询设计需要很多关联模型（Join）时，会导致查询性能低下
反范式化模型	数据冗余将带来很好的读取性能（因为不需要 Join 很多表，而且通常反范式模型很少做更新操作）	需要维护冗余数据，从目前 NoSQL 的发展可以看到，对磁盘空间的消耗是可以接受的

4.9　关系型数据库完整性规则

数据库完整性（Database Integrity）是指数据库中数据在逻辑上的一致性、正确性、有效性和相容性。数据库完整性由各种各样的完整性约束来保证，因此可以说数据库完整性设计就是数据库完整性约束的设计。数据库完整性约束可以通过 DBMS 或应用程序来实现，基于 DBMS 的完整性约束作为模式的一

部分存入数据库中。通过 DBMS 实现的数据库完整性按照数据库设计步骤进行设计，而由应用软件实现的数据库完整性则纳入应用软件设计。

不管是 SQL Server 还是 MySQL，它们都是关系型数据库。既然是关系型数据库，就要遵守关系型数据库的完整性规则。关系型数据库提供了以下 3 类完整性规则：实体完整性规则、参照完整性规则和用户自定义完整性规则。在这三类完整性规则中，实体完整性规则和参照完整性规则是关系模型必须满足的完整性的约束条件，称为关系完整性规则。它们适用于任何关系型数据库系统，主要是针对关系的主关键字和外部关键字取值必须有效而做出的约束。用户定义完整性规则是根据应用环境的要求和实际的需要，对某一具体应用所涉及的数据提出约束性条件。这一约束机制一般不应由应用程序提供，而应有由关系模型提供定义并检验，用户定义完整性主要包括字段有效性约束和记录有效性。

1. 实体完整性规则

实体完整性规则是指关系的主属性（就是俗称主键的一些字段，主键的组成部分）不能为空值。现实生活中的每一个实体都具有唯一性，即使是两台一摸一样的计算机都会有相应的 MAC（Media Access Control，物理地址）地址来表示它们的唯一性。现实中的实体是可以区分的，它们具有某种唯一性标识。在相应的关系模型中，以主键作为唯一性标识，主键中的属性即主属性，不能是空值。如果主属性为空值，那么就说明存在不可标识的实体，即存在不可区分的实体，这与现实的环境相矛盾，因此这个实体一定不是完整的实体。

例如，在设计表的时候，每条记录前面都有一个自己的 ID，并且每个 ID 都是不相同的，这个 ID 其实就是为了区分每条记录。尽管其他字段的值都相同，但只要 ID 不同，就是两条不一样的记录，就区分开了，就满足了实体完整性规则。

2. 参照完整性规则

参照完整性规则是指如果关系 R1 的外键和关系 R2 的主键相符，那么外键的每个值必须在关系 R2 的主键的值中可以找到或者是空值；如果在两个有关联的数据表中，那么一个数据表的外键一定在另一个数据表中的主键中可以找到。因此，定义外部关键字属于参照完整性。

3. 用户自定义完整性规则

用户自定义完整性规则是指某一具体的实际数据库的约束条件，由应用环境所决定。自定义完整性反映某一具体应用所涉及的数据必须满足的要求，用户根据现实生活中的一种实际情况定义的一个用户自定义完整性。用户自定义完整性不属于其他任何完整性类别的特定业务规则，所有完整性类别都支持用户定义完整性，包括 CREATE TABLE 中所有的列级约束和表级约束，存储过程和触发器。

在用户自定义完整性中，有一类特殊的完整性称为域完整性。域完整性是针对某一具体关系数据库的约束条件，它保证表中某些列不能输入无效的值，可以认为域完整性指的是列的值域的完整性。例如，数据类型、格式、值域范围、是否允许空值等。域完整性限制了某些属性中出现的值，把属性限制在一个有限的集合中。例如，如果属性类型是整数，那么它就不能是 101.5 或任何非整数。

可以使用 CHECK 约束、UNIQUE 约束、DEFAULT 默认值、IDENTITY 自增、NOT NULL/NULL 保证列的值域的完整性。例如，在设计表时有一个年龄字段，如果设置了 CHECK 约束，那么这个字段里的值一定不会小于 0，当然也不能大于 200，因为现实生活中还没人能活到 200 岁。

4.10 数据库的约束都有哪些？

在数据库表的开发中，约束是必不可少的，使用约束可以更好地保证数据库中数据的完整性。

1. 约束（CONSTRAINT）

数据的完整性是指数据的正确性和一致性，可以在定义表时定义完整性约束，也可以通过索引或触发器等方式定义完整性约束。约束分为两类：行级和表级，二者的处理机制是一样的。行级约束放在列后，表级约束放在表后，多个列共用的约束放在表后。

完整性约束是一种规则，不占用任何数据库空间。它存在数据字典中，在执行 SQL 或 PL/SQL 期间使用。用户可以指明约束是启用还是禁用，当约束启用时，它增强了数据的完整性，否则约束始终存在于数据字典中。

2. 约束类型

约束主要分为以下五种不同类型：主键约束、唯一约束、检查约束、非空约束和外键约束。

（1）主键约束（PRIMARY KEY）

主键是一个唯一的标识，本身不能为空，即主键必须非空且唯一。例如，身份证编号是唯一的，不可重复，不可为空。

（2）唯一约束（UNIQUE）

在一个表中，只允许建立一个主键约束。对于其他列，如果不希望出现重复值，那么可以使用唯一约束。

（3）检查约束（CHECK）

检查一列的内容是否合法。例如，性别只能是男或女。

（4）非空约束（NOT NULL）

员工生日这样的字段里面的内容就不能为空。

（5）外键约束（FOREIGN KEY）

在两张表中进行约束操作。主键是一个非空且唯一的约束，外键是在两张表中进行约束，外键的取值必须是参照的主键值或空值。

关系型数据库中的一条记录中有若干个属性，如果其中某一个属性组（注意是组）能唯一标识一条记录，那么该属性组就可以成为一个主键。

例如：学生表（学号，姓名，性别，班级）

其中，每个学生的学号是唯一的，学号就是一个主键。

课程表（课程编号，课程名，学分）

其中，课程编号是唯一的，课程编号就是一个主键。

成绩表（学号，课程号，成绩）

成绩表中单一一个属性无法唯一标识一条记录，只有学号和课程号的组合才可以唯一标识一条记录，所以，学号和课程号的属性组是一个主键。

成绩表中的学号不是成绩表的主键，但它和学生表中的学号相对应，并且学生表中的学号是学生表的主键，则称成绩表中的学号是学生表的外键；同理，成绩表中的课程号是课程表的外键。

表的主键和外键的作用如下：

1）当插入非空值时，若主键表中没有这个值，则不能插入。

2）当更新外键时，不能改为主键表中没有的值。

3）当删除主键表记录时，可以在建外键时选定外键记录一起级联删除还是拒绝删除。

4）当更新主键记录时，同样有级联更新和拒绝执行的选择。

表的主键和外键就是起约束作用，定义主键和外键主要是为了维护关系型数据库的完整性。在使用主键与外键时，通常需要注意以下几点内容：

1）主键是能确定一条记录的唯一标识。例如，一条记录包括身份证号、姓名和年龄。身份证号是唯一能确定一个人的个人信息，其他信息都可能有重复，所以身份证号是主键。

2）外键用于与另一张表进行关联。它能确定另一张表记录的字段，用于保持数据的一致性。例如，A 表中的一个字段是 B 表的主键，那它就是 A 表的外键。

【真题 11】 Which two statements are true regarding constraints? (Choose two)

A．A constraint can be disabled even if the constraint column contains data

B．A constraint is enforced only for the INSERT operation on a table

C．A foreign key cannot contain NULL values

D．All constraints can be defined at the column level AS　well AS　the TABLE level

E. A columns with the UNIQUE constraint can contain NULL values

答案：A、E。

题目问的是关于约束哪两项是正确的。数据的完整性是指数据的正确性和一致性，可以在定义表时定义完整性约束，也可以通过规则、索引、触发器等方式定义完整性约束。约束分为两类：行级和表级，二者的处理机制是一样的。行级约束放在列后，表级约束放在表后，多个列共用的约束放在表后。约束可以分为以下5种不同类型：唯一性约束、主键约束、外键约束、检查约束和空值约束。

本题中，对于选项A，即使列中包含数据，这个列上的约束也可以被禁用。所以，选项A正确。对于选项B，约束不仅仅对于INSERT操作起到约束作用，对UPDATE和DELETE操作同样起到约束作用。所以，选项B正确。对于选项C，外键约束可以包含空值。所以，选项C错误。对于选项D，主键约束只能定义在列级别。所以，选项D错误。对于选项D，包含唯一约束的列值可以包含空值。所以，选项E正确。

【真题12】有一个关系：学生（学号，姓名，系别），规定学号的值域是8个数字组成的字符串，这一规则属于（　　）。

A. 实体完整性约束　　　　　　　　B. 参照完整性约束
C. 用户自定义完整性约束　　　　　D. 关键字完整性约束

答案：C。

4.11　事务

4.11.1　事务的概念及其4个特性是什么？

事务（Transaction）是一个操作序列。这些操作要么都做，要么都不做，是一个不可分割的工作单位。事务通常以BEGIN TRANSACTION开始，以COMMIT或ROLLBACK操作结束。COMMIT即提交，提交事务中所有的操作、事务正常结束。ROLLBACK即回滚，撤销已做的所有操作，回滚到事务开始时的状态。事务是数据库系统区别于文件系统的重要特性之一。

事务有4个特性，一般都称为ACID特性，见下表。

名　　称	简　　介	举　　例
原子性（Atomicity）	原子性是指事务在逻辑上是不可分割的操作单元，其所有语句要么都执行，要么都撤销执行。当每个事务运行结束时，可以选择"提交"所做的数据修改，并将这些修改永久应用到数据库中	假设有两个账号，A账号和B账号。A账号转给B账号100元，这里有两个动作在里面，①A账号减去100元，②B账号增加100元，这两个动作不可分割即原子性
一致性（Consistency）	事务是一种逻辑上的工作单元。一个事务就是一系列在逻辑上相关的操作指令的集合，用于完成一项任务，其本质是将数据库中的数据从一种一致性状态转换到另一种一致性状态，以体现现实世界中的状况变化。至于数据处于什么样的状态算是一致状态，这取决于现实生活中的业务逻辑以及具体的数据库内部实现	拿转账来说，假设用户A和用户B两者的钱加起来一共是5000，那么不管A和B之间如何转账，转几次账，事务结束后两个用户的钱加起来还应得是5000，这就是事务的一致性
隔离性（Isolation）	隔离性是针对并发事务而言的。并发是指数据库服务器同时处理多个事务，如果不采取专门的控制机制，那么并发事务之间可能会相互干扰，进而导致数据出现不一致或错误的状态。隔离性就是要隔离并发运行的多个事务间的相互影响。关于事务的隔离性，数据库提供了多种隔离级别，后面的章节会介绍	隔离性即要达到这样一种效果：对于任意两个并发的事务T1和T2，在事务T1看来，T2要么在T1开始之前就已经结束，要么在T1结束之后才开始，这样每个事务都感觉不到有其他事务在并发地执行
持久性（Durability）	事务的持久性（也叫永久性）是指一旦事务提交成功，其对数据的修改是持久性的。数据更新的结果已经从内存转存到外部存储器上，此后即使发生了系统故障，已提交事务所做的数据更新也不会丢失	当开发人员在使用JDBC操作数据库时，在提交事务后，提示用户事务操作完成，那么这时数据就已经存储到磁盘上了。即使数据库重启，该事务所做的更改操作也不会丢失

【真题13】事务所具有的特性有（　　）。
A. 原子性　　　　　B. 一致性　　　　　C. 隔离性　　　　　D. 持久性
答案：A、B、C、D。

【真题14】事务的持久性是指（　　）。
A. 事务中包括的所有操作要么都做，要么都不做

B. 事务一旦提交，对数据库的改变是永久的

C. 一个事务内部的操作及使用的数据对并发的其他事务是隔离的

D. 事务必须是使数据库从一个一致性状态变到另一个一致性状态

答案：B。

4.11.2　事务的分类

从事务理论的角度来看，可以把事务分为以下几种类型：

● 扁平事务（Flat Transactions）。

● 带有保存点的扁平事务（Flat Transactions with Savepoints）。

● 链事务（Chained Transactions）。

● 嵌套事务（Nested Transactions）。

● 分布式事务（Distributed Transactions）。

1）扁平事务是事务类型中最简单的一种。在扁平事务中，所有操作都处于同一层次，其由 BEGIN WORK 开始，由 COMMIT WORK 或 ROLLBACK WORK 结束，其间的操作是原子的，要么都执行，要么都回滚，因此扁平事务是应用程序成为原子操作的基本组成模块。扁平事务虽然简单、但是在实际环境中使用最为频繁，也正因为其简单、使用频繁，故每个数据库系统都实现了对扁平事务的支持。扁平事务的主要限制是不能提交或者回滚事务的某一部分，或分几个步骤提交。

保存点（Savepoint）用来通知事务系统应该记住事务当前的状态，以便当之后发生错误时，事务能回到保存点当时的状态。对于扁平的事务来说，隐式地设置了一个保存点，然而在整个事务中，只有这一个保存点，因此回滚只能会滚到事务开始时的状态。

扁平事务一般有以下 3 种不同的结果：①事务成功完成，在平常应用中约占所有事务的96%。②应用程序要求停止事务，如应用程序在捕获到异常时会回滚事务，约占事务的 3%。③外界因素强制终止事务，如连接超时或连接断开，约占所有事务的1%。

2）带有保存点的扁平事务除了支持扁平事务支持的操作外，还允许在事务执行过程中回滚到同一事务中较早的一个状态。这是因为某些事务在执行过程中可能出现的错误并不会导致所有的操作都无效，放弃整个事务不合乎要求，开销太大。

3）链事务是指一个事务由多个子事务链式组成，它可以被视为保存点模式的一个变种。带有保存点的扁平事务，当发生系统崩溃时，所有的保存点都将消失，这意味着当进行恢复时，事务需要从开始处重新执行，而不能从最近的一个保存点继续执行。链事务的思想是：在提交一个事务时，释放不需要的数据对象，将必要的处理上下文隐式地传给下一个要开始的事务，前一个子事务的提交操作和下一个子事务的开始操作合并成一个原子操作，这意味着下一个事务将看到上一个事务的结果，就好像在一个事务中进行一样。这样，在提交子事务时就可以释放不需要的数据对象，而不必等到整个事务完成后才释放。其工作方式如下：

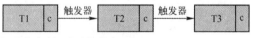

链事务与带有保存点的扁平事务的不同之处如下：

① 带有保存点的扁平事务能回滚到任意正确的保存点，而链事务中的回滚仅限于当前事务，即只能恢复到最近的一个保存点。

② 对于锁的处理，两者也不相同，链事务在执行 COMMIT 后即释放了当前所持有的锁，而带有保存点的扁平事务不影响迄今为止所持有的锁。

4）嵌套事务是一个层次结构框架，由一个顶层事务（Top-Level Transaction）控制着各个层次的事务，顶层事务之下嵌套的事务被称为子事务（Subtransaction），其控制着每一个局部的变换，子事务本身也可以是嵌套事务。因此，嵌套事务的层次结构可以看成一棵树。

5）分布式事务通常是在一个分布式环境下运行的扁平事务，因此需要根据数据所在位置访问网络中不同结点的数据库资源。例如，一个银行用户从招商银行的账户向工商银行的账户转账 1000 元，这里需要用到分布式事务，因为不能仅调用某一家银行的数据库就完成任务。

4.11.3　什么是 XA 事务？

XA（eXtended Architecture）是指由 X/Open 组织提出的分布式交易处理的规范。XA 是一个分布式事务协议，由 Tuxedo 提出，所以分布式事务也称为 XA 事务。XA 协议主要定义了事务管理器 TM（Transaction Manager，协调者）和资源管理器 RM（Resource Manager，参与者）之间的接口。其中，资源管理器往往由数据库实现，如 Oracle、DB2、MySQL，这些商业数据库都实现了 XA 接口，而事务管理器作为全局的调度者，负责各个本地资源的提交和回滚。XA 事务是基于两阶段提交（Two-phase Commit，2PC）协议实现的，可以保证数据的强一致性，许多分布式关系型数据管理系统都采用此协议来完成分布式。阶段一为准备阶段，即所有的参与者准备执行事务并锁住需要的资源。当参与者 Ready 时，向 TM 汇报自己已经准备好。阶段二为提交阶段。当 TM 确认所有参与者都 Ready 后，向所有参与者发送 COMMIT 命令。

XA 事务允许不同数据库的分布式事务，只要参与在全局事务中的每个结点都支持 XA 事务。Oracle、MySQL 和 SQL Server 都支持 XA 事务。

XA 事务由一个或多个资源管理器（RM）、一个事务管理器（TM）和一个应用程序（Application Program）组成。

- 资源管理器：提供访问事务资源的方法。通常一个数据库就是一个资源管理器。
- 事务管理器：协调参与全局事务中的各个事务。需要和参与全局事务的所有资源管理器进行通信。
- 应用程序：定义事务的边界。

XA 事务的缺点是性能不好，且无法满足高并发场景。一个数据库的事务和多个数据库间的 XA 事务性能会相差很多。因此，要尽量避免 XA 事务，如可以将数据写入本地，用高性能的消息系统分发数据，或使用数据库复制等技术。只有在其他办法都无法实现业务需求，且性能不是瓶颈时才使用 XA。

4.11.4　事务的 4 种隔离级别（Isolation Level）分别是什么？

当多个线程都开启事务操作数据库中的数据时，数据库系统要能进行隔离操作，以保证各个线程获取数据的准确性，所以对于不同的事务，采用不同的隔离级别会有不同的结果。如果不考虑事务的隔离性，那么会发生下表所示的 3 种问题：

现　象	简　介	举　例
脏读（Dirty Read）	一个事务读取了已被另一个事务修改、但尚未提交的数据。若一个事务正在多次修改某个数据，而在这个事务中多次的修改都还未提交，这时另外一个并发的事务来访问该数据时，则会造成两个事务得到的数据不一致	用户 A 向用户 B 转账 100 元，对应 SQL 命令如下所示： UPDATE ACCOUNT SET MONEY=MONEY + 100 WHERE NAME='B';（此时 A 通知 B） UPDATE ACCOUNT SET MONEY=MONEY − 100 WHERE NAME='A'; 当只执行第一条 SQL 时，A 通知 B 查看账户，B 发现钱确实已到账（此时即发生了脏读），而之后无论第二条 SQL 是否执行，只要该事务不提交，所有操作就都将回滚，那么当 B 以后再次查看账户时就会发现钱其实并没有转成功
不可重复读（Nonrepeatable Read）	在同一个事务中，同一个查询在 TIME1 时刻读取某一行，在 TIME2 时刻重新读取这一行数据时，发现这一行的数据已经发生修改，可能更新了（UPDATE），也可能被删除了（DELETE）	事务 T1 在读取某一数据，而事务 T2 立即修改了这个数据并且提交事务给数据库，事务 T1 再次读取该数据就得到了不同的结果，发生了不可重复读
幻读（Phantom Read），也叫幻影读、幻像读、虚读	在同一事务中，当同一查询多次执行时，由于其他插入（INSERT）操作的事务提交，会导致每次返回不同的结果集。幻读是事务非独立执行时发生的一种现象	事务 T1 对一个表中所有的行的某个数据项执行了从"1"修改为"2"的操作，这时事务 T2 又在这个表中插入了一行数据，而这个数据项的数值还是"1"，并且提交给数据库。而操作事务 T1 的用户如果再看看刚刚修改的数据，那么会发现还有一行没有修改，其实这行是从事务 T2 中添加的，就好像产生幻觉一样，这就是发生了幻读

脏读和不可重复读的区别：脏读是某一事务读取了另一个事务未提交的脏数据，而不可重复读则是在同一个事务范围内多次查询同一条数据却返回了不同的数据值，这是由于在查询间隔期间，该条数据被另一个事务修改并提交了。

幻读和不可重复读的区别：幻读和不可重复读都是读取了另一个事务中已经提交的数据，不同的是，不可重复读查询的都是同一个数据项，而幻读针对的是一个数据整体（如数据的条数）。

在 SQL 标准中定义了 4 种隔离级别，每一种级别都规定了一个事务中所做的修改，哪些是在事务内和事务间可见的，哪些是不可见的。较低级别的隔离通常可以执行更高的并发，系统的开销也更低。SQL 标准定义的 4 个隔离级别为 Read Uncommitted（未提交读）、Read Committed（提交读）、Repeatable Read（可重复读）、Serializable（可串行化），见下表。

隔离级别	未提交读	提交读	可重复读	可串行化
简介	在该隔离级别，所有事务都可以看到其他未提交事务的执行结果，即在未提交读级别，事务中的修改即使没有提交，对其他事务也都是可见的，该隔离级别很少用于实际应用。读取未提交的数据也被称为脏读（Dirty Read）。该隔离级别最低，并发性能高	这是大多数数据库系统的默认隔离级别。它满足了隔离的简单定义：一个事务只能看见已经提交事务所做的改变。换句话说，一个事务从开始直到提交之前，所做的任何修改对其他事务都是不可见的。提交读是 Oracle 数据库默认的事务隔离级别	可重复读可以确保同一个事务在多次读取同样的数据时得到同样的结果。可重复读解决了脏读的问题，不过理论上，这会导致另一个棘手的问题：幻读（Phantom Read）。MySQL 数据库中的 InnoDB 和 Falcon 存储引擎通过 MVCC（Multi-Version Concurrent Control，多版本并发控制）机制解决了该问题。需要注意的是，多版本只是解决了不可重复读问题，而加上间隙锁（也就是这里所谓的并发控制）才解决了幻读问题。可重复读是 MySQL 数据库的默认隔离级别	这是最高的隔离级别，它通过强制事务排序，强制事务串行执行，使之不可能相互冲突，从而解决幻读问题。简言之，它是在每个读的数据行上加上共享锁。在这个级别，可能导致大量的超时现象和锁竞争。实际应用中也很少用到这个隔离级别，只有在非常需要确保数据的一致性而且可以接受没有并发的情况下，才考虑用这级别。这是花费代价最高，但是最可靠的事务隔离级别
脏读	允许			
不可重复读	允许	允许		
幻读	允许	允许	允许	
默认级别数据库		Oracle、SQL Server	MySQL	
并发性能	最高	比未提交读低	比 Read Committed 低	最低

不同的隔离级别有不同的现象，并有不同的锁和并发机制，隔离级别越高，数据库的并发性能就越差，4 种隔离级别与并发性能的关系，见下表。

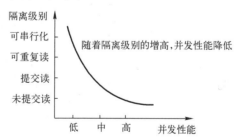

4.11.5　Oracle、MySQL 和 SQL Server 中的事务隔离级别

Oracle、MySQL 和 SQL Server 中的事务隔离级别见下表。

	Oracle	MySQL	SQL Server
支持	Read Committed（提交读）、Serializable（可串行化）	Read Uncommitted（未提交读）、Read Committed（提交读）、Repeatable Read（可重复读）、Serializable（可串行化）	Read Uncommitted（未提交读）、Read Committed（提交读）、Repeatable Read（可重复读）、Serializable（可串行化）、Snapshot（快照）、Read Committed Snapshot（已经提交读隔离）
默认	Read Committed（提交读）	Repeatable Read（可重复读）	Read Committed（提交读）

（续）

	Oracle	MySQL	SQL Server

设置语句	Oracle 可以设置的隔离级别:
	SET TRANSACTION ISOLATION LEVEL READ COMMITTED; //提交读
	SET TRANSACTION ISOLATION LEVEL SERIALIZABLE; //可串行化, 不支持 SYS 用户
	
	注意: Oracle 不支持脏读。SYS 用户不支持 Serializable（可串行化）隔离级别
		MySQL 可以设置的隔离级别（其中, GLOBAL 表示系统级别, SESSION 表示会话级别）:
		SET GLOBAL|SESSION TRANSACTION ISOLATION LEVEL READ UNCOMMITTED; //未提交读
		SET GLOBAL|SESSION TRANSACTION ISOLATION LEVEL READ COMMITTED; //提交读
		SET GLOBAL|SESSION TRANSACTION ISOLATION LEVEL REPEATABLE READ; //可重复读
		SET GLOBAL|SESSION TRANSACTION ISOLATION LEVEL SERIALIZABLE; //可串行化
			SQL Server 可以设置的隔离级别:
			SET TRANSACTION ISOLATION LEVEL READ UNCOMMITTED; //未提交读
			SET TRANSACTION ISOLATION LEVEL READ COMMITTED; //提交读
			SET TRANSACTION ISOLATION LEVEL REPEATABLE READ; //可重复读
			SET TRANSACTION ISOLATION LEVEL SERIALIZABLE; //可串行化
			ALTER DATABASE TEST SET ALLOW_SNAPSHOT_ISOLATION ON; //快照
			ALTER DATABASE TEST SET READ_COMMITTED_SNAPSHOT ON; //已经提交读隔离

查询 SQL	SELECT S.SID, 　　S.SERIAL#, 　　CASE BITAND(T.FLAG, POWER(2, 28)) 　　WHEN 0 THEN 'READ COMMITTED' 　　ELSE 'SERIALIZABLE' 　　END AS ISOLATION_LEVEL FROM V$TRANSACTION T JOIN V$SESSION S 　ON T.ADDR = S.TADDR 　AND S.SID = SYS_CONTEXT('USERENV', 'SID');	MySQL 数据库查询当前会话的事务隔离级别的 SQL 语句为 SELECT @@TX_ISOLATION; MySQL 数据库查询系统的事务隔离级别的 SQL 语句为 SELECT @@GLOBAL.TX_ISOLATION; 当然, 也可以同时查询: SELECT @@GLOBAL.TX_ISOLATION, @@TX_ISOLATION;	DBCC USEROPTIONS

4.12 什么是 CAP 定理?

CAP 定理又称 CAP 原则, 它是一个衡量系统设计的准则, 是指在一个分布式系统中, Consistency （一致性）、Availability （可用性）、Partition Tolerance （分区容错性）, 三者不可兼得。

- C（一致性）: 所有结点在同一时间的数据完全一致。
- A（可用性）: 服务一直可用, 每个请求都能接收到一个响应, 无论响应成功或失败。
- P（分区容错性）: 分布式系统在遇到某结点或网络分区故障时, 仍然能够对外提供满足一致性和可用性的服务。

任何分布式系统在可用性、一致性、分区容错性方面, 不能兼得, 最多只能得其二。因此, 任何分布式系统的设计只是在三者中的不同取舍而已。所以, 就有了 3 个分类: CA 数据库, CP 数据库和 AP 数据库。传统的关系型数据库在功能支持上通常很宽泛, 从简单的键值查询到复杂的多表联合查询, 再到事务机制的支持。而与之不同的是, NoSQL 系统通常注重性能和扩展性, 而非事务机制, 因为事务就是强一致性的体现。

- CA 数据库满足数据的一致性和高可用性, 但没有可扩展性, 不考虑分区容忍性, 对应的数据库就是普通的关系型数据库 RDBMS, 如 Oracle、MySQL 的单结点, 满足数据的一致性和高可用性。单结点数据库是符合这种架构的, 如超市收银系统、图书管理系统。
- CP 数据库考虑的是一致性和分区容错性, 这种数据库对分布式系统内的通信要求比较高, 因为要保持数据的一致性, 需要做大量的交互, 如 Oracle RAC、Sybase 集群。虽然 Oracle RAC 具备结点的扩展性, 但当结点达到一定数目时, 性能（即可用性）就会下降很快, 并且结点之间的网络开销还在, 需要实时同步各结点之间的数据。CP 数据库通常性能不是特别高, 如火车售票系统。
- AP 数据库考虑的是实用性和分区容忍性, 即外部访问数据, 可以更快得到回应, 如博客系统。这时, 数据的一致性就可能得不到满足或者对一致性要求低一些, 各结点之间的数据同步没有那么快, 但能保存数据的最终一致性。例如一个数据, 可能外部一个进程在改写这个数据, 同时另一个进程在读这个数据，此时，数据显现是不一致的。但是数据库会满足一个最终一致性的概念，即过程可能是不一致的，但是到某一个终点，数据就会一致起来。

【真题15】 CAP 定理和一般事务中的 ACID 特性中的一致性有什么区别？

答案：一般事务中的 ACID 中的一致性是有关数据库规则的描述，如果数据表结构定义一个字段值是唯一的，那么一致性系统将解决所有操作中导致这个字段值非唯一性的情况。如果带有一个外键的一行记录被删除，那么其外键相关记录也应该被删除，这就是 ACID 一致性。

CAP 理论的一致性是保证同一个数据在所有不同服务器上的复制都是相同的，这是一种逻辑保证，而不是物理，因为网络速度限制，在不同服务器上这种复制是需要时间的，集群通过阻止客户端查看不同结点上还未同步的数据维持逻辑视图。

4.13　什么是数据库系统的三级模式结构和二级映像？

不同的 DBMS 在体系结构上通常都具有相同的特征，即采用三级模式结构并提供二级映像功能。数据库系统的三级模式结构是数据库系统内部的体系结构。数据库系统的三级模式是指外模式、模式和内模式 3 部分。数据库系统的模式结构图如下图所示。

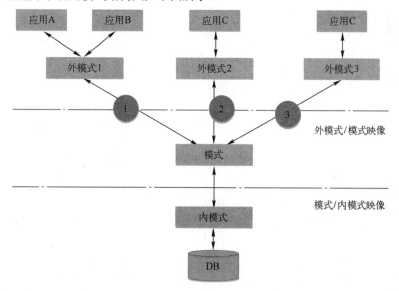

1. 外模式（External Schema）

外模式也称子模式（Subschema）或用户模式，它是数据库用户（包括应用程序员和最终用户）最终能够看见的和使用的局部数据的逻辑结构和特征的描述，是数据库用户的数据视图，是与某一应用有关的数据的逻辑表示。外模式面向具体的应用程序，它定义在模式之上，但独立于存储模式和存储设备。设计外模式时应充分考虑到应用的扩充性。外模式通常是模式的子集。一个数据库可以有多个外模式。外模式是保证数据库安全性的一个有力措施。

2. 模式（Schema）

模式也称逻辑模式，是数据库中全体数据的逻辑结构和特征的描述，是所有用户的公共数据视图。它是数据库系统模式结构的中间层，既不涉及数据的物理存储细节和硬件环境，也与具体的应用程序、所使用的应用开发工具以及高级程序设计语言无关。模式是数据库的中心与关键，它独立于数据库的其他层次。设计数据库模式结构时应首先确定数据库的模式。模式实际上是数据库数据在逻辑级上的视图。一个数据库只有一个模式。数据库模式以某一种数据模型为基础，统一综合地考虑了所有用户的需求，并将这些需求有机地结合成一个逻辑整体。模式定义包括数据的逻辑结构定义、数据之间的联系定义以及安全性、完整性要求的定义。

3. 内模式（Internal Schema）

内模式也称存储模式（Storage Schema），一个数据库只有一个内模式，它是数据物理结构和存储方式的描述，是数据在数据库内部的表示方式。内模式依赖于它的全局逻辑结构，但独立于数据库的用户视图（即外模式），也独立于具体的存储设备。例如，记录的存储方式是顺序存储，按照 B 树结构存储还是按 HASH方法存储；索引按照什么方式组织；数据是否压缩存储，是否加密；数据的存储记录结构有何规定等。

数据库系统的三级模式是对数据的三个抽象级别，它把数据的具体组织留给 DBMS 管理，使用户能逻辑抽象地处理数据，而不必关心数据在计算机中的表示和存储。为了能够在内部实现这三个抽象层次的联系和转换，数据库系统在这三级模式之间提供了二级映像：外模式/模式映像和模式/内模式映像。正是这两层映像保证了数据库系统中的数据能够具有较高的逻辑独立性和物理独立性。

（1）外模式/模式

对于每一个外模式，数据库系统都有一个外模式/模式映像，它定义了该外模式与模式之间的对应关系（这些映像定义通常包含在各自外模式的描述中）。当模式改变时（如增加新的关系、新的属性、改变属性的数据类型等），DBA 对各个外模式/模式的映像做相应改变，可以使外模式保持不变。这体现了数据的逻辑独立性。

（2）模式/内模式

存在一个唯一的模式/内模式映像，它定义了数据库全局逻辑结构与存储结构之间的对应关系（该映像定义通常包含在模式描述中）。例如，说明逻辑记录和字段在内部是如何表示的。

当数据库的存储结构改变了（如选用了另一种存储结构），由 DBA 对模式/内模式映像做相应改变，可以使模式保持不变。这体现了数据的物理独立性。

三级模式和二级映像的优点如下：

1）数据库的二级映像保证了数据库外模式的稳定性，从而从底层保证了应用程序的稳定性。

2）数据和程序之间的独立性使得数据的定义和描述可以从应用程序中分离出去。另外，由于数据的存取由 DBMS 管理，因此用户不必考虑存取路径等细节，从而简化了应用程序的编制，大大减少了应用程序的维护和修改开销。

【真题 16】 在 SQL 语言中，视图是数据库的（　　）。

A．外模式　　　　　　　B．模式　　　　　　　C．内模式　　　　　　　D．存储模式

答案：A。

4.14　什么是数据库三级封锁协议？

众所周知，基本的封锁类型有以下两种：排他锁（X 锁）和共享锁（S 锁）。X 锁是事务 T 对数据 A加上 X 锁时，只允许事务 T 读取和修改数据 A。所谓 S 锁是事务 T 对数据 A 加上 S 锁时，其他事务只能再对数据 A 加 S 锁，而不能加 X 锁，直到 T 释放 A 上的 S 锁。若事务 T 对数据对象 A 加了 S 锁，则T 就可以对 A 进行读取，但不能进行更新（S 锁因此又称为读锁），在 T 释放 A 上的 S 锁以前，其他事务可以再对 A 加 S 锁，但不能加 X 锁。从而可以读取 A，但不能更新 A。

在运用 X 锁和 S 锁对数据对象加锁时，还需要约定一些规则，如何时申请 X 锁或 S 锁、持锁时间、何时释放等，称这些规则为封锁协议（Locking Protocol）。对封锁方式规定不同的规则，就形成了各种不同的封锁协议。一般使用三级封锁协议，也称为三级加锁协议。该协议是为了保证正确的调度事务的并发操作。三级加锁协议是事务在对数据库对象加锁、解锁时必须遵守的一种规则。下面分别介绍这三级封锁协议。

1）一级封锁协议：事务 T 在修改数据 R 之前必须先对其加 X 锁，直到事务结束才释放。事务结束包括正常结束（COMMIT）和非正常结束（ROLLBACK）。一级封锁协议可以防止丢失修改，并保证事务 T 是可恢复的。使用一级封锁协议可以解决丢失修改问题在一级封锁协议中。如果仅仅是读数据不对

其进行修改，是不需要加锁的，它不能保证可重复读和不读"脏"数据。

2）二级封锁协议：一级封锁协议加上事务 T，在读取数据 R 之前必须先对其加 S 锁，读完后方可释放 S 锁。二级封锁协议除防止了丢失修改，还可以进一步防止读"脏"数据。但在二级封锁协议中，由于读完数据后即可释放 S 锁，所以它不能保证可重复读。

3）三级封锁协议：一级封锁协议加上事务 T，在读取数据 R 之前必须先对其加 S 锁，直到事务结束才释放。三级封锁协议除防止了丢失修改和不读"脏"数据外，还进一步防止了不可重复读。

4.15　什么是两段锁协议？

两段锁协议是指所有事务必须严格分为两个阶段对数据项进行加锁和解锁的操作，第一阶段必须为加锁，第二阶段必须为解锁。一个事务中一旦开始释放锁，就不能再申请新锁了。两段锁协议的目的是保证并发调度的正确性。也就是说，如果所有操作数据库的事务都满足两段锁协议，那么这些事务的任何并发调度策略是可串行性的。

1）在对任何数据进行读、写操作之前，要申请并获得对该数据的封锁。

2）每个事务中，所有的加锁请求先于所有的解锁请求。

三级封锁协议的目的是在不同程序上保证数据的一致性。三级封锁协议是从锁的隔离程度来定义，两段锁协议是从加锁、解锁顺序（会影响事务的并发调度）的角度来描述。

4.16　锁

4.16.1　基础知识

锁（Lock）机制用于管理对共享资源的并发访问，用于多用户的环境下，可以保证数据库的完整性和一致性。以商场的试衣间为例，每个试衣间都可供多个消费者使用，因此可能出现多个消费者同时需要使用试衣间试衣服。为了避免冲突，试衣间装了锁，某一个试衣服的人在试衣间里把锁锁住了，其他顾客就不能再从外面打开了，只能等待里面的顾客试完衣服，从里面把锁打开，外面的人才能进去。

当多个用户并发地存取数据时，在数据库中就会产生多个事务同时存取同一数据的情况。若对并发操作不加控制，则就有可能会读取和存储到不正确的数据，破坏数据库的完整性和一致性。当事务在对某个数据对象进行操作前，先向系统发出请求，对其加锁。加锁后事务就对该数据对象有了一定的控制。

4.16.2　更新丢失

更新丢失是指多个用户通过应用程序访问数据库时，由于查询数据并返回到页面和用户修改完毕单击"保存"按钮，将修改后的结果保存到数据库这个时间段（即修改数据在页面上停留的时间）在不同用户之间可能存在偏差，从而最先查询数据并且最后提交数据的用户会把其他用户所做的修改覆盖掉。当两个或多个事务选择同一行数据，然后基于最初选定的值更新该行时，会发生丢失更新问题。每个事务都不知道其他事务的存在。最后的更新将重写由其他事务所做的更新，这将导致数据丢失。

简单来说，更新丢失就是两个事务都同时更新一行数据，一个事务对数据的更新把另一个事务对数据的更新覆盖了。这是因为系统没有执行任何的锁操作，因此并发事务并没有被隔离开来。Serializable 可以防止更新丢失问题的发生。其他的 3 个隔离级别都有可能发生更新丢失问题。Serializable 虽然可以防止更新丢失，但是效率太低，通常数据库不会用这个隔离级别，所以需要其他的机制来防止更新丢失，如悲观锁和乐观锁。

更新丢失可以分为以下两类：第一类丢失更新：在 A 事务撤销时，把已经提交的 B 事务的更新数据覆盖了。这种错误可能造成很严重的问题，通过下表的账户取款转账就可以看出来：

时　　间	取款事务 A	转账事务 B
T1	开始事务	
T2		开始事务
T3	查询账户余额为 1000 元	
T4		查询账户余额为 1000 元
T5		汇入 100 元把余额改为 1100 元
T6		提交事务
T7	取出 100 元把余额改为 900 元	
T8	撤销事务	
T9	余额恢复为 1000 元（丢失更新）	

A 事务在撤销时，"不小心"将 B 事务已经转入账户的金额给抹去了。

第二类丢失更新：在 A 事务提交时覆盖了 B 事务已经提交的数据，造成 B 事务所做操作丢失，见下表。

时　　间	转账事务 A	取款事务 B
T1		开始事务
T2	开始事务	
T3		查询账户余额为 1000 元
T4	查询账户余额为 1000 元	
T5		取出 100 元把余额改为 900 元
T6		提交事务
T7	汇入 100 元	
T8	提交事务	
T9	把余额改为 1100 元（丢失更新）	

上面的例子里由于支票转账事务覆盖了取款事务对存款余额所做的更新，导致银行最后损失了 100 元，相反，如果转账事务先提交，那么用户账户将损失 100 元。

4.16.3　悲观锁和乐观锁

各种大型数据库所采用的锁的基本理论是一致的，但在具体实现上各有差别。下表列出了悲观锁和乐观锁及其更新丢失的解决方案。

名称	悲观锁（Pessimistic Lock）	乐观锁（Optimistic Lock）
描述	每次去读数据时，都认为别的事务会修改数据，所以，每次在读数据时都会上锁，防止其他事务读取或修改这些数据，这样导致其他事务会被阻塞，直到这个事务结束	每次去拿数据时候认为别人不会修改，所以不会上锁，但是在更新时会判断在此期间别人有没有去更新这个数据。乐观锁一般通过增加时间戳字段来实现。认为数据不会被其他用户修改，所以只需要修改屏幕上的信息而不需要锁
应用场景	数据更新比较频繁的场合	数据更新不频繁，查询比较多的场合，这样可以提高吞吐量
更新丢失解决方案	试图在更新之前把行锁住，使用 SELECT…FOR UPDATE，然后更新数据	1）使用版本列的乐观锁定增加 NUMBER、TIMESTAMP 或 DATE 列，通过增加一个时间戳列，可以知道最后修改时间。每次修改行时，检查数据库中这一列的值与最初读出的值是否匹配。若匹配，则修改数据且通过触发器来负责递增 NUMBER、DATE、TIMESTAMP 2）使用校验和的乐观锁定用基数据本身来计算一个"虚拟的"版本列，生成散列值进行比较。数据库独立性好，从 CPU 使用和网络传输方面来看，资源开销量大 3）使用 ORA_ROWSCN 的乐观锁定建立在 Oracle SCN 的基础上，在建表时，需要启用 ROWDEPENDENCIES，防止整个数据块的 ORA_ROWSCN 向前推进。可以用 SCN_TO_TIMESTAMP(ORA_ROWSCN)将 SCN 转换为时间格式。将原先的悲观锁机制修改为乐观锁来控制并发，可以使用 ORA_ROWSCN，这样可以无须增加新列。也可以通过 SCN_TO_TIMESTAMP 来获取最后修改时间

4.16.4　锁的分类

锁的分类如下图所示。

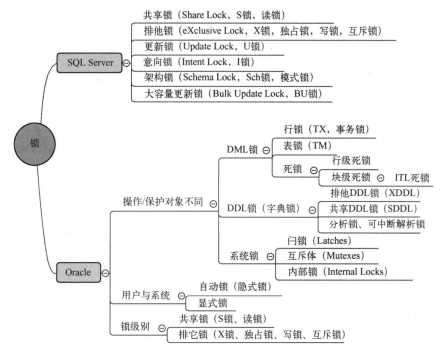

SQL Server 中的锁见下表。

名　称	简　介	何时使用	读	写
共享锁（Share Lock，S 锁，读锁）	S 锁是可以查看，但无法修改和删除的一种数据锁。若事务 T 对数据对象 A 加上 S 锁，则事务 T 只能读 A；其他事务只能再对 A 加 S 锁，而不能加 X 锁，直到 T 释放 A 上的 S 锁。这就保证了其他事务可以读 A，但在 T 释放 A 上的 S 锁之前不能对 A 做任何修改	当执行 SELECT 时，数据库会自动使用 S 锁	Y	N
排他锁（eXclusive Lock，X 锁，独占锁，写锁，互斥锁）	如果事务 T 对数据 A 加上 X 锁后，则其他事务不能再对 A 加任任何类型的锁。获得 X 锁的事务既能读数据，又能修改数据	执 行 INSERT 、UPDATE 、 DELETE 时，数据库会自动使用 X 锁	Y	Y
更新锁（Update Lock，U 锁）	U 锁意味着事务即将要使用 X 锁，它目前正在扫描数据，以确定要使用 X 锁锁定的那些行。它用于可更新的资源中，防止当多个会话在读取、锁定以及随后可能进行的资源更新时发生常见形式的死锁。使用 U 锁可以提高处理并发查询的吞吐量	读阶段 操作阶段 更新阶段	Y Y N	N N N
意向锁（Intent Lock，I 锁）	I 锁是一种用于警示的锁，用于建立锁的层次结构。I 锁包含以下 3 种类型：意向共享（IS）、意向排他（IX）和意向排他共享（SIX）	锁的标记		
架构锁（Schema Lock，Sch 锁，模式锁）	Sch 锁分为架构修改（Schema Modify， Sch-M）锁和架构稳定性（Schema Stability， Sch-S）锁。拥有 Sch-M 锁期间，Sch-M 锁将阻止对表进行并发访问。这意味着 Sch-M 锁在释放前将阻止所有外围操作。某些 DML 操作使用 Sch-M 锁阻止并发操作访问受影响的表。Sch-S 锁不会阻止某些事务锁，其中包括 X 锁。因此，在编译查询的过程中，其他事务（包括那些针对表使用 X 锁的事务）将继续运行，但是无法针对表执行获取 Sch-M 锁的并发 DDL 操作和并发 DML 操作	当修改表结构时使用，即数据库引擎在执行 DDL 操作（如添加列或删除表）的过程中使用 Sch-M 锁。当数据库引擎在编译和执行查询时，使用 Sch-S 锁	N	N
大容量更新锁（Bulk Update Lock，BU 锁）	数据库引擎在将数据大规模复制到表时，指定 TABLOCK 提示或使用 sp_tableoption 选项（将数据表设置为 table lock on bulk load），则是使用 BU 锁。BU 允许多个线程将数据并发地大容量加载到同一表，以降低数据表的锁定竞争，同时防止其他不进行大容量加载数据的进程访问该表	在向表进行大容量数据复制且指定了 TABLOCK 提示时使用	N	N

在以上表格中需要注意的是，同一资源可以加多个 S 锁，但是只能加一个 X 锁。

4.16.5　Oracle 中的锁

数据库是一个多用户使用的共享资源。当多个用户并发地存取数据时，在数据库中就会产生多个事务同时存取同一数据的情况。若对并发操作不加控制，则可能会读取和存储不正确的数据，从而破坏数据库的一致性。并发（Concurrency）的意思是在数据库中有超过两个以上的用户对同样的数据进行修改，而并行（parallel）的意思就是将一个任务分成很多小的任务，让每一个小任务同时执行，最后将结果汇总到一起。所以，锁产生的原因就是并发，并发产生的原因是因为系统和客户的需要。

在单用户数据库中，锁不是必需的，因为只有一个用户在修改信息。但是，当多个用户访问和修改数据时，数据库必须使用锁，以防止对同一数据进行并发修改。所以，锁实现了以下重要的数据库需求：

● 一致性。一个会话正在查看或更改的数据不能被其他会话更改，直到用户会话结束。

● 完整性。数据库的数据和结构必须按正确的顺序反映对他们所做的所有更改。

数据库通过其锁定机制，提供在多个事务之间的数据并发性、一致性和完整性。一般情况下，锁是自动执行的，并且不需要用户操作。

在执行 SQL 语句时，Oracle 数据库自动获取所需的锁。例如，在数据库允许某个会话修改数据之前，该会话必须先锁定数据。锁给予该会话对数据的独占控制权，以便在释放该锁之前，任何其他事务都不可以修改被锁定的数据。因为数据库的锁定机制与事务控制紧密地绑定在一起，所以应用程序设计人员只需要正确地定义事务，而数据库会自动管理锁定。

在任何情况下，Oracle 都能够自动地获得执行 SQL 语句所必须的所有锁，无须用户干预。Oracle 会尽可能地减少锁产生的影响，从而最大程度地保证数据的并发访问能力，并确保数据一致性及错误恢复。同时，Oracle 也支持用户手工加锁的操作。Oracle 从来不会升级锁，但是它会执行锁转换（Lock Conversion）或锁提升（Lock Promotion）。

1. Oracle 中锁的分类

Oracle 中锁的分类图见下表。

分类依据	锁类型			简介
用户与系统划分	自动锁			当进行一项数据库操作时，默认情况下，系统自动为该数据库操作获得所有必要的锁
	显式锁			某些情况下，需要用户显式地锁定操作所要用到的数据，这样才能使数据库操作执行得更好，显式锁是用户为数据库对象设定的
锁级别	共享锁（S 锁、读锁）			共享锁使一个事务对特定数据库资源进行共享访问，另一个事务也可对此资源进行访问或获得相同共享锁。共享锁为事务提供高并发性，但拙劣的事务设计+共享锁容易造成死锁或数据更新丢失
	排他锁（X 锁、独占锁、写锁、互斥锁）			事务设置排他锁后，该事务单独获得此资源，另一个事务不能在此事务提交之前获得相同对象的共享锁或排他锁
操作/保护的对象不同	DML 锁（DML Locks）	保证并发情况下的数据完整性	行锁（Row Locks, TX, Transaction eXclusive, 事务锁）	当事务执行 INSERT、UPDATE、DELETE、MERGE 或 SELECT … FOR UPDATE 操作时，该事务自动获得操作表中操作行的排他锁。每个事务只能得到一个 TX 锁
			表锁（TM, Table Locks, Table DML）	当事务获得行锁后，此事务也将自动获得该行的表锁（共享锁），以防止其他事务进行 DDL 操作影响记录行的更新。事务也可以在执行过程中获得共享锁或排他锁，只有当事务显示使用 LOCK TABLE 语句定义一个排他锁时，事务才会获得表上的排他锁，也可使用 LOCK TABLE 显式地定义一个表级的共享锁。TM 锁包括了 SS、SX、S、X 等 7 种模式，在数据库中用 0～6 来表示，不同的 SQL 操作产生不同类型的 TM 锁
			死锁	死锁是指两个或两个以上的进程在执行过程中，因争夺资源而造成的一种互相等待的现象，若无外力作用，它们都将无法推进下去。此时称系统处于死锁状态或系统产生了死锁，这些永远在互相等待的进程称为死锁进程。死锁又分为行级死锁和块级死锁
	DDL 锁（Data Dictionary Lock, 数据字典锁）	用于保护数据库对象的结构，如表、索引等的结构定义	排他 DDL 锁（eXclusive DDL Locks, XDDL）	也叫独占 DDL 锁，创建、修改、删除一个数据库对象的 DDL 语句获得操作对象的排他 DDL 锁。例如，当使用 ALTER TABLE 语句时，为了维护数据的完成性、一致性、合法性，该事务将获得排他 DDL 锁
			共享 DDL 锁（Share DDL Locks, SDDL）	需在数据库对象之间建立相互依赖关系的 DDL 语句通常需共享获得 DDL 锁。例如，创建一个包，该包中的过程与函数引用了不同的数据库表，当编译此包时，该事务就获得了引用表的共享 DDL 锁。这些锁会保护所引用对象的结构，使之不会被其他会话修改，但是允许修改数据

（续）

分类依据	锁　类　型			简　介
操作/保护的对象不同	DDL 锁（Data Dictionary Lock，数据字典锁）	用于保护数据库对象的结构，如表、索引等的结构定义	分析锁（Breakable Parse Locks，BPL）	Oracle 使用共享池存储分析与优化过的 SQL 语句及 PL/SQL 程序，使运行相同语句的应用速度更快。一个在共享池中缓存的对象获得它所引用数据库对象的分析锁。分析锁是一种独特的 DDL 锁类型，Oracle 使用它追踪共享池对象及它所引用数据库对象之间的依赖关系。当一个事务修改或删除了共享池持有分析锁的数据库对象时，Oracle 使共享池中的对象作废，当下次在引用这条 SQL 或 PL/SQL 语句时，Oracle 就会重新分析编译此语句。分析锁允许一个对象（如共享池中缓存的一个执行计划）向另外某个对象注册其依赖性。如果在被依赖的对象上执行 DDL，那么 Oracle 会查看已经对该对象注册了依赖性的对象列表，并使这些对象无效。因此，这些锁是"可中断的"
	系统锁（System Locks）	Oracle 数据库使用各种类型的系统锁来保护数据库内部和内存结构。由于用户不能控制其何时发生或持续多久，所以这些机制对于用户几乎是不可访问的。闩锁、互斥体和内部锁是完全自动的	闩锁（Latches）	闩锁是简单、低级别的串行化机制，用于协调对共享数据结构、对象和文件的多用户访问。闩锁防止共享内存资源被多个进程访问时遭到破坏。具体而言，闩锁在以下情况下保护数据结构： ① 被多个会话同时修改 ② 正在被一个会话读取时，又被另一个会话修改 ③ 正在被访问时，其内存被释放（换出） V$LATCH 视图包含每个闩锁的详细使用情况的统计信息，包括每个闩锁被请求和被等待的次数
			互斥体（Mutexes，mutual exclusion object）	Mutexes 是 Oracle 11g 新增的锁，也叫互斥对象，它是一种底层机制，用于防止内存中的对象在被多个并发进程访问时，被换出内存或遭到破坏。Mutexes 类似于闩锁，但闩锁通常保护一组对象，而互斥对象通常保护单个对象。Mutexes 有以下几个优点： ① Mutexes 可以减少发生争用的可能性。由于闩锁保护多个对象，当多个进程试图同时访问这些对象的任何一个时，它可能成为一个瓶颈。而互斥体仅仅串行化对单个对象的访问，而不是一组对象，因此 Mutexes 提高了可用性 ② Mutexes 比闩锁消耗更少的内存 ③ 在共享模式下，互斥体允许被多个会话并发引用
			内部锁（Internal Locks）	内部锁是比闩锁和互斥体更高级、更复杂的机制，并用于各种目的。数据库使用以下类型的内部锁。 ① 字典缓存锁（Dictionary Cache Locks）：这些锁的持续时间很短，当字典缓存中的条目正在被修改或使用时被持有。它们保证正在被解析的语句不会看到不一致的对象定义。字典缓存锁可以是共享的或独占的。共享锁在解析完成后被释放，而独占锁在 DDL 操作完成时释放 ② 文件和日志管理锁：这些锁用于保护各种文件 ③ 表空间和撤销段锁：这些锁用于保护表空间和撤销段

上表中的 TM 锁又分为 7 个级别，其中，R 代表行，S 代表共享，见下表。

锁模式	锁描述	锁别名	SQL 语句举例	详　解	允许的操作	禁止的操作
0	none	没有锁				
1	NULL	空	SELECT	NULL 锁是一种分析锁，是系统自动生成的。有 NULL 锁的对象，一旦被删除，它会通知有该表 NULL 锁的会话，该对象被删除了。在某些情况下，如分布式数据库的查询会也会产生此锁。在一些数据库内部操作的某些阶段也会自动获得该锁		
2	SS（Sub-Share）、RS（Row Share，Row-S）	行共享表级锁（Row Share Table Lock，RS）或行级共享锁也被称为子共享表锁（SS，Subshare Table Lock）	1.LOCK TABLE … IN SHARE UPDATE MODE；2.LOCK TABLE … IN ROW SHARE MODE；3.CREATE/ALTER INDEX…ONLINE；—从 Oracle 11g 开始全过程是 2 级 TM 锁	在表级别，SS 锁只和 X 锁不兼容，和其他的锁都是兼容的。SS 锁表明拥有此锁的事务已经锁定了表内的某些数据行，并有意对数据行进行更新操作。行共享锁是限制最少的表级锁模式，提供在表上最高程度的并发性	某个事务拥有了某个表的 RS 锁后，其他事务依然可以发起对相同数据表执行查询、插入、更新和删除操作，或对表内数据行执行加锁的操作。也就是说，其他事务同时也能获得相同表上的 RS、RX、S 和 SSX 模式的表级锁	某个事务拥有了某个表的 RS 锁后，只会禁止其他事务对相同表获取 X 锁

（续）

锁模式	锁描述	锁别名	SQL 语句举例	详 解	允许的操作	禁止的操作
3	SX（Sub-Exclusive）、RX（Row Exclusive,Row-X）	行级排他锁（行独占表锁，Row Exclusive Table Lock）也被称为子独占表锁（SX，subexclusive table lock）	1.INSERT、UPDATE、DELETE、MERGE INTO 2.SELECT … FOR UPDATE 3.SELECT … FOR UPDATE OF column 4.LOCK TABLE… IN ROW EXCLUSIVE MODE; 注：在 Oracle 10g 之前，FOR UPDATE 是 RS 锁	RX 比 RS 的限制程度略高。RX 锁表明拥有此锁的事务已经对表内的某些数据行进行了更新操作。当对话使用 SELECT … FOR UPDATE 子串打开一个游标时，所有返回结果集中的数据行都将处于行级（Row-X）独占式锁定，其他对象只能查询这些数据行，不能进行 UPDATE、DELETE 或 SELECT… FOR UPDATE 操作，但是可以执行 INSERT 的操作。在没有 COMMIT 之前，其他会话更新（UPDATE、DELETE）相同记录会没有反应，因为后一个模式为 3 的锁会一直等待上一个模式为 3 的锁，此时必须释放掉上一个锁才能继续工作	某个事务拥有了某个表的 RX 锁后，其他事务依然可以并发地对相同数据表执行查询、插入、更新和删除操作。RX 允许其他多个事务同时获得相同表上的 RS 或 RX 锁	某个事务拥有了某个表的 RX 锁后，将禁止其他事务对表加 S、SSX 和 X 锁
4	S（Share）	共享表锁（Share Table Lock, S）	1.CREATE INDEX 2.ALTER INDEX 3.CREATE/ALTER INDEX … ONLINE;—在 Oracle 10g 中的开始和结束的时候 4.LOCK TABLE…IN SHARE MODE	不带 ONLINE 的新建或重建索引的 SQL 语句获取的是 4 级 TM 锁。从 Oracle 10g 开始，带 ONLINE 的新建或重建索引的 SQL 语句在开始和结束的时候获取的是 4 级 TM 锁，而在读取表数据的过程中获取的是 2 级 TM 锁。在 Oracle 11g 中，带 ONLINE 的新建或重建索引的 SQL 语句在整个执行过程中获取的是 2 级 TM 锁。S 锁和 RS 锁都兼容，和其他 3 种带 X 的锁模式（SX、SSX、X）都不兼容	某个事务拥有了某个表的 S 锁后，其他事务可以查询表，也能够成功执行 LOCK TABLE…IN SHARE MODE 语句，但其他事务不能对表进行执行 INSERT、UPDATE 和 DELETE 操作。多个事务可以并发地获得同一个表上的 S 锁。因此，拥有 S 锁的事务只有在此表上没有其他事务的 S 锁时，才能对表进行更新操作	某个事务拥有了某个表的 S 锁后，将禁止其他事务修改此表，同时禁止其他事务获得 3、5 和 6 级锁
5	SSX（Share Sub-Exclusive）、SRX（Share Row Exclusive, S/Row-X）	共享行级排他锁，也被称为共享行独占表锁（Share Row Exclusive Table Lock，SRX 或共享子独占表锁）	1.LOCK TABLE … IN SHARE ROW EXCLUSIVE MODE	SSX 比 S 锁的限制性更强，一次只能有一个事务可以获取给定的表上的 SSX 锁，SSX 只和 2 级锁 RX 是兼容的	同一时间只有一个事务能够获得表的 SSX 锁。若某个事务拥有了某个表的 SSX 锁后，则其他事务可以查询表，但不能对表进行更新操作	拥有 SSX 锁的事务将阻止其他事务获取 SX 锁来修改数据。SSX 锁还能阻止其他事务在相同表上获取 S、SSX 和 X 锁
6	X（Exclusive）	排他锁或独占表锁（Exclusive Table Lock, X）	1.ALTER TABLE、DROP TABLE、DROP INDEX、TRUNCATE TABLE 2.LOCK TABLE IN EXCLUSIVE 3.INSERT /*+ APPEND*/ INTO …	这种锁是最严格的锁，禁止其他事务执行任何类型的 DML 语句，或在表上放置任何类型的锁。X 锁是限制程度最高的表级锁，它能使获得此锁的事务排他地对表进行写操作	同一时间只有一个事务能获得表上的 X 锁。在一个事务获得 X 锁后，其他事务只能对表进行查询操作	一个事务获得排他表级锁后，将禁止其他事务对表执行任何 DML 操作，其他事务也无法获取表上任何类型的锁

2. 锁的兼容性

常见 SQL 语句的锁兼容情况见下表。

SQL 语句	行级锁模式	表级锁模式	是否允许锁操作				
			RS（2）	RX（3）	S（4）	SRX（5）	X（6）
SELECT…FROM table…		NULL	Y	Y	Y	Y	Y
INSERT INTO table …	X	RX	Y	Y	N	N	N
INSERT /*+ APPEND*/ INTO table …	X	X	N	N	N	N	N
UPDATE table …	X	RX	Y*	Y*	N	N	N
DELETE FROM table …	X	RX	Y*	Y*	N	N	N
SELECT … FROM table FOR UPDATE (OF) …	X	RX（Oracle 9i 是 RS）	Y*	Y*	Y*	Y*	N
LOCK TABLE table IN ROW SHARE MODE		RS	Y	Y	Y	Y	N
LOCK TABLE table IN SHARE UPDATE MODE		RS	Y	Y	Y	Y	N

（续）

SQL 语句	行级锁模式	表级锁模式	是否允许锁操作				
			RS（2）	RX（3）	S（4）	SRX（5）	X（6）
LOCK TABLE table IN ROW EXCLUSIVE MODE		RX	Y	Y	N	N	N
LOCK TABLE table IN SHARE MODE		S	Y	N	Y	N	N
LOCK TABLE table IN SHARE ROW EXCLUSIVE MODE		SRX	Y	N	N	N	N
LOCK TABLE table IN EXCLUSIVE MODE		X	N	N	N	N	N

注：Y*表示当不与其他事务的行级锁冲突时才允许，否则将产生等待

锁之间的兼容模式见下表。

	Held/Get	Null（1）	RS（2）	RX（3）	S（4）	SSX（5）	X（6）
0、1	none、Null	√	√	√	√	√	√
2	RS	√	√	√	√	√	
3	RX	√	√	√			
4	S	√	√		√		
5	SSX	√	√				
6	X	√					

3. 显式锁和隐式锁

Oracle 锁被自动执行，并且不要求用户干预的锁为隐式锁，或称为自动锁。对于 SQL 语句而言，隐式锁是必须的，依赖于被请求的动作。隐式锁是 Oracle 中使用最多的锁，执行任何 DML 语句都会触发隐式锁。通常用户不必声明要对谁加锁，而是 Oracle 自动为操作的对象加锁。用户可以使用命令明确地要求对某一对象加锁，这就是显式锁。显式锁很少使用。

显式锁主要使用 LOCK TABLE 语句实现，LOCK TABLE 没有触发行锁，只有 TM 表锁，主要有以下几种语句：

```
LOCK TABLE TABLE_NAME IN ROW SHARE MODE NOWAIT;    --2：RS
LOCK TABLE TABLE_NAME IN SHARE UPDATE MODE;    --2：RS
LOCK TABLE TABLE_NAME IN ROW EXCLUSIVE MODE NOWAIT; --3：RX
LOCK TABLE TABLE_NAME IN SHARE MODE; --4：S
LOCK TABLE TABLE_NAME IN SHARE ROW EXCLUSIVE MODE;    --5：SRX
LOCK TABLE TABLE_NAME IN EXCLUSIVE MODE NOWAIT; --6：X
```

4. 锁的数据字典视图

常用的与锁有关的数据字典视图有 DBA_DML_LOCKS、DBA_DDL_LOCKS、V$LOCK、DBA_LOCK、V$LOCKED_OBJECT。V$LOCKED_OBJECT 记录的是 DML 锁信息，而没有记录 DDL 锁。V$LOCK、DBA_LOCKS 和 DBA_LOCK 内容一样，DBA_LOCKS 是 DBA_LOCK 的同义词。可以用动态性能视图 V$FIXED_VIEW_DEFINITION 来查看它们的关系。

V$SESSION 视图的 TADDR 列表示事务处理状态对象的地址，对应于 V$TRANSACTION.ADDR 列；V$SESSION 视图的 LOCKWAIT 列表示等待锁的地址，对应于 V$LOCK 的 KADDR 列；若当前会话没有被阻塞，则为空。V$SESSION 视图的 SADDR 列对应于 V$TRANSACTION 的 SES_ADDR 列。可以通过 ROW_WAIT_OBJ#、ROW_WAIT_FILE#、ROW_WAIT_BLOCK#和 ROW_WAIT_ROW#这 4 个字段查询现在正在被锁的表的相关信息（ROWID），如表名、文件名及行号。V$SESSION 视图中的 P1 和 P2 参数根据等待事件的不同所代表的含义也不同，可以从 V$EVENT_NAME 视图获知每个参数的含义。

在 V$LOCK 中，当 TYPE 列的值为 TM 锁时，ID1 列的值为 DBA_OBJECTS.OBJECT_ID，ID2 列的值为 0；当 TYPE 列的值为 TX 锁时，ID1 列的值为视图 V$TRANSACTION 中的 XIDUSN 字段（Undo Segment Number，事务对应的撤销段序列号）和 XIDSLOT 字段（Slot Number，事务对应的槽位号），其中，ID1 的高 16 位为 XIDUSN，低 16 位为 XIDSLOT。ID2 列的值为视图 V$TRANSACTION 中的 XIDSQN 字段（Sequence Number，事务对应的序列号）。

当 TYPE 列的值为 TX 锁时，计算 ID1 列的值的公式为

```
SELECT TRUNC(ID1/POWER(2,16)) AS XIDUSN,BITAND(ID1,TO_NUMBER('FFFF','XXXX')) + 0 AS XIDSLOT , ID2 XIDSQN FROM DUAL;
```

所有与锁有关的数据字典视图之间的关联关系如下图所示。

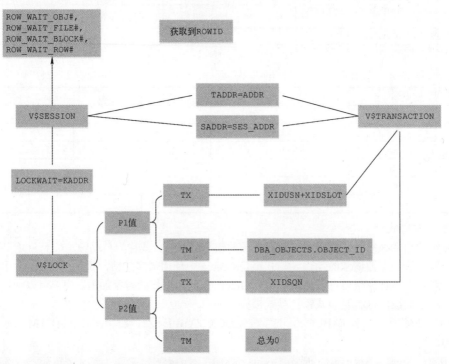

从 V$SESSION 视图可以得到有关锁的信息：

```
SELECT A.TADDR,A.LOCKWAIT,A.ROW_WAIT_OBJ#,A.ROW_WAIT_FILE#,A.ROW_WAIT_BLOCK#,A.ROW_WAIT_ROW#,
      (SELECT D.OWNER || '|' || D.OBJECT_NAME || '|' || D.OBJECT_TYPE FROM DBA_OBJECTS D  WHERE D.OBJECT_ID =
A.ROW_WAIT_OBJ#) OBJECT_NAME,A.EVENT,A.P1,A.P2,A.P3,
      CHR(BITAND(P1, -16777216) / 16777215) ||CHR(BITAND(P1, 16711680) / 65535) "LOCK",BITAND(P1, 65535) "MODE",
      TRUNC(P2 / POWER(2, 16)) AS XIDUSN,BITAND(P2, TO_NUMBER('FFFF', 'XXXX')) + 0 AS XIDSLOT,P3 XIDSQN,
      A.SID,A.BLOCKING_SESSION,A.SADDR,
      DBMS_ROWID.ROWID_CREATE(1, 77669, 8, 2799, 0) REQUEST_ROWID,
      (SELECT B.SQL_TEXT FROM V$SQL B WHERE B.SQL_ID = NVL(A.SQL_ID, A.PREV_SQL_ID)) SQL_TEXT
  FROM V$SESSION A
 WHERE A.SID IN (XXX);
```

获取 ROWID 信息：

```
SELECT  DBMS_ROWID.ROWID_CREATE(1,(SELECT  DATA_OBJECT_ID  FROM  DBA_OBJECTS  WHERE  OBJECT_ID =
ROW_WAIT_OBJ#),
                               ROW_WAIT_FILE#, ROW_WAIT_BLOCK#,  ROW_WAIT_ROW#),
      A.ROW_WAIT_OBJ#, A.ROW_WAIT_FILE#, A.ROW_WAIT_BLOCK#, A.ROW_WAIT_ROW#,
      (SELECT D.OWNER || '.' || D.OBJECT_NAME FROM DBA_OBJECTS D WHERE OBJECT_ID = ROW_WAIT_OBJ#)
OBJECT_NAME
      FROM V$SESSION A WHERE A.ROW_WAIT_OBJ# <> -1;
```

5. DML_LOCKS 和 DDL_LOCK_TIMEOUT 参数

TX 锁的总数由初始化参数 TRANSACTIONS 决定，而 TM 锁的个数则由初始化参数 DML_LOCKS 决定。DML_LOCKS 参数属于推导参数，DML_LOCKS=4 * TRANSACTIONS。

在 Oracle 11g 以前，DDL 语句是不会等待 DML 语句的。当 DDL 语句访问的对象正在执行 DML 语句时，会立即报错 "ORA-00054:resource busy and acquire with nowait specified"。而在 Oracle 11g 以后，

DDL_LOCK_TIMEOUT 参数可以修改这一状态，当 DDL_LOCK_TIMEOUT 为 0 时，DDL 不等待 DML；当 DDL_LOCK_TIMEOUT 为 N（秒）时，DDL 等待 DML 操作 N 秒，该值默认为 0。

6. SELECT…FOR UPDATE

SELECT… FOR UPDATE 语句的语法如下：

```
SELECT … FOR UPDATE [OF column_list][WAIT n|NOWAIT][SKIP LOCKED];
```

其中，这个 OF 子句在涉及多个表时，具有较大作用。若不使用 OF 指定锁定的表的列，则所有表的相关行均被锁定。若在 OF 中指定了需修改的列，则只有与这些列相关的表的行才会被锁定。WAIT 子句指定等待其他用户释放锁的秒数，防止无限期的等待。

"使用 FOR UPDATE WAIT" 子句的优点如下：

① 防止无限期地等待被锁定的行。

② 允许应用程序中对锁的等待时间进行更多的控制。

③ 对于交互式应用程序非常有用，因为这些用户不能等待不确定的时间。

④ 若使用了 SKIP LOCKED，则可以越过锁定的行，不会报告由 wait n 引发的"资源忙"异常报告。

在 Oracle 10g 之前，SELECT…FOR UPDATE 获取的是 2 级 TM 锁，而从 Oracle 10g 开始，SELECT…FOR UPDATE 获取的是 3 级 TM 锁。

7. 在编译存储过程、函数等对象时无响应

在编译某个存储过程时，Oracle 会自动给这个对象加上 DDL 锁，同时也会对这个存储过程所引用的对象加锁。在数据库的开发过程中，经常碰到包、存储过程、函数无法编译或采用"PLSQL Developer"这款软件进行编译时会导致该软件无法响应的问题，这个时候可以通过查询 DBA_DDL_LOCKS 或 V$ACCESS 来获取锁的相关信息。

8. 新建或重建索引的锁信息

可以利用 10704 和 10046 事件跟踪新建或重建索引过程中的锁信息，命令为

```
alter session set events '10704 trace name context forever,level 10';
alter session set events '10046 trace name context forever,level 12';
```

新建或重建索引的锁信息如下图所示。

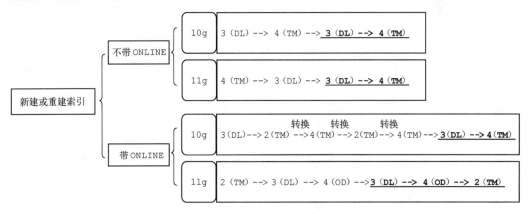

不带 ONLINE 的新建或重建索引的 SQL 语句获取的是 4 级 TM 锁，它会阻塞任何 DML 操作。

在 Oracle 10g 中，带 ONLINE 的新建或重建索引的 SQL 语句在开始和结束时获取的是 4 级 TM 锁，而在读取表数据的过程中获取的是 2 级 TM 锁，所以在 Oracle 10g 中，即使加上 ONLINE 也会阻塞其他会话的 DML 操作。

在 Oracle 11g 中，带 ONLINE 的新建或重建索引的 SQL 语句在整个执行过程中获取的是 2 级 TM 锁，并不会阻塞其他会话的 DML 操作，但是在创建或重建索引的过程中，其他的会话产生的事务会阻

塞索引的创建或重建操作,所以只有结束其他会话的事务才能让创建或重建索引的操作完成。所以应该避免在业务高峰期创建索引。

在 Oracle 11g 带 ONLINE 的新建或重建索引的情况下:

① 过程中会持有 OD(ONLINE DDL)和 DL(Direct Loader Index Creation)两种类型的锁,在 Oracle 10g 下只有 DL 锁,没有 OD 锁。

② 表级锁 TM 的持有模式为 2 级 RS(Row Share)与 3 级 RX(Row Exclusive)类型的锁互相兼容,因此不会在表级发生阻塞。

③ 阻塞发生在行级锁申请阶段,即请求的 4 级 S(Share)类型的锁与执行 DML 的会话已经持有的 6 级 X(Exclusive)锁之间存在不兼容的情况;相比非 ONLINE 方式的表级锁,锁的粒度上更加细化,副作用更小。

④ 新增以"SYS_JOURNAL_"为前缀的 IOT 表,记录与索引创建动作同时进行的其他 DML 操作修改过的记录,等到索引创建完成前将 IOT 表里的记录合并至索引中并删除 IOT 表。

【真题 17】 对于错误"ORA-08104: this index object 68111 is being online built or rebuilt",应该如何处理?

答案:官方文档的解释:

```
08104, 00000, "this index object %s is being online built or rebuilt"
// *Cause:   the index is being created or rebuild or waited for recovering
//           from the online (re)build
// *Action: wait the online index build or recovery to complete
```

由此可见,出现该错误的原因是索引正在被新建或重建,或在等待在线重建完成。

```
SQL> ALTER INDEX IDX_LOG_LHRINON REBUILD ONLINE ;
ALTER INDEX IDX_LOG_LHRINON REBUILD ONLINE
*
第 1 行出现错误:
ORA-08104: this index object 68111 is being online built or rebuilt
```

检查了一下 68100 对象,发现就是要 REBUILD 的那个索引:

```
SQL> SELECT OWNER, OBJECT_NAME, OBJECT_ID, OBJECT_TYPE
  2    FROM DBA_OBJECTS O
  3   WHERE O.OBJECT_ID = '68111';
OWNER    OBJECT_NAME          OBJECT_ID OBJECT_TYPE
_____ _____ _____ _____
REPLHR   IDX_LOG_LHRINON          68111 INDEX
```

此时,解决办法是可以使用如下的存储过程来清理:

```
DECLARE
    RETVAL          BOOLEAN;
    OBJECT_ID       BINARY_INTEGER;
    WAIT_FOR_LOCK BINARY_INTEGER;
BEGIN
    OBJECT_ID     := 68111;
    WAIT_FOR_LOCK := NULL;
    RETVAL        := SYS.DBMS_REPAIR.ONLINE_INDEX_CLEAN();
    COMMIT;
END;
/
```

执行完成后,再次执行重建索引的语句。

4.16.6 死锁

由于资源占用是互斥的,当某几个进程提出申请对方进程占用的资源后,相关进程在无外力协助下,永远分配不到对方进程申请的资源而无法继续运行，这就产生了一种特殊现象——死锁。死锁是当程序中两个或多个进程发生永久阻塞（等待）时，每个进程都在等待被其他进程占用并阻塞了的资源的一种数据库状态。例如，如果进程 A 锁住了记录 1 并等待记录 2，而进程 B 锁住了记录 2 并等待记录 1，那么这两个进程就产生了死锁。

在计算机系统中，如果系统的资源分配策略不当，更常见的可能是发生程序员写的程序有错误的情况，那么会导致进程因竞争资源不当而产生死锁的现象。

1. 产生原因

1）系统资源不足。

2）进程运行推进的顺序不合适。

3）资源分配不当。

4）占用资源的程序崩溃等。

首先，如果系统资源充足，进程的资源请求都能够得到满足，那么死锁出现的可能性就很低，否则，就会因争夺有限的资源而陷入死锁。其次，进程运行推进顺序与速度不同，也可能会产生死锁。

2. 产生条件

1）互斥条件：一个资源每次只能被一个进程使用。

2）请求与保持条件：当一个进程因请求资源而被阻塞时，对已获得的资源不会释放。

3）不可剥夺条件：进程已获得的资源，在未使用完之前，不能强行被剥夺。

4）循环等待条件：若干进程之间形成一种首尾相接的循环等待资源关系。

这 4 个条件是死锁的必要条件，只要系统发生死锁，这些条件必然成立，而只要上述条件之一不满足，就不会发生死锁。

3. 解决方法

理解了死锁的原因，尤其是产生死锁的 4 个必要条件，就可以最大限度地避免、预防和解除死锁。所以，在系统设计、进程调度等方面要注意如何不让产生死锁的条件成立、如何确定资源的合理分配算法，避免进程永久占据系统资源。此外，也要防止进程在处于等待状态的情况下占用资源。在系统运行过程中，对进程发出的每一个资源进行动态检查，并根据检查结果决定是否分配资源，若分配后系统可能发生死锁，则不予分配，否则予以分配。因此，对资源的分配要给予合理的规划。

【真题 18】 什么是活锁？什么是死锁？

答案：如果事务 T1 封锁了数据 R，事务 T2 又请求封锁 R，于是 T2 等待。T3 也请求封锁 R，当 T1 释放了 R 上的封锁之后系统首先批准了 T2 的请求，T3 仍然等待。然后 T1 又请求封锁 R，当 T2 释放了 R 上的封锁之后，系统又批准了 T3 的请求……T1 有可能永远等待，这就是活锁的情形。活锁的含义是该等待事务等待时间太长，似乎被锁住了，实际上可能被激活。如果事务 T1 封锁了数据 R1，T2 封锁了数据 R2，然后 T1 又请求封锁 R2，因 T2 已封锁了 R2，于是 T1 等待 T2 释放 R2 上的锁。接着 T2 又申请封锁 R1，因 T1 已封锁了 R1，T2 也只能等待 T1 释放 R1 上的锁。这样就出现了 T1 在等待 T2，而 T2 又在等待 T1 的局面，T1 和 T2 两个事务永远不能结束，形成死锁。

【真题 19】 试述活锁的产生原因和解决方法。

答案：活锁产生的原因：当一系列封锁不能按照其先后顺序执行时，就可能导致一些事务无限期等待某个封锁，从而导致活锁。避免活锁的简单方法是采用先来先服务的策略。当多个事务请求封锁同一数据对象时，封锁子系统按请求封锁的先后次序对事务排队，数据对象上的锁一旦释放就批准申请队列中第一个事务获得锁。

【真题 20】 请给出检测死锁发生的一种方法，当发生死锁后如何解除死锁？

答案：数据库系统一般采用允许死锁发生，DBMS 检测到死锁后加以解除的方法。DBMS 中诊断死锁的方法与操作系统类似，一般使用超时法或事务等待图法。超时法：如果一个事务的等待时间超过了规定的时限，就认为发生了死锁。超时法实现简单，但有可能误判死锁，事务因其他原因长时间等待超过时限时，系统会误认为发生了死锁。若时限设置得太长，又不能及时发现死锁发生。DBMS 并发控制子系统检测到死锁后，就要设法解除。通常采用的方法是选择一个处理死锁代价最小的事务，将其撤销，释放此事务持有的所有锁，使其他事务得以继续运行下去。当然，对撤销的事务所执行的数据修改操作必须加以恢复。

【真题21】 如何用封锁机制保证数据的一致性？

答案：DBMS 在对数据进行读、写操作之前，首先对该数据执行封锁操作。DBMS 按照一定的封锁协议，对并发操作进行控制，使得多个并发操作有序地执行，就可以避免丢失修改、不可重复读和读"脏"数据等数据不一致性。

【真题22】 在数据库中为什么要并发控制？

答案：数据库是共享资源，通常有许多个事务同时在运行。当多个事务并发地存取数据库数据时，就会产生同时读取或修改同一数据的情况。若对并发操作不加控制，则可能会存取和存储不正确的数据，从而破坏数据库的一致性。所以数据库管理系统必须提供并发控制机制。

【真题23】 并发操作可能会产生哪几类数据不一致？用什么方法能避免各种不一致的情况？

答案：并发操作带来的数据不一致性包括三类：丢失修改、不可重复读和读"脏"数据。1）丢失修改（Lost Update）：两个事务 T1 和 T2 读入同一数据并修改，T2 提交的结果破坏了（覆盖了）T1 提交的结果，导致 T1 的修改被丢失。2）不可重复读（Nonrepeatable Read）：不可重复读是指事务 T1 读取数据后，事务 T2 执行更新操作，使 T1 无法再现前一次读取结果。3）读"脏"数据（Dirty Read）：读"脏"数据是指事务 T1 修改某一数据，并将其写回磁盘，事务 T2 读取同一数据后，T1 由于某种原因被撤销，这时 T1 已修改过的数据恢复原值，T2 读到的数据就与数据库中的数据不一致，则 T2 读到的数据就为"脏"数据，即不正确的数据。

避免不一致性的方法和技术就是并发控制，最常用的技术是封锁技术，也可以用其他技术。例如，在分布式数据库系统中采用时间戳方法来进行并发控制。

4.16.7 什么是 MVCC？

在多用户的系统里，假设有多个用户同时读写数据库里的一行记录，那么怎么保证数据的一致性呢？一个基本的解决方法是对这一行记录加上一把锁，将不同用户对同一行记录的读/写操作完全串行化执行，由于同一时刻只有一个用户在操作，因此一致性不存在问题。但是，它存在明显的性能问题：读会阻塞写，写也会阻塞读，整个数据库系统的并发性能将大打折扣。

MVCC（Multi-Version Concurrent Control，多版本并发控制）的目标是在保证数据一致性的前提下，提供一种高并发的访问性能。在 MVCC 协议中，每个用户在连接数据库时看到的是一个具有一致性状态的镜像，每个事务在提交到数据库之前对其他用户均是不可见的。当事务需要更新数据时，不会直接覆盖以前的数据，而是生成一个新的版本的数据，因此一条数据会有多个版本存储，但是同一时刻只有最新的版本号是有效的。因此，读的时候就可以保证总是以当前时刻的版本的数据被读到，不论这条数据后来是否被修改或删除。

大多数的 MySQL 事务型存储引擎（如 InnoDB、Falcon 以及 PBXT）都不使用简单的行锁机制，它们都和 MVCC 机制来一起使用。MVCC 不仅使用在 MySQL 中，还使用在 Oracle、PostgreSQL 以及其他一些数据库系统。

可以将 MVCC 看成行级锁的一种妥协，它在许多情况下避免了使用锁，同时可以提供更小的开销。根据实现的不同，它可以允许非阻塞读，在写操作进行时，只锁定需要的记录。MVCC 会保存某个时间点上的数据快照，这意味着事务可以看到一个一致的数据视图，而不管它们需要运行多久。这同时也意味着不同的事务在同一个时间点看到的同一个表的数据可能是不同的。

使用 MVCC 多版本并发控制相比锁定模型的主要优点是，在 MVCC 里，对检索（读）数据的锁要求与写数据的锁要求不冲突，所以，读不会阻塞写，而写也从不阻塞读。在数据库里也有表和行级别的锁定机制，用于给那些无法轻松接受 MVCC 行为的应用。不过，恰当地使用 MVCC 总会提供比锁更好的性能。

4.17　存储过程

4.17.1　什么是存储过程？它有什么优点？

存储过程是用户定义的一系列 SQL 语句的集合，涉及特定表或其他对象的任务，用户可以调用存储过程，而函数通常是数据库已定义的方法，它接收参数并返回某种类型的值并且不涉及特定用户表。

存储过程用于执行特定的操作，可以接受输入参数、输出参数、返回单个或多个结果集。在创建存储过程时，既可以指定输入参数（IN），也可以指定输出参数（OUT），通过在存储过程中使用输入参数，可以将数据传递到执行部分；通过使用输出参数，可以将执行结果传递到应用环境。存储过程可以使对数据库的管理、显示数据库及其用户信息的工作更加容易。

存储过程存储在数据库内，可由应用程序调用执行。存储过程允许用户声明变量并且可包含程序流、逻辑以及对数据库的查询。

具体而言，存储过程的优点如下：

1）存储过程增强了 SQL 语言的功能和灵活性。存储过程可以用流控制语句编写，有很强的灵活性，可以完成复杂的判断和运算。

2）存储过程可保证数据的安全性。通过存储过程可以使没有权限的用户在权限控制之下间接地存取数据库中的数据，从而保证数据的安全。

3）通过存储过程可以使相关的动作在一起发生，从而维护数据库的完整性。

4）在运行存储过程前，数据库已对其进行了语法和句法分析，并给出了优化执行方案。这种已经编译好的过程可极大地改善 SQL 语句的性能。由于执行 SQL 语句的大部分工作已经完成，所以存储过程能以极快的速度执行。

5）可以降低网络的通信量，因为不需要通过网络来传送很多 SQL 语句到数据库服务器。

6）把体现企业规则的运算程序放入数据库服务器中，以便集中控制。当企业规则发生变化时，在数据库中改变存储过程即可，无须修改任何应用程序。企业规则的特点是要经常变化，如果把体现企业规则的运算程序放入应用程序中，那么当企业规则发生变化时，就需要修改应用程序，工作量非常之大（修改、发行和安装应用程序）。如果把体现企业规则的运算放入存储过程中，那么当企业规则发生变化时，只要修改存储过程就可以了，应用程序无须任何变化。

在 Oracle 中，创建存储过程的语法如下：

```
CREATE [OR REPLACE] PROCEDURE Procedure_name
[ (argment [ { IN | OUT | IN OUT } ] Type,
    argment [ { IN | OUT | IN OUT } ] Type ]
{ IS | AS }
 <类型.变量的说明，后面跟分号>
BEGIN
 <执行部分>
EXCEPTION
 <可选的异常错误处理程序>
END [存过名称];
```

说明：

1）局部变量的类型可以带取值范围，后面接分号。

2）在判断语句前，最好先用 COUNT(*)函数判断是否存在该条操作记录。

3）OR REPLACE 选项是当此存储过程存在时覆盖此存储过程，参数部分和过程定义的语法相同。

4）在创建存储过程时，既可以指定存储过程的参数，也可以不提供任何参数。

5）存储过程的参数主要有以下 3 种类型：输入参数（IN）、输出参数（OUT）、输入输出参数（IN OUT）。其中，IN 用于接收调用环境的输入参数；OUT 用于将输出数据传递到调用环境；IN OUT 不仅要接收数据，而且要输出数据到调用环境。类型可以使用任意 Oracle 中的合法类型（包括集合类型），存储过程参数不带取值范围。

6）在建立存储过程时，输入参数的 IN 可以省略。

7）创建存储过程要有 CREATE PROCEDURE 或 CREATE ANY PROCEDURE 权限。如果要运行存储过程，那么必须是这个存储过程的创建者或者有这个存储过程的 EXECUTE 权限（GRANT EXECUTE ON LHR.PRO_TEST_LHR TO LHR;）。如果要编辑其他用户下的存储过程或包，那么必须有 CREATE ANY PROCEDURE 权限（GRANT CREATE ANY PROCEDURE TO LHR;）。如果要调试某个存储过程，那么必须有 DEBUG 权限（GRANT DEBUG ON LHR.PRO_TEST_LHR TO LHR;）。

8）关于 SELECT … INTO …

① 在存储过程中，当 SELECT 某一字段时，后面必须紧跟 INTO。将 SELECT 查询的结果存入到变量中，可以同时将多个列存储到多个变量中，必须有一条记录，否则抛出异常（若没有记录则抛出 NO_DATA_FOUND），如下所示：

```
BEGIN
    SELECT COL1,COL2 INTO 变量1,变量2 FROM T_LHR WHERE XXX;
    EXCEPTION
    WHEN NO_DATA_FOUND THEN
        XXXX;
END;
```

② 在利用 SELECT…INTO…时，必须先确保数据库中有该条记录，否则会报出"no data found"异常。在该语句之前，先利用 SELECT COUNT(*) FROM tb 查看数据库中是否存在该记录，如果存在，再利用 SELECT…INTO…。

【真题 24】 下面关于存储过程的描述中，不正确的是（   ）。

A. 存储过程实际上是一组 T-SQL 语句　　　　B. 存储过程预先被编译存放在服务器的系统中

C. 存储过程独立于数据库而存在　　　　　　D. 存储过程可以完成某一特定的业务逻辑

答案：C。

4.17.2　存储过程和函数的区别是什么?

存储过程和函数都是存储在数据库中的程序，可由用户直接或间接调用，它们都可以有输出参数，都是由一系列的 SQL 语句组成。

具体而言，存储过程和函数的不同点如下：

1）标识符不同。函数的标识符为 FUNCTION，存储过程的标识符为 PROCEDURE。

2）函数必须有返回值，且只能返回一个值，而存储过程可以有多个返回值。

3）存储过程无返回值类型，不能将结果直接赋值给变量；函数有返回值类型，在调用函数时，除了用在 SELECT 语句中，在其他情况下必须将函数的返回值赋给一个变量。

4）函数可以在 SELECT 语句中直接使用，而存储过程不能。例如，假设已有函数 FUN_GETAVG() 返回 NUMBER 类型绝对值，那么 SQL 语句"SELECT FUN_GETAVG(COL_A) FROM TABLE"是合法的。

4.18　触发器的作用、优缺点有哪些?

触发器（TRIGGER）是数据库提供给程序员和 DBA 用来保证数据完整性的一种方法，它是与表事件相关的特殊的存储过程，是用户定义在表上的一类由事件驱动的特殊过程。触发器的执行不是由程序调用，也不是由手工启动，而是由事件来触发的。其中，事件是指用户对表的增（INSERT）、删（DELETE）、改（即更新 UPDATE）等操作。触发器经常被用于加强数据的完整性约束和业务规则等。

触发器与存储过程的区别在于：存储过程是由用户或应用程序显式调用的，而触发器是不能被直接调用的，而是由一个事件来触发运行，即触发器是当某个事件发生时自动地隐式运行。

具体而言，触发器有如下作用：

1）可维护数据库的安全性、一致性和完整性。

2）可在写入数据表前，强制检验或转换数据。

3）当触发器发生错误时，异常的结果会被撤销。

4）部分数据库管理系统可以针对数据定义语言（DDL）使用触发器，称为 DDL 触发器，还可以针对视图定义替代触发器（INSTEAD OF）。

触发器的优点：触发器可通过数据库中的相关表实现级联更改。从约束的角度而言，触发器可以定义比 CHECK 更为复杂的约束。与 CHECK 约束不同的是，触发器可以引用其他表中的列。例如，触发器可以使用另一个表中的数据来比较更新的数据，以及执行其他操作，如修改数据或显示用户定义错误信息。触发器也可以评估数据修改前后的表的状态，并根据其差异采取对策。一个表中的多个同类触发器（INSERT、UPDATE 或 DELETE）允许采取多个不同的对策以响应同一个修改语句。

虽然触发器功能强大，可以轻松可靠地实现许多复杂的功能，但是它也具有一些缺点，滥用会造成数据库及应用程序的维护困难。在数据库操作中，可以通过关系、触发器、存储过程、应用程序等来实现数据操作。同时，规则、约束、缺省值也是保证数据完整性的重要保障。如果对触发器过分地依赖，那么势必会影响数据库的结构，同时增加了维护的复杂性。

对于触发器，需要特别注意以下几点内容：

1）触发器在数据库里以独立的对象存储。

2）存储过程通过其他程序来启动运行或直接启动运行，而触发器是由一个事件来启动运行。即触发器是当某个事件发生时自动地隐式运行。

3）触发器被事件触发。运行触发器叫作触发或点火（FIRING），用户不能直接调用触发器。

4）触发器不能接收参数。

【真题 25】　下面操作中，不会启动触发器的是（　　）。

A．UPDATE　　　　　　B．DELETE　　　　　　C．INSERT　　　　　　D．SELECT

答案：D。

【真题 26】　（　　）允许用户定义一组操作，这些操作通过对指定的表进行删除、更新等命令来执行或激活。

A．存储过程　　　　　　B．视图　　　　　　　C．索引　　　　　　　D．触发器

答案：D。

4.19　什么是游标？如何知道游标已经到了最后？

由 SELECT 语句返回的完整行集（包括满足 WHERE 子句中条件的所有行）称为结果集。关系型数据库中的操作会对整个结果集起作用。应用程序，特别是交互式联机应用程序，并不总能将整个结果集作为一个单元来有效地处理，这些应用程序需要一种机制以便每次处理一行或一部分行。游标就是提供这种机制的，是对结果集的一种扩展。

游标的特点如下：

1）允许定位在结果集的特定行。

2）从结果集的当前位置检索一行或一部分行。

3）支持对结果集中当前位置的行进行数据修改。

4）为由其他用户对显示在结果集中的数据库数据所做的更改提供不同级别的可见性支持。

5）提供脚本、存储过程和触发器中用于访问结果集中的数据的 SQL 语句。

6）使用游标可以执行多个不相关的操作。

7）使用游标可以提供脚本的可读性。

8）使用游标可以建立命令字符串，可以传送表名，或者把变量传送到参数中，以便建立可以执行的命令字符串。

在 SQL Server 中，从游标中提取信息后，可以通过判断@@FETCH_STATUS 的值来判断是否执行到了最后。当@@FETCH_STATUS 为 0 时，说明提取是成功的，否则，就可以认为到了最后。在 Oracle 中，打开游标之前先确定数据的行数，然后在游标里面计数，判断计数器是否和之前的行数相等，若相等，则说明游标到了当前结果集的最后一行。

4.20 视图

4.20.1 什么是视图？视图的作用是什么？

视图是由从数据库的基本表中选取出来的数据组成的逻辑窗口，它不同于基本表，它是一个虚拟表，其内容由查询定义。在数据库中，存放的只是视图的定义而已，而不存放数据，这些数据仍然存放在原来的基本表结构中。只有在使用视图时，才会执行视图的定义，从基本表中查询数据。

同真实的表一样，视图包含一系列带有名称的列和行数据。视图并不在数据库中以存储的数据值集形式存在。行和列数据来自由定义视图的查询所引用的表，并且在引用视图时动态生成。对其中所引用的基础表而言，视图的作用类似于筛选。定义视图可以来自当前或其他数据库的一个或多个表，或者其他视图。分布式查询也可用于定义使用多个异类源数据的视图。如果有几台不同的服务器分别存储不同地区的数据，那么当需要将这些服务器上相似结构的数据组合起来时，这种方式就非常有用。

通过视图进行查询没有任何限制，用户可以将注意力集中在其关心的数据上，而非全部数据，这样就大大提高了运行效率与用户满意度。如果数据来源于多个基本表结构，或者数据不仅来自于基本表结构，还有一部分数据来源于其他视图，并且搜索条件又比较复杂，需要编写的查询语句就会比较烦琐，此时定义视图就可以使数据的查询语句变得简单可行。定义视图可以将表与表之间复杂的操作连接和搜索条件对用户不可见，用户只需要简单地对一个视图进行查询即可，所以，视图虽然增加了数据的安全性，但是不能提高查询的效率。

视图看上去非常像数据库的物理表，对它的操作同任何其他的表一样。当通过视图修改数据时，实际上是在改变基表（即视图定义中涉及的表）中的数据；相反地，基表数据的改变也会自动反映在由基表产生的视图中。由于逻辑上的原因，有些 Oracle 视图可以修改对应的基表，有些则不能（仅仅能查询）。

数据库视图的作用有以下几点：

1）隐藏了数据的复杂性，可以作为外模式，提供了一定程度的逻辑独立性。

2）有利于控制用户对表中某些列或某些机密数据的访问，提高了数据的安全性。

3）能够简化结构，执行复杂查询操作。

4）使用户能以多种角度、更灵活地观察和共享同一数据。

4.20.2 在什么情况下可以对视图执行增加、删除、修改操作？

视图对于 DML 操作应遵循的原则如下。

1）简单视图可以执行 DML 操作。

2）当视图包含 GROUP BY 子句、DISTINCT 关键字时，不能执行 DELETE 操作。

3）当视图出现下列情况时，不能通过视图修改基表或插入数据到基表：

① 视图中包含 GROUP BY 子句、DISTINCT 关键字。

② 视图中包含了由表达式定义的列。

③ 视图中包含了 ROWNUM 伪列（针对 Oracle 数据库）。

④ 基表中未在视图中选择的其他列定义为非空且无默认值。

DROP VIEW VIEW_NAME 语句用来删除视图，事实上，删除视图只是删除了视图的定义而不影响基表中的数据。只有视图所有者和具备 DROP VIEW 权限的用户，才可以删除视图。当视图被删除后，基于被删除视图的其他视图或应用程序将无效。

【真题 27】　在视图上不能完成的操作是（　　）。

A．更新视图　　　　B．查询　　　　　　C．在视图上定义新的表　　　D．在视图上定义新的视图

答案：C。

对于选项 A，简单视图可以执行 DML 操作，所以选项 A 错误。对于选项 B，视图的作用就是利于查询，所以选项 B 错误。对于选项 C，表是实际存在的占用存储空间的段，不能建立在视图之上，所以选项 C 正确。对于选项 D，基于视图还可以在之上再建立新的视图，所以选项 D 错误。

【真题 28】　在 SQL 语言中，删除一个视图的命令是（　　）。

A．DELETE　　　　B．DROP　　　　C．CLEAR　　　　　　　D．REMOVE

答案：B。

4.20.3　Oracle 中的视图

Oracle 的视图大约可以分为以下几类：

1）简单视图，基于单个表所建视图，不包含任何函数、表达式及分组数据的视图。

2）复杂视图，包含函数、表达式或者分组数据的视图。

3）连接视图，基于多表所建立的视图。

4）只读视图，只允许执行查询操作。

5）内联视图（Inline View），也叫内嵌视图、临时视图、行内视图或内建视图，它是出现在 FROM 子句中的子查询。内联视图不属于数据库对象。

6）物化视图（Materialized Views）。物化视图是包括一个查询结果的数据库对象。

在 Oracle 中，如果要在当前用户中创建视图，那么用户必须具有 CREATE VIEW 的系统权限。如果要在其他用户中创建视图，那么用户必须具有 CREATE ANY VIEW 的系统权限。

在 Oracle 中创建视图的语法如下所示：

```
CREATE [ OR REPLACE ] [ FORCE ]   VIEW   [SCHEMA.]VIEW_NAME
                  [ (COLUMN1,COLUMN2,...) ]
                  AS
                  SELECT ...
                  [ WITH CHECK OPTION ] [ CONSTRAINT CONSTRAINT_NAME ]
                  [ WITH READ ONLY ];
```

有关创建视图的语法，需要注意以下几点内容。

① OR REPLACE：如果存在同名的视图，那么使用新视图重建已有的视图。

② FORCE：强制创建视图，不考虑基表是否存在，也不考虑是否具有使用基表的权限。

③ COLUMN1,COLUMN2,...：视图的列名，列名的个数必须与 SELECT 查询中列的个数相同。如果 SELECT 查询包含函数或表达式，那么必须为其定义列名。此时，既可以用 COLUMN1、COLUMN2 指定列名，也可以在 SELECT 查询中指定列名。

④ WITH CHECK OPTION：指定对视图执行的 DML 操作必须满足"视图子查询"的条件，即对通过视图进行的增、删、改操作进行检查，要求增、删、改操作的数据必须是 SELECT 所能查询到的数据，否则不允许操作，并返回错误提示。在默认情况下，在增、删、改之前并不会检查这些行是否能被 SELECT 检索到。

⑤ WITH READ ONLY：创建的视图只能用于查询数据，而不能用于更改数据。

创建简单视图的示例如下所示：

```
SQL> CREATE VIEW VW_EMP_LHR AS SELECT * FROM SCOTT.EMP WHERE DEPTNO =20;
View created.
SQL> SELECT * FROM VW_EMP_LHR WHERE ROWNUM<=4;
```

EMPNO ENAME	JOB	MGR HIREDATE	SAL	COMM	DEPTNO
7369 SMITH	CLERK	7902 17-DEC-80	800		20
7566 JONES	MANAGER	7839 02-APR-81	2975		20
7788 SCOTT	ANALYST	7566 19-APR-87	3000		20
7876 ADAMS	CLERK	7788 23-MAY-87	1100		20

视图依赖于基础表的存在而存在，当基础表的结构被改变后，视图的结构也可能会受影响。在这种情况下，要使用视图就需要重新编译；但一般在进行查询时，视图会自动重新编译，所以手动编译其实并不常用。手动编译视图的命令如下所示：

```
ALTER VIEW 视图名 COMPILE;
```

使用 DBA_TAB_COLUMNS 视图可以查询到所有的表、视图和簇表的列的详细内容，但是这个视图不包括系统产生的隐藏列和不可见列。视图 DBA_TAB_COLS 可以查询到系统产生的隐藏列和不可见列。另外，视图 DBA_UPDATABLE_COLUMNS 可以查询到所有连接视图中的列是否可以被更新。

通过如下的 SQL 语句可以查询到视图的所有列的详细情况：

```
SELECT DV.OWNER, DV.VIEW_NAME, DL.COLUMN_NAME,  DL.DATA_TYPE,  DL.NULLABLE,
     DL.COLUMN_ID,  DL.VIRTUAL_COLUMN,  DL.HIDDEN_COLUMN, DU.DELETABLE, DU.UPDATABLE,  DU.INSERTABLE
  FROM DBA_VIEWS DV, DBA_TAB_COLS DL, DBA_UPDATABLE_COLUMNS DU
  WHERE DV.VIEW_NAME = DL.TABLE_NAME
    AND DV.VIEW_NAME = DU.TABLE_NAME
    AND DL.COLUMN_NAME = DU.COLUMN_NAME
    AND DV.OWNER = DL.OWNER
    AND DV.OWNER = DU.OWNER
  ORDER BY DL.COLUMN_ID;
```

4.21 SQL 语句有哪些常见的分类？

SQL（Structure Query Language，结构化查询语言）是一种在关系型数据库中定义和操纵数据的标准语言。关系型数据库采用 SQL 作为客户端程序与数据库服务器间沟通的标准接口。客户端发送 SQL 指令到服务器端，服务器端执行相关的指令并返回其查询的结果。在数据库服务器端执行的 SQL 指令可以实现各种数据库操作和管理功能，如数据的查询和更新（包括添加、修改和删除数据）操作；创建、修改和删除各种数据库对象（如数据表、视图、索引等）；数据库用户账户管理、权限管理等。

关系数据语言的共同特点是：语言具有完备的表达能力，是非过程化的集合操作语言，功能强，能够嵌入高级语言中使用。下表给出了所有 SQL 语句的分类情况：

分类	简　　介	示　　例
DML	数据操纵语言（Data Manipulation Language，DML）：用于改变数据库数据，包括插入新数据的 INSERT；删除不需要数据的 DELETE；修改存在的数据的 UPDATE；合并新旧数据的 MERGE。数据更新包括数据的插入、修改和删除等操作，数据更新操作具有一定的风险性，在其执行过程中，DBMS 必须保证数据的一致性，以确保数据有效	UPDATE INSERT DELETE MERGE SELECT …FOR UPDATE
DDL	数据定义语言（Data Definition Language，DDL）：用于建立、修改和删除数据库对象，作用就是定义数据的格式和形态。例如，CREATE TABLE 可以建立表，ALTER TABLE 语句则可对表结构进行修改，DROP TABLE 语句用来删除某个表，TRUNCATE 命令用来删除数据内容，需要注意的是，DDL 语句会自动提交事务。在建立数据库时，用户首先要使用的就是 DDL 语句	CREATE TABLE/INDEX ALTER TABLE/INDEX DROP TABLE/INDEX TRUNCATE TABLE
DCL	数据控制语言（Data Control Language，DCL）：用于执行权限授予和权限收回操作，包括 GRANT 和 REVOKE 两条命令。其中，GRANT 命令是给用户或者角色授予权限，REVOKE 命令则是收回用户或角色所具有的权限。DCL 语句会自动提交事务，在应用开发层面很少用到	GRANT REVOKE
DQL	数据查询语言（Data Query Language，DQL）：即 SELECT 语句，用于用户检索数据库数据。在所有 SQL 语句中，SELECT 语句的功能和语法最复杂、最灵活	SELECT

（续）

分类	简 介	示 例
TCL	事务控制语言（Transactional Control Language, TCL）：用于维护数据的一致性，包括 COMMIT、ROLLBACK、SAVEPOINT 等语句。其中，COMMIT 语句用于确认和提交已经进行的数据库改变；ROLLBACK 用于撤销已经进行的数据库改变；SAVEPOINT 语句则用于设置保存点，以取消部分数据库改变；ROLLBACK 命令会结束一个事务，但 ROLLBACK TO SAVEPOINT 不会；SET TRANSACTION 设定一个事务的属性（如事务的隔离级别）；SET CONSTRAINT 指定是在每个 DML 语句之后还是在事务提交后，执行可延迟完整性约束检查	COMMIT ROLLBACK SAVEPOINT ROLLBACK TO SAVEPOINT SET TRANSACTION SET CONSTRAINT
SCS	会话控制语句（Session Control Statement, SCS）：用于动态修改当前用户会话的属性，在应用开发层面极少用到。ALTER SESSION 用于改变当前会话设置。SET ROLE 用于启用或禁用角色。 系统控制语句（System Control Statement, SCS）：用于更改数据库实例的属性。唯一的系统控制语句是 ALTER SYSTEM。它能更改系统设置，如共享服务器的最小数目、终止一个会话和执行其他系统级任务。ALTER SYSTEM 语句不会隐式提交当前事务。	ALTER SESSION SET ROLE ALTER SYSTEM
ESS	嵌入式 SQL 语句（Embedded SQL Statements, ESS）：用于将 DDL、DML 和事务控制语句混入过程化语言程序中。它们和 Oracle 预编译器一起使用。嵌入式的 SQL 是一种在过程化语言应用程序中纳入 SQL 的方法。另一种方法是使用一个程序 API，如 ODBC（Open Database Connectivity，开放式数据库连接）或 JDBC（Java Database Connectivity，Java 数据库连接）。嵌入式 SQL 语句主要包含以下几种： ● 定义、分配和释放游标（DECLARE CURSOR、OPEN、CLOSE） ● 指定一个数据库，并连接到该数据库（DECLARE DATABASE、CONNECT） ● 初始化描述符（DESCRIBE） ● 指定如何处理错误和警告（WHENEVER） ● 分析并运行 SQL 语句（PREPARE、EXECUTE、EXECUTE IMMEDIATE） ● 从数据库中检索数据（FETCH）	OPEN CLOSE CONNECT DESCRIBE WHENEVER PREPARE EXECUTE FETCH

其中，TCL、SCS 和 ESS 主要是针对 Oracle 数据库的分类，而 DML、DDL、DCL、DQL 是通用的分类。

【真题 29】 如果有两个事务同时对数据库中同一数据进行操作，那么不会引起冲突的操作是（ ）。

A．其中有一个是 DELETE
B．一个是 SELECT，另一个是 UPDATE
C．两个都是 SELECT
D．两个都是 UPDATE

答案：C。

如果有两个事务同时对数据库中同一数据进行操作，那么除 SELECT 外，其余 SQL 语句不能同时使用，否则会引起冲突。

对于选项 A，若两个操作都是 DELETE 操作，则其中一个会话就会发生阻塞。所以，选项 A 错误。对于选项 B，若 SELECT 的数据恰好是 UPDATE 的数据，则查询到的数据就会不一致。所以，选项 B 错误。对于选项 C，两个 SELECT 语句不会引起冲突。所以，选项 C 正确。对于选项 D，原理同选项 A 的 DELETE。所以，选项 D 错误。

【真题 30】 SQL 语言集数据查询、数据操纵、数据定义和数据控制功能于一体，语句 INSERT、DELETE、UPDATE 实现（ ）功能。

A．数据查询　　　　B．数据控制　　　　C．数据定义　　　　D．数据操纵

答案：D。

【真题 31】 下列说法错误的是（ ）。

A．ALTER TABLE 语句可以添加字段
B．ALTER TABLE 语句可以删除字段
C．UPDATE TABLE 语句可以修改字段名称
D．ALTER TABLE 语句可以修改字段数据类型

答案：C。

在表中添加列的方法如下：

```
ALTER TABLE table_name ADD column_name datatype;
```

删除表中的列的方法如下：

```
ALTER TABLE table_name DROP COLUMN column_name;
```

改变表中列的数据类型的方法如下：

```
ALTER TABLE table_name MODIFY COLUMN column_name datatype;
```

UPDATE 语句只能更改表中的数据，不能用来更改表的结构。

所以，本题的答案为 C。

【真题 32】 SQL 语言中删除一个表的指令是（　　）。

A．DROP TABLE
B．DELETE TABLE
C．DESTROY TABLE
D．REMOVE TABLE

答案：A。

【真题 33】 下面不属于 SQL 语句的分类的是（　　）。

A．数据查询语言（DQL）
B．数据定义语言（DDL）
C．事务控制语言（TCL）
D．数据插入语言（DIL）

答案：D。

4.22　SQL 语言的数据查询

SQL 部分内容较多，虽然比较简单，属于数据库基础内容，但是该部分是笔试数据库类岗位必考内容，也是重点内容，只能通过勤加练习来掌握，主要涉及的内容如下：

1）单表查询。

2）多表连接查询的方式（等值连接、非等值连接、左外连接、右外连接、全外连接、自连接）。

3）常用函数 COUNT、SUM、GROUP BY、ORDER BY、HAVING，这些函数见下表。

函　数	描　述	示　例
COUNT	返回某一列的记录数	SELECT COUNT(*) FROM SCOTT.EMP;
SUM	对某一列求和	SELECT SUM(SAL) FROM SCOTT.EMP;
GROUP BY	分组函数，使用 GROUP BY 的规则： ① GROUP BY 后面的字段可以不必显示在 SELECT 列表中 ② 反之则不行，也就是说，SELECT 后面的字段（除分组函数（COUNT、MAX、MIN、AVG、SUM）外的字段）都必须在 GROUP BY 子句中出现，即所有包含于 SELECT 列表中，而未包含于组函数中的列都必须包含于 GROUP BY 子句中	SELECT JOB,COUNT(*) FROM SCOTT.EMP GROUP　BY JOB;
ORDER BY	排序，ASC 表示升序（默认方式），DESC 表示降序。ORDER BY 子句永远只能放在 SQL 语句的结尾部分。使用 ORDER BY 的规则如下： ① NULLS LAST 表示将空值排在最后，是空值默认的排序方式，可以修改为 NULLS FIRST，表示将空值排在最前边 ② ORDER BY 子句的列可以使用 SELECT 子句中列的别名	SELECT JOB,COUNT(*) COUNTS FROM SCOTT.EMP GROUP　BY JOB ORDER BY COUNTS;
HAVING	对排序后的结果进行过滤，HAVING 子句的列不能使用 SELECT 子句中列的别名	SELECT JOB,COUNT(*) COUNTS FROM SCOTT.EMP GROUP　BY JOB　HAVING COUNT(*) > 3;

4）如何显示不重复的数据（distinct）。

5）如何查找和删除数据库中的重复数据。

6）Top-N 查询、分页查询。

7）子查询。

8）union 和 union all 的区别。

9）合并查询（集合查询）。

10）WITH 语法。

11）SQL：1999 语法。

【真题 34】 根据下面给出的表和 SQL 语句，请问执行 SQL 语句后会更新多少条数据？

SQL 语句：

UPDATE BOOKS SET NUMBEROFCOPIES = NUMBEROFCOPIES + 1
WHERE AUTHORID IN (SELECT AUTHORID FROM BOOKS GROUP BY AUTHORID HAVING SUM(NUMBEROFCOPIES) <= 8);

表中数据：

TITTLE	CATEGORY	NUMBEROFCOPIES	AUTHORID
SQL Server 2008	MS	3	1
SharePoint 2007	MS	2	2
SharePoint 2010	MS	4	2
DB2	IBM	10	3
SQL Server 2012	MS	6	1

  A. 1   B. 2   C. 3   D. 4

答案：B。

先执行后面括号里的子查询 "SELECT AUTHORID FROM BOOKS GROUP BY AUTHORID HAVING SUM(NUMBEROFCOPIES) <= 8"，得到的 AUTHORID 为 2。该子查询语句首先按照 AUTHORID 分组，然后将 NUMBEROFCOPIES 的列值进行相加，相加后的结果必须小于等于 8。当 AUTHORID 为 1 时，SUM(NUMBEROFCOPIES)的结果为 9；当 AUTHORID 为 2 时，SUM(NUMBEROFCOPIES)的结果为 6。当 AUTHORID 为 3 时，SUM(NUMBEROFCOPIES)的结果为 10，满足条件的只有 AUTHORID 为 2。所以，上面的语言等价于语句 "UPDATE BOOKS SET NUMBEROFCOPIES = NUMBEROFCOPIES + 1 WHERE AUTHORID IN (2)"；一共有两条 AUTHORID 为 2 的记录，所以，一共更新了两条记录。所以，本题的答案为 B。

4.22.1　多表连接查询

多表连接查询是指基于两个或两个以上的表或视图的查询。在实际应用中，查询单表不可能能满足业务的需求，只能通过多表的连接来获取所需要的数据。多表连接查询主要分为等值连接、非等值连接、外连接和自连接 4 类。

需要注意的是，WHERE 子句中的连接条件的个数不能少于 FROM 后表的个数减 1，这样可以确保不会形成笛卡儿积。即为了连接 n 个表，至少需要 n-1 个连接条件。例如，为了连接 5 个表，至少需要 4 个连接条件。

在 Oracle 数据库中的 SCOTT 用户下有两个常用的表，分别是 SCOTT.EMP 和 SCOTT.DEPT。这里将使用这两张表进行表连接的讲解。

【真题 35】 对于以下 SQL 语句：SELECT FOO,COUNT(FOO) FROM POKES WHERE FOO>10 GROUP BY FOO HAVING COUNT(FOO) >1 ORDER BY FOO，其执行的顺序为（　　　）。

  A. FROM->WHERE->GROUP BY->HAVING->SELECT->ORDER BY

  B. FROM->GROUP BY->WHERE->HAVING->SELECT->ORDER BY

  C. FROM->WHERE->GROUP BY->HAVING->ORDER BY->SELECT

  D. FROM->WHERE->ORDER BY->GROUP BY->HAVING->SELECT

答案：A。

标准的 SQL 的解析顺序：①FROM 子句，组装来自不同数据源的数据。②WHERE 子句，基于指定的条件对记录进行筛选。③GROUP BY 子句，将数据划分为多个分组。④使用聚合函数进行计算。⑤使用 HAVING 子句筛选分组。⑥计算 SELECT 所有的表达式。⑦使用 ORDER BY 对结果集进行排序。

本题中，对于选项 A，FROM->WHERE->GROUP BY->HAVING->SELECT->ORDER BY，执行的顺序是正确的。所以，选项 A 正确。对于选项 B，GROUP BY 分组函数总是在 WHERE 子句后边执行。所以，选项 B 错误。对于选项 C 与选项 D，由于 ORDER BY 总是最后执行，因此，选项 C 和选项 D 错误。

4.22.2 笛卡儿积是什么?

笛卡儿积是把表中所有的记录作乘积操作,生成大量的结果,而通常结果中可用的值有限。笛卡儿积出现的原因多种多样,通常是由于连接条件缺失造成的。使用笛卡儿积,需要注意以下几点。

1)笛卡儿积产生的条件如下:

① 省略连接条件或连接条件缺失。

② 连接条件无效。例如,表 A 和表 B 进行连接,但连接条件为 A.ID=A.ID,这里的连接条件无效。

③ 统计信息不准确。例如,表 A 有 1000W 的数据量,但是在统计信息中记录的是 0 行,这种情况下表的连接易形成笛卡儿积。

2)由于笛卡儿积中的所有表中的所有行互相连接,因此形成笛卡儿积的结果集的记录数是组成它的各个子集的乘积。

3)为了避免笛卡儿积,需要在 WHERE 字句中加入有效的连接条件。

4)默认情况下,查询会返回全部行,包括重复行。

4.22.3 Top-N 分析

在数据库查询中,“Top-N 分析”也称“Top-N 查询”,就是获取某一数据集合(表或查询结果集)中的前 N 条记录。例如,考试成绩前 3 名的学生信息、销量前 10 名的畅销书信息、从当前时刻开始最早起飞的 5 次航班信息等,实际应用中 Top-N 分析经常会用到。Top-N 的性质如下:

1)Top-N 分析就是查询前几名的意思。

2)在 Oracle 数据库中,Top-N 分析通过 ROWNUM 实现。

3)Top-N 分析中必须使用 ORDER BY 排序子句。

4)Top-N 分析中通常会有内建视图,一般的方法是先对内建视图的某一列或某些列排序,然后对该内建视图使用 ROWNUM 取前多少行数据。

如果要按照某种规则对符合条件的查询结果进行排序,然后返回查询结果中的全部记录行,那么这是很容易做到的。例如,要查询 10 号和 20 号部门所有员工的工资信息,可采用如下方式:

```
SELECT EMPNO, ENAME, SAL    FROM SCOTT.EMP D WHERE DEPTNO IN(10,20) ORDER BY D.EMPNO;
```

如果要在排序查询中进行 Top-N 分析,那么情况要复杂一些。例如,要求按照工资降序排列,查询 10 号和 20 号部门工资位列前 5 名员工的信息,则 SQL 语句为

```
SYS@lhrdb> SELECT ROWNUM 序号,RN  原始行号,EMPNO  员工编号,ENAME  姓名,SAL  工资
  2 FROM    (SELECT ROWNUM RN,EMPNO,ENAME,SAL FROM    SCOTT.EMP WHERE  DEPTNO IN (10, 20) ORDER  BY
SAL DESC) TA
  3 WHERE   ROWNUM <= 5;
```

序号	原始行号	员工编号 姓名	工资
1	5	7839 KING	5000
2	4	7788 SCOTT	3000
3	7	7902 FORD	3000
4	2	7566 JONES	2975
5	3	7782 CLARK	2450

在以上结果中,“原始行号”RN 的含义为子查询结果排序前的行号(子查询执行了 WHERE 子句之后,但尚未执行 ORDER BY 子句排序时的行号)。ROWNUM 是 Oracle 数据库对查询结果自动添加的一个伪列。简单地说,就是在每一次查询操作中,Oracle 都会对符合条件的查询结果中的每一条记录行自动进行编号,该编号总是从 1 开始,并保存在伪列 ROWNUM 中。之所以称之为“伪列”,是因为它在物理上(查询目标表中)并不是真的存在,而是在每一次查询过程中动态生成的。由于伪列 ROWNUM 在物理上并不存在,因此不允许以任何查询基表的名称作为前缀。

4.22.4　子查询

所谓子查询是指嵌套在其他查询中的查询语句，又称为内部查询或嵌套查询。主查询又称外部查询，是包含其他子查询的查询语句。按照子查询与主查询的关联关系，可以将子查询分为"标量子查询（Scalar Subquery）"和"关联子查询"两种。其中，关联子查询又可以分为相关子查询（Correlated Subquery）和非相关子查询（Uncorrelated Subquery）。非相关子查询也叫独立子查询。根据返回的行数，子查询分为单行子查询和多行子查询。若根据返回的列数，则子查询分为单列子查询和多列子查询。子查询的分类可以参考下图。

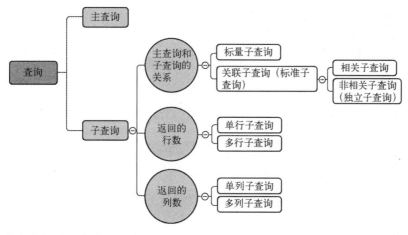

1. 标量子查询和关联子查询

一个标量子查询是一个放在圆括弧里的普通 SELECT 查询，它返回只有一个字段的一行数据。把一个返回超过一行或者超过一列的查询用作标量查询是会返回一个错误的。在特定的执行中，子查询不返回行则不算错误，标量结果认为是 NULL。使用标量子查询可以有效地改善性能，当使用到外连接或者使用到聚合函数时，就可以考虑使用标量子查询。

需要注意的是，标量子查询的关联列最好要有索引，且表比较小（如字典表）。当标量子查询的表比较大且关联列没有索引时，修改为等值连接或外连接性能会更好。在一般情况下，使用等值连接或外链接，尽量少用标量子查询。

标量子查询的一个示例如下所示：

```
SYS@lhrdb> SELECT A.OWNER, A.TABLE_NAME, B.CREATED
  2     FROM DBA_TABLES A, DBA_OBJECTS B
  3    WHERE A.OWNER = B.OWNER
  4      AND A.TABLE_NAME = B.OBJECT_NAME
  5      AND A.TABLE_NAME = 'EMP'
  6      AND A.owner='SCOTT';
```

OWNER	TABLE_NAME	CREATED
SCOTT	EMP	2013-10-01 22:57:12

以上 SQL 语句可以修改为标量子查询，如下所示：

```
SYS@lhrdb>   SELECT A.OWNER,
  2            A.TABLE_NAME,
  3            (SELECT B.CREATED
  4               FROM DBA_OBJECTS B
  5              WHERE A.OWNER = B.OWNER
  6                AND A.TABLE_NAME = B.OBJECT_NAME) CREATED
  7       FROM DBA_TABLES A
  8      WHERE A.TABLE_NAME = 'EMP'
```

```
    9      AND A.OWNER = 'SCOTT';
OWNER                       TABLE_NAME                      CREATED
─────────                   ───────────                     ──────────────────
SCOTT                       EMP                             2013-10-01 22:57:12
```

关联查询是指子查询一般位于主查询的 WHERE 子句中的查询，可以分为相关子查询和非相关子查询。相关子查询是在主查询中，每查询一条记录，需要重新做一次子查询。相关子查询中的语句依赖于外部语句的条件，不能单独执行。非相关子查询是在主查询中，子查询只需要执行一次，子查询结果不再变化，供主查询使用。非相关子查询的子句独立于外层查询（主查询），其子句可以单独执行。

例如，上边的标量子查询的例子可以修改为如下的相关子查询：

```
SYS@lhrdb> SELECT A.OWNER, OBJECT_NAME TABLE_NAME, A.CREATED
    2      FROM DBA_OBJECTS A
    3    WHERE A.OBJECT_NAME = 'EMP'
    4      AND A.OWNER = 'SCOTT'
    5      AND EXISTS (SELECT B.OWNER, B.TABLE_NAME
    6              FROM DBA_TABLES B
    7             WHERE B.OWNER = A.OWNER
    8               AND B.TABLE_NAME = A.OBJECT_NAME);
OWNER         TABLE_NAME        CREATED
─────────     ───────────       ──────────────────
SCOTT         EMP               2013-10-01 22:57:12
```

若修改为非相关子查询则如下所示：

```
SYS@lhrdb> SELECT A.OWNER, OBJECT_NAME TABLE_NAME, A.CREATED
    2      FROM DBA_OBJECTS A
    3    WHERE A.OBJECT_NAME = 'EMP'
    4      AND A.OWNER = 'SCOTT'
    5      AND (A.OWNER, A.OBJECT_NAME) IN
    6          (SELECT B.OWNER, B.TABLE_NAME
    7            FROM DBA_TABLES B
    8           WHERE B.TABLE_NAME = 'EMP'
    9             AND B.OWNER = 'SCOTT');
OWNER         TABLE_NAME        CREATED
─────────     ───────────       ──────────────────
SCOTT         EMP               2013-10-01 22:57:12
```

2. 子查询中的 IN 和 EXISTS

子查询涉及 IN 和 EXITS。其中，IN 是把外表和内表做 HASH 连接，而 EXISTS 是对外表做 LOOP 循环，每次 LOOP 循环后再对内表进行查询。NOT EXISTS 做 NL（NESTED LOOPS）连接，子查询先执行，所以就算子查询结果中有 NULL，最终也有返回值。NOT IN 做 HASH，首先对子查询表建立内存数组，然后用外表匹配。所以，当子查询结果中有 NULL 时，外表不能匹配，最终无值返回。引入 EXISTS 的目的是，在一些情况下，只需要子查询返回一个真值或假值即可。如果只考虑是否满足判断条件，而数据本身并不重要，那么这时可以使用 EXISTS 操作符来定义子查询。如果查询的两个表大小相当，那么用 IN 和 EXISTS 差别不大；如果两个表中一个是小表，一个是大表，那么子查询表大的用 EXISTS，子查询表小的用 IN。

IN 中的列举项最多为 1000 个，表中的列最多也为 1000 个列。若 IN 中的列举项超过 1000，则需要将列举项插入表中，采用表进行关联。

假设给定两张表：表 A（小表），表 B（大表），如下的 SQL 效率低，只用到了 A 表上 CC 列的索引：

```
SELECT * FROM A WHERE CC IN (SELECT CC FROM B WHERE B.ID >=10);
```

如下的 SQL 效率高，同时用到了表 A 和表 B 中 CC 列的索引：

```
SELECT * FROM A WHERE EXISTS (SELECT CC FROM B WHERE B.CC=A.CC AND B.ID >=10);
```

3. 多行子查询

多行子查询返回多行数据。多行子查询使用多行比较运算符，如 IN、EXISTS、ANY 和 ALL。

（1）使用 IN 操作符进行多行子查询

例如：查询各个职位中工资最高的员工信息。可以使用 IN 来完成该查询。

```
SYS@lhrdb> SELECT ENAME, JOB, SAL FROM EMP WHERE SAL IN (SELECT MAX(SAL) FROM EMP GROUP BY JOB);----单列
子查询
ENAME        JOB            SAL

ALLEN        SALESMAN       1600
JONES        MANAGER        2975
SCOTT        ANALYST        3000
KING         PRESIDENT      5000
FORD         ANALYST        3000
MILLER       CLERK          1300
6 rows selected.
SYS@lhrdb> SELECT ENAME, JOB, SAL FROM EMP WHERE (SAL,JOB) IN (SELECT MAX(SAL), JOB FROM EMP GROUP
BY JOB);--多列子查询
ENAME        JOB            SAL

JONES        MANAGER        2975
FORD         ANALYST        3000
SCOTT        ANALYST        3000
KING         PRESIDENT      5000
ALLEN        SALESMAN       1600
MILLER       CLERK          1300
6 rows selected.
```

（2）使用 EXISTS 操作符进行多行子查询

```
SYS@lhrdb> SELECT EMPNO, ENAME, SAL FROM SCOTT.EMP WHERE EXISTS (SELECT 1 FROM SCOTT.DEPT WHERE
DEPTNO ='40') AND ROWNUM<=3;
     EMPNO ENAME          SAL
    _____ _____    _____
      7369 SMITH          800
      7499 ALLEN         1600
      7521 WARD          1250
```

需要注意的是，在以上 SQL 语句中，如果子查询"(SELECT 1 FROM SCOTT.DEPT WHERE DEPTNO ='40')"有结果，那么 EXISTS 前面的语句会执行，否则其前面的 SELECT 操作不会执行。

（3）使用 ALL 操作符进行多行子查询

```
SYS@lhrdb> SELECT EMPNO, ENAME, SAL, JOB FROM SCOTT.EMP WHERE SAL < ALL (SELECT AVG(SAL) FROM SCOTT.EMP
GROUP BY JOB);
     EMPNO ENAME          SAL JOB
    _____ _____    _____ _ ____
      7900 JAMES          950 CLERK
      7369 SMITH          800 CLERK
```

上句中的子查询"(SELECT AVG(SAL) FROM SCOTT.EMP GROUP BY JOB)"是计算每个职位的平均工资。由于不同职位的平均工资不同，有高有低，因此，<ALL 表示小于最小的，即小于最低平均工资。同理，>ALL 表示大于最大的，即大于最高平均工资。ALL 操作符比较子查询返回列表中的每一个值，其意义如下：

- <ALL 为小于最小值。
- >ALL 为大于最大值。
- =ALL 无意义，一般不写。

（4）使用 ANY 操作符进行多行子查询

```
SYS@lhrdb> SELECT EMPNO, ENAME, SAL, JOB FROM SCOTT.EMP WHERE SAL > ANY (SELECT AVG(SAL) FROM SCOTT.EMP
```

```
GROUP BY JOB);
        EMPNO ENAME              SAL JOB
---------- ---------- --------------- ----------
      7839 KING               5000 PRESIDENT
      7902 FORD               3000 ANALYST
      7788 SCOTT              3000 ANALYST
      7566 JONES              2975 MANAGER
      7698 BLAKE              2850 MANAGER
      7782 CLARK              2450 MANAGER
      7499 ALLEN              1600 SALESMAN
      7844 TURNER             1500 SALESMAN
      7934 MILLER             1300 CLERK
      7521 WARD               1250 SALESMAN
      7654 MARTIN             1250 SALESMAN
      7876 ADAMS              1100 CLERK
```

需要注意的是，ANY 操作符后接多行子查询返回列表中的每一个值，其意义如下：

- <ANY 为小于最大值。
- >ANY 为大于最小值。
- =ANY 意义相当于 IN。

Oracle 子查询的使用方针如下：

1）子查询要用小括号 "()" 括起来。

2）在 WHERE 子句中，子查询要放在比较运算符的右侧，以增强代码的可读性。

3）除非要进行 Top-N 分析，否则没有必要在子查询中使用 ORDER BY 子句。

4）对单行子查询应使用单值运算符，对多行子查询则只能使用多行或多值运算符。

4.22.5 合并查询（集合查询）

有时在实际应用中，为了合并多个 SELECT 语句的结果，可以使用集合操作符 UNION、UNION ALL、INTERSECT、MINUS，这些集合操作符多用于数据量比较大的数据库，运行速度快，称为合并查询，也叫集合查询。以下将分别对这几个命令进行分析与讲解。

（1）UNION

UNION 操作符用于计算两个结果集的并集。当使用该操作符时，会自动去掉结果集中的重复行，只保留重复行的一行结果，如下例所示：

```
SYS@lhrdb> SELECT  ENAME,  SAL,  JOB  FROM  SCOTT.EMP  WHERE  SAL >2500;
ENAME              SAL JOB
---------- --- ----------- ----------
JONES              2975 MANAGER
BLAKE              2850 MANAGER
SCOTT              3000 ANALYST
KING               5000 PRESIDENT
FORD               3000 ANALYST
SYS@lhrdb> SELECT  ENAME,  SAL,  JOB  FROM  SCOTT.EMP  WHERE  JOB  =  'MANAGER';
ENAME              SAL JOB
---------- --- ----------- ----------
JONES              2975 MANAGER
BLAKE              2850 MANAGER
CLARK              2450 MANAGER
SYS@lhrdb> SELECT  ENAME,  SAL,  JOB  FROM  SCOTT.EMP  WHERE  SAL >2500
  2  UNION
  3  SELECT  ENAME,  SAL,  JOB  FROM  SCOTT.EMP  WHERE  JOB  =  'MANAGER';
ENAME              SAL JOB
---------- --- ----------- ----------
BLAKE              2850 MANAGER
CLARK              2450 MANAGER
FORD               3000 ANALYST
```

```
JONES            2975 MANAGER
KING             5000 PRESIDENT
SCOTT            3000 ANALYST
```

注意：

1）当执行联合查询时，必须保证它们具有相同个数的结果列，否则报如下的错误：

2）列的数据类型不同也报错：ORA-01790: expression must have same datatype AS corresponding expression。数据类型的长度不一样是可以的，但是必须保证是相同的数据类型。

实验如下所示：

```
CREATE TABLE T1 ( ID VARCHAR2(5) );
CREATE TABLE T2 ( ID VARCHAR2(10));
CREATE TABLE T3 ( ID NUMBER(5) );
CREATE TABLE T4 ( ID NUMBER(10));
```

列的数据长度不同不报错：

```
SELECT * FROM T1
UNION
SELECT * FROM T2;--不报错
```

以下语句报错：

```
SYS@RACLHR2> SELECT * FROM T1
  2  UNION
  3  SELECT * FROM T2
  4  UNION
  5  SELECT * FROM T3
  6  UNION
  7  SELECT * FROM T4;
SELECT * FROM T2
      *
ERROR at line 3:
ORA-01790: expression must have same datatype AS    corresponding expression
```

（2）UNION ALL

UNION ALL 操作符与 UNION 相似，但是它不会取消重复行，而且不会排序。示例如下：

```
SYS@RACLHR2> SELECT  ENAME, SAL, JOB  FROM  SCOTT.EMP  WHERE  SAL >2500
  2  UNION ALL
  3  SELECT  ENAME, SAL, JOB  FROM  SCOTT.EMP  WHERE  JOB = 'MANAGER';
ENAME            SAL JOB
——————— —————— ———————
JONES            2975 MANAGER
BLAKE            2850 MANAGER
SCOTT            3000 ANALYST
KING             5000 PRESIDENT
FORD             3000 ANALYST
JONES            2975 MANAGER
BLAKE            2850 MANAGER
CLARK            2450 MANAGER
```

（3）INTERSECT（相交）

INTERSECT 操作符用于计算两个结果集的交集。

```
SYS@lhrdb21> SELECT ENAME, SAL, JOB
  2     FROM SCOTT.EMP
  3    WHERE SAL > 2500
  4   INTERSECT
  5   SELECT ENAME, SAL, JOB
  6    FROM SCOTT.EMP
  7    WHERE JOB = 'MANAGER';
ENAME           SAL JOB
------------ ---------- ----------
BLAKE          2850 MANAGER
JONES          2975 MANAGER
```

（4）MINUS（相减）

MINUS 操作符用于计算两个结果集的差集，它只会显示存在第一个集合中，而不存在第二个集合中的数据，而且第一个集合中的相同数据只输出一个。

```
SYS@RACLHR2> SELECT  ENAME,  SAL,  JOB  FROM  SCOTT.EMP  WHERE  SAL  >2500
  2  MINUS
  3  SELECT  ENAME,  SAL,  JOB  FROM  SCOTT.EMP  WHERE  JOB = 'MANAGER';
ENAME           SAL JOB
------------ ---------- ----------
FORD           3000 ANALYST
KING           5000 PRESIDENT
SCOTT          3000 ANALYST
```

MINUS 具有如下的实用功能：

1）比较两个表中的某一个字段中的不同数据。

2）比较两个表的结构。

比较表结构 SQL 如下所示：

```
SYS@lhrdb> CREATE TABLE T_LHR_01 (ID NUMBER);
Table created.
SYS@lhrdb> CREATE TABLE T_LHR_02 (ID NUMBER,NAME VARCHAR2(255));
Table created.
SYS@lhrdb> SELECT C.COLUMN_NAME FROM COLS C WHERE C.TABLE_NAME='T_LHR_02'
  2   MINUS
  3   SELECT C.COLUMN_NAME FROM COLS C WHERE C.TABLE_NAME='T_LHR_01';
COLUMN_NAME
------------------------------
NAME
```

可见，表 T_LHR_02 比表 T_LHR_01 多出一列 NAME。

比较数据 SQL 如下所示：

```
CREATE TABLE T_LHR_03 (ID NUMBER);
INSERT INTO T_LHR_01 VALUES(1);
INSERT INTO T_LHR_01 VALUES(2);
INSERT INTO T_LHR_01 VALUES(3);
INSERT INTO T_LHR_01 VALUES(4);

INSERT INTO T_LHR_03 VALUES(1);
INSERT INTO T_LHR_03 VALUES(2);

SYS@lhrdb> SELECT * FROM T_LHR_01
  2   MINUS
  3   SELECT * FROM T_LHR_03;
        ID
----------
         3
         4
```

4.22.6　SQL:1999 语法对 SQL 的支持

Oracle 除了自己的连接语法外，同时支持 ANSI（American National Standards Institute，美国国家标准协会）的 SQL:1999 标准的连接语法。SQL：1999 是 ANSI 制定的通用标准，是各数据库厂商都支持的一个标准。

SQL：1999 语法格式如下所示：

```
SELECT table.column,
       table2.column
FROM    table1
CROSS   JOIN table2 | NATURAL JOIN  table2 | JOIN    table2
USING  (column_name) |
JOIN    table2
ON     (table1.column_name = table2.column_name) |
LEFT    |RIGHT  |FULL    OUTER JOIN table2
ON     (table1.column_name = table2.column_name)
WHERE ...;
```

其中，INNER JOIN 表示内连接；LEFT JOIN 表示左外连接；RIGHT JOIN 表示右外连接；FULL JOIN 表示完全外连接；ON 子句用于指定连接条件。连接分类图如下所示。

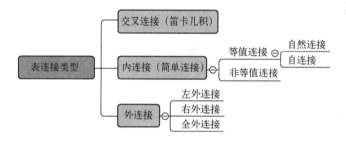

各种表之间的连接方式见下表。

主类型	子类型	定　义	图标表示	例　子
交叉连接（Cross Join，笛卡儿积）		生成笛卡儿积，它不使用任何匹配或者选取条件，而是直接将一个数据源中的每行与另一个数据源中的每行进行一一匹配		SELECT A.ID,B.NAME FROM A,B;
内连接（Inner Join/Join）	等值连接	使用等值的条件来匹配左右两个表中的行。等值连接有两种特殊格式的连接，分别是自然连接和自连接	A B	SELECT A.ID,B.NAME FROM A JOIN B ON A.ID=B.ID;
	非等值连接	使用等值以外的条件来匹配左右两个表中的行	A B	SELECT A.ID,B.NAME FROM A JOIN B ON A.ID<>B.ID
外连接	左外连接（LEFT JOIN）	包含左表中的全部行（不管右表中是否存在与它们匹配的行）以及右表中全部匹配的行	A B	SELECT A.ID,B.NAME FROM A LEFT JOIN B ON A.ID=B.ID;
	右外连接（RIGHT JOIN）	包含右表中的全部行（不管左表中是否存在与它们匹配的行）以及左表中全部匹配的行	A B	SELECT A.ID,B.NAME FROM A RIGHT JOIN B ON A.ID=B.ID;
	全外连接（FULL JOIN）	包含左右两个表的全部行，不管在另一边的表中是否存在与它们匹配的行	A B	SELECT A.ID,B.NAME FROM A FULL JOIN B ON A.ID=B.ID;

1. 交叉连接（Cross Join）

交叉连接子句（Cross Join）是在 SQL：1999 标准中开始支持的，为了生成笛卡儿积而设计。连接语法中，交叉连接不使用 WHERE 子句，而是在 FROM 子句中的两个连接表之间使用 CROSS JOIN 显式标明。例如：

```
SELECT EMPNO, ENAME, SAL,EMP.DEPTNO,DNAME
FROM    SCOTT.EMP
CROSS   JOIN SCOTT.DEPT;
```

上述语句返回的是被连接的两个表所有符合查询条件记录行的笛卡儿积，其结果集合中的记录行数等于第一个表中符合查询条件的记录行数乘以第二个表中符合查询条件的记录行数，其效果等同于如下语句：

```
SELECT EMPNO, ENAME, SAL, EMP.DEPTNO, DNAME FROM SCOTT.EMP, SCOTT.DEPT;
```

2. 内连接（Inner Join/Join）

内连接（Inner Join/Join）是常用的查询方式，也叫简单连接，是从两个或更多的表中筛选出符合连接条件的数据（记录行），对其连接后再进行查询并返回结果，如果遇到无法满足连接条件的数据，那么将之丢弃。内连接在 FROM 子句中使用 INNER JOIN 或 JOIN 关键字标识，并使用 ON 子句指定连接条件以及其他的查询限定条件。

内连接可以分为等值连接和非等值连接。例如，"SELECT * FROM A,B WHERE A.FIELD1= B.FIELD2"属于等值连接，它返回满足左表输入与右表输入连接的每一行。

还有一点要说明的是，JOIN 默认是 INNER JOIN。所以，在需要使用内连接时，可以省略关键字 INNER。

内连接的基本语法格式如下所示：

```
SELECT <字段列表>
FROM TABLE1 [INNER] JOIN TABLE2
ON <连接条件>
```

其中，关键字 INNER 可以省略，例如：

```
SELECT EMPNO, ENAME, JOB, SAL, DEPT.DEPTNO, DNAME FROM     SCOTT.EMP
JOIN    SCOTT.DEPT
ON      EMP.DEPTNO = DEPT.DEPTNO
AND     EMP.DEPTNO = 20;
```

上述语句查询的是 20 号部门所有员工的工号、姓名、职位、工资、部门编号、部门名称等信息，其效果完全等价于如下命令：

```
SELECT EMPNO, ENAME, JOB, SAL, DEPT.DEPTNO, DNAME
FROM SCOTT.EMP, SCOTT.DEPT
WHERE   EMP.DEPTNO = DEPT.DEPTNO
AND EMP.DEPTNO=20;
```

等值连接就是当两个表的公共字段相等时把两个表连接在一起，它是连接条件中最常见的一种。公共字段是两个表中具有相同含义的列。以下两个连接都属于等值连接：

连接 1：

```
SELECT ENAME 姓名,
        (SELECT D.DNAME FROM SCOTT.DEPT D WHERE E.DEPTNO=D.DEPTNO) 部门名称
FROM SCOTT.EMP E
ORDER BY E.ENAME;
```

连接 2：

```
SELECT E.ENAME  姓名,
        D.DNAME  部门名称
```

```
FROM SCOTT.EMP E, SCOTT.DEPT D
WHERE E.DEPTNO=D.DEPTNO
ORDER BY E.ENAME;
```

下面来看看等值连接的两种特殊形式：自然连接和自连接。

（1）自然连接（Natural Join）

自然连接属于等值连接的一种特殊形式，它是在两张表中寻找数据类型和列名都相同的字段，然后自动地将它们连接起来，并返回所有符合条件的结果。自然连接以相同列为条件创建等值的列，不推荐使用。若没有任何相同的字段，则会产生笛卡儿积，这对数据库的性能有较大影响。

需要注意的是，自然连接只能发生在两个表中有相同名字和数据类型的列上。如果表中的数据列有相同的名字，但数据类型不同，那么自然连接语法会提示错误。

有关自然连接的一些注意事项如下所示：

1）如果进行自然连接的两个表有多个字段都具有相同名称和类型，那么它们都会被作为自然连接的条件。

2）如果进行自然连接的两个表仅有字段名称相同，而数据类型不同，那么将会返回一个错误。

【真题 36】 View the Exhibits and examine the structures of the PRODUCTS, SALES, and CUSTOMERS tables. You issue the following query:

```
SELECT P.PROD_ID, PROD_NAME, PROD_LIST_PRICE, QUANTITY_SOLD,
CUST_LAST_NAME
FROM PRODUCTS P NATURAL JOIN SALES S NATURAL JOIN CUSTOMERS C
WHERE PROD_ID =148;
```

Which statement is true regarding the outcome of this query?

A. It executes successfully.

B. It produces an error because the NATURAL join can be used only with two tables.

C. It produces an error because a column used in the NATURAL join cannot have a qualifier.

D. It produces an error because all columns used in the NATURAL join should have a qualifier.

答案：C。

题目问的是对于 SQL 语句查询输出哪项是正确的，自然连接查询结果列不能有别名限定词。

本题中，对于选项 A，可以正常执行，说法错误，会产生 ORA-25155 错误。所以，选项 A 错误。

对于选项 B，自然连接只能用于两个表中，也可以用于 2 个视图中。所以，选项 B 错误。

对于选项 C，经过以上实验，选项 C 说法正确。所以，选项 C 正确。

对于选项 D，选项说所有列必须要有别名，说法错误，不能含有别名。所以，选项 D 错误。

所以，本题的答案为 C。

（2）自连接（Self Join）

自连接是 SQL 语句中的一种特殊连接方式，使用自连接可以将自身表的一个镜像当作另一个表来对待，从而能够得到一些特殊的数据。

对于非等值连接，理解起来比较简单，即表和表之间是通过非等值运算符来连接的，如<>、BETWEEN … AND …等，如下所示：

```
SQL> SELECT EMP.EMPNO, EMP.ENAME, DEPT.LOC
  2     FROM SCOTT.EMP
  3   INNER JOIN SCOTT.DEPT
  4     ON EMP.DEPTNO <> DEPT.DEPTNO
  5   WHERE EMPNO = 7788
  6   ORDER BY EMPNO;
    EMPNO ENAME      LOC
  --------- -------- --------
     7788 SCOTT      NEW YORK
     7788 SCOTT      CHICAGO
```

```
        7788 SCOTT        BOSTON
```

USING(column_name)子句也是 SQL：1999 新增的子句，在多表连接中，若当多列列名相同时，则使用其中的一列同名列连接，而不需写连接条件。USING 子句和 NATURAL JOIN 不能在一条语句中同时出现。其语法格式如下所示：

```
SELECT <字段列表>
FROM TABLE1 [INNER] JOIN TABLE2
USING < 参照字段列表>
```

其中，参照字段必须是被连接的两个表中共有的同名字段，可以是一个或多个，例如如下语句：

```
SELECT EMPNO, ENAME, SAL,   DEPTNO , DNAME
FROM SCOTT.EMP SCOTT.JOIN    DEPT
USING (DEPTNO);
```

上述语句在效果上等价于如下语句：

```
SELECT EMPNO, ENAME, SAL,   DEPTNO , DNAME
FROM SCOTT.EMP, SCOTT.DEPT
WHERE EMP.DEPTNO = DEPT.DEPTNO;
```

需要注意的是，当使用 USING 子句时，不允许在参照字段（包括 SELECT 列表中出现的参照字段）和同名字段进行表间等值连接，不允许设置任意的连接条件或在其他的查询上使用表名或表别名作为前缀；而相应地，当使用 WHERE 子句时，则必须在每一个同名字段上使用表名前缀以做区分。可以想象，如果要参照限定条件，那么使用 USING 子句就无法实现了。

【真题37】 Which two statements are true regarding the USING clause in TABLE joins? (Choose two)

A. It can be used to join a maximum of three tables.

B. It can be used to restrict the number of columns used in a NATURAL join.

C. It can be used to access data from tables through equijoins as   well as nonequijoins.

D. It can be used to join tables that have columns with the same name and compatible data types.

答案：B、D。

题目问的是关于 USING 子句哪两项是正确的。

本题中，对于选项 A，选项说可以连接最多 3 张表，USING 只能连接 2 张表，说法错误。所以，选项 A 错误。

对于选项 B，选项说用在自然连接中来限制列的数量是正确的。所以，选项 B 正确。

对于选项 C，选项说可以用于等值和非等值连接中，说法错误，只能用于等值连接中。所以，选项 C 错误。

对于选项 D，选项说 USING 子句用于有相同的列和兼容的数据类型的表连接中。所以，选项 D 正确。

所以，本题的答案为 B、D。

3. 外连接

外连接分为以下 3 种：左外连接（LEFT OUTER JOIN）、右外连接（RIGHT OUTER JOIN）和全外连接（FULL OUTER JOIN），通常可以省略 OUTER 这个关键字，所以也称左连接、右连接和全连接。

左外连接和右外连接都会以一张表为基表，该表的内容会全部显示，然后加上两张表匹配的内容。如果基表的数据在另一张表没有记录，那么在相关联的结果集行中列显示为空值（NULL）。

下面分别介绍这 3 种连接方式，在介绍之前，先建立两张表用于测试：

```
CREATE TABLE T1_LHR(ID NUMBER,VALUE VARCHAR2(20));
CREATE TABLE T2_LHR(ID NUMBER,VALUE VARCHAR2(20));

INSERT INTO T1_LHR(ID,VALUE) VALUES(1,'A');
INSERT INTO T1_LHR(ID,VALUE) VALUES(2,'B');
INSERT INTO T1_LHR(ID,VALUE) VALUES(3,'C');
INSERT INTO T1_LHR(ID,VALUE) VALUES(8,'M');
```

```
INSERT INTO T1_LHR(ID,VALUE) VALUES(9,'N');
INSERT INTO T1_LHR(ID,VALUE) VALUES(10,'L');

INSERT INTO T2_LHR(ID,VALUE) VALUES(1,'A');
INSERT INTO T2_LHR(ID,VALUE) VALUES(2,'B');
INSERT INTO T2_LHR(ID,VALUE) VALUES(3,'C');
INSERT INTO T2_LHR(ID,VALUE) VALUES(4,'D');
INSERT INTO T2_LHR(ID,VALUE) VALUES(5,'E');
```

（1）左外连接（LEFT OUTER JOIN/LEFT JOIN）

左外连接是以左表的记录为基础的，连接是在 FROM 子句中使用 LEFT OUTER JOIN 或者 LEFT JOIN 标识，然后使用 ON 子句指定连接条件。左外连接查询不仅返回满足条件的所有记录，而且还会返回不满足连接条件的连接操作符左边表的其他行。左外连接示例如下所示：

```
SELECT A.ID, A.VALUE A_VALUE, B.VALUE B_VALUE
  FROM T1_LHR A
  LEFT JOIN T2_LHR B
    ON (A.ID = B.ID);
```

左外连接也可以写成如下形式：

```
SELECT A.ID, A.VALUE A_VALUE, B.VALUE B_VALUE
  FROM T1_LHR A,T2_LHR B
 WHERE A.ID = B.ID(+);
```

以上 SQL 查询的结果如下图所示。

	ID	A_VALUE	B_VALUE
1	1	A	A
2	2	B	B
3	3	C	C
4	8	M	
5	9	N	
6	10	L	

左外连接的结果集包括 LEFT OUTER 子句中指定的左表的所有行，而不仅仅是连接列所匹配的行。如果左表的某行在右表中没有匹配行，那么在最终的结果集中，右表的列值均为空值。

（2）右外连接（RIGHT OUTER JOIN/RIGHT JOIN）

右外连接是在 FROM 子句中使用 RIGHT OUTER JOIN 或者 RIGHT JOIN 标识，然后 ON 子句指定连接条件。右外连接查询不仅返回满足条件的所有记录，而且还会返回不满足连接条件的连接操作符右边表的其他行。右外连接示例如下所示：

```
SELECT A.ID, A.VALUE A_VALUE, B.VALUE B_VALUE
  FROM T1_LHR A
  RIGHT JOIN T2_LHR B
    ON (A.ID = B.ID);
```

右外连接也可以写成如下形式：

```
SELECT A.ID, A.VALUE A_VALUE, B.VALUE B_VALUE
  FROM T1_LHR A,T2_LHR B
 WHERE A.ID(+)= B.ID;
```

右外连接是左外连接的反向连接，将返回右表的所有行。如果右表的某行在左表中没有匹配行，那么将为左表返回空值。

4. 全外连接（FULL OUTER JOIN/FULL JOIN）

全外连接返回两个表连接中等值连接结果及两个表中所有等值连接失败的记录。左表和右表都不做限制，所有的记录都显示，两表不足的地方用 NULL 填充。全外连接在 FROM 子句中使用 FULL OUTER JOIN 或者 FULL JOIN 标识，它不支持(+)这种写法。全外连接示例如下所示：

```
SELECT A.ID, A.VALUE A_VALUE, B.VALUE B_VALUE
  FROM T1_LHR A
  FULL JOIN T2_LHR B
    ON (A.ID = B.ID);
```

以上 SQL 查询的结果如下图所示。

	ID	A_VALUE	B_VALUE
1	1	A	A
2	2	B	B
3	3	C	C
4	8	M	
5	9	N	
6	10	L	
7			E
8			D

当然，在使用 OUTER JOIN 时，也可以使用 WHERE 条件进行限制：

```
SELECT A.ID, A.VALUE A_VALUE, B.VALUE B_VALUE
  FROM T1_LHR A
  FULL JOIN T2_LHR B
    ON (A.ID = B.ID)
WHERE B.VALUE IS NOT NULL ;
```

以上 SQL 查询的结果如下图所示。

	ID	A_VALUE	B_VALUE
1	1	A	A
2	2	B	B
3	3	C	C
4			E
5			D

【真题 38】 In which case(s) would you use an outer join?（ ）。

A． The table being joined have NOT NULL columns.

B． The table being joined have only matched data.

C． The columns being joined have NULL values.

D． The table being joined have only unmatched data.

E． The table being joined have both matched and unmatched data.

答案：C、D、E。

内连接返回的结果集是两个表中所有相匹配的数据，不包含没有匹配的行。外连接有以下 3 种：左外连接、右外连接和全外连接。外连接不仅包含符合连接条件的行，还包含左表（左外连接）、右表（右外连接）或两个表（全外连接）中的所有数据行。对于没有匹配的行就用 NULL 值来填充。因此，外连接中既包含相匹配的行也包括不相匹配的行，不相匹配的行就用 NULL 值填充。外连接中也可以只有不匹配的行。

本题中，对于选项 A，选项说连接的两个表有非空列，外连接和有没有非空列没有关系。所以，选项 A 错误。

对于选项 B，两个表必须有匹配的数据，说法错误。所以，选项 B 错误。

对于选项 C，连接的列有空值，这样可以用外连接来实现。所以，选项 C 正确。

对于选项 D，连接的两个表有不能匹配的数据，这时用外连接可以展示数据。所以，选项 D 正确。

对于选项 E，连接的两个表既有匹配也有不匹配的数据，可以用外连接将所有数据全部展示。所以，选项 E 正确。

所以，本题的答案为 C、D、E。

4.22.7　WITH 语法

WITH 子句是 Oracle 9i 新增语法。WITH 用于一个语句中某些中间结果放在临时表空间的 SQL 语句，可以理解为定义一些 SQL 的结果集为变量，然后直接引用。

使用 WITH 语句可以为一个子查询语句块定义一个名称，使用这个子查询名称可以在查询语句的很多地方引用这个子查询。Oracle 数据库像对待内联视图（INLINE VIEW）或临时表一样对待被引用的子查询名称，从而起到一定的优化作用。

可以在任何一个顶层的 SELECT 语句以及几乎所有类型的子查询语句前，使用子查询定义子句。被定义的子查询名称可以在主查询语句以及所有的子查询语句中引用，但未定义前不能引用。

WITH 子句中不能嵌套定义，也就是 WITH 子句中不能有 WITH 子句。

具体而言，WITH 子句的优点如下所示：

1）SQL 可读性增强。例如，对于特定 WITH 子查询取个有意义的名字等。

2）WITH 子查询只执行一次，并将结果存储在用户临时表空间中，可以多次引用，所以。它增强了系统的性能。Oracle 会对 WITH 进行性能优化，当需要多次访问 WITH 定义的子查询时，Oracle 会将子查询的结果放到一个临时表中，避免同样的子查询多次执行，从而有效地减少了查询的 I/O 数量，提高了查询的效率。

3）使用 WITH 子句，可以避免在 SELECT 语句中重复书写相同的语句块。

WITH 语句的语法如下所示：

```
WITH ALIAS_NAME AS (SELECT1),--AS 和 SELECT 中的括号都不能省略
ALIAS_NAME2 AS (SELECT2),--后面的没有 WITH，逗号分隔，同一个主查询同级别地方，WITH 子查询只能定义一次
...
ALIAS_NAME3 AS (SELECT N)- - 与下面的实际查询之间没有逗号
SELECT ... FROM ALIAS_NAME A,ALIAS_NAME2 B,ALIAS_NAME3 C...
WHERE ...
```

WITH 使用示例如下所示：

```
WITH A AS
 (SELECT * FROM SCOTT.EMP),
B AS
 (SELECT * FROM SCOTT.DEPT)
SELECT A.DEPTNO, B.DNAME, A.EMPNO, A.ENAME
  FROM A, B
 WHERE A.DEPTNO = B.DEPTNO
 ORDER BY A.DEPTNO, A.EMPNO;
```

以上 SQL 查询的结果如下图所示。

	DEPTNO	DNAME	EMPNO	ENAME
1	10	ACCOUNTING	7782	CLARK
2	10	ACCOUNTING	7839	KING
3	10	ACCOUNTING	7934	MILLER
4	20	RESEARCH	7369	SMITH
5	20	RESEARCH	7566	JONES
6	20	RESEARCH	7788	SCOTT
7	20	RESEARCH	7876	ADAMS
8	20	RESEARCH	7902	FORD
9	30	SALES	7499	ALLEN
10	30	SALES	7521	WARD
11	30	SALES	7654	MARTIN
12	30	SALES	7698	BLAKE
13	30	SALES	7844	TURNER
14	30	SALES	7900	JAMES

4.22.8 SQL 部分练习题

1. 习题 1

情景设计：很多 80 后、90 后都有属于自己的 QQ 空间，在登录 QQ 空间时，有一个重要信息就是"谁来看过我"，换句话说，就是哪位好友曾经访问过自己的空间，普通用户只能查看最近访问过空间的 100 个人，黄钻可以看的人更多，对此假设有如下的表（在 SQL 中"--"表示注释）：

```
--QQ 号码表
CREATE TABLE QQ(
        QQ NUMBER      PRIMARY KEY,        --QQ 号
        NICKNAME VARCHAR2(30),             --昵称
        Q_AGE NUMBER ,                     --Q 龄
        IN_DATE DATE                       --创建日期
);
---QQ 好友关系表
CREATE TABLE QQ_FRIENDS(
        QQ NUMBER      PRIMARY KEY,        --QQ 号
        QQ_FRIEND NUMBER,                  --好友 QQ
        IN_DATE DATE                       --创建日期
);
---QQ 空间浏览记录表
CREATE TABLE QQ_QZONE_LHR (
        QQ NUMBER ,                        --QQ 号码
        WHOCATME NUMBER ,                  --谁访问过我
        CATME DATE                         --访问日期
);
--插入几条测试数据
INSERT INTO      QQ     VALUES(100,'闭着眼想你 LDD',10,SYSDATE-1);
INSERT INTO      QQ     VALUES(101,'抵不住的压抑',5,SYSDATE);
INSERT INTO      QQ     VALUES(102,'只给你半边心',7,SYSDATE);
INSERT INTO      QQ     VALUES(103,'发了疯的寻找你',9,SYSDATE-1);
INSERT INTO      QQ     VALUES(104,'你是我的心',8,SYSDATE);
COMMIT;
INSERT INTO QQ_QZONE_LHR VALUES(100,101,SYSDATE);
INSERT INTO QQ_QZONE_LHR VALUES(100,103,SYSDATE-1);
INSERT INTO QQ_QZONE_LHR VALUES(100,104,SYSDATE-2);
INSERT INTO QQ_QZONE_LHR VALUES(100,101,SYSDATE-3);
INSERT INTO QQ_QZONE_LHR VALUES(101,100,SYSDATE-4);
INSERT INTO QQ_QZONE_LHR VALUES(102,101,SYSDATE-6);
INSERT INTO QQ_QZONE_LHR VALUES(103,104,SYSDATE-8);
COMMIT;
```

基于上面的情景设计，用 SQL 语句来完成如下的笔试题目，假设自己的 QQ 号码为 100：

1）查询自己 QQ 号码的昵称、创建日期。

解析：考查单表查询。SQL 语句以及运行结果如下：

```
SYS@lhrdb> SELECT A.QQ,
  2          A.NICKNAME,
  3          A.IN_DATE
  4   FROM   QQ A
  5   WHERE  A.QQ = 100;
     QQ NICKNAME                          IN_DATE
---------- ------------------------------ -------------------
    100 闭着眼想你 LDD                      2016-10-19 15:09:23
```

2）查询去年有多少人申请了 QQ 号码。

解析：考查函数的运用、COUNT 和 WHERE 子句的过滤。SQL 语句以及运行结果如下：

```
SYS@lhrdb> SELECT COUNT(1)
  2   FROM   QQ A
  3   WHERE  A.IN_DATE > TRUNC(ADD_MONTHS(SYSDATE, -12),'YYYY') AND    T.CREATED < TRUNC(SYSDATE,'YYYY') ;
  COUNT(1)
----------
        0
```

3）查询 QQ 号码中含有 3 的 QQ 号。

解析：考查模糊查询。SQL 语句以及运行结果如下：

```
SYS@lhrdb> SELECT A.QQ,
```

```
  2         A.NICKNAME,
  3         A.IN_DATE
  4  FROM    QQ A
  5  WHERE   A.QQ LIKE '%3%';
      QQ  NICKNAME                    IN_DATE
_____ _____ _____
      103  发了疯的寻找你                2016-10-19 15:09:23
```

4）假设想知道昨天有谁来看过自己的 QQ 空间，要求展示看过我空间的 QQ 号码和昵称。

解析：考查多表连接查询。SQL 语句以及运行结果如下：

```
SYS@lhrdb> SELECT B.QQ,
  2         B.NICKNAME
  3  FROM    QQ_QZONE_LHR  A,
  4         QQ           B
  5  WHERE   A.WHOCATME = B.QQ
  6  AND     TRUNC(A.CATME) = TRUNC(SYSDATE - 1)
  7  AND     A.QQ = 100;
      QQ  NICKNAME
_____ _____
      103  发了疯的寻找你
```

5）查询近一周之内来自己空间浏览的好友频度，要求展示好友昵称和来自己空间的次数。

解析：考查分组函数 GROUP BY 的运用。SQL 语句以及运行结果如下：

```
SYS@lhrdb> SELECT B.NICKNAME,
  2         COUNT(1)
  3  FROM    QQ_QZONE_LHR A,
  4         QQ           B
  5  WHERE   A.WHOCATME = B.QQ
  6  AND     TRUNC(A.CATME) >= TRUNC(SYSDATE - 7)
  7  AND     A.QQ = 100
  8  GROUP  BY B.NICKNAME;
NICKNAME                        COUNT(1)
_____ _____
发了疯的寻找你                        1
你是我的心                          1
抵不住的压抑                         2
```

6）查询近一周之内来自己空间次数大于 1 的人有哪些？要求展示来访者昵称和来自己空间的次数。

解析：考查 HAVING 和 GROUP BY 的运用。SQL 语句以及运行结果如下：

```
SYS@lhrdb> SELECT B.NICKNAME,
  2         COUNT(1)
  3  FROM    QQ_QZONE_LHR A,
  4         QQ           B
  5  WHERE   A.WHOCATME = B.QQ
  6  AND     TRUNC(A.CATME) >= TRUNC(SYSDATE - 7)
  7  AND     A.QQ = 100
  8  GROUP  BY B.NICKNAME
  9  HAVING COUNT(1)>1;
NICKNAME                        COUNT(1)
_____ _____
抵不住的压抑                         2
```

7）查询近一周之内来自己空间次数大于 1 且不是自己 QQ 好友的人有哪些？要求展示好友昵称和来自己空间的次数。

解析：考查子查询。SQL 语句及运行结果如下：

```
SYS@lhrdb> SELECT B.NICKNAME,
  2         COUNT(1)
  3  FROM    QQ_QZONE_LHR A,
```

```
  4        QQ            B
  5   WHERE   A.WHOCATME = B.QQ
  6   AND     TRUNC(A.CATME) >= TRUNC(SYSDATE – 7)
  7   AND     A.QQ = 100
  8   AND   NOT EXISTS (SELECT 1 FROM QQ_FRIENDS C WHERE C.QQ=A.QQ)
  9   GROUP   BY B.NICKNAME
 10   HAVING COUNT(1)>1;
NICKNAME                           COUNT(1)
————————————————————— ——————  ——————
抵不住的压抑                             2
```

8）查询近一周之内来自己空间最频繁的一位好友是谁？要求展示好友昵称和来自己空间的次数。

解析：主要考查 TOPN 的查询。SQL 语句以及运行结果如下：

```
SYS@lhrdb> SELECT *
  2   FROM    (SELECT B.NICKNAME,
  3                   COUNT(1)
  4           FROM    QQ_QZONE_LHR A,
  5                   QQ           B
  6           WHERE   A.WHOCATME = B.QQ
  7           AND     TRUNC(A.CATME) >= TRUNC(SYSDATE – 7)
  8           AND     A.QQ = 100
  9           GROUP   BY B.NICKNAME
 10           ORDER   BY COUNT(1) DESC)
 11   WHERE   ROWNUM = 1;

NICKNAME                           COUNT(1)
————————————————————— ——————  ——————
抵不住的压抑                             2
```

9）删除自己看过 QQ 号码为 102 的记录。

解析：考查 DELETE 删除数据的运用。SQL 语句以及运行结果如下：

```
DELETE FROM QQ_QZONE_LHR T WHERE T.WHOCATME=102 AND T.QQ=100;
```

10）更新自己的 QQ 昵称为 "^_^"。

解析：考查 UPDATE 更新数据的运用。SQL 语句以及运行结果如下：

```
UPDATE QQ T SET T.NICKNAME='^_^' WHERE T.QQ=100;
```

2. 习题 2

有如下学生信息：

学生表 STUDENT(STU_ID,STU_NAME)

课程表 COURSE(C_ID,C_NAME)

成绩表 SCORE(STU_ID,C_ID，SCORE)

完成下列 SQL 语句：

1）写出向学生表中插入一条数据的 SQL 语句。

2）查询名字为 JAMES 的学生所选的课程。

3）查询 STU_ID 为 4 的学生所学课程的成绩。

答案：

1）向数据库中插入一条记录用的是 INSERT 语句，可以采用以下两种写法：

```
①INSERT INTO STUDENT(STU_ID，STU_NAME) VALUES(1,'JAMES');
②INSERT INTO STUDENT VALUES(1,'JAMES');
```

如果这个表的主键为 STU_ID，并且采用数据库中自增的方式生成，那么在插入时就不能显式地指定 STU_ID 这一列，在这种情况下，添加记录的写法为

```
INSERT INTO STUDENT(STU_NAME) VALUES('JAMES');
```

2）在数据库中查询用到的关键字为 SELECT，由于 STUDENT 表中只存放了学生相关的信息，COURSE 表中只存放了课程相关的信息，学生与课程是通过 SCORE 表来建立关系的，因此可以首先找到名字为 TOM 的学生的 STU_ID，然后在成绩表（SCORE）中根据 STU_ID 找出这个学生所选课程的 C_ID，最后根据 C_ID 找出这个学生所选的课程。

① 可以使用下面的 SELECT 语句来查询：

```
SELECT C_NAME FROM COURSE WHERE C_ID IN
   (SELECT C_ID FROM SCORE WHERE STU_ID IN (SELECT STD_ID FROM STUDENT WHERE STU_NAME = 'JAMES'));
```

② 也可以根据题目要求，根据 3 张表的关系，直接执行 SELECT 操作，写法如下：

```
SELECT C_NAME FROM STUDENT ST, COURSE C，SCORE SC WHERE ST.STU_ID = SC.STU_ID AND SC.C_ID = C.C_ID AND
ST.STU_NAME = 'TOM';
```

③ 也可以把②的写法改为对 3 个表做 JOIN 操作。

3）成绩都存在表 SCORE 中，而课程名存储在表 COURSE 中，因此需要访问这两张表来找出课程与成绩，实现方法如下：

```
SELECT C.C_NAME, S.SCORE FROM COURSE C，SCORE S WHERE S.STU_ID = 4 AND C.C_ID = S.C_ID;
```

4.23 　什么是 SQL 注入？

SQL 注入，就是通过把 SQL 命令插入到 WEB 表单提交或输入域名或页面请求的查询字符串，最终达到欺骗服务器执行恶意的 SQL 命令的目的。例如，在代码中使用下面的 SQL 语句：SQL="SELECT TOP 1 * FROM USER WHERE NAME="+NAME+"AND PASSWORD= "+PASSWORD+""来验证用户名和密码是否正确。其中，NAME 和 PASSWORD 是用户输入的内容，若用户输入用户名为 AA，密码为 "BB 或'A'='A'"，那么拼接出来的 SQL 语句就为 "SELECT TOP 1 * FROM USER WHERE NAME='AA' AND PASSWORD='BB' OR 'A'='A'"，只要 USER 表中有数据，这条 SQL 语句就会有返回结果。这就达到了 SQL 注入的目的。

作为 DBA，永远不要信任用户的输入，相反，必须认定用户输入的数据永远都是不安全的，对用户输入的数据必须都进行过滤处理。

为了防止 SQL 注入，需要注意以下几个要点：

1）永远不要信任用户的输入。可以通过正则表达式或限制长度的方式对用户的输入进行校验，对单引号进行转换等。

2）永远不要使用动态拼装 SQL，可以使用参数化的 SQL 或者直接使用存储过程进行数据查询、存取。

3）永远不要使用管理员权限的数据库连接，建议为每个应用赋予单独的权限。

4）不要把机密信息直接存放，建议对密码或敏感信息进行加密或 HASH 处理。

5）应用的异常信息应该给出尽可能少的提示，最好使用自定义的错误信息对原始错误信息进行包装。

6）SQL 注入的检测一般采取辅助软件或借助网站平台，软件一般采用 SQL 注入检测工具 JSKY。

4.24 　索引

数据库中索引（INDEX）的概念与目录的概念非常类似。如果某列出现在查询条件中，而该列的数据是无序的，那么查询时只能从第一行开始一行一行地匹配。创建索引就是对某些特定列中的数据排序，生成独立的索引表。当在某列上创建索引后，如果该列出现在查询条件中，那么数据库系统会自动地引用该索引。先从索引表中查询出符合条件记录的 ROWID，由于 ROWID 记录的是物理地址，因此可以根据 ROWID 快速地定位到具体的记录。当表中的数据非常多时，引用索引带来的查询效率非常可观。

在处理一个请求时，数据库可以使用可用索引有效地找到请求的行。当应用程序经常查询某一特定行或特定范围的行时，索引很有用。索引在逻辑上和物理上都独立于数据。因此，可以删除和创建索引，而对表或其他索引没有任何影响。在删除索引后，所有应用程序可以继续运行。

4.24.1 索引的优缺点

创建索引可以大大提高系统的性能。总体来说，**索引的优点如下：**

1）大大加快数据的检索速度，这也是创建索引最主要的原因。

2）索引可以加速表和表之间的连接。

3）索引在实现数据的参照完整性方面特别有意义，如在外键列上创建索引可以有效地避免死锁的发生，也可以防止当更新父表主键时，数据库对子表的全表锁定。

4）索引是减少磁盘 I/O 的许多有效手段之一。

5）当使用分组（GROUP BY）和排序（ORDER BY）子句进行数据检索时，可以显著减少查询中分组和排序的时间，大大加快数据的检索速度。

6）创建唯一性索引，可以保证数据库表中每一行数据的唯一性。

7）通过使用索引，可以在查询的过程中，使用优化隐藏器，提高系统的性能。

索引的缺点如下：

1）索引必须创建在表上，不能创建在视图上。

2）创建索引和维护索引要耗费时间，这种时间随着数据量的增加而增加。

3）建立索引需要占用物理空间，如果要建立聚簇索引，那么需要的空间会很大。

4）当对表中的数据进行增加、删除和修改时，系统必须要有额外的时间来同时对索引进行更新维护，以维持数据和索引的一致性，所以索引降低了数据的维护速度。

索引的使用原则如下：

1）在大表上建立索引才有意义。

2）在 WHERE 子句或是连接条件经常引用的列上建立索引。

3）索引的层次不要超过 4 层。

4）如果某属性常作为最大值和最小值等聚集函数的参数，那么考虑为该属性建立索引。

5）表的主键、外键必须有索引。

6）创建了主键和唯一约束后会自动创建唯一索引。

7）经常与其他表进行连接的表，在连接字段上应该建立索引。

8）经常出现在 WHERE 子句中的字段，特别是大表的字段，应该建立索引。

9）要索引的列经常被查询，并只返回表中的行的总数的一小部分。

10）对于那些查询中很少涉及的列、重复值比较多的列尽量不要建立索引。

11）经常出现在关键字 ORDER BY、GROUP BY、DISTINCT 后面的字段，最好建立索引。

12）索引应该建在选择性高的字段上。

13）索引应该建在小字段上，对于大的文本字段甚至超长字段，不适合建索引。对于定义为 CLOB、TEXT、IMAGE 和 BIT 的数据类型的列不适合建立索引。

14）复合索引的建立需要进行仔细分析。正确选择复合索引中的前导列字段，一般是选择性较好的字段。

15）如果单字段查询很少甚至没有，那么可以建立复合索引；否则考虑单字段索引。

16）如果复合索引中包含的字段经常单独出现在 WHERE 子句中，那么分解为多个单字段索引。

17）如果复合索引所包含的字段超过 3 个，那么仔细考虑其必要性，考虑减少复合的字段。

18）如果既有单字段索引，又有这几个字段上的复合索引，那么一般可以删除复合索引。

19）频繁进行 DML 操作的表，不要建立太多的索引。

20）删除无用的索引，避免对执行计划造成负面影响。

索引有助于提高检索性能，但过多或不当的索引也会导致系统低效。不要认为索引可以解决一切性能问题，否则就大错特错了。因为用户在表中每加进一个索引，数据库就要做更多的工作。过多的索引甚至会导致索引碎片。所以说，要建立一个"适当"的索引体系，特别是对聚合索引的创建，更应精益求精，这样才能使数据库得到高性能的发挥。所以，提高查询效率是以消耗一定的系统资源为代价的，索引不能盲目地建立，这是考验一个 DBA 是否优秀的一个很重要的指标。

4.24.2　索引的分类

索引的分类如下图所示。

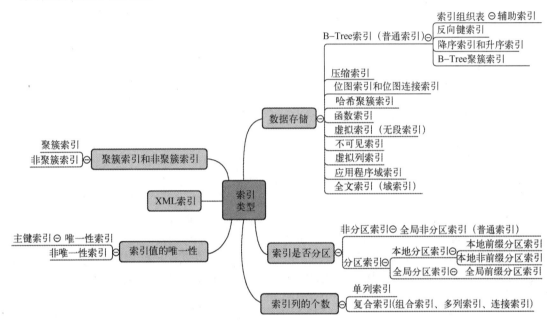

索引可以是唯一的或非唯一的。唯一索引（Unique Indexes）可以保证在表的索引列上没有重复的值。例如，在雇员表的雇员 ID 列创建了唯一索引，那么可以确保没有任何两名雇员有相同的雇员 ID。非唯一索引（Nonunique Indexes）允许索引列可以有重复的值。例如，雇员表的 FIRST_NAME 列中可能包含多个 MIKE 值。

在数据库表中，经常有一列或多列组合，其值可以唯一地标识表中的每一行，该列称为表的主键。若为表定义主键，则自动在主键列上创建一个唯一索引，该索引称为主键索引（Primary Key Indexes）。主键索引是唯一索引的特殊类型。该索引要求主键中的每个值都非空且唯一。

【真题 39】 为数据表创建索引的目的是（　　）。

A．提高查询的检索性能　　　　B．创建唯一索引　　　　C．创建主键　　　　D．归类

答案：A。

本题中，对于选项 A，创建索引就是为了提高数据的检索速度。所以，选项 A 正确。

对于选项 B，创建索引的目的不是为了创建唯一索引。所以，选项 B 错误。

对于选项 C，理由同选项 B。所以，选项 C 错误。

对于选项 D，归类也不是创建索引的目的。所以，选项 D 错误。

所以，本题的答案为 A。

【真题 40】 下列对于数据库索引的说法中，一定错误的是（　　）。

A．索引可以提升查询、分组和排序的性能

B．索引不会影响表的更新、插入和删除操作的效率

C．全表扫描不一定比使用索引的执行效率低

D．对于只有很少数据值的列，不应该创建索引

答案：B。

当对表中的数据进行增加、删除和修改时，索引也要动态地维护，这样就降低了数据的维护速度。

本题中，对于选项 A，索引可以提高查询、分组和排序的性能。所以，选项 A 错误。

对于选项 B，对表执行 DML 操作时需要维护索引，索引一定会影响表的更新、插入和删除操作的效率。所以，选项 B 正确。

对于选项 C，扫描索引有一个索引回表读的过程，若返回的数据行数占全表的 80%以上，则此时使用全表扫描比索引扫描要快。所以，选项 C 错误。

对于选项 D，索引应该创建在唯一值比较高的的列上，对于只有很少数据值的列，不应该创建索引。所以，选项 D 错误。

所以，本题的答案为 A。

4.24.3　聚集索引是什么？在哪些列上适合创建聚集索引？

索引是一种特殊的数据结构。微软的 SQL Server 提供了以下两种索引：聚集索引（Clustered Index），也称聚类索引、簇集索引、聚簇索引；非聚集索引（Nonclustered Index），也称非聚类索引、非簇集索引。

聚集索引是一种对磁盘上实际数据重新组织以按指定的一个或多个列的值排序的一种索引。由于聚集索引的索引页面指针指向数据页面，因此，使用聚集索引查找数据几乎总是比使用非聚集索引快。需要注意的是，由于聚集索引规定了数据在表中的物理存储顺序，因此，每张表只能创建一个聚集索引，并且创建聚集索引需要更多的存储空间，以存放该表的副本和索引中间页。

聚集索引表记录的排列顺序与索引的排列顺序一致，其优点是查询速度快，因为一旦具有第一个索引值的记录被找到，具有连续索引值的记录就一定紧跟其后。聚集索引的缺点是对表进行修改的速度较慢，这是为了保持表中的记录的物理顺序与索引顺序一致，而把记录插入到数据页的相应位置，必须在数据页中进行数据重排，降低了执行速度。

聚集索引对于那些经常要搜索范围值的列特别有效。使用聚集索引找到包含第一个值的行后，便可以确保包含后续索引值的行在物理上是相邻的。例如，如果应用程序执行的一个查询经常检索某一日期范围内的记录，那么使用聚集索引可以迅速找到包含开始日期的行，然后检索表中所有相邻的行，直到到达结束日期，这样有助于提高此类查询的性能。同样，如果对从表中检索的数据进行排序时经常要用到某一列，那么可以将该表在该列上聚集（物理排序），避免每次查询该列时都进行排序，从而节省成本。

非聚集索引指定了表中记录的逻辑顺序，但记录的物理顺序和索引的顺序不一致，聚集索引和非聚集索引都采用了 B+Tree 的结构，但非聚集索引的叶子层并不与实际的数据页相重叠，而采用叶子层包含一个指向表中的记录在数据页中的指针的方式。非聚集索引比聚集索引层次多，添加记录不会引起数据顺序的重组。

聚集索引和非聚集索引的根本区别是表记录的物理排列顺序和索引的排列顺序是否一致。聚集索引和非聚集索引的不同之处如下：

① 聚集索引一个表只能有一个，而非聚集索引一个表可以存在多个。

② 聚集索引存储记录是物理上连续存在，物理存储按照索引排序，而非聚集索引是逻辑上的连续，物理存储并不连续，物理存储不按照索引排序。

③ 聚集索引查询数据比非聚集索引速度快，插入数据速度慢（时间花费在"物理存储的排序"上，

也就是首先要找到位置，然后插入）；非聚集索引反之。

④ 索引是通过二叉树的数据结构来描述的，聚集索引的叶结点就是数据结点，而非聚集索引的叶结点仍然是索引结点，只不过有一个指针指向对应的数据块。

下表列出了何时使用聚集索引或非聚集索引。

动 作 描 述	使用聚集索引	使用非聚集索引
列经常被分组或排序	应	应
返回某范围内的数据	应	不应
一个或极少不同值	不应	不应
小数目的不同值	应	不应
大数目的不同值	不应	应
频繁更新的列	不应	应
外键列	应	应
主键列	应	应
频繁修改索引列	不应	应

【真题41】 以下有关聚集索引的描述中，正确的是（　　　）。

A．有存储实际数据　　　　B．没有存储实际数据　　　　C．物理上连续

D．逻辑上连续　　　　　　E．可以用 B 树实现　　　　　F．可以用二叉排序树实现

答案：A、C。

索引是对数据库表中一列或多列的值进行排序的一种结构，使用索引可快速访问数据库表中的特定信息。数据库中的索引可以分为以下两种类型：聚簇索引（聚集索引）和非聚簇索引（非聚集索引）。

聚集索引：表数据按照索引的顺序来存储的，也就是说，索引项的顺序与表中记录的物理顺序一致。对于聚集索引，叶子结点即存储了真实的数据行，不再有另外单独的数据页。因为索引的数据需与数据物理存储的顺序一致，因此在一张表上最多只能创建一个聚集索引。

非聚集索引：表数据存储顺序与索引顺序无关。对于非聚集索引，叶结点包含索引字段值及指向数据页、数据行的逻辑指针。为了提高索引的性能，一般采用 B 树来实现。

所以，本题的答案为 A、C。

4.24.4　单列索引和复合索引

按照索引列的个数，索引可以分为单列索引和复合索引。单列索引是基于单个列所建立的索引。复合索引（Composite Indexes）也称为连接索引、组合索引或多列索引，是在某个表中的多个列上建立的索引。复合索引中的列应该以在检索数据的查询中最有意义的顺序出现，但在表中不必是相邻的。若 WHERE 子句引用了复合索引中的所有列或前导列，则复合索引可以加快 SELECT 语句的数据检索速度。所以，在复合索引的定义中所使用的列顺序很重要。一般情况下，把最常被访问和选择性较高的列放在前面。复合索引适合于单列条件查询返回多、组合条件查询返回少的场景。需要注意的是，创建复合索引可以消除索引回表读的操作，所以在很多情况下，DBA 通过创建复合索引来提高查询 SQL 的性能。

在同一个表的相同列上可以创建多个复合索引，只要其索引列具有不同的排列顺序即可。在某些情况下，若前导列的基数很低，则数据库可能使用索引跳跃扫描。

在 Oracle 中，可以使用视图 DBA_IND_COLUMNS 来查询复合索引的索引列。下面给出复合索引的一个示例：

```
CREATE TABLE T_CI_20170628_LHR AS SELECT * FROM DBA_OBJECTS D;
CREATE INDEX IDX_CI_20170628_LHR ON T_CI_20170628_LHR(OBJECT_ID,OBJECT_TYPE);
SELECT * FROM DBA_INDEXES D WHERE D.INDEX_NAME='IDX_CI_20170628_LHR';
```

```
SYS@orclasm > col COLUMN_NAME format a15
SYS@orclasm > SELECT D.INDEX_NAME,D.TABLE_NAME,D.COLUMN_NAME FROM DBA_IND_COLUMNS D WHERE
D.INDEX_NAME='IDX_CI_20170628_LHR';
```

INDEX_NAME	TABLE_NAME	COLUMN_NAME
IDX_CI_20170628_LHR	T_CI_20170628_LHR	OBJECT_ID
IDX_CI_20170628_LHR	T_CI_20170628_LHR	OBJECT_TYPE

4.24.5　函数索引

在 Oracle 中，有一类特殊的索引称为函数索引（Function-Based Indexes，FBI），它基于对表中列进行计算后的结果创建索引。函数索引在不修改应用程序的逻辑基础上提高了查询性能。如果没有函数索引，那么任何在列上执行了函数的查询都不能使用这个列的索引。当在查询中包含该函数时，数据库才会使用该函数索引。函数索引可以是一个 B-Tree 索引或位图索引。

用于生成索引的函数可以是算术表达式，也可以是一个包含 SQL 函数、用户定义 PL/SQL 函数、包函数，或 C 调用的表达式。当数据库处理 INSERT 和 UPDATE 语句时，它仍然必须计算函数才能完成对语句的处理。

对于函数索引的索引列的函数查询可以通过视图 DBA_IND_EXPRESSIONS 来实现，通过如下的 SQL 语句可以查询所有的函数索引：

```
SELECT * FROM DBA_INDEXES D WHERE D.INDEX_TYPE LIKE 'FUNCTION-BASED%';
```

函数索引必须遵守下面的规则：

1）必须使用基于成本的优化器，而且创建后必须对索引进行分析。

2）如果被函数索引所引用的用户自定义 PL/SQL 函数失效了或该函数索引的属性没有了在函数索引里面使用的函数的执行权限，那么对这张表上的执行的所有的操作（如 SELECT 查询、DML 等）也将失败（会报错：ORA-06575: Package or function F_R1_LHR is in an invalid state 或 ORA-00904: : invalid identifier）。这时，可以重新修改自定义函数并在编译无报错通过后，该表上所有的 DML 和查询操作将恢复正常。

3）创建函数索引的函数必须是确定性的。也就是说，对于指定的输入，总是会返回确定的结果。

4）在创建索引的函数里面不能使用 SUM、COUNT 等聚合函数。

5）不能在 LOB 类型的列、NESTED TABLE 列上创建函数索引。

6）不能使用 SYSDATE、USER 等非确定性函数。

7）对于任何用户自定义函数必须显式声明 DETERMINISTIC 关键字，否则会报错："ora-30553: the function is not deterministic"。

需要注意的是，使用函数索引有以下几个先决条件：

1）必须拥有 CREATE INDEX 和 QUERY REWRITE（本模式下）或 CREATE ANY INDEX 和 GLOBAL QUERY REWRITE（其他模式下）权限。其赋权语句分别为"GRANT QUERY REWRITE TO LHR;"和"GRANT GLOBAL QUERY REWRITE TO LHR;"。

2）必须使用基于成本的优化器，基于规则的优化器将被忽略。

3）参数 QUERY_REWRITE_INTEGRITY 和 QUERY_REWRITE_ENABLED 可以保持默认值。

```
QUERY_REWRITE_INTEGRITY = ENFORCED
QUERY_REWRITE_ENABLED = TRUE（从 Oracle 10g 开始默认为 TRUE）
```

4.24.6　位图索引

位图索引（Bitmap Indexes）是一种使用位图的特殊数据库索引。它针对大量相同值的列而创建，如类别、型号等。位图索引块的一个索引行中存储的是键值（以比特位 0、1 的形式存储）和起止 ROWID，以及这些键值的位置编码。位置编码中的每一位表示键值对应的数据行的有无。一个块可能指向的是几十甚至成百上千行数据的位置。

在位图索引中，数据库为每个索引键存储一个位图。在传统的 B-Tree 索引中，一个索引条目指向单个行，但是在位图索引中，每个索引键存储指向多个行的指针。相对于 B-Tree 索引，位图索引占用的空间非常小，创建和使用速度非常快。当根据键值查询时，可以根据起始 ROWID 和位图状态，快速定位数据。当根据键值做 AND、OR 或 IN (X,Y,..)查询时，直接用索引的位图进行或运算，快速得出结果集。当 SELECT COUNT(XX)时，可以直接访问索引，从而快速得出统计数据。

位图索引与其他索引不同，它不是存储的索引列的列值，而是以比特位 0、1 的形式存储，所以在空间上它占的空间比较小，相应的一致性查询所使用的数据块也比较小，查询的效率就会比较高。所以，一般应用于即席查询和快速统计条数。由于位图索引本身存储特性的限制，因此，在重复率较低的列或需要经常更新的列上是不适合建立位图索引的。另外，位图索引更新列更容易引起死锁。

创建位图索引的语法很简单，就是在普通索引创建的语法中的 INDEX 前加关键字 BITMAP 即可，如下所示：

```
CREATE BITMAP INDEX IDX_SEX_LHR ON T_USER(SEX);
```

关于位图索引，需要了解以下几点内容：

1）位图索引适合创建在低基数列（即列值重复率很高）上。

2）适合于决策支持系统（DSS）或 OLAP 系统。位图索引主要用于数据仓库，或在以特定方式引用很多列的查询环境中。位图索引并不适合许多 OLTP 应用程序，若使用不当则容易产生死锁。

3）被索引的表是只读的，或 DML 语句不会对其进行频繁修改的表。

4）非常适合 OR 操作符的查询。

5）位图索引不直接存储 ROWID，而是存储字节位到 ROWID 的映射。

6）减少响应时间。

7）节省空间占用。

8）在同一列上建立位图索引后就不能再建立普通索引了，但是可以建立函数索引，位图索引可以和函数索引同时建立。

9）做 UPDATE 代价非常高。

10）基于规则的优化器不会考虑位图索引。

11）当执行 ALTER TABLE 语句并修改包含有位图索引的列时，会使位图索引失效。

12）位图索引不包含任何列数据，并且不能用于任何类型的完整性检查。

13）位图索引不能被声明为唯一索引。

14）位图索引的最大长度为 30。

可以使用如下的 SQL 语句查询数据库中的所有位图索引：

```
SELECT * FROM DBA_INDEXES D WHERE D.INDEX_TYPE='BITMAP';
```

4.24.7　分区索引

索引按照是否分区可以分为分区索引（Partitioned Indexes）和非分区索引（NonPartitioned Indexes），如下图所示。与分区表类似，分区索引被分解成更小、更易于管理的索引片断。分区索引提高了可管理性、可用性和可扩展性。分区索引根据索引列是否包含分区键及分区键是否是索引的引导列，可以分为有前缀的分区索引和无前缀的分区索引。有前缀的分区索引是指包含了分区键，并且将其作为引导列的索引。无前缀的分区索引的列不是以分区键开头，或者不包含分区键列。

　　分区索引就是简单地把一个索引分成多个片断。通过把一个索引分成多个片断，可以访问更小的片断（也更快），并且可以把这些片断分别存放在不同的磁盘上，从而避免 I/O 问题。B-Tree 和位图索引都可以被分区，而 HASH 索引不可以被分区。有以下几种分区方法：表被分区，而索引未被分区；表未被分区，而索引被分区；表和索引都被分区。不管采用哪种方法，都必须使用基于成本的优化器。有以下两种类型的分区索引：本地分区索引和全局分区索引。每个类型都有两个子类型，有前缀索引和无前缀索引。表各列上的索引可以有各种类型索引的组合。如果使用了位图索引，那么就必须是本地索引。索引分区最主要的原因是可以减少所需读取的索引的大小，把分区放在不同的表空间中可以提高分区的可用性和可靠性。在使用分区后的表和索引时，Oracle 还支持并行查询和并行 DML，这样就可以同时执行多个进程，从而加快处理 SQL 语句。

1. 本地分区索引（Local Partitioned Indexes）

　　本地分区索引也叫局部分区索引。在本地分区索引中，索引基于表上相同的列来分区，与表分区具有相同的分区数目和相同的分区边界。每个索引分区仅与底层表的一个分区相关联，所以一个索引分区中的所有键都只引用存储在某个单一表分区中的行。通过这种方式，数据库会自动同步索引分区及其关联的表分区，使每个表和索引保持独立。

　　本地分区索引在数据仓库环境中很常见，它有以下优点：

- 使分区中的数据无效或不可用的操作只会影响当前分区，这有助于提高可用性。
- 简化了分区维护。当移动一个表分区，或当某个分区的数据老化时，只需重建或维持相关联的本地索引分区。在全局索引，所有索引分区必须被全部重建或维护。
- 如果分区发生时间点恢复，那么可以将局部索引恢复到指定的恢复时间，而不需要重建整个索引。

　　本地分区索引的分区形式与表的分区完全相同，依赖列相同，存储属性也相同。对于本地分区索引，其索引分区的维护自动进行，也就是说，当执行 ADD、DROP、SPLIT 或 TRUNCATE 时，本地分区索引会自动维护其索引分区。本地分区索引的分区属性完全继承于表的分区属性，包括分区类型，分区的范围值既不需指定也不能更改。对于本地索引的分区名称，以及分区所在表空间等信息是可以自定义的。例如，以下语句创建的是本地分区索引，且每个分区对应于不同的表空间：

```
CREATE INDEX IDX_PART_RANGE_ID ON T_PARTITION_RANGE(ID) LOCAL (
    PARTITION I_RANGE_P1 TABLESPACE TS_DATA01,
    PARTITION I_RANGE_P2 TABLESPACE TS_DATA02,
    PARTITION I_RANGE_P3 TABLESPACE TS_DATA03,
    PARTITION I_RANGE_PMAX TABLESPACE TS_DATA04
    );
```

　　本地分区索引可分为以下两种类型：

　　1）本地前缀索引（Local Prefixed Indexes），在这种情况下，分区键处于索引定义的前导部分。

　　2）本地非前缀索引（Local Nonprefixed Indexes），在这种情况下，分区键不是索引列列表的前导部分，甚至根本不必在该列表中。

　　这两种类型的索引都可以充分利用分区消除（也称为分区剪除），此时优化程序将不予考虑无关分区，以加快数据访问速度。查询是否可以消除分区取决于查询谓词。使用本地前缀索引的查询始终允许索引分区消除，而使用一个本地非前缀索引的查询，则可能不会利用到分区消除。

2. 全局分区索引

　　全局索引（Global Index）既可以分区（全局分区索引），也可以不分区（普通索引）；既可以建 RANGE 分区，也可以建 HASH 分区；既可创建于分区表上，也可以创建于非分区表上。也就是说，全局索引是完全独立的，因此它也需要更多的维护操作。

　　全局分区索引是一个 B-Tree 索引，其分区独立于所依赖的基础表。某个索引分区可以指向任意或所有的表分区，而在一个局部分区索引中，索引分区与分区表之间却存在一对一的配对关系。全局分区索引是通过指定 GLOBAL 参数指定的。本地分区索引比全局分区索引更容易管理，但是全局索引比较快。本地索引肯定是分区索引，但是全局索引可以选择是否分区。如果分区，那么只能是有前缀的分区索引，Oracle 不支持无前缀的全局分区索引。

另外，如果对分区进行维护操作时不加上 UPDATE GLOBAL INDEXES，那么会导致全局索引变为无效状态，所以必须在执行完维护操作后重建全局索引。

关于全局索引，需要注意以下几点内容：

1）全局索引可以是分区索引，也可以是不分区的索引，全局索引必须是前缀索引，即全局索引的索引列必须是以索引分区键作为其前导列。

2）全局索引可以依附于分区表，也可以依附于非分区表。

3）全局分区索引的索引条目可能指向若干个分区，因此对于全局分区索引，即使只截断一个分区中的数据，也需要 REBULID 若干个分区甚至是整个索引。

4）全局索引多应用于 OLTP 系统中。

5）全局分区索引只按 RANGE 或者 HASH 分区，HASH 分区是 Oracle 10g 以后才支持的。

6）在 Oracle 9i 以后对分区表做 MOVE 或者 TRUNCATE 时可以用 UPDATE GLOBAL INDEXES 语句来同步更新全局分区索引，用消耗一定资源来换取高度的可用性。

7）若在表中使用 A 列作分区，但在索引中用 B 列作本地索引，若 WHERE 条件中用 B 来查询，那么 Oracle 会扫描所有的表和索引的分区，成本会比分区更高，此时可以考虑用 B 列做全局分区索引和用 A 列做本地索引。

8）在创建索引时，如果不显式指定 GLOBAL 或 LOCAL，那么默认是 GLOBAL。

9）在创建 GLOBAL 索引时，如果不显式指定分区子句，那么默认不分区。

10）含有子分区的分区索引有大小，但是在数据字典视图中的列 SEGMENT_CREATED 的值显示为 N/A，STATUS 的值也显示为 N/A。

有关分区索引的一些数据字典视图如下。

- **DBA_PART_INDEXES**：分区索引的概要统计信息，可以得知每个表上有哪些分区索引，分区索引的类型是 LOCAL 还是 GLOBAL。
- **DBA_IND_PARTITIONS**：每个分区索引的分区统计信息。
- **DBA_INDEXES 和 DBA_PART_INDEXES**：可以得到每个表上有哪些非分区索引。

4.24.8　什么是覆盖索引?

如果一个索引包含（或者说覆盖了）所有满足查询所需要的数据，那么就称这类索引为覆盖索引（Covering Index）。索引覆盖查询不需要回表操作。在 MySQL 中，可以通过使用 explain 命令输出的 Extra 列来判断是否使用了索引覆盖查询。若使用了索引覆盖查询，则 Extra 列包含 "Using index" 字符串。MySQL 查询优化器在执行查询前会判断是否有一个索引能执行覆盖查询。

覆盖索引能有效地提高查询性能，因为覆盖索引只需要读取索引而不用回表再读取数据。覆盖索引有以下一些优点：

1）索引项通常比记录要小，所以 MySQL 会访问更少的数据。

2）索引都按值的大小顺序存储，相对于随机访问记录，需要更少的 I/O。

3）大多数据引擎能更好地缓存索引，如 MyISAM 只缓存索引。

4）覆盖索引对于 InnoDB 表尤其有用，因为 InnoDB 使用聚集索引组织数据，如果二级索引中包含查询所需的数据，那么就不再需要在聚集索引中查找了。

下面的 SQL 语句就使用到了覆盖索引：

```
mysql> explain select Host,User from mysql.user where user='lhr';
```

id	select_type	table	partitions	type	possible_keys	key	key_len	ref	rows	filtered	Extra
1	SIMPLE	user	NULL	index	NULL	PRIMARY	276	NULL	4	25.00	Using where; Using index

4.24.9 虚拟索引

在数据库优化中，索引的重要性是不言而喻的。在性能调整过程中，一个索引是否能被查询用到，在索引创建之前是无法确定的，而创建索引是一个代价比较高的操作，尤其是当数据量较大的时候。这种情况下，创建虚拟索引是一个很好的选择。

虚拟索引（Virtual Index）是定义在数据字典中的伪索引，但没有相关的索引段。虚拟索引的目的是模拟索引的存在而不用真实地创建一个完整索引。这允许开发者创建虚拟索引来查看相关执行计划而不用等到真实创建完索引，才能查看索引对执行计划的影响，并且不会增加存储空间的使用。需要确保创建的索引将不会对数据库中的其他查询产生负面影响，这些都可以使用虚拟索引来完成测试。

虚拟索引与不可见索引的不同之处在于不可见索引是有与之相关的存储的，只是优化器不能选择它们。而虚拟索引没有与之相关的存储空间。由于这个原因，虚拟索引也被称为**无段索引**。

Oracle 文档中并没有提到虚拟索引的创建语法，实际上就是普通索引语法后面加一个 NOSEGMENT 关键字即可，B-Tree 索引和 BITMAP 索引都可以被创建成虚拟索引。

需要注意的是，必须设置隐含参数"_USE_NOSEGMENT_INDEXES"为 TRUE（默认为 FALSE）后，CBO（Cost Based Optimization，基于代价的优化器）模式才能使用虚拟索引，而 RBO（Rule Based Optimization，基于规则的优化器）模式无法使用虚拟索引。

可以使用如下的 SQL 语句查找系统中已经存在的虚拟索引：

```
SELECT INDEX_OWNER, INDEX_NAME
  FROM DBA_IND_COLUMNS
 WHERE INDEX_NAME NOT LIKE 'BIN$%'
MINUS
SELECT OWNER, INDEX_NAME
  FROM DBA_INDEXES;
```

关于虚拟索引需要注意以下几点：

1）虚拟索引无法执行 ALTER INDEX 操作。

```
SQL> ALTER INDEX IX_T_ID REBUILD;
ALTER INDEX IX_T_ID REBUILD*
第 1 行出现错误：
ORA-08114: 无法变更假索引
```

2）使用回收站特性时，虚拟索引必须显式 DROP，才能创建同名的索引。

```
SQL> CREATE INDEX IND_STATUS ON T(STATUS);
索引已创建。
SQL> DROP TABLE T;
表已删除。
SQL> FLASHBACK TABLE T TO BEFORE DROP;
闪回完成。
SQL> SELECT TABLE_NAME,INDEX_NAME,STATUS FROM USER_INDEXES WHERE TABLE_NAME='T';
TABLE_NAME              INDEX_NAME                STATUS
------------------------------------------------------------------
T                      BIN$7jAFlUG6b1zgQAB/AQAPyw==$0 VALID
SQL> CREATE INDEX IND_OBJECT_ID ON T(OBJECT_ID);
索引已创建。
SQL> CREATE INDEX INDS_STATUS ON T(STATUS);CREATE INDEX INDS_STATUS ON T(STATUS);
                                           *
第 1 行出现错误：
ORA-01408: 此列列表已索引
```

3）不能创建和虚拟索引同名的实际索引。

4）可以创建和虚拟索引包含相同列但不同名的实际索引。

5）虚拟索引可以被分析并且有效，但是数据字典里查不到结果。

下面给出虚拟索引的一个示例：

```
SYS@lhrdb> SELECT * FROM V$VERSION WHERE ROWNUM<=2;
BANNER
------------------------------------------------------------------
Oracle Database 11g Enterprise Edition Release 11.2.0.4.0 - 64bit Production
PL/SQL Release 11.2.0.4.0 - Production
SYS@lhrdb> CREATE TABLE T_VI_20160818_01_LHR AS SELECT * FROM DBA_OBJECTS;
Table created.
```

虚拟索引的创建语法比较简单，实际上就是普通索引语法后面加一个 NOSEGMENT 关键字：

```
SYS@lhrdb> CREATE INDEX IX_VI01_ID ON T_VI_20160818_01_LHR(OBJECT_ID) NOSEGMENT;
Index created.
```

从数据字典 DBA_INDEXES 中是无法找到这个索引的，但是 DBA_OBJECTS 的确存在：

```
SYS@lhrdb> SELECT INDEX_NAME,STATUS FROM DBA_INDEXES WHERE TABLE_NAME='T_VI_20160818_01_LHR';
no rows selected
SYS@lhrdb> COL OBJECT_NAME FORMAT A10
SYS@lhrdb> SELECT D.OWNER,D.OBJECT_NAME,D.OBJECT_TYPE FROM DBA_OBJECTS D WHERE D.OBJECT_NAME='IX_VI01_ID';
OWNER                    OBJECT_NAM OBJECT_TYPE
------------------------ ---------- -----------
SYS                      IX_VI01_ID INDEX
SYS@lhrdb> SELECT TO_CHAR(DBMS_METADATA.GET_DDL('INDEX','IX_VI01_ID')) FROM DUAL;
TO_CHAR(DBMS_METADATA.GET_DDL('INDEX','IX_VI01_ID'))
------------------------------------------------------------------
  CREATE INDEX "SYS"."IX_VI01_ID" ON "SYS"."T_VI_20160818_01_LHR" ("OBJECT_ID")
  PCTFREE 10 INITRANS 2 MAXTRANS 255   NOSEGMENT
```

使用虚拟索引，首先要将隐含参数 "_USE_NOSEGMENT_INDEXES" 设置为 TRUE：

```
SYS@lhrdb> ALTER SESSION SET "_USE_NOSEGMENT_INDEXES"=TRUE;
Session altered.
SYS@lhrdb> SHOW PARAMETER OPTIMIZER_MODE
NAME                                 TYPE        VALUE
------------------------------------ ----------- ------------------------------
optimizer_mode                       string      ALL_ROWS
SYS@lhrdb> SET AUTOTRACE TRACEONLY
SYS@lhrdb> SET LINE 9999
SYS@lhrdb> SELECT * FROM T_VI_20160818_01_LHR WHERE OBJECT_ID=1;
no rows selected
Execution Plan
------------------------------------------------------------------
Plan hash value: 3209519479
------------------------------------------------------------------
```

Id	Operation	Name	Rows	Bytes	Cost (%CPU)	Time
0	SELECT STATEMENT		14	2898	5 (0)	00:00:01
1	TABLE ACCESS BY INDEX ROWID	T_VI_20160818_01_LHR	14	2898	5 (0)	00:00:01
* 2	INDEX RANGE SCAN	IX_VI01_ID	312		1 (0)	00:00:01

```
Predicate Information (identified by operation id):
------------------------------------------------------------------
   2 - access("OBJECT_ID"=1)
Note
-----
   - dynamic sampling used for this statement (level=2)
Statistics
------------------------------------------------------------------
          0  recursive calls
          0  db block gets
       1249  consistent gets
          0  physical reads
```

```
      0   redo size
   1343   bytes sent via SQL*Net to client
    509   bytes received via SQL*Net from client
      1   SQL*Net roundtrips to/from client
      0   sorts (memory)
      0   sorts (disk)
      0   rows processed
```

以下是真实执行计划，显然用不到索引。

```
SYS@lhrdb> SET AUTOTRACE OFF
SYS@lhrdb> ALTER SESSION SET STATISTICS_LEVEL=ALL;
Session altered.
SYS@lhrdb> SELECT * FROM T_VI_20160818_01_LHR WHERE OBJECT_ID=1;
no rows selected
SYS@lhrdb>  SELECT  SQL_ID,CHILD_NUMBER,SQL_TEXT  FROM  V$SQL  WHERE  SQL_TEXT  LIKE  '%SELECT  *  FROM
T_VI_20160818_01_LHR WHERE OBJECT_ID=1%';
SQL_ID          CHILD_NUMBER SQL_TEXT
_____

d5v59m8vyyz7d            0 SELECT * FROM T_VI_20160818_01_LHR WHERE OBJECT_ID=1
SYS@lhrdb> SELECT * FROM TABLE(DBMS_XPLAN.DISPLAY_CURSOR('d5v59m8vyyz7d',0,'ALLSTATS LAST'));
PLAN_TABLE_OUTPUT
_____

SQL_ID   d5v59m8vyyz7d, child number 0
_____

SELECT * FROM T_VI_20160818_01_LHR WHERE OBJECT_ID=1
Plan hash value: 847945500
```

Id	Operation	Name	Starts	E-Rows	A-Rows	A-Time	Buffers
0	SELECT STATEMENT		1		0	00:00:00.01	1249
* 1	TABLE ACCESS FULL	T_VI_20160818_01_LHR	1	14	0	00:00:00.01	1249

```
Predicate Information (identified by operation id):
_____

   1 - filter("OBJECT_ID"=1)
Note
_____

   - dynamic sampling used for this statement (level=2)
22 rows selected.
```

查找系统中已经存在的虚拟索引：

```
SYS@lhrdb> SELECT INDEX_OWNER, INDEX_NAME
   2     FROM DBA_IND_COLUMNS
   3    WHERE INDEX_NAME NOT LIKE 'BIN$%'
   4   MINUS
   5   SELECT OWNER, INDEX_NAME
   6     FROM DBA_INDEXES;
INDEX_OWNER                    INDEX_NAME
_____

SYS                            IX_VI01_ID
```

下面是一个常见的面试题，"若现在生产库不允许创建索引，但是需要测试创建索引后对 SQL 性能的影响，该怎么办？"，答案就是要么在测试库创建索引来测试，要么使用虚拟索引来测试性能。

4.24.10 不可见索引

索引维护是 DBA 的一项重要工作。当一个系统运行很长一段时间，经过需求变更、结构设计变化后，系统中就可能会存在一些不再被使用的索引，或者使用效率很低的索引。这些索引的存在，不仅占用系统空间，而且会降低事务效率，增加系统的负载。因此，需要找出那些无用或低效的索引，并删除它们（找出无用索引可以通过索引监控的方法）。直接删除索引存在一定风险的。例如，某些索引可能只是在一些周期的作业中被使用到，而如果监控周期没有覆盖到这些作业的触发点，那么就会认为索引是无用的，从而将其删除。当作业启动后，可能就会对系统性能造成冲击。这时，可能就会手忙脚乱地去找回索引定义语句、重建索引。在 Oracle 11g 里，Oracle 提供了一个新的特性来降低直接删除索引或者禁用索引的风险，那就是不可见索引（Invisible Indexes）。

从 Oracle 11g 开始，可以创建不可见索引。优化程序会忽略不可见索引，除非在会话或系统级别上将 OPTIMIZER_USE_INVISIBLE_INDEXES 初始化参数显式设置为 TRUE，此参数的默认值是 FALSE。

使索引不可见是使索引不可用或被删除的一种替代方法。使用不可见索引，可以完成以下操作：

1）在删除索引之前，测试索引删除后对系统性能的影响。

2）对应用程序的特定操作或模块使用临时索引结构，这样就不会影响整个应用程序了。

当索引不可见时，优化程序生成的计划不会使用该索引。如果未发现性能下降，那么可以删除该索引。还可以创建最初不可见索引，执行测试，然后确定是否使该索引可见。可以查询 DBA_INDEXES 数据字典视图的 VISIBILITY 列来确定该索引是 VISIBLE 还是 INVISIBLE。

创建不可见索引的方式如下所示：

```
CREATE INDEX INDEX_NAME ON TABLE_NAME(COLUMN_NAME) INVISIBLE;
```

修改索引是否可见的方式如下所示：

```
ALTER INDEX INDEX_NAME INVISIBLE; --修改索引不可见
ALTER INDEX INDEX_NAME VISIBLE; --修改索引可见
```

不可见索引的特点主要有以下几点：

1）当索引变更为不可见时，只是对 Oracle 的优化器不可见。

2）不可见索引在 DML 操作时也会被维护。

3）加 HNIT 对不可见索引无效。

4）可以通过修改 SYSTEM 级别和 SESSION 级别参数来使用不可见索引。

不可见索引是从 Oracle 11g 开始出现的，所以在 Oracle 11g 之前的版本中索引没有 INVISIBLE 的功能，那么应该如何处理呢？有两种办法：①让索引变为 UNUSABLE；②修改索引的统计信息。

在 Oracle 11g 之前，可以先不删除索引，而将其修改为 UNUSABLE。这样，索引的定义并未删除，只是索引不能再被使用，也不会随着表数据的更新而更新。当需要重新使用该索引时，需要用 REBUILD 语句重建，然后更新统计信息。对于一些大表来说，这个时间可能就非常长。

现在 Oracle 数据库一般都采用基于成本的优化器来生成执行计划，只要索引的成本更低，Oracle 就会选择使用索引。所以，只要告诉 Oracle 使用索引成本很高，它就不会使用这个索引，这样就达到了暂时让索引不可用的效果。Oracle 提供了 DBMS_STATS 包来管理对象的统计信息，通过 DBMS_STATS.SET_INDEX_STATS 函数可以强制设置索引的统计信息，现在只要把索引的成本设置成非常大即可。

设置非常离谱的统计信息，让 Oracle 认为使用索引的成本很高：

```
SYS@lhrdb> SELECT A.OWNER,A.INDEX_NAME,A.BLEVEL,A.LEAF_BLOCKS,A.NUM_ROWS FROM DBA_INDEXES A WHERE INDEX_NAME='IDX_II_20160819';
    OWNER                      INDEX_NAME                      BLEVEL LEAF_BLOCKS     NUM_ROWS
    ----------                 -----------------               ------ -----------     ---------
    SYS                        IDX_II_20160819                      1         193        87133
SYS@lhrdb> EXEC DBMS_STATS.SET_INDEX_STATS(OWNNAME => user,INDNAME => 'IDX_II_20160819',INDLEVEL => 10,NUMLBLKS => 1000000000,NUMROWS => 100000000000,NO_INVALIDATE => FALSE );
    PL/SQL procedure successfully completed.
SYS@lhrdb> col NUM_ROWS format 999999999999999
SYS@lhrdb> SELECT A.OWNER,A.INDEX_NAME,A.BLEVEL,A.LEAF_BLOCKS,A.NUM_ROWS FROM DBA_INDEXES A WHERE INDEX_NAME='IDX_II_20160819';
    OWNER                      INDEX_NAME                      BLEVEL LEAF_BLOCKS          NUM_ROWS
    ----------                 -----------------               ------ -----------     ---------------
    SYS                        IDX_II_20160819                     10  1000000000     100000000000
```

其中，NO_INVALIDATE=FALSE 表示让 Library Cache 中的执行计划立即失效，重新按现在的统计信息生成 SQL 执行计划。

虚拟索引和不可见索引的区别见下表。

比较项目	不可见索引（Invisible Indexes）	虚拟索引（Virtual Indexes，无段索引）
出现版本	Oracle 11g	Oracle 9i
有无索引段	有索引段，占用一定的存储空间	无索引段，不占用存储空间
是否可以通过 ALTER 直接切换其属性	可以通过 ALTER 直接修改索引是否可见： ALTER INDEX INDEX_NAME INVISIBLE; ALTER INDEX INDEX_NAME VISIBLE;	不能通过 ALTER 修改属性，也不能通过 ALTER 重建虚拟索引
视图 DBA_INDEXES 是否可以查询到	是	否
视图 DBA_OBJECTS 是否可以查询到	是	是
启用参数	OPTIMIZER_USE_INVISIBLE_INDEXES（默认为 FALSE）	_USE_NOSEGMENT_INDEXES（默认为 FALSE）
创建语法	CREATE INDEX INDEX_NAME ON TABLE_NAME (COLUMN_NAME) INVISIBLE;	CREATE INDEX INDEX_NAME ON TABLE_NAME(COLUMN_NAME) NOSEGMENT;
查询系统中存在的所有不可见或虚拟索引的 SQL	SELECT OWNER, INDEX_NAME FROM DBA_INDEXES WHERE VISIBILITY='INVISIBLE';	SELECT INDEX_OWNER, INDEX_NAME FROM DBA_IND_COLUMNS WHERE INDEX_NAME NOT LIKE 'BIN$%' MINUS SELECT OWNER, INDEX_NAME FROM DBA_INDEXES;
作用	当索引不可见时，优化程序生成的计划不会使用该索引。如果未发现性能下降，那么可以删除该索引。还可以创建最初不可见索引，执行测试，然后确定是否使该索引可见	模拟索引的存在而不用真实地创建一个完整索引。这允许开发者创建虚拟索引来查看相关执行计划，而不用等到真实创建完索引才能查看索引对执行计划的影响，并且不会增加存储空间的使用
共同点	都可以通过参数在 SESSION 和 SYSTEM 级别进行设置	

【真题 42】 An index called ORD_CUSTNAME_IX has been created on the CUSTNAME column in the ORDERS table using the following command:

SQL>CREATE INDEX ord_custname_ix ON orders(custname);

The ORDERS table is frequently queried using the CUSTNAME column in the WHERE clause. You want to check the impact on the performance of the queries if the index is not available. You do not want the index to be dropped or rebuilt to perform this test.

Which is the most efficient method of performing this task?

A. disabling the index   B. making the index invisible

C. aking the index unusable   D. using the MONITORING USAGE clause for the index

答案：B。

题目要求在不能删除和重建的情况下来测试索引的性能。

对于选项 A，索引不能被禁用。所以，选项 A 错误。

对于选项 B，让索引不可见，为正确选项。所以，选项 B 正确。

对于选项 C，让索引不可用之后还是得重建索引。所以，选项 C 错误。

对于选项 D，监控索引并不能测试索引在不可用的情况下对系统性能的影响。所以，选项 D 错误。

所以，本题的答案为 B。

4.24.11 Oracle 中的其他索引

1. 压缩索引

Oracle 数据库可以使用键压缩（Key Compression）来压缩 B-Tree 索引或索引组织表中的主键列值

的部分。键压缩可以大大减少索引所使用的空间。使用了键压缩的索引称为压缩索引。对索引进行压缩更多的意义在于节省存储空间，减少 I/O 时间。压缩也是会引入存储开销的，只是很多时候压缩节省的空间比压缩需要的存储开销更大，所以压缩以后整体的存储开销减小了。

可以使用如下的 SQL 将索引重建为压缩或非压缩的索引：

```
ALTER INDEX EMPLOYEE_LAST_NAME_IDX REBUILD NOCOMPRESS;--非压缩
ALTER INDEX EMPLOYEE_LAST_NAME_IDX REBUILD COMPRESS;--压缩
```

所有的压缩索引可以通过如下的 SQL 语句获取：

```
SELECT * FROM DBA_INDEXES D WHERE D.COMPRESSION='ENABLED';
```

2. 反向键索引（Reverse Key Indexes）

反向键索引也称为反转索引，是一种 B-Tree 索引，它在物理上反转每个索引键的字节，但保持列顺序不变。例如，如果索引键是 20，并且在一个标准的 B-Tree 索引中此键被存为十六进制的两个字节 C1，15，那么反向键索引会将其存为 15，C1。

```
SYS@orclasm > SELECT DUMP(20,'16') FROM DUAL;
DUMP(20,'16')
------------------
Typ=2 Len=2: c1,15
```

反向键索引解决了在 B-Tree 索引右侧的叶块争用问题。在 Oracle RAC 数据库中的多个实例重复不断地修改同一数据块时，这个问题尤为严重。在一个反向键索引中，对字节顺序反转，会将插入分散到索引中的所有叶块。例如，键 20 和 21，本来在一个标准键索引中会相邻，现在存储在相隔很远的独立的块中。这样，顺序插入产生的 I/O 被更均匀地分布了。

使用反向键索引的最大的优点就是降低索引叶子块的争用，减少热点块，提高系统性能。由于反向键索引自身的特点，如果系统中经常使用范围扫描进行读取数据（如在 WHERE 子句中使用"BETWEEN AND"语句或比较运算符">""<"">=""<="等），那么反向键索引将不会被使用，因为此时会选择全表扫描，反而会降低系统的性能。只有对反向键索引列进行"="操作时，其反向键索引才会使用。

反向键索引应用场合：

1）在索引叶块成为热点块时使用。

通常，使用数据时（常见于批量插入操作）都比较集中在一个连续的数据范围内，这样在使用正常的索引时就很容易发生索引叶子块过热的现象，严重时将会导致系统性能下降。

2）在 RAC 环境中使用。

当 RAC 环境中几个结点访问数据的特点是集中和密集，索引热点块发生的概率就会很高。如果系统对范围检索要求不是很高，则可以考虑使用反向键索引技术来提高系统的性能。因此，该技术多见于RAC 环境，它可以显著地降低索引块的争用。

3）反向键索引通常建立在值是连续增长的列上，使数据均匀地分布在整个索引上。

使用如下的 SQL 语句可以查询到所有的反向键索引：

```
SELECT * FROM DBA_INDEXES D WHERE D.INDEX_TYPE LIKE '%/REV';
```

创建索引时使用 REVERSE 关键字，如下所示：

```
CREATE INDEX REV_INDEX_LHR ON XT_REVI_LHR(OBJECT_ID) REVERSE;
ALTER INDEX REV_INDEX REBUID NOREVERSE;
ALTER INDEX NAME_INX REBUILD ONLINE NOREVERSE;
ALTER INDEX ID_INX REBUILD REVERSE ONLINE;
ALTER INDEX ID_INX REBUILD ONLINE REVERSE;
```

3. 降序索引和升序索引

对于升序索引（Ascending Indexes），数据库按升序排列的顺序存储数据。索引默认按照升序存储列值。默认情况下，字符数据按每个字节中包含的二进制值排序，数值数据按从小到大排序，日期数据按从早到晚排序。

降序索引（Descending Indexes）将存储在一个特定的列或多列中的数据按降序排序。创建降序索引时使用 DESC 关键字，如下所示：

```
CREATE INDEX IND_DESC ON TESTDESC(A DESC,B ASC);
```

需要注意的是，降序索引在 DBA_INDEXES 的 INDEX_TYPE 列表现为 FUNCTION-BASED（即函数索引），但是在 DBA_IND_EXPRESSIONS 不能体现其升序或降序，只能通过视图 DBA_IND_COLUMNS 的 DESCEND 列来查询，如下所示：

先创建表和索引：

```
CREATE TABLE XT_DESC_LHR AS SELECT * FROM DBA_OBJECTS;
CREATE INDEX IND_DESC_LHR ON XT_DESC_LHR(OBJECT_ID DESC,OBJECT_NAME ASC);
CREATE INDEX IND_DESC_LHR2 ON XT_DESC_LHR(OBJECT_NAME DESC);
CREATE INDEX IND_DESC_LHR3 ON XT_DESC_LHR(OBJECT_type ASC);
```

查询索引：

```
SYS@orclasm > SELECT  D.INDEX_NAME,D.INDEX_TYPE FROM DBA_INDEXES D WHERE      D.INDEX_NAME LIKE
'IND_DESC_LHR%';

INDEX_NAME                     INDEX_TYPE
------------------------------ ------------------------
IND_DESC_LHR                   FUNCTION-BASED NORMAL
IND_DESC_LHR2                  FUNCTION-BASED NORMAL
IND_DESC_LHR3                  NORMAL
SYS@orclasm > SET LINE 9999
SYS@orclasm >  SELECT  D.INDEX_NAME,D.COLUMN_EXPRESSION  FROM  DBA_IND_EXPRESSIONS  D  WHERE
D.INDEX_NAME LIKE 'IND_DESC_LHR%' ;

INDEX_NAME                     COLUMN_EXPRESSION
------------------------------ ------------------------
IND_DESC_LHR                   "OBJECT_ID"
IND_DESC_LHR2                  "OBJECT_NAME"
SYS@orclasm > COL COLUMN_NAME FORMAT A15
SYS@orclasm > SELECT d.INDEX_NAME,d.COLUMN_NAME,d.COLUMN_POSITION,d.DESCEND FROM DBA_IND_COLUMNS D
WHERE D.INDEX_NAME   LIKE   'IND_DESC_LHR%' ORDER BY d.INDEX_NAME,d.COLUMN_POSITION;

INDEX_NAME                     COLUMN_NAME     COLUMN_POSITION DESC
------------------------------ --------------- --------------- ----
IND_DESC_LHR                   SYS_NC00016$                  1 DESC
IND_DESC_LHR                   OBJECT_NAME                   2 ASC
IND_DESC_LHR2                  SYS_NC00017$                  1 DESC
IND_DESC_LHR3                  OBJECT_TYPE                   1 ASC
SYS@orclasm > SELECT COLUMN_NAME,DATA_TYPE,DATA_DEFAULT FROM DBA_TAB_COLS WHERE OWNER='LHR' AND
TABLE_NAME='XT_DESC_LHR' AND COLUMN_NAME='SYS_NC00016$';

COLUMN_NAME                    DATA_TYPE           DATA_DEFAULT
------------------------------ --------------- ------------------
SYS_NC00016$                   RAW                 "OBJECT_ID"
LHR@orclasm > SELECT * FROM XT_DESC_LHR t WHERE t.object_name='LHR' AND T.OBJECT_ID=1 ORDER BY OBJECT_ID
DESC,OBJECT_NAME ASC;

no rows selected
Execution Plan
----------------------------------------------------------
Plan hash value: 902722624

-----------------------------------------------------------------------
| Id  | Operation         | Name   | Rows  | Bytes | Cost (%CPU)| Time     |
-----------------------------------------------------------------------
|   0 | SELECT STATEMENT  |        |     8 |  1656 |     2   (0)| 00:00:01 |
```

	1	TABLE ACCESS BY INDEX ROWID	XT_DESC_LHR	8	1656	2	(0)	00:00:01
	* 2	INDEX RANGE SCAN	IND_DESC_LHR	1		1	(0)	00:00:01

Predicate Information (identified by operation id):
_____

```
2 - access(SYS_OP_DESCEND("OBJECT_ID")=HEXTORAW('3EFDFF')   AND
          "T"."OBJECT_NAME"='LHR')
    filter(SYS_OP_UNDESCEND(SYS_OP_DESCEND("OBJECT_ID"))=1)
```

Note
_____

- dynamic sampling used for this statement (level=2)

Statistics
_____

```
      0  recursive calls
      0  db block gets
      2  consistent gets
      0  physical reads
      0  redo size
   1343  bytes sent via SQL*Net to client
    508  bytes received via SQL*Net from client
      1  SQL*Net roundtrips to/from client
      0  sorts (memory)
      0  sorts (disk)
      0  rows processed
```

4. 虚拟列索引（Virtual Column Indexes）

在 Oracle 11g 之前的版本中，如果需要使用表达式或者一些计算公式，那么需要创建数据库视图；如果需要在这个视图上使用索引，那么会在表上创建基于函数的索引。虚拟列是 Oracle 11g 新引入的一项技术，虚拟列是一个表达式，在运行时计算，不存储在数据库中，不能更新虚拟列的值。使用虚拟列有如下好处：

1）可以收集虚拟列的统计信息，为 CBO 提供一定的采样分析。

2）可以在 WHERE 后面使用虚拟列作为选择条件。

3）只在一处定义，不存储多余数据，查询时动态生成数据。

定义一个虚拟列的语法如下所示：

```
column_name [datatype] [GENERATED ALWAYS] AS [expression] [VIRTUAL]
```

下面给出虚拟列及虚拟列索引的语法示例：

```
CREATE  TABLE  T_VC_20170518_LHR2(VC_ID   NUMBER, VC_COUNT   NUMBER, VC_ALL   GENERATED  ALWAYS  AS
( VC_ID + VC_COUNT ) VIRTUAL);
CREATE INDEX VC_STATUS_IND2 ON T_VC_20170518_LHR2(VC_ALL);
```

虚拟列有如下特点：

1）在虚拟列的表达式中，可以包括同表的其他列、常量、SQL 函数，甚至可以包括一些用户自定义的 PL/SQL 函数。

2）可以为虚拟列创建索引，称为虚拟列索引（实际上，Oracle 为其创建的是函数索引），不能显式地为虚拟列创建函数索引。

3）可以通过视图 DBA_TAB_COLS 的 DATA_DEFAULT 列来查询虚拟列的表达式，当创建了虚拟列索引（其实是一种函数索引）后，在视图 DBA_IND_EXPRESSIONS 中不能查询索引列。

4）虚拟列的值并不是真实存在的，只有在用到时，才根据表达式计算出虚拟列的值，磁盘上并不存放虚拟列的数据。

5）由于虚拟列的值由 Oracle 根据表达式自动计算得出，所以，虚拟列可以用在 SELECT、UPDATE、DELETE 语句的 WHERE 条件中，但是不能用于 DML 语句。

6）可以基于虚拟列来做分区。

7）可以在虚拟列上创建约束（例如主键）。

8）只能在堆组织表（Heap-Organized Table，普通表）上创建虚拟列，不能在索引组织表、外部表、临时表上创建虚拟列。

9）虚拟列值只能是标量，不能是其他类型（如集合、LOB、RAW 等类型）。

10）可以把虚拟列当作分区关键字建立分区表，这是 Oracle 11g 的另一新特性，称为虚拟列分区。

11）在已经创建的表中增加虚拟列时，若没有指定虚拟列的字段类型，则 Oracle 会根据关键字"GENERATED ALWAYS AS"后面的表达式计算的结果自动设置该字段的数据类型。

12）表达式中的所有列必须在同一张表。

13）虚拟列表达式不能使用其他虚拟列。

5. 其他索引

应用程序域索引（Application Domain Indexes）是由用户为一个特定的应用程序域中的数据创建的。其物理索引不需要使用传统的索引结构，可以存储为 Oracle 数据库表或外部文件。应用程序域索引是一个特定于应用程序的自定义索引。

对于 B-Tree 簇索引（B-Tree Cluster Indexes）和散列聚簇索引（Hash Cluster Indexes）这里不再详细介绍，感兴趣的读者可以参考相关的官方文档。

4.25　E-R 模型

实体-联系模型简称 E-R 模型（Entity-Relationship Model），其图形称为实体-联系图（Entity-Relationship Diagram，ERD）。E-R 模型是人们描述数据及其联系的概念数据模型，是数据库应用系统设计人员和普通非计算机专业用户进行建模与沟通、交流的有力工具。它使用起来非常直观易懂、简单易行。在进行数据库应用系统设计时，首先要根据用户需求建立需要的 E-R 模型，然后再建立与计算机数据库管理系统相适应的逻辑数据模型和物理数据模型，最后才能在计算机系统上安装、运行数据库。

E-R 模型是一种用图形表示数据及其联系的方法，所使用的图形构件包括矩形、菱形、椭圆形和连接线等内容。其中，矩形表示实体，矩形框内写上实体名。菱形表示联系，菱形框内写上联系名。椭圆形表示属性，椭圆形框内写上属性名。连接线表示实体、联系与属性之间的所属关系，或实体与联系之间的相连关系。

当采用 E-R 方法进行数据库概念设计时，可以分成以下 3 步：首先，设计局部 E-R 模式，然后把各局部 E-R 模式综合成一个全局的 E-R 模式，最后对全局 E-R 模式进行优化，得到最终的 E-R 模式，即概念模式。

E-R 图向关系模型的转换一般遵循如下原则。

1）一个实体型转换为一个关系模式。实体的属性就是关系的属性。实体的码就是关系的码。

例如，学生实体可以转换为如下关系模式，其中学号为学生关系的码：

学生（学号，姓名，出生日期，所在系，年级，平均成绩），同样，性别、宿舍、班级、档案材料、教师、课程、教室、教科书都分别转换为一个关系模式。

2）一个联系转化为一个关系模式，与该联系相连的各实体的码以及联系的属性转化为关系的属性，该关系的码有以下 3 种情况：

① 若联系为 1:1，则每个实体的码均是该关系的候选码。

② 若联系为 1:n，则关系的码为 n 端实体的码。

③ 若联系为 m:n，则关系的码为诸实体码的组合。

下面分别来讲解这 3 种情况：

① 联系为 1:1。一个 1:1 联系可以转换为一个独立的关系模式，也可以与任意一端对应的关系模式合并。

a. 如果转换为一个独立的关系模式，那么与该联系相连的各实体的码以及联系本身的属性均转换为关系的属性，每个实体的码均是该关系的候选码。

b. 如果与某一端对应的关系模式合并，那么需要在该关系模式的属性中加入另一个关系模式的码和联系本身的属性。

例如，"管理"联系为 1:1 联系，可以将其转换为一个独立的关系模式：

管理（职工号，班级号）

"管理"联系也可以与班级或教师关系模式合并。如果与班级关系模式合并，那么只需在班级关系中加入教师关系的码，即职工号：

班级：（班级号，学生人数，职工号）

同样，如果与教师关系模式合并，那么只需在教师关系中加入班级关系的码，即班级号：

教师：（职工号，姓名，性别，职称，班级号，是否为优秀班主任）

② 联系是 1:n。一个 1:n 联系可以转换为一个独立的关系模式，也可以与 n 端对应的关系模式合并。

a. 如果转换为一个独立的关系模式，那么与该联系相连的各实体的码以及联系本身的属性均转换为关系的属性，而关系的码为 n 端实体的码。

b. 如果与 n 端对应的关系模式合并，那么在 n 端实体对应模式中加入 1 端实体所对应关系模式的码，以及联系本身的属性。而关系的码为 n 端实体的码。

例如，"组成"联系为 1:n 联系，将其转换为关系模式。

一种方法是使其成为一个独立的关系模式：

组成（学号，班级号）

学号与班级号共同构成了"组成"关系的码。另一种方法是将其学生关系模式合并，这时学生关系模式为

学生（学号，姓名，出生日期，所在系，年级，班级号，平均成绩）

后一种方法可以减少系统中的关系个数，一般情况下更倾向于采用这种方法。

③ 联系为 m:n。一个 m:n 联系转换为一个关系模式。与该联系相连的各实体的码以及联系本身的属性均转换为关系的属性，而关系的码为各实体码的组合。

例如，"选修"联系是一个 m:n 联系，可以将它转换为如下关系模式，其中，学号与课程号为关系的组合码：

选修（学号，课程号，成绩）

3 个或 3 个以上实体间的一个多元联系转换为一个关系模式。与该多元联系相连的各实体的码以及联系本身的属性均转换为关系的属性。而关系的码为各实体码的组合。

例如，"讲授"联系是一个三元联系，可以将它转换为如下关系模式，其中，课程号、教师号和书号为关系的组合码：

讲授（课程号，教师号，书号）

3）同一实体集的实体间的联系（即自联系），也可按上述 1:1、1:n 和 m:n 3 种情况分别处理。

例如，如果教师实体集内部存在领导与被领导的 1:n 自联系，那么可以将该联系与教师实体合并，这时主键职工号将多次出现，但作用不同，可用不同的属性名加以区分。例如，在合并后的关系模式中，主键仍为职工号，再增设一个"系主任"属性，存放相应系主任的职工号。

4）具有相同码的关系模式可合并。

为了减少系统中的关系个数，如果两个关系模式具有相同的主键，那么可以考虑将它们合并为一个关系模式。合并方法是将其中一个关系模式的全部属性加入到另一个关系模式中，然后去掉其中的同义属性（可能同名也可能不同名），并适当调整属性的次序。

假如，有一个"拥有"关系模式：拥有（学号，性别）

有一个学生关系模式：学生（学号，姓名，出生日期，所在系，年级，班级号，平均成绩）

这两个关系模式都以学号为码，可以将它们合并为一个关系模式，假设合并后的关系模式仍叫学生：

学生（学号，姓名，性别，出生日期，所在系，年级，班级号，平均成绩）

按照上述 4 条原则，学生管理子系统中的 18 个实体和联系可以转换为下列关系模型：

- 学生（学号，姓名，性别，出生日期，所在系，年级，班级号，平均成绩，档案号）。
- 性别（性别，宿舍楼）。
- 宿舍（宿舍编号，地址，性别，人数）。
- 班级（班级号，学生人数）。
- 教师（职工号，姓名，性别，职称，班级号，是否为优秀班主任）。
- 教学（职工号，学号）。
- 课程（课程号，课程名，学分，教室号）。
- 选修（学号，课程号，成绩）。
- 教科书（书号，书名，价钱）。
- 教室（教室编号，地址，容量）。
- 讲授（课程号，教师号，书号）。
- 档案材料（档案号，……）。

该关系模型由 12 个关系模式组成。其中，学生关系模式包含了"拥有"联系、"组成"联系、"归档"联系所对应的关系模式；教师关系模式包含了"管理"联系所对应的关系模式；宿舍关系模式包含了"住宿"联系所对应的关系模式；课程关系模式包含了"开设"联系所对应的关系模式。

【真题 43】某大学实行学分制，学生可根据自己的情况选课。每名学生可同时选修多门课程，每门课程可由多位教师主讲；每位教师可讲授多门课程。其不完整的 E-R 如下图所示。

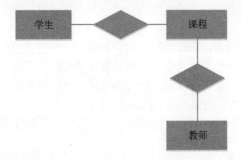

（1）指出学生与课程的联系类型。
（2）指出课程与教师的联系类型。
（3）若每名学生有一位教师指导，每个教师指导多名学生，则学生与教师是什么联系？
（4）在原 E-R 图上补画教师与学生的联系，并完善 E-R 图。

答案：
（1）学生与课程的联系类型是多对多联系。
（2）课程与教师的联系类型是多对多联系。
（3）学生与教师的联系类型是一对多联系。
（4）完善本题 E-R 图的结果如下图所示。

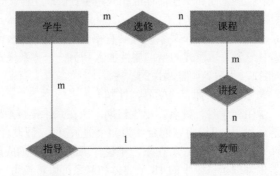

【真题44】　假定一个部门的数据库包括以下信息。

① 职工的信息：职工号、姓名、地址和所在部门。

② 部门的信息：部门所有职工、部门名、经理和销售的产品。

③ 产品的信息：产品名、制造商、价格、型号及产品的内部编号。

④ 制造商的信息：制造商名称、地址、生产的产品名和价格。

试画出这个数据库的 E-R 图。

答案：本题对应的 E-R 图如下图所示。

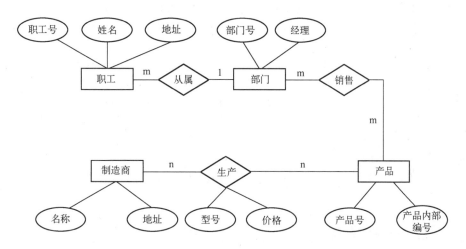

4.26　热备份和冷备份的区别是什么？

冷备份指在数据库已经正常关闭后，将关键性文件复制到另外位置的一种备份方式，适用于所有模式的数据库。热备份是在数据库运行的情况下，采用归档方式备份数据的方法，针对归档模式的数据库，在数据库仍旧处于工作状态时进行备份。

冷备份和热备份的优缺点见下表。

	冷　备　份	热　备　份
优点	1）非常快速的备份方法，只需复制文件，备份与恢复操作相当简单 2）容易归档，简单复制即可 3）容易恢复到某个时间点上，只需将文件再复制回去即可 4）能与归档方法相结合，作数据库"最新状态"的恢复 5）低度维护，高度安全	1）可在表空间或数据文件级备份，备份时间短 2）备份时数据库仍可使用 3）可以将数据库恢复到任意一个时间点 4）可对几乎所有数据库实体进行恢复 5）恢复是快速的，在大多数情况下在数据库仍工作时恢复
缺点	1）当单独使用时，只能提供到"某一时间点上"的恢复 2）在实施备份的全过程中，数据库必须是关闭状态，所以在备份的过程中，数据库就不能做其他工作了 3）若磁盘空间有限，则复制到磁带等其他外部存储设备上，速度会很慢 4）不能按表或按用户恢复	1）不能出错，否则后果严重 2）若热备份不成功，则所得结果不可用于时间点的恢复 3）维护困难，所以要特别仔细小心，不允许"以失败而告终"的情况发生

4.27　数据字典的定义及作用有哪些？

数据库中的数据通常可分为用户数据和系统数据两部分，其中系统数据可以称为数据字典。数据字典（Data Dictionary）是一种用户可以访问的记录数据库和应用程序元数据的目录。数据字典会对数据的数据项、数据结构、数据流、数据存储、处理逻辑、外部实体等进行定义和描述，其目的是对数据流程图中的各个元素做出详细的说明。数据字典分为主动数据字典和被动数据字典。主动数据字典是指在对数据库或应用程序结构进行修改时，其内容可以由 DBMS 自动更新的数据字典。被动数据字典是指修改时必须手工更新其内容的数据字典。由于数据字典包括对数据库的描述信息、数据库的存储管理信息、数据库的控制信息、用户管理信息和系统事务管理信息等，所以数据字典也可以称为系统目录。

在数据库系统中，数据字典的作用如下：

1）管理系统数据资源。数据字典提供了管理和收集数据的方法。

2）实现数据标准化。在数据库中，数据的名称、格式和含义等在不同的场合下容易混淆，数据字典提供使之标准化的工具，它可以予以这些内容统一的名称、格式和含义。

3）使系统的描述文体化。所有和系统有关的描述，都可以对数据字典中的信息进行查询、插入、删除和修改等。

4）作为设计的工具。数据字典中存放着与数据库有关的各种信息和原始资料，这为数据库设计提供了有力的工具。

5）为数据库提供存取控制和管理。当数据库在接受每一个对数据库的存取请求时，都要检查用户标识、口令、子模式、模式和物理模式等。所以，从某种意义上讲，数据字典控制了数据库的运行。

6）供 DBA 进行各种查询，以便了解系统性能、空间使用状况和各种统计信息，及时掌握数据库的动态。所以，数据字典是 DBA 观察数据库的眼睛和窗口。

当然，数据字典的内容、功能和作用远远不止这些。可以说，凡是与数据库系统有关的信息都可以保存在数据字典中。

4.28 统一建模语言

UML（Unified Modeling Language，统一建模语言）始于 1997 年一个 OMG（Object Management Group，对象管理组织）标准。它是一个支持模型化和软件系统开发的图形化语言，为软件开发的所有阶段提供模型化和可视化支持，包括由需求分析到规格，到构造和配置。

UML 规范用来描述建模的概念有类、对象、关联、职责、行为、接口、用例、包、顺序、协作、状态。UML 由以下 3 个要素构成：UML 的基本构造块、支配这些构造块如何放置在一起的规则和运用于整个语言的公用机制。UML 有以下 3 种基本的构造块：事物、关系和图。

UML 从考虑系统的不同角度出发，定义了用例图、类图、对象图、状态图、活动图、序列图、协作图、构件图、部署图等 10 类图。这些图从不同的侧面对系统进行描述。系统模型将这些不同的侧面综合成一致的整体，便于系统的分析和构造。UML 图的分类如下图所示。

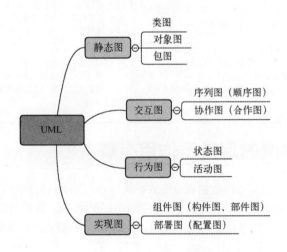

这几类 UML 图的简介及其作用见下表。

分　　类			简　　介
用例图			展示系统外部的各类执行者与系统提供的各种用例之间的关系，从用户角度描述系统功能，并指出各功能的操作者。用例图从用户角度描述系统的静态使用情况，用于建立需求模型
静态图	静态图（Static diagram），包括类图、对象图和包图	类图（Class Diagram）	类图展现了一组对象、接口、协作和它们之间的关系。类图描述的是一种静态关系，在系统的整个生命周期都是有效的，是面向对象系统的建模中最常见的图
		对象图（Object Diagram）	对象图展现了一组对象以及它们之间的关系。对象图是类图的实例，几乎使用与类图完全相同的标识。他们的不同点在于对象图显示类的多个对象实例，而不是实际的类。一个对象图是类图的一个实例。由于对象存在生命周期，因此对象图只能在系统的某一时间段存在
		包图	包由包或类组成，表示包与包之间的关系。包图用于描述系统的分层结构
交互图	交互图用于描述对象间的交互关系，由一组对象和它们之间的关系组成，包含它们之间可能传递的消息。交互图又分为序列图和协作图，如果强调时间和顺序，那么使用顺序图；如果强调上下级关系，那么选择协作图。这两种图合称为交互图	序列图	序列图也叫顺序图，显示对象之间的动态合作关系，它强调对象之间消息发送的顺序，同时显示对象之间的交互；描述了以时间顺序组织的对象之间的交互活动
		协作图	协作图也叫合作图，协作图强调收发消息的对象的结构组织。合作图描述对象间的协作关系。合作图跟顺序图相似，显示对象间的动态合作关系。除显示信息交换外，合作图还显示对象以及它们之间的关系
行为图	行为图（Behavior diagram）描述系统的动态模型和组成对象间的交互关系	状态图（State Diagram）	状态图由状态、转换、事件和活动组成，描述类的对象所有可能的状态以及事件发生时的转移条件。通常状态图是对类图的补充，仅需为那些有多个状态的、行为随外界环境而改变的类画状态图
		活动图（Active Diagram）	活动图是一种特殊的状态图，展现了系统内一个活动到另一个活动的流程。活动图描述满足用例要求所要进行的活动以及活动间的约束关系，有利于识别并行活动
实现图	实现图（Implementation diagram），分为组件图和部署图	组件图（Component Diagram）	组件图也叫构件图、部件图，组件图展现了一组组件的物理结构和组件之间的依赖关系。一个部件可能是一个资源代码部件、一个二进制部件或一个可执行部件。它包含逻辑类或实现类的有关信息。部件图有助于分析和理解组件之间的相互影响程度
		部署图（Deployment Diagram）	部署图也叫配置图，部署图展现了运行处理结点以及其中的组件的配置。部署图给出了系统的体系结构和静态实施视图。它与组件图相关，通常一个结点包含一个或多个构建。配置图定义系统中软硬件的物理体系结构。它可以显示实际的计算机和设备（用结点表示）以及它们之间的连接关系，也可显示连接的类型及部件之间的依赖性。在结点内部，放置可执行部件和对象以显示结点与可执行软件单元的对应关系

从应用的角度看，当采用面向对象技术设计系统时，第一步是描述需求；第二步是根据需求建立系统的静态模型，以构造系统的结构；第三步是描述系统的行为。其中，在第一步与第二步中所建立的模型都是静态的，包括用例图、类图（包含包）、对象图、组件图和配置图等 5 个图形。这两个过程是标准建模语言 UML 的静态建模机制。其中，第三步中所建立的模型表示执行时的时序状态或交互关系。它包括状态图、活动图、顺序图和合作图等 4 个图形。这个过程是标准建模语言的动态建模机制。因此，标准建模语言的主要内容也可以归纳为静态建模机制和动态建模机制两大类。

目前，UML 已成功应用于电信、金融、政府、电子、国防、航天航空、制造与工业自动化、医疗、交通、电子商务等领域中。在这些领域中，UML 的建模包括大型、复杂、实时、分布式、集中式数据或者计算，以及嵌入式系统等，而且还用于软件再生工程、质量管理、过程管理、配置管理的各方面。在软件无线电技术中，UML 的应用是可行的，而且具有优势。

【真题45】　在 UML 模型中，用于表达一系列的对象、对象之间的联系以及对象间发送和接收消息的图是（　　）。

A. 协作图　　　　　　B. 状态图　　　　　　C. 顺序图　　　　　　D. 部署图

答案：C。

4.29 分布式数据库与并行数据库有何异同点？

数据库技术与并行处理技术相结合的产物是并行数据库系统。并行数据库系统通过并行实现各种数据操作，如数据载入、索引建立、数据查询等，它可以提升系统的性能。分布式数据库系统的数据分布存储于若干服务器上，并且每个服务器由独立于其他服务器的 DBMS 进行数据管理。

具体而言，分布式数据库的优点如下。

1）增强了可用性：当某个数据库服务器出现故障后，可以继续使用分布式数据库中其他数据库提供的服务。

2）数据的分布访问：企业数据可以分布于若干城市，分析时可能需要访问不同场地的数据，但通常在访问模式中得到数据存储的局部性（如银行经理通常是查询本地支行的顾客账户），这种局部性可用来分布数据。

3）分布数据的分析：企业需要分析所有可用的数据，即使这些数据存储在不同场地、不同的数据库系统中。

具体而言，分布式数据库与并行数据库的不同点如下：

1）应用目标不同。并行数据库系统的目标是充分发挥并行计算机的优势，利用系统中的各个处理器结点并行完成数据库任务，提高数据库系统的整体性能。分布式数据库系统的主要目的在于实现场地自治和数据的全局透明共享，而不要求利用网络中的各个结点来提高系统处理性能。

2）实现方式不同。在具体实现方法上，并行数据库系统与分布式数据库系统也有着较大的不同。在并行数据库系统中，为了充分利用各个结点的处理能力，各结点间可以采用高速网络连接。结点间的数据传输代价相对较低，当某些结点处于空闲状态时，可以将工作负载过大的结点上的部分任务通过高速网传送给空闲结点处理，从而实现系统的负载平衡。

在分布式数据库系统中，为了适应应用的需要，各结点间一般采用局域网或广域网相连，网络带宽较低，点到点的通信开销较大。因此，在查询处理时一般应尽量减少结点间的数据传输量。

3）各结点的地位不同。在并行数据库系统中，各结点是完全非独立的，不存在全局应用和局部应用的概念，在数据处理中只能发挥协同作用，而不能有局部应用。在分布式数据库系统中，各结点除了能通过网络协同完成全局事务外，各结点具有场地自治性，每个场地都是独立的数据库系统，每个场地都有自己的数据库、客户、CPU 等资源，运行自己的 DBMS，执行局部应用，具有高度的自治性。

4.30 什么是 OLAP 和 OLTP？

数据处理大致可以分成以下两大类：OLTP（On-Line Transaction Processing，联机事务处理）和 OLAP（On-Line Analytical Processing，联机分析处理）。

OLTP 是传统的关系型数据库的主要应用，即记录实时的增加、删除、修改，主要是执行基本的、日常的事务处理。例如，在银行存取一笔款，就是一个事务交易。OLTP 系统强调数据库处理效率，强调内存各种指标的命中率，强调绑定变量，强调并发操作。一般情况下，OLTP 系统数据量少，DML 操作比较频繁，并行事务处理多，但是一般都比较短。OLTP 表示事务性非常高的系统，一般都是高可用的在线系统，以小的事务以及小的查询为主。评估其系统时，一般看其每秒执行的事务数以及 SQL 执行的数量。在 OLTP 系统中，单个数据库每秒处理的事务数往往超过几百个或者几千个，SELECT 语句的执行量每秒几千个甚至几万个。典型的 OLTP 系统有电子商务系统、银行、证券等。例如，美国 eBay 的业务数据库就是很典型的 OLTP 数据库。在 Oracle 中创建 OLTP 系统时，使用一般用途或事务处理（General Purpose or Transaction Processing）模板。

具体而言，OLTP 的特点一般有以下几点：

1）实时性要求高。

2）数据量不是很大。

3）交易一般是确定的。所以，OLTP 是对确定性的数据进行存取，如存取款都有一个特定的金额。

4）并发性要求高，并且有严格的事务完整性、安全性。例如，有可能你和你的家人同时在不同的银行取同一个账号的存款。

OLAP 的概念最早是由关系型数据库之父 E.F.Codd 于 1993 年提出的，他认为 OLTP 已不能满足终端用户对数据库查询分析的需要，SQL 对大型数据库进行的简单查询也不能满足终端用户分析的要求。用户的决策分析需要对关系数据库进行大量计算才能得到结果，而查询的结果并不能满足决策者提出的需求。OLAP 是 DSS（Decision Support System，决策支持系统）的一部分，是数据仓库的核心部分。DSS 是辅助决策者通过数据、模型和知识，以人机交互方式进行半结构化或非结构化决策的计算机应用系统。DSS 是管理信息系统（Management Information System，MIS）向更高一级发展而产生的先进信息管理系统，它为决策者提供分析问题、建立模型、模拟决策过程和方案的环境，调用各种信息资源和分析工具，帮助决策者提高决策水平和质量。数据仓库是对于大量已经由 OLTP 形成的数据的一种分析型的数据库，用于处理商业智能、决策支持等重要的决策信息；数据仓库是在数据库应用到一定程序之后而对历史数据的加工与分析。OLAP 是数据仓库系统的主要应用，支持复杂的分析操作，侧重决策支持，并且提供直观易懂的查询结果，数据量大，DML 少。典型的应用就是复杂的动态报表系统。在 Oracle 中创建 OLAP 系统时，使用数据仓库（Data Warehouse）模板。

具体而言，OLAP 的特点一般有以下几点：

1）实时性要求不是很高，很多应用都是每天晚上更新一次数据。

2）数据量大，因为 OLAP 支持的是动态查询，所以用户需要统计很多数据以后才能得到想要知道的信息，所以 OLAP 处理的数据量很大。

3）因为重点在于决策支持，所以 OLAP 查询一般是动态的。也就是说，允许用户随时提出查询的要求。于是在 OLAP 中通过一个重要概念"维"来搭建一个动态查询的平台（或技术），供用户自己去决定需要知道什么信息。

OLAP 和 OLTP 的区别见下表。

区分维度	OLTP	OLAP
用户	操作人员、低级管理人员	决策人员、高级管理人员
功能	日常操作处理	分析决策
DB 设计	面向应用，事务驱动	面向主题，面向分析，分析驱动
数据	原始的、当前的、最新细节的、二维的分立的、实时更新的	历史的、聚集的、多维的、集成的、统一的、导出的、综合性的、提炼性的，不实时更新，但周期性刷新
存取	读或写数十条记录，一次处理的数据量小	读上百万条记录，一次处理的数据量大
工作单位	简单的事务，DML 操作比较频繁，并行事务处理多	复杂的查询，数据量大，DML 操作少
用户数	上千个	上百个
DB 大小	100MB～1GB	100GB～1TB
时间要求	具有实时性	对时间要求不严格
主要应用	数据库	数据仓库

4.31　数据库连接池是什么？

数据库连接是一种关键的、有限的、昂贵的资源，这一点在多用户的网页应用程序中体现得尤为突出。对数据库连接的管理能显著影响到整个应用程序的伸缩性和健壮性，影响到程序的性能指标。数据库连接池正是针对这个问题提出来的。数据库连接池负责分配、管理和释放数据库连接，它允许应用程序重复使用一个现有的数据库连接，而不需要重新建立一个连接。释放空闲时间超过最大空闲时间的数据库连接来避免因为没有释放数据库连接而引起的数据库连接遗漏。这项技术能明显提高对数据库操作的性能。

数据库连接池在初始化时将创建一定数量的数据库连接放到连接池中，这些数据库连接的数量是由最小数据库连接数来设定的。无论这些数据库连接是否被使用，连接池都将一直保证至少拥有这么多的连接数量。连接池的最大数据库连接数量限定了这个连接池能占有的最大连接数，当应用程序向连接池请求的连接数超过最大连接数量时，这些请求将被加入到等待队列中。

数据连接池是把数据库连接放到中间服务器上，如 tomcat 上，相当于每次在操作数据库时就不需要再连接到数据库再进行相关操作，而是直接操作服务器上的"连接池"。举例来说，可以把数据库当作一条小溪，那么"连接池"就是一个"水池"，这个水池里面的水是由事先架好的通向"小溪"的水管引进来的，所以想喝水时不必大老远地跑到小溪边上，而只要到这个水池就可以喝到水。这样就可以提高"效率"。但是连接池一般是用在数据量比较大的项目中，这样可以提高程序的效率。

数据库连接池的最小连接数和最大连接数的设置要考虑到下列几个因素：

1）最小连接数是连接池一直保持的数据库连接数，所以如果应用程序对数据库连接的使用量不大，那么将会有大量的数据库连接资源被浪费。

2）最大连接数是连接池能申请的最大连接数，如果数据库连接请求超过此数，那么后面的数据库连接请求将被加入到等待队列中，这会影响之后的数据库操作。

3）如果最小连接数与最大连接数相差太大，那么最先的连接请求将会获利，之后超过最小连接数量的连接请求等价于建立一个新的数据库连接。不过，这些大于最小连接数的数据库连接在使用完不会马上被释放，它将被放到连接池中等待重复使用或是空闲超时后被释放。

4.32　数据库安全

数据库安全包括以下两层含义：第一层是指系统运行安全，如一些网络不法分子通过网络、局域网等途径入侵计算机使系统无法正常启动，或超负荷让服务器运行大量算法，并关闭 CPU 风扇，使 CPU 过热被烧坏等破坏性活动；第二层是指系统信息安全，如黑客对数据库入侵，并盗取想要的资料。数据库系统的安全特性主要是针对数据而言的，包括数据独立性、数据安全性、数据完整性、并发控制、故障恢复等几个方面。

1. 数据独立性

数据独立性包括物理独立性和逻辑独立性两个方面。物理独立性是指用户的应用程序与存储在磁盘上的数据库中的数据是相互独立的；逻辑独立性是指用户的应用程序与数据库的逻辑结构是相互独立的。

2. 数据安全性

操作系统中的对象一般情况下是文件，而数据库支持的应用要求更为精细。通常比较完整的数据库对数据安全性采取以下措施：

1）将数据库中需要保护的部分与其他部分相隔。

2）采用授权规则，如账户、口令和权限控制等访问控制方法。

3）对数据进行加密后存储于数据库。

3. 数据完整性

数据完整性包括数据的正确性、有效性和一致性。正确性是指数据的输入值与数据表对应域的类型一样；有效性是指数据库中的理论数值满足现实应用中对该数值段的约束；一致性是指不同用户使用的同一数据应该是一样的。保证数据的完整性，需要防止合法用户使用数据库时向数据库中加入不合语义的数据。

4. 并发控制

如果数据库应用要实现多用户共享数据，那么就有可能在同一时刻多个用户要存取数据，这种事件叫作并发事件。当一个用户取出数据进行修改，在修改存入数据库之前如有其他用户再取此数据，那么读出的数据就是不正确的。这时就需要对这种并发操作施行控制，排除和避免这种错误的发生，保证数据的正确性。

5. 故障恢复

由数据库管理系统提供一套方法，可及时发现故障和修复故障，从而防止数据被破坏。数据库系统能尽快恢复数据库系统运行时出现的故障，可能是物理上或是逻辑上的错误，如对系统的误操作造成的数据错误等。

数据的安全性控制是指要尽可能地杜绝所有可能的数据库非法访问。每种数据库管理系统都会提供一些安全性控制方法供数据库管理员选用。常用的数据库安全措施有用户标识和鉴别、用户存取权限控制、定义视图、数据加密、安全审计以及事务管理和故障恢复等几类。

（1）用户标识和鉴别

用户标识和鉴别的方法是由系统提供一定的方式让用户标识自己的身份，系统内部记录着所有合法用户的标识，每次用户要求进入系统时，由系统进行核实，通过鉴定后才提供其使用权。

为了鉴别用户身份，一般采用以下几种方法：①利用只有用户知道的信息鉴别用户。②利用只有用户具有的物品鉴别用户。③利用用户的个人特征鉴别用户。

（2）用户存取权限控制

用户存取权限是指不同的用户对于不同的数据对象有不同的操作权限。存取权限由两个要素组成：数据对象和操作类型。定义一个用户的存取权限就是要定义这个用户可以在哪些数据对象上进行哪些类型的操作。

权限分为系统权限和对象权限两种。系统权限由 DBA（Database Administrator，数据库管理员）授予某些数据库用户，只有得到系统权限，才能成为数据库用户。对象权限是授予数据库用户对某些数据对象进行某些操作的权限，它既可由 DBA 授权，也可由数据对象的创建者授予。授权定义经过编译后，以一张授权表的形式存放在数据字典中。

（3）定义视图

为不同的用户定义不同的视图，可以限制用户的访问范围。通过视图机制把需要保密的数据对无权存取这些数据的用户隐藏起来，从而自动地对数据提供一定程度的安全保护。通常将视图机制与授权机制结合起来使用，先用视图机制屏蔽一部分保密数据，再在视图上进一步进行授权。

（4）数据加密

数据加密是保护数据在存储和传递过程中不被窃取或修改的有效手段。其基本思想较为简单，就是根据一定的算法将原始数据（明文）变换为不可直接识别的格式（密文），从而使得不知道解密算法的人无法获知数据的内容。

（5）安全审计

审计（Audit）是一种监视措施，它把用户对数据库的所有操作自动记录下来放入审计日志（Audit Log）中。DBA 可以利用审计日志记录、重现导致数据库现有状况的一系列事件，对潜在的窃密企图进行事后分析和调查，找出非法存储数据的人、时间和内容等。

（6）事务管理和故障恢复

事务管理和故障恢复主要是对付系统内发生的自然因素故障，保证数据和事务的一致性和完整性。故障恢复的主要措施是进行日志记录和数据复制。在网络数据库系统中，事务首先要分解为多个子事务到各个站点上去执行，各个服务器之间还必须采取合理的算法进行分布式并发控制和提交，以保证事务的完整性。事务运行的每一步结果都记录在系统日志文件中，并且对重要数据进行复制，发生故障时根据日志文件利用数据副本准确地完成事务的恢复。

【真题 46】　在下面的描述中，不属于数据库安全性措施的是（　　　　）。

A. 普通 ZIP 压缩存储　　　　B. 关联加密存储　　　　C. 数据分级

D. 授权限制　　　　　　　　E. 数据多机备份

答案：A、C。

数据库的安全性是指保护数据库以防止不合法的使用所造成的数据泄露、更改或破坏。数据库的安全性与计算机系统的安全性，包括操作系统、网络系统的安全性是紧密联系、相互支持的。

本题中，选项 A 的普通 ZIP 压缩存储不属于数据库安全性措施，选项 B 的关联加密存储属于数据加密措施，选项 C 的数据分级存储技术可根据数据访问特征在存储虚拟层对存储设备组成的存储资源进行合理组织，形成多级的存储层次（如根据设备传输速率分为高速、中速和慢速存储设备，并可根据存储需求扩展到更多设备级别），并对上层应用需求进行特征提取和聚类处理,基于数据访问的局部性原理，构建应用数据与存储空间映射的数据特征模型，将不经常访问的数据自动迁移到存储成本层次中较低的设备，释放出较高成本的存储空间给更频繁访问或更高优先级的数据，从而大大减少非重要性数据在一级本地磁盘所占用的空间，提高整个系统的存储性能，降低整个存储系统的拥有成本，进而获得更好的性价比。选项 D 的授权限制属于用户存取权限控制措施，也属于安全措施。选项 E 中的数据多机备份属于容灾性措施，也属于安全性措施。

所以，本题的答案为 A、C。

4.33 数据库系统设计题

最后笔试题有可能会给一个现实中的例子用来设计数据库系统。下面给出一个系统设计的案例。分析一个典型的酒店管理系统所要完成的功能。对其中各个功能进行详细的分析和设计，然后给出部分功能的实现过程。

在酒店业竞争越来越激烈的今天，酒店如何提高服务质量和管理能力，这显得越来越重要。尤其是对于星级酒店，酒店内部服务项目众多，既需要完成前台的一些服务工作，又需要完成后台的管理工作，并且还有餐饮管理等其他众多内容。如果没有一套可靠的酒店管理系统，那么单凭手工操作，不仅效率低下，而且会极大地影响到酒店的服务质量。

1. 系统目标设计

酒店管理系统的主要目标是实现对酒店内部各种管理的电子化、自动化，从而提高办公效率，为高质量酒店服务提供保证。

2. 开发思想设计

酒店管理系统应着眼于酒店的当前管理与未来发展，由酒店高级管理人员参与整个研发过程，更加贴近现代酒店的管理模式与管理风格。

3. 系统功能分析

系统功能分析是在系统开发的总体任务的基础上完成。本例中的酒店管理系统需要完成的功能主要有以下几点。

（1）前台系统

前台系统是酒店管理系统中的核心部分，它是一个 7×24 小时连续运行的实时管理系统，只有完善了前台系统，才能说是实现了酒店的一个完整的系统。

1）有效预定处理，充分发挥销售潜力。
2）简便、快捷的前台登记服务。
3）灵活的系统账目处理，保证账单计算准确。
4）电话、营业点及客房房费的直接过账。
5）快捷、准确的夜间处理、审计。
6）有效的客房管理，动态显示当前各楼层房间状态。
7）境外人员、客人历史资料处理，VIP 客人、协议客人、黑名单管理。
8）完善、全面的综合查询。
9）系统运行稳定可靠，各项维护功能齐全，易于维护。
10）简单、友好的操作界面。

（2）后台模块功能

1）财务总账。

① 财务信息设定：多账本设定、会计科目设定、汇率设定、权限密码设定、财务报表自定义。

② 凭证操作：凭证录入、凭证平衡检查。

③ 账目查询、银行日记账、总账账页、明细账账页。

④ 会计报表资产负债表、损益表、利润分配表、财务状况变动表。

⑤ 数据处理：期终结算处理、年终结算处理、数据归档及备份。

2）固定资产。

固定资产卡片管理、固定资产调拨、调定资产调动、固定资产报废。

3）人事工资。

① 员工档案管理。

② 行业黑名单管理。

③ 系统维护。

④ 人事报表系统。

⑤ 员工工资系统。

4）仓库管理。

① 货物入仓管理。

② 货物出仓管理。

③ 库存管理。

④ 数据处理。

⑤ 货物资料管理。

⑥ 供应商资料管理。

⑦ 部门资料管理。

⑧ 数据维护及备份。

5）应收付账管理。

① 应收付明细账输入。

② 应收付账月末处理。

③ 发票打印。

④ 检查或删除已结的应收账。

（3）餐饮系统

餐饮系统是按国内餐饮行业新要求开发的全新概念信息管理系统。该系统将餐厅收银、往来账务结算管理及销售情况统计工作在单微机或网络系统中完成。餐饮系统的主要特点如下：

1）菜谱编制，方便统计，方便输入。

2）开单、改单、结算、打印、用户界面方便友好。

3）系统专设往来账、内部账，结算方式灵活多样。

4）系统可同前台系统衔接，查询客人信贷情况、向前台客人账户转账。

5）报表翔实，实用性强，如收银报表汇总收银、支票、信用卡、转账情况；菜肴销售报表汇总各中菜肴的日、月销售量；员工销售统计表，可打印值台员工销售业绩等。

6）账务系统功能的完整性。一旦该系统正式运行，餐厅每日营业账和全部往来客户账务的操作结算都将依靠计算机，该系统面对当前餐饮业各种复杂的结算要求应具有很强的应变能力。为此，本系统为适应用户的要求，设计了完整的账户功能。

7）账务系统的可扩充性。由于餐厅业务的扩展，势必要求账务结算系统随之扩展，在不修改程序的前提下，本系统可在相当可观的范围内，由用户扩展其营业项目和结算手段。

8）账务操作数据的可校验性。本系统提供了多种方便的查询、校核和统计功能，供账务操作人员和专职核数人员自核及校对账务数据。例如，当班收银员下班时直接统计当班期间的输单、收银情况。

餐饮系统需要完成的功能有以下几点。

1）订餐管理：订餐、订餐修改、订餐取消、订金处理、订餐统计、订餐查询、订餐报表。

2）收款管理：立账、消费明细录入、特色菜自定义、追加消费、消费修改、消费取消、加位、更改台号、折扣设定、消费服务设定、账单定义、现付结算。

3）交班管理：统计当班数据，为下班操作做准备，当班账单流水报表。

4）系统报表：餐饮销售分析报表、每道菜销售统计月报表、营业收入统计报表、每道菜销售统计日报表、当班特色菜报表。

5）系统维护：餐厅餐台号码以及贵宾房设定、特色分类设定、特色编码设定、折扣率设定、货币汇率设定、服务费设定、营业统计项目设定、成本统计项目设定、使用者权限维护、系统备份、系统恢复。

6）餐饮成本核算：成本统计项目设定、成本管理。

（4）宴会/会议管理

● 宴会/会议的组织。

● 市场分析。

● 成本价格。

● 盈利计算。

● 设施周转率。

（5）康乐管理

● 参数定义。

● 开单结账。

● 业务报表。

4．系统功能模块设计

在系统功能分析的基础上，得到以下4个功能模块图。

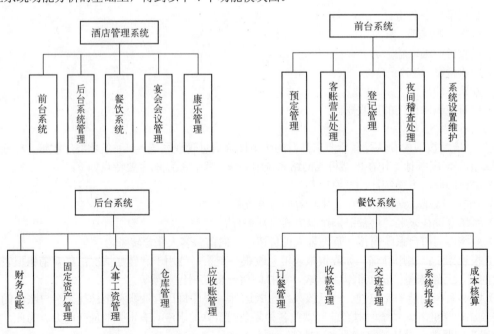

由上面的酒店系统的功能的分析可知，一个酒店管理系统是一个复杂的系统工程，涉及酒店的方方面面。在这里不可能对所有系统都详细地描述，下面以酒店中的餐饮系统为例来进行数据库的设计。

在数据库系统开始设计时应该尽量考虑全面，尤其应该仔细考虑用户的各种要求，避免浪费不必要的人力和物力。

（1）数据库需求分析

在仔细调查酒店日常管理过程的基础上，可以得到本系统所处理的数据流程，如下图所示。

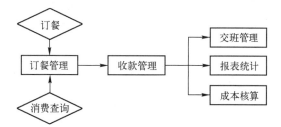

针对本实例，通过对酒店餐饮管理的内容和数据流程分析，设计的数据项和数据结构如下所示。

● 菜谱信息：包括的数据项有菜谱号、名称、所属种类、价格、描述等。
● 值班员信息：包括的数据项有值班员姓名和密码。
● 客户信息：包括的数据项有客户号、客户姓名、年龄、性别、职称、联系电话、工作单位、客户类型等。
● 订餐信息：包括的数据项有桌号、菜谱号、数量、价格、订餐日期。
● 结算信息：包括的数据项有客户号、桌号、结算日期、打折情况、总计等。

有了上面的数据结构、数据项和数据流程图后就能进行下面的数据库设计了。

（2）数据库概念结构设计

本实例根据上面的设计规划出的实体有菜谱实体、值班员实体、客户实体、订餐实体和结算实体。各个实体具体的 E-R 图及其之间的关系描述如下图所示。

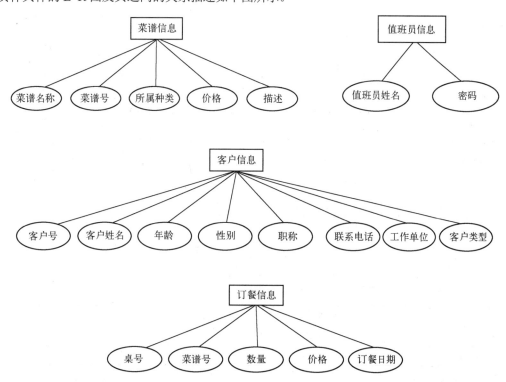

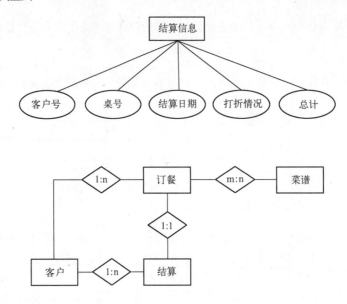

（3）数据库逻辑结构设计

在上面的实体以及实体之间关系的基础上，形成数据库中的表以及各个表之间的关系。每个表表示在数据库中的一个表。菜谱信息表 CP 见下表。

列名	数据类型	可否为空	说明
CP_NO	VARCHAR2(10)	NOTNULL	菜谱号（主键）
CP_NAME	VARCHAR2(20)	NULL	菜名称
CP_KIND	VARCHAR2(20)	NULL	种类
CP_PRICE	NUMBER(10)	NULL	价格
CP_DETAIL	VARCHAR2(50)	NULL	描述

值班员信息表 ZBP 见下表。

列名	数据类型	可否为空	说明
ZBY_NAME	VARCHAR2(20)	NOTNULL	值班员名（主键）
ZBY_PSWD	VARCHAR2(10)	NOTNULL	口令

客户信息表 KH 见下表。

列名	数据类型	可否为空	说明
KH_NO	VARCHAR2(10)	NOTNULL	客户号（主键）
KH_NAME	VARCHAR2(20)	NULL	姓名
KH_GENDER	VARCHAR2(2)	NULL	性别
KH_YEAR	NUMBER(3)	NULL	年龄
KH_JOB	VARCHAR2(20)	NULL	职务
KH_TEL	VARCHAR2(20)	NULL	联系电话
KH_COMPANY	VARCHAR2(20)	NULL	工作单位

订餐信息表 DC 见下表。

列名	数据类型	可否为空	说明
DC_DESK	VARCHAR2(20)	NOTNULL	桌号（主键）
CP_NO	VARCHAR2(10)	NOTNULL	菜谱号（主键）
CP_NAME	VARCHAR2(20)	NULL	菜名称
DC_NUMBER	NUMBER(3)	NULL	数量
DC_DATE	DATE	NULL	定餐日期（主键）
KH_NO	VARCHAR2(10)	NOTNULL	客户号（外键）

结算信息表 JS 见下表。

列名	数据类型	可否为空	说明
KH_NO	VARCHAR2(20)	NOTNULL	客户号（主键）
DC_DESK	VARCHAR2(20)	NULL	桌号
JS_DZ	NUMBER(3)	NULL	打折情况
TOTAL	NUMBER(5)	NULL	总计
JS_DATE	DATE	NULL	日期

【真题 47】 一个人存在于社会中，会有各种各样的身份，和不同的人相处会有不同的关系。请自行设计数据库（表结构，个数不限），保存一个人的名字及关系（包括父亲、朋友们），并用尽可能少的时间空间开销组织好每个人和其他人的关系，组织好后尝试取出一个人的关系结构。其中涉及的 SQL 语句请详细写出。涉及的数据结构、数据组织形成也请描述清楚，代码可以用伪代码或自己熟悉的任何代码给出。

答案：这道题要求存储 3 类信息：用户信息、关系信息、用户之间的关系信息。涉及的表如下所示：

用户表存储用户基本信息，建表语句如下所示（这个主键可以使用数据库自增的方式来实现，不同的数据库定义的方法有所不同）：

```
CREATE TABLE USER_INFO(USER_ID INT PRIMARY KEY, USER_NAME VARCHAR(30) ,USER_AGE INT);
```

user_id	user_name	user_age
1	James	18
2	Ross	25
3	Jack	50

用户关系定义表主要存储用户之间所有可能的关系，建表语句如下所示：

```
CREATE TABLE RELATION_DEFINE(RELATION_ID INT PRIMARY KEY, RELATION_NAME VARCHAR2(32));
```

relation_id	relation_name
1	同事
2	父子
3	朋友

用户关系信息表存储用户关系信息，建表语句如下所示：

```
CREATE TABLE USER_RELATION(USER_ID INT, REL_USER_ID INT,RELATION_ID INT );
```

user_id	rel_user_id	relation_id
1	2	1
2	3	2
1	3	3

上表中的数据表示 1（James）和 2（Ross）是同事关系。3（Jack）和 2（Ross）是父子关系。1（James）和 3（Jack）是朋友关系。

示例：查询用户 1 的社会关系

```
SELECT A.USER_NAME, B.RELATION_NAME
  FROM USER_INFO A, RELATION_DEFINE B,
     (SELECT USER_ID, RELATION_ID FROM USER_RELATION WHERE REL_USER_ID = 1
      UNION
      SELECT REL_USER_ID AS USER_ID, RELATION_ID FROM USER_RELATION WHERE USER_ID = 1) C
  WHERE A.USER_ID = C.USER_ID AND B.RELATION_ID = C.RELATION_ID;
```

运算结果见下表。

user_name	relation_name
Ross	同事
Jack	朋友

4.34 数据库基础部分其他真题解析

【真题 48】 软件生存期有哪几个阶段？

答案：软件定义时期、软件开发时期、软件维护时期。

【真题 49】 数据库系统的生存期分成哪几个阶段？数据库结构设计在生存期中的地位如何？

答案：数据库系统的生存期分成 7 个阶段：规划、需求分析、概念设计、逻辑设计、物理设计、实现、运行和维护。数据库结构设计在生存期中的地位很重要，它包括逻辑设计和物理设计，逻辑设计把概念模式转化为与选用的具体的 DBMS 所支持的数据模型相符合的逻辑结构，而物理设计主要是设计数据库在物理设备上的存储结构与存取方法等。

【真题 50】 数据库设计过程的输入和输出有哪些内容？

答案：数据库设计过程的输入包括以下 4 部分内容：①总体信息需求；②处理需求；③DBMS 的特征；④硬件和 OS（操作系统）特征。

数据库设计过程的输出包括以下两部分：①完整的数据库结构，包括逻辑结构和物理结构；②基于数据库结构和处理需求的应用程序的设计原则。这些输出一般以说明书的形式出现。

【真题 51】 什么是比较好的数据库设计方法学？数据库设计方法学应包括哪些内容？

答案：一个好的数据库设计方法应该能在合理的期限内，以合理的工作量产生一个有实用价值的数据库结构。一种实用的数据库设计方法应包括以下内容：设计过程、设计技术、评价准则、信息需求、描述机制。

【真题 52】 数据库设计的规划阶段应做哪些事情？

答案：数据库设计中的规划阶段的主要任务是进行建立数据库的必要性及可行性分析，确定数据库系统在组织中和信息系统中的地位，以及各个数据库之间的联系。

【真题 53】 数据库设计的需求分析阶段是如何实现的？目标是什么？

答案：数据库设计的需求分析通过以下 3 步来完成：需求信息的收集、分析整理和评审。其目的在于对系统的应用情况进行全面详细的调查，确定企业组织的目标，收集支持系统总的设计目标的基础数据和对这些数据的要求，确定用户的需求，并把这些需求写成用户和数据设计者都能够接受的文档。

【真题 54】 评审在数据库设计中有什么重要作用？为什么允许在设计过程有多次的回溯和反复？

答案：评审的作用在于确认某一阶段的任务是否全部完成，通过评审可以及早发现系统设计中的错误，并在生存期的早期阶段给予纠正，以减少系统研制和维护的成本。

如果在数据库已经实现时再发现设计中的错误，那么代价比较大。因此，应该允许设计过程的回溯与反复。设计过程需要根据评审意见修改所提交的阶段设计成果，有时修改甚至要回溯到前面的某一阶段，进行部分乃至全部重新设计。

【真题 55】 数据字典的内容和作用是什么？

答案：数据字典的内容一般包括数据项、数据结构、数据流、数据存储和加工过程。其作用是对系统中的数据做出详尽的描述，提供对数据库数据的集中管理。

【真题 56】 对概念模型有什么要求？

答案：对概念模型一般有以下要求：

1）概念模型是对现实世界的抽象和概括，它应真实、充分地反映现实世界中事物和事物之间的联系，具有丰富的语义表达能力，能表达用户的各种需求，包括描述现实世界中各种对象及其复杂联系、用户对数据对象的处理要求和手段。

2）概念模型应简洁、明晰，独立于机器、容易理解、方便数据库设计人员与应用人员交换意见，使用户能积极参与数据库的设计工作。

3）概念模型应易于变动。当应用环境和应用需求改变时，容易对概念模型修改和补充。

4）概念模型应很容易向关系、层次或网状等各种数据模型转换，易于从概念模式导出与 DBMS 有关的逻辑模式。

【真题 57】 概念设计的具体步骤是什么？

答案：概念设计的步骤如下所示：

1）进行数据抽象、设计局部概念模式。

2）将局部概念模式综合成全局概念模式。

3）评审。

【真题 58】 什么是数据抽象？主要有哪两种形式的抽象？数据抽象在数据库设计过程中起什么作用？

答案：数据抽象是对人、物、事或概念的人为处理，它抽取人们关心的共同特性，忽略非本质的细节，并把这些特性用各种概念精确地加以描述，这些概念组成了某种模型。

数据抽象有以下两种形式：

1）系统状态的抽象，即抽象对象。

2）系统转换的抽象，即抽象运算。

数据抽象是概念设计中非常重要的一步。通过数据抽象，可以将现实世界中的客观对象首先抽象为不依赖任何具体机器的信息结构。

【真题 59】 数据库逻辑设计的目是什么？

答案：数据库逻辑设计的目的是把概念设计阶段设计好的 E-R 图转换为与选用的 DBMS 所支持的数据模型相符合的逻辑结构（包括数据库模式和外模式）。

逻辑设计过程中的输入信息如下：

1）独立于 DBMS 的概念模式，即概念设计阶段产生的所有局部和全局概念模式。

2）处理需求，即需求分析阶段产生的业务活动分析结果。

3）约束条件，即完整性、一致性、安全性要求及响应时间要求等。

4）DBMS 特性，即特定的 DBMS 所支持的模式、子模式和程序语法的形式规则。

逻辑设计过程输出的信息有 DBMS 可处理的模式、子模式、应用程序设计指南和物理设计指南。

【真题 60】 规范化理论对数据库设计有什么指导意义？

答案：在概念设计阶段，已经把关系规范化的某些思想用作构造实体类型和联系类型的标准，在逻辑设计阶段，仍然要使用关系规范化的理论来设计模式和评价模式。规范化的目的是减少乃至消除关系模式中存在的各种异常，改善完整性、一致性和存储效率。

【真题 61】 什么是数据库结构的物理设计？简述其具体步骤。

答案：数据库结构的物理设计是指对一个给定的逻辑数据模型选取一个最适合应用环境的物理结构的过程。数据库的物理结构主要指数据库在物理设备上的存储结构和存取方法。

具体而言，物理设计的步骤如下所示：

1）设计存储记录结构，包括记录的组成、数据项的类型和长度，以及逻辑记录到存储记录的映射。

2）确定数据存储安排。

3）设计访问方法，为存储在物理设备上的数据提供存储和检索的能力。

4）进行完整性和安全性的分析、设计。

5）程序设计。

【真题 62】 数据库实现阶段主要做哪几件事情？

答案：数据库实现阶段的主要工作有以下几点：①建立实际数据库结构；②试运行；③装入数据。

【真题 63】 什么是数据库的再组织设计？简述其重要性。

答案：对数据的概念模式、逻辑结构或物理结构的改变称为数据再组织。

数据再组织，通常是由于环境、需求的变化或性能原因而进行的，如信息定义的改变，增加新的数据类型，对原有的数据提出了新的使用要求，改用具有不同物理特征的新存储设备以及数据库性能下降等都要求进行数据库的重新组织。

【真题 64】 有一个大小为 200GB 的数据库，每天增加 50MB，允许用户随时访问，制定备份策略。

答案：这种情况可以采用增量备份方式。每周日做一次全备份，周一到周六做增量备份（由于数据量较少，可以考虑每 30min 增量备份一次）。这样可以尽量减少性能消耗，而且如果在事务日志丢失的情况下，可以保证最多丢失 30min 数据。

【真题 65】 什么样的并发调度是正确的调度？

答案：可串行化（Serializable）的调度是正确的调度。可串行化的调度的定义：多个事务的并发执行是正确的，当且仅当其结果与按某一次序串行执行它们时的结果相同，称这种调度策略为可串行化的调度。

【真题 66】 什么叫数据抽象？试举例说明。

答案：数据抽象是对实际的人、物、事和概念进行人为处理，抽取所关心的共同特性，忽略非本质的细节，并把这些特性用各种概念精确地加以描述，这些概念组成了某种模型。例如，在学校环境中，李英是老师，表示李英是教师类型中的一员，则教师是实体型，李英是教师实体型中的一个实体值，具有教师共同的特性和行为，在某个系某个专业教学，讲授某些课程，从事某个方向的科研。

【真题 67】 什么是物理抽象、概念抽象、视图级抽象？

答案：物理抽象是最低层次的抽象，描述数据实际上如何存储的。物理抽象详细描述复杂的底层数据结构，是开发 DBMS 的数据库供应商应该研究的事情。

概念抽象是比物理层次稍高的层次的抽象，描述数据库中存储什么数据以及这些数据间存在什么关系。因而整个数据库可通过少量相对简单的结构来描述。虽然简单的逻辑层结构的实现涉及复杂的物理层结构，但逻辑层的用户不必知道这种复杂性。逻辑层抽象是由数据库管理员和数据库应用开发人员使用的，他们必须确定数据库中应该保存哪些信息。

视图级抽象是最高层次的抽象，但只描述整个数据库的某个部分。尽管在逻辑层是用了比较简单的结构，但由于数据库的规模巨大，因此仍存在一定程序的复杂性。数据库系统的最终用户并不需要关心所有的信息，而只需要访问数据库的一部分。视图抽象层的定义正是为了使用户与系统的交互更简单。系统可以为同一数据库提供多个视图，而视图又保证了数据的安全性。

【真题 68】 什么叫数据与程序的逻辑独立性？什么叫数据与程序的物理独立性？为什么数据库系统具有数据与程序的独立性？

答案：数据与程序的逻辑独立性：当模式改变时（如增加新的关系、新的属性、改变属性的数据类型等），由数据库管理员对各个外模式/模式的映像做相应改变，可以使外模式保持不变。应用程序是依据数据的外模式编写的，从而应用程序不必修改，保证了数据与程序的逻辑独立性，简称数据的逻辑独立性。数据与程序的物理独立性：当数据库的存储结构改变了，由数据库管理员对模式/内模式映像做相应改变，可以使模式保持不变，从而应用程序也不必改变，保证了数据与程序的物理独立性，简称数据的物理独立性。数据库管理系统在三级模式之间提供的两层映像保证了数据库系统中的数据能够具有较高的逻辑独立性和物理独立性。

【真题 69】 DBA 的职责是什么？

答案：负责全面地管理和控制数据库系统。具体职责包括以下几个方面：①决定数据库的信息内容和结构；②决定数据库的存储结构和存取策略；③定义数据的安全性要求和完整性约束条件；④监督和控制数据库的使用和运行；⑤改进和重组数据库系统。

【真题 70】 系统分析员、数据库设计人员、应用程序员的职责是什么？

答案：系统分析员负责应用系统的需求分析和规范说明，系统分析员要和用户及 DBA 相结合，确定系统的硬件、软件配置，并参与数据库系统的概要设计。数据库设计人员负责数据库中数据的确定、数据库各级模式的设计。数据库设计人员必须参加用户需求调查和系统分析，然后进行数据库设计。在很多情况下，数据库设计人员就由数据库管理员担任。应用程序员负责设计和编写应用系统的程序模块，并进行调试和安装。

【真题 71】 试述数据、数据库、数据库系统、数据库管理系统的概念。

答案：1）数据（Data）：描述事物的符号记录称为数据。数据的种类有数字、文字、图形、图像、声音等。数据与其语义是不可分的。在现代计算机系统中数据的概念是广义的。早期的计算机系统主要用于科学计算，处理的数据是整数、实数、浮点数等传统数学中的数据。现代计算机能存储和处理的对象十分广泛，表示这些对象的数据也越来越复杂。数据与其语义是不可分的。例如，100 这个数字可以表示一件物品的价格是 100 元，也可以表示一段路程是 100km，还可以表示一个人的体重为 50kg。

2）数据库（DataBase，DB）：数据库是长期存储在计算机内的、有组织的、可共享的数据集合。数据库中的数据按一定的数据模型组织、描述和存储，具有较小的冗余度、较高的数据独立性和易扩展性，并可为各种用户共享。

3）数据库系统（DataBase System，DBS）：数据库系统是指在计算机系统中引入数据库后的系统。数据库系统和数据库是两个概念。数据库系统是一个系统，数据库是数据库系统的一个组成部分。在日常工作中，人们常常把数据库系统简称为数据库。

4）数据库管理系统（DataBase Management System，DBMS）：数据库管理系统是位于用户与操作系统之间的一层数据管理软件，用于科学地组织和存储数据、高效地获取和维护数据。DBMS 是一个大型的复杂的软件系统，是计算机中的基础软件。DBMS 的主要功能包括数据定义功能、数据操纵功能、数据库的运行管理功能、数据库的建立和维护功能。目前，专门研制 DBMS 的厂商及其研制的 DBMS 产品很多。著名的有美国 IBM 公司的 DB2 关系数据库管理系统和 IMS 层次数据库管理系统、美国 Oracle 公司的 Oracle 关系数据库管理系统、美国微软公司的 SQL Server 等。

【真题 72】 定义并解释概念模型中的以下术语：实体、实体型、实体集、属性、码、实体联系图（E-R 图）。

答案：实体：客观存在并可以相互区分的事物叫实体。

实体型：具有相同属性的实体具有相同的特征和性质，用实体名及其属性名集合来抽象和刻画同类实体，称为实体型。

实体集：同型实体的集合称为实体集。

属性：实体所具有的某一特性，一个实体可由若干个属性来刻画。

码：唯一标识实体的属性集称为码。

实体联系图（E-R 图）：提供了表示实体型、属性和联系的方法。实体型用矩形表示，矩形框内写明实体名；属性用椭圆形表示，并用无向边将其与相应的实体连接起来；联系用菱形表示，菱形框内写明联系名，并用无向边分别与有关实体连接起来，同时在无向边旁标上联系的类型（1:1、1:n 或 m:n）。

【真题 73】 什么是数据库系统的型和值？

答案：型（Type）是指一类数据的结构和属性的说明，值（Value）是型的一个具体赋值。例如，

记录型：（学号，姓名）

【真题 74】 什么是数据库镜像？它有什么用途？

答案：数据库镜像即根据 DBA 的要求，自动把整个数据库或者其中的部分关键数据复制到另一个磁盘上。每当主数据库更新时，DBMS 自动把更新后的数据复制过去，即 DBMS 自动保证镜像数据与主数据的一致性。

数据库镜像的用途：一是用于数据库恢复。当出现介质故障时，可由镜像磁盘继续提供使用，同时 DBMS 自动利用镜像磁盘数据进行数据库的恢复，不需要关闭系统和重装数据库副本。二是提高数据库的可用性。在没有出现故障时，当一个用户对某个数据加排他锁进行修改时，其他用户可以读镜像数据库上的数据，而不必等待该用户释放锁。

【真题 75】 什么是日志文件？为什么要设立日志文件？

答案：日志文件是用来记录事务对数据库的更新操作的文件。设立日志文件的目的是：进行事务故障恢复，进行系统故障恢复，协助后备副本进行介质故障恢复。

【真题 76】 在登记日志文件时为什么必须先写日志文件，后写数据库？

答案：把对数据的修改写到数据库中和把表示这个修改的日志记录写到日志文件中是两个不同的操作。有可能在这两个操作之间发生故障，即这两个写操作只完成了一个。如果先写了数据库修改，而在运行记录中没有登记这个修改，那么以后就无法恢复这个修改了。如果先写日志，但没有修改数据库，那么在恢复时只不过是多执行一次 Undo 操作，并不会影响数据库的正确性。所以一定要先写日志文件，即首先把日志记录写到日志文件中，然后写数据库的修改。

【真题 77】 数据库运行中可能产生的故障有哪几类？哪些故障影响事务的正常执行？哪些故障破坏数据库数据？

答案：数据库系统中可能发生的故障大致可以分以下几类：①事务内部的故障；②系统故障；③介质故障；④计算机病毒。其中，事务内部的故障、系统故障和介质故障影响事务的正常执行；介质故障和计算机病毒破坏数据库数据。

【真题 78】 什么是数据库的再组织和重构造？为什么要进行数据库的再组织和重构造？

答案：数据库的再组织是指按原设计要求重新安排存储位置、回收垃圾、减少指针链等，以提高系统性能。数据库的重构造则是指部分修改数据库的模式和内模式，即修改原设计的逻辑和物理结构。数据库的再组织是不修改数据库的模式和内模式的。进行数据库的再组织和重构造的原因：数据库运行一段时间后，由于记录不断增加、删除、修改，会使数据库的物理存储情况变坏，降低了数据的存取效率，数据库性能下降，这时 DBA 就要对数据库进行重组织。DBMS 一般都提供用于数据重组织的实用程序。数据库应用环境常常发生变化，如增加新的应用或新的实体，取消了某些应用，有的实体与实体间的联系也发生了变化等，使原有的数据库设计不能满足新的需求，需要调整数据库的模式和内模式。这就要进行数据库重构造。

【真题 79】 在事务定义中，COMMIT 操作和 ROLLBACK 操作的作用是什么？

答案：COMMIT 即提交，表示这个事务的所有操作都执行成功，COMMIT 告诉系统，数据库要进入一个新的正确状态，该事务对数据库的所有更新都要确保不因数据库的宕机而丢失。ROLLBACK 即回退或回滚，表示事务中有执行失败的操作，这些操作必须被撤销，ROLLBACK 告诉系统，已发生错误，数据库可能处在不正确的状态，该事务对数据库的部分或所有更新必须被撤销。

在 Oracle 数据库中，COMMIT 和 ROLLBACK 都属于事务控制语言（Transactional Control Language，TCL），TCL 用于维护数据的一致性，包括 COMMIT、ROLLBACK、SAVEPOINT、ROLLBACK TO SAVEPOINT、SET TRANSACTION、SET CONSTRAINT 等语句。其中，COMMIT 语句用于确认和提交已经进行的数据库改变；ROLLBACK 用于撤销已经进行的数据库改变；SAVEPOINT 语句则用于设置保存点，以取消部分数据库改变；ROLLBACK 命令会结束一个事务，但 ROLLBACK TO SAVEPOINT 不会；SET TRANSACTION 设定一个事务的属性；SET CONSTRAINT 指定是在每个 DML 语句之后还

是在事务提交后，执行可延迟完整性约束检查。

对于保存点（SAVEPOINT），若有以下一段程序，则最终表 EMPLOYEE 中的数据如何呢？

```
CREATE TABLE EMPLOYEE(FIRST_NAME VARCHAR2(20),LAST_NAME VARCHAR2(25),SALARY NUMBER(8,2));
BEGIN
  INSERT INTO EMPLOYEE(SALARY,LAST_NAME,FIRST_NAME) VALUES(35000,'WANG','FRED');
  SAVEPOINT SAVE_A;

  INSERT INTO EMPLOYEE(SALARY,LAST_NAME,FIRST_NAME) VALUES(40000,'WOO','DAVID');
  SAVEPOINT SAVE_B;

  INSERT INTO EMPLOYEE(SALARY,LAST_NAME,FIRST_NAME) VALUES(50000,'LDD','FRIK');
  SAVEPOINT SAVE_C;

  INSERT INTO EMPLOYEE(SALARY,LAST_NAME,FIRST_NAME) VALUES(45000,'LHR','DAVID');
  INSERT INTO EMPLOYEE(SALARY,LAST_NAME,FIRST_NAME) VALUES(25000,'LEE','BERT');
  ROLLBACK TO SAVEPOINT SAVE_C;

  INSERT INTO EMPLOYEE(SALARY,LAST_NAME,FIRST_NAME) VALUES(32000,'CHUNG','MIKE');
  ROLLBACK TO SAVEPOINT SAVE_B;

  COMMIT;
END;
```

保存点（SAVEPOINT）是事务处理过程中的一个标志，与回滚命令（ROLLBACK）结合使用。其主要用途是允许用户将某一段处理进行回滚而不必回滚整个事务，以上程序的处理过程如下：

1）执行 SAVEPOINT SAVE_A 时创建了一个保存点 SAVE_A。

2）执行 SAVEPOINT SAVE_B 时创建了一个保存点 SAVE_B。

3）执行 SAVEPOINT SAVE_C 时创建了一个保存点 SAVE_C。

4）在执行 ROLLBACK TO SAVEPOINT SAVE_C 后，SAVEPOINT SAVE_C 到当前语句之间所有的操作都被回滚；也就是说回滚到了 3）的状态。

5）在执行 ROLLBACK TO SAVEPOINT SAVE_B 后，SAVEPOINT SAVE_B 到当前语句之间所有的操作都被回滚；也就是说回滚到了 2）的状态。

6）在执行 COMMIT 后，只有 SAVEPOINT SAVE_B 之前的操作会被提交，从而永久保存到数据库，所以表 EMPLOYEE 中的数据只有 SALARY 为 35000 和 40000 这两条数据。

那么，Oracle 中的 COMMIT 操作都做了哪些事情呢？当完成事务操作，发出 COMMIT 命令之后，随后会收到一个反馈为 "Commit complete."，如下：

```
lhr@lhrdb> INSERT INTO EMP SELECT * FROM EMP;
14 rows created.
lhr@lhrdb> COMMIT;
Commit complete.
```

提交完成（Commit complete），这个提示意味着 Oracle 已经将此时间点之前的该事务产生的 Redo 日志从 Redo Log Buffer 写入了联机 Redo 日志文件（这个动作由后台进程 LGWR 完成），等这个日志写完成之后，Oracle 就可以释放用户去执行其他任务。如果此后发生数据库崩溃，那么 Oracle 可以从 Redo 日志文件中恢复这些提交过的数据，从而保证提交成功的数据不会丢失。

最后再来解释一下，在 Oracle 中，无论事务大小，为什么 COMMIT 的响应时间都相当"平"（即提交操作所花费的时间都非常短）？这是因为，在 Oracle 数据库中执行 COMMIT 之前，很多困难的、花费时间的工作都已经做完了。例如，已经完成了以下操作：

● 已经在 SGA 中生成了 Undo 块。

● 已经在 SGA 中生成了已修改数据块。

● 已经在 SGA 中生成了对于前两项的缓存 Redo。

- 取决于前 3 项的大小，以及这些工作花费的时间，前面的每个数据（或某些数据）可能已经刷新输出到磁盘。
- 已经得到了所需的全部锁。

所以，在执行 COMMIT 时，余下的工作只是：

- 为事务生成一个 SCN。
- 后台进程 LGWR 将所有余下的缓存 Redo 日志条目写到磁盘，并把 SCN 记录到联机 Redo 日志文件中。这一步就是真正的 COMMIT。如果出现了这一步，即已经提交，那么事务条目会从 V$TRANSACTION 中被删除，这说明该事务已经提交完成。
- V$LOCK 中记录的会话所持有的锁，这些锁都将被释放，而排队等待这些锁的每一个其他会话都会被唤醒，可以继续完成它们的工作。
- 如果事务修改的某些块还在 Buffer Cache 中，那么会以一种快速的模式访问并"清理"，即快速块清除（Fast Commit Cleanout）。块清除是指清除存储在数据库块首部的与锁相关的信息，其实质是在清除块上的事务信息。

所以，在 Oracle 中，COMMIT 操作可以确保提交成功的数据不丢失，而这个保证正是通过 Redo 来实现的。由此可以看到日志文件对于 Oracle 的重要性。为了保证日志文件的安全，Oracle 建议对 Redo 日志文件进行镜像。从 Oracle 10g 开始，如果设置了闪回恢复区（Flash Recovery Area），那么 Oracle 默认地就会对日志文件进行镜像。镜像的好处是若某个日志出现问题，另外一个日志仍然可用，可以保证数据不丢失，而且通常镜像存储于不同的硬盘，当某个存储出现故障时，另外的存储可以用于保证镜像日志的安全。需要注意的是，在 Oracle 中，COMMIT 操作可以确保提交成功的数据不丢失，但是并不说明，提交了的数据都已经成功写入了磁盘数据文件中。

第 5 章　Oracle 数据库

Oracle 数据库的面试笔试题侧重点不同，通常情况下，可以分为开发类和维护类的面试。本章将分别介绍 Oracle 数据库的这两个岗位面试笔试过程中所涉及的一些知识点与真题。

5.1　开发类常考知识点

5.1.1　PL/SQL 程序

在任何计算机语言（如 C/C++、Java、Pascal、Shell 等）中，都有各种控制语句（条件语句、循环结构、顺序控制结构等），在 PL/SQL 中也存在这样的控制结构。PL/SQL 的流程控制语句包括以下 3 类：

1）条件语句：IF 语句。

2）循环语句：LOOP 语句、EXIT 语句。

3）顺序语句：GOTO 语句、NULL 语句。

1. 块

PL/SQL（Procedure Language & Structured Query Language）是 Oracle 在标准的 SQL 语言上的扩展。PL/SQL 不仅允许嵌入 SQL 语言，还可以定义变量和常量，允许使用条件语句和循环语句，允许使用异常捕获程序中的各种错误，这样使得它的功能变得更加强大。

如果不使用 PL/SQL 语言，那么 Oracle 一次只能处理一条 SQL 语句。每条 SQL 语句都导致客户向服务器调用，从而在性能上产生很大的开销，尤其是在网络操作中。如果使用 PL/SQL，那么一个块中的语句作为一个组，对服务器只有一次调用，可以减少网络传输。

关于程序的形式，可以有以下几种分类。

1）无名块：是指没有命名的 PL/SQL 块，它可以是嵌入某一个应用之中的一个 PL/SQL 块。

2）存储过程/函数：是指命名了的 PL/SQL 块，它可以接收参数，并可以重复地被调用。

3）包：命名了的 PL/SQL 块，由一组相关的过程、函数和标识符组成。

4）库触发器：是一个与具体表相关联的存储 PL/SQL 的程序。每当一个 SQL 操作影响到该数据库表时，系统就自动执行相应的数据库触发器。每个表最多可以有 12 个触发器。

一个基本的 PL/SQL 块由以下 3 部分组成：定义部分、可执行部分以及异常处理部分。

1）定义部分：包含变量、常量和游标的声明。这部分是可选的。

2）可执行部分：包括对数据进行操作的 SQL 语句。这部分必须存在。

3）异常处理部分：对可执行部分中的语句在执行过程中出错时所做出的处理。这部分是可选的。

具体语法形式如下所示：

```
DECLARE
/*定义部分——定义常量、变量、游标、异常、复杂数据类型*/
BEGIN
/*执行部分——要执行的 PL/SQL 语句和 SQL 语句*/
EXCEPTION
/*异常处理部分——处理运行的各种错误*/
END;
```

在使用 PL/SQL 时，需要注意以下几点内容：

1）定义部分是从 DECLARE 开始的，该部分是可选的。

2）DECLARE 里面定义的局部变量用分号隔开。

3）执行部分是从 BEGIN 开始的，该部分是必需的。

4）异常处理部分是从 EXCEPTION 开始的，该部分是可选的。

5）END 不可缺少。

2. 分支 IF 语句

PL/SQL 中提供了以下 3 种条件分支语句：

① IF－THEN－END IF。

② IF－THEN－ELSE－END IF。

③ IF－THEN－ELSIF－THEN－END IF。

3. 循环

Oracle 中的循环有以下 3 种结构：LOOP、WHILE 和 FOR 循环。在这 3 种结构中，最常用的是 FOR 循环。

（1）LOOP 循环

简单循环语句的一般形式如下所示：

```
LOOP
    要执行的语句;
    EXIT WHEN <条件语句>/*条件满足，退出循环语句 */
END LOOP;
```

其中，EXIT WHEN 子句是必需的，否则循环将无法停止，同时，需要注意的是，该循环是 PL/SQL 中最简单的循环语句，这种循环语句以 LOOP 开头，以 END LOOP 结尾，这种循环至少会被执行一次。

（2）WHILE 循环

WHILE 循环语句的一般形式如下所示：

```
WHILE <布尔表达式> LOOP
    要执行的语句;
END LOOP;
```

其中，循环语句执行的顺序是先判断<布尔表达式>的真假，如果为真，那么循环执行，否则退出循环。在 WHILE 循环语句中，仍然可以使用 EXIT 或 EXIT WHEN 子句。

（3）FOR 循环

FOR 循环语句的一般形式如下所示：

```
FOR  循环计数器  IN [ REVERSE ] 下限..上限 LOOP
    要执行的语句;
END LOOP;
```

其中：

1）每循环一次，循环变量自动加 1；使用关键字 REVERSE，循环变量自动减 1。

2）跟在 IN REVERSE 后面的数字必须是从小到大的顺序，但不一定是整数，可以是能够转换成整数的变量或表达式。

3）可以使用 EXIT WHEN 子句退出循环。

FOR 循环中还有最常用的一种形式是游标 FOR 循环，下面给出一个例子：

```
SYS@lhrdb> DECLARE
2    CURSOR EMP_CUR IS
3      SELECT * FROM SCOTT.EMP
4      WHERE ROWNUM<=3;
5    BEGIN
6    ─FOR 本身就包含了打开、关闭游标的过程
7    FOR EMP_RECORD IN EMP_CUR LOOP
8    DBMS_OUTPUT.PUT_LINE('NAME IS:' || EMP_RECORD.ENAME || ' AND SAL IS:' ||
9                    EMP_RECORD.SAL);
```

```
10      END LOOP;
11   END;
12   /
NAME IS:SMITH AND SAL IS:800
NAME IS:ALLEN AND SAL IS:1600
NAME IS:WARD AND SAL IS:1250

PL/SQL procedure successfully completed.
```

4．GOTO 语句

GOTO 语句用于跳转到特定符号去执行语句。需要注意的是，由于使用 GOTO 语句会增加程序的复杂性，并使得应用程序可读性变差，所以在做一般应用开发时，不建议使用 GOTO 语句。

GOTO 语句的基本语法如下：GOTO　LABEL，其中，LABEL 是已经定义好的标号名。GOTO 语句的一般形式如下：

```
GOTO LABEL;
...
<<LABEL>>/*标号是用<<>>括起来的标识符*/
```

其中，GOTO 语句是无条件跳转到指定的标号 LABEL 的意思。

5．如何捕获存储过程中出现异常的行号？

使用函数 DBMS_UTILITY.FORMAT_ERROR_BACKTRACE 可以获取到出现异常时的程序的行号，而函数 DBMS_UTILITY.FORMAT_ERROR_STACK 可以获取到出现异常时的错误信息。

5.1.2　行列互换有哪些方法?

行列转换包括以下 6 种情况：①列转行。②行转列。③多列转换成字符串。④多行转换成字符串。⑤字符串转换成多列。⑥字符串转换成多行。其中，重点是行转列和字符串转换成多行。

1．列转行

列转行就是将原表中的列名作为转换后的表的内容。列转行主要采用 UNION ALL 来完成。

2．行转列

行转列就是将行数据内容作为列名。行转列主要采用 MAX 和 DECODE 函数来完成。

3．多列转换成字符串

多列转换成字符串使用‖或 CONCAT 函数实现。

```
SELECT CONCAT('A','B') FROM DUAL;
```

4．多行转换成字符串

多行转换成字符串可以采用 SYS_CONNECT_BY_PATH 来完成。

5．字符串转换成多列

字符串转换成多列实际上就是一个字符串拆分的问题，主要采用 SUBSTR 和 INSTR 来完成。

6．字符串转换成多行

字符串转换成多行主要采用 UNION ALL、SUBSTR 和 INSTR 来完成，对于其他类型的转换请参考其他文档。还有几类特殊的转换，如下所示：

```
CREATE OR REPLACE TYPE INS_SEQ_TYPE IS VARRAY(8) OF NUMBER;
SELECT * FROM TABLE(INS_SEQ_TYPE(1, 2, 3));
```

结果：

```
COLUMN_VALUE
------------
         1
         2
         3
```

若是字符串类型，则如下所示：

```
CREATE OR REPLACE TYPE ins_seq_type2 IS VARRAY(80) OF VARCHAR2(32767);
SELECT * FROM TABLE(ins_seq_type2('aadf,dea','cbc','d'));
```

结果：

```
COLUMN_VALUE
────────────────
aadf,dea
cbc
d
```

【真题 80】 数据库中有一张如下所示的表，表名为 SALES。

年	季度	销售量
1991	1	11
1991	2	12
1991	3	13
1991	4	14
1992	1	21
1992	2	22
1992	3	23
1992	4	24

要求：写一个 SQL 语句查询出下表所示的结果。

年	一季度	二季度	三季度	四季度
1991	11	12	13	14
1992	21	22	23	24

答案：这是一道行转列的题目，首先建立表 SALES：

```
CREATE TABLE SALES(年 NUMBER,季度 NUMBER,销售量 NUMBER);
INSERT INTO SALES VALUES(1991, 1 ,11);
INSERT INTO SALES VALUES(1991, 2 ,12);
INSERT INTO SALES VALUES(1991, 3 ,13);
INSERT INTO SALES VALUES(1991, 4 ,14);
INSERT INTO SALES VALUES(1992, 1 ,21);
INSERT INTO SALES VALUES(1992, 2 ,22);
INSERT INTO SALES VALUES(1992, 3 ,23);
INSERT INTO SALES VALUES(1992, 4 ,24);
SELECT * FROM SALES;
```

此题若使用聚合函数+DECODE 或 CASE 来回答，如下所示：

```
SELECT 年,
      SUM(CASE WHEN 季度=1 THEN 销售量 ELSE 0 END) AS 一季度,
      SUM(CASE WHEN 季度=2 THEN 销售量 ELSE 0 END) AS 二季度,
      SUM(CASE WHEN 季度=3 THEN 销售量 ELSE 0 END) AS 三季度,
      SUM(CASE WHEN 季度=4 THEN 销售量 ELSE 0 END) AS 四季度
FROM SALES GROUP BY 年 ORDER BY T.教师号;
```

此题若使用 PIVOT 函数，如下所示：

```
SELECT * FROM SALES PIVOT(SUM(销售量) FOR 季度 IN(1 AS "一季度", 2 AS "二季度", 3 AS "三季度", 4 AS "四季度")) ORDER BY 1;
```

此题若使用临时表的方式，如下所示：

```
SELECT T.年, NVL(SUM(T1.一季度),0) AS "一季度", NVL(SUM(T2.二季度),0) AS "二季度",
       NVL(SUM(T3.三季度),0) AS "三季度", NVL(SUM(T4.四季度),0) AS "四季度"
   FROM (SELECT 年,销售量 AS "一季度" FROM SALES A WHERE A.季度 = '1') T1,
       (SELECT 年,销售量 AS "二季度" FROM SALES A WHERE A.季度 = '2') T2,
       (SELECT 年,销售量 AS "三季度" FROM SALES A WHERE A.季度 = '3') T3,
       (SELECT 年,销售量 AS "四季度" FROM SALES A WHERE A.季度 = '4') T4,
       (SELECT DISTINCT 年 FROM SALES) T
   WHERE T.年 = T1.年(+) AND T.年 = T2.年(+) AND T.年 = T3.年(+) AND T.年 = T4.年(+)
   GROUP BY T.年 ORDER BY 1;
```

5.1.3 如何删除表中重复的记录

在平时工作中可能会遇到这种情况，当试图对表中的某一列或几列创建唯一索引时，系统提示 ORA-01452：不能创建唯一索引，发现重复记录。这时只能创建普通索引或者删除重复记录后再创建唯一索引。

重复的数据可能有以下两种情况：第一种是表中只有某些字段一样，第二种是两行记录完全一样。删除重复记录后的结果也分为以下两种，第一种是重复的记录全部删除，第二种是重复的记录中只保留最新的一条记录，在一般业务中，第二种情况较多。

1．删除重复记录的方法原理

在 Oracle 中，每一条记录都有一个 ROWID，ROWID 在整个数据库中是唯一的，ROWID 确定了每条记录是在 Oracle 中的哪一个数据文件、块、行上。在重复的记录中，可能所有列上的内容都相同，但 ROWID 不会相同，所以只要确定出重复记录中那些具有最大 ROWID 的就可以了，其余全部删除。

2．删除重复记录的方法

若想要删除部分字段重复的数据，则使用下面语句进行删除。下面的语句是删除表中字段 1 和字段 2 重复的数据：

```
DELETE FROM 表名 WHERE (字段 1, 字段 2) IN (SELECT 字段 1,字段 2 FROM 表名 GROUP BY 字段 1,字段 2 HAVING COUNT(1) > 1);
```

也可以利用临时表的方式，先将查询到的重复的数据插入到一个临时表中，然后进行删除，这样执行删除时，就不用再进行一次查询了，如下所示：

```
CREATE TABLE 临时表 AS (SELECT 字段 1,字段 2,COUNT(*) FROM 表名 GROUP BY 字段 1,字段 2 HAVING COUNT(*) > 1);
```

上面的语句的功能是建立临时表，并将查询到的数据插入其中。有了上面的执行结果，下面就可以进行删除操作了：

```
DELETE FROM 表名 A WHERE (字段 1,字段 2) IN (SELECT 字段 1, 字段 2 FROM 临时表);
```

若想保留重复数据中最新的一条记录，应该怎么做呢？可以利用 ROWID，保留重复数据中 ROWID 最大的一条记录即可，如下所示：

```
DELETE FROM TABLE_NAME WHERE ROWID NOT IN (SELECT MAX(ROWID) FROM TABLE_NAME D GROUP BY D.COL1,D.COL2);
```

重复数据删除技术可以提供更大的备份容量，实现更长时间的数据保留，还能实现备份数据的持续验证，提高数据恢复服务水平，方便实现数据容灾等。

5.1.4 DELETE、DROP 和 TRUNCATE 的区别是什么?

DELETE、DROP 和 TRUNCATE 的异同点见下表。

相同点	1）TRUNCATE 和不带 WHERE 子句的 DELETE 及 DROP 都会删除表内的所有数据 2）DROP 和 TRUNCATE 都是 DDL 语句，执行后会自动提交 3）表上的索引大小会自动进行维护			
	分类	DROP	TRUNCATE	DELETE
不同点	是否删除表结构	删除表结构及其表上的约束，且依赖于该表的存储过程和函数等将变为 INVALID 状态	只删除数据，不删除表的定义、约束、触发器和索引	
	SQL 命令类型	DDL 语句，隐式提交，不能对 TRUNCATE 和 DROP 使用 ROLLBACK 命令		DML 语句，事务提交之后才生效，可以使用 ROLLBACK 语句撤销未提交的事务
	删除的数据是否放入回滚段（ROLLBACK SEGMENT）	否	否	是
	高水位是否下降	是	是，在宏观上表现为 TRUNCATE 操作后，表的大小变为初始化的大小	否，在宏观上表现为 DELETE 后表的大小并不会因此而改变，所以在对整个表进行全表扫描时，经过 TRUNCATE 操作后的表比 DELETE 操作后的表要快得多
	是否可以通过闪回查询来找回数据	否	否	是
	是否可以对视图进行操作	是	否	是
	执行速度	一般来说，DROP>TRUNCATE>DELETE，DROP 和 TRUNCATE 由于是在底层修改了数据字典，因此无论是大表还是小表执行都非常快，而 DELETE 是需要读取数据到 Undo，所以对于大表进行 DELETE 全表操作将会非常慢		
	安全性	DROP 和 TRUNCATE 在无备份的情况下需谨慎		
	使用方面	想删除部分数据行只能用 DELETE 且带上 WHERE 子句；想删除表数据及其结构，则使用 DROP；想保留表结构而将所有数据删除，则使用 TRUNCATE		
	恢复方法	使用回收站恢复，闪回数据库，RMAN 备份、DUL 工具等	闪回数据库，RMAN 备份、DUL 工具等	闪回查询、闪回事务、闪回版本、闪回数据库等

5.1.5　NULL 的注意事项

在运算时，NULL（空）值不参与运算。判断是否为 NULL 值只能用 IS NULL 或 IS NOT NULL，不能用=NULL 或<>NULL。有关 NULL 值有以下几点需要注意：

1）空值是无效的、未指定的、未知的或不可预知的值。

2）空值不是空格，也不是 0。

3）包含空值的数学表达式的值（即加、减、乘、除等操作）都为空值 NULL。

4）对空值进行连接字符串的操作之后，返回被连接的字符串。

5）用 IS NULL 表示为空，用 IS NOT NULL 表示不为空。

6）除了 COUNT(1)和 COUNT(*)外的其他函数都不计算空值。

7）NULL 在排序中默认为最大值，DESC 在最前，ASC 在最后，可以加上 NULLS LAST 来限制 NULL 值的显示。

8）如果子查询结果中包含 NULL 值，那么 NOT IN (NULL、AA、BB、CC)返回为空。

【真题 81】有如下图的数据，那么 SQL 语句 SELECT AVG(AGE) FROM STUINFO;的结果是多少？STUINFO 表的数据如下图所示，AGE 的类型为 NUMBER。

SID	SNAME	SEX	BIRTHDAY	AGE	SMONEY	CID	IN_DATE
10000	小1	M	2000-12-19 12:00:00	5	600	20005	2013-12-05 15:14:23
10002	小2	F	2001-12-19 12:00:00	4	600	20005	2013-12-05 15:14:23
10003	小3	M	2002-12-19 12:00:00	5	600	20005	2013-12-05 15:14:23
10004	小4	F	2003-12-19 12:00:00	6	600	20005	2013-12-05 15:14:23
10005	小5		2003-12-19 12:00:00	6	600	20006	2013-12-05 15:26:06
10006	小5		2003-12-19 12:00:00		600	20006	2013-12-05 15:26:06

答案：5.2。由于 NULL 值不参与运算，因此（5+4+5+6+6）/5=5.2。

5.1.6　如何判断一个存储过程是否正在运行?

有以下两种方式可以判断一个存储过程是否正在运行, 其查询 SQL 语句分别如下所示, 若有结果返回, 则说明存储过程正在运行。

方法 1:

```
SELECT A.SID, B.SERIAL#,A.OWNER,A.OBJECT,A.TYPE,B.SERVER, B.MODULE,B.ACTION,B.LOGON_TIME
FROM   V$ACCESS   A, V$SESSION B
WHERE  A.SID = B.SID(+) AND     A.TYPE = 'PROCEDURE'   AND      B.STATUS = 'ACTIVE'
AND      A.OBJECT = 'P_TEST_LHR';   --注意这里修改成存储过程的名称
```

方法 2:

```
SELECT * FROM     V$DB_OBJECT_CACHE WHERE   TYPE = 'PROCEDURE' AND   NAME = 'P_TEST_LHR' AND LOCKS > 0
AND   PINS > 0;
```

5.1.7　AUTHID CURRENT_USER 的作用是什么?

定义者权限 (Difiner Right): 程序的默认权限。如果是在用户 A 下创建的程序, 但其他用户只要能执行这个程序, 那么这个程序所执行的任务都是以用户 A 的名义来执行的。因为用户 A 是程序的定义者, 所以用户 A 能做什么, 那这个程序就能做什么。

调用者权限 (Invoker Right): 也叫执行者权限。如果某个程序中含有创建表的操作, 且这个表只有用户 A 有创建权限, 那么这个程序在用户 A 下面才执行成功, 在其他用户下是不能成功执行的。

程序中没有 AUTHID CURRENT_USER 表示定义者权限, 以定义者身份执行; 程序中加上 AUTHID CURRENT_USER 表示调用者权限, 以调用者身份执行。

调用者权限与定义者权限之间的差异主要体现在以下 3 个方面:

1. 执行的 SCHEMA 不同, 操作的对象也不同

● 在定义者权限下, 执行的用户为定义者, 所操作的对象是定义者在编译时指定的对象。

● 在调用者权限下, 执行的用户为当前用户, 所操作的对象是当前模式下的对象。

2. 执行的权限不同

● 在定义者权限下, 当前用户的权限为角色无效情况下所拥有的权限。

● 在调用者权限下, 当前用户的权限为当前所拥有的权限 (含角色)。

3. 执行的效率不同

● 在定义者权限下, 过程被静态编译静态执行, 所执行 SQL 语句在共享区池中是可被共享使用的。

● 在调用者权限下, 过程静态编译, 但动态执行, 虽然执行的语句相同, 但不同用户执行, 其 SQL 语句在共享池中并不能共享。

在 Oracle8i 以前的版本中, 所有已编译存储对象, 包括 PACKAGES、PROCEDURES、FUNCTIONS、TRIGGERS、VIEWS 等, 只能以定义者 (Definer) 身份解析运行。从 Oracle8i 开始, Oracle 引入调用者 (Invoker) 权限, 使得对象可以以调用者身份和权限执行。目前 Oracle 存储过程默认都是使用定义者权限调用, 以定义者身份执行; 而声明 AUTHID CURRENT_USER 后则是调用者权限, 以调用者身份执行。

为 PL/SQL 启用调用者权限的语法如下:

```
[AUTHID { CURRENT_USER|DEFINER}]
```

如果忽略 AUTHID 子句, 那么默认的是定义者权限。

以下举一个例子:

```
CREATE USER LHR IDENTIFIED BY LHR;
GRANT DBA TO LHR;
SELECT * FROM USER_ROLE_PRIVS;
```

USERNAME	GRANTED_ROLE	ADMIN_OPTION	DEFAULT_ROLE	OS_GRANTED
LHR ⋯	DBA ⋯	NO ⋯	YES	NO
PUBLIC ⋯	PLUSTRACE ⋯	NO ⋯	YES	NO

可以看到用户 LHR 拥有 DBA 这个角色，再创建一个测试存储过程：

```
CREATE OR REPLACE PROCEDURE P_CREATE_TABLE IS
BEGIN
    EXECUTE IMMEDIATE 'CREATE TABLE CREATE_TABLE(ID INT)';
END P_CREATE_TABLE;
```

然后执行存储过程：

```
SQL> exec p_create_table

begin p_create_table; end;

ORA-01031: 权限不足
ORA-06512: 在 "LHR.P_CREATE_TABLE", line 3
ORA-06512: 在 line 2
```

可以看到，即使用户 LHR 拥有 DBA 角色，也不能创建表，因为角色（Role）权限在存储过程中不可用。下面修改存储过程，加入 AUTHID CURRENT_USER 时存储过程可以使用角色权限。

```
CREATE OR REPLACE PROCEDURE P_CREATE_TABLE AUTHID CURRENT_USER IS
BEGIN
    EXECUTE IMMEDIATE 'CREATE TABLE CREATE_TABLE(ID INT)';
END P_CREATE_TABLE;
```

再次尝试执行：

```
SQL> exec p_create_table;

PL/SQL procedure successfully completed

Executed in 0.078 seconds
```

【真题 82】 下列关于 AUTHID 的说法中，正确的是（　　）。

A．AUTHID 子句用于指定哪些用户被授权执行一个程序单元

B．从 Oracle 11gR1 开始，所有的程序单元都必须指明 AUTHID 属性

C．一个 PL/SQL 程序的 AUTHID 属性会影响该程序在运行时发出的 SQL 语句所涉及的名字解析和权限检查

D．AUTHID 属性可以在包头（Package Specification）和对象类型的头部（Object Type Specification）指定，但不能够在包体（Package Body）和类型体（Object Type Body）指定

答案：C、D。

5.1.8　Oracle 用户密码含特殊字符时如何登录？

当 Oracle 用户密码含有特殊字符（如&、@、$等）时，SQL*Plus 和 exp 或 expdp 等工具进行登录时在写法上有很大的差异。

若密码不含"&"符号，则可以使用双引号将密码括起来进行密码修改：

```
alter user lhr identified by "l@h\r/0";
```

若密码包含有"&"符号，则需要首先设置 define 为 off 才可以修改密码：

```
set define off
alter user scott identified by "$tiger&123l@h\r/0%s,d$";
alter user scott identified by "$?`$%*H\@f'\<a-q/$-@#<>`}:H$";
```

若密码包含有""双引号，则需要使用 password 来修改密码：

```
password scott
```

在 Linux 平台下，使用不同客户端连接 Oracle 数据库的写法见下表。

Linux 平台		SQL*Plus 工具	exp、imp、expdp、impdp
普通用户	无 tns	sqlplus 'lhr/"l@h\r/0"'	expdp 'lhr/"l@h\r/0"'
	有 tns	sqlplus 'lhr/"l@h\r/0"'@LHRDB	expdp 'lhr/"l@h\r/0"'@LHRDB
sys 用户	无 tns	sqlplus / as sysdba	expdp \'/ AS SYSDBA\'
	有 tns	sqlplus 'sys/"l@h\r/0"'@LHRDB as sysdba	expdp \"sys/"l@h\r/0"'@LHRDB as sysdba\'
	正常密码	sqlplus sys/lhr@lhrdb as sysdba	expdp \'sys/lhr@LHRDB as sysdba\'

在上表中，含特殊字符密码为 l@h\r/0，正常密码为 lhr，tns 为 LHRDB。总的写法原则如下：密码用双引号括起来，用户名和密码用单引号括起来，然后将"用户名"+"密码"+"tns"+"as sysdba"用单引号括起来，最后的这个单引号用"\"进行转义。

在 Windows 平台下，使用不同客户端连接 Oracle 数据库的写法见下表。

Windows 平台		SQL*Plus 工具	exp、imp、expdp、impdp
普通用户	无 tns	sqlplus lhr/"""l@h\r/0""" sqlplus lhr/\"l@h\r/0\"	expdp lhr/"""l@h\r/0""" expdp lhr/\"l@h\r/0\"
	有 tns	sqlplus lhr/"""l@h\r/0"""@LHRDB sqlplus lhr/\"l@h\r/0\"@LHRDB	expdp lhr/"""l@h\r/0"""@LHRDB expdp lhr/\"l@h\r/0\"@LHRDB
sys 用户	无 tns	sqlplus / as sysdba	expdp \"/ as sysdba\"
	有 tns	sqlplus sys/"""l@h\r/0"""@LHRDB as sysdba sqlplus sys/\"l@h\r/0\"@LHRDB as sysdba	
	正常密码	sqlplus sys/lhr@lhrdb as sysdba	expdp \"sys/lhr@LHRDB as sysdba\"

在上表中，含特殊字符密码为 l@h\r/0，正常密码为 lhr，tns 为 LHRDB。总的原则如下：密码用 3 个双引号括起来，或者用一个双引号括起来，然后用"\"将双引号进行转义。

5.1.9　当 DML 语句中有一条数据报错时，如何让该 DML 语句继续执行？

当一个 DML 语句运行时，如果遇到了错误，那么这条语句会进行回滚，就好像没有执行过。对于一个大的 DML 语句而言，如果个别数据错误而导致整个语句的回滚，那么会浪费很多的资源和运行时间。所以，从 Oracle 10g 开始 Oracle 支持记录 DML 语句的错误，而允许语句自动继续执行。这个功能可以使用 DBMS_ERRLOG 包实现。

利用 CREATE_ERROR_LOG 来创建 T1 表的 DML 错误记录表：

```
SQL> EXEC DBMS_ERRLOG.CREATE_ERROR_LOG('T1','T1_ERRLOG','LHR');
PL/SQL procedure successfully completed

LHR@orclasm > DESC T1_ERRLOG;
Name                                     Null?        Type
----------------------------------       -------      ----------------
ORA_ERR_NUMBER$                                       NUMBER
ORA_ERR_MESG$                                         VARCHAR2(2000)
ORA_ERR_ROWID$                                        ROWID
ORA_ERR_OPTYP$                                        VARCHAR2(2)
ORA_ERR_TAG$                                          VARCHAR2(2000)
A                                                     VARCHAR2(4000)
B                                                     VARCHAR2(4000)

LHR@orclasm > INSERT INTO T1 SELECT * FROM T2 LOG ERRORS INTO T1_ERRLOG('T1_ERRLOG_LHR')REJECT LIMIT
UNLIMITED;
0 rows created.

SELECT * FROM T1_ERRLOG;
```

	ORA_ERR_NUMBER$	ORA_ERR_MESG$		ORA_ERR_ROWID$		ORA_ERR_OPTYP$		ORA_ERR_TAG$		A		B
1	1	ORA-00001: unique constraint (LHR.PK_T1_A) violated	...		...	I		ERR_T1_LHR	...	1	...	1
2	1	ORA-00001: unique constraint (LHR.PK_T1_A) violated	...		...	I		ERR_T1_LHR	...	2	...	2
3	1	ORA-00001: unique constraint (LHR.PK_T1_A) violated	...		...	I		ERR_T1_LHR	...	3	...	3
4	1	ORA-00001: unique constraint (LHR.PK_T1_A) violated	...		...	I		ERR_T1_LHR	...	4	...	4
5	1	ORA-00001: unique constraint (LHR.PK_T1_A) violated	...		...	I		ERR_T1_LHR	...	5	...	5
6	1	ORA-00001: unique constraint (LHR.PK_T1_A) violated	...		...	I		ERR_T1_LHR	...	6	...	6
7	1	ORA-00001: unique constraint (LHR.PK_T1_A) violated	...		...	I		ERR_T1_LHR	...	7	...	7
8	1	ORA-00001: unique constraint (LHR.PK_T1_A) violated	...		...	I		ERR_T1_LHR	...	8	...	8
9	1	ORA-00001: unique constraint (LHR.PK_T1_A) violated	...		...	I		ERR_T1_LHR	...	9	...	9
10	1	ORA-00001: unique constraint (LHR.PK_T1_A) violated	...		...	I		ERR_T1_LHR	...	10	...	10

可以看到，插入成功执行，但是插入记录为 0 条。从对应的错误信息表中已经包含了插入的信息。从错误信息表中还可以看到对应的错误号和详细错误信息，ORA_ERR_OPTYP$为错误操作类型，I 表示为 INSERT。

关于 LOG ERRORS 的语法为，INTO 语句后面跟随的就是指定的错误记录表的表名。在 INTO 语句后面，可以跟随一个表达式 "('T1_ERRLOG_LHR')"，就是 ORA_ERR_TAG$中存储的信息，用来设置本次语句执行的错误在错误记录表中对应的 TAG。有了这个语句，就可以很轻易地在错误记录表中找到某次操作所对应的所有的错误，这对于错误记录表中包含了大量数据，且本次语句产生了多条错误信息的情况十分有帮助。只要这个表达式的值可以转化为字符串类型就可以。REJECT LIMIT 则限制语句出错的数量。

```
LHR@orclasm > INSERT INTO T1 SELECT * FROM T2 LOG ERRORS INTO T1_ERRLOG('T1_ERRLOG')REJECT LIMIT 1;
INSERT INTO T1 SELECT * FROM T2 LOG ERRORS INTO T1_ERRLOG('T1_ERRLOG')REJECT LIMIT 1
*
ERROR at line 1:
ORA-00001: unique constraint (LHR.PK_T1_A) violated
```

可以看到，当设置的 REJECT LIMIT 的值小于出错记录数时，语句会报错，这时 LOG ERRORS 语句没有起到应有的作用，插入语句仍然以报错结束。如果将 REJECT LIMIT 的限制设置大于等于出错的记录数，则插入语句就会执行成功，而所有出错的信息都会存储到 LOG ERROR 对应的表中。只要指定了 LOG ERRORS 语句，不管最终插入语句是否成功地执行完成，在错误记录表中都会记录语句执行过程中遇到的错误。例如，第一个插入由于出错数目超过 REJECT LIMIT 的限制，这时在记录表中会存在 REJECT LIMIT + 1 条记录数，因此这条记录错误导致了整个 SQL 语句的报错。如果不管碰到多少错误，都希望语句能继续执行，那么可以设置 REJECT LIMIT 为 UNLIMITED。需要注意的是，即使做了回滚操作，错误日志表中的记录并不会减少，因为 Oracle 是利用自治事务的方式插入错误记录表的。

LOG ERRORS 可以用在 INSERT、UPDATE、DELETE 和 MERGE 后，但是，它有以下限制条件：

① 违反延迟约束。

② 直接路径的 INSERT 或 MERGE 语句违反了唯一约束或唯一索引（注意，从 Oracle 11g 开始，已经取消了该条限制）。

③ 更新操作违反了唯一约束或唯一索引。

④ 错误日志表的列不支持的数据类型包括 LONG、LONG RAW、BLOB、CLOB、NCLOB、BFILE 以及各种对象类型。Oracle 不支持这些类型的原因也很简单，这些特殊的类型不是包含了大量的记录，就是需要通过特殊的方法来读取，因此 Oracle 没有办法在 SQL 处理时将对应列的信息写到错误记录表中。

5.1.10 真题

【真题 83】 什么是 Quote(q)语法？

答案：在 SQL 查询中，会经常需要原样输出字符串，如果字符串中含有大量的单引号、双引号或者特殊字符，那么需要用单引号转义拼接字符串，这样会非常麻烦。所以，Oracle 提供了一个 Q-quote 的表达式来原样输出字符串。

```
SYS@orclasm > SELECT Q'[I'm a boy,my name is 'lhrhaha']' FROM DUAL;
Q'[I'MABOY,MYNAMEIS'LHRHAHA']'
```

I'm a boy,my name is 'lhrhaha'

需要注意以下几点：

1）Q-quote 定界符可以是除了 TAB、空格、回车外的任何单字节或多字节字符，包括数字、字母、特殊字符。'&'不能作为分隔符，因为'&'的意思是传入参数。

2）Q'后跟起始分隔符，起始分隔符后的字符串原样输出，起始分隔符必须有配对的结束分隔符。'['、'('、'{'作为分隔符，必须以']'、')'、'}'结束。

【真题 84】 怎么捕获用户登录信息，如 SID、IP 地址等？

答案：可以利用登录触发器。

【真题 85】 怎么捕获整个数据库的 DDL 语句（或者说捕获对象结构变化与修改）？

答案：可以采用 DDL 触发器。

【真题 86】 怎么捕获表上的 DML 语句？

答案：可以采用 DML 触发器。

【真题 87】 如何从 Oracle 数据库中获得毫秒？

答案：在 Oracle 9i 以上版本，有一个 TIMESTAMP 类型可以用来获得毫秒，如：

```
SQL>SELECT TO_CHAR(SYSTIMESTAMP,'YYYY-MM-DD HH24:MI:SSXFF') TIME1, TO_CHAR(CURRENT_TIMESTAMP) TIME2
FROM DUAL;
    TIME1                        TIME2
    ---------------------------  -----------------------------------
    2003-10-24 10:48:45.656000   24-OCT-03 10.48.45.656000 AM +08:00
```

可以看到，毫秒在 TO_CHAR 中对应的是 FF。

【真题 88】 用一个语句实现该需求：如果某条记录存在，就执行更新操作；如果不存在，就执行插入操作。

答案：可以采用 MERGE 语句。

【真题 89】 如何实现一条记录根据条件多表插入？

答案：可以通过 INSERT ALL 语句完成，如：

```
INSERT ALL
    WHEN (ID=1) THEN
        INTO TABLE_1 (ID, NAME) VALUES(ID,NAME)
    WHEN (ID=2) THEN
        INTO TABLE_2 (ID, NAME) VALUES(ID,NAME)
    ELSE
        INTO TABLE_OTHER (ID, NAME) VALUES(ID, NAME)
    SELECT ID,NAME
    FROM A;
```

如果没有条件，那么完成每个表的插入，如：

```
INSERT ALL
    INTO TABLE_1 (ID, NAME) VALUES(ID,NAME)
    INTO TABLE_2 (ID, NAME) VALUES(ID,NAME)
    INTO TABLE_OTHER (ID, NAME) VALUES(ID, NAME)
    SELECT ID,NAME
    FROM A;
```

【真题 90】 如何实现分组取前 3 条记录？

答案：可以利用分析函数，如获取每个部门薪水位居前 3 名的员工或每个班成绩位居前 3 名的学生，如下所示：

```
SELECT * FROM
    (SELECT DEPNO,ENAME,SAL,ROW_NUMBER() OVER (PARTITION BY DEPNO ORDER BY SAL DESC) RN FROM EMP)
WHERE RN<=3;
```

【真题 91】 如何把相邻记录合并到一条记录？

答案：可以利用分析函数 LAG 与 LEAD，它们可以提取后一条或前一天记录到本记录，如下所示：

```
SELECT DEPTNO,ENAME,HIREDATE,LAG(HIREDATE,1,NULL) OVER (PARTITION BY DEPTNO ORDER BY HIREDATE,ENAME) LAST_HIRE
FROM EMP ORDER BY DEPNO,HIREDATE;
```

【真题 92】 如何取得一列中排序第 3 的值？

答案：利用分析函数 DENSE_RANK，取排序第 3 的数据示例如下：

```
SELECT * FROM   (SELECT T.*,DENSE_RANK() OVER (ORDER BY T2 DESC) RANK FROM T) WHERE RANK = 3;
```

【真题 93】 如何把查询内容输出到文本？

答案：用 SPOOL 输出，如下所示：

```
sqlplus  - s   " / as sysdba"<<EOF
set heading off
set feedback off
spool temp.txt
   select * from tab;
  dbms_output.put_line('test');
spool off
exit
EOF
```

另外，如果结果中含有 CLOB 字段，那么需要设置 LONG，如 "SET LONG 10000"。

【真题 94】 如何在 SQL*Plus 环境中执行 OS 命令？

答案：可以使用 host 或！，如下：

```
SQL> host lsntctl start
```

在 UNIX/Linux 平台下：

```
SQL>!<OS command>
```

在 Windows 平台下还可以使用$，如下：

```
SQL>$<OS command>
```

【真题 95】 怎么设置存储过程的调用者权限？

答案：普通存储过程都是定义者权限，如果想设置调用者权限，那么需要声明 "AUTHID CURRENT_USER"，参考如下语句：

```
CREATE OR REPLACE PROCEDURE …()
AUTHID CURRENT_USER
   AS
    BEGIN
…
END;
```

【真题 96】 Oracle 中有哪些常用的字符函数？

答案：常用的字符函数有以下几个。

- lower(char)：将字符串全部转化为小写的格式。
- upper(char)：将字符串全部转化为大写的格式。
- initcap('SQL course')：每个单词的首字母大写，其余变为小写，结果为 Sql Course。
- concat('Hello','World')：字符串连接，结果为 HelloWorld。
- length(char)：返回字符串的长度。
- substr(char,m,n)：取字符串的子串，m 表示起点，n 代表取 n 个字符的意思。
- replace(char1,search_string,replace_string)：替换函数。
- instr(char1,char2,[,n[,m]])：取子串在字符串的位置，特别取某一个特殊字符在原字符串中的位置。

- trim(" Hello World "): 前后去掉空格, 结果为 "Hello World"。
- ltrim(" Hello World "): 左边去掉空格, 结果为 "Hello World "。
- rtrim(" Hello World "): 右边去掉空格, 结果为 " Hello World"。
- lpad(salary,10,'*'): 左补齐, 结果: *****24000
- rpad(salary, 10, '*'): 右补齐, 结果: 24000*****
- chr(): 将 ASCII 码转换为字符。
- ascii(): 将字符转换为 ASCII 码。

【真题 97】 如何查看存储过程的编译错误?

答案: 在存储过程编译完成后, 使用 SHOW ERROR 命令即可查看, 如下所示:

```
SQL> CREATE OR REPLACE PROCEDURE PRO_ERROR_LHR AS
  2  BEGIN
  3  XXX;
  4  END;
  5  /
Warning: Procedure created with compilation errors.
SQL> SHOW ERROR
Errors for PROCEDURE PRO_ERROR_LHR:
LINE/COL ERROR
----------------------------------------------------------------
3/1     PL/SQL: Statement ignored
3/1     PLS-00201: identifier 'XXX' must be declared
```

可以看到第 3 行第 1 列有错误。

【真题 98】 如果查询的列中含有特殊字符, 如通配符 "%" 与 "_", 那么该如何查询这些特殊字符?

答案: 利用 ESCAPE 来查询, 如下:

```
SELECT * FROM SCOTT.EMP WHERE NAME LIKE 'A\%' ESCAPE '\';
```

【真题 99】 如何插入单引号到数据库表中?

答案: 可以用 ASCII 码处理, 其他特殊字符 (如&) 也一样, 如下所示:

```
INSERT INTO T VALUES('T'||CHR(39)||'m');    -- CHR(39)代表字符'
```

或者用两个单引号表示一个:

```
INSERT INTO T VALUES('T''m');    -- 两个'可以表示一个'
```

【真题 100】 十进制与十六进制如何转换?

答案: 十进制转换为十六进制用 TO_CHAR:

```
SQL> SELECT TO_CHAR(100,'XX') COLA FROM DUAL;
COLA
-------
 64
```

十六进制转换为十进制用 TO_NUMBER:

```
SQL> SELECT TO_NUMBER('7D','XX')    COLA FROM DUAL;
 COLA
-----------
 125
```

【真题 101】 如何随机抽取表 SCOTT.EMP 的前 5 条记录?

答案: 使用 SYS_GUID 或 DBMS_RANDOM.VALUE 函数, 如下所示:

```
SELECT * FROM (SELECT * FROM SCOTT.EMP ORDER BY SYS_GUID()) WHERE ROWNUM <= 5;
SELECT * FROM (SELECT * FROM SCOTT.EMP ORDER BY DBMS_RANDOM.VALUE) WHERE ROWNUM<= 5;
```

【真题 102】 如何抽取重复记录?

答案：使用 ROWID 来查询。找出 ID 重复的记录：

```
SELECT * FROM TABLE T1 WHERE T1.ROWID != (SELECT MAX(ROWID) FROM TABLE T2 WHERE T1.ID=T2.ID);
```

找出 COL_A 和 COL_B 列重复的记录：

```
SELECT T.COL_A,T.COL_B,COUNT(*)
FROM TABLE T
  GROUP BY COL_A,COL_B
HAVING COUNT(*)>1;
```

如果想删除重复记录，则可以把第一个语句的 SELECT 替换为 DELETE。

【真题 103】 如何快速获得用户每个表或表分区的记录数？

答案：可以分析该用户，然后查询 USER_TABLES 字典，或者采用如下脚本即可：

```
SET SERVEROUTPUT ON SIZE 20000
DECLARE
  MICOUNT INTEGER;
BEGIN
  FOR C_TAB IN (SELECT TABLE_NAME FROM USER_TABLES) LOOP
    EXECUTE IMMEDIATE 'select count(*) from "' || C_TAB.TABLE_NAME || '"' INTO MICOUNT;
    DBMS_OUTPUT.PUT_LINE(RPAD(C_TAB.TABLE_NAME, 30, '.') ||LPAD(MICOUNT, 10, '.'));
    SELECT COUNT(*)
      INTO MICOUNT
      FROM USER_PART_TABLES
     WHERE TABLE_NAME = C_TAB.TABLE_NAME;
    IF MICOUNT > 0 THEN
      FOR C_PART IN (SELECT PARTITION_NAME
                       FROM USER_TAB_PARTITIONS
                      WHERE TABLE_NAME = C_TAB.TABLE_NAME) LOOP
      EXECUTE IMMEDIATE 'select count(*) from ' || C_TAB.TABLE_NAME ||' partition (' || C_PART.PARTITION_NAME || ')'

        INTO MICOUNT;
      DBMS_OUTPUT.PUT_LINE('          ' || RPAD(C_PART.PARTITION_NAME, 30, '.') || LPAD(MICOUNT, 10, '.'));
      END LOOP;
    END IF;
  END LOOP;
END;
```

【真题 104】 SYS_CONTEXT 和 USERENV 的用法是什么？它们可以返回哪些常用的值？

答案：SYS_CONTEXT 函数是 Oracle 提供的一个获取环境上下文信息的预定义函数。该函数用来返回一个指定 NAMESPACE 下的 PARAMETER 值。该函数可以在 SQL 和 PL/SQL 语言中使用。

```
SELECT SYS_CONTEXT('USERENV', 'ACTION') ACTION,
       SYS_CONTEXT('USERENV', 'AUDITED_CURSORID') AUDITED_CURSORID,
       SYS_CONTEXT('USERENV', 'AUTHENTICATED_IDENTITY') AUTHENTICATED_IDENTITY,
       SYS_CONTEXT('USERENV', 'AUTHENTICATION_TYPE') AUTHENTICATION_TYPE,
       SYS_CONTEXT('USERENV', 'AUTHENTICATION_DATA') AUTHENTICATION_DATA,
       SYS_CONTEXT('USERENV', 'AUTHENTICATION_METHOD') AUTHENTICATION_METHOD,
       SYS_CONTEXT('USERENV', 'BG_JOB_ID') BG_JOB_ID,
       SYS_CONTEXT('USERENV', 'CLIENT_IDENTIFIER') CLIENT_IDENTIFIER,
       SYS_CONTEXT('USERENV', 'CLIENT_INFO') CLIENT_INFO, --USERENV('CLIENT_INFO')
       SYS_CONTEXT('USERENV', 'CURRENT_BIND') CURRENT_BIND,
       SYS_CONTEXT('USERENV', 'CURRENT_EDITION_ID') CURRENT_EDITION_ID,
       SYS_CONTEXT('USERENV', 'CURRENT_EDITION_NAME') CURRENT_EDITION_NAME,
       SYS_CONTEXT('USERENV', 'CURRENT_SCHEMA') CURRENT_SCHEMA,
       SYS_CONTEXT('USERENV', 'CURRENT_SCHEMAID') CURRENT_SCHEMAID,
       SYS_CONTEXT('USERENV', 'CURRENT_SQL') CURRENT_SQL,
       SYS_CONTEXT('USERENV', 'CURRENT_SQLN') CURRENT_SQLN,
       SYS_CONTEXT('USERENV', 'CURRENT_SQL_LENGTH') CURRENT_SQL_LENGTH,
       SYS_CONTEXT('USERENV', 'CURRENT_USER') CURRENT_USER,
       SYS_CONTEXT('USERENV', 'CURRENT_USERID') CURRENT_USERID,
       SYS_CONTEXT('USERENV', 'DATABASE_ROLE') DATABASE_ROLE,
```

```
         SYS_CONTEXT('USERENV', 'DB_DOMAIN') DB_DOMAIN,
         SYS_CONTEXT('USERENV', 'DB_NAME') DB_NAME,
         SYS_CONTEXT('USERENV', 'DB_UNIQUE_NAME') DB_UNIQUE_NAME,
         SYS_CONTEXT('USERENV', 'DBLINK_INFO') DBLINK_INFO,
         SYS_CONTEXT('USERENV', 'ENTRYID') ENTRYID, --USERENV('ENTRYID')
         SYS_CONTEXT('USERENV', 'ENTERPRISE_IDENTITY') ENTERPRISE_IDENTITY,
         SYS_CONTEXT('USERENV', 'EXTERNAL_NAME') EXTERNAL_NAME,
         SYS_CONTEXT('USERENV', 'FG_JOB_ID') FG_JOB_ID,
         SYS_CONTEXT('USERENV', 'GLOBAL_CONTEXT_MEMORY') GLOBAL_CONTEXT_MEMORY,
         SYS_CONTEXT('USERENV', 'GLOBAL_UID') GLOBAL_UID,
         SYS_CONTEXT('USERENV', 'HOST') HOST, -- USERENV('TERMINAL')
         SYS_CONTEXT('USERENV', 'IDENTIFICATION_TYPE') IDENTIFICATION_TYPE,
         SYS_CONTEXT('USERENV', 'INSTANCE') INSTANCE, --USERENV('INSTANCE')
         SYS_CONTEXT('USERENV', 'INSTANCE_NAME') INSTANCE_NAME,
         SYS_CONTEXT('USERENV', 'IP_ADDRESS') IP_ADDRESS, --ORA_CLIENT_IP_ADDRESS
         SYS_CONTEXT('USERENV', 'ISDBA') ISDBA,   --USERENV('ISDBA')
         SYS_CONTEXT('USERENV', 'LANG') LANG, --USERENV('LANG')
         SYS_CONTEXT('USERENV', 'LANGUAGE') LANGUAGE, --USERENV('LANGUAGE'),
         SYS_CONTEXT('USERENV', 'MODULE') MODULE,
         SYS_CONTEXT('USERENV', 'NETWORK_PROTOCOL') NETWORK_PROTOCOL,
         SYS_CONTEXT('USERENV', 'NLS_CALENDAR') NLS_CALENDAR,
         SYS_CONTEXT('USERENV', 'NLS_CURRENCY') NLS_CURRENCY,
         SYS_CONTEXT('USERENV', 'NLS_DATE_FORMAT') NLS_DATE_FORMAT,
         SYS_CONTEXT('USERENV', 'NLS_DATE_LANGUAGE') NLS_DATE_LANGUAGE,
         SYS_CONTEXT('USERENV', 'NLS_SORT') NLS_SORT,
         SYS_CONTEXT('USERENV', 'NLS_TERRITORY') NLS_TERRITORY,
         SYS_CONTEXT('USERENV', 'OS_USER') OS_USER,
         SYS_CONTEXT('USERENV', 'POLICY_INVOKER') POLICY_INVOKER,
         SYS_CONTEXT('USERENV', 'PROXY_ENTERPRISE_IDENTITY') PROXY_ENTERPRISE_IDENTITY,
         SYS_CONTEXT('USERENV', 'PROXY_USER') PROXY_USER,
         SYS_CONTEXT('USERENV', 'PROXY_USERID') PROXY_USERID,
         SYS_CONTEXT('USERENV', 'SERVER_HOST') SERVER_HOST,
         SYS_CONTEXT('USERENV', 'SERVICE_NAME') SERVICE_NAME,
         SYS_CONTEXT('USERENV', 'SESSION_EDITION_ID') SESSION_EDITION_ID,
         SYS_CONTEXT('USERENV', 'SESSION_EDITION_NAME') SESSION_EDITION_NAME,
         SYS_CONTEXT('USERENV', 'SESSION_USER') SESSION_USER, --ORA_LOGIN_USER
         SYS_CONTEXT('USERENV', 'SESSION_USERID') SESSION_USERID,
         SYS_CONTEXT('USERENV', 'SESSIONID') SESSIONID, --   USERENV('SESSIONID') , V$SESSION.AUDSID
         SYS_CONTEXT('USERENV', 'SID') SID,
         SYS_CONTEXT('USERENV', 'STATEMENTID') STATEMENTID,
         SYS_CONTEXT('USERENV', 'TERMINAL') TERMINAL     --USERENV('TERMINAL')
     FROM DUAL;
```

USERENV 函数用来返回当前的会话信息，常用的有如下信息：

```
SELECT USERENV('CLIENT_INFO') CLIENT_INFO,
       USERENV('LANGUAGE')  数据库字符集,
       USERENV('ISDBA')  是否 DBA 角色,
       USERENV('SESSIONID')  当前会话标识符,
       USERENV('ENTRYID')  可审计的会话标识符,
       USERENV('LANG')  会话语言名称的 ISO 简记,
       USERENV('INSTANCE')  当前的实例,
       USERENV('TERMINAL')  当前计算机名
     FROM DUAL;
```

5.2 维护类常考知识点

5.2.1 Oracle 对象

1．Oracle 的表的分类

从理论上来讲，不存在一种能够满足所有读取要求的数据存储方式，所以 Oracle 设计了大约 5 种数据的存储格式，见下表。

分类	普通堆表（heap table）	全局临时表	分区表	索引组织表（IOT）	簇表
简介	以一种随机的方式管理，数据会放在最合适的地方，而不是以某种特定顺序来放置，存储快、读取慢	全局临时表又分为基于会话的全局临时表和基于事务的全局临时表	当对表进行分区后，在逻辑上，表仍然是一张完整的表，只是将表中的数据在物理上可能存放到多个表空间或物理文件上。当查询数据时，不至于每次都扫描整张表。Oracle可以将大表或索引分成若干个更小、更方便管理的部分，每一部分称为一个分区，这样的表称为分区表	索引组织表简称索引表，是把索引和一般数据列全部存储在相同位置上的表结构，是一个存储在索引结构中的表。它的特点是存储慢、读取快	如果一组表有一些共同的列，那么将这样一组表存储在相同的数据库块中就是簇表。簇表是 Oracle 中一种可选的存储表数据的方法。使用簇表可以减少磁盘 I/O，改善访问簇表的连接所带来的资源开销
优点	1）语法简单方便 2）适合大部分场景	1）删除记录非常高效（自动清理数据） 2）产生很少的日志 3）不同的会话之间独立，不产生锁	1）有效的分区消除（分区裁剪，可以查询单独的某个分区） 2）高效的记录清理（可以对某一个分区进行 TRUNCATE） 3）高效的记录转移（分区交换 EXCHANGE，普通表和分区表的某个分区之间数据的快速交换） 4）分区切割（SPLIT）和分区合并（MERGE）非常容易	表就是索引，索引就是表，可以避免回表	1）可以减少或避免排序 2）减少磁盘 I/O，减少了因使用连接所带来的系统开销 3）节省了磁盘存储空间，原来需要单独存放多张表，现在可以将连接的部分作为共享列来存储
缺点	1）更新日志开销较大 2）DELETE 无法释放空间（高水位不下降） 3）表记录太大，检索太慢 4）索引回表读，开销很大 5）即便有序插入，也很难保证有序读出	1）语法特别 2）数据无法得到有效的保护	1）语法复杂 2）分区过多对系统有一定的影响 3）对某个含有数据的分区执行 TRUNCATE、DROP 操作时会导致全局索引失效	1）语法复杂 2）更新开销较大	1）语法复杂 2）表更新开销大
适合场景	适合大部分设计场景	适合接口表设计	适合日志表，非常大的表	适合极少更新、频繁读的表	使用频繁关联查询的多表
字典标识（DBA_TABLES）	SELECT * FROM DBA_TABLES D WHERE D.IOT_TYPE= 'IOT' AND D.TEMPORARY ='N' AND d.PARTITIONED =NO' AND d.CLUSTER_NAME IS NULL;	SELECT UT.TABLE_NAME,DECODE(UT.DURATION,'SYS$SESSION', '会话级','SYS$TRANSACTION','事务级') 临时表类型 FROM DBA_TABLES UT WHERE UT.TEMPORARY = 'Y';	SELECT D.PARTITIONED,D.OWNER,D.TABLE_NAME,D.TABLE_LOCK,D.IOT_TYPE,D.TEMPORARY FROM DBA_TABLES D WHERE D.PARTITIONED = 'YES';	SELECT*FROM DBA_TABLES D WHERE D.IOT_TYPE='IOT';	SELECT D.TABLE_NAME, D. CLUSTER_NAME, D.CLUSTER_OWNER FROM DBA_TABLES D WHERE D.CLUSTER_NAME IS NOT NULL;

从上表中可以看出，没有最好的技术，只有最合适的技术。

2．真题

【真题105】 物化视图（Materialized Views）的作用是什么？

答案：物化视图是包括一个查询结果的数据库对象，用于减少那些汇总、集合和分组的信息的集合数量。它们通常适合于数据仓库和 DSS（Decision Support System，决策支持系统）。物化视图在以前的 Oracle 版本中称为快照。物化视图可以查询表、视图和其他的物化视图。物化视图的特点如下：

① 视图并不真正包含数据，但是物化视图则真正包含数据。

② 物化视图等于是对其基表的一种预处理。

③ 物化视图中的数据可以随基表的变化而变化。

④ 物化视图可以加快某些查询操作的速度，但它减慢了 DML 的速度。

与物化视图有关的两个数据字典视图分别为 DBA_MVIEWS 和 DBA_MVIEW_REFRESH_TIMES，可以查询物化视图上一次的刷新时间。有关物化视图的内容很多，这里就不详细介绍了，更多具体内容可以参考官方文档。

【真题 106】 Oracle 有哪些常见关键字不能被用于对象名？

答案：常见的有 ACCESS、ADD、ALL、ALTER、AND、ANY、AS、ASC、AUDIT、BETWEEN、BY、CHAR、CHECK、CLUSTER、COLUMN、COMMENT、COMPRESS、CONNECT、CREATE、CURRENT、DATE、DECIMAL、DEFAULT、DELETE、DESC、DISTINCT、DROP、ELSE、EXCLUSIVE、EXISTS、FILE、FLOAT、FOR、FROM、GRANT、GROUP、HAVING、IDENTIFIED、IMMEDIATE、IN、INCREMENT、INDEX、INITIAL、INSERT、INTEGER、INTERSECT、INTO、IS、LEVEL、LIKE、LOCK、LONG、MAXEXTENTS、MINUS、MLSLABEL、MODE、MODIFY、NOAUDIT、NOCOMPRESS、NOT、NOWAIT、NULL、NUMBER、OF、OFFLINE、ON、ONLINE、OPTION、OR、ORDER、PCTFREE、PRIOR、PRIVILEGES、PUBLIC、RAW、RENAME、RESOURCE、REVOKE、ROW、ROWID、ROWNUM、ROWS、SELECT、SESSION、SET、SHARE、SIZE、SMALLINT、START、SUCCESSFUL、SYNONYM、SYSDATE、TABLE、THEN、TO、TRIGGER、UID、UNION、UNIQUE、UPDATE、USER、VALIDATE、VALUES、VARCHAR、VARCHAR2、VIEW、WHENEVER、WHERE、WITH 等。详细信息可以查看 V$RESERVED_WORDS 视图。

5.2.2　体系结构

Oracle 的体系结构主要有物理结构、逻辑结构、内存结构、数据库实例、数据库进程和数据字典等。

1．数据库和实例的关系

数据库（DATABASE）是一个数据集合，Oracle 数据库都将其数据存放在数据文件中。在物理结构上，Oracle 数据库必须包括的 3 类文件分别是数据文件、控制文件和联机 Redo 日志文件。在逻辑结构上，Oracle 数据库由表空间、段、区和块组成。数据库名称由 DB_NAME 来标识。

实例（INSTANCE）是操作 Oracle 数据库的一种手段。它是由 OS 分配的一块内存（包括 SGA 和 PGA）和一些后台进程（PMON、SMON、LGWR、CKPT、DBWn 等）组成的。一个数据库可以被 1 个实例（Single Instance，单实例）或多个实例访问或挂载（RAC，集群）。实例启动时读取初始化参数文件（SPFILE 或 PFILE）。实例名称由 INSTANCE_NAME 来标识。

2．物理结构和逻辑结构的组成

（1）物理结构

Oracle 数据库物理结构如下图所示。

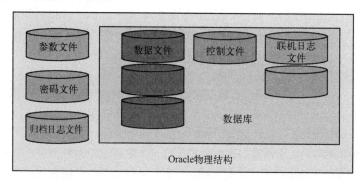

Oracle物理结构

Oracle 数据库的物理结构由控制文件、数据文件、联机 Redo 日志文件、参数文件、归档日志文件和密码文件组成。

① 控制文件：包含维护和验证数据库完整性的必要信息，其中记录了数据库的物理结构。例如，控制文件用于识别数据文件和 Redo 日志文件。每个 Oracle 数据库都有相应的控制文件，一个数据库至少需要一个控制文件，控制文件属于二进制文件。控制文件的命名格式通常为 ctr*.ctl。

② 数据文件：存储数据的文件。

③ 联机 Redo 日志文件：包含对数据库所做的更改记录，一个数据库至少需要两组联机 Redo 日志文件。联机 Redo 日志文件也叫在线重做日志文件或联机重做日志文件。

④ 参数文件：定义 Oracle 实例的特性，分为 SPFILE 和 PFILE 两种类型的参数文件。

⑤ 归档文件：归档文件是联机 Redo 日志文件的脱机副本，这些归档文件对于介质恢复很重要。

⑥ 密码文件：认证哪些用户有权限启动和关闭 Oracle 实例。

Oracle 中逻辑结构包括表空间（TABLESPACE）、段（SEGMENT）、区（EXTENT）和块（BLOCK）。数据库由表空间构成，表空间由段构成，段由区构成，区由 Oracle 块构成，即块→区→段→表空间→数据库。

（2）逻辑结构

逻辑结构图如下图所示。

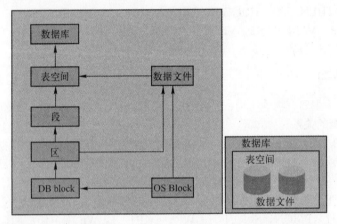

Oracle 数据库在逻辑上将数据存储在表空间中，在物理上将数据存储在数据文件中。

1）数据库（Database）：一个数据库由多个表空间组成，也可以说，多个不同类型的表空间组成了一个数据库。

2）表空间（Tablespace）：数据库中的基本逻辑结构，一系列数据文件的集合。一个表空间可以包括多个数据文件，多个数据文件可以分布在不同的磁盘上，这样可以提高表空间的 I/O 请求。数据库的数据作为一个整体存储在构成数据库每一个表空间的数据文件中。一个 Oracle 数据库必须至少有两个表空间（必需的 SYSTEM 和 SYSAUX 表空间），每个表空间包含一个或多个数据文件。临时文件是一个属于临时表空间的文件，它是使用 TEMPFILE 选项创建的。临时表空间不能包含永久数据库对象（如表），并且通常用于排序。表空间可以分为大文件表空间和小文件表空间。

3）段（Segment）：对象在数据库中占用的空间。当在数据库中创建表或索引时，系统就会创建对应的段。段由多个可以不连续的区组成，所以段是可以跨数据文件的。当段空间不足时，系统将以区为单位为段分配空间。段按照类型可以分为数据段、索引段、Undo 段、临时段等。

● 数据段：每个非集群的、不按索引组织的表都有一个数据段，但外部表、全局临时表和分区表除外，这些表中的每个表都有一个或多个段。表中的所有数据都存储在相应数据段的区中。对于分区表，每个分区都有一个数据段。每个集群也都有一个数据段。集群中每个表的数据都存储在集群的数据段中。

- 索引段：每个索引都有一个索引段，存储其所有数据。对于分区索引，每个分区都有一个索引段。

- Undo 段：Oracle 为每个数据库实例创建一个 Undo 表空间，该表空间包含大量用于临时存储还原信息的 Undo 段。Undo 段中的信息用于生成读一致性数据库信息，并且在数据库恢复过程中，用于为用户回滚未提交的事务处理。

- 临时段：临时段是在需要临时工作区来执行 SQL 语句时，由 Oracle 数据库创建的。在语句执行完成后，临时段的区将返回到实例以备将来使用。Oracle 会为每个用户指定一个默认临时表空间，或指定一个在数据库范围内使用的默认临时表空间。

4）区（Extent）：为数据一次性预留的一个较大的存储空间。区是一个空间分配单位，当数据库对象空间不足时，通常会以区为单位进行分配空间。区由多个连续的数据块组成，由此可知区是不能跨数据文件的。

5）块（Block）：Oracle 最基本的存储单位，在建立数据库时指定 DB_BLOCK_SIZE 值，该参数表示数据库标准数据块的大小，默认大小为 8KB。它是数据库一次标准 I/O 的大小。一个标准的 Oracle 数据块是由连续的操作系统数据块组成的。1 个 8KB 的数据块理论上最多可存储 700 多行，所以块越大，在相同情况下存储的行就越多，而 Oracle 是以块为单位进行访问的，那么产生的逻辑读就越小。需要注意的是，块越大，不同的会话访问不同的数据落在同一个块的概率就增加了，这就容易产生热点块竞争，所以在 OLAP 中，可以适当将块调大。

3．Oracle 的重要后台进程

对于后台进程，首先需要掌握以下 3 个概念：后台进程、服务器进程和用户进程，它们之间的关系如下图所示。

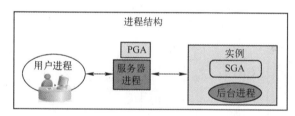

（1）USER PROCESS（用户进程）

用户进程是指 Oracle 客户端进程。例如，常用的 Oracle 的 SQL*Plus 就是最常用的客户端进程。

（2）SERVER PROCESS（服务器进程）

服务器进程是指与客户端连接的服务器端的后台进程。对于每个前台的用户进程，后台都有一个服务器进程与之对应。服务器主要是通过它和用户进程进行联系、沟通及进行数据的交换。

（3）BACKGROUND PROCESSES（后台进程）

后台进程是 Oracle 的程序，在 Oracle 实例启动时启动，用来管理数据库的读/写、恢复和监视等工作，如 PMON、SMON 等进程。后台进程是 Oracle 实例的核心。

在 UNIX 操作系统上，Oracle 的后台进程对应于操作系统进程。也就是说，一个 Oracle 后台进程将启动一个操作系统进程；在 Windows 操作系统上，Oracle 的后台进程对应于操作系统线程，打开任务管理器，只能看到一个 ORACLE.EXE 的进程，但是通过另外的工具，就可以看到包含在 ORACLE.EXE 进程中的线程。

Oracle 的后台进程较多，单实例数据库的基本后台进程如下图所示。

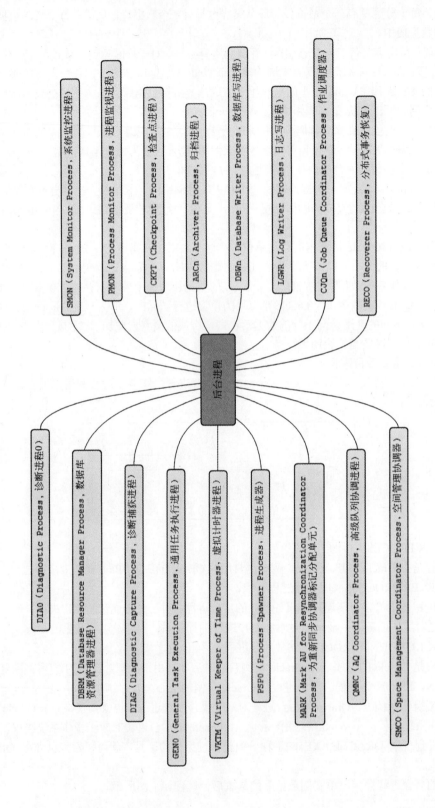

SMON（System Monitor Process，系统监控进程）

PMON（Process Monitor Process，进程监视进程）

CKPT（Checkpoint Process，检查点进程）

ARCn（Archiver Process，归档进程）

DBWn（Database Writer Process，数据库写进程）

LGWR（Log Writer Process，日志写进程）

CJQ0n（Job Queue Coordinator Process，（作业调度器）

RECO（Recoverer Process，分布式事务恢复）

DIA0（Diagnostic Process，诊断进程0）

DBRM（Database Resource Manager Process，数据库资源管理器进程）

DIAG（Diagnostic Capture Process，诊断捕获进程）

GEN0（General Task Execution Process，通用任务执行进程）

VKTM（Virtual Keeper of Time Process，虚拟计时器进程）

PSP0（Process Spawner Process，进程生成器）

MARK（Mark AU for Resynchronization Coordinator Process，为重新同步协调器标记分配单元）

QMNC（AQ Coordinator Process，高级队列协调进程）

SMCO（Space Management Coordinator Process，空间管理协调器）

后台进程

下表列出了一些常见的数据库后台进程及其作用。

进程	表现形式	描述
SMON（System Monitor Process，系统监控进程）	ora_smon_ora11g	SMON 进程关注的是系统级的操作而非单个进程，主要用于清除失效的用户进程，释放用户进程所用的资源
PMON（Process Monitor Process，进程监视进程）	ora_pmon_ora11g	PMON 进程主要有以下 3 个作用：1）在其他进程失败后执行清除工作：回滚事务、释放锁、释放其他资源。若 RECO 进程异常，则 PMON 重启 RECO 进程。若 LGWR 进程失败，则 PMON 会中止实例，防止数据错乱。2）注册数据库。3）检测会话的空闲连接时间
CKPT（Checkpoint Process，检查点进程）	ora_ckpt_ora11g	检查点（Checkpoint）是一种将内存中的已修改数据块与磁盘上的数据文件进行同步的数据库事件。Oracle 通过检查点确保被事务修改过的数据可以被同步至磁盘。由于 Oracle 事务在提交时不会将已修改数据块同步写入磁盘上，所以 CKPT 进程负责更新控制文件和数据文件的文件头的检查点信息和触发 DBWn 写脏数据到磁盘。CKPT 执行越频繁，DBWn 写出就越频繁。检查点包括完全检查点、部分检查点、增量检查点等。检查点有以下两个用途：① 确保数据一致性；② 实现更快的数据库恢复
ARCn（Archiver Process，归档进程）	ora_arc0_ora11g ora_arc1_ora11g	ARCn 的工作是当 LGWR 把联机 Redo 日志文件填满后，ARCn 负责把 Redo 日志文件的内容复制到其他地方。联机 Redo 日志文件是被用来做实例恢复时恢复数据文件，而归档日志则是被用来在介质恢复时，恢复数据文件
DBWn（Database Writer Process，数据库写进程）	ora_dbw0_ora11g	DBWn 负责把缓冲区的脏数据写到磁盘上，该动作由 CKPT 进程决定，所以 COMMIT 后数据不一定会被立即写进磁盘。若 LGWR 出现故障，则 DBWn 依然会不听 CKPT 命令而进行罢工。因为 Oracle 在将数据缓存区数据写到磁盘前，会先进行日志缓冲区写进日志文件的操作，并耐心地等待其先完成，才会去完成这个内存刷到磁盘的动作，这就是所谓的日志先行
LGWR（Log Writer Process，日志写进程）	ora_lgwr_ora11g	LGWR 是把 SGA 中 Redo Log Buffer 的信息写到 Redo 日志文件的进程。LGWR 必须记录所有从数据缓存区写进数据文件的动作，工作任务相当繁重，是当之无愧的劳模。由于要顺序记录情况下保留的日志才有意义，多进程难以保证顺序，因此 LGWR 只能采用单进程
CJQn（Job Queue Coordinator Process，作业调度器）	ora_cjq0_ora11g	负责调度与执行系统中已定义好的工作，完成一些预定义的工作
RECO（Recoverer Process，分布式事务恢复）	ora_reco_ora11g	主要用于分布式数据库的恢复（Distributed Database Recovery），适用于两阶段提交的应用场景。该进程可以保证分布式事务的一致性，在分布式事务中，所有数据库要么同时 COMMIT，要么同时 ROLLBACK。在分布式数据库中，RECO 进程可以自动地解决分布式事务发生错误的情况。一个结点上的 RECO 进程自动地连接到没有被正确处理事务相关的数据库上面。当 RECO 建立了数据库之间的连接，它会自动地解决没有办法处理的事务，删除与该事务相关的待定的事务表中的行（清理事务表）
SMCO（Space Management Coordinator Process，空间管理协调器）	ora_smco_ora11g	SMCO 是空间管理主进程，负责空间管理协调管理工作，负责动态执行空间的分配和回收，可分配和回收空间。它将生成从进程 Wnnn 以执行这些任务
QMNC（AQ Coordinator Process，高级队列协调进程）	ora_qmnc_ora11g	QMNC 进程对于 AQ 表来说就相当于 CJQ0 进程之于作业表。QMNC 进程会监视高级队列，并警告从队列中删除等待消息的"出队进程"（dequeuer）：已经有一个消息变为可用。QMNC 和 Qnnn 还要负责队列传播（propagation），也就是说，能够将在一个数据库中入队（增加）的消息移到另一个数据库的队列中，从而实现出队（dequeueing）
MARK（Mark AU for Resynchronization Coordinator Process，为重新同步协调器标记分配单元）	ora_mark_ora11g	当磁盘出现故障时将会脱机，从而导致写入内容丢失。在这种情况下，此进程会将 ASM 分配单元（AU）标记为陈旧（stale）
PSP0（Process Spawner Process，进程生成器）	ora_psp0_ora11g	当数据库实例或 ASM 实例启动后，用于产生其他后台进程
VKTM（Virtual Keeper of Time Process，虚拟计时器进程）	ora_vktm_ora11g	这个进程用于提供一个数据库的时钟，每秒更新；或者作为参考时间计数器，这种方式每 20ms 更新一次，仅在高优先级时可用。在系统时间出现异常或变化时，VKTM 进程还会检测这些变化，提醒用户，尤其是在 RAC 环境中，时间的偏移和变化极有可能导致系统故障。通过 VKTM 进程，数据库可以降低和操作系统的交互
GEN0（General Task Execution Process，通用任务执行进程）	ora_gen0_ora11g	主要是分担另外某个进程的阻塞处理
DIAG（Diagnostic Capture Process，诊断捕获进程）	ora_diag_ora11g	执行诊断、转储跟踪文件以及执行全局 oradebug 命令，它会负责监视实例的整体状况，捕获处理实例失败时所需的信息并记录
DBRM（Database Resource Manager Process，数据库资源管理器进程）	ora_dbrm_ora11g	为数据库实例配置资源计划，执行资源计划和其他与资源管理器相关的任务
DIA0（Diagnostic Process，诊断进程 0）	ora_dia0_ora11g	检测挂起情况和死锁。将来可能会引入多个进程，因此将名称设置为 dia0

【真题 107】 进程 MMAN、MMNL 和 MMON 这 3 个进程的作用分别是什么？

答案：从如下的输出结果可以看到，每个 ASM 实例或数据库实例都有这 3 个进程：

```
[root@rhel6lhr ~]# ps -ef|grep mm
root      989     2  0 Jun28 ?      00:00:02 [vmmemctl]
grid     3670     1  0 Jun28 ?      00:00:02 asm_mman_+ASM
grid     3684     1  0 Jun28 ?      00:00:05 asm_mmon_+ASM
grid     3686     1  0 Jun28 ?      00:00:17 asm_mmnl_+ASM
oracle   8668     1  0 08:52 ?      00:00:01 ora_mman_orclasm
oracle   8684     1  0 08:52 ?      00:00:07 ora_mmon_orclasm
oracle   8686     1  0 08:52 ?      00:00:22 ora_mmnl_orclasm
oracle  19759     1  0 19:07 ?      00:00:00 ora_mman_ora10g
oracle  19773     1  0 19:07 ?      00:00:00 ora_mmon_ora10g
oracle  19775     1  0 19:07 ?      00:00:00 ora_mmnl_ora10g
```

其中：

1）MMAN 进程（Memory Manager Process，内存管理进程）会随着时间推移，根据系统负载的变化和内存需要，自动调整 SGA 中各个组件的内存大小。

2）MMON 进程（Manageability Monitor Process，可管理性监视器进程）和它的 slave 进程（MNNN）主要用来维护 AWR 信息和各种与可管理性相关的后台任务，具体包括以下内容①启动 slave 进程 MNNN 去做 AWR 快照。若 MMON 进程 HANG 住，则 AWR 不可用。②当某个测量值（metrics）超过了其度量阈值（threshold value）时发出 alert 告警。③为最近改变过的 SQL 对象捕获指标信息。

3）MMNL 进程（Manageability Monitor Lite Process）将 SGA 中的 ASH（Active Session History）Buffer 中的统计资料写到磁盘。当 ASH Buffer 满时 MMNL 会把它写到磁盘上。

4. 在 Windows 下查看 Oracle 的进程

由于 Windows 采用的是单进程多线程的模式，因此 Oracle 一旦启动，在任务管理器中就只能看到一个 ORACLE.EXE 的进程，如下图所示。如果想要查看 Oracle 的各个后台进程（Linux 系统下的称谓），如 PMON、SMON、DBWn、LGWR、CKPT 等，那么可以通过以下几个步骤实现：

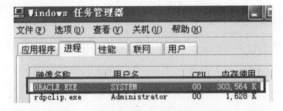

打开 Administration Assistant for Windows，过程如下图所示。

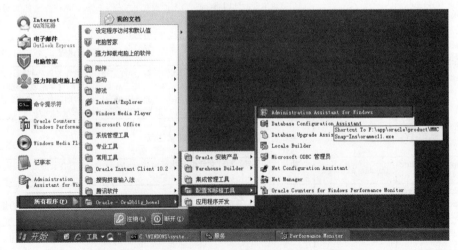

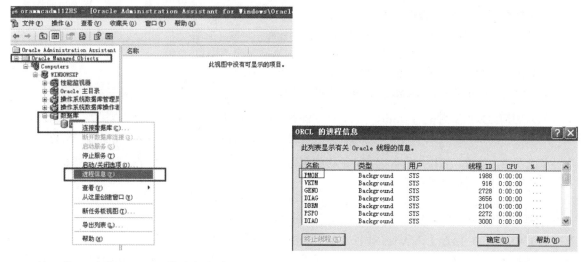

这里就可以看见 Oracle 的进程名称了。

5．Oracle 的数据字典

数据字典（Data Dictionary）也就是通常所说的系统目录，它是 Oracle 数据库中最重要的组成部分。数据字典记录了数据库的系统信息，它是只读表和视图的集合，数据字典的所有者为 SYS 用户，所有的数据字典表和视图都被存储在该数据库的 SYSTEM 表空间中。用户只能在数据字典上执行查询操作，而其维护和修改是由系统自动完成的。

数据字典中存放了数据库自身的很多信息，包括了用于描述数据库和它的所有对象的信息，所以数据字典是每个 Oracle 数据库的核心。例如，一个表的创建者信息、创建时间信息、所属表空间信息、用户访问权限信息等。

Oracle 中的数据字典有静态和动态之分。静态数据字典主要反映的是数据库中的对象信息，动态数据字典是依赖数据库运行的性能的，反映数据库运行的一些内在信息，所以在访问这类数据字典时往往不是一成不变的。

静态数据字典中的视图分为 3 类，它们分别由 3 个前缀构成：USER_*、ALL_*和 DBA_*。

1）USER_*：该类视图存储了关于当前用户所拥有的对象的信息，即所有在该用户模式下的对象，如 USER_USERS、USER_TABLES、USER_VIEWS。

2）ALL_*：该类视图存储了当前用户能够访问的对象的信息。与 USER_*相比，ALL_*并不需要拥有该对象，只需要具有访问该对象的权限即可，如 ALL_USERS、ALL_TABLES、ALL_VIEWS。

3）DBA_*：该类视图存储了数据库中所有对象的信息。前提是当前用户具有访问这些数据库的权限，一般来说，必须具有管理员权限，如 DBA_USERS、DBA_TABLES、DBA_VIEWS。

Oracle 包含了一些潜在的由系统管理员（如 SYS）维护的表和视图，由于当数据库运行时它们会不断进行更新，因此称它们为动态数据字典（或者是动态性能视图）。这些视图提供了关于内存和磁盘的运行情况，所以只能对其进行只读访问而不能修改它们。

SYS 是这些动态性能表的所有者，这些表的名字都以 V_$开头，基于这些表的视图被创建后，Oracle 还会为视图创建公共同义词。同义词名称以 V$开头，如视图 V$DATAFILE 包含数据库数据文件的信息，而 V$FIXED_TABLE 包含数据库中所有动态性能表和视图的信息。

总之，运用好数据字典技术，可以让数据库开发人员更好地了解数据库的全貌，这样对于数据库优化、管理等有极大的帮助。

下面介绍几个与系统数据字典视图定义有关的视图，其他的视图学习也可以根据下面这几个视图来学习：

（1）DICTIONARY 和 DICT_COLUMNS

● DICTIONARY 视图记录了全部数据字典表的名称和解释，它有一个同义词 DICT。

● DICT_COLUMNS 视图记录了全部数据字典表里的字段名称和解释。

如果想查询跟索引有关的数据字典，那么可以使用如下 SQL 语句：

```
SELECT * FROM DICTIONARY WHERE INSTR(COMMENTS, 'index') > 0;
```

如果想知道数据字典中的 USER_INDEXES 视图中各字段的详细含义，那么可以用如下 SQL 语句：

```
SELECT COLUMN_NAME, COMMENTS   FROM DICT_COLUMNS WHERE TABLE_NAME = 'USER_INDEXES';
```

依此类推，就可以轻松知道数据字典的详细名称和解释，不用查看 Oracle 的其他文档资料了。当然上面的结果也可以用如下语句来查询：

```
SELECT * FROM DBA_COL_COMMENTS UCC WHERE UCC.TABLE_NAME='USER_INDEXES';
SELECT * FROM DBA_TAB_COMMENTS UTC WHERE UTC.TABLE_NAME='USER_INDEXES';
```

（2）V$FIXED_TABLE 和 V$FIXED_VIEW_DEFINITION

面试官可能会这样问："在 Oracle 中，哪个视图可以查询数据中所有底层的表？"。答案就是 V$FIXED_TABLE。

V$FIXED_TABLE 可以查询数据库中所有底层的表。V$FIXED_TABLE 视图显示数据库中所有动态性能表、视图和导出表。由于某些 V$表（如 V$ROLLNAME）涉及底层的表，因此没有列出。另外，V$FIXED_VIEW_DEFINITION 视图包含所有固定视图（以 V$起头的视图）的定义。

【真题 108】 如何列举某个用户下所有表的注释及列的注释？

答案：可以使用 DBA_TAB_COMMENTS 视图来查询表的注释，使用 DBA_COL_COMMENTS 视图来查询列的注释。它们的示例分别如下所示：

某个用户下所有表的注释：

```
SELECT D.OWNER, D.TABLE_NAME, D.COMMENTS FROM DBA_TAB_COMMENTS D
  WHERE D.OWNER = 'LHR' AND D.comments IS NOT NULL;
```

其结果如下所示：

	OWNER	TABLE_NAME		COMMENTS
1	LHR	XB_SQL_MONITOR_LHR	…	历史sql监控
2	LHR	XB_LOG_LHR		所有存过日志表
3	LHR	WK_EXPRNC_INFO		工作经历信息
4	LHR	USR_PPR_HSTRY		用户考卷历史表
5	LHR	USR_PPR		用户考卷表

某个用户下某个表的所有列的注释：

```
SELECT D.OWNER, D.TABLE_NAME,D.column_name, D.COMMENTS FROM DBA_COL_COMMENTS D
  WHERE D.OWNER = 'LHR' AND D.table_name='CMMND_INFO_HSTRY' AND D.comments IS NOT NULL;
```

其结果如下所示：

	OWNER		TABLE_NAME		COLUMN_NAME		COMMENTS
1	LHR	…	CMMND_INFO_HSTRY	…	USR_ID	…	用户ID
2	LHR	…	CMMND_INFO_HSTRY	…	CMND_NM	…	表彰名称
3	LHR	…	CMMND_INFO_HSTRY	…	CMND_DT	…	表彰时间
4	LHR	…	CMMND_INFO_HSTRY	…	CRT_TM	…	创建时间
5	LHR	…	CMMND_INFO_HSTRY	…	CRTR	…	创建人
6	LHR	…	CMMND_INFO_HSTRY	…	UPD_TM	…	更新时间
7	LHR	…	CMMND_INFO_HSTRY	…	UPDTR	…	更新人
8	LHR	…	CMMND_INFO_HSTRY	…	CMND_INFO_ID	…	表彰信息ID

6．真题

【真题 109】 如何管理联机 Redo 日志组与成员？

答案：以下是常见操作，若在 RAC 下，则需要添加线程号。

增加一个日志文件组：

```
ALTER DATABASE ADD LOGFILE [GROUP N] '文件全名' SIZE 10M;
ALTER DATABASE ADD LOGFILE THREAD 1   GROUP 4 ('+DATA','+FRA')   SIZE 50M;
```

在这个组上增加一个成员:

```
ALTER DATABASE ADD LOGFILE MEMBER '文件全名' TO GROUP N;
```

在这个组上删除一个日志成员:

```
ALTER DATABASE DROP LOGFILE MEMBER '文件全名';
```

删除整个日志组:

```
ALTER DATABASE DROP LOGFILE GROUP N;
ALTER DATABASE DROP LOGFILE MEMBER '';
```

重命名日志文件:

```
SQL> ho cp /u01/app/oracle/oradata/ora1024g/redo03.log    /u01/app/oracle/oradata/ora1024g/redo04.log
SQL> alter database rename file '/u01/app/oracle/oradata/ora1024g/redo03.log' to '/u01/app/oracle/oradata/ora1024g/redo04.log';
```

【真题 110】 控制文件包含哪些基本内容?

答案:控制文件主要包含以下条目,可以通过 dump 控制文件内容看到,命令为"alter system set events 'immediate trace name controlf level 12';",也可以通过视图 V$CONTROLFILE_RECORD_SECTION 看到:

```
DATABASE ENTRY
CHECKPOINT PROGRESS RECORDS
REDO THREAD RECORDS
LOG FILE RECORDS
DATA FILE RECORDS
TEMP FILE RECORDS
TABLESPACE RECORDS
LOG FILE HISTORY RECORDS
OFFLINE RANGE RECORDS
ARCHIVED LOG RECORDS
BACKUP SET RECORDS
BACKUP PIECE RECORDS
BACKUP DATAFILE RECORDS
BACKUP LOG RECORDS
DATAFILE COPY RECORDS
BACKUP DATAFILE CORRUPTION RECORDS
DATAFILE COPY CORRUPTION RECORDS
DELETION RECORDS
PROXY COPY RECORDS
INCARNATION RECORDS
```

【真题 111】 哪个视图可以查询数据库用户的密码是不是原始默认密码?

答案: 从 Oracle 11g 开始,Oracle 对于安全方面进行了很大的改进,如增加了密码大小写验证,增加了密码复杂度的验证等功能。在 Oracle 11g 中还提供了一个视图 DBA_USERS_WITH_DEFPWD 用来指出哪些用户的密码没有被修改过,仍然是数据库默认密码。Oracle 并不是简单地监测是否密码被修改,而是检查密码是否被修改为别的值,如果新密码和旧密码保持一致,那么即使密码被修改,这个用户仍然在 DBA_USERS_WITH_DEFPWD 视图中能被查到。

【真题 112】 如何让普通用户可以 TRUNCATE 其他用户的表?

答案:用户 1 若要删除用户 2 的索引,则用户 1 需要有 DROP ANY INDEX 的权限。用户 1 若要 TRUNCATE 用户 2 的表,则用户 1 需要有 DROP ANY TABLE 的权限。但是,DROP ANY INDEX 和 DROP ANY TABLE 的权限过大,一般不能赋予普通用户这两个权限,那么可以通过写存储过程来实现该功能,如下所示:

```
CREATE OR REPLACE PROCEDURE PRO_TRUNC_DROP_LHR(COMMAND IN VARCHAR2,O_TYPE   IN VARCHAR2,OWNER
IN VARCHAR2,
```

```
                                        O_NAME    IN VARCHAR2) AUTHID DEFINER AS
  V_SQL VARCHAR2(4000);
BEGIN
  IF UPPER(COMMAND) IN ('DROP', 'TRUNCATE') AND
     UPPER(O_TYPE) IN ('TABLE', 'INDEX') THEN
     V_SQL := COMMAND || ' ' || O_TYPE || ' ' || OWNER || '.' || O_NAME;
     EXECUTE IMMEDIATE V_SQL;
  END IF;
END PRO_TRUNC_DROP_LHR;
```

然后将该存储过程的执行权限赋予其他用户之后，其他用户就可以执行 TRUNCATE 或 DROP 的操作了。

【真题 113】 UNDER ANY TABLE 或 UNDER ANY VIEW 的作用是什么？

答案：当数据库系统中的某个用户去查询其他用户下的表或视图时，当前用户并不具有这些对象的查询权限时，若当前用户被授予了 UNDER ANY TABLE/VIEW 权限，则在该对象存在的情况下会报 ora-01031:insufficient privileges 的错误；若表不存在或没有 UNDER ANY TABLE/VIEW 权限，则会报 ora-00942:table or view does not exist 的错误。

例如，假设数据库有用户 A 和用户 B，用户 B 下有一张表 T，而用户 B 并没有将查询 T 表的权限赋予用户 A。这时，若用户 A 没有 UNDER ANY TABLE 的权限，则用户 A 查询表 T 时会报 ora-00942:table or view does not exist 的错误。若用户 A 有 UNDER ANY TABLE 的权限，则会报 ora-01031:insufficient privileges 的错误。

【真题 114】 创建用户时 PROFILE 选项的作用是什么？

答案：Oracle 数据库在创建用户时可以利用 PROFILE 选项来对该用户所能够使用的资源做进一步的限制。例如，对连接到数据库的某个会话或 SQL 语句所能使用的 CPU 资源进行控制。PROFILE 还可以控制 Oracle 用户的密码。通过 DBA_PROFILES 视图可以查看系统中默认都有哪些 PROFILE。在数据库创建以后，系统中只会存在一个名为 DEFAULT 的默认 PROFILE。在创建用户时，如果不做特殊指定，那么每个用户的 PROFILE 都会使用默认 PROFILE。

【真题 115】 怎么查看数据库版本？

答案：通过 V$VERSION 视图查看。

【真题 116】 如何修改数据库的字符集？

答案：可以通过 ALTER DATABASE 来修改数据库字符集，但也只限于子集到超集，不建议修改 PROPS$表，也不建议修改数据库的字符集，这可能导致一些乱码问题，不过总体修改步骤如下所示：

```
STARTUP NOMOUNT;
ALTER DATABASE MOUNT EXCLUSIVE;
ALTER SYSTEM ENABLE RESTRICTED SESSION;
ALTER SYSTEM SET JOB_QUEUE_PROCESS=0;
ALTER SYSTEM SET AQ_TM_PROCESSES=0;
ALTER DATABASE OPEN;
ALTER DATABASE CHARACTER SET INTERNAL_USE ZHS16GBK; --ALTER DATABASE CHARACTER SET ZHS16GBK;
重启数据库
```

【真题 117】 SCHEMA 和 USER 的区别是什么？

答案：在官方文档中对 SCHEMA 的定义如下所示：A schema is a collection of database objects (used by a user.). Schema objects are the logical structures that directly refer to the database's data. A user is a name defined in the database that can connect to and access objects.Schemas and users help database administrators manage database security.

从定义中可以看出，SCHEMA 为数据库对象的集合。SCHEMA 里面包含了各种对象，如 TABLES、VIEWS、SEQUENCES、STORED PROCEDURES、SYNONYMS、INDEXES、CLUSTERS、和 DATABASE LINKS。一个 USER 对应一个 SCHEMA，该用户的 SCHEMA 名等于用户名，并作为该用户默认 SCHEMA。

Oracle 数据库中不能新创建一个 SCHEMA，要想创建一个 SCHEMA，只能通过创建一个用户的方法解决。

不同的 SCHEMA 之间没有直接的关系，不同的 SHCEMA 之间的表可以同名，也可以互相引用（但必须有权限）。在没有操作别的 SCHEMA 的操作权限下，每个用户只能操作自己的 SCHEMA 下的所有的表。好比一个房子，里面放满了家具，对这些家具有支配权的是房子的主人（USER），而不是房子（SCHEMA）。

一个使用上的示例如下：

```
SYS@lhrdb> SHOW USER;
USER is "SYS"
SYS@orclasm > SELECT SYS_CONTEXT ('USERENV', 'CURRENT_SCHEMA') CURRENT_SCHEMA   FROM DUAL;
CURRENT_SCHEMA
----------------
SYS
SYS@lhrdb>ALTER SESSION SET CURRENT_SCHEMA=SCOTT;
Session altered.
SYS@lhrdb> SHOW USER;
USER is "SYS"<一切换 SCHEMA 并不等同于切换 USER
SYS@orclasm >SELECT SYS_CONTEXT ('USERENV', 'CURRENT_SCHEMA') CURRENT_SCHEMA   FROM DUAL;
CURRENT_SCHEMA
----------------
SCOTT
SYS@lhrdb> SELECT COUNT(*) FROM EMP;
  COUNT(*)
----------
        12
SYS@lhrdb> ALTER SESSION SET CURRENT_SCHEMA=SYS;
Session altered.
SYS@lhrdb> SELECT COUNT(*) FROM EMP;
SELECT COUNT(*) FROM EMP
                  *
ERROR at line 1:
ORA-00942: table or view does not exist
```

【真题 118】　如何增加 Buffer Cache 的命中率？

答案：在数据库较繁忙时，可以查询视图 V$DB_CACHE_ADVICE 获取 Buffer Cache 的命中率，如果有必要更改，那么可以使用 ALTER SYSTEM SET DB_CACHE_SIZE 命令来修改 Buffer Cache 的大小。

【真题 119】　如何加固数据库？

答案：需要注意以下几个方面：①修改 SYS 和 SYSTEM 的口令。②修改或删除默认用户 CTXSYS、SCOTT 等。③把 REMOTE_OS_AUTHENT 改成 FALSE，防止远程机器直接登录。④把 O7_DICTIONARY_ACCESSIBILITY 改成 FALSE。⑤检查数据库的数据文件的安全性。⑥把主机上的一些不需要的服务关闭掉。⑦限制数据库主机上面的用户数量。⑧定期检查 MOS 上面的安全警告。⑨限止只有某些特定的 IP 才能访问数据库。⑩监听器需要添加密码。如果可能，不要使用默认的 1521 端口。

【真题 120】　什么是 OMF？

答案：OMF（Oracle Managed File）是 Oracle 按照数据库对象而不是文件名指定文件操作。如果使用 OMF，那么 DBA 就不再需要直接管理 Oracle 数据库中的操作系统文件。数据库将根据需要，在内部使用标准文件系统接口创建或删除数据库结构的文件，这些文件包括表空间、Redo 日志文件、控制文件、归档日志、块更改跟踪文件、闪回日志、RMAN 备份等。

数据库既可以包含 Oracle 管理文件，也可以包含非 Oracle 管理文件。数据库参数 DB_CREATE_FILE_DEST 定义数据文件和临时文件默认文件系统目录的位置；参数 DB_CREATE_ONLINE_LOG_DEST_n 定义重做日志文件和控制文件的创建位置；参数 DB_RECOVERY_FILE_DEST 指定快速恢复区的默认位置。由这几个参数之一指定的文件系统目录必须已存在；数据库不会创建该目录。该目录还必须具有相应的权限，以便数据库在其中创建文件。示例如下：

```
SQL> ALTER SYSTEM SET DB_CREATE_FILE_DEST = '/u01/oradata';
SQL> CREATE TABLESPACE tbs_lhr;
```

示例说明在设置 DB_CREATE_FILE_DEST 后，可以省略 CREATE TABLESPACE 语句中的 DATAFILE 子句。将在 DB_CREATE_FILE_DEST 指定的位置创建数据文件。按所示方式创建表空间时，会为所有参数分配默认值。

【真题 121】 如何知道哪些业务用户的表或索引创建在 SYSTEM 表空间上？

答案：可以通过查询 DBA_SEGMENTS 来获取哪些业务用户的表或索引创建在 SYSTEM 表空间上。

【真题 122】 如何知道哪些外键未创建索引？

答案：可以通过视图 DBA_CONS_COLUMNS、DBA_CONSTRAINTS 和 DBA_IND_COLUMNS 查询得到。

【真题 123】 如何查询数据库的时区？

答案：有以下几种方式可以查询数据库的时区：

```
SELECT DBTIMEZONE FROM DUAL;
SELECT SESSIONTIMEZONE FROM DUAL;
SELECT SYSTIMESTAMP FROM DUAL;
SELECT CURRENT_TIMESTAMP FROM DUAL;
```

【真题 124】 如何进行强制日志切换？

答案：ALTER SYSTEM SWITCH LOGFILE;。

【真题 125】 Oracle 如何实现函数、包、存储过程加密？

答案：用 wrap 命令，假定存储过程保存为 a.sql，则在 OS 命令符下运行：

```
wrap iname=a.sql
```

运行完成后提示 a.sql 转换为 a.plb，这就是加密了的脚本，执行 a.plb 即可生成加密了的存储过程。

【真题 126】 如何修改表的列名？

答案：可以采用 RENAME 命令：

```
ALTER TABLE USERNAME.TABNAME RENAME COLUMN SOURCECOLUMN TO DESTCOLUMN;
```

删除列：

```
ALTER TABLE UserName.TabName SET UNUSED (ColumnName) CASCADE CONSTRAINTS;
ALTER TABLE UserName.TabName DROP (ColumnName) CASCADE CONSTRAINTS;
```

【真题 127】 如何移动数据文件？

答案：有以下两种办法：

1）关闭数据库，利用 OS 复制，步骤如下所示：

```
① SHUTDOWN IMMEDIATE 关闭数据库。
② 在 OS 下复制数据文件到新的地点。
③ STARTUP MOUNT 启动到 MOUNT 下。
④ ALTER DATABASE RENAME DATAFILE '老文件' TO '新文件';。
⑤ ALTER DATABASE OPEN;打开数据库。
```

2）利用 RMAN 联机操作。

```
RMAN> sql "alter database datafile "file name" offline";
RMAN> run {
2> copy datafile 'old file location' to 'new file location';
3> switch datafile ' old file location' to datafilecopy ' new file location';
4> }
RMAN> sql "alter database datafile "file name" online";
```

说明：利用 OS 复制也可以联机操作，不关闭数据库，与 RMAN 的步骤一样。利用 RMAN 与利用 OS 复制的原理一样，在 RMAN 中 COPY 命令是复制数据文件，相当于 OS 的 CP，而 SWITCH 则相当于 ALTER DATABASE RENAME 用来更新控制文件。

5.2.3 SQL 优化相关

1. SQL 如何优化？SQL 优化的关注点有哪些

随着数据库中数据量的增长，系统的响应速度就成为目前系统需要解决的最主要的问题之一。系统优化中一个很重要的方面就是 SQL 语句的优化。对于大量数据，劣质 SQL 语句和优质 SQL 语句之间的速度差别可以达到上千倍。对于一个系统不是简单地能实现其功能就可以了，而是要写出高质量的 SQL 语句，提高系统的可用性。

在多数情况下，Oracle 使用索引来更快地遍历表，优化器主要根据定义的索引来提高性能。如果在 SQL 语句的 WHERE 子句中写的 SQL 条件不合理，那么就会造成优化器舍去索引而使用全表扫描，一般这种 SQL 语句的性能都是非常差的。在编写 SQL 语句时，应清楚优化器根据何种原则来使用索引，这有助于写出高性能的 SQL 语句。

SQL 的优化主要涉及以下几个方面的内容：

1）索引问题。是否可以使用组合索引；限制条件、连接条件的列是否有索引；能否使用到索引，避免全表扫描。一般情况下，尽量使用索引，因为索引在很多情况下可以提高查询效率。排序字段有正确的索引，驱动表的限制条件有索引，被驱动表的连接条件有索引。

2）相关的统计信息缺失或者不准确。查看 SQL 的执行计划是不是最优，然后结合统计信息查看执行计划是否正确。

3）直方图使用错误。

4）SQL 本身的效率问题，如使用绑定变量，批量 DML 采用 BULK 等，这个就考验写 SQL 的基本功了。

5）数据量大小。如果就是几百条数据，那么就没有所谓效率之分，一般情况下怎么写效率都不低。如果数据量很大，那么就得考虑是否要分页或排序。

6）绑定变量：大多数情况绑定变量能提高查询效率，但也有降低效率的情况。

7）批量和并行的考虑。

8）业务需求需要正确理解，实现业务的逻辑需要正确，减少一些重复计算。有可能是设计的不合理、业务需求的不合理，而问题 SQL 并非根本原因。

9）查询特别频繁的结果是否可以缓存，如 Oracle 的/*+ result_cache */。

10）分析表的连接方式。若是 NL 连接，则根据业务或表的数据质量情况，分析能否减少驱动表的结果集。

11）是否可以固定执行计划。

12）大表是否存在高水位。

13）在创建表时，应尽量建立主键，尽量根据实际需要调整数据表的 PCTFREE 和 PCTUSED 参数。

SQL 优化的一般性原则如下所示。

① 目标：减少服务器的资源消耗（主要是磁盘 I/O）。

② 设计方面：

● 尽量依赖 Oracle 的优化器，并为其提供条件。

● 建立合适的索引，注意索引的双重效应，还有列的选择性。

2. SQL 优化在写法上有哪些常用的方法

一般在书写 SQL 时需要注意哪些问题，如何书写可以提高查询的效率呢？可以从以下几个方面去考虑：

1）减少对数据库的访问次数。当执行每条 SQL 语句时，Oracle 在内部执行了许多工作：解析 SQL 语句，估算索引的利用率，绑定变量，读数据块等。由此可见，减少访问数据库的次数，就能实际上减少 Oracle 的工作量。充分利用表索引，避免进行全表扫描；充分利用共享缓存机制，提高 SQL 工作效率；充分利用结构化编程方式，提高查询的复用能力。常用的方法为把对数据库的操作写成存储过程，然后应用程序通过调用存储过程，而不是直接使用 SQL。

2）减少对大表的扫描次数。可以利用 WITH 对 SQL 中多次扫描的表来进行修改。采用各种手段来避免全表扫描。

3）SELECT 子句中避免使用"*"，应该写出需要查询的字段。当想在 SELECT 子句中列出所有的列时，可以使用"*"来返回所有的列，但这是一个非常低效的方法。实际上，Oracle 在解析的过程中，会将"*"依次转换成所有的列名，这个工作是通过查询数据字典完成的，这意味着将耗费更多的时间。不需要的字段尽量少查，多查的字段可能有行迁移或行链接（timesten 还有行外存储问题）。少查 LOB 类型的字段可以减少 I/O。

4）尽量使用表的别名（ALIAS）。当在 SQL 语句中连接多个表时，请使用表的别名，并把别名前缀于每个列上。此时就可以减少解析的时间，并减少那些由列歧义引起的语法错误。

5）对于数据量较少、又有主键索引的情况，可以考虑将关联子查询或外连接的 SQL 修改为标量子查询。

6）避免隐式类型转换（Implicit Type Conversion）。如果进行比较的两个值的数据类型不同，那么 Oracle 必须将其中一个值进行类型转换使其能够比较。这就是所谓的隐式类型转换。通常当开发人员将数字存储在字符列时会导致这种问题的产生。Oracle 在运行时会在索引字符列使用 TO_NUMBER 函数强制转化字符类型为数值类型。由于添加函数到索引列，因此导致索引不被使用。实际上，Oracle 也只能这么做，类型转换是一个应用程序设计因素。由于转换是在每行都进行的，因此这会导致性能问题。一般情况下，当比较不同数据类型的数据时，Oracle 自动地从复杂向简单的数据类型转换。所以，字符类型的字段值应该加上引号。例如，假设 USER_NO 是一个字符类型的索引列，则：

```
SELECT USER_NO,USER_NAME,ADDRESS FROM USER_FILES WHERE USER_NO = 109204421;
```

这个语句在执行时被 Oracle 在内部自动地转换为

```
SELECT USER_NO,USER_NAME,ADDRESS FROM USER_FILES WHERE TO_NUMBER(USER_NO) = 109204421;
```

因为内部发生的类型转换，这个索引将不会被使用，所以正确的写法应该是：

```
SELECT USER_NO,USER_NAME,ADDRESS FROM USER_FILES WHERE USER_NO = '109204421';
```

7）避免使用耗费资源的操作，包括 DISTINCT、UNION、MINUS、INTERSECT、ORDER BY、GROUP BY 等。能用 DISTINCT 的就不用 GROUP BY。能用 UNION ALL 就不要用 UNION。

8）用 TRUNCATE 替代 DELETE。若要删除表中所有的数据，则可以用 TRUNCATE 替代 DELETE。

9）根据查询条件建立合适的索引，利用索引可以避免大表全表扫描（FULL TABLE SCAN）。

10）合理使用临时表。

11）避免写过于复杂的 SQL，不一定非要一个 SQL 解决问题。将一个大的 SQL 改写为多个小的 SQL 来实现功能。条件允许的情况下可以使用批处理来完成。

12）在不影响业务的前提下尽量减小事务的粒度。

13）当使用基于规则的优化器（RBO）时，在多表连接查询时，记录数少的表应该放在右边。

14）避免使用复杂的集合函数，如 NOT IN 等。通常，要避免在索引列上使用 NOT，NOT 会产生和在索引列上使用函数相同的影响。当 Oracle 遇到 NOT 操作符时，它就会停止使用索引转而执行全表扫描。很多时候用 EXISTS 和 NOT EXISTS 代替 IN 和 NOT IN 语句是一个好的选择。需要注意的是，在 Oracle 11g 之前，若 NOT IN 的列没有指定非空（注意，是主表和子表的列未同时有 NOT NULL 约束，或都未加 IS NOT NULL 限制），则 NOT IN 选择的是 filter 操作（如果指定了非空，那么会选择 ANTI 的反连接），但是从 Oracle 11g 开始有新的 ANTI NA（NULL AWARE）优化，可以对子查询进行 UNNEST，NOT IN 和 NOT EXISTS 都选择的是 ANTI 的反连接，所以效率是一样的。在一般情况下，ANTI 的反连接算法比 filter 更高效。对于未 UNNEST 的子查询，若选择了 filter 操作，则至少有两个子结点，执行计划还有个特点就是 Predicate 谓词部分有 ":B1" 这种类似绑定变量的内容，内部操作走类似 Nested Loops 操作。如果在 Oracle 11g 之前，遇到 NOT IN 无法 UNNEST，那么可以将 NOT IN 部分的匹配条件均设为 NOT NULL 约束。若不添加 NOT NULL 约束，则需要两个条件均增加 IS NOT NULL 条件。当然也可以将 NOT IN 修改为 NOT EXISTS。

15）尽量避免使用 UNION 关键词，可以根据情况修改为 UNION ALL。

16）在 Oracle 数据库里，IN 和 OR 是等价的，优化器在处理带 IN 的目标 SQL 时，会将其转换为带 OR 的等价 SQL。例如，"DEPTNO IN (10,20)" 和 "DEPTNO=10 OR DEPTNO=20" 是等价的。

17）选择合适的谓词进行过滤。

18）避免使用前置通配符（%）。在 WHERE 子句中，如果索引列所对应的值的第一个字符由通配符（WILDCARD）开始，索引将不被采用。在很多情况下可能无法避免这种情况，但是一定要心中有数，通配符如此使用会降低查询速度。当通配符出现在字符串其他位置时，优化器就能利用索引。若前置通配符实在无法取消，则可以从以下几个方面去考虑。①去重和去空。应该把表中的重复记录或者为空的记录全部去掉，这样可以大大减少结果集，因而提升性能，这里也体现了大表变小表的思想。②考虑建立文本索引。③做相关的转换。

19）应尽量避免在 WHERE 子句中对索引字段进行函数、算术运算或其他表达式等操作，因为这样可能会使索引失效，查询时要尽可能将操作移至等号右边。见如下例子：

```
SELECT * FROM T1 WHERE SUBSTR(NAME,2,1)='L';
```

在以上 SQL 中，即使 NAME 字段建有唯一索引，该 SQL 语句也无法利用索引进行检索数据，而是走全表扫描的方式。一些常见的改写见下表。

原 SQL 语句	优化后的 SQL 语句
SELECT * FROM T1 WHERE COL/2=100;	SELECT * FROM T1 WHERE COL=200;
SELECT * FROM T1 WHERE SUBSTR(CARD_NO,1,4)='5378';	SELECT * FROM T1 WHERE CARD_NO LIKE '5378%';
SELECT * FROM T1 WHERE TO_CHAR(CREATED,'YYYY') = '2011';	SELECT * FROM T1 WHERE CREATED >= TO_DATE ('20110101','YYYYMMDD') AND CREATED < TO_DATE ('20120101','YYYYMMDD');
SELECT * FROM T1 WHERE TRUNC(CREATED)=TRUNC(SYSDATE);	SELECT * FROM T1 WHERE CREATED >= TRUNC (SYSDATE) AND CREATED < TRUNC(SYSDATE+1);
SELECT * FROM T1 WHERE 'X'||COL2>'X5400021452';	SELECT * FROM T1 WHERE COL2>'5400021452';
SELECT * FROM T1 WHERE COL||COL2='5400250000';（在该 SQL 中，COL 和 COL2 列长度固定）	SELECT * FROM T1 WHERE COL='5400' AND COL2= '250000';
SELECT * FROM T1 WHERE TO_CHAR(CREATED,'YYYY') = TO_CHAR(ADD_MONTHS(SYSDATE,−12),'YYYY');	SELECT * FROM T1 WHERE CREATED >= TRUNC (ADD_MONTHS(SYSDATE, −12),'YYYY') AND CREATED < TRUNC(SYSDATE,'YYYY');--去年

需要注意的是，如果 SELECT 需要检索的字段只包含索引列，且 WHERE 查询中的索引列含有非空约束时，以上规则并不适用。例如，SQL 语句 "SELECT CREATED FROM T1 WHERE TRUNC (CREATED)=TRUNC(SYSDATE);"，若 CREATED 列上有非空约束或在 WHERE 子句中加上 "CREATED IS NOT NULL"，则该 SQL 语句仍然会走索引，如下所示：

```
DROP TABLE T  PURGE;
CREATE TABLE T  NOLOGGING AS SELECT *  FROM     DBA_OBJECTS D ;
CREATE    INDEX IND_OBJECTNAME ON  T(OBJECT_NAME);
```

```
SELECT T.OBJECT_NAME FROM T WHERE T.OBJECT_NAME ='T';        —走索引
SELECT T.OBJECT_NAME FROM T WHERE UPPER(T.OBJECT_NAME) ='T';        —不走索引
SELECT T.OBJECT_NAME FROM T WHERE UPPER(T.OBJECT_NAME) ='T' AND T.OBJECT_NAME IS NOT NULL ;        —走索引
(INDEX FAST FULL SCAN)
SELECT T.OBJECT_NAME FROM T WHERE UPPER(T.OBJECT_NAME) ||'AAA' ='T'||'AAA' AND T.OBJECT_NAME IS NOT NULL ;
—走索引(INDEX FAST FULL SCAN)
SELECT T.OBJECT_NAME,T.OWNER FROM T WHERE UPPER(T.OBJECT_NAME) ||'AAA' ='T'||'AAA' AND T.OBJECT_NAME IS
NOT NULL ;        —不走索引
```

20）合理使用分析函数。

21）应尽量避免在 WHERE 子句中使用不等操作符（!=或<>），否则引擎将放弃使用索引而进行全表扫描。

22）避免不必要和无意义的排序。

23）尽可能减少关联表的数量，关联表尽量不要超过 3 张。

24）在建立复合索引时，尽量把最常用、重复率低的字段放在最前面。在查询时，WHERE 条件尽量要包含索引的第一列（即前导列）。

25）应尽量避免在 WHERE 子句中对字段进行 IS NULL 值判断，否则将导致引擎放弃使用索引而进行全表扫描。可以通过加伪列创建伪联合索引来使得 IS NULL 使用索引。例如，语句："SELECT ID FROM T WHERE NUM IS NULL;" 可以在 NUM 上设置默认值 0，确保表中 NUM 列没有 NULL 值，然后这样查询："SELECT ID FROM T WHERE NUM=0;"。

26）IN 要慎用，因为 IN 会使系统无法使用索引，而只能直接搜索表中的数据。如：

```
SELECT ID FROM T WHERE NUM IN (1,2,3);
```

对于连续的数值，能用 BETWEEN 就不要用 IN 了：

```
SELECT ID FROM T WHERE NUM BETWEEN 1 AND 3;
```

27）必要时使用 Hint 强制查询优化器使用某个索引，如在 WHERE 子句中使用参数，也会导致全表扫描。因为 SQL 只有在运行时才会解析局部变量，但优化程序不能将访问计划的选择推迟到运行时；它必须在编译时进行选择。如果在编译时建立访问计划，变量的值还是未知的，因而无法作为索引选择的输入项。

28）在条件允许的情况下，只访问索引，从而可以避免索引回表读（TABLE ACCESS BY INDEX ROWID，通过索引再去读表中的内容）。当索引中包括处理查询所需要的所有数据时，可以执行只扫描索引操作，而不用做索引回表读操作。因为索引回表读开销很大，能避免则避免。避免的方法就是，①根据业务需求只留下索引字段；②建立联合索引。这里的第二点需要注意平衡，如果联合索引的联合列太多，必然导致索引过大，虽然消减了回表动作，但是索引块变多，在索引中的查询可能就要遍历更多的BLOCK 了，所以需要全面考虑。联合索引列不宜过多，一般来说超过 3 个字段组成的联合索引都是不合适的，需要权衡利弊。

29）选择合适的索引。Oracle 在进行一次查询时，一般对一个表只会使用一个索引。例如，某表有索引 1（POLICYNO）和索引 2（CLASSCODE），如果查询条件为 'POLICYNO ='XX' AND CLASSCODE ='XX'，则系统有可能会使用索引 2，相较于使用索引 1，查询效率明显降低。

30）优先且尽可能使用分区索引。

31）在删除（DELETE）、插入（INSERT）、更新（UPDATE）频繁的表中，建议不要使用位图索引。

32）对于分区表，应该减少需要扫描的分区，避免全分区扫描。对于单分区扫描，在分区表后加上PARTITION(分区名)；对于多分区扫描，使用分区关键字来限制需要扫描的范围，从而可以避免全分区扫描。

33）使用分批处理、DBMS_PARALLEL_EXECUTE 进行处理。

34）删除重复记录尽量采用 ROWID 的方法，如下所示：

```
DELETE FROM SCOTT.EMP E WHERE E.ROWID > (SELECT MIN(X.ROWID) FROM SCOTT.EMP X WHERE X.EMPNO =
E.EMPNO);
```

35）SQL 中慎用自定义函数。如果自定义函数的内容只是针对函数输入参数的运算，而没有访问表这样的代码，那么这样的自定义函数在 SQL 中直接使用是高效的；否则，如果函数中含有对表的访问的语句，那么在 SQL 中调用该函数很可能会造成很大的性能问题。在这种情况下，往往将函数中访问表的代码取出和调用它的 SQL 整合成新的 SQL。

36）使用 DECODE 函数可以避免重复扫描相同记录或重复连接相同的表，这对于大表非常有效，如下所示：

```
SELECT COUNT(*), SUM(SAL) FROM SCOTT.EMP WHERE DEPTNO = 20 AND ENAME LIKE 'SMITH%';
SELECT COUNT(*), SUM(SAL) FROM SCOTT.EMP WHERE DEPTNO = 30 AND ENAME LIKE 'SMITH%';
```

若使用 DECODE 函数则对 SCOTT.EMP 表只访问一次，如下所示：

```
SELECT COUNT(DECODE(DEPTNO, 20, '1', NULL)) D20_COUNT, COUNT(DECODE(DEPTNO, 30, '1', NULL)) D30_COUNT,
       SUM(DECODE(DEPTNO, 20, SAL, NULL)) D20_SAL, SUM(DECODE(DEPTNO, 30, SAL, NULL)) D30_SAL
  FROM SCOTT.EMP
 WHERE ENAME LIKE 'SMITH%';
```

类似地，DECODE 函数也可以运用于 GROUP BY 和 ORDER BY 子句中。

37）在计算表的行数时，若表上有主键，则尽量使用 COUNT(*)或 COUNT(1)。

38）用 WHERE 子句替换 HAVING 子句。避免使用 HAVING 子句，因为 HAVING 只会在检索出所有记录之后才对结果集进行过滤。这个处理需要排序、总计等操作。如果能通过 WHERE 子句限制记录的数目，那么就能提高 SQL 的性能。如下所示：

低效：

```
SELECT T.EMPNO, COUNT(*) FROM SCOTT.EMP T GROUP BY T.EMPNO HAVING EMPNO = 7369;
```

高效：

```
SELECT T.EMPNO, COUNT(*) FROM SCOTT.EMP T WHERE EMPNO = 7369 GROUP BY T.EMPNO ;
```

39）减少对表的查询，尤其是要避免在同一个 SQL 中多次访问同一张大表。可以考虑如下的改写方法：

① 先根据条件提取数据到临时表中，然后再做连接，即利用 WITH 进行改写。

② 有的相似的语句可以用 MAX+DECODE 函数来处理。

③ 在含有子查询的 SQL 语句中，要特别注意减少对表的查询。例如，"UPDATE AAA T SET T.A=(....) T.B=(....)　WHERE ....;"该更新的 SQL 语句中小括号中的大表都是一样的，且查询非常相似，这时可以修改为"UPDATE AAA T SET　(T.A,T.B)=(.....)　WHERE ....;"。

40）SQL 语句统一使用大写。因为 Oracle 总是先解析 SQL 语句，把小写的字母转换成大写的再执行。

41）对于一些固定性的查询结果可以使用结果集缓存（Result Cache），对于一些常用的小表可以使用保留池（Keep Pool）。

42）如果在一条 SQL 语句中同时取最大值和最小值，那么需要注意写法上的差异：

```
SELECT MAX(OBJECT_ID),MIN(OBJECT_ID) FROM T; --效率差，选择 INDEX FAST FULL SCAN
SELECT MAX_VALUE, MIN_VALUE FROM (SELECT MAX(OBJECT_ID) MAX_VALUE FROM T) A, (SELECT MIN(OBJECT_ID)
MIN_VALUE FROM T) B; --效率高，选择 INDEX FULL SCAN (MIN/MAX)
```

43）在 PL/SQL 中，在定义变量类型时尽量使用%TYPE 和%ROWTYPE，这样可以减少代码的修改，增加程序的可维护性。

若是批量处理海量数据，则通常都是很复杂、缓慢的，方法也很多。通常的概念是：分批删除，逐次提交。提高 DML 语句效率的常用方法见下表。

DML 语句	提高 DML 语句效率的常用方法

UPDATE	① 多字段更新使用一个查询
	② 将表修改为 NOLOGGING 模式
	③ 根据情况决定是否暂停索引，更新后恢复。避免在更新的过程中涉及索引的维护
	④ 批量更新，每更新一些记录后及时进行提交动作，避免大量占用回滚段和临时表空间
	⑤ 可以创建一个临时的大的表空间用来应对这些更新动作
	⑥ 加大排序缓冲区
	⑦ 如果更新的数据量接近整个表，那么就不应该使用索引而应该采用全表扫描
	⑧ 如果服务器有多个 CPU，那么采用 PARELLEL Hint，可以大幅度地提高效率
	⑨ 建表的参数非常重要，对于更新非常频繁的表，建议加大 PCTFREE 的值，以保证数据块中有足够的空间用于 UPDATE
	⑩ 通过快速游标更新法，并对 ROWID 进行排序更新，如下所示
	
	``
	DECLARE
	  V_COUNTER NUMBER;
	BEGIN
	  V_COUNTER := 0;
	  FOR CUR IN (SELECT A.AREA_CODE, B.ROWID ROW_ID FROM TA A, TB B WHERE A.ID = B.ID ORDER BY B.ROWID) LOOP
	    UPDATE TB SET AREA_CODE = CUR.AREA_CODE WHERE ROWID = CUR.ROW_ID;
	    V_COUNTER := V_COUNTER + 1;
	    IF (V_COUNTER >= 1000) THEN
	      COMMIT;
	      V_COUNTER := 0;
	    END IF;
	  END LOOP;
	  COMMIT;
	END;
	``
	
	⑪ 当需要更新的表是单个或者被更新的字段不需要关联其他表带过来中的数据（如外键约束），则选择标准的 UPDATE 语句，速度最快，稳定性最好，并返回影响条数。如果 WHERE 条件中的字段加上索引，那么更新效率就更高。若需要关联表更新字段时，UPDATE 的效率就非常差。此时可以采用 MERGE 且非关联形式高效地完成表对表的 UPDATE 操作

INSERT	① 将表修改为 NOLOGGING 模式 ② 暂停索引 ③ 以 APPEND 模式插入 ④ 加入 PARALLEL，采用并行插入
DELETE	① 利用 FORALL 完成 ② 利用 ROWID 或 ROW_NUMBER() OVER()高效删除重复记录 ③ 将表修改为 NOLOGGING 模式

数据库优化没有最好的方法，只有最合适的方法。

【真题 128】 COUNT(1)比 COUNT(*)在执行效率上要快吗？

答案：错。COUNT(1)和 COUNT(*)在执行效率上是一样的。COUNT()函数是 Oracle 中的聚合函数，用于统计结果集的行数。其语法形式如下所示：

```
COUNT({ * | [ DISTINCT | ALL ] expr }) [ OVER (analytic_clause) ]
```

可以把 COUNT 的使用情况分为以下 3 类：

① COUNT(1)、COUNT(*)、COUNT(常量)、COUNT(主键)、COUNT(ROWID)、COUNT(非空列)。

② COUNT(允许为空列)。

③ COUNT(DISTINCT 列名)。

下面分别从查询结果和效率方面进行比较：

（1）结果区别

1）COUNT(1)、COUNT(*)、COUNT(ROWID)、COUNT(常量)、COUNT(主键)、COUNT(非空列) 这几种方式统计的行数是表中所有存在的行的总数，包括值为 NULL 的行和非空行。所以，这几种方式的执行结果相同。这里的常量可以为数字或字符串，如 COUNT(2)、COUNT(333)、COUNT('x')、COUNT('xiaomaimiao')。需要注意的是，这里的 COUNT(1)中的"1"并不表示表中的第一列，它其实是一个表达式，可以换成任意数字或字符或表达式。

2）COUNT(允许为空列) 这种方式统计的行数不会包括字段值为 NULL 的行。

3）COUNT(DISTINCT 列名) 得到的结果是除去值为 NULL 和重复数据后的结果。

4）"SELECT COUNT("),COUNT(NULL) FROM T_COUNT_LHR;" 返回 0 行。

（2）效率、索引

1）如果存在主键或非空列上的索引，那么 COUNT(1)、COUNT(*)、COUNT(ROWID)、COUNT(常量)、COUNT(主键)、COUNT(非空列)会首先选择主键上的索引快速全扫描（INDEX FAST FULL SCAN）。若主键不存在，则会选择非空列上的索引。若非空列上没有索引，则肯定走全表扫描（TABLE ACCESS FULL）。其中，COUNT(ROWID)在走索引时比其他几种方式要慢。通过 10053 事件可以看到这几种方式除了 COUNT(ROWID)之外，其他最终都会转换成 COUNT(*)的方式来执行。需要注意的是，在以下几种情况下，Oracle 会选择全表扫描：

- 主键索引或非空列上的索引所占用的块数比表的块数大，此时选择全表扫描的 COST 会比选择索引的 COST 小，所以 Oracle 会选择全表扫描。当索引碎片过多、收集表的统计信息与收集索引的统计信息之间隔了很久，或手动使用 DBMS_STATS 包不正确地设置了表或索引的统计信息时，可能会出现这种情况。在一般情况下不会出现这种情况，所以需要及时地、正确地收集统计信息。

- 主键索引或非空列上的索引处于无效状态。在此种情况下，Oracle 必然选择全表扫描。

2）对于 COUNT(COL1)来说，只要列字段上有索引，就会选择索引快速全扫描（INDEX FAST FULL SCAN）。而对于"SELECT COL1"来说，除非列上有 NOT NULL 约束，否则执行计划会选择全表扫描。

3）对于 COUNT(列)来说，随着列的偏移位置越大，COUNT(列)的速度越来越慢。在设计表时，把经常访问的列尽量设计在表的前几列。

4）COUNT(DISTINCT 列名) 若列上有索引，且有非空约束或在 WHERE 子句中使用 IS NOT NULL，则会选择索引快速全扫描。其余情况选择全表扫描。

3. 模糊查询使用索引的情况

1）若 SELECT 子句只检索索引字段，那么模糊查询可以使用索引，如"SELECT ID FROM TB WHERE ID LIKE '%123%';"可以使用索引。

2）若 SELECT 子句不只检索索引字段，还检索其他非索引字段，则分为以下几种情况：

① 模糊查询形如"WHERE COL_NAME LIKE 'ABC%';"可以用到索引。

② 模糊查询形如"WHERE COL_NAME LIKE '%ABC';"不能使用索引，只有通过 REVERSE 函数来创建函数索引才能使用到索引。

③ 模糊查询形如"WHERE COL_NAME LIKE '%ABC%';"不能使用索引，如果所查询的字符串有一定的规律，那么还是可以使用到索引的，分为以下几种情况：

- 如果字符串 ABC 始终从原字符串的某个固定位置出现，那么可以创建 SUBSTR 函数索引进行优化。

- 如果字符串 ABC 始终从原字符串结尾的某个固定位置出现，那么可以创建函数组合索引进行优化。

- 如果字符串 ABC 在原字符串中的位置不固定，那么可以通过改写 SQL 进行优化。改写的方法主要是通过先使用子查询查询出需要的字段，然后在外层嵌套，这样就可以使用到索引了。

④ 建全文索引后使用 CONTAINS 也可以用到域索引。

4. 表和表之间的关联方式

目前为止，无论连接操作符如何，典型的连接类型有以下 3 种：

① 排序合并连接（Sort Merge Join，SMJ），Oracle 6 提供。

② 嵌套循环（Nested Loops Join，NL），Oracle 6 提供。

③ 散列连接（Hash Join，HJ），Oracle 7.3 新增。

另外，还有一种笛卡儿积（Merge Join Cartesian，MJC）连接，在 Oracle 6 版本时就已经提供，一般情况下，尽量避免使用。

对于 DBA 来说，掌握这 3 种表的连接方式可以对 SQL 优化起到至关重要的作用。对于这 3 种关联方式的详细对比见下表。

表连接方式	嵌套循环（ESTED LOOPS，NL）	排序合并连接（SORT MERGE JOIN，SMJ）	散列连接（HASH JOIN，HJ）
Hint	/*+ USE_NL(T1 T2)*/ 或 若 /*+ LEADING(T1) USE_NL(T2)*/则 T1 作为驱动表，T2 作为被驱动表	/*+ USE_MERGE(T1 T2)*/	/*+ USE_HASH(T1 T2)*/
有无驱动顺序	有，驱动表的顺序直接影响 SQL 语句的性能，应该先小的结果集先访问，大的结果集后访问，这样才能保证被驱动表的访问次数降到最低，从而提升性能（逻辑读 BUFFER 差异大）。需要注意的是，应该选择由过滤条件限制返回记录最少的那张表作为驱动表，而不是根据表的大小来选择驱动表	无	有，驱动表的顺序非常重要，直接影响内存消耗（0Mem、Used-Mem 差异大）。所以，应该小表做驱动，内存消耗要小得多，性能更好
表访问次数	驱动表最多被访问 1 次，被驱动表被访问 N 次，N 由驱动表返回的结果集的行数来决定，即驱动表返回多少条记录，被驱动表就访问多少次	相关联的两张表都最多被访问 1 次，和 HJ 一样	驱动表和被驱动表都是最多被访问 1 次
表访问次数的特殊情况	若驱动表根据过滤条件返回 0 条记录，则此时，驱动表被访问 1 次，被驱动表被访问 0 次；若目标 SQL 语句的 WHERE 条件不成立（如 WHERE 1=2），则驱动表和驱动表都不被访问，即访问次数为 0 次。虽然 SMJ 没有驱动和被驱动的说法，但是相关联的表访问次数和 HJ 是一样的		
是否排序	无须排序，不消耗内存	需要排序（SORT_AREA_SIZE）	HJ 在大多数情况下都不需要排序，但会消耗内存（HASH_AREA_SIZE）用于建立 HASH 表
优化方向	1）选择结果集最小的表作为驱动表 2）对驱动表的限制条件建立索引，对被驱动表的连接条件建立索引 3）尽量减少外层循环的次数，提高内层循环的查询效率	1）只取业务需要的字段，避免用*，从而减少排序 2）在两表的限制条件上创建索引 3）在两表的连接条件上创建索引，利用索引来消除排序的次数 4）尽量确保 PAG 足够大，避免磁盘排序	1）只取业务需要的字段，避免用*，从而减少排序 2）索引列在表连接中无特殊要求 3）两表的限制条件有索引（根据索引可以过滤掉大部分数据） 4）小结果集的表做驱动表 5）尽量确保 PGA 可容纳 HASH 运算
表连接的限制（使用条件）	支持所有表连接的写法	支持大于、小于、大于等于和小于等于，但不支持<>、LIKE	散列连接只适用于 CBO，且仅用于等值连接，不支持不等值连接（包括<>、>、<、>=、<=、OR、LIKE 操作），即使是散列反连接，Oracle 实际上也是将其转换成了等价的等值连接
消耗资源	CPU、磁盘 I/O	磁盘 I/O、内存、临时空间	CPU
是否有隐含参数控制	无	隐含参数 "_OPTIMIZER_SORTMERGE_JOIN_ENABLED" 控制着 SMJ 的启用和关闭，该参数默认值是 TRUE，表示启用 SMJ	从 Oracle 10g 开始隐含参数 "_HASH_JOIN_ENABLED" 控制着 HJ 的启用和关闭，该参数默认值是 TRUE，表示启用 HJ。需要注意的是，在 Oracle 10g 之前是参数 HASH_JOIN_ENABLED 控制着 HJ 的启用和关闭
适用场合	1）如果驱动表（外部表）返回的结果集比较小，并且在被驱动表（内部表）上有唯一索引（或有高选择性非唯一索引）时，那么使用 NL 可以得到较好的效率 2）NL 连接有其他连接方法没有的一个优点：可以先返回已经连接的行，而不必等待所有的连接操作处理完才返回数据，这可以实现快速的响应 3）两表关联返回的记录不多，最佳情况是驱动表结果集仅返回一条或少量几条记录，而被驱动表仅匹配到 1 条或少量几条记录，这种情况下即便关联的两张表奇大无比，NL 连接也是非常迅速的 4）遇到一些不等值查询导致散列连接和排序合并连接被限制使用，不得不使用 NL 连接 5）NL 通常用于 OLTP 中，应用有大量访问，但是每个访问最终返回的记录很少的场景	1）对于非等值连接，SMJ 的效率是比较高的 2）在通常情况下，SMJ 并不适合 OLTP 类型的系统，而更适合 OLAP 场景，倾向于吞吐量比较大的操作，即最终 SQL 返回的记录数比较多的场景。对于 OLTP 类型的系统而言，排序是非常昂贵的操作。如果能避免排序操作，那么即使是 OLTP 类型的系统，也还是可以使用 SMJ 的。例如，两个表虽然是做 SMJ，但实际上它们并不需要排序，因为这两个表在各自的连接列上都存在索引 3）如果在关联的列上都有索引，那么效果更好	1）一般来说，HJ 效率好于 NL 和 SMJ，但是 HJ 只能用在 CBO 优化器中，且只能用于等值连接中，需要设置合适的HASH_AREA_SIZE参数值才能取得较好的性能 2）在两个较大的表源之间连接时会取得相对较好的效率，在一个表源较小时则能获得更好的效率。HJ 很适合于小表和大表之间做表连接且连接结果集的记录数较多的情况，特别是在小表的连接列的可选择性非常好的情况下，这时 HJ 的执行时间就可以近似看作和全表扫描那个大表所花费的时间相当 3）当两个表做 HJ 时，如果在施加了目标 SQL 中指定的谓词条件（如果有的话）后得到的数据量较小的那个结果集所对应的 Hash Table 能够完全被容纳在内存中（PGA 的工作区），那么此时的 HJ 的执行效率会非常高 4）如果相关联的表在同一数量级，且数据量比较大，那么此时应选择 HJ 5）HJ 一般用于 OLAP 场景中，SQL 最终返回的记录数较多 6）若表中无索引，则倾向于 HJ
工作方式	在做表连接时，依靠两层嵌套循环（分别为外层循环和内层循环）来得到连接结果集。NL 适用的场合是当一个关联表比较小时，效率会更高	先将关联表的关联列各自做排序，然后从各自的排序表中抽取数据，到另一个排序表中做匹配，因为 SMJ 需要做更多的排序，所以消耗的资源更多。通常来讲，能使用 SMJ 的地方，HJ 都可以发挥更好的性能	将一个表（通常是小表）做 HASH 运算，将列数据存储到 HASH 列表中，从另一个表中抽取记录，做 HASH 运算，然后到 HASH 列表中找到相应的值做匹配

【真题 129】　表的访问方式有哪几种？

答案：访问表的方式也叫优化器访问路径，主要有 3 种访问路径：全表扫描（FULL TABLE SCAN，FTS）、索引扫描（INDEX SCAN）和 ROWID 访问。

5. 结果集缓存

结果集缓存（Result Cache）是 Oracle 11g 的新特性，用于存储经常使用的 SQL 语句和函数的查询结果。当相同语句再次执行时，Oracle 就不用再次重复执行（包括扫描索引、回表、计算、逻辑读、物理读等操作），而是直接访问内存得到结果。结果集缓存可以将 SQL 语句查询的结果缓存在内存中，从而显著地改进需要多次执行和查询相同结果的 SQL 语句的性能。

结果集缓存的优点是可以重用相同的结果集，减少逻辑 I/O，从而提高系统性能。结果集缓存最适合的是静态表（如只读表），即结果集缓存最适合返回同样结果的查询。若 SQL 语句中包含的对象（如表）做了 UPDATE、INSERT、DELETE 或是 DDL 操作，则相关的所有 SQL 的缓存结果集就自动失效了。所以，Result Cache 只对那些在平时几乎没有任何 DML 操作的只读表比较有用，可以减轻 I/O 的压力。

在实际情况中，结果集缓存仅在少数的情况下是有效的。在以下情况中，结果集不会被缓存：

① 查询使用非确定性的函数、序列和临时表的结果集不会被缓存。

② 查询违反了读一致性时，结果集将不会被缓存。

③ 引用数据字典视图的查询的结果集不会被缓存。

④ 查询结果集大于可用缓存结果集可用空间的不会被缓存。

⑤ 对依赖对象的任何改变都会使整个缓存的结果集变为无效，结果集缓存最适合那些只读或接近只读的表。

⑥ ADG 的备库不能使用结果集缓存。

Oracle 数据库引擎提供了 3 种结果集缓存，包括服务器查询结果集缓存、PL/SQL 函数结果集缓存和客户端结果集缓存。

（1）服务器查询结果集缓存

服务器查询结果集缓存由以下一些参数控制。

- RESULT_CACHE_MODE：该参数用来控制结果集缓存的操作模式。AUTO 表示优化程序将根据重复的执行操作确定将哪些结果存储在高速缓存中。MANUAL 表示只有使用了 RESULT_CAHCE 提示的查询或对带有 RESULT_CACHE 属性的表访问的查询才会被缓存，MANUAL 为该参数的默认值。FORCE 表示所有合适的查询都会被缓存。对于 AUTO 和 FORCE 设置，如果语句中包含[NO_]RESULT_CACHE 提示，那么该提示优先于参数设置。
- RESULT_CACHE_MAX_SIZE：控制结果集缓存的大小，默认值取决于其他内存设置（MEMORY_TARGET 的 0.25%或 SGA_TARGET 的 0.5%或 SHARED_POOL_SIZE 的 1%）。当 RESULT_CACHE_MAX_SIZE 为 0 时，代表不启用结果集缓存。
- RESULT_CACHE_MAX_RESULT：单个结果集能够消耗的缓存的最大百分比，比这个值大的结果集将不能被缓存，默认大小为 RESULT_CACHE_MAX_SIZE 的 5%。
- RESULT_CACHE_REMOTE_EXPIRATION：设置远程数据库结果集缓存过期的时间，以分钟为单位，默认值为 0，表示不缓存远程数据库结果集。

与结果集缓存相关的视图如下。

- V$RESULT_CACHE_STATISTICS：列出各种缓存设置和内存使用统计数据。
- V$RESULT_CACHE_MEMORY：列出所有的内存块和相应的统计信息。
- V$RESULT_CACHE_OBJECTS：列出所有的对象（缓存的结果和依赖的对象）和它们的属性。
- V$RESULT_CACHE_DEPENDENCY：列出缓存的结果和依赖对象间的依赖详情。

与结果集缓存相关的包是 DBMS_RESULT_CACHE。

- STATUS 函数：返回值若为 DISABLED，则表示没有开启结果集缓存；若为 ENABLED，则表示已经开启并且可以使用结果集缓存；若为 BYPASS，则表示已经开启结果集缓存，但不可以使用结果集缓存，此时可以通过执行"EXEC DBMS_RESULT_CACHE.BYPASS(FALSE);"来使用结果集缓存。执行后如果返回值仍然是 BYPASS，那么可能是参数 RESULT_CACHE_MAX_SIZE 的值为 0 的原因。STATUS 函数返回值若为 SYNC，则表示结果缓存是可用的，但是目前正与其他 RAC 结点重新同步。可以使用 SQL 语句"SELECT DBMS_RESULT_CACHE.STATUS FROM DUAL;"来检查是否开启了结果集缓存机制。

● MEMORY_REPORT 存储过程：列出结果缓存内存利用的一个概要（默认）或详细的报表。

● FLUSH 函数：清空整个结果缓存的内容。

● INVALIDATE 函数：使结果缓存中某个特定对象的缓存结果无效。

● INVALIDATE_OBJECT 函数：根据缓存 ID 使某个特定结果缓存无效。

（2）函数结果集缓存

Oracle 数据库用一个单独的缓存区为每一个函数同时保存输入和返回值。这个缓存区被连接到这个数据库实例的所有会话共享。每当函数被调用时，数据库就会检查是否已经缓存了相同的输入值。如果是，那么函数就不用重新执行了，而是把缓存中的值简单返回即可。每当发现要修改的是缓存所依赖的表，数据库就会自动把缓存失效。

有两种函数缓存机制，分别是确定性函数缓存和函数结果集缓存。对于一个函数，如果有相同的 IN 和 IN OUT 参数，且函数的返回结果也相同，那么这个函数就是确定性的（DETERMINISTIC）。Oracle 通过关键字 DETERMINISTIC 来表明一个函数是确定性的，确定性函数可以用于创建基于函数的索引。函数结果集缓存是指 Oracle 通过关键字 RESULT_CACHE 对函数返回的结果进行缓存，缓存结果可以被所有会话共享。

（3）客户端结果集缓存

初始化参数 CLIENT_RESULT_CACHE_SIZE 表示所有客户端的总缓存大小。有关客户端结果缓存这里不再进行详细介绍，读者可以查阅相关的官方文档来学习。

6．导致索引失效的操作

当某些操作导致数据行的 ROWID 改变，索引就会完全失效。可以分普通表和分区表来讨论哪些操作将导致索引失效。

1）普通表索引失效的情形如下。

① 手动设置索引无效：ALTER INDEX IND_OBJECT_ID UNUSABLE;。

② 如果对表进行 MOVE 操作（包含移动表空间和压缩操作）或在线重定义表后，那么该表上所有的索引状态会变为 UNUSABLE。MOVE 操作的 SQL 语句为 ALTER TABLE TT MOVE;。

③ SQL*Loader 加载数据。

在 SQL*Loader 加载过程中会维护索引，由于数据量比较大，在 SQL*Loader 加载过程中出现异常情况，也会导致 Oracle 来不及维护索引，导致索引处于失效状态，影响查询和加载。异常情况主要有在加载过程中杀掉 SQL*Loader 进程、重启或表空间不足等。

2）分区表索引失效的情形如下。

① 对分区表的某个含有数据的分区执行了 TRUNCATE、DROP 操作可以导致该分区表的全局索引失效，而分区索引依然有效。如果操作的分区没有数据，那么不会影响索引的状态。需要注意的是，对分区表的 ADD 操作对分区索引和全局索引没有影响。

② 执行 EXCHANGE 操作后，全局索引和分区索引都无条件地会被置为 UNUSABLE（无论分区是否含有数据）。若包含 INCLUDING INDEXES 子句（默认情况下为 EXCLUDING INDEXES），则全局索引会失效，而分区索引依然有效。

③ 如果执行 SPLIT 的目标分区含有数据，那么在执行 SPLIT 操作后，全局索引和分区索引都会被置为 UNUSABLE。如果执行 SPLIT 的目标分区没有数据，那么不会影响索引的状态。

④ 对分区表执行 MOVE 操作后，全局索引和分区索引都会被置于无效状态。

⑤ 手动置其无效：ALTER INDEX IND_OBJECT_ID UNUSABLE;。

对于分区表而言，除了 ADD 操作之外，TRUNCATE、DROP、EXCHANGE 和 SPLIT 操作均会导致全局索引失效，但是可以加上 UPDATE GLOBAL INDEXES 子句让全局索引不失效。重建分区索引的命令为 ALTER INDEX IDX_RANG_LHR REBUILD PARTITION P1;。

5.2.4　Oracle 性能相关

1．统计信息

Oracle 数据库里的统计信息是一组存储在数据字典里，且从多个维度描述了数据库里对象的详细信息的一组数据。当 Oracle 数据库工作在 CBO（Cost Based Optimization，基于代价的优化器）模式下时，优化器会根据数据字典中记录的对象的统计信息来评估 SQL 语句的不同执行计划的成本，从而找到最优或者是相对最优的执行计划。所以，可以说，SQL 语句的执行计划由统计信息来决定，若没有统计信息，则会采取动态采样的方式来生成执行计划。统计信息决定着 SQL 的执行计划的正确性，属于 SQL 执行的指导思想。

统计信息主要包括 6 种类型，其中表、列和索引的统计信息也可以统称为普通对象的统计信息，如下图所示。

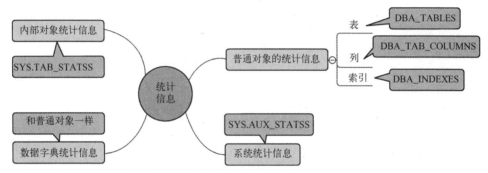

2．怎样收集表的统计信息？怎样收集分区表的统计信息

主要采用 DBMS_STATS.GATHER_TABLE_STATS 包进行统计信息的收集，如下所示：

```
DBMS_STATS.GATHER_TABLE_STATS(USER,'TB_NAME',CASCADE=>TRUE);--普通表
DBMS_STATS.GATHER_TABLE_STATS(USER,'TB_NAME',PARTNAME=>'PT_PART_NAME',GRANULARITY=>'PARTITION',CASCADE=>TRUE);--针对分区表的单个分区进行收集统计信息
```

除此之外，还有一些其他的用法，如下所示：

● EXEC DBMS_STATS.GATHER_DATABASE_STATS(USER);--收集当前数据库下所有用户的统计信息
● EXEC DBMS_STATS.GATHER_SCHEMA_STATS(USER);--收集当前数据库用户下所有对象的统计信息

当系统的分区表数据量很大时，如果每次都收集全部的分区必然会导致统计信息的收集非常慢，在 Oracle 11g 之后可以通过设置 INCREMENTAL 来只针对数据有变动的分区做收集：

```
EXEC DBMS_STATS.SET_TABLE_PREFS(USER,'TABLE_NAME','INCREMENTAL','TRUE');--只收集数据变动的分区
SELECT DBMS_STATS.GET_PREFS('INCREMENTAL',NULL,'TABLE_NAME') FROM DUAL;--查看分区表 INCREMENTAL 的值
```

3．Oracle 健康检查有哪些方面

要想对数据库进行全面检查，内容比较多，下面列举部分检查项目：

● 数据库的实例是否运行，最近是否有自动重启现象。
● ASM 实例是否正常运行，剩余 ASM 磁盘空间有多大。
● 数据库的参数是否正常，数据库的参数近期是否被修改过。
● 数据库的表空间大小，是否有表空间快满了，表空间增长是否过快（系统表空间是否增长过快）。
● 是否有业务表创建在了 SYSTEM 表空间上。审计表是否在 SYSTEM 表空间上。

- RMAN 备份是否过期，备份是否可用，是否有控制文件的备份。
- 数据库 JOB 是否有运行错误。
- 数据库的告警日志是否有异常告警，如 ORA-4030、ORA-4031、ORA-60、ORA-600、ORA-01555 等。
- 数据库归档空间、闪回恢复区是否足够。
- 是否有非常耗费资源的 SQL 曾经运行过，系统是否有 VERSION COUNT 过高的 SQL。
- DG、OGG 是否运行正常，归档日志是否正常传递到 TARGET 端。
- 数据库是否开启了审计。
- 数据库有哪些普通索引、分区索引是失效的，系统是否有很大的索引从未使用过。
- 系统有哪些大表没有进行分区，哪些分区表的分区数过多，哪些分区表的各分区大小严重不均匀。
- 系统有哪些外键没有创建索引，系统组合索引列个数过多。
- 系统有哪些表使用了过时字段，如 LONG、CHAR。
- 系统有哪些表上创建的索引数过多。
- 系统拥有 DBA 角色的用户是否有变动。
- 近期是否有用户频繁使用错误密码进行登录系统。
- 表或索引是否含有很高的并行度。
- 系统是否含有无效的触发器。
- 系统是否含有 CACHE 值小于 20 并且已经产生等待的序列。
- 系统近期是否含有异常的等待事件。
- 系统是否含有登录时间很长却没有响应的会话。
- 系统是否含有统计信息过旧或从未收集过统计信息的表和索引。
- 系统有哪些全局临时表被收集了统计信息。
- 系统自动收集统计信息的 JOB 是否被禁用。
- 系统 AWR、ASH 功能是否被禁用。

4. 什么是分布式事务处理

现代数据库系统往往伴随着复杂的结构和环境，其中，分布式数据库组成是一个重要方面。系统后台的数据库系统不再是由单个数据库构成，而是由多台独立数据库、甚至是多台异构数据库构成。

分布式事务是指一个事务在本地和远程执行，本地需要等待确认远程的事务结束后，进行下一步本地的操作。例如，通过 DBLINK 更新远程数据库的一行记录，如果在执行过程中网络异常，或者其他事件导致本地数据库无法得知远程数据库的执行情况，那么此时就会发生 IN-DOUBT 的报错。此时需要 DBA 介入，且需要分多种情况进行处理。

Oracle 会自动处理分布式事务，保证分布式事务的一致性，所有站点全部提交或全部回滚。一般情况下，处理过程在很短的时间内完成，根本无法察觉到。如果在 COMMIT 或 ROLLBACK 的时候，出现了连接中断或某个数据库站点 Crash 的情况，那么提交操作可能会无法继续，此时 DBA_2PC_PENDING 和 DBA_2PC_NEIGHBORS 中会包含尚未解决的分布事务。对于绝大多数情况，当恢复连接或 Crash 的数据库重新启动后，会自动解决分布式事务，不需要人工干预。只有分布事务锁住的对象急需被访问，锁住的回滚段阻止了其他事务的使用、网络故障或 Crash 的数据库的恢复需要很长的时间等情况出现时，才使用人工操作的方式来维护分布式事务。手工强制提交或回滚将失去二层提交的特性，Oracle 无法继续保证事务的一致性，事务的一致性应由手工操作者保证。

使用 "ALTER SYSTEM DISABLE DISTRIBUTED RECOVERY;" 可以使 Oracle 不再自动解决分布事务，即使网络恢复连接或者 CRASH 的数据库重新启动。使用 "ALTER SYSTEM ENABLE DISTRIBUTED RECOVERY;" 恢复自动解决分布事务。

有关分布式事务有以下两个重要的视图，分别是 DBA_2PC_PENDING 和 DBA_2PC_NEIGHBORS。DBA_2PC_PENDING 视图列出所有的悬而未决的事务，此视图在未填入悬而未决的事务之前是空的，解决之后也被清空。

5．解决数据库运行很慢的方法

导致数据库运行很慢的原因非常多，如可能是开发人员 SQL 语句写的不好导致执行性能比较差。所以，碰到这类问题，不能给出一个非常精确的答案，但是可以按照如下的步骤去检测：

1）top 或 topas 查看系统的 CPU 利用率是否正常，找到最耗费资源的 Oracle 进程，然后进入数据库查询相关的会话，找到 SQL 语句再进行具体分析。如果 CPU 正常，那么就很可能是由于开发人员写的 SQL 语句不好，导致 SQL 执行时间过长，因此开发人员误认为是数据库运行缓慢。

2）进入数据库查看等待事件是否正常，SQL 语句如下所示：

```
SELECT A.INST_ID, A.EVENT, COUNT(1) FROM GV$SESSION A
  WHERE A.USERNAME IS NOT NULL AND A.STATUS = 'ACTIVE'   AND A.WAIT_CLASS<>'Idle'
GROUP BY A.INST_ID,A.EVENTORDER BY A.INST_ID， COUNT(1) DESC;
```

例如，结果如下所示：

```
INST_ID EVENT                              COUNT(1)
------- --------------------------------  ---------
      1 latch: ges resource hash list          58
      1 gc buffer busy acquire                  2
      2 log file sync                       10788
      2 gc buffer busy release                 12
      2 gc current request                      6
      2 latch free                              1
```

那么，在这里就应该着重解决 log file sync 这个等待事件。

6．ASH/AWR/ADDM

ASH（Active Session History，活动会话历史信息）、AWR（Automatic Workload Repository，自动负载信息库）、ADDM（Automatic Database Diagnostic Monitor，数据库自动诊断监视工具）是 Oracle 性能调整的三把利剑，需要深入地了解，但是面试一般都问得比较简单，主要问到的是 AWR。

Oracle 性能调整最重要的就是对最影响性能的 SQL 的调整。在一个应用中，能够影响到数据库的只有 SQL，也只能是 SQL。系统不能一味地依靠增强硬件、修改系统、数据库参数来提高数据库的性能，更多地应该关注那些最影响性能的 SQL 语句。ASH 报告、AWR 报告和 ADDM 报告都是能够找出影响性能 SQL 的工具。在分析 ASH 报告、AWR 报告和 ADDM 报告时，最重要的工作就是找出对性能影响最大的 SQL 语句，并对其进行优化。

关于 ASH、AWR、ADDM、AWRDDRPT、AWRSQRPT 的比对见下表。

工具	AWR（Automatic Workload Repository，自动负载信息库）	ASH（Active Session History，活动会话历史信息）	ADDM（Automatic Database Diagnostic Monitor，数据库自动诊断监视工具）	AWRDDRPT	AWRSQRPT
简介	1）AWR 存储着近一段时间内数据库活动状态的详细信息。通过 AWR 报告，DBA 可以容易地获知数据库最近的活动状态、数据库的各种性能指标的变化趋势曲线、数据库最近可能存在的异常，分析数据库可能存在的性能瓶颈，从而对数据库进行优化 2）每小时生成一次快照（SNAPSHOT），查询 SQL 为 SELECT T.SNAP_INTERVAL FROM DBA_HIST_WR_CONTROL T;	1）ASH 每秒从 V$SESSION 中取 ACTIVE 状态会话的信息，存储在 V$ACTIVE_SESSION_HISTORY 中，并收集所有活动会话的等待信息，不活动的会话不会采样。这里的活动会话包含以下两类情况，一类是非空闲等待事件（WAIT_CLASS<>'Idle'），另一类是"ON CPU"状态的会话。是否启用 ASH 功能，受一个隐含参数"_ASH_ENABLE"的控制，默认为 TRUE 2）内存数据由隐含参数"_ASH_SAMPLING_INTERVAL"控制，默认 1s；DBA_HIST_ACTIVE_SESS_HISTORY 字典的数据每 10s 收集一次	1）ADDM 通过检查和分析 AWR 获取的数据来判断 Oracle 数据库中可能的问题 2）在默认情况下，ADDM 为启用状态。若要禁用 ADDM，则需要将 CONTROL_MANAGEMENT_PACK_ACCESS 设置为 NONE 或者将 STATISTICS_LEVEL 设置为 BASIC；若要启用 ADDM，则必须设置 CONTROL_MANAGEMENT_PACK_ACCESS 为 DIAGNOSTIC+TUNING（默认值）或 DIAGNOSTIC	指定两个不同的时间周期，生成这两个周期的统计对比报表	生成指定快照区间，目标 SQL 语句的统计报表，可以查看多个执行计划

（续）

工具	AWR（Automatic Workload Repository，自动负载信息库）	ASH（Active Session History，活动会话历史信息）	ADDM（Automatic Database Diagnostic Monitor，数据库自动诊断监视工具）	AWRDDRPT	AWRSQRPT
简介	3）AWR 快照（DBA_HIST_SNAPSHOT）保存时间为 Oracle 10g 默认是 7 天，从 Oracle 11g 开始默认是 8 天 4）由 MMON 和它的 slave 进程（MNNN）来维护	3）内存中的数据由参数 ASH buffers 决定,查询 SQL 为 SELECT* FROM V$SGASTAT WHERE NAME LIKE '%ASH buffers%'；ASH 快照（DBA_HIST_ASH_SNAPSHOT）的保存时间和 AWR 一样 4）由进程 MMNL 来维护	3）ADDM 报告基于 AWR 库，默认可以保存 30 天的 ADDM 报告		
获取报表的方式 — 直接调用	@?/rdbms/admin/awrrpt.sql	@?/rdbms/admin/ashrpt.sql	@?/rdbms/admin/addmrpt.sql	@?/rdbms/admin/awrddrpt.sql	@?/rdbms/admin/awrsqrpt.sql
获取报表的方式 — 通过命令获取	SELECT OUTPUT FROM TABLE(DBMS_WORKLOAD_REPOSITORY.AWR_REPORT_HTML(V_DBID,V_INST_ID,V_MIN_SNAP_ID, V_MAX_SNAP_ID));	SELECT OUTPUT FROM TABLE (DBMS_WORKLOAD_REPOSITORY.ASH_REPORT_HTML(DBID,INST_NUM,L_BTIME,L_ETIME));	SELECT * FROM DBA_ADDM_TASKS T ORDER BY T.TASK_ID; SELECT DBMS_ADVISOR.GET_TASK_REPORT('ADDM_LHR', 'TEXT', 'ALL', OWNER_NAME => 'SYS') ADDM_RESULTS FROM DUAL;	SELECT OUTPUT FROM TABLE (DBMS_WORKLOAD_REPOSITORY.AWR_DIFF_REPORT_HTML(V_DBID1,V_INST_ID1,V_MIN_SNAP_ID1,V_MAX_SNAP_ID1,V_DBID2,V_INST_ID2,V_MIN_SNAP_ID2,V_MAX_SNAP_ID2));	SELECT OUTPUT FROM TABLE(DBMS_WORKLOAD_REPOSITORY.AWR_SQL_REPORT_HTML(V_DBID,V_INST_ID,V_MIN_SNAP_ID,V_MAX_SNAP_ID, V_SQLID));
分析报告时的关注点	DB Time、Elapsed、Load Profile、Efficiency Percentages、Top 5 Timed Events、SQL Statistics、Segment Statistics	ASH 报告头部（数据来源）、Top Events、Top SQL with Top Events、Top Sessions、Top Blocking Sessions	Analysis Target、Summary of Findings	根据 AWR 的关注点重点查看%Diff	SQL ID 部分的执行计划个数、Plan statistics、Execution Plan

7. 真题

【真题 130】 怎么快速查找锁与锁等待？

答案：数据库的锁是比较耗费资源的，特别是发生锁等待的时候必须找到发生等待的锁。下面的语句将查找到数据库中所有的 DML 语句产生的锁。其实，任何 DML 语句都产生了两个锁，一个是表锁，一个是行锁。

```
SELECT /*+ RULE */ S.USERNAME,
    DECODE(L.TYPE,'TM','TABLE LOCK','TX','ROW LOCK',NULL) LOCK_LEVEL,
    O.OWNER,O.OBJECT_NAME,O.OBJECT_TYPE,S.SID,S.SERIAL#,S.TERMINAL,S.MACHINE,S.PROGRAM,S.OSUSER
FROM V$SESSION S,V$LOCK L,DBA_OBJECTS O
WHERE L.SID = S.SIDAND L.ID1 = O.OBJECT_ID(+)AND S.USERNAME IS NOT NULL;
```

如果发生了锁等待，那么就应该知道是谁锁了表而引起谁的等待？以下的语句可以查到谁锁了表，而谁在等待。

```
SELECT /*+ RULE */ LPAD(' ',DECODE(L.XIDUSN ,0,3,0))||L.ORACLE_USERNAME USER_NAME,
    O.OWNER,O.OBJECT_NAME,O.OBJECT_TYPE,S.SID,S.SERIAL#
FROM V$LOCKED_OBJECT L,DBA_OBJECTS O,V$SESSION S
WHERE L.OBJECT_ID=O.OBJECT_IDAND L.SESSION_ID=S.SIDORDER BY O.OBJECT_ID,XIDUSN DESC;
```

以上查询结果是一个树状结构，如果有子结点，那么表示有等待发生。如果想知道锁用了哪个回滚段，还可以关联到 V$ROLLNAME，其中 XIDUSN 就是回滚段的 USN。

【真题 131】 如何快速重建索引？

答案：通过 REBUILD 语句可以快速重建或移动索引到别的表空间。REBUILD 有重建整个索引数的功能，可以在不删除原始索引的情况下改变索引的存储参数。语法如下：

```
ALTER INDEX INDEX_NAME REBUILD TABLESPACE TS_NAME    STORAGE(…);
```

如果要快速重建整个用户下的索引，那么可以用如下脚本，当然，需要根据自己的情况做相应修改：

```
SET LINESIZE 9999
SET HEADING OFF
SET FEEDBACK OFF
SPOOL /tmp/INDEX.SQL
SELECT 'ALTER INDEX ' || INDEX_NAME || ' REBUILD ' ||'TABLESPACE INDEXES STORAGE(INITIAL 256K NEXT 256K
PCTINCREASE 0);' FROM ALL_INDEXES WHERE (TABLESPACE_NAME != 'INDEXES' OR NEXT_EXTENT != (256 * 1024)) AND
OWNER = USER;
SPOOL OFF
```

另外一个合并索引的语句是：

```
ALTER INDEX INDEX_NAME COALESCE;
```

这个语句仅仅是合并索引中同一级的叶子块（Leaf Block），消耗不大，对于有些索引中存在大量空间浪费的情况下非常有作用。

【真题132】 如何快速复制表或插入数据？

答案：快速复制表可以指定 NOLOGGING 选项，如：

```
CREATE TABLE T1 NOLOGGING AS SELECT * FROM T2;
```

快速插入数据可以指定 APPEND 提示。需要注意的是，在 NOARCHIVELOG 模式下，默认用了 APPEND 就是 NOLOGGING 模式的。在 ARCHIVELOG 下，需要把表设置成 NOLOGGING 模式，如：

```
INSERT /*+ APPEND */ INTO T1    SELECT * FROM T2;
```

注意，若在环境中设置了 FORCE LOGGING，则以上操作是无效的，并不会加快插入的速度，可以通过如下语句设置为 NO FORCE LOGGING。

```
ALTER DATABASE NO FORCE LOGGING;
```

是否开启了 FORCE LOGGING，可以用如下语句查看：

```
SQL> SELECT FORCE_LOGGING FROM V$DATABASE;
```

【真题133】 Oracle 中有哪些指导模块（Advisor）？

答案：指导可提供有关资源占用率和各个服务器组件性能的有用反馈。例如，内存指导为 MEMORY_TARGET 初始化参数提供建议值，该参数用于控制数据库实例所使用的总内存量。由于 ADDM 依赖于 AWR 中捕获的数据，因此 Oracle 数据库通过 ADDM 可诊断自身的性能并确定如何解决识别出的问题。ADDM 在每次捕获 AWR 统计信息后会自动运行，它可能还会调用其他指导。常见的指导模块如下图所示。

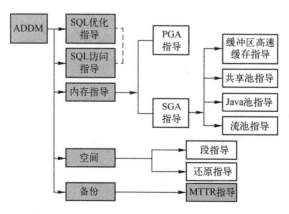

详解见下表。

分类			简介
内存指导	PGA		V$PGA_TARGET_ADVICE：当自动 PGA 内存管理功能打开后，可以从 V$PGA_TARGET_ADVICE 中得到相关的指导数据，进而评估 PGA_AGGREGATE_TARGE 是否需要调整。该视图的 ESTD_OVERALLOC_COUNT 列表示需要额外分配的 PGA 内存。如果此数值不是 0，就表示 PGA_AGGREGATE_TARGE 设置得太小，需要调整
	SGA	缓冲区告诉缓存	V$DB_CACHE_ADVICE：包含的行可预测与每行对应的高速缓存大小的物理读取数和时间
		共享池	V$SHARED_POOL_ADVICE：显示有关不同池大小的共享池中估计分析时间的信息
		Java 池	V$JAVA_POOL_ADVICE：显示有关不同池大小的 Java 池中估计类加载时间的信息
		流池	V$STREAMS_POOL_ADVICE：显示有关估计的溢出或未溢出邮件数，以及用于不同流池大小的溢出或未溢出活动的关联时间的信息
备份恢复	数据恢复指导		此指导自动诊断持续性数据故障，向用户提供修复选项并根据用户的请求执行修复。数据恢复指导的用途是减少平均恢复时间（MTTR）并提供用于自动修复数据的集中式工具
	平均恢复时间（MTTR）指导		使用 MTTR 指导，可设置实例崩溃后数据库恢复所需的时间长短
空间指导	段指导		段指导用于查找占用空间多于所需空间的表和索引。此指导会在表空间级或方案级检查造成低效的空间消耗问题，如果可能，还会生成减少空间消耗的脚本
	还原管理指导		使用还原管理指导，可确定支持指定的保留期所需要的还原表空间大小
SQL 相关	SQL 访问指导		此指导用于分析在给定时段发出的所有 SQL 语句，还就其他索引或实体化视图（可提高性能）的创建提供建议
	SQL 优化指导		此指导用于分析单个 SQL 语句，还提供建议以改进该语句的性能。建议可能包括重写语句、更改实例配置或添加索引等操作。不会直接调用 SQL 优化指导，而是从其他工具（如顶级 SQL 或顶级会话）中调用它，以帮助优化影响大的 SQL 语句
	SQL 修复指导		如果某一 SQL 语句因严重错误而失败，进而导致在自动诊断资料档案库中生成问题，则可运行 SQL 修复指导。该指导会对该语句进行分析，并在多数情况下会推荐一个补丁程序来修复该语句。如果实施了建议，所应用的 SQL 补丁程序会让查询优化程序选择一个替代执行计划供将来的执行使用，从而避免故障。此操作无须更改该 SQL 语句本身即可完成

在上表中需要注意以下几点：

（1）自动数据库诊断监视器（ADDM）

ADDM 是一个基于服务器的专用软件，它每隔 60min 检查一次数据库的性能。ADDM 的目标是提前检测出可能存在的系统瓶颈，并在系统性能明显降低之前提供建议的修复办法。

（2）内存指导

内存指导实际上是多项指导功能的集合，通过它可确定数据库实例所使用的总内存的最佳设置。系统全局区（SGA）具有一组指导，包括共享池指导、数据库缓冲区高速缓存指导、Java 池指导和流池指导，也有程序全局区（PGA）指导。

（3）DBMS_ADVISOR 程序包

DBMS_ADVISOR 程序包包含所有指导模块的所有常数和过程声明。使用这个程序包可从命令行执行任务。要执行指导过程，必须具有 ADVISOR 权限。使用 ADVISOR 权限，可对指导过程和视图进行全权访问。

【真题 134】 如何查询数据库系统或当前会话的 Redo 和 Undo 的生成量？

答案：反映 Undo、Redo 生成量的统计指标分别如下。

● Redo：redo size。

● Undo：undo change vector size。

1）查询数据库系统 Redo 生成量，可以通过 V$SYSSTAT 视图查询，如下所示：

```
SELECT NAME, VALUEFROM    V$SYSSTATWHERE   NAME = 'redo size';
```

2）查看当前会话的 Redo 生成量，可以通过 V$MYSTAT 或 V$SESSTAT 视图查询，如下所示：

```
CREATE OR REPLACE VIEW REDO_SIZE AS
SELECT VALUEFROM  V$MYSTAT  MY,  V$STATNAME ST WHERE  MY.STATISTIC# =ST.STATISTIC#AND   ST.NAME = 'redo size';
```

可以创建视图来同时查询当前会话 Redo 和 Undo 的生成量，如下所示：

```
CREATE OR REPLACE VIEW VW_REDO_UNDO_LHR AS
SELECT (SELECT NB.VALUE   FROM V$MYSTAT NB, V$STATNAME ST
        WHERE NB.STATISTIC# = ST.STATISTIC#         AND ST.NAME = 'redo size') REDO,
       (SELECT NB.VALUE   FROM V$MYSTAT NB, V$STATNAME ST
        WHERE NB.STATISTIC# = ST.STATISTIC#         AND ST.NAME = 'undo change vector size') UNDO
  FROM DUAL;
```

【真题 135】 在单实例数据库中，如何知道某个用户登录到数据库中的会话数有多少个？

```
SELECT COUNT(*) FROM V$SESSION WHERE USERNAME='用户名';
```

【真题 136】 如何查询到数据库的增长情况？

答案：可以通过视图 DBA_HIST_TBSPC_SPACE_USAGE 来获取数据库的增长情况。

【真题 137】 如何查询数据库闪回空间的使用情况？

答案：通过视图 V$RECOVERY_FILE_DEST 可以查询闪回空间的使用情况，其 SQL 如下所示：

```
SELECT NAME,
       TRUNC(SPACE_LIMIT/1024/1024/1024, 3) LIMIT_GB,   TRUNC(SPACE_USED/1024/1024/1024, 3) USED_GB,
       TRUNC(SPACE_USED / SPACE_LIMIT, 3) "USED%",   TRUNC(SPACE_RECLAIMABLE, 3) RECLAIM,   NUMBER_OF_FILES
  FROM V$RECOVERY_FILE_DEST V WHERE V.SPACE_LIMIT <> 0;
```

以上 SQL 语句的查询结果如下图所示。

NAME	LIMIT_GB	USED_GB	USED%	RECLAIM	NUMBER_OF_FILES
+DATA …	50	3.819	0.076	0	43

若想查询详细使用情况，则可以执行如下的 SQL 语句：

```
SELECT NVL(FRAU.FILE_TYPE, 'Total:') FILE_TYPE,
       SUM(ROUND(FRAU.PERCENT_SPACE_USED / 100 * RFD.SPACE_LIMIT / 1024 / 1024 / 1024,   3)) USED_GB,
       SUM(FRAU.PERCENT_SPACE_USED) PERCENT_SPACE_USED,
       SUM(FRAU.PERCENT_SPACE_RECLAIMABLE) PERCENT_SPACE_RECLAIMABLE,
       SUM(ROUND(FRAU.PERCENT_SPACE_RECLAIMABLE / 100 * RFD.SPACE_LIMIT / 1024 / 1024 / 1024,   3)) RECLAIM_GB,
       SUM(FRAU.NUMBER_OF_FILES) NUMBER_OF_FILES
  FROM V$FLASH_RECOVERY_AREA_USAGE FRAU, V$RECOVERY_FILE_DEST RFD
 GROUP BY ROLLUP(FILE_TYPE);
```

以上 SQL 语句的查询结果如下图所示。

	FILE_TYPE	USED_GB	PERCENT_SPACE_USED	PERCENT_SPACE_RECLAIMABLE	RECLAIM_GB	NUMBER_OF_FILES
1	ARCHIVED LOG …	3.22	6.44	0	0	36
2	BACKUP PIECE …	0	0	0	0	0
3	CONTROL FILE …	0.01	0.02	0	0	1
4	FLASHBACK LOG …	0	0	0	0	0
5	FOREIGN ARCHIVED LOG …	0	0	0	0	0
6	IMAGE COPY …	0	0	0	0	0
7	REDO LOG …	0.59	1.18	0	0	6
8	Total: …	3.82	7.64	0	0	43

【真题 138】 如何用 SQL 实现 AWR 报告中 Load Profile 部分？

答案：AWR 报告的 Load Profile 部分记录了数据库系统的关键性能参数和状况，代表着数据库的负载情况，可以由视图 DBA_HIST_SYSSTAT、DBA_HIST_SNAPSHOT、DBA_HIST_SYS_TIME_MODEL 和 DBA_HIST_ACTIVE_SESS_HISTORY 关联查询得到。

【真题 139】 如何查询超过 10h 无响应的会话？

答案：GV$SESSION 视图的 LAST_CALL_ET 字段表示客户端无响应的时间，可以根据该字段来查询。

【真题 140】 如何通过 SQL 语句查询数据库服务器主机的 CPU 和内存情况，以及各个快照期间的 DB TIME 和 ELAPSED_TIME 的值？

答案：主要通过视图 DBA_HIST_SNAPSHOT、DBA_HIST_OSSTAT 关联查询得到。

【真题 141】 如何快速计算事务的时间与日志量？

答案：脚本如下所示：

```
DECLARE
    start_time NUMBER;
    end_time NUMBER;
    start_redo_size NUMBER;
    end_redo_size NUMBER;
BEGIN
    start_time := dbms_utility.get_time;
    SELECT VALUE INTO start_redo_size FROM v$mystat m,v$statname s   WHERE m.STATISTIC#=s.STATISTIC#   AND s.NAME=
'redo size';
    INSERT INTO t1     SELECT * FROM All_Objects;
    COMMIT;
    end_time := dbms_utility.get_time;
    SELECT VALUE INTO end_redo_size FROM v$mystat m,v$statname s   WHERE m.STATISTIC#=s.STATISTIC# AND s.NAME='redo size';
    dbms_output.put_line('Escape Time:'||to_char(end_time-start_time)||' centiseconds');
    dbms_output.put_line('Redo Size:'||to_char(end_redo_size-start_redo_size)||' bytes');
END;
```

【真题 142】 如何监控 TEMP 和 Undo 表空间，并将耗费 TEMP 和 Undo 空间非常大的 SQL 语句记录下来？

答案：总体思路是采用 JOB 定时将耗费 TEMP 和 Undo 的 SQL 语句记录在表中，这样日后查询将会非常方便。

【真题 143】 V$SYSSTAT 中的 CLASS 列分别代表什么？

答案：V$SYSSTAT 列代表统计类别，其值为 1 代表事例活动；值为 2 代表 Redo buffer 活动；值为 4 代表锁；值为 8 代表数据缓冲活动；值为 16 代表 OS 活动；值为 32 代表并行活动；值为 64 代表表访问；值为 128 代表调试信息。

【真题 144】 什么是 SQLT 工具和 SQLHC 工具？

答案：SQLT（SQLTXPLAIN）是 Oracle Server Technologies Center of Expertise-ST CoE 提供的一款工具，Mos 文档 1677588.1 和 1526574.1 有非常详细的介绍。SQLT 可以通过输入一个 SQL 语句，然后输出一组诊断文件。这些文件通常用于诊断性能不佳或者产生错误结果的 SQL 语句。对于 SQL 语句的调优，SQLT 需要 DBA 有一些专业的知识来分析诊断文件。对于许多问题来说，推荐首先使用 SQLHC（SQL Health Check，SQL 性能健康检查脚本）来检查 SQL，假如 SQLHC 不能解决，再尝试使用 SQLT。SQLT 工具本身是免费的，不需要任何许可证（License）。

SQLT 的主要方法是连接到数据库，收集执行计划、CBO 统计信息、Schema 对象元数据、性能统计信息、配置参数和会影响正在分析的 SQL 性能的其他因素。这些方法会对有问题的 SQL_ID 产生一系列输出，包括一个 HTML 格式的"main"报表。

SQLT 可以安装在 UNIX、Linux 或 Windows 平台，数据库版本支持 Oracle 10.2 及更高版本。详细安装过程可参考编者的博客（http://blog.itpub.net/26736162/viewspace-2141558/）。SQLT 在安装的过程中会创建两个用户（SQLTXPLAIN 和 SQLTXADMIN）和一个角色（SQLT_USER_ROLE）。在使用 SQLT 提供的主要方法之前，须确保 SQLT 已经被正确安装，并且使用 SQLT 的用户被赋予了 SQLT_USER_ROLE 角色。如果在安装 SQLT 的过程中绕过了 SQL*Net（即没有在安装期间指定连接符），那么在从远程客户端执行任何 SQLT 主要方法前，需要手动设置连接符参数。例如，连接使用"sqlplus lhr/lhr@orclasm"，那么在执行 SQLT 脚本之前就需要执行："EXEC sqltxadmin.sqlt$a.set_sess_param ('connect_identifier','@orclasm');"。

对于一个 SQL 语句，SQLT 工具提供了以下 7 种主要方法来生成诊断详细信息：XTRACT、XECUTE、XTRXEC、XTRSBY、XPLAIN、XPREXT 和 XPREXC。其中，除了 XPLAIN 之外，其他方法都会处理绑定变量，并且会做 Bind Peeking（绑定变量窥探），但是 XPLAIN 不会。这是因为 XPLAIN 是基于 EXPLAIN PLAN FOR 命令执行的，该命令不做 Bind Peeking。因此，如果 SQL 语句含有绑定变量，那么请避免使用 XPLAIN。除了 XPLAIN 的 Bind Peeking 限制外，所有的这 7 种主要方法都可以提供足够的诊断详细信息，对性能较差或产生错误结果集的 SQL 进行初步评估。如果该 SQL 仍位于内存中或者

AWR（Automatic Workload Repository）中，那么推荐使用 XTRACT 或 XTRXEC，其他情况请使用 XECUTE。对于 DG（Data Guard）或备用只读数据库，请使用 XTRSBY。仅当其他方法都不可行时，再考虑使用 XPLAIN。XPREXT 和 XPREXC 类似于 XTRACT 和 XECUTE，但为了提高 SQLT 的性能，它们禁了一些 SQLT 的特性。XTRACT 方法的使用如下所示：

```
sqlplus lhr/lhr@orclasm
EXEC sqltxadmin.sqlt$a.set_sess_param('connect_identifier','@orclasm');
START sqltxtract.sql SQL_ID sqltxplain_password
```

对于 SQLHC（SQL Health Check，SQL 性能健康检查脚本）工具，Mos 文档 1626277.1 有非常详细的介绍。SQLHC 是 Oracle Server Technologies Center of Expertise 开发的一个工具。SQLHC 用于检查单条 SQL 语句运行的环境，包括基于成本的优化器（CBO）的统计数据，用户对象的元数据定义，配置参数和其他可能影响到目标 SQL 性能的因素。SQLHC 和 SQLT 工具一样，本身都是免费的，不需要任何许可证（License）。当对某一个 SQL_ID 运行 SQLHC 后，该脚本会生成一系列针对该 SQL 语句健康检查的一份 HTML 报告。SQLHC 会检查的内容包括① 待分析的单条 SQL 涉及的用户对象的 CBO 统计信息；② CBO 参数；③ CBO 系统统计信息；④ CBO 数据字典统计信息；⑤ CBO 固定对象（Fixed-Objects）统计信息。

SQLHC 运行时不会在数据库中创建任何对象（"数据库中不留足迹"），它只是对已有的对象提供报告和建议，可以确保它在所有系统上运行。SQLHC 的脚本需要以 SYS、DBA 或者能访问数据字典视图的用户通过 SQL*Plus 连接运行。SQLHC 一共包含 3 个脚本，分别为 sqlhc.sql、sqldx.sql 和 sqlhcxec.sql，其中 sqlhc.sql 里边会调用 sqldx.sql 脚本。sqlhcxec.sql 是单独执行的，不过该脚本需要输入一个脚本文件作为入参，而且该脚本文件可以包含绑定变量，但是必须要有 "/* ^^unique_id */" 注释，可以包含其他的 Hint。sqlhc.sql 脚本的使用如下所示：

```
sqlplus / as sysdba
START sqlhc.sql T SQL_ID
```

SQLT 和 SQLHC 脚本生成的报告文件都在进入 SQL*Plus 之前的 OS 的当前目录下。

【真题 145】 什么是 ORAchk 工具？

答案：ORAchk 是 Oracle 官方出品的 Oracle 产品健康检查工具，可以从 MOS（My Oracle Support）网站上下载，免费使用。ORAchk 软件包很简单，就是一个 zip 包，上传到服务器上解压就可以使用。需要注意的是，目前 ORAchk 只支持 64bit 系统，在 32bit 下不能使用。ORAchk 之前被称为 RACcheck（针对自动化 Oracle RAC 环境巡检而开发），后来 Oracle 对它的检查范围进行了扩展，所以改名为 ORAchk，它是在数据库系统进行健康检查的一个专用工具，这个工具主要用来检查软件的配置是否符合要求以及一些最佳实践是否被应用了。通过这个工具，用户可以很方便地、自动化地对自己的系统进行健康检查和评估。

ORAchk 能够检查的软件主要有 OS、CRS（Cluster Ready Service）、GI（Grid Infrastructure environment）、ASM（Automatic Storage Management）以及 RAC（Real Application Clusters）、单实例数据库、OGG（Oracle GoldenGate）。

ORAchk 支持所有主流平台，当然，对有些平台的支持并不是很完美，如对 windows 平台的支持是限定版本，而且需要安装 Cygwin 这样的软件。最新版本的 ORAchk 对 Oracle 数据库的版本支持是：10gR2、11gR1、11gR2、12cR1、12cR2。

ORAchk 是一个命令行工具，运行后收集系统配置信息，同时按照预定义的规则，评估配置是否符合 Oracle 的最佳实践，评估结果输出为一份 html 格式的健康检查报告，报告中会有所有检查项的细节数据，以及根据规则给被检查系统的一个综合评分。虽然这个评分规则比较"简单粗暴"（所有检查项的分值都一样），但这个分数还是有一定意义的，起码给领导或甲方看的时候，可以给出一个量化指标了，而且可以在不同的系统之间，或不同时间的同一个系统之间进行比较。对于报告只需要关注 FAIL 和 WARNING 的检查项就可以了。

ORAchk 支持自定义检查项，用户只要按照一定的规则，创建对应的 XML 配置文件，就可以让 ORAchk 进行自定义检查。ORAchk 的软件包里面提供了一个 sample_user_defined_checks.xml，给出了几个例子，而且有详细的注释，只要按照这个规则，生成 user_defined_checks.xml，放在 orachk 所在的目录，就可以让 orachk 进行自定义检查了。自定义检查项目前支持以下两种类型：OS 命令和 SQL 语句。

ORAchk 的一个重要特性是升级检查，可以分别检查升级前和升级后的数据库情况。对于升级前检查，可以查看系统是否已经满足了升级所需要的条件，升级后检查用于检查系统是否已经成功升级到新版本，是否还有升级后的工作需要完成。升级前和升级后的检查命令如下所示：

```
升级前检查：   ./orachk -u -o pre
升级后检查：   ./orachk -u -o post
```

MOS 文档 "ORAchk‑Health Checks for the Oracle Stack (文档 ID 1268927.2)" 对 ORAchk 有详细的说明。

【真题 146】 什么是 oratop 工具？

答案：oratop 是 Oracle 提供的一款轻量级实时监控工具，oratop 的最大特点是支持实时轻量级监控。在 Oracle 12c 的 EM Express 之前，OEM 还是一个重体积的组件。相比之下，oratop 完全适合那些想使用数据库实时监控功能，但是又不愿意启动 OEM 的用户需要。从功能上看，oratop 主要的特点有以下几点：监控当前的数据库活动；监控数据库性能；识别当前阻塞会话和瓶颈会话。oratop 是一个典型的 "绿色" 软件，不需要安装，只需要给一个运行目录即可。需要注意的是，oratop 需要以 Oracle 用户运行，且需要配置环境变量，主要是配置 LD_LIBRARY_PATH 路径。oratop 的运行命令如下所示：

```
./oratop -i 10 / as sysdba
./oratop -i 10 username/password@tns_alias
```

参数-i 表示数据刷新间隔，也就是多长时间更新一下页面数据信息。"/ as sysdba" 表示登录本机连接，也可以远程使用 oratop 连接到其他服务器上去。运行命令后，等待一会就会出现下面的字符界面：

Oracle	11g -	orc	16:42:29	up:	5.4h,	1	ins,	0 sn,	0 us,	1.4G mt,	0.4%	db
ID %CPU LOAD %DCU	AAS	ASC	ASI	ASW	AST	IOPS	%FR	PGA	UTPS UCPS	SSRT	%DBT
1 6 0 0	0	0	0	0	0	5	40	239M	0 1	647u	100

EVENT (C)	TOT WAITS	TIME(s)	AVG_MS	PCT	WAIT_CLASS
db file sequential read	17317	452	26.1	56	User I/O
DB CPU		160		20	
log file sync	3418	98	28.9	12	Commit
db file scattered read	902	56	62.2	7	User I/O
control file sequential read	27554	34	1.2	4	System I/O

ID	SID	SPID USR PROG S	PGA SQLID/BLOCKER OPN	E/T STA STE EVENT/*LA	W/T

从字符界面上看，oratop 结果集合分为以下 4 个部分，分别为 Header Section、Database Section、DB Events Section 和 Processes Section。

① 在 Header Section 中，包括了连接数据库的总体信息，包括运行多长时间、实例个数（RAC）、内存大小和数据库占据 CPU 时间的比例。

② 在 Database Section 中，包括了各个实例（RAC）下，每个实例的基本参数和复杂信息。如每个实例活动会话个数、每秒的事务数量和内存使用情况等。

③ 在 DB Events Section 是从 Wait Event 角度进行评估。评估排在头几位的等待事件信息，默认情况下，这个度量是累计的，也就是从启动数据库到当前时间，可以切换到当前时间模式下。

④ 在 Processes Section 是记录下处在 Block 和 Contention 状态的连接会话信息。如果数据库出现有会话被阻塞的情况，就会记录在这个 Section 里面。

MOS 文档 "oratop‑Utility for Near Real‑time Monitoring of Databases, RAC and Single Instance (文档 ID 1500864.1)" 对 oratop 有详细的说明。

【真题147】 什么是 Oracle RDA（Remote Diagnostic Agent）工具？

答案：RDA（Remote Diagnostic Agent）是用 Perl 语言编写的命令行诊断工具，RDA 提供统一的诊断工具支持包和预防的解决方法，提供给 Oracle 支持收集的客户环境全面的数据信息能够帮助问题的诊断。Oracle 支持鼓励使用 RDA，因为它能对于更多信息最小化请求数量而大大减少服务请求解决的时间。RDA 不会对系统做任何的修改，它只为 Oracle 支持收集有用的数据，如果需要可以提供经安全过滤的数据。RDA 安装包大约有 15MB，相比其他工具而言，稍大一些。

MOS 文档"Remote Diagnostic Agent (RDA) - RDA 文档索引 (文档 ID 1540377.1)"和"Remote Diagnostic Agent (RDA) - Getting Started (文档 ID 314422.1)"对 Oracle RDA 有详细的说明。

【真题148】 什么是 OSWatcher 工具？

答案：OSWBB（OSWatcher Black Box）是 Oracle 开发、提供的一个小巧，但是实用、强大的系统工具，它可以用来抓取操作系统的性能指标，用于辅助监控系统的资源使用。其安装部署、卸载都非常简单；资源消耗也比较小，原理也十分简单，它通过调用 OS 的的一些命令（如 vmstat、iostat 等）来采集，存储 CPU、Memory、Swap、Disk、Network 等相关数据。安装和运行 OSWBBA 可以帮助在性能诊断时提供丰富多样的各类性能数据、图文报表支持。

OSWatcher 在 4.0 的版本时被命名为 OSWatcher Black Box，简称为 OSWBB，同时增加了数据分析功能，即 OSWatcher Black Box Analyzer（OSWBBA）这个绘图和分析工具，其捆绑在 OS Watcher Black Box 当中，替代了之前的 OSWg，即在 OSWatcher 4.0 之前 OSWatcher 和 OSWg 的关系，在 OSWatcher 4.0 后变成了 OSWBB 与 OSWBBA 的关系。

OSWbb 支持多个操作系统，一般由以下两个部分组成。

① OSWbb：一个 UNIX 的 SHELL 脚本集合，其用来收集和归档数据，从而帮助定位问题。

② OSWbba：一个 Java 工具，用来自动分析数据，提供建议，并且生成一个包含图形的 html 文档。

这些组件都包含在一个 tar 安装文件中（截止 20170726，最新版本为 oswbb801.tar，大约为 5MB）。OSWBB 的安装非常简单，使用 Oracle 用户进行解压即可使用（tar -xvf oswbb801.tar），参考 MOS 文档"OSWatcher(包括:[视频]) (文档 ID 1526578.1)"。启动 OSWatcher 也非常简单,只需要执行 startOSWbb.sh 脚本即可，如下所示：

```
./startOSWbb.sh 10   2
```

后面参数表示 10s 采集一次数据，只保留最后采集 2h 的数据在归档文件中。如果没有指定参数，那么默认每 30s 采集一次数据，只保留最后 48h 的数据到归档文件当中。其实 startOSWbb.sh 可以定义以下 4 个参数。

① 参数 1：指定多少秒采集一次数据。

② 参数 2：指定采集的数据文件在归档路径保留多少个小时。

③ 参数 3：可选参数，打包压缩工具，在完成收集后 OSW 将使用其来打包压缩归档文件。

④ 参数 4：可选参数，指定采集归档数据的输出目录，默认为系统变量 OSWBB_ARCHIVE_DEST 的值。

使用上面的方式启动 OSWBB，会被输出信息一直刷屏，所以，基本上很少使用这种方式。一般使用 nohup 启动，这样可以让 OSW 在后台持续运行并在当前会话终止后不会被挂断，如下所示：

```
nohup ./startOSWbb.sh 30 48 &
```

第一次启动 OSWBB 会在 oswbb 目录下创建 gif、archive、tmp、locks 目录，其归档文件夹和 osw<工具名>子文件夹会被创建。采集的数据文件命名格式为<结点名>_<操作系统工具名>_YY.MM.DD.HH24.dat。

OSWBB 在系统重启过后，是无法自动重启的。如果需要设置 OSWbb 开机自启动，那么需要安装 oswbb-service 这个 RPM 包，并且需要配置/etc/oswbb.conf 文件。停止 OSWBB 的命令为

```
./stopOSWbb.sh
```

MOS 上关于 oswbb 介绍的文档是 "OSWatcher Analyzer User Guide(文档 ID 461053.1)" "OSWatcher（包括：[视频]）(文档 ID 1526578.1)" 和 "OS Watcher Black Box 用户指南 (文档 ID 1614397.1)"。

【真题 149】 若数据库发生写错误（非 SYSTEM 表空间文件），则 Oracle 是如何处理相关数据文件的？

答案：在 Oracle 11.2.0.2 版本之前，如果数据库运行在归档模式下，并且写错误发生在非 SYSTEM 表空间文件，那么 Oracle 数据库会将发生错误的文件离线（OFFLINE）。从 Oracle 11.2.0.2 开始，数据库会以 Crash 实例替代相关数据文件的 OFFLINE。需要注意的是，在非归档模式下或者 SYSTEM 文件遭受错误时，数据库会直接崩溃。

从 Oracle 11.2.0.2 版本开始，一个新的隐含参数 "_datafile_write_errors_crash_instance" 被引入，该参数的默认值为 TRUE，表示当 Oracle 数据库发生数据文件写错误时，Oracle 会直接 Crash 数据库实例。

为什么要引入这个参数呢？因为在归档模式下，当发生数据文件（非 SYSTEM 文件）写错误时，如果 Oracle 将数据文件离线，那么这会造成很多灾难，类似的错误日志可能是这样的：

```
Fri Jan 13 19:32:21 2013
KCF: write/open error block=0xf1fa6 online=1
     file=73 /dev/rods_gm05
     error=27063 txt: 'IBM AIX RISC System/6000 Error: 22: Invalid argument
Additional information: -1
Additional information: 557056'
Automatic datafile offline due to write error on
file 73: /dev/rods_gm05
```

鉴于很多用户遇到的困境，Oracle 做出了修正，这一修正在 MOS 上以 BUG 形式被提交，其内容为 Bug 7691270　Crash the DB in case of write errors (rather than just offline files)。

5.2.5　会话

1．如何查看某一个会话是否被其他会话阻塞

SQL 语句如下所示：

```
SELECT A.BLOCKING_SESSION_STATUS,  A.BLOCKING_INSTANCE,  A.BLOCKING_SESSION, A.EVENT FROM GV$SESSION A WHERE A.SID = 1070;
```

由下图可知，1070 会话被 2 号实例上的 970 会话阻塞。

BLOCKING_SESSION_STATUS	BLOCKING_INSTANCE	BLOCKING_SESSION	EVENT
VALID	2	970	enq: TX - row lock contention

2．如何查到会话正在执行的 SQL 语句

SQL 语句如下所示：

```
SELECT B.SQL_ID, B.SQL_TEXT FROM GV$SESSION A, GV$SQL B  WHERE A.SQL_ID = B.SQL_ID   AND A.INST_ID = B.INST_ID AND A.SID = 1070;
```

SQL_ID	SQL_TEXT
2advpk5ds7rc3	update t2_deadlock set a = 2000 where a = 2 …

通过 SQL_ID 这个字段，可以获取到某个会话正在执行的 SQL 语句。

【真题 150】 如何根据 OS 进程快速获得 DB 进程信息与正在执行的语句？

答案：在 OS 上执行 top 命令之后就可以得到 OS 进程，那么怎么快速根据 OS 进程号获得 DB 信息呢？可以编写如下脚本：

```
$more whoit.sh
#!/bin/sh
sqlplus /nolog <<EOF
connect / as sysdba
col machine format a30
col program format a40
```

```
set line 200
select sid,serial# ,username,osuser,machine,program,process,to_char(logon_time,'yyyy/mm/dd hh24:mi:ss')
        from v\$session where paddr in ( select addr from v\$process where spid in($1));
select sql_text from v\$sqltext_with_newlines where hash_value in
            (select SQL_HASH_VALUE from v\$session where paddr in (select addr from v\$process where spid=$1)
            ) order by piece;
exit;
EOF
```

然后在 OS 环境下传入 OS 进程号执行即可：

```
$./whoit.sh Spid
```

有了 OS 进程号后，也可以在数据库中直接查询：

```
SELECT B.SID,B.SERIAL# ,C.SPID ,B.SQL_ID FROM    V$SESSION B ,V$PROCESS C WHERE   B.PADDR=C.ADDR AND
C.SPID=XXXX;
```

【真题 151】　怎么杀掉特定的数据库会话？

答案："ALTER SYSTEM KILL SESSION 'SID,SERIAL#' IMMEDIATE;" 或者 "ALTER SYSTEM DISCONNECT SESSION 'SID,SERIAL#' IMMEDIATE;"。

在 Windows 上还可以采用 Oracle 提供的 orakill 杀掉一个线程（其实就是一个 Oracle 进程）。在 Linux 上，可以直接利用 kill -9 杀掉数据库进程对应的 OS 进程。

【真题 152】　如何快速清理 Oracle 的进程？

答案：若想要快速清理掉 Oracle 的进程，则最直接的办法是杀 pmon 进程。有以下 3 条命令可供选择，其中加粗的 orcl 替换成 ORACLE_SID 的值即可。

```
kill -9 `ps -ef|grep orcl| grep -v grep | awk '{print $2}'`
ps -ef |grep orcl|grep -v grep|awk '{print $2}' | xargs kill -9
ipcs -m | grep oracle | awk '{print $2}' | xargs ipcrm shm
```

若想要快速杀掉集群的进程，则可以执行如下命令：

```
kill -9 `ps -ef|grep d.bin| grep -v grep | awk '{print $2}'`
```

注意，生产库上严禁使用，否则可能导致集群不能正常启动。

5.2.6　高可用

1. ASMLIB、udev、多路径

（1）ASMLIB 是什么？常用命令有哪些？其运行日志路径在哪里

在存储管理员给服务器提供磁盘设备后，它们对于服务器来说是可用的，并且可以在 Linux 系统中的/proc/partitions 虚拟文件中看到。系统管理使用 fdisk 工具来对磁盘设备进行分区。被分区后，磁盘设备可以被配置为 ASMLIB 磁盘，系统管理员就可以创建 ASM 磁盘。ASMLIB 是 Oracle 10g 与 11g 中 ASM 功能的支持 Library。ASMLIB 允许 Oracle 数据库更有效地使用 ASM 与访问磁盘组。ASMLIB 是 ASM 的一个插件，提供了一种识别与访问块设备的接口。另外，ASMLIB API 能够让存储与操作系统厂商来提供存储相关的扩展功能。这些功能可能提供一些好处，如提高性能与增加完整性，但 ASMLIB 对于 ASM 不是必须使用的。ASMLIB 的一些常用命令如下所示。

- 创建 ASM 磁盘命令：oracleasm createdisk。
- 扫描 ASM 磁盘命令：oracleasm scandisks。
- 列举 ASM 磁盘命令：oracleasm listdisks。

其他命令请查看官方文档。ASMLIB 运行的日志文件路径为/var/log/oracleasm。在采用 ASMLIB 作为 ASM 驱动时，通过 V$ASM_DISK 视图无法确认具体物理磁盘：

```
SQL> SELECT DISK_NUMBER,PATH FROM V$ASM_DISK WHERE GROUP_NUMBER=1;
DISK_NUMBER PATH
```

```
           0 ORCL:VOL12
```

可以通过 major 号确定：

```
[root@rac1 ~]# ls -l /dev/oracleasm/disks/VOL12
brw-rw----- 1 oracle oinstall 8, 29 May 15 22:02 /dev/oracleasm/disks/VOL12
[root@rac1 ~]# ls -l /dev/sd* |grep "8, 29"
brw-r----- 1 root disk 8, 29 May 15 22:02 /dev/sdb13
```

由此可知，对应的磁盘是/dev/sdb13。

需要说明的一点是，在 RHEL6（Red Hat Enterprise Linux 6）以前，Oracle 均是使用 ASMLIB 这个内核支持库配置 ASM。ASMLIB 是一种基于 Linux module，专门为 ASM 特性设计的内核支持库（kernel support library）。在 2011 年 5 月，甲骨文发表了一份 Oracle 数据库 ASMLib 的声明，声明中称甲骨文将不再提供 RHEL6 的 ASMLIB 和相关更新。因此，目前在 RHEL6 上使用 Oracle ASM，已不再使用 ASMLIB，而是采用 udev 设备文件来配置 ASM。

（2）udev 是什么？如何配置 udev？

udev 是 Linux 2.6 内核里的一个功能，它替代了原来的 devfs，成为当前 Linux 默认的设备管理工具。udev 以守护进程的形式运行，通过侦听内核发出来的 uevent 来管理/dev 目录下的设备文件。

在 Linux 中，所有的设备都是以设备文件的形式存在的。在早期的 Linux 版本中，"/dev" 目录包含了所有可能出现的设备的设备文件，所以，Linux 用户很难在这些大量的设备文件中找到匹配条件的设备文件。现在，udev 只为那些连接到 Linux 操作系统的设备产生设备文件，并且 udev 能通过定义一个 udev 规则（rule）来产生匹配设备属性的设备文件，这些设备属性可以是内核设备名称、总线路径、厂商名称、型号、序列号或者磁盘大小等。当设备添加/删除时，udev 的守护进程侦听来自内核的 uevent，以此添加或者删除/dev 下的设备文件，所以 udev 只为已经连接的设备产生设备文件，而不会在/dev 下产生大量虚无的设备文件。

配置 udev 有以下几个步骤：

1）确认在所有 RAC 结点上已经安装了必要的 udev 包。

```
[root@rh2 ~]# rpm -qa|grep udev
udev-095-14.21.el5
```

2）通过 scsi_id 获取设备的块设备的唯一标识名，假设系统上已有 LUN sdc-sde。

```
for i in c d e ;
do
echo "KERNEL==\"sd*\", BUS==\"scsi\", PROGRAM==\"/sbin/scsi_id --whitelisted  --device=/dev/\$name\",RESULT==\"scsi_id --whitelisted  --device=/dev/sd$i\",NAME==\"asm-disk$i\",OWNER=\"grid\",GROUP=\"asmadmin\",MODE=\"0660\""
done
```

3）创建必要的 udev 配置文件。

首先切换到配置文件目录：

```
[root@rh2 ~]# cd /etc/udev/rules.d
```

定义必要的规则配置文件：

```
[root@rh2 rules.d]# cat 99-oracle-asmdevices.rules
KERNEL=="sd*", BUS=="scsi", PROGRAM=="/sbin/scsi_id --whitelisted  --device=/dev/$name",RESULT==  "14f504e46494c455232326c6c76442d4361634f2d4d4f4d41",NAME="asm-diskc",OWNER="grid",GROUP="asmadmin",MODE="0660"
KERNEL=="sd*", BUS=="scsi", PROGRAM=="/sbin/scsi_id --whitelisted  --device=/dev/$name",RESULT=="14f504e46494c455232326c6c76442d4361634f2d4d4f4d41",NAME="asm-diskd",OWNER="grid",GROUP="asmadmin",MODE="0660"
KERNEL=="sd*", BUS=="scsi", PROGRAM=="/sbin/scsi_id --whitelisted  --device=/dev/$name",RESULT=="14f504e46494c455242674c7079392d753750482d63734443",NAME="asm-diske",OWNER="grid",GROUP="asmadmin",MODE="0660"
```

需要注意的是，一个 KERNEL 就是一行，不能换行。

4）将该规则文件复制到其他结点上

```
[root@rh2 rules.d]# scp 99-oracle-asmdevices.rules Other_node:/etc/udev/rules.d
```

5）在所有结点上启动 udev 服务，或者重启服务器即可

```
[root@rh2 rules.d]# /sbin/udevcontrol reload_rules
[root@rh2 rules.d]# /sbin/start_udev
Starting udev:                                          [  OK  ]
```

6）检查设备是否到位

```
[root@rh2 rules.d]# cd /dev
[root@rh2 dev]# ls -l asm-disk*
brw-rw---- 1 grid asmadmin 8,  64 Jul 10 17:31 asm-diskc
brw-rw---- 1 grid asmadmin 8, 208 Jul 10 17:31 asm-diskd
brw-rw---- 1 grid asmadmin 8, 224 Jul 10 17:31 asm-diske
```

配置完成后也可以使用 udevadm 进行测试，这里不再详述。

（3）多路径（multipath）是什么？如何配置多路径

普通的计算机主机都是一个硬盘挂接到一个总线上，这里是一对一的关系，而到了有光纤组成的 SAN（Storage Area Network，存储网络）环境，由于主机和存储通过了光纤交换机连接，这样就构成了多对多的关系。也就是说，主机到存储可以有多条路径可以选择，即主机到存储之间的 I/O 有多条路径可以选择。每个主机到所对应的存储可以经过多条不同的路径，若同时使用，则 I/O 流量如何分配？其中一条路径坏掉了，如何处理？从操作系统的角度来看，每条路径，操作系统会认为是一个实际存在的物理盘，但实际上只是通向同一个物理盘的不同路径而已，这样在使用时，就给用户带来了困惑。多路径软件（multipath）就是为了解决上面的问题应运而生的。多路径的主要功能就是和存储设备一起配合故障的切换和恢复、I/O 流量的负载均衡以及磁盘的虚拟化。

比较常见的多路径软件有 EMC 提供的 PowerPath、HDS 提供的 HDLM。当然，使用系统自带的免费多路径软件包，同时也是一个比较通用的包，可以支持大多数存储厂商的设备。

多路径软件的配置文件为/etc/multipath.conf，多路径软件的常见命令如下：

日立多路径软件（HDLM）查看多路径状态：

```
dlnkmgr view -path
```

EMC 多路径软件（PowerPath）查看多路径状态：

```
powermt display dev=all
```

RHEL 自带多路径软件（multipath）：

```
multipath -ll #查看多路径状态
/etc/init.d/multipathd start #开启 mulitipath 服务
service multipathd restart #开启 mulitipath 服务
multipath -F #删除现有路径
multipath -v2 #格式化路径
multipath -ll #查看多路径
```

将多路径软件添加至内核模块中：

```
modprobe dm-multipath
modprobe dm-round-robin
lsmod |grep multipath   #检查内核添加情况
将多路径软件（multipath）设置为开机自启动
chkconfig  --level 2345 multipathd on
chkconfig  --list|grep multipathd
```

用多路径软件（multipath）生成映射后，会在/dev 目录下产生多个指向同一条链路的设备：

```
/dev/mapper/mpathn
/dev/mpath/mpathn
/dev/dm-n
```

但它们的来源是完全不同的：

- /dev/mapper/mpathn 是多路径软件（multipath）虚拟出来的多路径设备，在配置时应该使用这个设备；/dev/mapper 中的设备是在引导过程中生成的。可使用这些设备访问多路径设备，例如在生成逻辑卷时。
- /dev/mpath/mpathn 是 udev 设备管理器创建的，实际上就是指向下面的 dm-n 设备，仅仅为了方便，不能用来挂载，且在系统需要访问它们时不一定能启动。请不要使用这些设备生成逻辑卷或者文件系统。提供/dev/mpath 中的设备是为了方便，这样可在一个目录中看到所有多路径设备。
- /dev/dm-n 是软件内部自身使用的，不能被软件以外使用，不可挂载。所有/dev/dm-n 格式的设备都只能是作为内部使用，且应该永远不要使用。

简单来说，就是应该使用/dev/mapper/下的设备符。对该设备既可用 fdisk 进行分区，也可创建为 pv。关于多路径软件的安装、配置，以及配置 RAC 的共享盘等内容可以参考编者的博客。

【真题 153】 创建 ASM 磁盘的方式有哪几种？

答案：可以通过 ASMLIB、udev 及 Faking 的方式来创建 ASM 磁盘。其中，Faking 的方式不需要额外添加磁盘，可以在现有文件系统上分配一些空间用于 ASM 磁盘，过程如下所示：

```
mkdir  -p  /oracle/asmdisk
dd if=/dev/zero of=/oracle/asmdisk/disk1 bs=1024k count=1000
dd if=/dev/zero of=/oracle/asmdisk/disk2 bs=1024k count=1000

/sbin/losetup /dev/loop1 /oracle/asmdisk/disk1
/sbin/losetup /dev/loop2 /oracle/asmdisk/disk2

raw /dev/raw/raw1 /dev/loop1
raw /dev/raw/raw2 /dev/loop2

chmod 660 /dev/raw/raw1
chmod 660 /dev/raw/raw2
chown oracle:dba /dev/raw/raw1
chown oracle:dba /dev/raw/raw2
```

将以下内容添加到文件/etc/rc.local 文件中

```
/sbin/losetup /dev/loop1 /oracle/asmdisk/disk1
/sbin/losetup /dev/loop2 /oracle/asmdisk/disk2

raw /dev/raw/raw1 /dev/loop1
raw /dev/raw/raw2 /dev/loop2

chmod 660 /dev/raw/raw1
chmod 660 /dev/raw/raw2
chown oracle:dba /dev/raw/raw1
chown oracle:dba /dev/raw/raw2
```

【真题 154】 什么是 Oracle 的 ACFS？

答案：ACFS（ASM Cluster File System，ASM 集群文件系统）是 Oracle 11gR2 的一个新特性。在 Oracle 11gR2 中，ASM 文件支持包括数据文件、控制文件、归档日志文件、spfile、RMAN 备份文件、Change Tracking 文件、数据泵 Dump 文件和 OCR 文件等，而推出的 ACFS 和 Oracle ADVM（ASM Dynamic Volume Manager，ASM 动态卷管理器）进一步扩展了 ASM 支持的文件范围，可以存储 Oracle 软件、告警日志、跟踪文件、Bfiles 大对象和影像、图片、应用普通文件等。Oracle ACFS 可以允许用户像执行 Linux 命令一样来 CREATE、MOUNT 和管理 ACFS。Oracle ACFS 提供了 snapshots 功能，使用 Oracle ADVM 还可以在线动态地重置已经存在的文件系统大小。需要注意的是，Oracle ACFS 优先用来管理非数据库文件。DBA 可以通过 ASMCA（ASM Configuration Assistant）、OEM（Oracle Enterprise Manager）、SQL 命令行（Command Line）以及 ASMCMD 等方式来创建 ACFS。

RAC 环境下查看 ACFS 相关的服务是否正常：

```
[grid@rac1 ~]$ crs_stat -t -v ora.registry.acfs
Name          Type          R/RA    F/FT    Target    State     Host
────────────────────────────────────────────────────────────────────
ora....ry.acfs ora....fs.type 0/5    0/      ONLINE    ONLINE    rac1

[grid@rac1 ~]$ crs_stat -t -v ora.ACFS.dg
Name          Type          R/RA    F/FT    Target    State     Host
────────────────────────────────────────────────────────────────────
ora.ACFS.dg   ora....up.type 0/5    0/      ONLINE    ONLINE    rac1
```

有关 ACFS 的创建和维护等更多内容可参考编者的博客。

2．ASM 磁盘的冗余方式

ASM 使用独特的镜像算法，它不镜像磁盘而是镜像盘区。一个磁盘组可以由两个或多个故障组（FAILGROUP）组成，一个故障组由一个或多个 ASM 磁盘组成。故障组提供了共享相同资源的冗余，ASM 磁盘组的 3 种冗余方式见下表：

	外部冗余（External Redundancy）	默认冗余（Normal Redundancy）	高度冗余（High Redundancy）
简介	表示 Oracle 不提供镜像，镜像功能由外部存储系统实现，如通过 RAID 技术。外部冗余的有效磁盘空间是所有磁盘设备空间之和。创建外部冗余的磁盘组最少需要 1 块 ASM 磁盘。故障组不能与外部冗余类型的磁盘组一起使用	也叫标准冗余或正常冗余，表示 Oracle 提供两份镜像（提供双向镜像）来保护数据。默认冗余的有效磁盘空间是所有磁盘设备大小之和的 1/2。创建默认冗余的磁盘组最少需要两块 ASM 磁盘，两个故障组。这也是使用最多的一种冗余模式	表示 Oracle 提供 3 份镜像（提供三向镜像）来保护数据，以提高性能和数据的安全。高度冗余的有效磁盘空间是所有磁盘设备大小之和的 1/3。创建高度冗余的磁盘组则最少需要 3 块 ASM 磁盘，3 个故障组
用于普通磁盘组时所需的 ASM 磁盘数量	1	2	3
用于 OCR 和 VF 时所需的 ASM 磁盘数量	1	3	5

需要注意的是，一旦磁盘组被创建，就不可以改变它的冗余方式。若想改变磁盘组的冗余方式，则必须创建具有适当冗余的另一个磁盘组，然后必须使用 RMAN 还原的方式或使用 DBMS_FILE_TRANSFER 将数据文件移动到这个新创建的磁盘组。

3．RAC 的脑裂和健忘

（1）脑裂（SplitBrain）

在集群中，结点间通过心跳来了解彼此的健康状态，以确保各结点协调工作。假设只有"心跳"出现问题，但各个结点还在正常运行，这时每个结点都认为其他的结点宕机了，自己才是整个集群环境中的"唯一健在者"，自己应该获得整个集群的"控制权"。在集群环境中，存储设备都是共享的，这就意味着数据灾难。简单来说，就是如果由于私有网络硬件或软件的故障，导致集群结点间的私有网络在一定时间内无法进行正常的通信，这种现象称为脑裂。在发生脑裂情况后，集群的某些结点间的网络心跳丢失，但磁盘心跳依然正常，集群根据投票算法（Quorum Algorithm）将不正确的结点踢出集群。磁盘心跳的主要目的是当集群发生脑裂时可以帮助指定脑裂的解决方案。

私网网络不能正常通信有一个超时时间，称为 MC（Misscount），默认为 30s（通过命令"crsctl get css misscount"查询）。该时间允计集群结点间不能正常通信的最大时间为 30s，如果超过 30s，那么 Oracle 认为结点间发生了脑裂。在出现脑裂后，集群的重要任务就是保证错误结点与正确结点间的 I/O 是隔离的，这样才能避免对数据造成不一致的损坏。处理这个问题的方法就是：踢出错误结点执行修复过程。

（2）健忘（Amnesia）

集群环境的配置文件不是集中存放的，而是每个结点都有一个本地副本，在集群正常运行时，用户可以在任何结点更改集群的配置，并且这种更改会自动同步到其他结点。健忘是由于某个结点更新了OCR（Oracle Cluster Registry，Oracle 集群注册）中的内容，而集群中的另外一些结点此时处于关闭、维护或重启阶段，OCR Master 进程来不及将其信息更新到这些异常结点缓存而导致的不一致。例如，A 结点发出了添加 OCR 镜像的命令，这时 B 结点处于重启阶段。重启后 A 已经更新完毕，而此时 B 并不知道已经为 OCR 增加了一个新的镜像磁盘，健忘由此而生。OCR 用于解决健忘问题。

📖 说明：

Oracle Clusterware 把整个集群的配置信息放在共享存储上，这个存储就是 OCR Disk。在整个集群中，只有一个结点能对 OCR Disk 进行读/写操作，这个结点叫作 Master Node。所有结点都会在内存中保留一份 OCR 的复制，同时有一个 OCR Process 从这个内存中读取内容。当 OCR 内容发生改变时，由 Master Node 的 OCR Process 负责同步到其他结点的 OCR Process。

4．DG 的分类

DG 根据备库（Standby Database）重演日志方式的不同，可以分为物理 DG（Physical DG）、逻辑 DG（Logical DG）和快照 DG（Snapshot DG），它们对应的数据库分别称为 Physical Standby、Logical Standby 和 Snapshot Standby。

1）物理 DG：物理 DG 使用的是 MediaRecovery 技术，在数据块级别进行恢复，这种方式没有数据类型的限制，可以保证两个数据库完全一致。在 Oracle 11g 之前的物理 DG 只能在 MOUNT 状态下进行恢复，虽然可以以只读方式打开备库，但是不能应用日志，而到了 Oracle 11g 时备库可以在打开的情况下执行恢复操作了，这称为 ADG（Active Data Guard）。物理 DG 实时应用进程为 MRP 进程。

2）逻辑 DG：逻辑 DG 使用的是 LogMiner 技术，通过把日志内容还原成 SQL 语句，然后通过 SQL 引擎执行这些 SQL 语句。逻辑 DG 不支持所有的数据类型，这些不支持的数据类型可以在视图 DBA_LOGSTDBY_UNSUPPORTED 中查看。如果使用了这些数据类型，那么不能保证主备库完全一致。Logical Standby 可以在恢复的同时进行读/写操作。逻辑 DG 实时应用进程为 LSP 进程。需要注意的是，在逻辑 DG 中，SYS 用户下的对象不会同步。创建逻辑备库需要首先创建一个物理备库，然后再将其转换成逻辑备库。

3）快照 DG：当 Physical Standby 转换为 Snapshot Standby 时，它是一个完全可更新的 Standby 数据库。Snapshot Standby 依然会接收来自主库的归档文件，但是它不会应用。当 Snapshot Standby 转换为 Physical Standby 时，所有在 Snapshot Standby 数据库的操作被丢弃之后，Physical Standby 数据库才会应用 Primary 数据库的 Redo 数据。

5．什么是 OGG？它有哪些优缺点

OGG 即 Oracle GoldenGate，属于 Oracle Fusion Middleware 产品线，2009 年被 Oracle 收购，它是 Oracle Stream 的替代者。OGG 软件是一种基于日志的结构化数据复制备份软件，它通过解析源数据库在线日志或归档日志获得数据的增量变化，再将这些变化应用到目标数据库，从而实现源数据库与目标数据库的同步。OGG 可以在异构的 IT（Information Technology，信息技术）基础结构（包括几乎所有常用操作系统平台和数据库平台）之间实现大量数据亚秒级的实时复制，从而可以在应急系统、在线报表、实时数据仓库供应、交易跟踪、数据同步、集中/分发、容灾、数据库升级和移植、双业务中心等多个场景下应用。同时，OGG 可以实现一对一、广播（一对多）、聚合（多对一）、双向复制、层叠、点对点、级联等多种灵活的拓扑结构。

OGG 能够实现大量交易数据的实时捕捉、变换和投递，实现源数据库与目标数据库的数据同步，保持亚秒级的数据延迟。和传统的逻辑复制一样，OGG 的实现原理是首先通过抽取源端的 Redo 日志或者 Archive Log，然后通过 TCP/IP 投递到目标端，最后解析还原应用到目标端，使目标端实现同源端的数据同步。

6．Oracle Cluster Health Monitor（CHM）的作用

CHM（Cluster Health Monitor，集群健康监控）是一个 Oracle 提供的工具，用来自动收集操作系统的资源（CPU、内存、SWAP、进程、I/O 以及网络等）的使用情况。CHM 会每秒收集一次数据。这些系统资源数据对于诊断集群系统的结点重启、Hang、实例驱逐（Eviction）、性能问题等是非常有帮助的。另外，用户可以使用 CHM 来及早发现一些系统负载高、内存异常等问题，从而避免产生更严重的问题。CHM 也可以用来在系统出现异常时快速收集异常时刻的数据。相对于 OSWatcher，CHM 直接调用 OS

的 API 来降低开销，而 OSWatcher 则是直接调用 UNIX 命令；另外，CHM 的实时性更强，每秒收集一次数据，从 Oracle 11.2.0.3 开始改为了每 5s 一次。OSWatcher 的优点是可以用 traceroute 命令检测私网间的连通性，而且生成的数据的保留时间可以设置得很长。如果可以，最好是两个工具都安装。

在 Oracle 11.2.0.3 之后，AIX 和 Linux 平台在安装 Grid 时默认安装 CHM。常用的命令如下所示：

```
crsctl stat res ora.crf -init -p #查看 ora.crf 状态
oclumon manage -get master #查看 CHM 当前主结点
oclumon manage -get reppath #查看 CHM 数据保存路径
oclumon manage -repos reploc /shared/oracle/chm #修改 CHM 数据保存路径
oclumon manage -get repsize #查看 CHM 数据保留时间（s）
oclumon manage -repos resize 68083 #修改 CHM 数据保留时间（s）
```

在集群中，可以通过下面的命令查看 CHM 对应的资源（ora.crf）的状态：

```
[root@rac2 ~]# crsctl stat res -t -init |grep -1 ora.crf
ora.crf
      1        ONLINE   ONLINE      rac2
```

CHM 主要包括以下两个服务。

1）System Monitor Service（osysmond）：这个服务在所有结点都会运行，osysmond 会将每个结点的资源使用情况发送给 Cluster Logger Service，后者将会把所有结点的信息都接收并保存到 CHM 的资料库。

```
[root@rac2 ~]# ps -ef|grep osysmond
root    29498    1  1 15:18 ?       00:01:31 /u01/app/11.2.0/grid/bin/osysmond.bin
```

2）Cluster Logger Service（ologgerd）：在一个集群中，ologgerd 会有一个主结点（Master），还有一个备结点（Standby）。当 ologgerd 在当前的结点遇到问题而无法启动后，它会在备用结点启用。该服务会将 osysmond 收集的数据保存到 CHM 资料库中（$GRID_HOME/crf/db）。

主结点：

```
$ ps -ef|grep ologgerd
root 8257   1   0 Jun05 ?   00:38:26 /u01/app/11.2.0/grid/bin/ologgerd -M -d   /u01/app/11.2.0/grid/crf/db/rac2
```

备结点：

```
$ ps -ef|grep ologgerd
root  8353   1   0 Jun05 ?   00:18:47 /u01/app/11.2.0/grid/bin/ologgerd -m rac2 -r -d       /u01/app/11.2.0/grid/crf/db/rac1
```

获得 CHM 生成的数据的方法有以下两种。

1）一种是使用 Grid_home/bin/diagcollection.pl：

```
/u01/app/11.2.0/grid/bin/diagcollection.pl --collect --all --incidenttime 12/30/201515:13:00 --incidentduration 00:30
```

其中，"—incidenttime" 表示采集数据开始时间，格式为 MM/DD/YYYY24HH:MM:SS；"—incidentduration" 表示持续时间，格式为 HH:MM。生成的文件在当前目录。

2）另外一种获得 CHM 生成的数据的方法为 oclumon：

```
$oclumon dumpnodeview [[-allnodes]|[-n node1 node2] [-last "duration"]|[-s "time_stamp" -e "time_stamp"] [-v] [-warning]] [-h]
```

其中，-s 表示开始时间，-e 表示结束时间，例如：

```
$ oclumon dumpnodeview -allnodes -v -s "2012-06-15 07:40:00" -e "2012-06-15 07:57:00"> /tmp/chm1.txt
```

使用 root 用户执行以下命令可以禁用 CHM 服务：

```
crsctl stop res ora.crf -init
crsctl modify res ora.crf -attr "AUTO_START=never" -init
crsctl modify res ora.crf -attr "ENABLED=0" -init
```

7. 真题

【真题 155】 cluvfy 工具的作用是什么？

答案：cluvfy（Cluster Verification Utility，集群检验工具），简称 CVU，是随 Oracle 集群管理软件一起发布的检查工具。它的功能是对整个集群系统实施过程的各个阶段以及各个组件进行检查，并验证是否满足 Oracle 的要求。cluvfy 能对集群提供非常广泛的检查，包括 OS 硬件配置、内核参数设置、用户资源限制设置、网络设置、NTP 设置、RAC 组件健康性等。cluvfy 在进行检查时并不会修改系统配置，所以不会对系统造成影响。cluvfy 检查的内容可以从以下两个角度进行分类：阶段（stage）、组件（component）。

使用命令 cluvfy stage -list 可以查看所有阶段。使用命令 cluvfy comp -list 可以查看所有组件。将 list 修改为 help 可以查看相应的命令。

【真题 156】 cvuqdisk 包的作用是什么？

答案：在安装 RAC 的过程中，如果没有安装 cvuqdisk 包，那么集群检验工具（Cluster Verification Utility，CVU）就不能发现共享磁盘。如果没有安装该包或者安装的版本不对，那么当运行集群检验工具时就会报"PRVF-10037 : Failed to retrieve storage type for "<devicepath>" on node "<node>""或"Could not get the type of storage" 或 "PRVF-07017: Package cvuqdisk not installed" 的错误。cvuqdisk 的 RPM 包含在 Oracle Grid Infrastructure 安装介质上的 rpm 目录中。以 root 用户在 RAC 的 2 个结点上都进行安装，如下：

```
export CVUQDISK_GRP=oinstall
rpm -iv cvuqdisk-1.0.9-1.rpm
```

【真题 157】 kfed、kfod 和 amdu 工具的作用分别是什么？

答案：ASM（Automatic Storage Management）是 Oracle 目前主推的软件集群存储策略，管理 ASM 的工具，包括使用 SQL*Plus 命令行和 asmca 图形化界面。一般情况下，ASM 安装管理借助上述工具就够了，况且 Oracle 集群可以确保 ASM 组建的 HA 架构。一些特殊场景，如磁盘数据损坏、底层修复和 ASM 盘发现，需要额外的一些命令行工具，如 kfod、kfed 和 AMDU。在早期的 ASM 版本（10gR2）中，一部分工具还需要额外的重新编译和链接才能使用。在 Oracle 11g 中，这部分工具已经成为默认设置，可以直接使用。

在 Oracle ASM 和 Database 安装过程中，kfod 是会自动被调用，用于进行磁盘发现过程（Disk Discovery）。如果安装 Grid 过程没有成功，那么 kfod 也会在安装 stage 文件夹中被找到。目录地址为 <stage_folder>/grid/stage/ext/bin/。命令 kfod -h 可以查看该命令的解释，使用示例如下所示：

```
[grid@orclalhr ~]$ $ORACLE_HOME/bin/kfod disk=asm s=true ds=true c=true
```

Disk	Size Header	Path	Disk Group	User	Group
1:	1000 Mb MEMBER	/dev/raw/raw1	DATA	oracle	dba
2:	1000 Mb MEMBER	/dev/raw/raw2	DATA	oracle	dba
3:	1000 Mb MEMBER	/dev/raw/raw3	DATA	oracle	dba

ORACLE_SID ORACLE_HOME	HOST_NAME
+ASM /u01/app/11.2.0/grid	orclalhr

kfed（Kernel File Metadata Editor）的使用场景比较严峻，就是当 ASM Diskgroup 不能成功 MOUNT 的时候，通过 kfed 来分析 ASM 磁盘头信息，来诊断问题。从 Oracle 11.1 开始，kfed 就已经正式成为安装组件的一部分。与 kfod 的区别是，kfed 只有在完全安装完之后，才能使用，在 ASM 安装阶段无法使用。其使用示例如下所示：

```
[grid@orclalhr ~]$ kfed read /dev/raw/raw1
kfbh.endian:                    1 ; 0x000: 0x01
kfbh.hard:                    130 ; 0x001: 0x82
kfbh.type:                      1 ; 0x002: KFBTYP_DISKHEAD
kfbh.datfmt:                    1 ; 0x003: 0x01
kfbh.block.blk:                 0 ; 0x004: blk=0
kfbh.block.obj:        2147483652 ; 0x008: disk=4
```

```
kfbh.check:              213759916 ; 0x00c: 0x0cbdb7ac
kfbh.fcn.base:           0 ; 0x010: 0x00000000
kfbh.fcn.wrap:           0 ; 0x014: 0x00000000
kfbh.spare1:             0 ; 0x018: 0x00000000
kfbh.spare2:             0 ; 0x01c: 0x00000000
kfdhdb.driver.provstr:   ORCLDISK ; 0x000: length=8
······省略部分输出······
```

AMDU（ASM Metadata Dump Utility）最大的作用在于可以将 ASM 磁盘组和 ASM 磁盘所有可用的元数据信息导出，并且整理为可读的格式内容，其工作不受到磁盘组是否 MOUNT 访问的影响。这个工具之所以被正式公布，主要在于 Oracle Support 在进行远程支持的时候，需要客户提供上载文件。

【真题 158】 RAC 数据库和单实例数据库有什么区别？

答案：为了让 RAC 中的所有实例能够访问数据库，所有的数据文件（Data Files）、控制文件（Control Files）、参数文件（Spfile）和重做日志文件（Redo Log Files）必须保存在共享磁盘上，并且要能被所有结点同时访问。RAC 数据库和单实例数据库的具体区别如下。

① Redo 和 Undo，至少为每个实例多配置一个 Redo 线程（如两个实例组成的集群至少要 4 个 Redo Log Group，每个实例两个 Redo Group），为每一个实例配置一个 Undo 表空间。每个实例在做数据库的修改时都使用自己实例的 Redo 和 Undo，各自锁定自己修改的数据，把不同实例的操作相对独立开就避免了数据不一致。在备份或者恢复时，Redo 和 Undo 也需要按照线程（THREAD）来对待。

② 内存和进程，RAC 的各个结点的实例都有自己的内存结构（SGA）和进程结构，各结点之间的结构是基本相同的。RAC 在各个结点之间通过 Cache Fusion（缓存融合）技术同步 SGA 中的缓存信息达到提高访问速度的效果，同时也保证了数据的一致性。

③ 告警（alert）日志和 trace 日志都属于每个实例自己，其他实例不可读/写。

【真题 159】 什么是 Adaptive Log File Sync？

答案：当前台进程提交事务（COMMIT）后，LGWR 需要执行日志写出操作，而前台进程因此进入 log file sync 等待。

在 Oracle 11g 之前的版本中，LGWR 执行写入操作完成后，会通知前台进程，这也就是 Post/Wait 模式；在 Oracle 11gR2 中，为了优化这个过程，前台进程通知 LGWR 写之后，可以通过定时获取的方式来查询写出进度，这被称为 Polling 模式。在 Oracle 11.2.0.3 中，这个特性被默认开启，通过隐含参数"_use_adaptive_log_file_sync"来控制（默认值为 true），这个参数的含义是：数据库可以在自适应的 Post/Wait 和 Polling 模式间选择和切换，正是由于这个原因，带来了很多 Bug，反而使得 log file sync 的等待异常的高。因此，如果在 Oracle 11.2.0.3 版本中观察到这样的特征，那么就极有可能与此特性的 Bug 有关。

在 Post/Wait 和 Polling 机制之间的切换，Oracle 会记录到 LGWR 进程的 trace 当中，如下所示：

```
Log file sync switching to polling
...
Log file sync switching to post/wait
```

若遇到此问题，则通常将隐含参数"_use_adaptive_log_file_sync"设置为 false，回归到以前的 Post/Wait 模式，这将会有助于问题的解决。关闭 Polling 模式的命令为

```
alter system set "_use_adaptive_log_file_sync"=false sid='*';
```

5.2.7 备份恢复

在数据库维护中，备份是重中之重的事，而恢复也是检验一个 DBA 是否合格的重要标识。

1. TRUNCATE 恢复方法

在求职数据库相关的岗位时，经常会被问到一个问题：在开发或维护过程中误操作 TRUNCATE 了一张表，如何恢复？这个时候可以按照以下的步骤进行回答：

① 是否有测试库，测试库的表数据和当前数据是否一致，若一致，则可以考虑从测试库把表数据导入到被删除的库中。

② 是否有 exp 或 expdp 逻辑备份，若有，则可以导入到被删除的库中。

③ 是否有 RMAN 备份，若有，则可以将数据恢复到其他地方，然后将数据库 exp 出来，最后导入到被删除的库中。

④ 数据库是否开启了闪回，如果开了闪回则可以利用闪回数据库的特性找回数据。

⑤ 利用 TSPITR，表空间基于时间点的恢复技术来恢复。

⑥ 是否有归档，若有则可以采用 LogMiner 进行日志挖掘。

⑦ 若以上这些办法都不能恢复，则可以尝试无备份情况下的恢复，这里推荐两种办法，fy_recover_data 包和 gdul 工具。关于这两种工具的具体使用案例可以参考编者的博客。

2．DELETE 了一条数据并且提交了，该如何找回

在 Oracle 中，可以通过闪回技术来找回已经删除并且提交了的数据。当然，除了闪回技术外，还可以采用 LogMiner（使用该工具可以轻松获得 Redo 日志文件，包含归档日志文件中的具体内容）进行日志挖掘，找出其撤销 SQL 并执行就可以找回 DELETE 语句删除的数据。

3．在丢失归档的情况下如何进行数据文件的恢复

如果一个表空间的数据文件损坏，在有备份的情况下，那么可以使用数据文件的备份进行还原，但是还需要归档文件进行恢复，使数据文件到达一个最新的一致性状态，从而才能打开数据库。如果需要的归档文件无法提供，如被删除了，那么在这种情况下如何打开数据库呢？

在这种情况下由于缺少归档，因此数据库无法恢复。如果与该表空间相关的数据改变很少或者基本没有改变的情况下，则可以通过改变数据文件头的 SCN 号，让其和 System Checkpoint SCN 和 Datafile Checkpoint SCN 号一致，就可以让 Oracle 避开对该文件的检查，Oracle 就不会去做介质恢复，而只做实例恢复，这样就可以实现完全恢复，及时打开数据库。

一般来说，推进数据文件头的 SCN 号有以下两种处理办法：第一，利用 BBED（Block Brower and Editor）修改数据文件头，推进 SCN 号来打开数据库。第二，设置隐含参数 "_ALLOW_RESETLOGS_CORRUPTION" 为 TRUE 来打开数据库，该参数默认为 FALSE，待数据库打开后，要将该参数从参数文件中去掉，命令如下所示：

```
ALTER SYSTEM SET "_ALLOW_RESETLOGS_CORRUPTION"=TRUE SCOPE=SPFILE;--跳过数据库一致性检查
ALTER SYSTEM RESET "_ALLOW_RESETLOGS_CORRUPTION"   SCOPE=SPFILE SID='*';--取消该参数
```

4．DRA（Data Recovery Advisor）

DRA（Data Recovery Advisor，数据恢复顾问）是 Oracle 11g 的新特性，是 Oracle 顾问程序架构的一部分，它会在遇到错误时自动收集有关故障信息。如果主动运行 DRA，那么通常可以在用户查询或备份操作检查到故障前检测和修复故障。DRA 可以检测到诸如块受损的相对较小的错误，也可以检测到导致数据库无法成功启动的错误，如缺少联机重做日志文件、数据文件等，DRA 都会主动捕获这些错误。DRA 在确定故障后，可以使用 OEM 或 RMAN 界面查看故障详情，在 RMAN 中可以使用如下命令。

● list failure：列出 DRA 记录的故障。

● advise failure：显示建议修复的选项。

● repair failure：使用 RMAN 的建议和关闭故障。

● change failure：更改状态或关闭故障。

与 DRA 相关的视图有以下几种。

● V$IR_FAILURE：所有故障的列表，包括已关闭的故障（list failure 命令的结果）。

● V$IR_MANUAL_CHECKLIST：手动建议的列表（advise failure 命令的结果）。

● V$IR_REPAIR：修复列表（advise failure 命令的结果）。

● V$IR_FAILURE_SET：故障和建议标识符的交叉引用。

需要注意的是，目前 DRA 只支持单实例数据库，而不支持 RAC 库。另外，对于备库上的错误，DRA 依然无能为力。

【真题 160】 Which two activities are NOT supported by the Data Recovery Advisor?(Choose two.)

A、Diagnose and repair a data file corruption offline.

B、Diagnose and repair a data file corruption online.

C、Diagnose and repair failures on a standby database.

D、Recover from failures in the Real Application Cluster(RAC) environment.

答案：C、D。

题目问的是 DRA 不支持哪两个活动？A 和 B 选项是数据文件的 OFFLINE 和 ONLINE，DRA 是支持的，而对于备库和 RAC 库，DRA 是无能为力的，所以，本题答案为 C 和 D。

5．真题

【真题 161】 如何修改数据库的 DBID 和 DBNAME？

答案：在 Oracle 中，DBID 和 DBNAME 是两个极其重要的对象。作为标记信息，DBID 和 DBNAME 包含在参数文件、密码文件、数据文件、日志文件、备份集合、归档日志中。一般情况下，已经创建好的数据库是不需要修改 DBID 和 DBNAME 的。因为，修改这些信息意味着 Oracle 关键信息的变化，将导致备份失效。

DBID 是一个十进制数字，Oracle 依据唯一性算法计算得到作为内部数据库的标记信息。在数据文件、日志和备份集合中，DBID 都是作为重要标记进行使用。DBNAME 是用户设置的项目内容，存在密码文件、参数文件和数据文件中。如果需要修改 DBID，那么联机 Redo 日志需要进行 RESETLOGS 操作，原有的归档和备份文件都会失效。如果只修改了 DBNAME，那么是不需要进行 RESETLOGS 的。

修改改数据库的 DBID 和 DBNAME 主要使用 Oracle nid 工具，主要过程如下：

```
CREATE PFILE FROM SPFILE;
SHUTDOWN IMMEDIATE;
STARTUP MOUNT;
nid target=sys/lhr dbname=ora11g
CP INITORCLALHR.ORA INITORA11G.ORA
SHUTDOWN IMMEDIATE;
ALTER DATABASE OPEN RESETLOGS;
```

【真题 162】 归档文件的命名格式由哪个参数来控制？

答案：初始化参数 LOG_ARCHIVE_FORMAT 用于指定归档日志的文件名称格式。在设置该初始化参数时，可以指定以下匹配符。

● %s：日志序列号。

● %S：日志序列号（带有前导 0）。

● %t：重做线程编号。

● %T：重做线程编号（带有前导 0）。

● %a：活动 ID 号。

● %d：数据库 ID 号。

● %r：RESETLOGS 的 ID 值，查询语句为 SELECT V.RESETLOGS_ID FROM V$DATABASE_INCARNATION V;

从 Oracle 10g 开始，配置归档日志文件格式时必须带有%s、%t 和%r 匹配符。在配置了归档文件格式后，必须重启数据库。由于从 Oracle 10g 开始可以做跨越 RESETLOGS 的恢复，所以要加%r。Oracle 9i 不能做跨越 RESETLOGS 的恢复，所以可以没有%r 的参数。可以使用如下命令修改归档文件的命名格式：

```
ALTER SYSTEM SET LOG_ARCHIVE_FORMAT = "log%d_%t_%s_%r.arc" SCOPE=SPFILE;
```

LOG_ARCHIVE_FORMAT 在以下两种情况下将被忽略：

● 归档文件放在快速恢复区中（Fast Recovery Area）。

● 当参数 LOG_ARCHIVE_DEST[_n]指向磁盘组中时。

【真题 163】 如何退出 exp、imp、telnet 等交互窗口？

答案：Windows 下用"Ctrl+c"，Linux 下用"Ctrl+d"可以退出 exp 和 imp 窗口，"Ctrl+]"可以退出 telnet 窗口。

【真题 164】 如何查询归档日志的生成情况？

答案：通过视图 GV$ARCHIVED_LOG 可以查询到日志的生成情况，如下所示：

```
SELECT A.THREAD# THREAD#,A.F_TIME F_TIME,  ROUND(SUM(A.BLOCKS * A.BLOCK_SIZE) / 1024 / 1024) 每天归档日志量_M,
       ROUND(SUM(A.BLOCKS * A.BLOCK_SIZE) / 1024 / 1024 / 24, 2) 每小时平均归档日志量_M, COUNT(1)   归档文件数
    FROM (SELECT DISTINCT SEQUENCE#, THREAD#, BLOCKS, BLOCK_SIZE, TO_CHAR(FIRST_TIME, 'yyyy-mm-dd') F_TIME
        FROM GV$ARCHIVED_LOG T WHERE T.FIRST_TIME <= SYSDATE) A GROUP BY A.F_TIME, A.THREAD# ORDER BY 1, 2 DESC;
```

【真题 165】 如何按照小时查询当天日志的切换次数？

答案：对视图 GV$LOG_HISTORY 按照 FIRST_TIME 列做行转列转换就可以查询到当天每小时的日志的切换次数，由此就可以断定数据库出现高负载的具体时间了。

【真题 166】 如何热备份一个表空间？

答案：如下所示：

```
ALTER TABLESPACE  名称  BEGIN BACKUP;
HOST CP  这个表空间的数据文件  目的地;
ALTER TABLESPACE  名称  END BACKUP;
```

如果是备份多个表空间或整个数据库，那么只需要对每个表空间采用上面的方式备份即可。

【真题 167】 怎么快速得到整个数据库的热备脚本？

答案：可以写一段类似的脚本：

```
SET SERVEROUTPUT ON
BEGIN
  DBMS_OUTPUT.ENABLE(10000);
  FOR BK_TS IN (SELECT DISTINCT T.TS#, T.NAME FROM V$TABLESPACE T, V$DATAFILE D WHERE T.TS# = D.TS#) LOOP
    DBMS_OUTPUT.PUT_LINE('一' || BK_TS.NAME);
    DBMS_OUTPUT.PUT_LINE('ALTER TABLESPACE ' || BK_TS.NAME ||' BEGIN BACKUP;');
    FOR BK_FILE IN (SELECT FILE#, NAME FROM V$DATAFILE WHERE TS# = BK_TS.TS#) LOOP
      DBMS_OUTPUT.PUT_LINE('HOST CP ' || BK_FILE.NAME || ' $BACKUP_DEPT/');
    END LOOP;
    DBMS_OUTPUT.PUT_LINE('ALTER TABLESPACE ' || BK_TS.NAME ||' END BACKUP;');
  END LOOP;
END;
```

【真题 168】 如何创建 RMAN 恢复目录？

答案：首先，创建一个数据库用户，一般都是 RMAN，并给予 RECOVERY_CATALOG_OWNER 角色权限：

```
sqlplus / as sysdba
SQL> CREATE USER RMAN IDENTIFIED BY RMAN;
SQL> ALTER USER RMAN DEFAULT TABLESPACE TOOLS TEMPORARY TABLESPACE TEMP;
SQL> ALTER USER RMAN QUOTA UNLIMITED ON TOOLS;
SQL> GRANT CONNECT, RESOURCE, RECOVERY_CATALOG_OWNER TO RMAN;
```

然后，用这个用户登录，创建恢复目录：

```
rman catalog rman/rman
RMAN> CREATE CATALOG TABLESPACE TOOLS;
```

最后就可以在恢复目录注册目标数据库了：

```
rman catalog rman/rman target backdba/backdba
```

RMAN> REGISTER DATABASE;

【真题 169】 RMAN 的 FORMAT 格式中的%s 类似的参数代表什么意义？

答案：可以参考下表：

字符串	说　明
%c	表示备份片的多个拷贝的序号，备份片的拷贝数从 1 开始编号
%D	以 DD 格式显示日期，位于该月中的天数（DD）
%d	指定数据库名，如果多个数据库归档在同一目录，这个参数是必须的
%Y	以 YYYY 格式显示年度
%N	数据库表空间名称
%n	8 位长度的数据库名称，不足部分使用 "X" 在后面填充，使其保持长度为 8。如 ora11g 自动形成为 ora11gXXX
%s	备份集号，此数字是控制文件中随备份集增加的一个计数器，从 1 开始，日志切换序列号，这个变量能够保证任何一个数据库中的归档日志都不会彼此重写
%t	指定备份集的时间戳，是一个 4B 值的秒数值，%t 与%s 结合构成唯一的备份集名称，9 位字符的 TIMESTAMP
%T	指定年、月、日，格式为 YYYYMMDD
%u	指定备份集编码，以及备份集创建的时间构成的 8 个字符的文件名称，是一个由备份集编号和建立时间压缩后组成的 8 字符名称。利用%u 可以为每个备份集生成一个唯一的名称
%U	指定一个便于使用的、由%u_%p_%c 构成的、确保不会重复的备份文件名称，RMAN 默认使用%U 格式
%M	以 MM 格式显示月份，表示位于该年中的第几月
%F	结合数据库标识 DBID、日、月、年及序列，构成唯一的自动产生的字符串名字，这个格式的形式为 c–IIIIIIIII–YYYYMMDD–QQ，其中 IIIIIIIII 为该数据库的 DBID，YYYYMMDD 为日期，QQ 是一个 1~256 的序列，该参数配置控制文件自动备份的格式
%f	数据文件号，只能用在备份 DATAFILE、TABLESPACE 上，否则没有意义
%p	文件备份片段的编号，在备份集中的备份文件片编码从 1 开始，每次增加 1
%%	指定字符串%，如%%Y 表示为%Y
%r	场景（INCARNATION）号，如果进行了不完全恢复，则这个变量就十分重要
%I	数据库的 DBID
%e	归档日志的序列号，只能用在归档日志上
%h	归档日志线程号
%a	数据库的 RESETLOG_ID

注：如果在 BACKUP 命令中没有指定 FORMAT 选项，那么 RMAN 默认使用%U 为备份片段命名。

【真题 170】 如何恢复归档日志？

答案：备份所有归档日志：BACKUP ARCHIVELOG ALL DELETE INPUT;

恢复归档日志的命令如下所示：

① 恢复全部归档日志文件：RESTORE ARCHIVELOG ALL;。

② 只恢复5~8 这4 个归档日志文件：RESTORE ARCHIVELOG FROM LOGSEQ 5 UNTIL LOGSEQ 8;。

③ 恢复从第 5 个归档日志起：RESTORE ARCHIVELOG FROM LOGSEQ 5;。

④ 恢复 7 天内的归档日志：RESTORE ARCHIVELOG FROM TIME 'SYSDATE–7';。

⑤ SEQUENCE BETWEEN 写法：RESTORE ARCHIVELOG SEQUENCE BETWEEN 1 AND 3;。

⑥ 恢复到哪个日志文件为止：RESTORE ARCHIVELOG UNTIL LOGSEQ 3;。

⑦ 从第 5 个日志开始恢复：RESTORE ARCHIVELOG LOW LOGSEQ 5;。

⑧ 到第 5 个日志为止：RESTORE ARCHIVELOG HIGH LOGSEQ 5;。

⑨ 恢复指定的归档日志：RESTORE ARCHIVELOG SEQUENCE 18;。

若归档日志不在本地，则需要恢复相应的归档日志到本地目录，如下所示：

run {allocate channel ci type disk;

```
set archivelog destination to '/tmp';
restore archivelog from logseq xxx until logseq xxx;
release channel ci;
};
```

也可以利用 DBMS_BACKUP_RESTORE.RESTOREARCHIVEDLOG 来恢复相应的归档日志：

```
declare
devtype varchar2(256);
done boolean;
begin
    devtype := dbms_backup_restore.deviceallocate (type => '',ident => 'fun');
    dbms_backup_restore.restoresetarchivedlog(destination=>'d:\oracle_base\achive\');
    dbms_backup_restore.restorearchivedlog(thread=>1,sequence=>1);
    dbms_backup_restore.restorearchivedlog(thread=>1,sequence=>2);
    dbms_backup_restore.restorearchivedlog(thread=>1,sequence=>3);
    dbms_backup_restore.restorebackuppiece(done => done,handle =>'d:\oracle_base\rman_backup\mydb_log_bck0dh1jgnd_1_1', params => null);
    dbms_backup_restore.devicedeallocate;
end;
```

【真题 171】 执行"EXEC DBMS_LOGMNR.START_LOGMNR(DICTFILENAME=>'DICTFILENAME')"提示"ORA-01843:无效的月份"，原因是什么？

答案：分析 START_LOGMNR 包：

```
PROCEDURE START_LOGMNR(
STARTSCN IN NUMBER DEFAULT 0 ,
ENDSCN IN NUMBER DEFAULT 0,
STARTTIME IN DATE DEFAULT TO_DATE('01-JAN-1988','DD-MON-YYYY'),
ENDTIME IN DATE DEFAULT TO_DATE('01-JAN-2988','DD-MON-YYYY'),
DICTFILENAME IN VARCHAR2 DEFAULT '',
OPTIONS IN BINARY_INTEGER DEFAULT 0 );
```

可以知道，如果 TO_DATE('01-jan-1988','DD-MON-YYYY')失败，那么将导致以上错误，所以解决办法如下：

1）ALTER SESSION SET NLS_LANGUAGE=AMERICAN;

2）用类似如下的方法：

```
EXEC DBMS_LOGMNR.START_LOGMNR (DictFileName=> 'f:\temp2\TESTDICT.ora', starttime => TO_DATE(
'01-01-1988','DD-MM-YYYY'), endTime=>TO_DATE('01-01-2988','DD-MM-YYYY'));
```

【真题 172】 被标记为 UNUSED 的列可以恢复吗？

答案：使用 SET UNUSED 选项可以标记一列或者多列不可用。设置 UNUSED 的作用是为了在 CPU、内存等资源不充足时，先做上 UNUSED 标记再等数据库资源空闲时用 DROP SET UNUSED 删除不需要的列。

SET UNUSED 的常用语法如下所示：

```
ALTER TABLE t_name SET UNUSED COLUMN col_name;
ALTER TABLE t_name DROP UNUSED COLUMNS;
```

设置 UNUSED 列之后，并不是将该列数据立即删除，而是将其隐藏起来，事实上该列物理上还是存在的，因此可以恢复。恢复过程需要修改底层的数据字典表（包括 COL$和 TAB$表）并重启数据库，因此在执行 SET UNUSED 操作时务必要慎重。

【真题 173】 V$LOG 视图中 STATUS 列的值有哪几种含义？

答案：STATUS 列的值有以下 6 种含义：

① ACTIVE 表示联机 Redo 日志组是活动的，但是并非当前联机 Redo 日志组。实例恢复需要该组日志，它可能用于块恢复，可能已经归档也可能未归档。在该状态下对应的脏块还没有写入到数据文件上。

② CURRENT 表示当前的联机 Redo 日志组，这意味着该联机 Redo 日志组是活动的且正在使用。

③ INACTIVE　表明实例恢复不再需要该组日志，但介质恢复可能需要该组日志。

④ UNUSED　表明从未对该组日志进行写入，一般只有新添加的或做了 RESETLOGS 操作后未使用过的日志组才会有这种状态，建议在新添加了日志组后进行日志切换，使得日志组中没有该状态。

⑤ CLEARING　表示的是在运行了"ALTER DATABASE CLEAR LOGFILE GROUP N"命令的日志组状态，所以这是一个运行过程中状态，一旦命令运行结束，这个状态也随着运行结果而发生改变。如果运行成功，那么状态将变成 UNUSED 状态。如果命令运行失败或者是过程中中断使得 CLEAR 不能完成，那么就会变成 CLEARING_CURRENT。

⑥ CLEARING_CURRENT　当前日志处于关闭线程的清除状态。日志切换异常或 I/O 异常都会导致 CLEARING_CURRENT 状态。

【真题 174】　RMAN 中有哪几种保留策略？

答案：保留策略说明了要保留的备份冗余数量及保留的时间长度。有以下两类保留策略：恢复窗口保留策略和冗余保留策略，这两类保留策略互相排斥。可以通过使用 RMAN 的 CONFIGURE 命令或 OEM（Oracle Enterprise Manager）来设置保留策略的值。

1）恢复窗口保留策略：确定一个时间段，在此期间内必须可以执行时间点恢复，如下图所示。

最佳方案是确定一个时间段，在此期间内可以发现逻辑错误，然后通过执行时间点恢复正好恢复到错误前的那一点来修复受影响的对象，此时间段称为恢复窗口，此策略用天数指定。对于每个数据文件，都必须始终存在至少一个满足以下条件的备份：

SYSDATE – backup_checkpoint_time >= recovery_window

可以使用下列命令语法配置恢复窗口保留策略：

RMAN> CONFIGURE RETENTION POLICY TO RECOVERY WINDOW OF <天数> DAYS;

其中，"<天数>"是恢复窗口的长度。

如果未使用恢复目录，那么要防止控制文件中旧的备份记录被覆盖，恢复窗口时间段应小于或等于控制文件参数 CONTROL_FILE_RECORD_KEEP_TIME 的值。如果正在使用恢复目录，那么应确保 CONTROL_FILE_RECORD_KEEP_TIME 大于目录重新同步的间隔。

2）冗余保留策略：确定必须保留的备份的数量（固定值），如下图所示。

如果需要保留一定数量的备份，则可以通过冗余选项设置保留策略。此选项要求在任何备份被标识为过时之前，将指定数量的备份列入目录。默认保留策略的冗余度为 1，这表示在任意指定时间，一个文件只存在一个备份。当同一文件的最新版本已经有备份时，上一个备份就被视为过时。可以使用下列命令重新配置冗余保留策略：

RMAN>CONFIGURE RETENTION POLICY TO REDUNDANCY <副本数>;

其中，"<副本数>"是满足策略所需的副本数量。可以使用下列命令禁用保留策略：

RMAN>CONFIGURE RETENTION POLICY TO NONE;

需要注意的是，可以指定某个备份不遵从所定义的保留策略，这称为归档备份。如果 DBA 不打算恢复到自执行该备份以后的某一时间点，只是希望能够正好恢复到执行该备份的确切时间，还需要维护保留策略以使备份区井然有序，因此无法使备份恢复到两年前，此时可以使用归档备份。如果将某一备份标记为归档备份，那么该属性将覆盖为此备份目的配置的所有保留策略。保留归档备份时，可将其指定为仅在某一特定时间过时，也可以将其指定为永不过时。如果要指定后者，那么需要使用恢复目录。KEEP 子句会创建一个归档备份，此备份是某个时间点的数据库快照。可以使用 RMAN 通过以下语法创建归档备份：

```
BACKUP...KEEP {FOREVER|UNTIL TIME 'SYSDATE + <n>' } RESTORE POINT <restore_point_name>
```

使用 UNTIL TIME 子句可指定保留策略对归档备份失效的时间。也可指定 FOREVER，这意味着归档备份始终保持不变，除非执行其他操作进行更改。此外，还可以使用 RESTORE POINT 子句指定要与此备份关联的还原点的名称。

【真题 175】 什么是 XTTS？

答案：XTTS（Cross Platform Transportable Tablespaces，跨平台迁移表空间）是 Oracle 推出的一个用来迁移单个表空间数据以及将一个完整的数据库从一个平台移动到另一个平台的迁移备份方法。在企业越来越大的数据量、相对停机时间要求日益减少的情况下，利用 XTTS 可以完成使用增量备份方式实现跨平台的数据迁移。XTTS 能够减少停机时间、可以进行增量备份，并且能实现跨平台的数据迁移。在"去 IOE"（即 IBM、Oracle、EMC，其中，IBM 代表硬件以及整体解决方案服务商，Oracle 代表数据库，EMC 代表数据存储）的浪潮下，XTTS 成为如今 U2L（Unix to Linux）迁移的最有效、最安全的解决方案之一。有关 XTTS 的使用在 MOS 文档"11G – Reduce Transportable Tablespace Downtime using Cross Platform Incremental Backup (文档 ID 1389592.1)"上有非常详细的介绍，这里不再详述。

5.2.8 建库、删库、网络

1．Oracle 如何判定实例是否运行

在启动 Oracle 实例之前，必须定义 ORACLE_SID，Oracle 根据 SID 的 HASH 值来唯一确定一个实例的地址。当打开 SQL*Plus 工具，输入"sqlplus / as sysdba"以后，系统根据 SID 进行 HASH，查找在共享内存中是否有相应的共享内存段（SHMID）存在，如果有，那么返回 connected，否则返回 connect to an idle instance，这个实例名存放在 SGA 中的 variable size 中。

通过 ORADEBUG IPC 可以得到 variable 所存放的 SHM 的 SHMID 号，在 OS 下使用 ipcrm -m SHMID 可以删掉这一段共享内存。另外，在 OS 级别也可以使用 sysresv 命令来获取 SHMID 号。

ORADEBUG IPC 命令如下所示：

```
SQL> ORADEBUG SETMYPID
SQL> ORADEBUG IPC
SQL> ORADEBUG TRACFILE_NAME
```

sysresv 命令如下所示：

```
[ZFLHRDB2:oracle]:/oracle>ORACLE_SID=raclhr2
[ZFLHRDB2:oracle]:/oracle>sysresv
IPC Resources for ORACLE_SID "raclhr2" :
Shared Memory:
ID              KEY
5242886         0xffffffff
5242883         0xffffffff
1048583         0xd92489e0
Oracle Instance alive for sid "raclhr2"
```

【真题 176】 若一个主机上有多个 Oracle 实例，则该如何确定哪些共享内存段属于想要清掉的实例的内存段？

答案：使用 sysresv 命令。sysresv 是 Oracle 在 Linux/Unix 平台上提供的工具，可以用来查看 Oracle 实例使用的共享内存和信号量等信息。sysresv 存放的路径：$ORACLE_HOME/bin/sysresv。使用时需要设置 LD_LIBRARY_PATH 环境变量，用来告诉 Oracle 共享库文件的位置。sysresv 用法如下：

```
[oracle@rhel6lhr ~]$ sysresv -h
sysresv: invalid option -- 'h'
usage     : sysresv [-if] [-d <on/off>] [-l sid1 <sid2> ...]
               -i : Prompt before removing ipc resources for each sid
               -f : Remove ipc resources silently, oevrrides -i option
               -d <on/off> : List ipc resources for each sid if on
               -l sid1 <sid2> .. : apply sysresv to each sid
Default : sysresv -d on -l $ORACLE_SID
Note     : ipc resources will be attempted to be deleted for a
               sid only if there is no currently running instance
               with that sid.
[oracle@rhel6lhr ~]$ which sysresv
/u01/app/oracle/product/11.2.0/dbhome_1/bin/sysresv
```

【真题 177】 ipcs 和 ipcrm 命令的作用有哪些？

答案：在 UNIX 或 Linux 下，由于进程异常中断，导致共享内存、信号量、队列等共享信息没有干净地清除或释放而引起一些问题，如数据库不能重新启动或不能登录数据库。此时，就要用到 ipcs 和 ipcrm 命令了。

查看共享内存的命令是：ipcs [-m|-s|-q]。若 ipcs 命令不带参数，则默认会列出共享内存、信号量、队列信息，而-m 列出共享内存，-s 列出共享信号量，-q 列出共享队列。

清除共享内存的命令是 ipcrm [-m|-s|-q] id。其中，-m 删除共享内存，-s 删除共享信号量，-q 删除共享队列。

【真题 178】 内核参数 kernel.shmall、kernel.shmall、kernel.shmmni 和 kernel.sem 分别代表什么含义？

答案：这几个参数对 Oracle 分配内存及信号量有非常重要的影响，若设置不正确，则可能导致数据库实例不能启动或不能登录数据库。重要的几个参数如下所示：

```
kernel.shmall = 2097152
kernel.shmmax = 1054472192
kernel.shmmni = 4096
kernel.sem = 250 32000 100 128
```

其含义分别如下所示：

1）kernel.shmall = 2097152 #该参数是控制共享内存页数。Linux 共享内存页大小为 4KB，共享内存段的大小都是共享内存页大小的整数倍。如果一个共享内存段的最大大小是 16GB，那么需要共享内存页数是 16GB/4KB = 16777216KB/4KB = 4194304（页），也就是 64 位系统下 16GB 物理内存，设置 kernel.shmall = 4194304 才符合要求（几乎是原来设置 2097152 的两倍）。简言之，该参数的值始终应该至少为 ceil(SHMMAX/PAGE_SIZE)。这个值太小有可能导致数据库启动报错（ORA-27102: out of memory）。

2）kernel.shmmax = 1054472192 #定义一个内存段最大可以分配的内存空间，单位为字节。如果定义太小，那么会导致启动实例失败，或者 SGA 就会被分配到多个共享内存段。这内存中的指针连接会给系统带来一定的开销，从而降低系统性能。这个值的设置应该大于 SGA_MAX_TARGET 或 MEMORY_MAX_TARGET 的值，最大值可以设置成大于或等于实际的物理内存。如果 kernel.shmmax 为 100MB，SGA_MAX_SIZE 为 500MB，那么启动 Oracle 实例至少会分配 5 个共享内存段；如果设置 kernel.shmmax 为 2GB，SGA_MAX_SIZE 为 500MB，那么启动 Oracle 实例只需要分配 1 个共享内存段。

3）kernel.shmmni = 4096 #设置系统级最大共享内存段数量，该参数的默认值是 4096。这一数值已经足够，通常不需要更改。

4）kernel.sem = 250 32000 100 128 #信号灯的相关配置，信号灯 semaphores 是进程或线程间访问共享内存时提供同步的计数器。可以通过命令"cat /proc/sys/kernel/sem"来查看当前信号灯的参数配置，如下所示：

```
[root@edsir4p1 ~]# cat /proc/sys/kernel/sem
250      32000    100      128
```

其 4 个值的含义分别如下：

① 250 表示 SEMMSL，设置每个信号灯组中信号灯最大数量，推荐的最小值是 250。对于系统中存在大量并发连接的系统，推荐将这个值设置为 PROCESSES 初始化参数加 10。

② 32000 表示 SEMMNS，设置系统中信号灯的最大数量。操作系统在分配信号灯时不会超过 LEAST(SEMMNS,SEMMSL*SEMMNI)。事实上，如果 SEMMNS 的值超过了 SEMMSL*SEMMNI 是非法的，因此推荐 SEMMNS 的值就设置为 SEMMSL*SEMMNI。Oracle 推荐 SEMMNS 的设置不小于 32000。

③ 100 表示 SEMOPM，设置每次系统调用可以同时执行的最大信号灯操作的数量。由于一个信号灯组最多拥有 SEMMSL 个信号灯，因此推荐将 SEMOPM 设置为 SEMMSL 的值。Oracle 验证的 10.2 和 11.1 的 SEMOPM 的配置为 100。

④ 128 表示 SEMMNI，设置系统中信号灯组的最大数量。Oracle10g 和 11g 的推荐值为 142。

与内核参数查看和修改相关的常用命令如下所示。

● 查看生效的内核参数：more /proc/sys/kernel/shmmax。

● 临时生效：echo 3145728 > /proc/sys/kernel/shmmax　#临时设置 shmmax 为 3M。

● 永久生效，可以修改文件：/etc/sysctl.conf，并使修改参数立即生效：/sbin/sysctl -p。

2. 如何判断 Oracle 是 32 位还是 64 位

由于 Oracle 分为客户端和服务器端，因此查看 Oracle 是 32 位还是 64 位也分为服务器端和客户端两个部分。

（1）数据库服务器端

方法	原理	查询命令	32 位	64 位
使用 SQL* Plus	如果是 64 位，那么用 SQL*Plus 连上数据库之后会显示 64bit，若是 32 位，则不会显示	sqlplus / as sysdba	Oracle Database 11g Enterprise EditionRelease 11.2.0.1.0–Production	Oracle Database 10g Enterprise EditionRelease 11.2.0.1.0 – 64bit Production
查看 V$VERSION 视图	如果是 64 位，那么会显示 64bi，若是 32 位，则不会显示	SELECT * FROM V$VERSION WHERE ROWNUM<2;	Oracle Database 11g Enterprise EditionRelease 11.2.0.1.0–Production	Oracle Database 10g Enterprise EditionRelease 11.2.0.1.0 – 64bit
查看 V$SQL 视图	如果是 64 位，那么输出为 16 位十六进制数；若是 32 位，则输出为 8 位十六进制数	SELECT ADDRESS FROM V$SQL WHERE ROWNUM<2;	ADDRESS ———— B50ACCAC	ADDRESS ———— 0000000196FDF7D8

（2）数据库 Client 端

客户端可以从 Linux 和 Windows 平台分别去分析。

平台	原理	查询命令	32 位	64 位
Linux	在 Linux 平台下，可以使用 file 命令检证其中的可执行文件 sqlplus，若是 32 位则显示 32-bit，若是 64 位则显示 64-bit	which sqlplus file /u01/app/oracle/product/10.2.0/db_1/bin/sqlplus	/u01/app/oracle/product/10.2.0/db_1/bin/sqlplus:ELF 32-bit LSB executable	/u01/app/oracle/product/10.2.0/db_1/bin/sqlplus:ELF 64-bit LSB executable, AMDx86-64
Windows	在 64 位机器上运行 exp、imp 或 sqlplus 等 Oracle 客户端命令后，去任务管理器上看进程，文件名后面带有*32 的就是 32 位的程序，否则 Oracle 客户端就是 64 位的程序。若机器是 32 位的，运行 exp、imp 或 sqlplus 等 Oracle 客户端命令，可以成功运行则为 32 位；若不能运行，就说明 Oracle 的客户端是 64 位	查询任务管理器	在 32 位机器可以正常运行，在 64 位机器上表现为 sqlplus.exe*32	在 32 位机器不能正常运行

3. 在 Oracle 中有哪些常见组件？

Oracle 在创建数据库时有很多的组件选项。MOS：Information On Installed Database Components and

Schemas (Doc ID 472937.1)详细介绍了这些组件的安装信息。可以使用如下的 SQL 语句来查询系统中已经安装好的组件：

```
SELECT COMP_ID,COMP_NAME, VERSION, STATUS FROM DBA_REGISTRY;
```

所有的组件重建和卸载参考见下表。

组件名称	组件简介	用户	查询	卸载	重建
OLAP	Oracle OLAP 是 Oracle 企业版的一个可选件，由于将 OLAP 引擎完全集成进了 Oracle 数据库，因此所有数据和元数据都是从 Oracle 数据库内部进行存储和管理的，以提供高度可伸缩性、强健的管理环境及工业级可用性和安全性	OLAPSYS、SYS	COLUMN COMP_NAME FORMAT A35 COL VERSION FOR A15 COL SCHEMA FOR A8 SET WRAP OFF SELECT SCHEMA,COMP_NAME, VERSION, STATUS FROM DBA_REGISTRY WHERE COMP_NAME LIKE '%OLAP%';	How to Remove Or To Reinstall TheOLAPOption To 10g And 11g [ID 332351.1] 　cd $ORACLE_HOME/rdbms/lib SQL> @?/olap/admin/catnoamd.sql SQL> @?/olap/admin/olapidrp.plb SQL> @?/olap/admin/catnoxoq.sql SQL> @?/olap/admin/catnoaps.sql SQL> @?/olap/admin/cwm2drop.sql SQL> @?/rdbms/admin/utlrp.sql	sqlplus /nolog SQL> conn /as sysdba SQL> spool add_olap.log SQL> @?/olap/admin/olap.sql SYSAUX TEMP; SQL> @?/rdbms/admin/utlrp.sql SQL> spool off select count(*) from dba_invalid_ objects;
XDB	XDB 是关于高性能处理XML 数据的一个技术的集合，其包含 storing、generating、accessing、searching、validating、transforming，evolving 和 indexing。XDB 提供本地 XML 支持	XDB	SELECT SCHEMA,COMP_NAME, VERSION, STATUS FROM DBA_REGISTRY WHERE COMP_NAME LIKE%Oracle XML Database%';	Master Note for Oracle XML Database (XDB)Install / Deinstall [ID 1292089.1] SQL> spool xdb_removal.log SQL> set echo on; SQL> connect / as sysdba SQL> shutdown immediate; SQL> startup SQL> @?/rdbms/admin/catnoqm.sql SQL> spool off;	@?/rdbms/admin/catqm.sql oracle SYSAUX TEMP YES @?/rdbms/admin/catxdbj.sql; @?/rdbms/admin/utlrp.sql
JavaVM	JavaVM 是一个独立的执行环境平台，其可以直接将 Java 源码编译成机器码，然后在特定的处理器架构或者系统下执行	SYS	SELECT SCHEMA, COMP_NAME, VERSION, STATUS FROM DBA_REGISTRY WHERE COMP_NAME LIKE '%JServer Java Virtual Machine%';	Note.276554.1 How to Reload the JVM in 10.1.0.X and 10.2.0.X Note.1112983.1 How to Reload the JVM in 11.2.0.x	Note.276554.1 How to Reload the JVM in 10.1.0.X and 10.2.0.X Note.1112983.1 How to Reload the JVM in 11.2.0.x
Spatial	Oracle Spatial 组件是为了让空间数据管理更容易，更自然地使用 location-enabled 应用和 GIS 应用。当 Spatial 数据存储在 DB 中时，它可以很容易地被操作和恢复，与之相关的其他数据也会存储在 DB 中	MDSYS	SELECT * FROM dba_registry d WHERE d.comp_name LIKE '%Spatial%';	Steps for Manual De-installation of OracleSpatial [ID 179472.1]	Master Note for Oracle Spatial and OracleLocator Installation [ID 220481.1]
Text	Oracle Text（全文检索）可以把任何文档和文件编入索引，从而使访问更快，更容易检索相关的信息。Text 的索引可以存储在文件系统、数据库或者 Web	CTXSYS	SELECT * FROM dba_registry d WHERE d.comp_name LIKE '%Text%';	Note.970473.1 Manualinstallation, deinstallation and verification of Oracle Text 11gR2 Note.280713.1 Manualinstallation, deinstallation of Oracle Text 10gR1 and 10gR2	Note.970473.1 Manualinstallation, deinstallation and verification of Oracle Text 11gR2 Note.280713.1 Manualinstallation, deinstallation of Oracle Text 10gR1 and 10gR2
ODM	ODM 是数据库内嵌的数据挖掘组件。ODM 在本地对表或视图进行操作，提取和传输数据到单独的工具或者指定的分析服务上。ODM 综合架构提供了一个简单、可靠、更有效的数据管理和分析环境	SYS	SELECT * FROM dba_registry d WHERE d.comp_name LIKE '%Oracle Data Mining%';	Note.297551.1 How to Remove the Data Mining Option from the Database	Note.297551.1 How to Remove the Data Mining Option from the Database

组件名称	组件简介	用户	查询	卸载	重建
Oracle XDK	Oracle XDK 组件是一个多功能集合的组件，其可以构建和部署 C、C++、Java 程序来处理 XML	SYS	SELECT * FROM dba_registry d WHERE d.comp_name LIKE '%XDK%';	Note.317176.1 How to De-install corrupted pl/sql XDK in 9.2 and Install the right version Note.171658.1 How to Install and Uninstall the XML Developers Toolkit	Note.317176.1 How to De-install corrupted pl/sql XDK in 9.2 and Install the right version Note.171658.1 How to Install and Uninstall the XML Developers Toolkit
Oracle Workspace Manager	Oracle Workspace Manager 是 Oracle 9i 的一个新特性，它使应用程序不必对应用程序的 SQL（DML）进行任何更改，便可将相关内容透明安全地保存在适当位置，而且允许同时对同一生产数据进行读/写访问	WMSYS	SELECT * FROM dba_registry d WHERE d.comp_name LIKE %Oracle Workspace Manager%';	Note.263428.1 How to De-install Oracle Workspace Manager	?/rdbms/admin/owminst.plb
Oracle Expression Filter	Expression Filter 是 Rules Manager 的一个组件，允许研发人员在相关表的一个或多个列上使用 store、index 和 evaluate 条件表达式	EXFSYS	SELECT * FROM dba_registry d WHERE d.comp_name LIKE '%Expression%';	Note 258618.1 - How to Install andUninstall Expression Filter Feature or EXFSYS schema	Note 258618.1 - How to Install andUninstall Expression Filter Feature or EXFSYS schema
Oracle Enterprise Manager	Oracle 的 gridcontrol 由以下两部分组成：dbcontrol 和 repository。可以对某一部分进行操作，也可以同时进行操作	SYSMAN	SELECT * FROM dba_registry d WHERE d.comp_name LIKE '%Enterprise%';	<ORACLE_HOME>/bin/emca deconfig dbcontrol db -repos drop	<ORACLE_HOME>bin/emca -config dbcontrol db -repos create

4. 真题

【真题 179】 什么是 Metalink 或 MOS？

答案：Metalink 是 Oracle 的官方技术支持站点，其网址为 metalink.oracle.com，后来改为 support. oracle.com。截止目前，两个网址均可以使用。该网站命名为 My Oracle Support，缩写为 MOS。

当购买了 Oracle 公司的软件以后，可以根据 License 向 Oracle 请求 CSI（Customer Support Identifier，客户支持号）号，通过 CSI 号就可以登录 MOS 站点注册。

在服务期之内，若有任何技术上的问题都可以在 MOS 上登记 TAR（Technical Assistance Requests）。Oracle 公司会专门指定工程师负责处理提交的 TAR 问题。最高级别的问题会马上有工程师联系进行协助解决。现在，TAR 这个词被更换成了 SR（Service Request，服务请求）。可以通过提交 SR 来申请获得帮助。SR 的问题共有以下 4 个级别（1 级最高，4 级最低），如果是 1 级 SR，通常意味着服务不可用，会有技术支持 24h 跟进解决。

MOS 积累了大量的文档资源、故障处理方案和客户案例，是学习 Oracle 技术的宝库。每个 DBA 都应该学会使用 MOS 这个资源宝库，并尝试自己找出问题的答案。

【真题 180】 OEM 的启动、关闭和重建的命令是什么？

答案：OEM（Oracle Enterprise Manager，企业管理器）是一个基于 Java 的框架系统，该系统集成了多个组件，为用户提供了一个功能强大的图形用户界面。OEM 分为以下两种：Grid Control（网格控制）和 Database Control（数据库控制）。Grid Control 是具有完整功能的全企业 Oracle 生态系统管理工具。Database Control 是可以只作为数据库管理实用程序部署的 OEM 版本。Grid Control 可以监控整个 Oracle 生态环境，它具有一个中心存储仓库，用于收集有关多个计算机上的多个目标的数据，并且提供一个界面来显示所有已发现目标的共同信息。Database Control 是 Grid Control 功能的一个子集，Database Control 只监控一个数据库，并且不能用于监控多个数据库。它只在数据库上运行。

从数据库管理的观点来看，两个使用程序的功能几乎是相同的，只不过 Grid Control 提供了涉及多台计算机的操作的更多功能。

下面介绍 Database Control 的一些常用命令：

- 卸载：emca –deconfig dbcontrol db –repos drop。
- 单机重建：emca –config dbcontrol db –repos recreate。
- 集群重建：emca –config dbcontrol db –repos recreate –cluster。
- OEM 的运行日志路径：$ORACLE_HOME/$hostname_$oracle_sid/sysman/log。
- OEM 的安装日志路径：$ORACLE_HOME/cfgtoollogs/emca/。
- 启动：emctl start dbconsole。
- 关闭：emctl stop dbconsole。
- 运行状态：emctl status dbconsole。
- OEM 的界面地址：https://192.168.59.128:1158/em/。

【真题 181】 V$SESSION_LONGOPS 视图的作用是什么？

答案：在 Oracle 11g 之前的版本，长时间运行的 SQL 可以通过监控 V$SESSION_LONGOPS 来观察。如果某个操作执行时间超过 6s，就会被记录在 V$SESSION_LONGOPS 中，通常可以监控到全表扫描、全索引扫描、散列连接、并行查询等操作。

【真题 182】 Oracle EBS 是什么？

答案：Oracle EBS 是甲骨文公司的应用产品，全称是 Oracle 电子商务套件（E-Business Suit），是在原来 ERP 基础上的扩展，包括 ERP（企业资源计划管理）、HR（人力资源管理）、CRM（客户关系管理）等多种管理软件的集合，是无缝集成的一个管理套件。目前 Oracle EBS 已经发布 R12（Release 12），是完全基于 Web 的企业级软件。作为企业管理软件，EBS 的管理范围涵盖企业管理的方方面面：资产生命周期管理、客户关系管理（CRM）、企业资源计划（ERP）、财务管理、人力资本管理、项目管理（PM）、采购、产品生命周期管理、供应链管理（SCM）、供应链计划、物流与运输管理、订单管理（OM）、价格管理（PM）、制造、教育管理系统、IMEETING、网上购物系统等。

【真题 183】 在没有配置 ORACLE_HOME 环境变量的情况下，如何快速获取数据库软件的 ORACLE_HOME 目录？

答案：若配置了 ORACLE_HOME 环境变量，则可以通过"echo $ORACLE_HOME"来直接获取，如下所示：

```
[oracle@edsir4p1-PROD2 ~]$ echo $ORACLE_HOME
/u01/app/oracle/product/11.2.0/dbhome_1
[oracle@edsir4p1-PROD2 ~]$ sqlplus –v
SQL*Plus: Release 11.2.0.1.0 Production
```

若没有配置 ORACLE_HOME 环境变量，则可以通过"more /etc/oratab"来直接获取，如下所示：

```
[oracle@edsir4p1-PROD2 ~]$ more /etc/oratab
PROD1:/u01/app/oracle/product/11.2.0/dbhome_1:N
PROD2:/u01/app/oracle/product/11.2.0/dbhome_1:N
```

若数据库已启动监听程序，则可以通过"ps –ef|grep tns"来直接获取，如下所示：

```
[oracle@edsir4p1-PROD2 ~]$ ps –ef|grep tns
oracle   5683     1  0 05:30 ?        00:00:00 /u01/app/oracle/product/11.2.0/dbhome_1/bin/tnslsnr LISTENER –inherit
oracle   6344  5357  0 05:48 pts/2    00:00:00 grep tns
```

另外，若在同一个主机上安装了不同版本的数据库软件,则可以通过 pmap 命令来查看 ORACLE_HOME 的路径，pmap 提供了进程的内存映射，用于显示一个或多个进程的内存状态，如下所示：

```
[root@rhel6lhr ~]# ps –ef|grep pmon
grid     3760     1  0 07:18 ?        00:00:02 asm_pmon_+ASM
oracle   40923    1  0 09:51 ?        00:00:02 ora_pmon_orclasm
oracle   52933    1  0 15:53 ?        00:00:00 ora_pmon_ora10g
root     59716 51804 0 16:15 pts/0    00:00:00 grep pmon
[root@rhel6lhr ~]# pmap 40923 | grep dat
00007f2ab564b000      4K rwxs-  /u01/app/oracle/product/11.2.0/dbhome_1/dbs/hc_orclasm.dat
[root@rhel6lhr ~]# pmap 52933 | grep dat
00007f1fab8da000      4K rwxs-  /u02/app/oracle/product/10.2.0/dbhome_1/dbs/hc_ora10g.dat
```

第 6 章　MySQL 数据库

MySQL 数据库也是数据库领域中做得很好的一款开源数据库，尤其是在被 Oracle 公司收购之后有了大幅度升温的趋势。为了应对各类面试笔试，求职者需要了解一些 MySQL 面试常问的问题，做到有备无患。本书 MySQL 部分给出的是一些比较基本的内容，像 MySQL 的高可用性这部分比较高级的知识点，一般只有面试 MySQL DBA 的时候才可能涉及。若读者有能力，也可以自己深入学习一下这方面的内容。

6.1　基础部分

6.1.1　MySQL 数据库有什么特点?

MySQL 是一个小型的关系型数据库，开发者为瑞典的 MySQL AB 公司，现在已经被 Oracle 收购，它支持 FreeBSD、Linux、MAC、Windows 等多种操作系统。MySQL 数据库可支持要求最苛刻的 Web、电子商务和联机事务处理（OLTP）应用程序。它是一个全面集成、事务安全、符合 ACID 的数据库，具备全面的提交、回滚、崩溃恢复和行级锁定功能。MySQL 凭借其易用性、扩展力和性能，成为全球最受欢迎的开源数据库。全球许多流量最大的网站都依托于 MySQL 来支持其业务关键的应用程序，其中包括 Facebook、Google、Ticketmaster 和 eBay。MySQL 5.6 的性能和可用性有了显著提高，可支持下一代 Web、嵌入式和云计算应用程序。

MySQL 被设计为一个单进程多线程架构的数据库（通过 "ps -Lf mysqld 进程号" 或 "pstack mysqld 进程号" 可以查看多线程结构），这点与 SQL Server 类似，但与 Oracle 多进程的架构有所不同（Oracle 的 Windows 版本也属于单进程多线程架构）。也就是说，MySQL 数据库实例在系统上的表现就是一个进程。

MySQL 主要有以下特点：
- 可以处理拥有上千万条记录的大型数据。
- 支持常见的 SQL 语句规范。
- 可移植行高，安装简单小巧。
- 良好的运行效率，有丰富信息的网络支持。
- 调试、管理、优化简单（相对其他大型数据库）。
- 复制全局事务标识可支持自我修复式集群。
- 复制无崩溃从机可提高可用性。
- 复制多线程从机可提高性能。
- 对 InnoDB 进行 NoSQL 访问，可快速完成键值操作以及快速提取数据来完成大数据部署。
- 在 Linux 上的性能提升多达 230%。
- 在当今的多核、多 CPU 硬件上具备更高的扩展力。
- InnoDB 性能改进，可更加高效地处理事务和只读负载。
- 更快速地执行查询，增强的诊断功能。
- Performance Schema 可监视各个用户和应用程序的资源占用情况。

- 通过基于策略的密码管理和实施来确保安全性。
- 复制功能支持灵活的拓扑架构，可实现向外扩展和高可用性。
- 分区有助于提高性能和管理超大型数据库环境。
- ACID 事务支持构建安全可靠的关键业务应用程序。
- Information Schema 有助于方便地访问元数据。
- 插入式存储引擎架构可最大限度发挥灵活性。

6.1.2　MySQL 的企业版和社区版的区别有哪些？

用户通常可以到官方网站 www.mysql.com 下载最新版本的 MySQL 数据库。按照用户群分类，MySQL 数据库目前分为社区版和企业版，它们最重要的区别在于：社区版是自由下载，而且完全免费的，但是官方不提供任何技术支持，适用于大多数普通用户；企业版是收费的，不能在线下载，但是它提供了更多的功能和更完备的技术支持，更适合于对数据库的功能和可靠性要求较高的企业客户。

6.1.3　在 Linux 下安装 MySQL 有哪几种方式？它们的优缺点各有哪些？

在 Windows 下可以使用 NOINSTALL 包和图形化包来安装，在 Linux 下可以使用下表中的 3 种方式来安装。

	RPM（Redhat Package Manage）	二进制（Binary Package）	源码（Source Package）
优点	安装简单，适合初学者学习使用	安装简单；可以安装到任何路径下，灵活性好；一台服务器可以安装多个 MySQL	在实际安装的操作系统中可根据需要定制编译，最灵活；性能最好；一台服务器可以安装多个 MySQL
缺点	需要单独下载客户端和服务器；安装路径不灵活，默认路径不能修改，一台服务器只能安装一个 MySQL	已经经过编译，性能不如源码编译的好；不能灵活定制编译参数	安装过程较复杂，编译时间长
文件布局	/usr/bin：客户端程序和脚本 /usr/sbin：mysqld 服务器 /var/lib/mysql：日志文件，数据库 /usr/share/doc/packages：文档 /usr/include/mysql：包含（头）文件 /usr/lib/mysql：库文件 /usr/share/mysql：错误消息和字符集文件 /usr/share/sql-bench：基准程序	bin：客户端程序和 mysqld 服务器 data：日志文件、数据库 docs：文档、ChangeLog include：包含（头）文件 lib：库 scripts：mysql_install_db 用来初始化系统数据库 share/mysql：错误消息文件 sql-bench：基准程序	bin：客户端程序和脚本 include/mysql：包含（头）文件 info：Info 格式的文档 lib/mysql：库文件 libexec：mysqld 服务器 share/mysql：错误消息文件 sql-bench：基准程序和 crash-me 测试 var：数据库和日志文件
主要安装过程	在大多数情况下，下载 MySQL-server 和 MySQL-client 就可以了，安装方法如下： rpm –ivh MySQL-server* MySQL-client*	1.添加用户 groupadd mysql useradd –g mysql mysql 2.安装 tar –xzvf mysql-VERSION-OS.tar.gz –C /mysql/ ln –s MySQL-VERSION-OS mysql 或用 mv 命令 3.初始化，MySQL 5.7 之后用 mysqld ––initialize scripts/mysql_install_db 4）启动数据库并修改密码等 mysqld_safe & set password=password('lhr');	除了第二步的安装过程外，其他步骤和二进制基本一样（MySQL 5.7 开始使用 cmake）： gunzip < mysql-VERSION.tar.gz | tar –xvf – cd mysql-VERSION ./configure ––prefix=/usr/local/mysql make && make install

6.1.4　如何确定 MySQL 是否处于运行状态？如何开启 MySQL 服务？

1. Linux 下启动 MySQL 服务：

```
[root@testdb /]# service mysql status
 ERROR! mysql is not running
[root@testdb /]# service mysql start
Starting mysql... SUCCESS!
[root@testdb /]# service mysql status
 SUCCESS! mysql running (3041)
[root@testdb /]# ps –ef|grep mysql
```

```
    root     2938     1 0 19:30 pts/0    00:00:00 /bin/sh /usr/bin/mysqld_safe--datadir=/var/lib/mysql--pid-file=/var/lib
/mysql/testdb.pid
    mysql    3041 2938 43 19:30 pts/0    00:00:09 /usr/sbin/mysqld --basedir=/usr --datadir=/var/lib/mysql --plugin-dir=
/usr/lib64/mysql/plugin --user=mysql --log-error=/var/lib/mysql/testdb.err --pid-file=/var/lib/mysql/testdb.pid
    root     3096 2342 0 19:30 pts/0    00:00:00 grep mysql
```

在 Linux 下，也可以通过"netstat -nlp | grep mysqld"来查看 MySQL 服务的状态：

```
[root@testdb /]# netstat  -nlp | grep mysqld
tcp      0      0 :::3306                    :::*                      LISTEN      13853/mysqld
unix 2    [ ACC ]    STREAM    LISTENING    38511  13853/mysqld       /var/lib/mysql57/mysql.sock
```

也可以使用 mysqld_safe 命令启动 MySQL 数据库，通过 mysqladmin 来关闭 MySQL 数据库：

```
[root@testdb /]# mysqladmin -uroot -plhr shutdown
mysqladmin: [Warning] Using a password on the command line interface can be insecure.
[root@testdb /]# mysqld_safe &
[1] 14408
[root@testdb /]# 2017-08-23T10:02:38.704780Z mysqld_safe Logging to '/var/lib/mysql57/mysql5719/log/mysqld.log'.
2017-08-23T10:02:38.726029Z mysqld_safe Starting mysqld daemon with databases from /var/lib/mysql57/mysql5719/data
```

在数据库启动时可以加上从指定参数文件进行启动，如下所示：

```
mysqld_safe --defaults-file=/etc/my.cnf &
```

2．Windows 下启动 MySQL 服务：

```
D:\MySQL\MySQL-advanced-5.6.21-win32\bin>net start mysql
MySQL 服务正在启动 ....
```

MySQL 服务已经启动成功。

进入 Windows 的服务可以看到下图所示的内容。

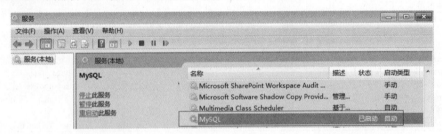

6.1.5 如何创建和删除表?

创建表：CREATE TABLE。删除表：DROP TABLE。

【真题 184】 创建一个存储引擎为 InnoDB，字符集为 GBK 的表 TEST，字段为 ID 和 NAMEVARCHAR(16)，并查看表结构完成下列要求：

① 插入一条数据：1,newlhr。

② 批量插入数据：2,小麦苗；3,ximaimiao。要求中文不能乱码。

③ 首先查询名字为 newlhr 的记录，然后查询 ID 大于 1 的记录。

④ 把数据 ID 等于 1 的名字 newlhr 更改为 oldlhr。

⑤ 在字段 NAME 前插入 AGE 字段，类型为 TINYINT(4)。

答案：

```
mysql> CREATE TABLE 'TEST'('ID' INT(4) NOT NULL, 'NAME' VARCHAR(20) NOT NULL)ENGINE=InnoDB DEFAULT
CHARSET=GBK;
Query OK, 0 rows affected (0.67 sec)
mysql> DESC TEST;
```

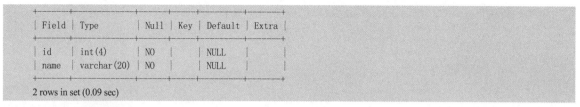

```
+--------+-------------+------+-----+---------+-------+
| Field  | Type        | Null | Key | Default | Extra |
+--------+-------------+------+-----+---------+-------+
| id     | int(4)      | NO   |     | NULL    |       |
| name   | varchar(20) | NO   |     | NULL    |       |
+--------+-------------+------+-----+---------+-------+
2 rows in set (0.09 sec)
```

插入一条数据：1,newlhr

```
mysql> INSERT INTO TEST(ID,NAME) VALUES(1,"newlhr");
Query OK, 1 row affected (0.09 sec)
mysql> SELECT * FROM TEST;
+----+--------+
| id | name   |
+----+--------+
|  1 | newlhr |
+----+--------+
1 row in set (0.00 sec)
```

批量插入数据：2,小麦苗；3,ximaimiao。要求中文不能乱码。

```
mysql> INSERT INTO TEST VALUES(2,"小麦苗"),(3,"ximaimiao");
Query OK, 2 rows affected (0.27 sec)
Records: 2   Duplicates: 0   Warnings: 0
mysql> SELECT * FROM TEST;
+----+-----------+
| id | name      |
+----+-----------+
|  1 | newlhr    |
|  2 | 小麦苗    |
|  3 | ximaimiao |
+----+-----------+
```

首先查询名字为 newlhr 的记录，然后查询 ID 大于 1 的记录。

```
mysql> SELECT * FROM TEST WHERE NAME="newlhr";
+----+--------+
| id | name   |
+----+--------+
|  1 | newlhr |
+----+--------+
mysql> SELECT * FROM TEST WHERE ID>1;
+----+-----------+
| id | name      |
+----+-----------+
|  2 | 小麦苗    |
|  3 | ximaimiao |
+----+-----------+
```

把数据 ID 等于 1 的名字 newlhr 更改为 oldlhr。

```
mysql> UPDATE TEST SET NAME="oldlhr" WHERE ID=1;
Query OK, 1 row affected (0.00 sec)
Rows matched: 1   Changed: 1   Warnings: 0
mysql> SELECT * FROM TEST;
+----+-----------+
| id | name      |
+----+-----------+
|  1 | oldlhr    |
|  2 | 小麦苗    |
|  3 | ximaimiao |
+----+-----------+
```

在字段 NAME 前插入 AGE 字段，类型为 TINYINT(4)。

```
mysql>ALTER TABLE TEST ADD AGE TINYINT(4) AFTER ID;
Query OK, 3 rows affected (0.04 sec)
Records: 3   Duplicates: 0   Warnings: 0
mysql> DESC TEST;
+-------+-------------+------+-----+---------+-------+
| Field | Type        | Null | Key | Default | Extra |
+-------+-------------+------+-----+---------+-------+
| id    | int(4)      | NO   |     | NULL    |       |
| age   | tinyint(4)  | YES  |     | NULL    |       |
| name  | varchar(20) | NO   |     | NULL    |       |
+-------+-------------+------+-----+---------+-------+
```

【真题 185】 有如下表结构，其中，NAME 字段代表"姓名"，SCORE 字段代表"分数"。

```
CREATE TABLE 'T1' (
    'ID' DOUBLE,
    'NAME' VARCHAR(300),
    'SCORE' DOUBLE
);
INSERT INTO 'T1' ('ID', 'NAME', 'SCORE') VALUES('1','N1','59');
INSERT INTO 'T1' ('ID', 'NAME', 'SCORE') VALUES('2','N2','66');
INSERT INTO 'T1' ('ID', 'NAME', 'SCORE') VALUES('3','N3','78');
INSERT INTO 'T1' ('ID', 'NAME', 'SCORE') VALUES('4','N1','48');
INSERT INTO 'T1' ('ID', 'NAME', 'SCORE') VALUES('5','N3','85');
INSERT INTO 'T1' ('ID', 'NAME', 'SCORE') VALUES('6','N5','51');
INSERT INTO 'T1' ('ID', 'NAME', 'SCORE') VALUES('7','N4','98');
INSERT INTO 'T1' ('ID', 'NAME', 'SCORE') VALUES('8','N5','53');
INSERT INTO 'T1' ('ID', 'NAME', 'SCORE') VALUES('9','N2','67');
INSERT INTO 'T1' ('ID', 'NAME', 'SCORE') VALUES('10','N4','88');
```

完成下列查询：

1）查询单分数最高的人和单分数最低的人。

2）查询两门分数加起来的第 2～5 名。

3）查询两门总分数在 150 分以下的人。

4）查询两门平均分数介于 60 和 80 的人。

5）查询总分大于 150 分，平均分小于 90 分的人数。

6）查询总分大于 150 分，平均分小于 90 分的人数有几个。

答案：

1）查询单分数最高的人和单分数最低的人。

```
mysql> SELECT * FROM T1 WHERE SCORE IN (SELECT MAX(SCORE)  FROM T1 UNION ALL SELECT   MIN(SCORE) FROM T1);
+----+------+-------+
| id | name | score |
+----+------+-------+
|  4 | n1   |    48 |
|  7 | n4   |    98 |
+----+------+-------+
2 rows in set (0.03 sec)
```

2）查询两门分数加起来的第 2～5 名。

```
mysql> SELECT NAME,SUM(SCORE) FROM T1 GROUP   BY NAME ORDER BY SUM(SCORE) DESC LIMIT 1,4;
+------+------------+
| name | sum(score) |
+------+------------+
| n3   |        163 |
| n2   |        133 |
| n1   |        107 |
| n5   |        104 |
+------+------------+
```

3）查询两门总分数在 150 分以下的人。

```
mysql> SELECT NAME, SUM(SCORE) FROM T1 GROUP   BY NAME HAVING SUM(SCORE) < 150;
+------+------------+
| name | sum(score) |
+------+------------+
| n1   |        107 |
| n2   |        133 |
| n5   |        104 |
+------+------------+
3 rows in set (0.00 sec)
```

4）查询两门平均分数介于 60 和 80 的人。

```
mysql> SELECT NAME,AVG(SCORE) FROM T1 GROUP   BY NAME HAVING AVG(SCORE) BETWEEN 60 AND 80;
+------+------------+
| name | avg(score) |
+------+------------+
| n2   |       66.5 |
+------+------------+
1 row in set (0.02 sec)
```

5）查询总分大于 150 分，平均分小于 90 分的人数。

```
mysql> SELECT  NAME,SUM(SCORE),AVG(SCORE)  FROM  T1  GROUP   BY  NAME  HAVING  SUM(SCORE)>150  AND
AVG(SCORE)<90;
+------+------------+------------+
| name | sum(score) | avg(score) |
+------+------------+------------+
| n3   |        163 |       81.5 |
+------+------------+------------+
1 row in set (0.00 sec)
```

6）查询总分大于 150 分，平均分小于 90 分的人数有几个。

```
mysql> SELECT COUNT(NAME) FROM T1 GROUP   BY NAME HAVING SUM(SCORE) > 150 AND AVG(SCORE) < 90;
+----------------------+
| count(distinct name) |
+----------------------+
|                    1 |
+----------------------+
1 row in set (0.04 sec)
```

6.1.6　如何创建和删除数据库？

建库：CREATE DATABASE DB4 CHARACTER SET UTF8;

删库：DROP DATABASE DB4;

【真题 186】　创建 GBK 字符集的数据库 NEWLHR，并查看已建库的完整语句。

答案：

```
mysql> CREATE DATABASE NEWLHR CHARACTER SET GBK ;
Query OK, 1 row affected (0.13 sec)
mysql> SHOW CREATE DATABASE NEWLHR;
+----------+----------------------------------------------------------------+
| Database | Create Database                                                |
+----------+----------------------------------------------------------------+
| newlhr   | CREATE DATABASE 'newlhr' /*!40100 DEFAULT CHARACTER SET gbk */  |
+----------+----------------------------------------------------------------+
1 row in set (0.02 sec)
```

6.1.7　如何查看数据库的版本、当前登录用户和当前的数据库名称？

通过 VERSION()函数可以查询数据库的版本，通过 USER()函数可以查询当前登录数据库的用户，通过 DATABASE()函数可以获取当前连接的数据库名称，如下所示：

```
mysql> SELECT VERSION(),@@VERSION,USER(),DATABASE();
+------------------------------------------------+------------------------------------------------+----------------+------------+
| VERSION()                                      | @@VERSION                                      | USER()         | DATABASE() |
+------------------------------------------------+------------------------------------------------+----------------+------------+
| 5.6.21-enterprise-commercial-advanced-log      | 5.6.21-enterprise-commercial-advanced-log      | root@localhost | mysql      |
+------------------------------------------------+------------------------------------------------+----------------+------------+
1 row in set (0.00 sec)
[root@rhel6lhr ~]# mysql -V
mysql   Ver 14.14 Distrib 5.6.21, for Linux (x86_64) using    EditLine wrapper
[root@rhel6lhr ~]#
```

6.1.8　MySQL 有哪些常用日期和时间函数?

MySQL 的日期函数较多，只需要掌握常用的即可，常用的日期或时间函数参考下表。

函数	函数功能描述	函数举例

DAYOFWEEK(DATE)	返回 DATE 的星期索引(1= Sunday，2= Monday，...，7=Saturday)	`mysql> SELECT DAYOFWEEK('2016-05-24');`
		`+-------------------------+`
		`| DAYOFWEEK('2016-05-24') |`
		`+-------------------------+`
		`|                       3 |`
		`+-------------------------+`

DAYOFYEAR(DATE)	返回 DATE 是一年中的第几天，范围为 1～366	`mysql>  SELECT DAYOFYEAR('2016-05-24');`
		`+-------------------------+`
		`| DAYOFYEAR('2016-05-24') |`
		`+-------------------------+`
		`|                     145 |`
		`+-------------------------+`

HOUR(TIME)/MINUTE(TIME)/SECOND(TIME)	返回 TIME 的小时值/分钟值/秒值，范围为 0～23	`mysql> SELECT HOUR('10:05:03'),MINUTE('10:05:03'),SECOND('10:05:03');` `+------------------+--------------------+--------------------+` `| HOUR('10:05:03')	MINUTE('10:05:03')	SECOND('10:05:03') |` `+------------------+--------------------+--------------------+` `| 10	5	3 |` `+------------------+--------------------+--------------------+`

DATE_FORMAT(DATE, FORMAT)	依照 FORMAT 字符串格式化 DATE 值，修饰符的含义：
	%M 月的名字（January..December）
	%W 星期的名字（Sunday.. Saturday）
	%D 有英文扩展名的某月的第几天（0th，1st，2nd，3rd 等）
	%Y 年份，数字的，4 位
	%y 年份，数字的，2 位
	%x 周值的年份，星期一是一个星期的第一天，数字的，4 位，与"%v"一同使用
	%a 缩写的星期名（Sun..Sat）
	%m 月，数字的（00..12）
	%c 月，数字的（0..12）
	%H 小时（00..23）
	%k 小时（0..23）
	%h 小时（01..12）
	%I 小时（01..12）
	%l 小时（1..12）
	%S 秒（00..59）
	%s 秒（00..59）
	%p AM 或 PM
	%w 一周中的天数（0=Sunday..6=Saturday）
		`mysql> SELECT DATE_FORMAT('2016-05-24', '%W %M %Y');`
		`+---------------------------------------+`
		`| DATE_FORMAT('2016-05-24', '%W %M %Y') |`
		`+---------------------------------------+`
		`| Tuesday May 2016                      |`
		`+---------------------------------------+`

（续）

函数	函数功能描述	函数举例
CURDATE()/CURRENT_DATE	以"YYYY-MM-DD"或"YYYY MMDD"格式返回当前的日期值	mysql> SELECT CURDATE(),CURRENT_DATE; | CURDATE () | CURRENT_DATE | | 2017-07-28 | 2017-07-28 |
CURTIME()/CURRENT_TIME	以"HH:MM:SS"或"HHMMSS"格式返回当前的时间值	mysql> SELECT CURTIME(),CURRENT_TIME(); | CURTIME () | CURRENT_TIME () | | 16:05:37 | 16:05:37 |
NOW()/SYSDATE()/CURRENT_TIMESTAMP	以"YYYY-MM-DD HH:MM:SS"或"YYYYMMDDHHMMSS"格式返回当前的日期时间值	mysql> SELECT NOW(),SYSDATE(),CURRENT_TIMESTAMP; | NOW () | SYSDATE () | CURRENT_TIMESTAMP | | 2017-07-28 16:04:31 | 2017-07-28 16:04:31 | 2017-07-28 16:04:31 |
SEC_TO_TIME(NUMBER)	以"HH:MM:SS"或"HHMMSS"格式返回参值被转换到时分秒后的值	mysql> SELECT SEC_TO_TIME(2378); | SEC_TO_TIME(2378) | | 00:39:38 |
TIME_TO_SEC(TIME)	将参数TIME转换为秒数后返回	mysql> SELECT TIME_TO_SEC('22:23:00'); | TIME_TO_SEC ('22:23:00') | | 80580 |

其他的函数请查阅官方文档。

【真题187】 MySQL 中的 IFNULL() 有什么作用？

答案：使用 IFNULL() 方法能使 MySQL 中的查询更加精确。IFNULL() 方法将会测试它的第一个参数，若不为 NULL，则返回该参数的值，否则返回第二个参数的值，类似于 Oracle 中的 NVL 函数。示例如下：

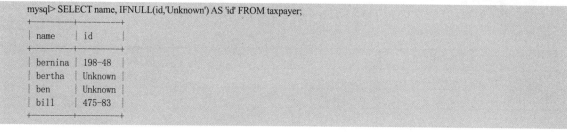

```
mysql> SELECT name, IFNULL(id,'Unknown') AS 'id' FROM taxpayer;
+---------+---------+
| name    | id      |
+---------+---------+
| bernina | 198-48  |
| bertha  | Unknown |
| ben     | Unknown |
| bill    | 475-83  |
+---------+---------+
```

6.1.9　MySQL 有哪些数据类型？

MySQL 中定义数据字段的类型对数据库的优化是非常重要的。MySQL 支持多种类型，大致可以分为以下 3 类：数值、日期/时间和字符串（字符）类型。

1. 数值类型（见下表）

	类型	大小	范围（有符号）	范围（无符号）	用途
整数类型	TINYINT	1B	(-128，127)	(0，255)	小整数值、微小
	SMALLINT	2B	(-32768，32767)	(0，65535)	大整数值、小
	MEDIUMINT	3B	(-8388608，8388607)	(0，16777215)	大整数值、中等大小
	INT 或 INTEGER	4B	(-2147483648，2147483647)	(0，4294967295)	大整数值、普通大小
	BIGINT	8B	(-9233372036854775808，9223372036854775807)	(0，18446744073709551615)	极大整数值、大

（续）

	类型	大小	范围（有符号）	范围（无符号）	用途
带小数的类型	FLOAT	4B	(−3.402823466E+38, 1.175494351E−38)、0、(1.175494351E−38, 3.402823466351E+38)	0、(1.175494351E−38, 3.402823466E+38)	单精度浮点数值
	DOUBLE	8B	(1.7976931348623157E+308, 2.2250738585072014E−308)、0、(2.2250738585072014E−308, 1.7976931348623157E+308)	0、(2.2250738585072014E−308, 1.7976931348623157E+308)	双精度浮点数值
	DECIMAL	对DECIMAL (M, D)，若M>D，则为M+2，否则为D+2	依赖于 M 和 D 的值	依赖于 M 和 D 的值	小数值、定点数

2．日期和时间类型

表示时间值的日期和时间类型为 DATETIME、DATE、TIMESTAMP、TIME 和 YEAR，见下表。每个时间类型有一个有效值范围和一个"零"值，当指定不合法的 MySQL 不能表示的值时，就使用"零"值。

类型	大小/B	范围	格式	用途
DATE	3	1000−01−01/9999−12−31	YYYY−MM−DD	日期值
TIME	3	'−838:59:59'/'838:59:59'	HH:MM:SS	时间值或持续时间
YEAR	1	1901/2155	YYYY	年份值
DATETIME	8	1000−01−0100:00:00/9999−12−3123:59:59	YYYY−MM−DDHH:MM:SS	混合日期和时间值
TIMESTAMP	8	1970−01−0100:00:00/2037 年某时	YYYYMMDDHHMMSS	混合日期和时间值，时间戳

日期类型需要注意以下几点内容：

1）如果要记录年、月、日、时、分、秒，并且记录的年份比较久远，那么最好使用 DATETIME，而不要使用 TIMESTAMP，因为 TIMESTAMP 表示的日期范围比 DATETIME 要短得多。

2）如果记录的日期需要让不同时区的用户使用，那么最好使用 TIMESTAMP，因为日期类型中只有它能够和实际时区相对应。

3．字符串类型

字符串类型指 CHAR、VARCHAR、BINARY、VARBINARY、BLOB、TEXT、ENUM 和 SET，见下表。

类型	大小/B 字节	用途	注意
CHAR	0～255	定长字符串	频繁改变的列建议用 CHAR 类型
VARCHAR	0～65535	变长字符串	
TINYBLOB	0～255	不超过 255 个字符的二进制字符串	
TINYTEXT	0～255	短文本字符串	
BLOB	0～65535	二进制形式的长文本数据	
TEXT	0～65535	长文本数据、VARCHAR 的加长增强版	
MEDIUMBLOB	0～16777215	二进制形式的中等长度文本数据	
MEDIUMTEXT	0～16777215	中等长度文本数据	
LOGNGBLOB	0～4294967295	二进制形式的极大文本数据	
LONGTEXT	0～4294967295	极大文本数据	
ENUM	1～2	枚举类型	
SET	1～8	类似于枚举类型，SET 类型一次可以选取多个成员，而 ENUM 只能选一个	

字符类型需要注意以下几点内容：

1）CHAR 和 VARCHAR 类型类似，但它们保存和检索的方式不同。它们的最大长度以及是否尾部空格被保留等方面也不同。在存储或检索过程中不进行大小写转换。

2）BINARY 和 VARBINARY 类似于 CHAR 和 VARCHAR，不同的是，它们包含二进制字符串而不要非二进制字符串。也就是说，它们包含字节字符串而不是字符字符串。这说明它们没有字符集，并且排序和比较基于列值字节的数值。

3）BLOB 是一个二进制大对象，可以容纳可变数量的数据。有 4 种 BLOB 类型：TINYBLOB、BLOB、MEDIUMBLOB 和 LONGBLOB。它们只是可容纳值的最大长度不同。

4）有 4 种 TEXT 类型：TINYTEXT、TEXT、MEDIUMTEXT 和 LONGTEXT。这些对应 4 种 BLOB 类型，有相同的最大长度和存储需求。

【真题 188】 在 MySQL 中，VARCHAR 与 CHAR 的区别是什么？VARCHAR(50)中的 50 代表的含义是什么？

答案：CHAR 是一种固定长度的类型，VARCHAR 则是一种可变长度的类型。

CHAR 列的长度固定为创建表时声明的长度。长度可以为从 0～255 的任何值。当保存 CHAR 值时，在它们的右边填充空格以达到指定的长度。当检索到 CHAR 值时，尾部的空格被删除掉。在存储或检索过程中不进行大小写转换。

VARCHAR 列中的值为可变长字符串。长度可以指定为 0～65535 之间的值。VARCHAR 的最大有效长度由最大行大小和使用的字符集确定。在 MySQL 4.1 之前的版本，VARCHAR(50)的"50"是指 50B。如果存放 UTF8 汉字时，那么最多只能存放 16 个（每个汉字 3B）。从 MySQL 4.1 版本开始，VARCHAR(50)的"50"是指 50 字符（character），无论存放的是数字、字母还是 UTF8 汉字（每个汉字 3B），都可以存放 50 个。

CHAR 和 VARCHAR 类型声明的长度表示保存的最大字符数。例如，CHAR(30)可以占用 30 个字符。对于 MyISAM 表，推荐 CHAR 类型；对于 InnoDB 表，推荐 VARCHAR 类型。另外，在进行检索时，若列值的尾部含有空格，则 CHAR 列会删除其尾部的空格，而 VARCHAR 则会保留空格。

【真题 189】 MySQL 中运算符"<=>"的作用是什么？

答案：比较运算符"<=>"表示安全的等于，这个运算符和"="类似，都执行相同的比较操作，不过"<=>"可以用来判断 NULL 值。在两个操作数均为 NULL 时，其返回值为 1 而不为 NULL；而当一个操作数为 NULL 时，其返回值为 0 而不为 NULL。示例如下所示：

```
mysql>select 1<=>0,'2'<=>2,NULL<=>NULL;
+-------+---------+-----------+
| 1<=>0 | '2' <=>2 | NULL<=>NULL |
+-------+---------+-----------+
|   0   |    1    |     1     |
+-------+---------+-----------+
```

【真题 190】 MySQL 数据类型有哪些属性？

答案：数据类型的属性包括 auto_increment、binary、default、index、not null、null、primary key、unique 和 zerofill，见下表。

属性	说　明
auto_increment	1）auto_increment 能为新插入的行赋予一个唯一的整数标识符，该属性只用于整数类型 2）auto_increment 一般从 1 开始，每行增加 1。可以通过"ALTER TABLE TB_NAME AUTO_INCREMENT=n;"语句强制设置自动增长列的初始值，但是该强制的默认值是保留在内存中的。如果该值在使用之前数据库重新启动，那么这个强制的默认值就会丢失，就需要在数据库启动以后重新设置 3）可以使用 LAST_INSERT_ID()查询当前线程最后插入记录使用的值。如果一次插入多条记录，那么返回的是第一条记录使用的自动增长值 4）MySQL 要求将 auto_increment 属性用于作为主键的列 5）每个表只允许有一个 auto_increment 列 6）自动增长列可以手工插入，如果插入的值是空或者 0，那么实际插入的将是自动增长后的值 7）对于 InnoDB 表，自动增长列必须是索引。如果是组合索引，也必须是组合索引的第一列，但是对于 MyISAM 表，自动增长列可以是组合索引的其他列，这样插入记录后，自动增长列是按照组合索引的前几列进行排序后递增的
binary	binary 属性只用于 char 和 varchar 值。当为列指定了该属性时，将以区分大小写的方式进行排序和比较

（续）

属性	列
default	default 属性确保在没有任何值可用的情况下，赋予某个常量值，这个值必须是常量，因为 MySQL 不允许插入函数或表达式值。此外，此属性无法用于 BLOB 或 TEXT 列。如果已经为此列指定了 NULL 属性，那么当没有指定默认值时默认值将为 NULL，否则默认值将依赖于字段的数据类型
index	如果所有其他因素都相同，要加速数据库查询，那么使用索引通常是最重要的一个步骤。索引一个列会为该列创建一个有序的键数组，每个键指向其相应的表行。以后针对输入条件可以搜索这个有序的键数组，与搜索整个未索引的表相比，这将在性能方面得到极大的提升
not null	如果将一个列定义为 not null，那么将不允许向该列插入 null 值。建议在重要情况下始终使用 not null 属性，因为它提供了一个基本验证，确保已经向查询传递了所有必要的值
null	为列指定 null 属性时，该列可以保持为空，而不论行中其他列是否已经被填充。null 精确的说法是"无"，而不是空字符串或 0
primary key	primary key 属性用于确保指定行的唯一性。指定为主键的列中，值不能重复，也不能为空。为指定为主键的列赋予 auto_increment 属性是很常见的，因为此列不必与行数据有任何关系，而只是作为一个唯一标识符。主键又分为以下两种： 1）单字段主键。如果输入到数据库中的每行都已经有不可修改的唯一标识符，一般会使用单字段主键。注意，此主键一旦设置，就不能再修改 2）多字段主键。如果记录中任何一个字段都不可能保证唯一性，那么就可以使用多字段主键。这时，多个字段联合起来确保唯一性。如果出现这种情况，那么指定一个 auto_increment 整数作为主键是更好的办法
unique	被赋予 unique 属性的列将确保所有值都有不同的值，只是 null 值可以重复。一般会指定一个列为 unique，以确保该列的所有值都不同
zerofill	zerofill 属性可用于任何数值类型，用 0 填充所有剩余字段空间。例如，无符号 int 的默认宽度是 10；因此，当"零填充"的 int 值为 4 时，将表示它为 0000000004

6.1.10　真题

【真题 191】　如何连接到 MySQL 数据库？

答案：连接到 MySQL 数据库有多种写法，假设 MySQL 服务器的地址为 192.168.59.130，则可以通过以下几种方式来连接 MySQL 数据库：

① mysql –p。

② mysql –uroot –p。

③ mysql –uroot –h192.168.59.130 –p。

【真题 192】　哪个命令可以查看所有数据库？

答案：show databases;。

【真题 193】　如何切换到某个特定的数据库？

答案：use database_name;。

【真题 194】　列出数据库内所有的表？

答案：在当前数据库运行命令：show tables;。

【真题 195】　MySQL 如何实现插入时，如果不存在则插入，如果存在则更新的操作？

答案：在 Oracle 中由 MERGE INTO 来实现记录已存在就更新的操作，mysql 没有 MERGE INTO 语法，但是有 REPLACE INTO 的写法，同样实现记录已存在就更新的操作。

SQL Server 中的实现方法是：

```
if not exists (select 1 from t where id = 1)
insert into t(id,   update_time) values(1,   getdate())
else
update t set update_time = getdate() where id = 1
```

MySQL 的 REPLACE INTO 有以下 3 种形式：

1）REPLACE INTO TBL_NAME(COL_NAME) VALUES()。

2）REPLACE INTO TBL_NAME(COL_NAME) SELECT。

3）REPLACE INTO TBL_NAME SET COL_NAME=VALUE。

其中，"INTO" 关键字可以省略，不过最好加上"INTO" 关键字，这样意思更加直观。另外，对于那些没有给予值的列，MySQL 将自动为这些列赋上默认值。

【真题 196】 用哪些命令可以查看 MySQL 数据库中的表结构？

答案：查看 MySQL 表结构的命令有以下几种：

1）DESC 表名。

2）SHOW COLUMNS FROM 表名。

3）DESCRIBE 表名。

4）SHOW CREATE TABLE 表名。

5）USE INFORMATION_SCHEMA。

【真题 197】 如何创建 TABB 表，完整复制 TABA 表的结构和索引，而且不要数据？

答案：CREATE TABLE TABB LIKE TABA;。

【真题 198】 如何查看某一用户的权限？

答案：SHOW GRANTS FOR USERNAME;。

【真题 199】 如何得知当前 BINARY LOG 文件和 POSITION 值？

答案：SHOW MASTER STATUS;。

【真题 200】 用什么命令切换 BINARY LOG？

答案：FLUSH LOGS;。

【真题 201】 用什么命令整理表数据文件的碎片？

答案：OPTIMIZE TABLE TABLENAME;。

【真题 202】 如何得到 TA_LHR 表的建表语句？

答案：SHOW CREATE TABLE TA_LHR;。

【真题 203】 MySQL 和 Oracle 如何修改命令提示符？

答案：MySQL 的默认提示符为 "mysql"，可以使用 prompt 命令来修改，如下所示：

```
全局：export MYSQL_PS1="(\u@\h) [\d]>"
当前会话：prompt (\u@\h) [\d] \R:\m:\s>\_
```

其中，"\u" 代表用户名，"\h" 代表服务器地址，"\d" 代表当前数据库，"\R:\m:\s" 代表时分秒，如 23:10:10。

Oracle 的默认命令提示符为 "SQL"，可以使用 "SET SQLPROMPT" 命令来修改，如下所示：

```
SQL> SHOW SQLPROMPT
sqlprompt "SQL>"
SQL> SET SQLPROMPT "_USER'@'_CONNECT_IDENTIFIER>"
SYS@lhrdb>
SYS@lhrdb> SHOW SQLPROMPT
sqlprompt "_user'@'_connect_identifier>"
```

在以上结果中，SYS 表示用户，lhrdb 表示数据库。注意，以上提示符的 ">" 后有一个空格。

如果想全局生效，那么可以修改文件：$ORACLE_HOME/sqlplus/admin/glogin.sql。在 glogin.sql 文件中添加如下的内容：

```
SET SQLPROMPT "_USER'@'_CONNECT_IDENTIFIER>"
```

这样，每次登录 SQL*Plus 时，SQL 提示符就会变为设置的内容。

【真题 204】 在 MySQL 中，如何查看表的详细信息，如存储引擎、行数、更新时间等？

答案：可以使用 SHOW TABLE STATUS 获取表的详细信息，语法为

```
SHOW TABLE STATUS
    [{FROM | IN} db_name]
    [LIKE 'pattern' | WHERE expr]
```

例如：

下面的 SQL 语句查询了 mysql 数据库中的 user 表的详细信息：

```
mysql>show table status from mysql like 'user'\G;
*************************** 1. row ***************************
            Name: user
          Engine: MyISAM
         Version: 10
      Row_format: Dynamic
            Rows: 7
  Avg_row_length: 85
     Data_length: 596
 Max_data_length: 281474976710655
    Index_length: 2048
       Data_free: 0
  Auto_increment: NULL
     Create_time: 2017-08-25 18:37:13
     Update_time: 2017-08-25 19:06:01
      Check_time: NULL
       Collation: utf8_bin
        Checksum: NULL
  Create_options:
         Comment: Users and global privileges
```

其中，每列的含义见下表。

列名	解释
Name	表名
Engine	表的存储引擎，在 MySQL 4.1.2 之前，该列的名字为 Type
Version	表的.frm 文件的版本号
Row_format	行存储格式（Fixed、Dynamic、Compressed、Redundant、Compact）。对于 MyISAM 引擎，可以是 Dynamic、Fixed 或 Compressed。动态行的行长度可变，如 Varchar 或 Blob 类型字段。固定行是指行长度不变，如 Char 和 Integer 类型字段
Rows	行的数目。对于非事务性表，这个值是精确的，对于事务性引擎，这个值通常是估算的。例如 MyISAM，存储精确的数目。对于其他存储引擎，如 InnoDB，本值是一个大约的数，与实际值相差可达 40%~50%。在这些情况下，使用 SELECT COUNT(*)来获得准确的数目。对于在 INFORMATION_SCHEMA 数据库中的表，Rows 值为 NULL
Avg_row_length	平均每行包括的字节数
Data_length	表数据的大小（和存储引擎有关）
Max_data_length	表可以容纳的最大数据量（和存储引擎有关）
Index_length	索引的大小（和存储引擎有关）
Data_free	对于 MyISAM 引擎，标识已分配，但现在未使用的空间，并且包含了已被删除行的空间
Auto_increment	下一个 Auto_increment 的值
Create_time	表的创建时间
Update_time	表的最近更新时间
Check_time	使用 check table 或 myisamchk 工具检查表的最近时间
Collation	表的默认字符集和字符排序规则

（续）

列名	解释
Checksum	如果启用，则对整个表的内容计算时的校验和
Create_options	指表创建时的其他所有选项
Comment	包含了其他额外信息，对于 MyISAM 引擎，包含了注释。对于 InnoDB 引擎，则保存着 InnoDB 表空间的剩余空间信息。如果是一个视图，那么注释里面包含了 VIEW 字样

也可以使用 information_schema.tables 表来查询，如下所示：

```
SELECT table_name,Engine,Version,Row_format,table_rows,Avg_row_length,
    Data_length,Max_data_length,Index_length,Data_free,Auto_increment,
    Create_time,Update_time,Check_time,table_collation,Checksum,
    Create_options,table_comment
FROM information_schema.tables
WHERE Table_Schema='mysql' and table_name='user'\G;
```

6.2　维护部分

6.2.1　MySQL 中 limit 的作用是什么？

limit 限制返回结果行数，示例如下所示：

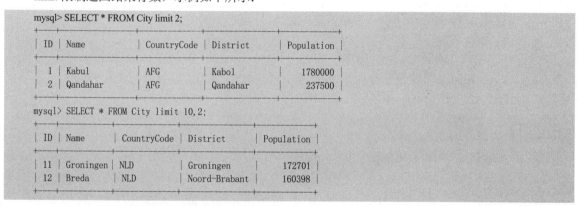

6.2.2　如何查看和修改系统参数？

在 MySQL 里，参数也可以叫变量（Variables），一般配置文件为/etc/my.cnf。当 MySQL 实例启动时，MySQL 会先去读一个配置参数文件，用来寻找数据库的各种文件所在位置以及指定某些初始化参数，这些参数通常定义了某种内存结构有多大等设置。默认情况下，MySQL 实例会按照一定的次序去读取所有参数文件，可以通过命令"mysql --help | grep my.cnf"来查找这些参数文件的位置。

在 Linux 下的次序为/etc/my.cnf -> /etc/mysql/my.cnf -> /usr/local/mysql/etc/my.cnf -> ~/.my.cnf；在 Windows 下的次序为 C:\WINDOWS\my.ini->C:\WINDOWS\my.cnf->C:\my.ini->C:\my.cnf ->%MySQL 安装目录%\my.ini -> %MySQL 安装目录%\my.cnf。如果这几个配置文件中都有同一个参数，那么 MySQL 数据库会以读取到的最后一个配置文件中的参数为准。在 Linux 环境下，配置文件一般为/etc/my.cnf。在数据库启动时可以加上从指定参数文件进行启动，如下所示：

```
mysqld_safe --defaults-file=/etc/my.cnf &
```

MySQL 的变量可以分为系统变量和状态变量，如下图所示。MySQL 没有类似于 Oracle 的隐含参数，也不需要隐含参数来设置。

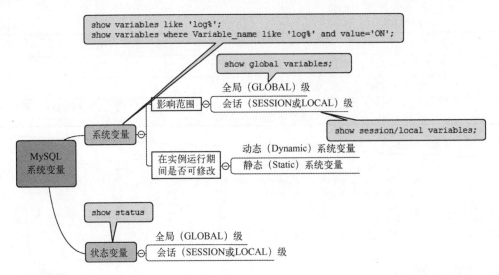

1．系统变量

配置 MySQL 服务器的运行环境。系统变量按其作用域的不同可以分为以下两种：①全局（GLOBAL）级：对整个 MySQL 服务器有效；②会话（SESSION 或 LOCAL）级：只影响当前会话。有些变量同时拥有以上两个级别，MySQL 将在建立连接时用全局级变量初始化会话级变量，但一旦连接建立之后，全局级变量的改变不会影响到会话级变量。

可以通过 show vairables 语句查看系统变量的值：

```
mysql> show variables like 'log%';
mysql> show variables where Variable_name like 'log%' and value='ON';
```

注意，show variables 优先显示会话级变量的值，若这个值不存在，则显示全局级变量的值，当然也可以加上 GLOBAL 或 SESSION 关键字进行区别：

```
show global variables;
show session/local variables;
```

在写一些存储过程时，可能需要引用系统变量的值，可以使用如下方法：

```
@@GLOBAL.var_name
@@SESSION.var_name
@@LOCAL.var_name
```

如果在变量名前没有级别限定符，那么将优先显示会话级的值。

另外一种查看系统变量值的方法是直接查询表。对于 MySQL 5.6，可以从 INFORMATION_SCHEMA.GLOBAL_VARIABLES 和 INFORMATION_SCHEMA.SESSION_VARIABLES 表获得；对于 MySQL 5.7，可以从 performance_schema.global_variables 和 performance_schema.session_variables 表中查询。需要注意的是，若要查询 INFORMATION_SCHEMA.GLOBAL_VARIABLES 或 INFORMATION_SCHEMA. SESSION_VARIABLES 表，则需要设置参数 show_compatibility_56 的值为 ON，否则会报错：ERROR 3167 (HY000): The 'INFORMATION_SCHEMA.GLOBAL_STATUS' feature is disabled; see the documentation for 'show_compatibility_56'.

在 MySQL 服务器启动时，可以通过以下两种方法设置系统变量的值。

1）命令行参数，如 mysqld --max_connections=200。

2）选项文件（my.cnf）。在 MySQL 服务器启动后，如果需要修改系统变量的值，那么可以通过 SET 语句：

```
SET GLOBAL var_name = value;
SET @@GLOBAL.var_name = value;
```

```
SET SESSION var_name = value;
SET @@SESSION.var_name = value;
```

如果在变量名前没有级别限定符，那么表示修改会话级变量。

MySQL 的系统变量也可以分为动态（Dynamic）系统变量和静态（Static）系统变量。动态系统变量意味着可以在 MySQL 实例运行中进行更改；静态系统变量说明在整个实例生命周期内都不得进行更改，就好像是只读（Read Only）的。

注意，和启动时不一样的是，在运行时设置的变量不允许使用扩展名字母'K''M'等，但可以用表达式来达到相同的效果，如：

```
SET GLOBAL read_buffer_size = 2*1024*1024
```

2．状态变量

状态变量用于监控 MySQL 服务器的运行状态，可以用 show status 查看。状态变量和系统变量类似，也分为全局级和会话级，show status 也支持 like 匹配查询，不同之处在于状态变量只能由 MySQL 服务器本身设置和修改，对于用户来说是只读的，不可以通过 SET 语句设置和修改它们。另外，和系统变量类似，也可以通过表的方式来查询状态变量的值，MySQL 5.6 查询 INFORMATION_SCHEMA.GLOBAL_STATUS 和 INFORMATION_SCHEMA.SESSION_STATUS；MySQL 5.7 查询 performance_schema.session_status 和 performance_schema.session_status。

6.2.3　MySQL 有哪几类日志文件？

日志文件记录了影响 MySQL 数据库的各类活动，常见的日志文件有错误日志（Error Log）、二进制日志（Binary Log）、慢查询日志（Slow Query Log）、全查询日志（General Query Log）、中继日志（Relay Log）和事务日志。

1．错误日志

错误日志记录了 MySQL 的启动、运行和关闭过程中的重要信息。具体来说，错误日志记录的事件包括以下内容：

1）服务器启动、关闭过程中的信息。

2）服务器运行过程中的错误信息。

3）事件调试器运行一个事件产生的信息。

4）在从服务器上启动服务器进程时产生的信息。

DBA 在遇到问题时，第一时间应该查看这个错误日志文件，该文件不但记录了出错信息，还记录了一些警告信息以及正确信息，这个 error 日志文件类似于 Oracle 的 alert 告警文件，只不过默认情况下是以 err 结尾。可以通过"show variables like 'log_error';"命令查看错误日志的路径。在默认情况下，错误日志存放在数据目录中，名称为"hostname.err"，当然也可以在 my.cnf 里面设置错误日志文件的路径：

```
log-error=/usr/local/mysql/mysqld.log
```

与错误日志相关的还有 1 个参数：log_warnings。该参数设定是否将警告信息记录进错误日志。默认设定为 1，表示启用；可以将其设置为 0 以禁用；当其值为大于 1 的数值时表示将新发起连接时产生的"失败的连接"和"拒绝访问"类的错误信息也记录进错误日志。

MySQL 的错误日志是文本形式的，可以使用各种文本相关命令进行查看。Perror 命令可用于查询错误代码的含义，例如：

```
perror 1006
```

可以在 OS 级别直接删除错误日志，也可以在 MySQL 提示符下使用"flush logs"命令清理错误日志。

2. 全查询日志（通用查询日志、查询日志）

全查询日志记录了所有对数据库请求的信息，不论这些请求是否得到了正确的执行。默认位置在变量 datadir 下，默认文件名为主机名.log。在默认情况下，MySQL 的全查询日志是不开启的。当需要进行采样分析时，手工使用命令"SET GLOBAL general_log=1;"开启。

与全查询日志相关的变量包括以下内容：

- log={YES|NO} 是否启用记录所有语句的日志信息，默认通常为 OFF。MySQL 5.6 已经弃用此选项。
- general_log={ON|OFF} 设定是否启用查询日志，默认值为取决于在启动 mysqld 时是否使用了 --general_log 选项。若启用此项，其输出位置则由--log_output 选项进行定义，如果 log_output 的值设定为 NONE，即使启用查询日志，其也不会记录任何日志信息。作用范围为全局，可用于配置文件，属动态变量。
- log_output={TABLE|FILE|NONE} 定义一般查询日志和慢查询日志的保存方式，可以是 TABLE、FILE、NONE，也可以是 TABLE 及 FILE 的组合（用逗号隔开），默认为 TABLE。如果组合中出现了 NONE，那么其他设定都将失效，同时，无论是否启用日志功能，也不会记录任何相关的日志信息。作用范围为全局级别，可用于配置文件，属动态变量。
- sql_log_off={ON|OFF} 用于控制是否禁止将一般查询日志类信息记录进查询日志文件。默认为 OFF，表示不禁止记录功能。用户可以在会话级别修改此变量的值，但其必须具有 SUPER 权限。作用范围为全局和会话级别，属动态变量。
- general_log_file=FILE_NAME 查询日志的日志文件名称，默认为"hostname.log"，默认在数据目录。作用范围为全局，可用于配置文件，属动态变量。

3. 慢查询日志

MySQL 的慢查询日志是 MySQL 提供的一种日志记录，它用来记录在 MySQL 中响应时间超过预先设定的阈值的语句，具体指运行时间超过 long_query_time 值的 SQL 会被记录到慢查询日志中。long_query_time 的默认值为 10，意思是运行 10s 以上的语句。默认情况下，MySQL 数据库并不启动慢查询日志，需要手动来设置这个参数。如果不是调优需要，一般不建议启动该参数，因为开启慢查询日志会或多或少带来一定的性能影响。慢查询日志支持将日志记录写入文件，也支持将日志记录写入数据库表。

与慢查询日志相关的变量包括以下内容。

- slow_query_log={ON|OFF}：设定是否启用慢查询日志。0 或 OFF 表示禁用，1 或 ON 表示启用。默认情况下，slow_query_log 的值为 OFF，表示慢查询日志是禁用的，可以通过命令"set global slow_query_log=1;"来开启。使用"set global slow_query_log=1;"开启了慢查询日志只对当前数据库生效，如果 MySQL 重启则会失效。如果要永久生效，就必须修改配置文件 my.cnf。日志信息的输出位置取决于 log_output 变量的定义，如果其值为 NONE，则即使 slow_query_log 为 ON，也不会记录任何慢查询信息。作用范围为全局级别，可用于选项文件，属动态变量。
- log_slow_queries/slow_query_log={YES|NO}：在 MySQL 5.6 以下版本中，MySQL 数据库慢查询日志存储路径。可以不设置该参数，系统会给一个默认的文件 host_name-slow.log。从 MySQL 5.6 开始，将此参数修改为了 slow_query_log。作用范围为全局级别，可用于配置文件，属动态变量。
- slow_query_log_file=/PATH/TO/SOMEFILE：在 MySQL 5.6 及其以上版本中，MySQL 数据库慢查询日志保存路径及文件名。可以不设置该参数，若不设置则使用默认值。默认存放位置为数据库文件所在目录下，名称为 hostname-slow.log，但可以通过--slow_query_log_file 选项修改。作用范围为全局级别，可用于选项文件，属动态变量。
- long_query_time：慢查询阈值，当查询时间多于设定的阈值时记录日志。
- log_output：日志存储方式。log_output='FILE'表示将日志存入文件，默认值是 FILE。log_output='TABLE'表示将日志存入数据库，这样日志信息就会被写入到 mysql.slow_log 表中。MySQL 数据库同时支持两种日志存储方式，配置时以逗号隔开即可，如"log_output= 'FILE,TABLE';"。日志记录到系统的专用日志表中要比记录到文件耗费更多的系统资源，因此对于需要启用慢查询日志，又需要能够获得更高的系统性能，那么建议优先记录到文件。

- log_queries_not_using_indexes={ON|OFF}：设定是否将所有没有使用索引的查询操作记录到慢查询日志，默认值为 OFF。如果运行的 SQL 没有使用索引，那么即使超过阈值了，也会记录在慢查询日志里面的。作用范围为全局级别，可用于配置文件，属动态变量。
- min_examined_row_limit=1000：记录那些由于查找了多余 1000 次而引发的慢查询。
- log_slow_admin_statements：记录那些慢的 OPTIMIZE TABLE、ANALYZE TABLE 和 ALTER TABLE 语句。
- log_slow_slave_statements：记录由 slave 所产生的慢查询。

常见的慢查询分析工具有 mysqldumpslow，默认安装了 MySQL 即有这个命令：

```
mysqldumpslow /var/lib/mysql/rhel6_lhr-slow.log
```

此外，还有 mysqlsla、percona-toolkit 等工具可以用来分析 MySQL 的慢查询日志。

4．二进制日志

二进制日志记录了对数据库进行变更的所有操作，但是不包括 SELECT 操作以及 SHOW 操作，因为这类操作对数据库本身没有修改。如果想记录 SELECT 和 SHOW，那么就需要开启全查询日志。另外，二进制日志还包括了执行数据库更改操作的时间等信息。

二进制的主要作用有以下几个：

1）恢复（recovery）。某些数据的恢复需要二进制日志，在全库文件恢复后，可以在此基础上通过二进制日志进行 point-to-time 的恢复。

2）复制（replication）。其原理和恢复类似，通过复制和执行二进制日志使得一台远程的 Slave 数据库与 Master 数据库进行实时同步。

可以通过命令"set sql_log_bin=1;"来开启二进制日志，使用"--log-bin[=file_name]"选项或在配置文件中指定 log-bin 启动时，mysqld 写入包含所有更新数据的 SQL 命令的日志文件。对于未给出 file_name 值，默认名为-bin 后面所跟的主机名。在未指定绝对路径的情形下，默认保存在数据目录下。在 MySQL 5.7.3 及其以后的版本中，若想开启二进制日志，则必须加上 server_id 参数。

与二进制日志相关的变量包括以下内容。

- log_bin={YES|NO}：是否启用二进制日志，如果为 mysqld 设定了--log-bin 选项，那么其值为 ON，否则为 OFF。其仅用于显示是否启用了二进制日志，并不反映 log_bin 的设定值，即不反映出二进制日志文件存放的具体位置，在 my.cnf 中可定义。作用范围为全局级别，属非动态变量。值可与 log_error 值一样为一个路径，不要加扩展名。不设置则使用默认值。默认存放位置为数据库文件所在目录下，名称为 hostname-bin.xxxx。
- binlog_cache_size = 32768：启动 MySQL 服务器时二进制日志的缓存大小。当使用事务的存储引擎 InnoDB 时，所有未提交的事务会记录到一个缓存中，等待事务提交时，直接将缓冲中的二进制日志写入二进制日志文件，而该缓冲的大小由 binlog_cache_size 决定，默认大小为 32KB。此外，binlog_cache_size 是基于 session 的，也就是，当一个线程开始一个事务时，MySQL 会自动分配一个大小为 binlog_cache_size 的缓存，因此该值的设置需要相当小心，可以通过 show global status 查看 binlog_cache_use、binlog_cache_disk_use 的状态，可以判断当前 binlog_cache_size 的设置是否合适。
- binlog_format={ROW|STATEMENT|MIXED}：指定二进制日志的类型。该参数从 MySQL 5.1 版本开始引入，可以设置的值有 STATEMENT、ROW 和 MIXED。默认值为 STATEMENT，在 MySQL NDB Cluster 7.3 中，该值默认为 MIXED，因为 STATEMENT 级别不支持 NDB Cluster。如果设定了二进制日志的格式，却没有启用二进制日志，那么 MySQL 启动时会产生警告日志信息并记

录于错误日志中。作用范围为全局或会话，可用于配置文件，且属于动态变量。该参数的 3 个值含义如下：

1）STATEMENT 格式表示二进制日志文件记录的是日志的逻辑 SQL 语句。

2）在 ROW 格式下，二进制日志记录的不再是简单的 SQL 语句了，而是记录表的行更改情况，此时可以将 InnoDB 的事务隔离基本设为 READ COMMITTED，以获得更好的并发性。

3）在 MIXED 格式下，MySQL 默认采用 STATEMENT 格式进行二进制日志文件的记录，但是在一些情况下会使用 ROW 格式，可能的情况包括以下几种。

① 表的存储引擎为 NDB，这时对于表的 DML 操作都会以 ROW 格式记录。

② 使用了 UUID()、USER()、CURRENT_USER()、FOUND_ROWS()、ROW_COUNT()等不确定函数。

③ 使用了 INSERT DELAY 语句。

④ 使用了用户定义函数。

⑤ 使用了临时表。

- binlog_stmt_cache_size = 32768：基于 statement（语句）格式的缓存大小。
- expire_logs_days={0..99}：设定二进制日志的过期天数，超出此天数的二进制日志文件将被自动删除。默认为 0，表示不启用过期自动删除功能。如果启用此功能，那么自动删除工作通常发生在 MySQL 启动时或 FLUSH 日志时。作用范围为全局，可用于配置文件，属动态变量。
- max_binlog_cache_size{4096 .. 18446744073709547520}：二进定日志缓存空间大小，在 MySQL 5.5.9 及以后的版本仅应用于事务缓存，其上限由 max_binlog_stmt_cache_size 决定。作用范围为全局级别，可用于配置文件，属动态变量。
- max_binlog_size={4096 .. 1073741824}：设置单个二进制日志文件的最大值，单位为字节，最小值为 4KB，最大值为 1GB，默认为 1GB。如果超过该值，则产生新的二进制日志文件，扩展名 +1，并记录到.index 文件。某事务所产生的日志信息只能写入一个二进制日志文件，因此，实际上的二进制日志文件可能大于这个指定的上限。作用范围为全局级别，可用于配置文件，属动态变量。
- max_binlog_stmt_cache_size = 18446744073709547520：基于 statement 格式的二进制日志文件的最大缓存大小。
- sql_log_bin={ON|OFF}用于控制二进制日志信息是否记录进日志文件。默认为 ON，表示启用记录功能。用户可以在会话级别修改此变量的值，但其必须具有 SUPER 权限。作用范围为全局和会话级别，属动态变量。
- --binlog-do-db 与--binlog-ignore-db：指定二进制日志文件记录哪些数据库操作。默认值为空，则表示将所有库的日志同步到二进制日志。
- sync_binlog=N：每个 N 秒将缓存中的二进制日志记录写回硬盘。默认为 0，表示不同步。任何正数值都表示对二进制每多少次写操作之后同步一次。当 autocommit 的值为 1 时，每条语句的执行都会引起二进制日志同步，否则每个事务的提交会引起二进制日志同步。在生产环境下建议不要把二进制日志文件与数据放在同一目录。如果在 replicaiton 环境中，考虑到耐久性和一致性，则需要设置为 1。同时，还需要设置 innodb_flush_log_at_trx_commit=1 以及 innodb_support_xa=1（默认已开启）。
- log_slave_updates：该参数在搭建 master=>slave=>slave 的架构时，需要配置。

此外，与二进制日志相关的几个重要命令如下。

- 查看生成的二进制日志：

```
show binary logs;
show master logs;
```

● 查看日志记录的事件：

```
show binlog events;
show binlog events in 'rhel6lhr-bin.000003';
```

● 查看二进制日志的内容：mysqlbinlog rhel6lhr-bin.000001

5．中继日志

中继日志是从主服务器的二进制日志文件中复制而来的事件，并保存为二进制的日志文件。中继日志也是二进制日志，用来给 slave 库恢复。

与中继日志相关的变量包括以下内容。

● log_slave_updates：用于设定复制场景中的从服务器是否将从主服务器收到的更新操作记录进本机的二进制日志中。本参数设定的生效需要在从服务器上启用二进制日志功能。

● relay_log=file_name：设定中继日志的文件名称，默认为 host_name-relay-bin。也可以使用绝对路径，以指定非数据目录来存储中继日志。作用范围为全局级别，可用于选项文件，属非动态变量。

● relay_log_index=file_name：设定中继日志的索引文件名，默认为为数据目录中的 host_name-relay-bin.index。作用范围为全局级别，可用于选项文件，属非动态变量。

● relay_log_info_file=file_name：设定中继服务用于记录中继信息的文件，默认为数据目录中的 relay-log.info。作用范围为全局级别，可用于选项文件，属非动态变量。

● relay_log_purge={ON|OFF}：设定对不再需要的中继日志是否自动进行清理。默认值为 ON。作用范围为全局级别，可用于选项文件，属动态变量。

● relay_log_space_limit=#：设定用于存储所有中继日志文件的可用空间大小。默认为 0，表示不限定。最大值取决于系统平台位数。作用范围为全局级别，可用于选项文件，属非动态变量。

● max_relay_log_size={4096..1073741824}：设定从服务器上中继日志的体积上限，到达此限度时其会自动进行中继日志滚动。此参数值为 0 时，mysqld 将使用 max_binlog_size 参数同时为二进制日志和中继日志设定日志文件体积上限。作用范围为全局级别，可用于配置文件，属动态变量。

6．事务日志

事务日志记录 InnoDB 等支持事务的存储引擎执行事务时产生的日志。事务型存储引擎用于保证原子性、一致性、隔离性和持久性。其变更数据不会立即写到数据文件中，而是写到事务日志中。事务日志文件名为"ib_logfile0"和"ib_logfile1"，默认存放在表空间所在目录。

与事务日志相关的变量包括以下几种。

● innodb_log_group_home_dir=/PATH/TO/DIR：设定 InnoDB Redo 日志文件的存储目录。在默认使用 InnoDB 日志相关的所有变量时，其默认会在数据目录中创建两个大小为 5MB 的名为 ib_logfile0 和 ib_logfile1 的日志文件。作用范围为全局级别，可用于选项文件，属非动态变量。

● innodb_log_file_size={108576 .. 4294967295}：设定日志组中每个日志文件的大小，单位是字节，默认值是 5MB。较为明智的取值范围是从 1MB 到缓存池体积的 1/n，其中 n 表示日志组中日志文件的个数。日志文件越大，在缓存池中需要执行的检查点刷写操作就越少，这意味着所需的 I/O 操作也就越少，然而这也会导致较慢的故障恢复速度。作用范围为全局级别，可用于选项文件，属非动态变量。

● innodb_log_files_in_group={2 .. 100}：设定日志组中日志文件的个数，默认值为 2。InnoDB 以循环的方式使用这些日志文件。作用范围为全局级别，可用于选项文件，属非动态变量。

● innodb_log_buffer_size={262144 .. 4294967295}：设定 InnoDB 用于辅助完成日志文件写操作的日志缓冲区大小，单位是字节，默认为 8MB。较大的事务可以借助于更大的日志缓冲区来避免在事务完成之前将日志缓冲区的数据写入日志文件，以减少 I/O 操作进而提升系统性能。因此，在有着较大事务的应用场景中，建议为此变量设定一个更大的值。作用范围为全局级别，可用于选项文件，属非动态变量。

- innodb_flush_log_at_trx_commit = 1：该值为 1 时表示有事务提交后，不会让事务先写进 Buffer，再同步到事务日志文件，而是一旦有事务提交就立刻写进事务日志，并且还每隔 1s 会把 Buffer 里的数据同步到文件，这样 I/O 消耗大，默认值是 1，可修改为 2，表示每次事务同步，但不执行磁盘 flush 操作；修改为 0 表示每秒同步，并执行磁盘 flush 操作。
- innodb_locks_unsafe_for_binlog：这个变量建议保持 OFF 状态。
- innodb_mirrored_log_groups = 1：事务日志组保存的镜像数。

几类重要的日志的对比见下表。

日志名称	简介	文件格式	默认位置及名称	默认是否开启	会话级别开启	位置及名称修改参数	如何清理	永久生效
错误日志	记录了 MySQL 的启动、运行和关闭过程中的重要信息	文本	datadir 变量/hostname.err	Y		log_error		可以通过 my.cnf 文件进行配置： [mysqld_safe] log-error=/var/log/mysqld.log
全查询日志	全查询日志记录了所有对数据库请求的信息，不论这些请求是否得到了正确的执行	文本	datadir 变量/hostname.log	N	SET GLOBAL general_log=1;	general_log_file	1）OS 直接删除 2）在 MySQL 提示符下使用 flush logs 命令 3）在系统提示符下使用 mysqladmin flush-logs 命令	[mysqld] log[=path[/filename]]
慢查询日志	记录在 MySQL 中执行时间超过 long_query_time 值的 SQL 的语句，该参数值默认为 10s	文本	datadir 变量/hostname-slow.log	N	set global slow_query_log=ON; SET@@global.slow_query_log=1;	slow_query_log_file		slow_query_log=1 slow_query_log_file=/var/lib/mysql/rhel6lhr-slow.log
二进制日志	二进制日志记录了对数据库进行变更的所有操作，但是不包括 SELECT 操作以及 SHOW 操作，因为这类操作对数据库本身没有修改	二进制	datadir 变量/hostname-bin.xxxxxx	Y	set sql_log_bin=1;	log_bin_basename	1）OS 直接删除 2）RESET MASTER; 3）.PURGE {MASTER|BINARY} LOGS TO 'log_name'; PURGE{MASTER|BINARY}LOGS BEFORE 'date';	在 my.cnf 文件中加入 log-bin，永久开启二进制日志，如下： [mysqld] log-bin [=path[/filename]] 注：在 MySQL 5.7.3 及其以后的版本中，若想开启二进制日志，则除了 log-bin 参数外还必须加上 server_id 参数。

【真题 205】 什么是 MySQL 的套接字文件？
答案：MySQL 有两种连接方式，常用的是 TCP/IP 方式，如下所示：

```
mysql -h192.168.59.159 -uroot -plhr
```

还有一种是套接字方式。UNIX 系统下本地连接 MySQL 可以采用 UNIX 套接字方式，这种方式需要一个套接字（Socket）文件。套接字文件就是当用套接字方式进行连接时需要的文件。用套接字方式比用 TCP/IP 的方式更快、更安全，但只适用于 MySQL 和客户端在同一台计算机上。套接字文件可由参数 socket 控制，一般在/tmp 目录下，名为 mysql.sock，也可以放在其他目录下，如下所示：

```
mysql> show variables like 'socket';
+---------------+---------------------------+
| Variable_name | Value                     |
+---------------+---------------------------+
| socket        | /var/lib/mysql57/mysql.sock |
+---------------+---------------------------+
```

用套接字连接 MySQL：

```
mysql -plhr -S /var/lib/mysql57/mysql.sock
```

【真题 206】 什么是 MySQL 的 pid 文件？
答案：pid 文件是 MySQL 实例的进程 ID 文件。当 MySQL 实例启动时，会将自己的进程 ID 写入一个文件中，该文件即为 pid 文件。该文件可由参数 pid_file 控制，默认路径位于数据库目录下，文件名为主机名.pid，如下所示：

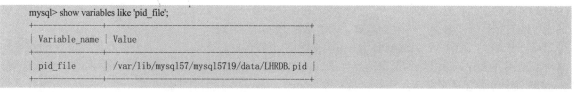

```
mysql> show variables like 'pid_file';
+---------------+------------------------------------------+
| Variable_name | Value                                    |
+---------------+------------------------------------------+
| pid_file      | /var/lib/mysql157/mysql5719/data/LHRDB.pid |
+---------------+------------------------------------------+
```

【真题 207】 MySQL 有哪几类物理文件？

答案：MySQL 数据库的文件包括：①参数文件：my.cnf。②日志文件，包括错误日志、查询日志、慢查询日志、二进制日志。③MySQL 表文件：用来存放 MySQL 表结构的文件，一般以.frm 为扩展名。④Socket 文件：当用 UNIX 域套接字方式进行连接时需要的文件。⑤Pid 文件：MySQL 实例的进程 ID 文件。⑥存储引擎文件：每个存储引擎都有自己的文件夹来保存各种数据，这些存储引擎真正存储了数据和索引等数据。

6.2.4　MySQL 支持事务吗?

在默认模式下，MySQL 是 AUTOCOMMIT 模式的，所有的数据库更新操作都会即时提交。这就表示除非显式地开始一个事务，否则每个查询都被当做一个单独的事务自动执行。如果 MySQL 表类型是使用 InnoDB Tables（或其他支持事务的存储引擎），那么 MySQL 就可以使用事务处理，使用 SET AUTOCOMMIT=0 就可以使 MySQL 运行在非 AUTOCOMMIT 模式下。在非 AUTOCOMMIT 模式下，必须使用 COMMIT 来提交更改，或者使用 ROLLBACK 来回滚更改。需要注意的是，在 MySQL 5.5 以前，默认的存储引擎是 MyISAM（从 MySQL 5.5 开始，默认存储引擎是 InnoDB），而 MyISAM 存储引擎不支持事务处理，所以改变 AUTOCOMMIT 的值对数据库没有什么作用，但不会报错。所以，若要使用事务处理，则一定要确定所操作的表是支持事务处理的，如 InnoDB。如果不知道表的存储引擎，那么可以通过查看建表语句来确定表的存储引擎。

【真题 208】 InnoDB 存储引擎支持哪些事务类型？

答案：对于 InnoDB 存储引擎来说，其支持扁平事务、带有保存点的扁平事务、链事务和分布式事务。因此对有并发事务需求的用户来说，MySQL 数据库或 InnoDB 存储引擎就显得无能为力，然而用户仍可以通过带保存点的事务来模拟串行的嵌套事务。

【真题 209】 InnoDB 存储引擎支持 XA 事务吗？

答案：XA 事务即分布式事务，目前在 MySQL 的存储引擎中，只有 InnoDB 存储引擎才支持 XA 事务。需要注意的是，在使用分布式事务时，InnoDB 存储引擎的隔离级别必须设置为 SERIALIZABLE。通过参数 innodb_support_xa 可以查看是否启用了 XA 事务的支持（默认为 ON，表示启用）：

```
mysql> show variables like '%innodb_support_xa%';
+-------------------+-------+
| Variable_name     | Value |
+-------------------+-------+
| innodb_support_xa | ON    |
+-------------------+-------+
```

【真题 210】 MySQL 中的 XA 事务分为哪几类？

答案：MySQL 从 5.0.3 版本开始支持 XA 事务，即分布式事务。在 MySQL 中，XA 事务有以下两种，内部 XA 事务和外部 XA 事务。

（1）内部 XA 事务

MySQL 本身的插件式架构导致在其内部需要使用 XA 事务，此时 MySQL 既是协调者，也是参与者。内部 XA 事务发生在存储引擎与插件之间或者存储引擎与存储引擎之间。例如，不同的存储引擎之间是完全独立的，因此当一个事务涉及两个不同的存储引擎时，就必须使用内部 XA 事务。由于只在单机上工作，所以被称为内部 XA。

最为常见的内部 XA 事务存在于二进制日志（Binlog）和 InnoDB 存储引擎之间。由于复制的需要，因此，目前绝大多数的数据库都开启了 Binlog 功能。在事务提交时，先写二进制日志，再写 InnoDB 存储引擎的重做日志。对上述两个操作的要求也是原子的，即二进制日志和重做日志必须同时写入。若二进制日志先写了，而在写入 InnoDB 存储引擎时发生了宕机，那么 Slave 可能会接收到 Master 传过去的二进制日志并执行，最终导致了主从不一致的情况。为了解决这个问题，MySQL 数据库在 Binlog 与 InnoDB 存储引擎之间采用 XA 事务。当事务提交时，InnoDB 存储引擎会先做一个 PREPARE 操作，将事务的 Xid 写入，接着进行 Binlog 的写入。如果在 Binlog 存储引擎提交前，MYSQL 数据库宕机了，那么 MySQL 数据库在重启后会先检查准备的 UXID 事务是否已经提交，若没有，则在存储引擎层再进行一次提交操作。

（2）外部 XA 事务

外部 XA 事务就是一般谈论的分布式事务了。MySQL 支持 XA START/END/PREPARE/COMMIT 这些 SQL 语句，通过使用这些命令可以完成分布式事务的状态转移。MySQL 在执行分布式事务（外部 XA）时，MySQL 服务器相当于 XA 事务资源管理器，与 MySQL 链接的客户端相当于事务管理器。

内部 XA 事务用于同一实例下跨多引擎事务，而外部 XA 事务用于跨多 MySQL 实例的分布式事务，需要应用层作为协调者。应用层负责决定提交还是回滚。MySQL 数据库外部 XA 事务可以用在分布式数据库代理层，实现对 MySQL 数据库的分布式事务支持。

6.2.5 MySQL 有几种存储引擎（表类型）？各自有什么区别？

MySQL 中的数据用各种不同的技术存储在文件（或者内存）中。这些技术中的每一种都使用不同的存储机制、索引技巧、锁定水平，并且最终提供不同的功能。通过选择不同的技术，能够获得额外的速度或者功能，从而改善应用的整体功能。例如，研究大量的临时数据，也许需要使用内存存储引擎。内存存储引擎能够在内存中存储所有的表格数据。

这些不同的技术以及配套的相关功能在 MySQL 中被称为存储引擎（Storage Engines，也称为表类型）。MySQL 默认配置了许多不同的存储引擎，可以预先设置或者在 MySQL 服务器中启用。

选择如何存储和检索数据的这种灵活性是 MySQL 为什么如此受欢迎的主要原因之一。其他数据库系统（包括大多数商业选择）仅支持一种类型的数据存储。遗憾的是，其他类型的数据库解决方案采取的"一个尺码满足一切需求"的方式意味着要么就牺牲一些性能，要么就用几个小时甚至几天的时间来详细调整数据库。使用 MySQL，仅需要修改使用的存储引擎就可以了。

MySQL 官方有以下多种存储引擎：MyISAM、InnoDB、MERGE、MEMORY（HEAP）、BDB（BerkeleyDB）、EXAMPLE、FEDERATED、ARCHIVE、CSV、BLACKHOLE。第三方存储引擎中比较有名的有 TokuDB、Infobright、InnfiniDB、XtraDB（InnoDB 增强版本）。其中，最常见的两种存储引擎是 MyISAM 和 InnoDB。MyISAM 是 MySQL 关系型数据库管理系统的默认存储引擎（MySQL 5.5 以前）。这种 MySQL 表存储结构从旧 ISAM 代码扩展出许多有用的功能。从 MySQL 5.5 开始，InnoDB 引擎由于其对事务参照完整性，以及更高的并发性等优点开始逐步地取代 MyISAM，作为 MySQL 数据库的默认存储引擎。

1. MyISAM

MyISAM 存储引擎管理非事务表，提供高速存储和检索，以及全文搜索能力。该引擎插入数据快，空间和内存使用比较低。

（1）存储组成

每个 MyISAM 在磁盘上存储成 3 个文件。每一个文件的名字就是表的名字，文件名都和表名相同，扩展名指出了文件类型。这里要特别注意的是，MyISAM 不缓存数据文件，只缓存索引文件。

● 表定义的扩展名为.frm（frame，存储表定义）。
● 数据文件的扩展名为.MYD（MYData，存储数据）。

● 索引文件的扩展名是.MYI（MYIndex，存储索引）。

数据文件和索引文件可以放置在不同的目录，平均分布 I/O，获得更快的速度，而且其索引是压缩的，能加载更多索引，这样内存使用率就对应提高了不少，压缩后的索引也能节约一些磁盘空间。

（2）MyISAM 的特点如下：

1）不支持事务，不支持外键约束，但支持全文索引，这可以极大地优化 LIKE 查询的效率。

2）表级锁定（更新时锁定整个表）：其锁定机制是表级索引，这虽然可以让锁定的实现成本很低，但是也同时大大降低了其并发性能。MyISAM 不支持行级锁，只支持并发插入的表锁，主要用于高负载的查询。

3）读写互相阻塞：不仅会在写入的时候阻塞读取，MyISAM 还会在读取时阻塞写入，但读本身并不会阻塞另外的读。

4）不缓存数据，只缓存索引：MyISAM 可以通过 key_buffer 缓存以大大提高访问性能减少磁盘 I/O，但是这个缓存区只会缓存索引，而不会缓存数据。

```
[root@mysql]# grep key_buffer my.cnf
key_buffer_size = 16M
```

5）读取速度较快，占用资源相对少。

6）MyISAM 引擎是 MySQL 5.5 之前版本默认的存储引擎。

7）并发量较小，不适合大量 UPDATE。

（3）MyISAM 引擎适用的生产业务场景

如果表主要用于插入新记录和读取新记录，那么选择 MyISAM 存储引擎能实现处理的高效率。如果应用的完整性和并发性要求很低，那么也可以选择 MyISAM 存储引擎。它是在 Web、数据仓储和其他应用环境下最常使用的存储引擎之一。具体来说，适用于以下场景：

1）不需要事务支持的业务，一般为读数据比较多的网站应用。

2）并发相对较低的业务（纯读纯写高并发也可以）。

3）数据修改相对较少的业务。

4）以读为主的业务，如 WWW、BLOG、图片信息数据库、用户数据库、商品数据库等业务。

5）对数据一致性要求不是非常高的业务。

6）中小型的网站部分业务会用。

单一对数据库的操作都可以使用 MyISAM。单一就是尽量纯读或纯写（INSERT，UPDATE，DELETE）等。生产建议：没有特别需求，一律用 InnoDB。

（4）MyISAM 引擎调优精要

1）尽量使用索引优先使用 MySQL 缓存机制）。

2）调整读/写优先级，根据实际需要确保重要操作更优先。

3）启用延迟插入改善大批量写入性能（降低写入频率，尽可能多条数据一次性写入）。

4）尽量顺序操作，让 INSERT 数据都写入到尾部，减少阻塞。

5）分解大的操作，降低单个操作的阻塞时间。

6）降低并发数，某些高并发场景通过应用进行排队机制。

7）对于相对静态的数据，充分利用 Query Cache 可以极大地提高访问效率。

```
[root@mysql 3307]# grep query my.cnf
query_cache_size = 2M
query_cache_limit = 1M
query_cache_min_res_unit = 2k
```

这几个参数都是 MySQL 自身缓存设置。

8）MyISAM 的 COUNT 只有在全表扫描时特别高效，带有其他条件的 COUNT 都需要进行实际的数据访问。

9）把主从同步的主库使用 InnoDB，从库使用 MyISAM 引擎。

MyISAM 类型的表支持以下 3 种不同的存储结构：静态型、动态型、压缩型。

① 静态型：定义的表列的大小是固定（即不含有 XBLOB、XTEXT、VARCHAR 等长度可变的数据类型），这样 MySQL 就会自动使用静态 MyISAM 格式。使用静态格式的表的性能比较高，因为在维护和访问时以预定格式存储数据时需要的开销很低。高性能是由空间作为代价换来的，因为在定义时是固定的，所以不管列中的值有多大，都会以最大值为准，占据了整个空间。

② 动态型：如果列（即使只有一列）定义为动态的（XBLOB、XTEXT、VARCHAR 等数据类型），那么这时 MyISAM 就自动使用动态型。虽然动态型的表占用了比静态型表较少的空间，但带来了性能的降低，因为如果某个字段的内容发生改变那么其位置很可能需要移动，这样就会导致碎片的产生。随着数据变化的增多，碎片就会增加，数据访问性能就会相应的降低。对于因为碎片的原因而降低数据访问性，有以下两种解决办法：

- 尽可能使用静态数据类型。
- 经常使用 OPTIMIZETABLE 语句，它会整理表的碎片，恢复由于表的更新和删除导致的空间丢失。
- 压缩型：如果在这个数据库中创建的是在整个生命周期内只读的表，那么这种情况就是用 MyISAM 的压缩型表来减少空间的占用。

2. InnoDB

InnoDB 用于事务处理应用程序，主要面向 OLTP 方面的应用。该引擎由 InnoDB 公司开发，其特点是行锁设置，并支持类似于 Oracle 的非锁定读，即默认情况下读不产生锁。InnoDB 将数据放在一个逻辑表空间中。InnoDB 通过多版本并发控制来获得高并发性，实现了 ANSI 标准的 4 种隔离级别，默认为 Repeatable，使用一种被称为 next-key locking 的策略避免幻读。对于表中数据的存储，InnoDB 采用类似 Oracle 索引组织表 Clustered 的方式进行存储。如果对事务的完整性要求比较高，要求实现并发控制，那么选择 InnoDB 引擎有很大的优势。需要频繁地进行更新、删除操作的数据库，也可以选择 InnoDB 存储引擎。因为，InnoDB 存储引擎提供了具有提交（COMMIT）、回滚（ROLLBACK）和崩溃恢复能力的事务安全。

InnoDB 类型的表只有 ibd 文件，分为数据区和索引区，有较好的读/写并发能力。物理文件有日志文件、数据文件和索引文件。其中，索引文件和数据文件放在一个目录下，可以设置共享文件和独享文件两种格式。

（1）InnoDB 引擎的特点

1）支持事务：包括 ACID 事务支持，支持 4 个事务隔离级别，支持多版本读。

2）行级锁定（更新时一般是锁定当前行）：通过索引实现，全表扫描仍然会是表锁，注意间隙锁的影响。

3）支持崩溃修复能力和 MVCC。

4）读/写阻塞与事务隔离级别相关。

5）具有非常高效的缓存特性：能缓存索引，也能缓存数据。

6）整个表和主键以 CLUSTER 方式存储，组成一棵平衡树。

7）所有 SECONDARY INDEX 都会保存主键信息。

8）支持分区、表空间，类似 Oracle 数据库。

9）支持外键约束（Foreign Key），外键所在的表称为子表，所依赖的表称为父表。

10）InnoDB 支持自增长列（AUTO_INCREMENT），自增长列的值不能为空。

11）InnoDB 的索引和数据是紧密捆绑的，没有使用压缩，会造成 InnoDB 比 MyISAM 的体积庞大不小。

（2）InnoDB 引擎的优点

支持事务，用于事务处理应用程序，具有众多特性，包括 ACID 事务支持，支持外键，同时支持崩溃修复能力和并发控制。并发量较大，适合大量 UPDATE。

（3）InnoDB 引擎的缺点

对比 MyISAM 的存储引擎，InnoDB 写的处理效率差一些，并且会占用更多的磁盘空间以保留数据和索引。相比 MyISAM 引擎，InnoDB 引擎更消耗资源，速度没有 MyISAM 引擎快。

（4）InnoDB 引擎适用的生产业务场景

如果对事务的完整性要求比较高，要求实现并发控制，那么选择 InnoDB 引擎有很大的优势。需要频繁地进行更新、删除操作的数据库，也可以选择 InnoDB 存储引擎。具体分类如下：

1）需要事务支持（具有较好的事务特性）。

2）行级锁定对高并发有很好的适应能力，但需要确保查询是通过索引完成的。

3）数据更新较为频繁的场景，如 BBS（Bulletin Board System，电子公告牌系统）、SNS（Social Network Site，社交网）等。

4）数据一致性要求较高的业务，如充值、银行转账等。

5）硬件设备内存较大，可以利用 InnoDB 较好的缓存能力来提高内存利用率，尽可能减少磁盘 I/O。

```
[root@mysql 3307]# grep –i innodb my.cnf
#default_table_type = InnoDB
innodb_additional_mem_pool_size = 4M
innodb_buffer_pool_size = 32M
innodb_data_file_path = ibdata1:128M:autoextend
innodb_file_io_threads = 4
```

物理数据文件：

```
[root@mysql 3307]# ll data/ibdata1
–rw–rw----- 1 mysql mysql 134217728 May 15 08:31 data/ibdata1
```

6）相比 MyISAM 引擎，InnoDB 引擎更消耗资源，速度没有 MyISAM 引擎快。

（5）InnoDB 引擎调优精要

1）主键尽可能小，避免给 SECONDARY INDEX 带来过大的空间负担。

2）避免全表扫描，因为会使用表锁。

3）尽可能缓存所有的索引和数据，提高响应速度，减少磁盘 I/O 消耗。

4）在执行大量插入操作时，尽量自己控制事务而不要使用 AUTOCOMMIT 自动提交。有开关可以控制提交方式。

5）合理设置 innodb_flush_log_at_trx_commit 参数值，不要过度追求安全性。

6）避免主键更新，因为这会带来大量的数据移动。

3. MEMORY（HEAP）

MEMORY 存储引擎（之前称为 Heap）提供"内存中"的表。如果需要很快的读/写速度，对数据的安全性要求较低，那么可选择 MEMORY 存储引擎。MEMORY 存储引擎对表大小有要求，不能建太大的表。所以，这类数据库只适用相对较小的数据库表。如果 mysqld 进程发生异常，那么数据库就会重启或崩溃，数据就会丢失。因此，MEMORY 存储引擎中的表的生命周期很短，一般只使用一次，非常适合存储临时数据。

（1）MEMORY 的特点

1）MEMORY 存储引擎将所有数据保存在内存（RAM）中，在需要快速查找引用和其他类似数据的环境下，可提供极快的访问速度。

2）每个基于 MEMORY 存储引擎的表实际对应一个磁盘文件，该文件的文件名和表名是相同的，类型为.frm。该文件只存储表的结构，而其数据文件都是存储在内存中，这样有利于对数据的快速处理，提高整个表的处理能力。

3）MEMORY 存储引擎默认使用散列（HASH）索引，其速度比使用 B-Tree 型要快，但安全性不高。如果读者希望使用 B-Tree 型，那么在创建时可以引用。

（2）MEMORY 的适用场景

如果需要很快的读/写速度，那么在需要快速查找引用和其他类似数据的环境下，对数据的安全性要求较低，可选择 MEMORY 存储引擎。

（3）MEMORY 的优点

将所有数据保存在内存（RAM）中，默认使用 HASH 索引，数据的处理速度快。

（4）MEMORY 的缺点

不支持事务，安全性不高；MEMORY 存储引擎对表大小有要求，不能建太大的表。

4．MERGE

MERGE 存储引擎允许将一组使用 MyISAM 存储引擎的并且表结构相同（即每张表的字段顺序、字段名称、字段类型、索引定义的顺序及其定义的方式必须相同）的数据表合并为一个表，方便了数据的查询。需要注意的是，使用 MERGE"合并"起来的表结构相同的表最好不要有主键，否则会出现这种情况：一共有两个成员表，其主键在两个表中存在相同情况，但是写了一条按相同主键值查询的 SQL 语句，这时只能查到 UNION 列表中第一个表中的数据。MERGE 存储引擎允许集合将被处理同样的 MyISAM 表作为一个单独的表。

适用场景：MERGE 存储引擎允许 MySQL DBA 或开发人员将一系列等同的 MyISAM 表以逻辑方式组合在一起，并作为 1 个对象引用它们。对于诸如数据仓库等，VLDB（Very Large DataBase，超大型数据库）环境十分适合。

优点：便于同时引用多个数据表而无须发出多条查询。

缺点：不支持事务。

5．BDB（BerkeleyDB）

BDB 是事务型存储引擎，支持 COMMIT、ROLLBACK 和其他事务特性，它由 Sleepycat 软件公司（http://www.sleepycat.com）开发。BDB 是一个高性能的嵌入式数据库编程库（引擎），它可以用来保存任意类型的键/值对（Key/Value Pair），而且可以为一个键保存多个数据。BDB 可以支持数千的并发线程同时操作数据库，支持最大 256TB 的数据。BDB 存储引擎处理事务安全的表，并以散列为基础的存储系统。

适用场景：BDB 存储引擎适合快速读/写些数据，特别是不同 KEY 的数据。

优点：支持事务。

缺点：在没有索引的列上操作速度很慢。

6．EXAMPLE

EXAMPLE 存储引擎是一个"存根"引擎，可以用这个引擎创建表，但数据不能存储在该引擎中。EXAMPLE 存储引擎可为快速创建定制的插件式存储引擎提供帮助。

7．NDB

NDB 存储引擎是一个集群存储引擎，是被 MySQL Cluster 用来实现分割到多台计算机上的表的存储引擎，类似于 Oracle 的 RAC，但它是 Share Nothing 的架构，因此能提供更高级别的高可用性和可扩展性。NDB 的特点是数据全部放在内存中，因此，通过主键查找非常快。它在 MySQL-Max 5.1 二进制分发版里提供。

（1）NDB 的特性

1）分布式：分布式存储引擎，可以由多个 NDBCluster 存储引擎组成集群，分别存放整体数据的一部分。

2）支持事务：和 InnoDB 一样，支持事务。

3）可与 mysqld 不在一台主机：可以和 mysqld 分开存在于独立的主机上，然后通过网络和 mysqld 通信交互。

4）内存需求量巨大：新版本索引以及被索引的数据必须存放在内存中，老版本所有数据和索引必须存在于内存中。

（2）NDB 的适用场景

1）具有非常高的并发需求。

2）对单个请求的响应并不是非常的严格。

3）查询简单，过滤条件较为固定，每次请求数据量较少。

4）具有高性能查找要求的应用程序，这类查找需求还要求具有最高的正常工作时间和可用性。

（3）NDB 的优点

1）分布式：分布式存储引擎，可以由多个 NDBCluster 存储引擎组成集群分别存放整体数据的一部分。

2）支持事务：和 InnoDB 一样，支持事务。

3）可与 mysqld 不在一台主机：可以和 mysqld 分开存在于独立的主机上，然后通过网络和 mysqld 通信交互。

（4）NDB 的缺点

内存需求量巨大：新版本索引以及被索引的数据必须存放在内存中，老版本所有数据和索引必须存在于内存中。它的连接操作是在 MySQL 数据库层完成，不是在存储引擎层完成，这意味着，复杂的连接操作需要巨大的网络开销，查询速度会很慢。

8. ARCHIVE

ARCHIVE 存储引擎只支持 INSERT 和 SELECT 操作，其设计的主要目的是提供高速的插入和压缩功能。

适用场景：ARCHIVE 非常适合存储归档数据，如日志信息。

优点：ARCHIVE 存储引擎被用来无索引地、非常小地覆盖存储的大量数据，为大量很少引用的历史、归档或安全审计信息的存储和检索提供了完美的解决方案。

缺点：不支持事务，只支持 INSERT 和 SELECT 操作。

9. CSV

CSV 存储引擎把数据以逗号分隔的格式存储在文本文件中。

10. BLACKHOLE

BLACKHOLE 存储引擎接受但不存储数据，并且检索总是返回一个空集。用于临时禁止对数据库的应用程序输入。该存储引擎支持事务，而且支持 MVCC 的行级锁，主要用于日志记录或同步归档。

11. FEDERATED

FEDERATED 存储引擎不存放数据，它至少指向一台远程 MySQL 数据库服务器上的表。该存储引擎把数据存在远程数据库中，非常类似 Oracle 的透明网关。在 MySQL 5.1 中，它只和 MySQL 一起工作，使用 MySQL C Client API。在未来的分发版中，想要让它使用其他驱动器或客户端连接方法连接到另外的数据源。该存储引擎能够将多个分离的 MySQL 服务器连接起来，从多个物理服务器创建一个逻辑数据库，十分适合于分布式环境或数据集式环境。

12. ISAM

最原始的存储引擎就是 ISAM，它管理着非事务性表，后来它就被 MyISAM 代替了，而且 MyISAM 是向后兼容的，因此可以忘记这个 ISAM 存储引擎。

可以在 MySQL 中使用显示引擎的命令得到一个可用引擎的列表。

```
mysql> show engines;
```

Engine	Support	Comment	Transactions	XA	Savepoints
MyISAM	YES	MyISAM storage engine	NO	NO	NO

```
| MRG_MYISAM         | YES     | Collection of identical MyISAM tables                      | NO   | NO   | NO   |
| FEDERATED          | NO      | Federated MySQL storage engine                             | NULL | NULL | NULL |
| BLACKHOLE          | YES     | /dev/null storage engine (anything you write to it disappears) | NO   | NO   | NO   |
| MEMORY             | YES     | Hash based, stored in memory, useful for temporary tables  | NO   | NO   | NO   |
| CSV                | YES     | CSV storage engine                                         | NO   | NO   | NO   |
| ARCHIVE            | YES     | Archive storage engine                                     | NO   | NO   | NO   |
| InnoDB             | DEFAULT | Supports transactions, row-level locking, and foreign keys | YES  | YES  | YES  |
| PERFORMANCE_SCHEMA | YES     | Performance Schema                                         | NO   | NO   | NO   |

9 rows in set (0.00 sec)
```

上面这个查询结果显示了可用的数据库引擎的全部名单以及在当前的数据库服务器中是否支持这些引擎。下表列出了一些常见的存储引擎。

特点	MyISAM	InnoDB	MEMORY（HEAP）	ARCHIVE	NDB	BDB（Berkeley DB）	MERGE
是否默认存储引擎	是（5.5.8 以前）	是（从 5.5.8 开始）	否	否	否	否	否
存储限制	256TB	64TB	RAM	没有	384EB	没有	没有
事务安全		支持				支持	
锁机制	表锁（Table）	行锁（Row）	表锁（Table）	行锁（Row）	行锁（Row）	页锁（Page）	行锁（Row）
多版本并发控制（MVCC）		支持					
空间数据类型支持	支持	支持		支持	支持	支持	
空间索引支持	支持	支持（从 5.7.5 开始）					
B 树索引	支持	支持	支持			支持	支持
T 树索引				支持			
散列索引		支持	支持		支持		
全文索引	支持	支持（从 5.6.4 开始）					
集群索引		支持					
数据缓存		支持	支持				
索引缓存	支持	支持	支持		支持		
数据可压缩	支持	支持		支持			
数据可加密	支持	支持	支持	支持	支持		
复制支持	支持	支持	支持	支持	支持	支持	支持
查询缓存	支持	支持	支持	支持	支持	支持	支持
备份/实时恢复	支持	支持	支持	支持	支持	支持	支持
集群支持					支持		
更新数据字典统计信息	支持	支持	支持	支持	支持	支持	支持
支持外键		支持					
空间使用	低	高	N/A	非常低		低	低
内存使用	低	高	中等	低		低	低
批量插入的速度	高	低	高	非常高	高	高	低

可以通过修改设置脚本中的选项来设置在 MySQL 安装软件中可用的引擎。如果在使用一个预先包装好的 MySQL 二进制发布版软件，那么这个软件就包含了常用的引擎。需要指出的是，如果想要使用某些不常用的引擎，特别是 CSV、ARCHIVE（存档）和 BLACKHOLE（黑洞）引擎，那么就需要手工重新编译 MySQL 源码。

可以使用多种方法指定一个要使用的存储引擎。如果想用一种能满足大多数数据库需求的存储引擎，那么可以在 MySQL 的配置文件（my.cnf）中设置一个默认的引擎类型（在[mysqld]组下，使用 default-storage-engine=InnoDB），或者在启动数据库服务器时，在命令行后面加上"--default-storage-engine"选项。

最直接的使用存储引擎的方式是在创建表时指定存储引擎的类型，如：

```
CREATE TABLE mytable (id int, title char(20)) ENGINE = INNODB
```

还可以使用改变现有的表使用的存储引擎：

```
ALTER TABLE mytable ENGINE = MyISAM;
```

当用这种方式修改表类型时需要非常仔细，因为对不支持同样的索引、字段类型或者表大小的一个类型进行修改可能导致数据的丢失。

结合个人博客的特点，推荐个人博客系统使用 MyISAM，因为在博客里主要执行的操作是读取和写入，很少有链式操作。所以，选择 MyISAM 引擎存储的博客打开页面的效率要高于使用 InnoDB 引擎的博客。这只是个人的建议，大多数博客还是需要根据实际情况谨慎选择。

【真题 211】 MyISAM 和 InnoDB 各有哪些特性？分别适用在怎样的场景下？

答案：MyISAM 支持表锁，不支持事务，表损坏率较高，主要面向 OLAP 的应用。MyISAM 读/写并发不如 InnoDB，适用于以 SELECT 和 INSERT 为主的场景，且支持直接复制文件，用以备份数据。只缓存索引文件，不缓存数据文件。InnoDB 支持行锁，支持事务，CRASH 后具有 RECOVER 机制，其设计目标主要面向 OLTP 的应用。

它们之间其他的区别见下表。

	MyISAM	InnoDB
构成上的区别	每个存储引擎类型为 MyISAM 的表在磁盘上存储成 3 个文件：文件扩展名为.frm（frame）的文件存储了表定义；文件扩展名为.MYD（MYData）的文件存储了表数据；文件扩展名为.MYI（MYIndex）的文件存储了索引。数据文件和索引文件可以放置在不同的目录下，平均分布 I/O，获得更快的速度	每个存储引擎类型为 InnoDB 的表在磁盘上存储成两个文件：.frm 和 ibd 文件。.frm 文件存储了表定义。ibd 文件分为数据区和索引区，有较好的读/写并发能力
事务处理	MyISAM 类型的表强调的是性能，其执行速度比 InnoDB 类型更快，但是不提供事务支持	InnoDB 提供事务支持、外键等高级数据库功能。InnoDB 存储引擎提供了具有提交、回滚和崩溃恢复能力的事务安全。对比 MyISAM 的存储引擎，InnoDB 写的处理效率差一些，并且会占用更多的磁盘空间以保留数据和索引
适用场景	如果执行大量的 SELECT，那么 MyISAM 是更好的选择	1）如果执行大量的 INSERT 或 UPDATE，那么出于性能方面的考虑，应该使用 InnoDB 表 2）当执行 DELETE FROM table 时，InnoDB 不会重建表，而是一行一行地删除 3）LOAD TABLE FROM MASTER 操作对 InnoDB 是不起作用的，解决方法是首先把 InnoDB 表改成 MyISAM 表，导入数据后再改成 InnoDB 表，但是对于使用的额外的 InnoDB 特性（例如外键）的表不适用
清空表	MyISAM 会重建表	InnoDB 是一行一行地删除，效率非常慢
对 AUTO_INCREMENT 列的操作	1）MyISAM 为 INSERT 和 UPDATE 操作自动更新这一列。AUTO_INCREMENT 值可用 ALTER TABLE 来重置。 2）对于 AUTO_INCREMENT 类型的字段，InnoDB 中必须包含只有该字段的索引，但是在 MyISAM 表中，可以和其他字段一起建立联合索引	如果为一个表指定 AUTO_INCREMENT 列，那么在数据字典里的 InnoDB 表句柄包含一个名为自动增长计数器的计数器，它被用在为该列赋新值，自动增长计数器仅被存储在主内存中，而不是存在磁盘上。InnoDB 中必须包含只有该字段的索引
表的行数	当执行 SQL 语句 "SELECT COUNT(*) FROM TABLE" 时，MyISAM 只是简单地读出保存好的行数，需要注意的是，当 COUNT(*)语句包含 WHERE 条件时，MyISAM 和 InnoDB 的操作是一样的	InnoDB 中不保存表的具体行数，也就是说，当执行 SELECT COUNT(*) FROM TABLE 时，InnoDB 要扫描一遍整个表来计算行数，所以 InnoDB 在做 COUNT 运算时相当消耗 CPU

（续）

	MyISAM	InnoDB
锁	表级锁定（更新时锁定整个表）：其锁定机制是表级索引，这虽然可以让锁定的实现成本很小，但是也同时大大降低了其并发性能。不支持行级锁，只支持并发插入的表锁，主要用于高负载的 SELECT	提供行锁，提供与 Oracle 类型一致的不加锁读取。另外，InnoDB 表的行锁也不是绝对的，如果在执行一个 SQL 语句时 MySQL 不能确定要扫描的范围，那么 InnoDB 表同样会锁全表，如 UPDATE TABLE T_TEST_LHR SET NUM=1 WHERE NAME LIKE "%LHR%"
开发公司	MySQL 公司	InnoDB 公司
是否默认存储引擎	是（5.5.8 以前）	是（5.5.8 及其以后）

6.2.6 MySQL InnoDB 引擎类型的表有哪两类表空间模式？它们各有什么优缺点？

InnoDB 存储表和索引有以下两种方式：

1）使用共享表空间存储。这种方式创建的表的表结构保存在.frm 文件中。Innodb 的所有数据和索引保存在一个单独的表空间（由参数 innodb_data_home_dir 和 innodb_data_file_path 定义，若 innodb_data_home_dir 为空，则默认存放在 datadir 下，初始化大小为 10MB）里面，而这个表空间可以由很多个文件组成，一个表可以跨多个文件存在，所以其大小限制不再是文件大小的限制，而是其自身的限制。

```
mysql> show variables like '%innodb_data%';
+--------------------+----------------------+
| Variable_name      | Value                |
+--------------------+----------------------+
| innodb_data_file_path | ibdata1:12M:autoextend |
| innodb_data_home_dir  |                      |
+--------------------+----------------------+
```

2）使用独立表空间（多表空间）存储，这种方式创建的表的表结构仍然保存在.frm 文件中，但是每个表的数据和索引单独保存在.ibd 中。如果是一个分区表，那么每一个分区对应单独的.ibd 文件，文件名是"表名+分区名"，可以在创建分区时指定每个分区的数据文件的位置，以此来将表的 I/O 均匀分布在多个磁盘上。

若要使用独立表空间的存储方式，那么需要设置参数 innodb_file_per_table 为 ON，并且重新启动服务后才可以生效。修改 innodb_file_per_table 的参数值即可修改数据库的默认表空间管理方式，但是修改不会影响之前已经使用过的共享表空间和独立表空间。

```
mysql> show variables like '%innodb_file_per%';
+-----------------------+-------+
| Variable_name         | Value |
+-----------------------+-------+
| innodb_file_per_table | ON    |
+-----------------------+-------+
```

ON 代表独立表空间管理，OFF 代表共享表空间管理。若要查看单表的表空间管理方式，则需要查看每个表是否有单独的数据文件。该参数从 MySQL 5.6.6 开始默认为 ON（之前的版本均为 OFF），表示默认为独立表空间管理。

独立表空间的数据文件没有大小限制，不需要设置初始大小，也不需要设置文件的最大限制、扩展大小等参数，对于使用多表空间特性的表，可以比较方便地进行单表备份和恢复操作，但是直接复制.ibd 文件是不行的，因为没有共享表空间的数据字典信息，直接复制的.ibd 文件和.frm 文件恢复时是不能被正确识别的，但可以通过命令："ALTER TABLE tb_name DISCARD TABLESPACE;" 和 "ALTER TABLE tb_name IMPORT TABLESPACE;" 将备份恢复到数据库中，但是这样的单表备份只能恢复到表原来所在的数据库中，而不能恢复到其他的数据库中。如果要将单表恢复到目标数据库，那么需要通过 mysqldump 和 mysqlimport 来实现。

需要注意的是，即使在独立表空间的存储方式下，共享表空间也是必须的。InnoDB 会把内部数据字典、在线重做日志、Undo 信息、插入缓冲索引页、二次写缓冲（Double write buffer）等内容放在这个文件中。

共享表空间和独立表空间的优缺点见下表。

	共享表空间（Shared Tablespaces）	独立表空间（File-Per-Table Tablespaces）
优点	1）表空间可以分成多个文件存放到各个磁盘，所以表也就可以分成多个文件存放在磁盘上，表的大小不受磁盘大小的限制 2）数据和文件放在一起方便管理	1）当 truncate 或者 drop 一个表时，可以释放磁盘空间。如果不是独立表空间，truncate 或 drop 一个表只是在 ibdata 文件内部释放，实际 ibdata 文件并不会缩小，释放出来的空间也只能让其他 InnoDB 引擎的表使用 2）独立表空间下，truncate table 操作会更快 3）独立表空间下，可以自定义表的存储位置，通过 CREATE TABLE ... DATA DIRECTORY =absolute_path_to_directory 命令实现（有时将部分热表放在不同的磁盘可有效地提升 I/O 性能） 4）独立表空间下，可以回收表空间碎片（如一个非常大的 DELETE 操作之后释放的空间） 5）可以移动单独的 InnoDB 表，而不是整个数据库 6）可以 copy 单独的 InnoDB 表从一个实例到另外一个实例（也就是 transportable tablespace 特色） 7）独立表空间模式下，可以使用 Barracuda 的文件格式，这个文件格式有压缩和动态行模式的特色。若这个表中有 blob 或者 text 字段，则动态行模式（dynamic row format）可以发挥出更高效的存储 8）独立表空间模式下，可以更好地改善故障恢复，如更加节约时间或者增加崩溃后正常恢复的概率 9）单独备份和恢复某张表的话会更快 10）可以使得从一个备份中单独分离出表，如一个 lvm 的快照备份 11）可以在不访问 MySQL 的情况下方便地得知一个表的大小，即在文件系统的角度上查看 12）在大部分的 Linux 文件系统中，如果 InnoDB_flush_method 为 O_DIRECT，通常是不允许针对同一个文件做并发写操作的。这时如果为独立表空间模式，则应该会有较大的性能提升 13）如果没有使用独立表空间模式，那么所有的表都在共享表空间，最大为 64TB；如果使用 innodb_file_per_table，那么每个表可以为 64TB 14）运行 OPTIMEIZE TABLE，压缩或者重建创建表空间。运行 OPTIMIZE TABLE InnoDB 会创建一个新的 ibd 文件。当完成时，老的表空间会被新的代替
缺点	1）所有的数据和索引存放到一个文件，虽然可以把一个大文件分成多个小文件，但是多个表及索引在表空间中混合存储。当数据量非常大时，表做了大量删除操作后，表空间中将会有大量的空隙，特别是对于统计分析，对于经常删除操作的这类应用最不适合用共享表空间 2）共享表空间分配后不能回缩：当临时建索引或创建一个临时表后，表空间在被扩大后，就是删除相关的表也没办法回缩那部分空间了 3）进行数据库的冷备份很慢	1）独立表空间模式下，每个表或许会有很多没用到的磁盘空间。如果没做好管理，可能会造成较大的空间浪费。表空间中的空间只能被当前表使用 2）fsync 操作必须运行在每一个单一的文件上，独立表空间模式下，多个表的写操作就无法合并为一个单一的 I/O，这样就添加许多额外的 fsync 操作 3）mysqld 必须保证每个表都有一个 open file，独立表空间模式下，就需要很多打开文件数，可能会影响性能 4）当 drop 一个表空间时，buffer pool 会被扫描，如果 buffer pool 有几十吉字节那么大，或许要花费几秒钟时间。这个扫描操作还会产生一个内部锁，可能会延迟其他操作，共享表空间模式下不会有这个问题 5）如果许多表都增长迅速，那么可能会产生更多的分裂操作（应该是指表空间大小的扩充），这个操作会损害 drop table 和 table scan 的性能 6）InnoDB_autoextend_increment 参数对独立表空间无效，这个参数是指当系统表空间满了以后，它再次预先申请的磁盘空间大小，单位为 MB 7）单表增加过大，当单表占用空间过大时，存储空间不足，只能从操作系统层面思考解决方法

6.2.7　如何批量更改 MySQL 引擎？

以下 5 种办法可以修改表的存储引擎：

1．MySQL 命令语句修改：altertable

```
alter table tablename engine=InnoDB/MyISAM/Memory
```

优点：简单，而且适合所有的引擎。

缺点：1）这种转化方式需要大量的时间和 I/O，由于 MySQL 要执行从旧表到新表的一行一行的复制，所以效率比较低。

2）在转化期间源表加了读锁。

3）从一种引擎到另一种引擎做表转化，所有属于原始引擎的专用特性都会丢失，如从 InnoDB 到 MyISAM，则 InnoDB 的索引会丢失。

2．使用 dump（转储），然后 import（导入）

优点：使用 mysqldump 这个工具将修改的数据导出后会以.sql 的文件保存，可以对这个文件进行操作，所以有更多的控制，如修改表名、修改存储引擎等。

3．CREATESELECT

以上方式中，第一种方式简便，第二种方式安全，第三种方式是前两种方式的折中，过程如下所示：

1）CREATETABLENEWTABLELIKEOLDTABLE;

2）ALTERTABLENEWTABLEENGINE=innodb/myisam/memory

3）INSERTINTONEWTABLESELECT*FROMOLDTABLE;

4．使用 sed 对备份内容进行引擎转换

```
nohup sed –e 's/MyISAM/InnoDB/g' newlhr.sql >newlhr_1.sql &
```

5．mysql_convert_table_format 命令修改

```
#!/bin/sh
cd /usr/local/mysql/bin
echo 'Enter Host Name:'
read HOSTNAME
echo 'Enter User Name:'
read USERNAME
echo 'Enter Password:'
read PASSWD
echo 'Enter Socket Path:'
read SOCKETPATH
echo 'Enter Database Name:'
read DBNAME
echo 'Enter Table Name:'
read TBNAME
echo 'Enter Table Engine:'
read TBTYPE
./mysql_convert_table_format --host=$HOSTNAME --user=$USERNAME --password=$PASSWD --socket=$SOCKETPATH --type=$TBTYPE $DBNAME $TBNAME
```

6.2.8　什么是间隙锁?

当使用范围条件而不是相等条件检索数据，并请求共享或排他锁时，InnoDB 会给符合条件的已有数据记录的索引项加锁；对于键值在条件范围内但并不存在的记录，叫作"间隙（GAP）"，InnoDB 也会对这个"间隙"加锁，这种锁机制就是间隙（Next-Key）锁。间隙锁是 InnoDB 中行锁的一种，但是这种锁锁住的不止一行数据，它锁住的是多行，是一个数据范围。间隙锁的主要作用是为了防止出现幻读（Phantom Read），用在 Repeated-Read（简称 RR）隔离级别下。在 Read-Commited（简称 RC）下，一般没有间隙锁（有外键情况下例外，此处不考虑）。间隙锁还用于恢复和复制。

间隙锁的出现主要集中在同一个事务中先 DELETE 后 INSERT 的情况，当通过一个条件删除一条记录时，如果条件在数据库中已经存在，那么这时产生的是普通行锁，锁住这个记录，然后删除，最后释放锁。如果这条记录不存在，则数据库会扫描索引，发现这个记录不存在，这时的 DELETE 语句获取到的就是一个间隙锁，然后数据库会向左扫描，扫到第一个比给定参数小的值，向右扫描，扫描到第一个比给定参数大的值，以此为界，构建一个区间，锁住整个区间内的数据，一个特别容易出现死锁的间隙锁就诞生了。

在 MySQL 的 InnoDB 存储引擎中，如果更新操作是针对一个区间的，那么它会锁住这个区间内所有的记录，如 UPDATE XXX WHERE ID BETWEEN A AND B，它会锁住 A 到 B 之间所有记录，注意是所有记录，甚至这个记录并不存在也会被锁住。这时如果另外一个连接需要插入一条记录到 A 到 B 之间，那么它就必须等到上一个事务结束。典型的例子就是使用 AUTO_INCREMENT ID，由于这个 ID 是一直往上分配的，因此当两个事务都 INSERT 时，会得到两个不同的 ID，但是这两条记录还没有被提交，因此也就不存在。如果这个时候有一个事务进行范围操作，而且恰好要锁住不存在的 ID，就是触发间隙锁问题。所以，MySQL 中尽量不要使用区间更新。InnoDB 除了通过范围条件加锁时使用间隙锁外，如果使用相等条件请求给一个不存在的记录加锁，那么 InnoDB 也会使用间隙锁。

间隙锁也存在副作用，它会把锁定范围扩大，有时候也会带来麻烦。如果要关闭，那么一是将会话隔离级别改到 RC 下，或者开启 innodb_locks_unsafe_for_binlog（默认是 OFF）。间隙锁只会出现在辅助索引上，唯一索引和主键索引没有间隙锁。间隙锁（无论是 S 还是 X）只会阻塞 INSERT 操作。

在 MySQL 数据库参数中，控制间隙锁的参数是 innodb_locks_unsafe_for_binlog，这个参数的默认值是 OFF，也就是启用间隙锁。它是一个布尔值，当值为 TRUE 时，表示 DISABLE 间隙锁。

6.2.9　MySQL 有哪些命令可以查看锁?

1. show processlist

"show processlist;"显示哪些线程正在运行。如果有 SUPER 权限，那么就可以看到所有线程。如果有线程在 UPDATE 或者 INSERT 某个表，此时进程的 status 为 updating 或者 sending data。"show processlist;"只列出前 100 条，如果想全列出，那么可以使用"show full processlist;"。

一些常见的状态见下表。

状　　态	含　　义
Checking table	正在检查数据表（这是自动的）
Closing tables	正在将表中修改的数据刷新到磁盘中，同时正在关闭已经用完的表。这是一个很快的操作，如果不是这样，那么就应该确认磁盘空间是否已经满了或者磁盘是否正处于重负中
Connect Out	复制从服务器正在连接主服务器
Copying to tmp table on disk	由于临时结果集大于 tmp_table_size，正在将临时表从内存存储转为磁盘存储以此节省内存
Creating tmp table	正在创建临时表以存放部分查询结果
deleting from main table	服务器正在执行多表删除中的第一部分，刚删除第一个表
deleting from reference tables	服务器正在执行多表删除中的第二部分，正在删除其他表的记录
Flushing tables	正在执行 FLUSH TABLES，等待其他线程关闭数据表
Killed	发送了一个 kill 请求给某线程，那么这个线程将会检查 kill 标志位，同时会放弃下一个 kill 请求。MySQL 会在每次的主循环中检查 kill 标志位，不过有些情况下该线程可能会过一小段才能死掉。如果该线程被其他线程锁住了，那么 kill 请求会在锁释放时马上生效
Locked	被其他查询锁住了
Sending data	正在处理 SELECT 查询的记录，同时正在把结果发送给客户端
Sorting for group	正在为 GROUP BY 做排序
Sorting for order	正在为 ORDER BY 做排序
Opening tables	这个过程应该会很快，除非受到其他因素的干扰。例如，在执 ALTER TABLE 或 LOCK TABLE 语句行以前，数据表无法被其他线程打开。正尝试打开一个表

（续）

状　态	含　义
Removing duplicates	正在执行一个 SELECT DISTINCT 方式的查询，但是 MySQL 无法在前一个阶段优化掉那些重复的记录。因此，MySQL 需要再次去掉重复的记录，然后再把结果发送给客户端
Reopen table	获得了对一个表的锁，但是必须在表结构修改之后才能获得这个锁。已经释放锁，关闭数据表，正尝试重新打开数据表
Repair by sorting	修复指令正在排序，以创建索引
Repair with keycache	修复指令正在利用索引缓存一个一个地创建新索引。它会比 Repair by sorting 慢些
Searching rows for update	正在将符合条件的记录找出来以备更新。它必须在 UPDATE 要修改相关的记录之前就完成了
Sleeping	正在等待客户端发送新请求
System lock	正在等待取得一个外部的系统锁。如果当前没有运行多个 mysqld 服务器同时请求同一个表，那么可以通过增加—skip-external-locking 参数来禁止外部系统锁
Upgrading lock	INSERT DELAYED 正在尝试取得一个锁表以插入新记录
Updating	正在搜索匹配的记录，并且修改它们
User Lock	正在等待 GET_LOCK()
Waiting for tables	该线程得到通知，数据表结构已经被修改了，需要重新打开数据表以取得新的结构。为了能重新打开数据表，必须等到所有其他线程关闭这个表。以下几种情况下会产生这个通知：FLUSH TABLES tbl_name、ALTER TABLE、RENAME TABLE、REPAIR TABLE、ANALYZE TABLE、OPTIMIZE TABLE
waiting for handler insert	INSERT DELAYED 已经处理完了所有待处理的插入操作，正在等待新的请求

2．show open tables

这条命令能够查看当前有哪些表是打开的。In_use 列表示有多少线程正在使用某张表，Name_locked 表示表名是否被锁，这一般发生在 DROP 或 RENAME 命令操作这张表时。所以，这条命令不能查询到当前某张表是否有死锁，谁拥有表上的这个锁等。常用命令如下所示：

```
show open tables from db_name;
show open tables where in_use > 0;
```

3．show engine innodb status\G;

这条命令查询 innodb 引擎的的运行时信息。

4．查看服务器的状态

```
show status like '%lock%';
```

5．查询 INFORMATION_SCHEMA 用户下的表

通过 INFORMATION_SHCEMA 下的 INNODB_LOCKS、INNODB_LOCK_WAITS 和 INNODB_TRX 这 3 张表可以更新监控当前事务，并且分析存在的锁问题。

查看当前状态产生的 innodb 锁，仅在有锁等待时有结果输出：

```
SELECT * FROM INFORMATION_SCHEMA.INNODB_LOCKS;
```

查看当前状态产生的 innodb 锁等待，仅在有锁等待时有结果输出：

```
SELECT * FROM INFORMATION_SCHEMA.INNODB_LOCK_WAITS;
```

当前 innodb 内核中的当前活跃（ACTIVE）事务：

```
SELECT * FROM INFORMATION_SCHEMA.INNODB_TRX;
```

下面对这 3 张表结构分别进行介绍。

1）innodb_trx 表结构说明见下表。

字 段 名	说 明
trx_id	innodb 存储引擎内部唯一的事务 ID
trx_state	当前事务状态（running 和 lock wait 两种状态）
trx_started	事务的开始时间
trx_requested_lock_id	等待事务的锁 ID，如 trx_state 的状态为 Lock wait，那么该值代表当前事务等待之前事务占用资源的 ID。若 trx_state 不是 Lock wait，则该值为 NULL
trx_wait_started	事务等待的开始时间
trx_weight	事务的权重，在 innodb 存储引擎中，当发生死锁需要回滚时，innodb 存储引擎会选择该值最小的进行回滚
trx_mysql_thread_id	MySQL 中的线程 ID，即 showprocesslist 显示的结果
trx_query	事务运行的 SQL 语句

2）innodb_locks 表结构说明见下表。

字 段 名	说 明
lock_id	锁的 ID
lock_trx_id	事务的 ID
lock_mode	锁的模式（S 锁与 X 锁两种模式）
lock_type	锁的类型（表锁还是行锁（RECORD））
lock_table	要加锁的表
lock_index	锁住的索引
lock_space	锁住对象的 space id
lock_page	事务锁定页的数量，若是表锁，则该值为 NULL
lock_rec	事务锁定行的数量，若是表锁，则该值为 NULL
lock_data	事务锁定记录主键值，若是表锁，则该值为 NULL

3）innodb_lock_waits 表结构说明见下表。

字 段 名	说 明
requesting_trx_id	申请锁资源的事务 ID
requested_lock_id	申请的锁的 ID
blocking_trx_id	阻塞其他事务的事务 ID
blocking_lock_id	阻塞其他锁的锁 ID

可以根据这 3 张表进行联合查询，得到更直观、更清晰的结果，参考如下 SQL：

```
SELECT R.TRX_ISOLATION_LEVEL,
       R.TRX_ID              WAITING_TRX_ID,
       R.TRX_MYSQL_THREAD_ID WAITING_TRX_THREAD,
       R.TRX_STATE           WAITING_TRX_STATE,
       LR.LOCK_MODE          WAITING_TRX_LOCK_MODE,
       LR.LOCK_TYPE          WAITING_TRX_LOCK_TYPE,
       LR.LOCK_TABLE         WAITING_TRX_LOCK_TABLE,
       LR.LOCK_INDEX         WAITING_TRX_LOCK_INDEX,
       R.TRX_QUERY           WAITING_TRX_QUERY,
       B.TRX_ID              BLOCKING_TRX_ID,
       B.TRX_MYSQL_THREAD_ID BLOCKING_TRX_THREAD,
       B.TRX_STATE           BLOCKING_TRX_STATE,
```

```
        LB.LOCK_MODE              BLOCKING_TRX_LOCK_MODE,
        LB.LOCK_TYPE              BLOCKING_TRX_LOCK_TYPE,
        LB.LOCK_TABLE             BLOCKING_TRX_LOCK_TABLE,
        LB.LOCK_INDEX             BLOCKING_TRX_LOCK_INDEX,
        B.TRX_QUERY               BLOCKING_QUERY
   FROM INFORMATION_SCHEMA.INNODB_LOCK_WAITS W
INNER JOIN INFORMATION_SCHEMA.INNODB_TRX B
    ON B.TRX_ID = W.BLOCKING_TRX_ID
INNER JOIN INFORMATION_SCHEMA.INNODB_TRX R
    ON R.TRX_ID = W.REQUESTING_TRX_ID
INNER JOIN INFORMATION_SCHEMA.INNODB_LOCKS LB
    ON LB.LOCK_TRX_ID = W.BLOCKING_TRX_ID
INNER JOIN INFORMATION_SCHEMA.INNODB_LOCKS LR
    ON LR.LOCK_TRX_ID = W.REQUESTING_TRX_ID;
```

【真题 212】 如何在 MySQL 中查询 OS 线程 id（LWP）？

答案：从 MySQL 5.7 开始，在 performance_schema.threads 中加了一列 THREAD_OS_ID，可以通过该列匹配到 OS 线程 id（LWP），如下所示：

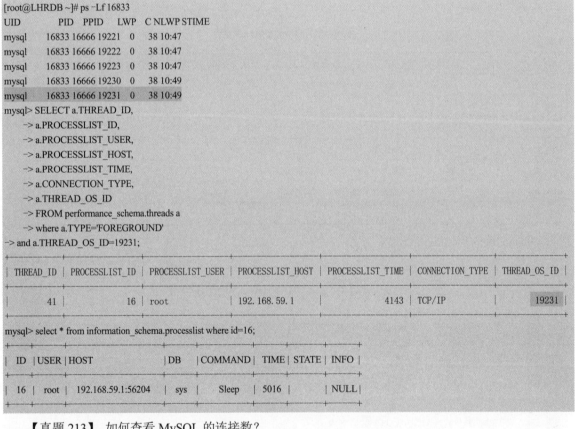

```
[root@LHRDB ~]# ps -Lf 16833
UID        PID  PPID  LWP  C NLWP STIME
mysql    16833 16666 19221  0  38 10:47
mysql    16833 16666 19222  0  38 10:47
mysql    16833 16666 19223  0  38 10:47
mysql    16833 16666 19230  0  38 10:49
mysql    16833 16666 19231  0  38 10:49
mysql> SELECT a.THREAD_ID,
    -> a.PROCESSLIST_ID,
    -> a.PROCESSLIST_USER,
    -> a.PROCESSLIST_HOST,
    -> a.PROCESSLIST_TIME,
    -> a.CONNECTION_TYPE,
    -> a.THREAD_OS_ID
    -> FROM performance_schema.threads a
    -> where a.TYPE='FOREGROUND'
-> and a.THREAD_OS_ID=19231;
```

THREAD_ID	PROCESSLIST_ID	PROCESSLIST_USER	PROCESSLIST_HOST	PROCESSLIST_TIME	CONNECTION_TYPE	THREAD_OS_ID
41	16	root	192. 168. 59. 1	4143	TCP/IP	19231

```
mysql> select * from information_schema.processlist where id=16;
```

ID	USER	HOST	DB	COMMAND	TIME	STATE	INFO
16	root	192.168.59.1:56204	sys	Sleep	5016		NULL

【真题 213】 如何查看 MySQL 的连接数？

答案：查看当前连接数（Threads 就是连接数）：

```
mysqladmin  -uroot -plhr -h192.168.59.159 status
```

示例：

```
[root@LHRDB ~]# mysqladmin  -uroot -plhr -h192.168.59.159 status
mysqladmin: [Warning] Using a password on the command line interface can be insecure.
Uptime: 156665  Threads: 20  Questions: 12662  Slow queries: 0  Opens: 283  Flush tables: 1  Open tables: 276  Queries per second
avg: 0.080
```

说明，当前有 20 个 FOREGROUND 类型的连接。也可以通过 performance_schema.threads 或 show processlist 来查询。

【真题 214】 如何杀掉某个 MySQL 客户端连接或正在执行的 SQL 语句？

答案：可以使用 KILL 命令，KILL 命令的语法格式如下：

```
KILL [CONNECTION | QUERY] thread_id
```

每个与 mysqld 的连接都在一个独立的线程里运行，可以使用 SHOW PROCESSLIST 语句查看哪些线程正在运行，并使用 KILL thread_id 语句终止一个线程。KILL 可以加 CONNECTION 或 QUERY 修改符，默认为 CONNECTION。KILL CONNECTION 会终止与给定的 thread_id 有关的连接。KILL QUERY 会终止连接当前正在执行的语句，但是会保持连接的原状。

```
mysql> show processlist;
+-----+------+--------------------+------+---------+------+----------+------------------+
| Id  | User | Host               | db   | Command | Time | State    | Info             |
+-----+------+--------------------+------+---------+------+----------+------------------+
|  7  | root | localhost          | NULL | Sleep   | 1491 |          | NULL             |
|  8  | root | 192.168.59.1:55734 | NULL | Query   | 0    | starting | show processlist |
| 26  | root | 192.168.59.1:57489 | sys  | Sleep   | 595  |          | NULL             |
+-----+------+--------------------+------+---------+------+----------+------------------+

mysql> KILL 26;
Query OK, 0 rows affected (0.00 sec)

mysql> show processlist;
+-----+------+--------------------+------+---------+------+----------+------------------+
| Id  | User | Host               | db   | Command | Time | State    | Info             |
+-----+------+--------------------+------+---------+------+----------+------------------+
|  7  | root | localhost          | NULL | Sleep   | 1510 |          | NULL             |
|  8  | root | 192.168.59.1:55734 | NULL | Query   | 0    | starting | show processlist |
+-----+------+--------------------+------+---------+------+----------+------------------+
```

可以使用如下的 SQL 语句生成批量执行的 KILL 语句：

```
select concat('KILL ',id,';') from information_schema.processlist where user='root';
```

另外，也可以使用 mysqladmin processlist 和 mysqladmin kill 命令来检查和终止线程。

6.2.10　MySQL 如何查看执行计划？执行计划中每列的含义分别是什么？

执行计划的查看是进行 SQL 语句调优时的一个重要依据，MySQL 的执行计划查看相对 Oracle 简便很多，功能也相对简单。MySQL 的 EXPLAIN 命令用于 SQL 语句的查询执行计划（QEP）。从这条命令的输出结果中能够了解 MySQL 优化器是如何执行 SQL 语句的。这条命令并没有提供任何调整建议，但它能够提供重要的信息用来帮助做出调优决策。

MySQL 的 EXPLAIN 语法可以运行在 SELECT 语句或者特定表上。如果作用在表上，那么此命令等同于 DESC 表命令。在 MySQL 5.6.10 版本中，可以直接对 DML 语句进行 EXPLAIN 分析操作。MySQL 优化器是基于开销来工作的，它并不提供任何的 QEP 的位置。这意味着 QEP 是在每条 SQL 语句执行时动态地计算出来的。在 MySQL 存储过程中的 SQL 语句也是在每次执行时计算 QEP 的。存储过程缓存仅仅解析查询树。

下面给出一个查看 MySQL 语句执行计划的示例：

```
mysql> CREATE TABLE t_4(
    -> id int,
    -> name varchar(10),
    -> age int,
```

```
    -> INDEX MutiIdx(id,name,age)
    -> );
Query OK, 0 rows affected (0.04 sec)

mysql> show CREATE TABLE t_4\G;
*************************** 1. row ***************************
       Table: t_4
Create Table: CREATE TABLE `t_4` (
  `id` int(11) DEFAULT NULL,
  `name` varchar(10) DEFAULT NULL,
  `age` int(11) DEFAULT NULL,
   KEY `MutiIdx` (`id`,`name`,`age`)
) ENGINE=InnoDB DEFAULT CHARSET=latin1
1 row in set (0.00 sec)

ERROR:
No query specified

mysql> INSERT INTO t_4 values(1,'AAA',10),(2,'bbb',20),(3,'ccc',30),(4,'ddd',40),(5,'eee',50);
Query OK, 5 rows affected (0.02 sec)
Records: 5   Duplicates: 0   Warnings: 0

mysql> SELECT * FROM t_4;
+------+------+------+
| id   | name | age  |
+------+------+------+
|    1 | AAA  |   10 |
|    2 | bbb  |   20 |
|    3 | ccc  |   30 |
|    4 | ddd  |   40 |
|    5 | eee  |   50 |
+------+------+------+
5 rows in set (0.05 sec)
```

```
mysql>EXPLAIN SELECT NAME,AGE FROM t_4 WHERE ID<3;
```

id	select_type	table	type	possible_keys	key	key_len	ref	rows	Extra
1	SIMPLE	t_4	INDEX	MutiIdx	MutiIdx	23	NULL	5	Using WHERE; Using INDEX

```
1 row in set (0.18 sec)

mysql>EXPLAIN SELECT NAME,AGE FROM t_4 WHERE ID<3 \G;
*************************** 1. row ***************************
           id: 1
  select_type: SIMPLE
        table: t_4
         type: index
possible_keys: MutiIdx
          key: MutiIdx
      key_len: 23
          ref: NULL
         rows: 5
        Extra: Using where; Using index
1 row in set (0.17 sec)
mysql> explain SELECT STATE,
    ->         SUM(DURATION) AS TOTAL_R,
```

```
->              ROUND(100 * SUM(DURATION) /
->                  (SELECT SUM(DURATION)
->                    FROM INFORMATION_SCHEMA.PROFILING
->                   WHERE QUERY_ID = 1),
->                  2) AS PCT_R,
->          COUNT(*) AS CALLS,
->          SUM(DURATION) / COUNT(*) AS "R/Call"
->      FROM INFORMATION_SCHEMA.PROFILING
->    WHERE QUERY_ID = 1
->    GROUP BY STATE
->    ORDER BY TOTAL_R DESC;
+----+-------------+-----------+------+---------------+------+---------+------+------+-----------------------------------------------+
| id | select_type | table     | type | possible_keys | key  | key_len | ref  | rows | Extra                                         |
+----+-------------+-----------+------+---------------+------+---------+------+------+-----------------------------------------------+
|  1 | PRIMARY     | PROFILING | ALL  | NULL          | NULL | NULL    | NULL | NULL | Using where; Using temporary; Using filesort  |
|  2 | SUBQUERY    | PROFILING | ALL  | NULL          | NULL | NULL    | NULL | NULL | Using where                                   |
+----+-------------+-----------+------+---------------+------+---------+------+------+-----------------------------------------------+
2 rows in set (0.22 sec)
```

下面介绍每种指标的含义。

1）id：包含一组数字，表示查询中执行 SELECT 子句或操作表的顺序；执行顺序从大到小执行；当 id 值一样时，执行顺序由上往下。

2）select_type：表示查询中每个 SELECT 子句的类型，最常见的值包括 SIMPLE、PRIMARY、DERIVED 和 UNION。其他可能的值还有 UNION RESULT、DEPENDENT SUBQUERY、DEPENDENT UNION、UNCACHEABLE UNION 以及 UNCACHEABLE QUERY。

① SIMPLE：查询中不包含子查询、表连接或者 UNION 其他复杂语法的简单查询，这是一个常见的类型。

② PRIMARY：查询中若包含任何复杂的子查询，最外层查询则被标记为 PRIMARY。这个类型通常可以在 DERIVED 和 UNION 类型混合使用时见到。

③ SUBQUERY：在 SELECT 或 WHERE 列表中包含了子查询，该子查询被标记为 SUBQUERY。

④ DERIVED：在 FROM 列表中包含的子查询被标记为 DERIVED（衍生），或者说当一个表不是一个物理表时，那么就被叫作 DERIVED，如：

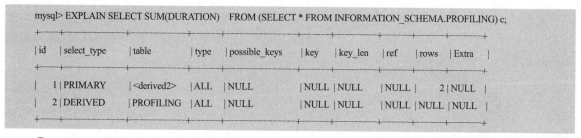

```
mysql> EXPLAIN SELECT SUM(DURATION)  FROM (SELECT * FROM INFORMATION_SCHEMA.PROFILING) c;
+----+-------------+-------------+------+---------------+------+---------+------+------+-------+
| id | select_type | table       | type | possible_keys | key  | key_len | ref  | rows | Extra |
+----+-------------+-------------+------+---------------+------+---------+------+------+-------+
|  1 | PRIMARY     | <derived2>  | ALL  | NULL          | NULL | NULL    | NULL |    2 | NULL  |
|  2 | DERIVED     | PROFILING   | ALL  | NULL          | NULL | NULL    | NULL | NULL | NULL  |
+----+-------------+-------------+------+---------------+------+---------+------+------+-------+
```

⑤ UNION：若第二个 SELECT 出现在 UNION 之后，则被标记为 UNION；若 UNION 包含在 FROM 子句的子查询中，则外层 SELECT 将被标记为 DERIVED。

⑥ UNION RESULT：从 UNION 表获取结果的 SELECT 被标记为 UNION RESULT。这是一系列定义在 UNION 语句中的表的返回结果。当 select_type 为这个值时，经常可以看到 table 的值是<unionN,M>，这说明匹配的 id 行是这个集合的一部分。下面的 SQL 产生了一个 UNION 和 UNION RESULT 的 select-type：

```
mysql> explain select a.* from table1 a union select * from table2 b;
```

id	select_type	table	type	possible_keys	key	key_len	ref	rows	Extra
1	PRIMARY	a	ALL	NULL	NULL	NULL	NULL	6	NULL
2	UNION	b	ALL	NULL	NULL	NULL	NULL	6	NULL
NULL	UNION RESULT	<union1,2>	ALL	NULL	NULL	NULL	NULL	NULL	Using temporary

⑦ DEPENDENT SUBQUERY：这个 select-type 值是为使用子查询而定义的。下面的 SQL 语句提供了这个值：

```
mysql> explain    select a.* from table1 a where exists (select 1 from    table2 b where a.id=b.id);
```

id	select_type	table	type	possible_keys	key	key_len	ref	rows	Extra
1	PRIMARY	a	ALL	NULL	NULL	NULL	NULL	6	Using where
2	DEPENDENT SUBQUERY	b	ALL	NULL	NULL	NULL	NULL	6	Using where

3）Type：表示 MySQL 在表中找到所需行的方式，又称"访问类型"，常见的有以下几种。

① ALL：全表扫描（Full Table Scan），MySQL 将进行全表扫描。

② index：索引全扫描（Index Full Scan），MySQL 将遍历整个索引来查询匹配的行。index 与 ALL 的区别为，index 类型只遍历索引树。

③ range：索引范围扫描（Index Range Scan），对索引的扫描开始于某一点，返回匹配值域的行，常见于 BETWEEN、<、>、>=、<=的查询。

④ ref：返回匹配某个单独值的所有行，常见于使用非唯一索引或唯一索引的非唯一前缀进行的查找。此外，ref 还经常出现在 join 操作中。

⑤ eq_ref：唯一性索引扫描，对于每个索引键，表中只有一条记录与之匹配。常见于主键或唯一索引扫描。在多表连接中，使用主键或唯一索引作为连接条件。

⑥ const、system：当 MySQL 对查询某部分进行优化，并转换为一个常量时，使用这些类型访问。如将主键置于 WHERE 列表中，MySQL 就能将该查询转换为一个常量。

⑦ NULL：MySQL 在优化过程中分解语句，执行时不用访问表或索引，就能直接得到结果。

4）possible_keys：指出 MySQL 能使用哪个索引在表中找到行，查询涉及的字段上若存在索引，则该索引将被列出，但不一定被查询使用。一个会列出大量可能的索引（如多于 3 个）的 QEP 意味着备选索引数量太多了，同时也可能提示存在一个无效的单列索引。

5）key：显示 MySQL 在查询中实际使用的索引，若没有使用索引，则显示为 NULL。若查询中使用了覆盖索引，则该索引仅出现在 key 列表中。一般来说 SQL 查询中的每个表都仅使用一个索引。"SHOW CREATE TABLE <table>"命令是最简单的查看表和索引列细节的方式。和 key 列相关的列还包括 possible_keys、rows 和 key_len。

6）key_len：表示索引中使用的字节数，可通过该列计算查询中使用的索引的长度。此列值对于确认索引的有效性以及多列索引中用到的列的数目很重要。

此列的一些示例值如下所示。

● key_len: 4 //INT NOT NULL。
● key_len: 5 //INT NULL。
● key_len: 30 //CHAR(30) NOT NULL。
● key_len: 32 //VARCHAR(30) NOT NULL。

● key_len: 92 //VARCHAR(30) NULL CHARSET=utf8。

从这些示例中可以看出，是否可以为空、可变长度的列以及 key_len 列的值只与用在连接和 WHERE 条件中的索引的列有关。索引中的其他列会在 ORDER BY 或者 GROUP BY 语句中被用到。

```
CREATE TABLE `wp_posts` (
 `ID` bigint(20) unsigned NOT NULL AUTO_INCREMENT,
 `post_date` datetime NOT NULL DEFAULT '0000-00-00 00:00:00',
 `post_status` varchar(20) NOT NULL DEFAULT 'publish' ,
 `post_type` varchar(20) NOT NULL DEFAULT 'post',
 PRIMARY KEY (`ID`),
 KEY `type_status_date`(`post_type`,`post_status`,`post_date`,`ID`)
 ) DEFAULT CHARSET=utf8
```

这个表的索引包括 post_type、post_status、post_date 以及 ID 列。下面是一个演示索引列用法的 SQL 查询：

```
mysql> CREATE TABLE `wp_posts` (
    ->  `ID` bigint(20) unsigned NOT NULL AUTO_INCREMENT,
    ->  `post_date` datetime NOT NULL DEFAULT '0000-00-00 00:00:00',
    ->  `post_status` varchar(20) NOT NULL DEFAULT 'publish' ,
    ->  `post_type` varchar(20) NOT NULL DEFAULT 'post',
    ->  PRIMARY KEY (`ID`),
    ->  KEY `type_status_date`(`post_type`,`post_status`,`post_date`,`ID`)
    -> ) DEFAULT CHARSET=utf8   ;
Query OK, 0 rows affected (0.52 sec)
mysql> EXPLAIN SELECT ID, post_status FROM wp_posts WHERE post_type='post'  AND post_date > '2010-06-01';
```

id	select_type	table	type	possible_keys	key	key_len	ref	rows	Extra
1	SIMPLE	wp_posts	ref	type_status_date	type_status_date	62	const	1	Using where; Using index

1 row in set (0.03 sec)

这个查询的 QEP 返回的 key_len 是 62。这说明只有 post_type 列上的索引用到了（因为(20×3)+2=62）。尽管查询在 WHERE 语句中使用了 post_type 和 post_date 列，但只有 post_type 部分被用到了。其他索引没有被使用的原因是 MySQL 只能使用定义索引的最左边部分。为了更好地利用这个索引，可以修改这个查询来调整索引的列。请看下面的示例：

```
mysql> EXPLAIN SELECT ID, post_status FROM wp_posts WHERE post_type='post'  and post_status='publish' AND post_date > '2010-06-01';
```

id	select_type	table	type	possible_keys	key	key_len	ref	rows	Extra
1	SIMPLE	wp_posts	ref	type_status_date	type_status_date	132	const, const	1	Using where; Using index

1 row in set (0.00 sec)

在 SELECT 查询添加一个 post_status 列的限制条件后，QEP 显示 key_len 的值为 132，这意味着 post_type、post_status、post_date 三列（62+62+8，(20×3)+2，(20×3)+2，8）都被用到了。此外，这个索引的主码列 ID 的定义是使用 MyISAM 存储索引的遗留痕迹。当使用 InnoDB 存储引擎时，在非主码索引中包含主码列是多余的，这可以从 key_len 的用法看出来。相关的 QEP 列还包括带有 Using index 值的 Extra 列。

7）ref：表示上述表的连接匹配条件，即哪些列或常量被用于查找索引列上的值。

8）rows：表示 MySQL 根据表统计信息及索引选用情况，估算地找到所需的记录所需要读取的行数。

9）Extra：包含不适合在其他列中显示但十分重要的额外信息。

① Using where：表示 MySQL 服务器在存储引擎收到记录后进行"后过滤"（Post-filter），如果查询未能使用索引，那么 Using where 的作用只是说明 MySQL 将用 where 子句来过滤结果集。如果用到了索引，那么行的限制条件是通过获取必要的数据之后处理读缓冲区来实现的。

② Using temporary：表示 MySQL 需要使用临时表来存储结果集，常见于排序和分组查询。这个值表示使用了内部临时（基于内存的）表。一个查询可能用到多个临时表。有很多原因都会导致 MySQL 在执行查询期间创建临时表。两个常见的原因是在来自不同表的列上使用了 DISTINCT，或者使用了不同的 ORDER BY 和 GROUP BY 列。

③ Using filesort：MySQL 中无法利用索引完成的排序操作称为"文件排序"。这是 ORDER BY 语句的结果。这可能是一个 CPU 密集型的过程。可以通过选择合适的索引来改进性能，用索引来为查询结果排序。

④ Using index：这个值重点强调了只需要使用索引就可以满足查询表的要求，不需要直接访问表数据。

⑤ Using join buffer：这个值强调了在获取连接条件时没有使用索引，并且需要连接缓冲区来存储中间结果。如果出现了这个值，则应该根据查询的具体情况可能需要添加索引来改进性能。

⑥ Impossible where：这个值强调了 where 语句会导致没有符合条件的行。

⑦ Select tables optimized away：这个值意味着仅通过使用索引，优化器可能仅从聚合函数结果中返回一行。

⑧ Distinct：这个值意味着 MySQL 在找到第一个匹配的行之后就会停止搜索其他行。

⑨ Index merges：当 MySQL 决定要在一个给定的表上使用超过一个索引时，就会出现，用来详细说明使用的索引以及合并的类型。

10）table：是 EXPLAIN 命令输出结果中的一个单独行的唯一标识符。这个值可能是表名、表的别名或者一个为查询产生临时表的标识符，如派生表、子查询或集合。下面是 QEP 中 table 列的一些示例：

① table: item。

② table: \<derivedN\>。

③ table: \<unionN,M\>。

表中 N 和 M 的值参考了另一个符合 id 列值的 table 行。相关的 QEP 列还有 select_type。

11）partitions：代表给定表所使用的分区。这一列只会在 EXPLAIN PARTITIONS 语句中出现。

12）filtered：给出了一个百分比的值，这个百分比值和 rows 列的值一起使用，可以估计出那些将要和 QEP 中的前一个表进行连接的行的数目。前一个表就是指 id 列的值比当前表的 id 小的表。这一列只有在 EXPLAIN EXTENDED 语句中才会出现。使用 EXPLAIN EXTENDED 和 SHOW WARNINGS 语句，能够看到 SQL 在真正被执行之前优化器做了哪些 SQL 改写。

6.2.11　MySQL 原生支持的备份方式及种类有哪些?

MySQL 原生支持的备份方式有以下几种方式：

1）直接复制数据文件，必须是 MyISAM 表，且使用 flush tables with read lock 语句。优点是简单方便，缺点是必须要锁表，且只能在同版本的 MySQL 上恢复使用。

2）mysqldump，由于导出的是 SQL 语句，因此可以跨版本恢复，但是需要导入数据和重建索引，恢复用时会较长。如果是 MyISAM 表，那么同样需要锁表；如果是 InnoDB 表，那么可以使用 --single-transaction 参数避免此问题。

MySQL 支持的备份类型如下图所示。

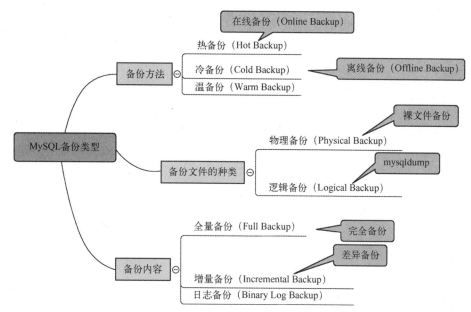

根据备份方法，备份可以分为以下 3 种。

- 热备份（Hot Backup）：热备份也称为在线备份（Online Backup），是指在数据库运行的过程中进行备份，对生产环境中的数据库运行没有任何影响。常见的热备方案是利用 mysqldump、XtraBackup 等工具进行备份。

- 冷备份（Cold Backup）：冷备份也称为离线备份（Offline Backup），是指在数据库关闭的情况下进行备份，这种备份非常简单，只需要关闭数据库，复制相关的物理文件即可。目前，线上数据库一般很少能够接受关闭数据库，所以该备份方式很少使用。

- 温备份（Warm Backup）：温备份也是在数据库运行的过程中进行备份，但是备份会对数据库操作有所影响。该备份利用锁表的原理备份数据库，由于影响了数据库的操作，因此该备份方式也很少使用。

根据备份文件的种类，备份可以分为以下两种。

- 物理备份（Physical Backup）：物理备份也称为裸文件备份（Raw Backup），是指复制数据库的物理文件。物理备份既可以在数据库运行的情况下进行备份（常见备份工具：MySQL Enterprise Backup（商业）、XtraBackup 等），也可以在数据库关闭的情况下进行备份。该备份方式不仅备份速度快，而且恢复速度也快，但是由于无法查看备份后的内容，因此只能等到恢复之后，才能检验备份出来的数据是否正确。

- 逻辑备份（Logical Backup）：逻辑备份是指备份文件的内容是可读的，该文本一般都由一条条 SQL 语句或者表的实际数据组成。常见的逻辑备份方式有 mysqldump、SELECT…INTO OUTFILE 等方法。这类备份方法的好处是可以观察备份后的文件内容，缺点是恢复时间往往都会很长。逻辑备份的最大优点是对于各种存储引擎都可以用同样的方法来备份；而物理备份则不同，不同的存储引擎有着不同的备份方法。因此，对于不同存储引擎混合的数据库，用逻辑备份会更简单一些。

根据备份内容，备份可以划分为以下 3 种。

- 全量备份（Full Backup）：全量备份（完全备份）是指对数据库进行一次完整的备份，备份所有的数据，包含用户表、系统表、索引、视图和存储过程等所有数据库对象。这是一般常见的备份方式，可以使用该备份快速恢复数据库，或者搭建从库。恢复速度也是最快的，但是每次备份会消耗较多的磁盘空间，并且备份时间较长。所以，一般推荐一周做一次全量备份。

- 增量备份（Incremental Backup）：增量备份也叫差异备份，是指基于上次完整备份或增量备份，对数据库新增的修改进行备份。这种备份方式有利于减少备份时使用的磁盘空间，加快备份速度，但是恢复时速度较慢，并且操作相对复杂。推荐每天做一次增量备份。
- 日志备份（Binary Log Backup）：日志备份是指对数据库二进制日志的备份。二进制日志是一个单独的文件，它记录数据库的改变，备份时只需要复制自上次备份以来对数据库所做的改变，所以只需要很少的时间。该备份方式一般与上面的全量备份或增量备份结合使用，可以使数据库恢复到任意位置。所以，推荐每小时甚至更频繁地备份二进制日志。

在生产环境上，一般都会选择以物理备份为主，逻辑备份为辅，加上日志备份，来满足线上使用数据库的需求。

【真题 215】 如何从 mysqldump 工具中备份的全库备份文件中恢复某个库和某张表？

答案：恢复某个库可以使用--one-database（简写-o）参数，如下所示：

全库备份：

```
[root@rhel6lhr ~]# mysqldump –uroot –p —single-transaction –A —master-data=2 >dump.sql
```

只还原 erp 库的内容：

```
[root@rhel6lhr ~]# mysql –uroot –pMANAGER erp —one-database <dump.sql
```

如何从全库备份中抽取某张表呢？可以用全库恢复，再恢复某张表即可。这对于小库还可以，大库就很麻烦了。此时可以利用正则表达式来进行快速抽取，具体实现方法如下：

从全库备份中抽取出 t 表的表结构：

```
[root@HE1 ~]# sed -e'/./{H;$!d;}' -e 'x;/CREATE TABLE `t`/!d;q' dump.sql
DROP TABLE IF EXISTS`t`;
/*!40101 SET@saved_cs_client        =@@character_set_client */;
/*!40101 SETcharacter_set_client = utf8 */;
CREATE TABLE `t` (
  `id` int(10) NOT NULLAUTO_INCREMENT,
  `age` tinyint(4) NOT NULL DEFAULT '0',
  `name` varchar(30) NOT NULL DEFAULT '',
  PRIMARY KEY (`id`)
) ENGINE=InnoDBAUTO_INCREMENT=4 DEFAULT CHARSET=utf8;
/*!40101 SETcharacter_set_client = @saved_cs_client */;
```

再从全库备份中抽取出 t 表的内容：

```
[root@HE1 ~]# grep'INSERT INTO `t`' dump.sql
INSERT INTO `t`VALUES (0,0,''),(1,0,'aa'),(2,0,'bbb'),(3,25,'helei');
```

【真题 216】 MySQL 数据表在什么情况下容易损坏？

答案：服务器突然断电导致数据文件损坏；强制关机，没有先关闭 mysqld 服务等。

【真题 217】 数据表损坏后的主要现象是什么？

答案：从表中选择数据之时，得到如下错误如下：

```
Incorrect key file for table: '…'. Try to repair it
```

查询不能在表中找到行或返回不完全的数据。

```
Error: Table 'p' is marked as crashed and should be repaired
```

打开表失败：

```
Can't open file: '×××.MYI' (errno: 145)
```

【真题 218】 数据表损坏的修复方式有哪些？

答案：可以使用 myisamchk 来修复，具体步骤如下：

1）修复前将 mysqld 服务停止。

2）打开命令行方式，然后进入到 mysql 的/bin 目录。

3）执行 myisamchk–recover 数据库所在路径/*.MYI

使用 repair table 或者 OPTIMIZE table 命令来修复，REPAIR TABLE table_name 修复表，OPTIMIZE TABLE table_name 优化表，REPAIR TABLE 用于修复被破坏的表。

OPTIMIZE TABLE 用于回收闲置的数据库空间，当表上的数据行被删除时，所占据的磁盘空间并没有立即被回收，使用了 OPTIMIZE TABLE 命令后这些空间将被回收，并且对磁盘上的数据行进行重排（注意，是磁盘上，而非数据库）。

6.2.12　MySQL 有哪几个默认数据库?

在 MySQL 中，数据库也可以称为 Schema。在安装 MySQL 后，默认有 information_schema、mysql、performance_schema 和 sys 这几个数据库，如下所示：

```
mysql> select @@version;
+------------+
| @@version  |
+------------+
| 5.7.19     |
+------------+

mysql> show databases;
+--------------------+
| Database           |
+--------------------+
| information_schema |
| mysql              |
| performance_schema |
| sys                |
+--------------------+
```

1. 数据库 information_schema

information_schema 是信息数据库，是 MySQL 5.0 新增的一个数据库，其中保存着关于 MySQL 服务器所维护的所有其他数据库的信息。information_schema 提供了访问数据库元数据的方式。元数据是关于数据的数据，如数据库名或表名、列的数据类型、访问权限等。information_schema 是一个虚拟数据库，有数个只读表，它们实际上是视图，而不是基本表，因此无法看到与之相关的任何文件。

2. 数据库 mysql

这个是 MySQL 的核心数据库，主要存储着数据库的用户、权限设置、MySQL 自己需要使用的控制和管理信息。它不可以被删除，如果对 MySQL 不是很了解，那么也不要轻易修改这个数据库里面的表信息。

3. 数据库 performance_schema

这是从 MySQL 5.5 版本开始新增的一个数据库，主要用于收集数据库服务器性能数据，需要设置参数 performance_schema 才可以启动该功能。这个功能从 MySQL 5.6.6 开始，默认是开启的（在 MySQL 5.6.6 版本以下默认是关闭的），其值为 1 或 ON 表示启用，为 0 或 OFF 表示关闭。需要注意的是，该参数是静态参数，只能写在 my.cnf 中，不能动态修改。

4. 数据库 sys

MySQL 5.7 提供了 sys 系统数据库。sys 数据库结合了 information_schema 和 performance_schema 的相关数据，里面包含了一系列的存储过程、自定义函数以及视图来帮助 DBA 快速地了解系统的元数据信息，为 DBA 解决性能瓶颈提供了巨大帮助。sys 数据库目前只包含一个表，表名为 sys_config。

需要注意的是，在 MySQL 5.7 以前还存在一个默认的 test 库，用于测试，而在 MySQL 5.7 及其之后的版本中去掉了该库。

6.2.13　MySQL 区分大小写吗?

在 MySQL 中，一个数据库会对应一个文件夹，数据库里的表则会以文件的方式存放在文件夹内，所以，操作系统对大小写的敏感性决定了数据库和表的大小写敏感。其实，在 MySQL 中，有一个只读的系统变量"lower_case_file_system"，其值反映的正是当前文件系统是否区分大小写。所以，MySQL 在 Windows 下是不区分大小写的。在 Linux 下，数据库名、表名、列名、别名大小写的规则如下：

- 数据库名与表名是严格区分大小写的。可以在/etc/my.cnf 中添加 lower_case_table_names=1，然后重启 MySQL 服务，这样就不区分表名的大小写了。当 lower_case_table_names 为 0 时表示区分大小写，为 1 时表示不区分大小写。
- 表的别名是严格区分大小写的。
- 列名与列的别名在所有的情况下均是忽略大小写的。
- 变量名也是严格区分大小写的。

需要说明的是，MySQL 在查询字符串时是大小写不敏感的。如果想在查询时区分字段值的大小写，那么字段值需要设置 BINARY 属性。

关键字、函数名、存储过程和事件的名字不区分字母的大小写，如 abs、bin、now、version、floor 等函数和 SELECT、WHERE、ORDER、GROUP BY 等关键字。触发器的名字要区分字母的大小写。

6.2.14　MySQL 中的字符集

（1）MySQL 支持的字符集和校对规则

MySQL 服务器可以支持多种字符集，并且可以在服务器、数据库、表和列级别分别设置不同的字符集。相比 Oracle 而言，在同一个数据库只能使用相同的字符集，MySQL 有更大的灵活性。

使用"show character set;"或查询表 information_schema.character_sets 可以查看 MySQL 支持的所有字符集：

```
mysql> show character set;
+----------+-----------------------------+---------------------+--------+
| Charset  | Description                 | Default collation   | Maxlen |
+----------+-----------------------------+---------------------+--------+
| big5     | Big5 Traditional Chinese    | big5_chinese_ci     |   2    |
| dec8     | DEC West European           | dec8_swedish_ci     |   1    |
...省略部分...
| eucjpms  | UJIS for Windows Japanese   | eucjpms_japanese_ci |   3    |
| gb18030  | China National Standard GB18030 | gb18030_chinese_ci |   4    |
+----------+-----------------------------+---------------------+--------+
41 rows in set (0.00 sec)
```

MySQL 的字符集包括字符集（Character）和校对规则（Collation）两个概念。其中，字符集用来定义 MySQL 存储字符串的方式，是一套符号和编码；校对规则用来定义比较字符串的方式，是在字符集内用于字符比较和排序的一套规则，如有的规则区分大小写，有的则不区分大小写。字符集和校对规则是一对多的关系，每个字符集都有一个默认校对规则。MySQL 5.7 支持 40 多种字符集的 200 多种校对规则。每种字符集至少对应一个校对规则。可以用"SHOW COLLATION LIKE 'gbk%';"命令或者通过系统表 information_schema.collations 来查看相关字符集的校对规则。使用"show collation;"可以查看 MySQL 数据库支持的所有校对规则。

校对规则的命名约定：以其相关的字符集名开始，通常包括一个语言名，并且以 ci（Case Insensitive，大小写不敏感）、cs（Case Sensitive，大小写敏感）或 bin（Binary，二元校对规则，即比较是基于字符编码的值，而与 language 无关）结束。

```
mysql> SHOW COLLATION LIKE 'gbk%';
+-------------+-----------+-----------+-----------+
```

```
| Collation       | Charset | Id | Default | Compiled | Sortlen |
+-----------------+---------+----+---------+----------+---------+
| gbk_chinese_ci  | gbk     | 28 | Yes     | Yes      |       1 |
| gbk_bin         | gbk     | 87 |         | Yes      |       1 |
+-----------------+---------+----+---------+----------+---------+
mysql> select case when 'A' collate gbk_chinese_ci ='a' collate gbk_chinese_ci then 1 else 0 end;
ERROR 1253 (42000): COLLATION 'gbk_chinese_ci' is not valid for CHARACTER SET 'utf8'
mysql>set names gbk;
Query OK, 0 rows affected (0.00 sec)
mysql> select case when 'A' collate gbk_chinese_ci ='a' collate gbk_chinese_ci then 1 else 0 end AS C1,
    ->    case when 'A' collate gbk_bin ='a' collate gbk_bin then 1 else 0 end AS C2;
+----+----+
| C1 | C2 |
+----+----+
|  1 |  0 |
+----+----+
1 row in set (0.00 sec)
```

上面例子是 GBK 的校对规则，其中 gbk_chinese_ci 是默认的校对规则，对大小写不敏感；而 gbk_bin 是按照编码的值进行比较，对大小写是敏感的。

（2）MySQL 字符集的设置

MySQL 的字符集和校对规则有以下 4 个级别的默认设置：服务器级、数据库级、表级和字段级，它们分别在不同的地方设置，作用也不相同，它们涉及的参数如下所示：

```
mysql> show variables like 'character%';
+--------------------------+------------------------------------------+
| Variable_name            | Value                                    |
+--------------------------+------------------------------------------+
| character_set_client     | utf8                                     |
| character_set_connection | utf8                                     |
| character_set_database   | latin1                                   |
| character_set_filesystem | binary                                   |
| character_set_results    | utf8                                     |
| character_set_server     | latin1                                   |
| character_set_system     | utf8                                     |
| character_sets_dir       | /var/lib/mysql57/mysql5719/share/charsets/ |
+--------------------------+------------------------------------------+
8 rows in set (0.00 sec)
```

关于每种字符集的设置见下表。

	服务器	数据库	表	列	连接字符集
简介	MySQL 服务器的字符集，指默认内部操作字符集	在创建数据库或创建后再修改字符集	在创建表时或创建表后通过 alter table 修改字符集，可以通过 show create table 查询表的字符集和校对规则	主要针对相同表的不同字段需要使用不同的字符集	服务器、数据库、表和列都是针对数据保存的字符集和校对规则，还存在客户端和服务器直接交互的字符集和校对规则的设置
参数	1）character_set_server 2）collation_server	1）character_set_database 2）collation_database			1）character_set_client、character_set_connection、character_set_results 2）collation_connection
默认字符集和校对规则	1）latin1 2）latin1_swedish_ci	1）latin1 2）latin1_swedish_ci	默认取数据库的字符集和校对规则	默认取表的字符集和校对规则	utf8 utf8_general_ci

（续）

	服务器	数据库	表	列	连接字符集
设置时机	1）在 my.cnf 里设置 [mysqld] character-set-server=utf8 2）在启动时指定 mysqld --character-set-server=utf8 3）在编译时指定 cmake . -DDEFAULT_CHARSET=utf8	1）建库 create database db_name character set gbk; 2）修改 alter database db_name character set gbk;	1）建表 create table a(id int) charset=gbk; 2）修改 alter table a charset=utf8;	1）建表 create table b(c1 text CHARACTER SET gbk,c2 longtext CHARACTER SET utf8); 2）修改 alter table b change c1 c1 longtext CHARACTER SET utf8;或 alter table b modify c1 longtext CHARACTER SET utf8;	1）总体设置 set names utf8; 2）分别设置参数 character_set_client、character_set_connection、character_set_results 3）在 my.cnf 里设置 [mysql] default-character-set=utf8

关于字符集和校对规则需要注意以下几点内容：

① 若只指定了字符集，而没有指定校对规则，则数据库会使用该字符集默认的校对规则。

② 修改字符集不会对原有数据造成影响，只有新数据才会按照新字符集进行存放，但是语句"alter table table_name convert to character set xxx;"可以同时修改表字符集和已有列字符集，并将已有数据进行字符集编码转换。

③ 如果指定了字符集和校对规则，那么使用指定的字符集和校对规则。

④ 如果指定了字符集，没有指定校对规则，那么使用指定字符集的默认校对规则。

⑤ 如果指定了校对规则但未指定字符集，那么字符集使用与该校对规则关联的字符集。

⑥ 如果没有指定字符集和校对规则，那么使用"列>表>数据库>服务器"字符集和校对规则作为字符集和校对规则。

⑦ 推荐在创建表和数据库时显式指定字符集和校对规则。

⑧ 字符串常量的字符集由参数 character_set_connection 控制，也可以通过"_charset_name '字符串' [COLLATE collation_name]"命令强制字符串的字符集和校对规则，如下所示：

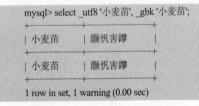

```
mysql> select _utf8 '小麦苗', _gbk '小麦苗';
+--------+--------------+
| 小麦苗 | 灏忛害鑻  |
+--------+--------------+
| 小麦苗 | 灏忛害鑻  |
+--------+--------------+
1 row in set, 1 warning (0.00 sec)
```

6.2.15 如何解决 MySQL 中文乱码问题？

以下的方法可以用来避免中文乱码的问题：

1）在安装数据库时指定字符集，在安装完了以后，可以更改 MySQL 的配置文件文件，设置 default-character-set=gbk。

2）建立数据库时指定字符集类型，示例如下：

```
CREATE DATABASE dblhrmysql
CHARACTER SET 'gbk'
COLLATE 'gbk_chinese_ci';
```

3）建表时指定字符集，示例如下：

```
CREATE TABLE student (
ID varchar(40) NOT NULL,
UserID varchar(40) NOT NULL
) ENGINE=InnoDB DEFAULT CHARSET=gbk;
```

6.2.16　如何提高 MySQL 的安全性?

可以通过以下的方法来提高 MySQL 的安全性:

1)如果 MySQL 客户端和服务器端的连接需要跨越并通过不可信任的网络,那么需要使用 SSH 隧道来加密该连接的通信。

2)使用 set password 语句来修改用户的密码,首先使用"mysql -u root"登录数据库系统,然后使用"UPDATE mysql.user set password=password('newpwd')"来修改密码,最后执行"flush privileges"就可以修改用户的密码了。

3)MySQL 需要提防的攻击有偷听、篡改、回放、拒绝服务等,不涉及可用性和容错方面。对所有的连接、查询、其他操作使用基于 ACL(Access Control List,访问控制列表)的安全措施来完成。

4)设置除了 ROOT 用户外的其他任何用户不允许访问 MySQL 主数据库中的 USER 表。如果存储在 USER 表中的用户名与密码泄露,那么其他人可以随意使用该用户名和密码登录相应的数据库。因此,可以通过对 USER 表中用户名和密码进行加密的方式来降低用户名和密码泄露带来的风险。

5)使用 GRANT 和 REVOKE 语句来执行用户访问控制的工作。

6)不要使用明文密码,而是使用 MD5 单向的 HASH 函数来设置密码。

7)不要选用字典中的字来做密码。

8)采用防火墙可以去掉 50%的外部危险,让数据库系统躲在防火墙后面工作。

9)用 telnet server_host 3306 的方法测试,不允许从非信任网络中访问数据库服务器的 3306 号 TCP 端口,需要在防火墙或路由器上做设定。

10)为了防止被恶意传入非法参数,如 WHERE ID=234,当输入 WHERE ID=234 OR 1=1 导致全部显示,所以在 Web 的表单中禁止使用"或"来拼接字符串,在动态 URL 中加入%22 代表双引号、%23 代表井号、%27 代表单引号,传递未检查过的值给 MySQL 数据库是非常危险的。

11)在传递数据给 MySQL 时,检查一下数据的大小。

12)应用程序需要连接到数据库应该使用一般的用户账号,开放少数必要的权限给该用户。

13)在各编程接口(如 C/C++/PHP/Perl/Java/JDBC 等)中使用特定"逃脱字符"函数,在网络上使用 MySQL 数据库时,一定少用传输明文的数据,而用 SSL 和 SSH 的加密方式数据来传输。

14)学会使用 tcpdump 和 strings 工具来查看传输数据的安全性,如 tcpdump -l -i eth0 -w -src or dst port 3306 strings。

15)确信在 MySQL 目录中,只有启动数据库服务的用户,才可以对文件有读和写的权限。

16)不许将 SUPER 权限授权给非管理用户,SUPER 权限可用于切断客户端连接、改变服务器运行参数状态、控制复制数据库的服务器。

17)文件权限不能授权给管理员以外的用户,防止出现 load data '/etc/passwd'到表中再用 SELECT 显示出来的问题。

18)如果不相信 DNS 服务公司的服务,那么可以在主机名称允许表中只设置 IP 数字地址。

19)使用 max_user_connections 变量来使 mysqld 服务进程对一个指定账户限定连接数。

20)启动 mysqld 服务进程的安全选项开关,-local-infile=0 或 1,若是 0,则客户端程序就无法使用 local load data 了,授权的一个例子:GRANT INSERT(user) on mysql.user to 'user_name'@'host_name',若使用-skip-grant-tables,则系统将对任何用户的访问不做任何访问控制,但可以用 mysqladmin flush-privileges 或 mysqladmin reload 来开启访问控制。默认情况是 SHOW DATABASES 语句对所有用户开放,可以用-skip-show-databases 来关闭掉。

【真题 219】下列 SQL 语句中,可为用户 ZHANGSAN 分配数据库 USERDB 表 USERINFO 的查询和插入数据权限的是(　　　)。

A. GRANT SELECT,INSERT ON USERDB.USERINFO TO 'ZHANGSAN'@'LOCALHOST';

B. GRANT 'ZHANGSAN'@'LOCALHOST' TO SELECT,INSERT FOR USERDB.USERINFO;

C. GRANT SELECT,INSERT ON USERDB.USERINFO FOR 'ZHANGSAN'@'LOCALHOST';

D. GRANT 'ZHANGSAN'@'LOCALHOST'TO USERDB.USERINFO ON SELECT,INSERT;

答案：A。赋予权限的 SQL 语句：GRANT [权限] ON [TABLE] TO 'USERNAME'@'LOCALHOST';。

【真题 220】 SQL 语句应该考虑哪些安全性？

答案：可以从以下几方面考虑：

1）防止 SQL 注入，对特殊字符进行转义、过滤或者使用预编译的 SQL 语句绑定变量。

2）最小权限原则，特别是不要用 root 账户，为不同的类型的动作或者组件使用不同的账户。

3）当 SQL 运行出错时，不要把数据库返回的错误信息全部显示给用户，以防止泄露服务器和数据库相关信息。

6.2.17 如何对 MySQL 进行优化?

一个成熟的数据库架构并不是一开始设计就具备高可用、高伸缩等特性的，它是随着用户量的增加，基础架构才逐渐完善的。

1．数据库的设计

① 尽量让数据库占用更小的磁盘空间。

② 尽可能使用更小的整数类型。

③ 尽可能地定义字段为 NOT NULL，除非这个字段需要 NULL。

④ 如果没有用到变长字段（如 VARCHAR），那么就采用固定大小的记录格式，如 CHAR。

⑤ 只创建确实需要的索引。索引有利于检索记录，但是不利于快速保存记录。如果总是要在表的组合字段上做搜索，那么就在这些字段上创建索引。索引的第一部分必须是最常使用的字段。

⑥ 所有数据都得在保存到数据库前进行处理。

⑦ 所有字段都得有默认值。

2．系统的用途

① 尽量使用长连接。

② 通过 EXPLAIN 查看复杂 SQL 的执行方式，并进行优化。

③ 如果两个关联表要做比较，那么做比较的字段必须类型和长度都一致。

④ LIMIT 语句尽量要跟 ORDER BY 或 DISTINCT 搭配使用，这样可以避免做一次 FULL TABLE SCAN。

⑤ 如果想要清空表的所有记录，那么建议使用 TRUNCATE TABLE TABLENAME 而不是 DELETE FROM TABLENAME。

⑥ 在一条 INSERT 语句中采用多重记录插入格式，而且使用 load data infile 来导入大量数据，这比单纯的 INSERT 快很多。

⑦ 如果 DATE 类型的数据需要频繁地做比较，那么尽量保存为 UNSIGNED INT 类型，这样可以加快比较的速度。

3．系统的瓶颈

1）磁盘搜索：并行搜索。把数据分开存放到多个磁盘中，这样能加快搜索时间。

2）磁盘读/写（I/O）：可以从多个媒介中并行地读取数据。

3）CPU 周期：数据存放在主内存中。这样就得增加 CPU 的个数来处理这些数据。

4）内存带宽：当 CPU 要将更多的数据存放到 CPU 的缓存中时，内存的带宽就成了瓶颈。

4．数据库参数优化

MySQL 常用的有以下两种存储引擎，分别是 MyISAM 和 InnoDB。每种存储引擎的参数比较多，以下列出主要影响数据库性能的参数。

① 公共参数默认值：

- max_connections = 151　　　　#同时处理最大连接数，推荐设置最大连接数是上限连接数的 80%左右
- sort_buffer_size = 2M　　　　#查询排序时缓冲区大小，只对 ORDER BY 和 GROUP BY 起作用，可增大此值为 16MB
- open_files_limit = 1024　　　　#打开文件数限制，如果 show global status like 'open_files'查看的值等于或者大于 open_files_limit 值时，程序会无法连接数据库或卡死

② MyISAM 参数默认值：

- key_buffer_size = 16M　　　　#索引缓存区大小，一般设置物理内存的 30%～40%
- read_buffer_size = 128K　　　　#读操作缓冲区大小，推荐设置 16MB 或 32MB
- query_cache_type = ON　　　　#打开查询缓存功能
- query_cache_limit = 1M　　　　#查询缓存限制，只有 1MB 以下查询结果才会被缓存，以免结果数据较大把缓存池覆盖
- query_cache_size = 16M　　　　#查看缓冲区大小，用于缓存 SELECT 查询结果，下一次有同样 SELECT 查询将直接从缓存池返回结果，可适当成倍增加此值

③ InnoDB 参数默认值：

- innodb_buffer_pool_size = 128M　　　#索引和数据缓冲区大小，一般设置物理内存的 60%～70%
- innodb_buffer_pool_instances = 1　　#缓冲池实例个数，推荐设置 4 个或 8 个
- innodb_flush_log_at_trx_commit = 1　#关键参数，0 代表大约每秒写入到日志并同步到磁盘，数据库故障会丢失 1s 左右事务数据。1 为每执行一条 SQL 后写入到日志并同步到磁盘，I/O 开销大，执行完 SQL 要等待日志读/写，效率低。2 代表只把日志写入到系统缓存区，再每秒同步到磁盘，效率很高，如果服务器故障，才会丢失事务数据。对数据安全性要求不是很高的推荐设置 2，性能高，修改后效果明显
- innodb_file_per_table = OFF　　　　#默认是共享表空间，共享表空间 idbdata 文件不断增大，影响一定的 I/O 性能。推荐开启独立表空间模式，每个表的索引和数据都存在自己独立的表空间中，可以实现单表在不同数据库中移动
- innodb_log_buffer_size = 8M　　#日志缓冲区大小，由于日志最长每秒钟刷新一次，所以一般不用超过 16MB

5. 系统内核优化

大多数 MySQL 都部署在 Linux 系统上，所以操作系统的一些参数也会影响到 MySQL 性能。以下参数的设置可以对 Linux 内核进行适当优化。

- net.ipv4.tcp_fin_timeout = 30　#TIME_WAIT 超时时间，默认是 60s
- net.ipv4.tcp_tw_reuse = 1　#1 表示开启复用，允许 TIME_WAIT socket 重新用于新的 TCP 连接，0 表示关闭
- net.ipv4.tcp_tw_recycle = 1　#1 表示开启 TIME_WAIT socket 快速回收，0 表示关闭
- net.ipv4.tcp_max_tw_buckets = 4096　#系统保持 TIME_WAIT socket 最大数量，如果超出这个数，系统将随机清除一些 TIME_WAIT 并打印警告信息
- net.ipv4.tcp_max_syn_backlog = 4096　#进入 SYN 队列最大长度，加大队列长度可容纳更多的等待连接

在 Linux 系统中，如果进程打开的文件句柄数量超过系统默认值 1024，就会提示"too many files open"信息，所以要调整打开文件句柄限制。

```
# vi /etc/security/limits.conf      #加入以下配置，*代表所有用户，也可以指定用户，重启系统生效
* soft nofile 65535
* hard nofile 65535
# ulimit –SHn 65535                 #立刻生效
```

6. 硬件配置

加大物理内存，提高文件系统性能。Linux 内核会从内存中分配出缓存区（系统缓存和数据缓存）来存放热数据，通过文件系统延迟写入机制，等满足条件时（如缓存区大小到达一定百分比或者执行 sync 命令）才会同步到磁盘。也就是说，物理内存越大，分配缓存区越大，缓存数据越多。当然，服务器故障会丢失一定的缓存数据。可以采用 SSD（Solid State Drives，固态硬盘）代替 SAS（Serial Attached SCSI，串行连接 SCSI）硬盘，将 RAID（Redundant Arrays of Independent Disks，磁盘阵列）级别调整为 RAID1+0，相对于 RAID1 和 RAID5 有更好的读/写性能（IOPS，Input/Output Operations Per Second，即每秒进行读写（I/O）操作的次数），毕竟数据库的压力主要来自磁盘 I/O 方面。

7. SQL 优化

执行缓慢的 SQL 语句大约能消耗数据库的 70%~90%的 CPU 资源，而 SQL 语句独立于程序设计逻辑，相对于对程序源代码的优化，对 SQL 语句的优化在时间成本和风险上的代价都很低。SQL 语句可以有以下不同的写法。

① 在 MySQL 5.5 及其以下版本中避免使用子查询。

例如，在 MySQL 5.5 版本里，若执行下面的 SQL 语句，则内部是这样执行的：先查外表，再匹配内表，而不是先查内表 T2。所以，当外表的数据很大时，查询速度就会非常慢。

```
SELECT * FROM T1 WHERE ID IN (SELECT ID FROM T2 WHERE NAME='xiaomaimiao');
```

在 MySQL 5.6 版本里，采用 JOIN 关联方式对其进行了优化，这条 SQL 会自动转换为

```
SELECT T1.* FROM T1 JOIN T2 ON T1.ID = T2.ID;
```

需要注意的是，该优化只针对 SELECT 有效，对 UPDATE 或 DELETE 子查询无效，故生产环境应避免使用子查询。

② 避免函数索引。

例如，下面的 SQL 语句会执行全表扫描：

```
SELECT * FROM T WHERE YEAR(D) >= 2016;
```

由于 MySQL 不像 Oracle 那样支持函数索引，即使 D 字段有索引，也会直接全表扫描。应改为如下的 SQL 语句：

```
SELECT * FROM T WHERE D >= '2016-01-01';
```

③ 用 IN 来替换 OR。

低效查询：

```
SELECT * FROM T WHERE LOC_ID = 10 OR LOC_ID = 20 OR LOC_ID = 30;
```

高效查询：

```
SELECT * FROM T WHERE LOC_IN IN (10,20,30);
```

④ 在 LIKE 中双百分号无法使用到索引。

```
SELECT * FROM t WHERE name LIKE '%de%';
SELECT * FROM t WHERE name LIKE 'de%';
```

在以上 SQL 语句中，第一条 SQL 语句无法使用索引，而第二条 SQL 语句可以使用索引。目前只有 MySQL 5.7 及以上版本支持全文索引。

⑤ 读取适当的记录 LIMIT M,N：

```
SELECT * FROM t WHERE 1;
SELECT * FROM t WHERE 1 LIMIT 10;
```

⑥ 避免数据类型不一致：

```
SELECT * FROM T WHERE ID = '19';
```

由于以上 SQL 中 ID 为数值型，因此应该去掉过滤条件中数值 19 的双引号：

```
SELECT * FROM T WHERE ID = 19;
```

⑦ 分组统计可以禁止排序：

```
SELECT GOODS_ID,COUNT(*) FROM T GROUP BY GOODS_ID;
```

默认情况下，MySQL 会对所有 GROUP BY col1，col2...的字段进行排序。如果查询包括 GROUP BY，那么想要避免排序结果的消耗，可以指定 ORDER BY NULL 禁止排序，如下所示：

```
SELECT GOODS_ID,COUNT(*) FROM T GROUP BY GOODS_ID ORDER BY NULL;
```

⑧ 避免随机取记录：

```
SELECT * FROM T1 WHERE 1=1 ORDER BY RAND() LIMIT 4;
```

由于 MySQL 不支持函数索引，因此以上 SQL 会导致全表扫描，可以修改为如下的 SQL 语句：

```
SELECT * FROM T1 WHERE ID >= CEIL(RAND()*1000) LIMIT 4;
```

⑨ 禁止不必要的 ORDER BY 排序：

```
SELECT COUNT(1) FROM T1 JOIN T2 ON T1.ID = T2.ID WHERE 1 = 1 ORDER BY T1.ID DESC;
```

由于计算的是总量，所以没有必要去排序，可以去掉排序语句，如下所示：

```
SELECT COUNT(1) FROM T1 JOIN T2 ON T1.ID = T2.ID;
```

⑩ 尽量使用批量 INSERT 插入：

下面的 SQL 语句可以使用批量插入：

```
INSERT INTO t (id, name) VALUES(1,'xiaolu');
INSERT INTO t (id, name) VALUES(2,'xiaobai');
INSERT INTO t (id, name) VALUES(3,'xiaomaimiao');
```

修改后的 SQL 语句：

```
INSERT INTO t (id, name) VALUES(1,'xiaolu'), (2,'xiaobai'),(3,'xiaomaimiao');
```

【真题 221】 如何分析一条 SQL 语句的执行性能？需要关注哪些信息？

答案：使用 EXPLAIN 命令，观察 TYPE 列，可以知道是否是全表扫描，可以知道索引的使用形式，观察 KEY 可以知道使用了哪个索引，观察 KEY_LEN 可以知道索引是否使用完成，观察 ROWS 可以知道扫描的行数是否过多，观察 EXTRA 可以知道是否使用了临时表和进行了额外的排序操作。

【真题 222】 有两个复合索引(A,B)和(C,D)，以下语句会怎样使用索引？可以做怎样的优化？

```
SELECT * FROM TAB WHERE (A=? AND B=?) OR (C=? AND D=?)
```

答案：根据 MySQL 的机制，只会使用到一个筛选效果好的复合索引，可以做如下优化：

```
SELECT * FROM TAB WHERE A=? AND B=?
UNION
SELECT * FROM TAB WHERE C=? AND D=?;
```

【真题 223】 请简述项目中优化 SQL 语句执行效率的方法。

答案：可以从以下几个方面进行优化：

1）尽量选择较小的列。

2）将 WHERE 中用的比较频繁的字段建立索引。

3）SELECT 子句中避免使用'*'。

4）避免在索引列上使用计算，NOT、IN 和<>等操作。

5）当只需要一行数据时使用 limit 1。

6）保证表单数据不超过 200W，适时分割表。

7）针对查询较慢的语句，可以使用 explain 来分析该语句具体的执行情况。

【真题 224】 如何提高 INSERT 的性能？

答案：可以从以下几方面考虑：

1）合并多条 INSERT 为一条，即 insert into t values(a,b,c),(d,e,f),,,

主要原因是多条 INSERT 合并后日志量（MySQL 的 binlog 和 innodb 的事务让日志）减少了，降低日志刷盘的数据量和频率，从而提高效率。通过合并 SQL 语句，同时也能减少 SQL 语句解析的次数，减少网络传输的 IO。

2）修改参数 bulk_insert_buffer_size，调大批量插入的缓存。

3）设置 innodb_flush_log_at_trx_commit=0，相对于 innodb_flush_log_at_trx_commit=1 可以十分明显

地提升导入速度。需要注意的是，innodb_flush_log_at_trx_commit 参数对 InnoDB Log 的写入性能有非常关键的影响。该参数可以设置为 0，1，2。

- 0：log buffer 中的数据将以每秒一次的频率写入到 log file 中，且同时会进行文件系统到磁盘的同步操作，但是每个事务的 commit 并不会触发任何 log buffer 到 log file 的刷新或者文件系统到磁盘的刷新操作。
- 1：在每次事务提交时将 log buffer 中的数据都会写入到 log file，同时也会触发文件系统到磁盘的同步。
- 2：事务提交会触发 log buffer 到 log file 的刷新，但并不会触发磁盘文件系统到磁盘的同步。此外，每秒会有一次文件系统到磁盘同步操作。

4）手动使用事务。因为 MySQL 默认是 autocommit 的，这样每插入一条数据，都会进行一次 commit，所以为了减少创建事务的消耗，可用手动使用事务：

```
START TRANSACTION;
insert...
insert...
commit;
```

即执行多个 INSERT 后再一起提交，一般 1000 条 INSERT 提交一次。

6.2.18　什么是 MySQL 的复制（Replication）？

MySQL 内建的复制功能是构建大型、高性能应用程序的基础。将 MySQL 的数据分布到多个系统上去，这种分布的机制是通过将 MySQL 的某一台主机的数据复制到其他主机（Slaves）上，并重新执行一遍来实现的。在复制过程中，一台服务器充当主服务器，而另一台或多台其他服务器充当从服务器。主服务器将更新写入二进制日志文件，并维护文件的一个索引以跟踪日志循环。这些日志可以记录发送到从服务器的更新。当一个从服务器连接主服务器时，它通知主服务器，从服务器在日志中读取的最后一次成功更新的位置。从服务器接收从那时起发生的任何更新，然后封锁并等待主服务器通知新的更新。

当进行复制时，所有对复制中的表的更新必须在主服务器上进行，以避免用户对主服务器上的表进行的更新与对从服务器上的表所进行的更新之间的冲突。

MySQL 支持的复制类型有以下几种。

1）基于语句的复制（逻辑复制）：在主服务器上执行的 SQL 语句，在从服务器上执行同样的语句。MySQL 默认采用基于语句的复制，效率比较高。一旦发现没法精确复制，就会自动选择基于行的复制。

2）基于行的复制：把改变的内容复制过去，而不是把命令在从服务器上执行一遍。从 MySQL 5.0 开始支持。

3）混合类型的复制：默认采用基于语句的复制，一旦发现基于语句的列无法精确复制时，就会采用基于行的复制。

复制的步骤如下：

1）在主库上把数据更改记录到二进制日志（Binary Log）中。

2）备库将主库上的日志复制到自己的中继日志（Relay Log）中。

3）备库读取中继日志中的事件，并将其重放到备库之上。

SHOW MASTER STATUS 可以用来查看主服务器中二进制日志的状态，SHOW SLAVE STATUS 命令可以观察当前复制的运行状态。

【真题 225】在 MySQL 主从结构的主数据库中，不可能出现（　　　）。

A. 错误日志　　　B. 事务日志　　　C. 中继日志　　　D. Redo Log

答案：C。

对于选项 A，错误日志在 MySQL 数据库中很重要，它记录着 mysqld（mysqld 是用来启动 MySQL

数据库的命令）启动和停止，以及服务器在运行过程中发生的任何错误的相关信息。所以，选项 A 错误。

对于选项 B，事务日志是一个与数据库文件分开的文件。它存储着对数据库进行的所有更改操作过程，并全部记录插入、更新、删除、提交、回退和数据库模式变化。事务日志还被称为前滚日志，是备份和恢复的重要组件，也是使用 SQL Remote 或复制数据所必需的。所以，选项 B 错误。

对于选项 C，MySQL 在从结点上使用了一组编了号的文件，这组文件被称为中继日志。当从服务器想要和主服务器进行数据同步时，从服务器将主服务器的二进制日志文件复制到自己的主机，并放在中继日志中，然后调用 SQL 线程，按照复制中继日志文件中的二进制日志文件执行以便达到数据同步的目的。中继日志文件是按照编码顺序排列的，从 000001 开始，包含所有当前可用的中继文件的名称。中继日志的格式和 MySQL 二进制日志的格式一样，从而更容易被 mysqlbinlog 客户端应用程序读取。所以，中继日志只有在从服务器中存在。所以，选项 C 正确。

对于选项 D，Redo Log 即 Redo 日志，包含联机 Redo 日志和归档日志。其中，联机 Redo 日志主要用于以下情形：数据库所在服务器突然掉电、突然重启或者执行 shutdown、abort 等命令使得在服务器重新启动之后，数据库没有办法正常地启动实例。归档日志主要用于硬件级别的错误：磁盘的坏道导致无法读/写、写入的失败、磁盘受损导致数据库数据丢失。所以，选项 D 错误。

所以，本题的答案为 C。

【真题 226】　简述 MySQL 的复制原理以及流程是什么样的？

答案：MySQL 的复制原理：Master 上面事务提交时会将该事务的 Binlog Events 写入 Binlog 文件，然后 Master 将 Binlog Events 传到 Slave 上面，Slave 应用该 Binlog Events 实现逻辑复制。

MySQL 的复制基于以下 3 个线程的交互（多线程复制里面应该是 4 类线程）：

1）Master 上面的 Binlog Dump 线程，该线程负责将 Master 的 Binlog Events 传到 Slave。

2）Slave 上面的 I/O 线程。该线程负责接收 Master 传过来的二进制日志（Binlog），并写入中继日志（RelayLog）。

3）Slave 上面的 SQL 线程。该线程负责读取中继日志（RelayLog）并执行。

如果是多线程复制，无论是 MySQL 5.6 级别的假多线程还是 MariaDB 或者 MySQL 5.7 的真正的多线程复制，SQL 线程只做 Coordinator，只负责把中继日志（RelayLog）中的二进制日志（Binlog）读出来，然后交给 Worker 线程，Woker 线程负责具体 Binlog Events 的执行。

6.2.19　profile 的意义及使用场景

MySQL 可以使用 profile 分析 SQL 语句的性能消耗情况。例如，查询到 SQL 会执行多少时间，并看出 CPU、内存使用量，执行过程中系统锁及表锁的花费时间等信息。

通过 have_profiling 参数可以查看 MySQL 是否支持 profile，通过 profiling 参数可以查看当前系统 profile 是否开启：

```
mysql> show variables like '%profil%';
+------------------------+-------+
| Variable_name          | Value |
+------------------------+-------+
| profiling              | OFF   |      ─开启 SQL 语句剖析功能
| profiling_history_size | 15    |      ─设置保留 profiling 的数目，默认为 15，范围为 0～100，为 0 时将禁用 profiling
+------------------------+-------+
```

以下是有关 profile 的一些常用命令。

● set profiling = 1;：基于会话级别开启，关闭则用 set profiling = off。

● show profile cpu for query 1;：查看 CPU 的消耗情况。

● show profile memory for query 1;：查看内存消耗情况。

● show profile block io,cpu for query 1;：查看 I/O 及 CPU 的消耗情况。

可以使用如下的语句查询 SQL 的整体消耗百分比：

```
SELECT STATE,  SUM(DURATION) AS TOTAL_R,
        ROUND(100 * SUM(DURATION) / (SELECT SUM(DURATION) FROM INFORMATION_SCHEMA.PROFILING WHERE
QUERY_ID = 1), 2) AS PCT_R,
        COUNT(*) AS CALLS, SUM(DURATION) / COUNT(*) AS "R/Call"
    FROM INFORMATION_SCHEMA.PROFILING
    WHERE QUERY_ID = 1 GROUP BY STATE ORDER BY TOTAL_R DESC;
```

profile 是一个非常量化的指标，可以根据这些量化指标来比较各项资源的消耗，有利于对 SQL 语句的整体把控。

6.2.20　Oracle 和 MySQL 中的分组（GROUP BY）问题

1．Oracle 和 MySQL 中的分组（GROUP BY）的区别

Oracle 对于 GROUP BY 是严格的，所有要 SELECT 出来的字段必须在 GROUP BY 后边出现，否则会报错："ORA-00979: not a GROUP BY expression"。而 MySQL 则不同，如果 SELECT 出来的字段在 GROUP BY 后面没有出现，那么会随机取出一个值，这样查询出来的数据不准确，语义也不明确。所以，建议在写 SQL 语句时，应该给数据库一个非常明确的指令，而不是让数据库去猜测，这也是写 SQL 语句的一个非常良好的习惯。

下面给出一个示例。有一张 T_MAX_LHR 表，数据如下图所示，有 3 个字段 ARTICLE、AUTHOR 和 PRICE。请选出每个 AUTHOR 的 PRICE 最高的记录（要包含所有字段）。

ARTICLE	AUTHOR	PRICE
0001	B	3.99
0002	A	10.99
0003	C	1.69
0004	B	19.95
0005	A	6.96

首先给出建表语句：

```
CREATE TABLE T_MAX_LHR (ARTICLE VARCHAR2(30),AUTHOR VARCHAR2(30),PRICE NUMBER); --Oracle
--CREATE TABLE T_MAX_LHR (ARTICLE VARCHAR(30),AUTHOR VARCHAR(30),PRICE FLOAT); --MySQL oracle 通用
INSERT INTO T_MAX_LHR VALUES ('0001','B',3.99);
INSERT INTO T_MAX_LHR VALUES ('0002','A',10.99);
INSERT INTO T_MAX_LHR VALUES ('0003','C',1.69);
INSERT INTO T_MAX_LHR VALUES ('0004','B',19.95);
INSERT INTO T_MAX_LHR VALUES ('0005','A',6.96);
COMMIT;
SELECT * FROM T_MAX_LHR;
```

分析数据后，正确答案应该是：

ARTICLE	AUTHOR	PRICE
0002	A	10.99
0003	C	1.69
0004	B	19.95

对于这个例子，很容易想到的 SQL 语句如下所示：

```
SELECT T.ARTICLE,T.AUTHOR,MAX(T.PRICE) FROM T_MAX_LHR T GROUP BY T.AUTHOR;
SELECT * FROM T_MAX_LHR T GROUP BY T.AUTHOR;
```

在 Oracle 中执行上面的 SQL 语句报错：

```
LHR@orclasm >SELECT T.ARTICLE,T.AUTHOR,MAX(T.PRICE) FROM T_MAX_LHR T GROUP BY T.AUTHOR;
```

```
SELECT T.ARTICLE,T.AUTHOR,MAX(T.PRICE) FROM T_MAX_LHR T GROUP BY T.AUTHOR
                *
ERROR at line 1:
ORA-00979: not a GROUP BY expression


LHR@orclasm >SELECT * FROM T_MAX_LHR T GROUP BY T.AUTHOR;
SELECT * FROM T_MAX_LHR T GROUP BY T.AUTHOR
             *
ERROR at line 1:
ORA-00979: not a GROUP BY expression
```

在 MySQL 中执行同样的 SQL 语句不会报错：

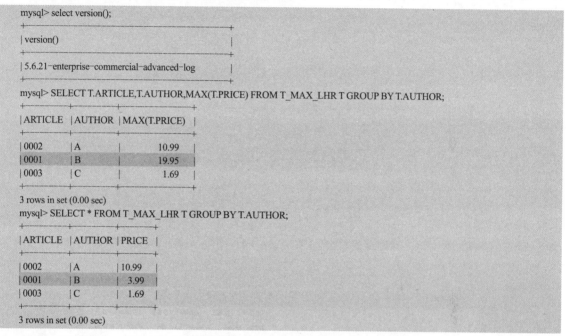

```
mysql> select version();
+------------------------------------------+
| version()                                |
+------------------------------------------+
| 5.6.21-enterprise-commercial-advanced-log |
+------------------------------------------+
mysql> SELECT T.ARTICLE,T.AUTHOR,MAX(T.PRICE) FROM T_MAX_LHR T GROUP BY T.AUTHOR;
+---------+--------+--------------+
|ARTICLE  |AUTHOR  |MAX(T.PRICE)  |
+---------+--------+--------------+
|0002     |A       |       10.99  |
|0001     |B       |       19.95  |
|0003     |C       |        1.69  |
+---------+--------+--------------+
3 rows in set (0.00 sec)
mysql> SELECT * FROM T_MAX_LHR T GROUP BY T.AUTHOR;
+---------+--------+--------+
|ARTICLE  |AUTHOR  |PRICE   |
+---------+--------+--------+
|0002     |A       |10.99   |
|0001     |B       | 3.99   |
|0003     |C       | 1.69   |
+---------+--------+--------+
3 rows in set (0.00 sec)
```

虽然执行不报错，可以查询出数据，但是从结果来看数据并不是最终想要的结果，甚至数据是错乱的。下面给出几种正确的写法（在 Oracle 和 MySQL 中均可执行）：

（1）使用相关子查询

```
SELECT * FROM T_MAX_LHR T
  WHERE (T.AUTHOR, T.PRICE) IN (SELECT NT.AUTHOR, MAX(NT.PRICE) PRICE   FROM T_MAX_LHR NT   GROUP BY
NT.AUTHOR)
  ORDER BY T.ARTICLE;
SELECT * FROM T_MAX_LHR T
  WHERE T.PRICE = (SELECT MAX(NT.PRICE) PRICE FROM T_MAX_LHR NT   WHERE T.AUTHOR = NT.AUTHOR)
  ORDER BY T.ARTICLE;
```

（2）使用非相关子查询

```
SELECT T.* FROM T_MAX_LHR T
  JOIN (SELECT NT.AUTHOR, MAX(NT.PRICE) PRICE    FROM T_MAX_LHR NT GROUP BY NT.AUTHOR) T1
    ON T.AUTHOR = T1.AUTHOR    AND T.PRICE = T1.PRICE ORDER BY T.ARTICLE;
```

（3）使用 LEFT JOIN 语句

```
SELECT T.* FROM T_MAX_LHR T LEFT OUTER JOIN T_MAX_LHR T1 ON T.AUTHOR = T1.AUTHOR AND T.PRICE < T1.PRICE
  WHERE T1.ARTICLE IS NULL ORDER BY T.ARTICLE;
```

2．Oracle 和 MySQL 中的分组（GROUP BY）后的聚合函数

在 Oracle 中，可以用 WM_CONCAT 函数或 LISTAGG 分析函数；在 MySQL 中可以使用 GROUP_CONCAT 函数。示例如下：

首先给出建表语句：

```
CREATE TABLE T_MAX_LHR (ARTICLE VARCHAR2(30),AUTHOR VARCHAR2(30),PRICE NUMBER);  --Oracle
--CREATE TABLE T_MAX_LHR (ARTICLE VARCHAR(30),AUTHOR VARCHAR(30),PRICE FLOAT);  --MySQL oracle 通用
INSERT INTO T_MAX_LHR VALUES ('0001','B',3.99);
INSERT INTO T_MAX_LHR VALUES ('0002','A',10.99);
INSERT INTO T_MAX_LHR VALUES ('0003','C',1.69);
INSERT INTO T_MAX_LHR VALUES ('0004','B',19.95);
INSERT INTO T_MAX_LHR VALUES ('0005','A',6.96);
COMMIT;
SELECT * FROM T_MAX_LHR;
```

在 MySQL 中：

```
mysql> SELECT T.AUTHOR, GROUP_CONCAT(T.ARTICLE), GROUP_CONCAT(T.PRICE)
    ->     FROM T_MAX_LHR T
    ->   GROUP BY T.AUTHOR;
+----------+------------------------+-----------------------+
| AUTHOR   | GROUP_CONCAT(T.ARTICLE) | GROUP_CONCAT(T.PRICE) |
+----------+------------------------+-----------------------+
| A        | 0002,0005              | 10.99,6.96            |
| B        | 0001,0004              | 3.99,19.95            |
| C        | 0003                   | 1.69                  |
+----------+------------------------+-----------------------+
3 rows in set (0.00 sec)
```

在 Oracle 中：

```
LHR@orclasm >  SELECT T.AUTHOR, WM_CONCAT(T.ARTICLE) ARTICLE, WM_CONCAT(T.PRICE)    PRICE
    2       FROM T_MAX_LHR T
    3     GROUP BY T.AUTHOR;
AUTHOR      ARTICLE          PRICE
_____  _____    _____
A           0002, 0005       10. 99, 6. 96
B           0001, 0004       3. 99, 19. 95
C           0003             1. 69
LHR@orclasm >  SELECT T.AUTHOR,
    2            LISTAGG(T.ARTICLE, ',') WITHIN GROUP(ORDER BY T.PRICE) ARTICLE,
    3            LISTAGG(T.PRICE, ',') WITHIN GROUP(ORDER BY T.PRICE) PRICE
    4       FROM T_MAX_LHR T
    5     GROUP BY T.AUTHOR;
AUTHOR      ARTICLE          PRICE
_____  _____    _____
A           0005, 0002       6. 96, 10. 99
B           0001, 0004       3. 99, 19. 95
C           0003             1. 69
```

6.2.21 MySQL 的分区表

分区表是指根据一定规则，将数据库中的一张表分解成多个更小的，容易管理的部分。从逻辑上看，只有一张表，但是底层却是由多个物理分区组成，每个分区都是一个独立的对象。分区有利于管理大表，体现了"分而治之"的理念。一个表最多支持 1024 个分区。

在 MySQL 5.6.1 之前可以通过命令 "show variables like '%have_partitioning%'" 来查看 MySQL 是否支持分区。若 have_partintioning 的值为 YES，则表示支持分区。从 MySQL 5.6.1 开始，该参数已经被去掉了，而是用 SHOW PLUGINS 来代替。若有 partition 行且 STATUS 列的值为 ACTIVE，则表示支持分区，如下所示：

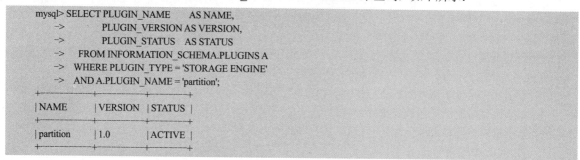

此外，也可以使用表 INFORMATION_SCHEMA.PLUGINS 来查询，如下所示：

```
mysql> SELECT PLUGIN_NAME      AS NAME,
    ->          PLUGIN_VERSION AS VERSION,
    ->          PLUGIN_STATUS    AS STATUS
    ->   FROM INFORMATION_SCHEMA.PLUGINS A
    ->   WHERE PLUGIN_TYPE = 'STORAGE ENGINE'
    ->   AND A.PLUGIN_NAME = 'partition';
+-----------+---------+--------+
| NAME      | VERSION | STATUS |
+-----------+---------+--------+
| partition | 1.0     | ACTIVE |
+-----------+---------+--------+
```

MySQL 支持的分区类型主要包括 RANGE 分区、LIST 分区、HASH 分区、KEY 分区。分区表中对每个分区再次分割就是子分区（Subpartitioning），又称为复合分区。在 MySQL 5.5 中引入了 COLUMNS 分区，细分为 RANGE COLUMNS 和 LIST COLUMNS 分区。引入 COLUMNS 分区解决了 MySQL 5.5 版本之前 RANGE 分区和 LIST 分区只支持整数分区，从而导致需要额外的函数计算得到整数或者通过额外的转换表来转换为整数再分区的问题。

KEY 分区类似 HASH 分区，HASH 分区允许使用用户自定义的表达式，但 KEY 分区不允许使用用户自定义的表达式。HASH 仅支持整数分区，而 KEY 分区支持除了 BLOB 和 TEXT 的其他类型的列作为分区键。KEY 分区语法为

`PARTITION BY KEY(EXP) PARTITIONS 4;//EXP 是零个或多个字段名的列表`

在进行 KEY 分区的时候，EXP 可以为空，如果为空，那么默认使用主键作为分区键。若没有主键，则会选择非空唯一键作为分区键。

MySQL 允许分区键值为 NULL，分区键可能是一个字段或者一个用户定义的表达式。一般情况下，MySQL 在分区时会把 NULL 值当作零值或者一个最小值进行处理。需要注意以下几点。

● RANGE 分区：NULL 值被当作最小值来处理。
● LIST 分区：NULL 值必须出现在列表中，否则不被接受。
● HASH/KEY 分区：NULL 值会被当作零值来处理。

通过 ALTER TABLE 命令可以对分区进行添加、删除、重定义、合并、拆分等操作；通过 INFORMATION_SCHEMA.PARTITIONS 可以查询分区数、行数等信息；通过 EXPLAIN PARTITIONS 可以查看分区表的执行计划。

【真题 227】 MySQL 的分库分表和表分区（Partitioning）有什么区别？

答案：分库分表是指把数据库中的数据物理地拆分到多个实例或多台机器上去。分表是指通过一定规则，将一张表分解成多张不同的表。

表分区（Partitioning）可以将一张表的数据分别存储为多个文件。如果在写 SQL 时，遵从了分区规则，那么就能把原本需要遍历全表的工作转变为只需要遍历表里某一个或某些分区的工作。这样降低了查询对服务器的压力，提升了查询效率。如果分区表使用得当，那么也可以大规模地提升 MySQL 的服务能力。但是这种分区方式，一方面，在使用时必须遵从分区规则写 SQL 语句，如果不符合分区规则，性能反而会非常低；另一方面，Partitioning 的结果受到 MySQL 实例或者 MySQL 单实例的数据文件无法分布式存储的限制，不管怎么分区，所有的数据还是都在一个服务器上，没办法通过水平扩展物理服务的方法把压力分摊出去。

分表与分区的区别在于：分区从逻辑上来讲只有一张表，而分表则是将一张表分解成多张表。

6.2.22　MySQL 中的索引

索引（Index）是数据库优化中最常用也是最重要的手段之一，通过索引通常可以帮助用户解决大多数的 SQL 性能问题。索引是帮助 MySQL 高效获取数据的数据结构，它用于快速找出在某个列中含有某一特定值的行。如果不使用索引，那么 MySQL 必须从第 1 条记录开始然后读完整个表直到找出相关的行。表越大，花费的时间越多。如果表中查询的列有一个索引，那么 MySQL 就能快速到达一个位置去搜寻数据文件的中间，没有必要看所有数据。

索引在 MySQL 中也叫作"键（key）"，是存储引擎用于快速找到记录的一种数据结构。总体来说，索引有以下几个优点：

① 索引大大减少了服务器需要扫描的数据量。

② 索引可以帮助服务器避免排序和临时表。

③ 索引可以将随机 I/O 变为顺序 I/O。

1. MySQL 中的索引分类

MySQL 的所有列类型都可以被索引。MyISASM 和 InnoDB 类型的表默认创建的都是 B-Tree 索引；MEMORY 类型的表默认使用 HASH 索引，但是也支持 B-Tree 索引；空间列类型的索引使用 RTREE（空间索引）。

MySQL 中的索引是在存储引擎层中实现的，而不是在服务器层实现的。所以，每种存储引擎的索引都不一定完全相同，也不是所有的存储引擎都支持所有的索引类型。MySQL 目前提供了以下几种索引。

① B-Tree 索引：最常见的索引类型，大部分引擎都支持 B-Tree 索引，如 MyISASM、InnoDB、MEMORY 等。

② HASH 索引：只有 MEMORY 和 NDB 引擎支持，使用场景简单。

③ RTREE 索引（空间索引）：空间索引是 MyISAM 的一个特殊索引类型，主要用于地理空间数据类型，通常使用较少。

④ FULLTEXT（全文索引）：全文索引也是 MyISAM 的一个特殊索引类型，InnoDB 从 MySQL 5.6 版本开始提供对全文索引的支持。

MySQL 目前还不支持函数索引，但是支持前缀索引，即对索引字段的前 N 个字符创建索引，这个特性可以大大缩小索引文件的大小，从而提高性能。前缀索引在排序 ORDER BY 和分组 GROUP BY 操作时无法使用，也无法使用前缀索引做覆盖扫描。用户在设计表结构时也可以对文本列根据此特性进行灵活设计。

2. 覆盖索引

如果一个索引包含（或者说覆盖了）所有满足查询所需要的数据，那么就称这类索引为覆盖索引（Covering Index）。索引覆盖查询不需要回表操作。在 MySQL 中，可以通过使用 explain 命令输出的 Extra 列来判断是否使用了索引覆盖查询。若使用了索引覆盖查询，则 Extra 列包含"Using index"字符串。MySQL 查询优化器在执行查询前会判断是否有一个索引能执行覆盖查询。

覆盖索引能有效地提高查询性能，因为覆盖索引只需要读取索引，不用回表再读取数据。覆盖索引有以下一些优点：

1）索引项通常比记录要小，所以 MySQL 会访问更少的数据。

2）索引都按值的大小顺序存储，相对于随机访问记录，需要更少的 I/O。

3）大多数据引擎能更好地缓存索引，如 MyISAM 只缓存索引。

4）覆盖索引对于 InnoDB 表尤其有用，因为 InnoDB 使用聚集索引组织数据，如果二级索引中包含查询所需的数据，那么就不再需要在聚集索引中查找了。

下面的 SQL 语句就使用到了覆盖索引：

```
mysql> explain select Host,User from mysql.user where user='lhr';
```

id	select_type	table	partitions	type	possible_keys	key	key_len	ref	rows	filtered	Extra
1	SIMPLE	user	NULL	index	NULL	PRIMARY	276	NULL	4	25.00	Using where; Using index

3．散列索引

散列索引（Hash Index）建立在散列表的基础上，它只对使用了索引中的每一列的精确查找有用。对于每一行，存储引擎计算出了被索引的散列码（Hash Code），它是一个较小的值，并且有可能和其他行的散列码不同。它把散列码保存在索引中，并且保存了一个指向散列表中的每一行的指针。如果多个值有相同的散列码，那么索引就会把行指针以链表的方式保存在散列表的同一条记录中。

散列索引只有 MEMORY 和 NDB 两种引擎支持，MEMORY 引擎默认支持散列索引，如果多个 HASH 值相同，出现散列碰撞，那么索引以链表方式存储。若要使 InnoDB 或 MyISAM 支持散列索引，那么可以通过伪散列索引来实现。主要通过增加一个字段，存储 HASH 值，将 HASH 值建立索引，在插入和更新时，建立触发器，自动添加计算后的 HASH 值到表里。在查询时，在 WHERE 子句手动指定使用散列函数。这样做的缺陷是需要维护散列值。

MySQL 最常用存储引擎 InnoDB 和 MyISAM 都不支持 HASH 索引，它们默认的索引都是 B-Tree。如果在创建索引时定义其索引类型为 HASH，那么 MySQL 并不会报错，而且通过 SHOW CREATE TABLE 查看该索引也是 HASH，只不过该索引实际上还是 B-Tree。HASH 索引检索效率非常高，索引的检索可以一次定位，不像 B-Tree 索引需要从根结点到枝结点，最后才能访问到叶结点这样多次的 I/O 访问，所以 HASH 索引的查询效率要远高于 B-Tree 索引。既然 HASH 索引的效率要比 B-Tree 高很多，为什么大家不都用 HASH 索引而还要使用 B-Tree 索引呢？其实，任何事物都是有两面性的，HASH 索引也一样，虽然 HASH 索引效率高，但是 HASH 索引本身由于其特殊性也带来了很多限制和弊端：

① HASH 索引仅仅能满足"="、"IN"和"<=>"查询，不能使用范围查询。由于 HASH 索引比较的是进行 HASH 运算之后的 HASH 值，所以它只能用于等值的过滤，不能用于基于范围的过滤，因为经过相应的 HASH 算法处理之后的 HASH 值的大小关系，并不能保证和 HASH 运算前完全一样。

② 优化器不能使用 HASH 索引来加速 ORDER BY 操作，即 HASH 索引无法被用来避免数据的排序操作。由于 HASH 索引中存放的是经过 HASH 计算之后的 HASH 值，而且 HASH 值的大小关系并不一定和 HASH 运算前的键值完全一样，因此数据库无法利用索引的数据来避免任何排序运算。

③ MySQL 不能确定在两个值之间大约有多少行。如果将一个 MyISAM 表改为 HASH 索引的 MEMORY 表，则会影响一些查询的执行效率。

④ 只能使用整个关键字来搜索一行，即 HASH 索引不能利用部分索引键查询。对于组合索引，HASH 索引在计算 HASH 值时是组合索引键合并后再一起计算 HASH 值，而不是单独计算 HASH 值，所以通过组合索引的前面一个或几个索引键进行查询时，HASH 索引也无法被利用。

⑤ HASH 索引在任何时候都不能避免表扫描。HASH 索引是将索引键通过 HASH 运算之后，将 HASH 运算结果的 HASH 值和所对应的行指针信息存放于一个 HASH 表中，由于不同索引键存在相同 HASH 值，因此即使取满足某个 HASH 键值的数据的记录条数，也无法从 HASH 索引中直接完成查询，还是要通过访问表中的实际数据进行相应的比较，并得到相应的结果。

⑥ HASH 索引遇到大量 HASH 值相等的情况后性能并不一定就会比 B-Tree 索引高。对于选择性比较低的索引键，如果创建 HASH 索引，那么将会存在大量记录指针信息存于同一个 HASH 值相关联。这样要定位某一条记录时就会非常麻烦，会浪费多次表数据的访问，而造成整体性能低下。

4．自适应散列索引

InnoDB 引擎有一个特殊的功能叫作自适应散列索引（Adaptive Hash Index）。当 InnoDB 注意到某些索引值使用非常频繁时，它会在内存中基于 B-Tree 索引之上再创建一个散列索引，这样就让

B-Tree 索引也具有散列索引的一些优点。例如，快速的散列查找，这是一个全自动的、内部的行为，用户无法控制或者配置，如果有必要，则可以选择关闭这个功能（innodb_adaptive_hash_index=OFF，默认为 ON）。

通过"SHOW ENGINE INNODB STATUS;"可以看到自适应散列索引的使用信息，包括自适应散列索引的大小、使用情况、每秒使用自适应散列索引搜索的情况。

5. 前缀索引

有时需要索引很长的字符列，这会让索引变得大且慢，此时可以考虑前缀索引。MySQL 目前还不支持函数索引，但是支持前缀索引，即对索引字段的前 N 个字符创建索引，这个特性可以大大缩小索引文件的大小，从而提高索引效率。用户在设计表结构时也可以对文本列根据此特性进行灵活设计。前缀索引是一种能使索引更小、更快的有效办法。

前缀索引的缺点是，在排序 ORDER BY 和分组 GROUP BY 操作时无法使用，也无法使用前缀索引做覆盖扫描，并且前缀索引降低了索引的选择性。索引的选择性是指不重复的索引值（也称为基数，Cardinality）和数据表的记录总数（COUNT(*)）的比值，范围为(0,1]。索引的选择性越高，则查询效率越高，因为选择性高的索引可以让 MySQL 在查找时过滤掉更多的行。唯一索引的选择性是 1，这是最好的索引选择性，性能也是最好的。

一般情况下某个前缀的选择性也是足够高的，足以满足查询性能。对于 BLOB、TEXT，或者很长的 VARCHAR 类型的列，必须使用前缀索引，因为 MySQL 不允许索引这些列的完整长度。

使用前缀索引的诀窍在于要选择足够长的前缀以保证较高的选择性，同时又不能太长（以便节约空间）。前缀应该足够长，以使得前缀索引的选择性接近于索引的整个列。换句话说，前缀的"基数"应该接近于完整的列的"基数"。

为了决定前缀的合适长度，需要找到最常见的值的列表，然后和最常见的前缀列表进行比较。

6. 全文（FULLTEXT）索引

使用 FULLTEXT 参数可以设置索引为全文索引。全文索引只能创建在 CHAR、VARCHAR 或 TEXT 类型的字段上。在查询数据量较大的字符串类型的字段时，使用全文索引可以提高查询速度。在默认情况下，全文索引的搜索执行方式不区分大小写。但是，当索引的列使用二进制排序后，可以执行区分大小写的全文索引。

MySQL 自带的全文索引只能用于数据库引擎为 MyISAM 的数据表，InnoDB 引擎从 5.6.4 开始也支持全文索引。若是其他数据引擎，则全文索引不会生效。此外，MySQL 自带的全文索引只能对英文进行全文检索，目前无法对中文进行全文检索。如果需要对包含中文在内的文本数据进行全文检索，那么需要采用 Sphinx 或 Coreseek 技术来处理中文。

目前，在使用 MySQL 自带的全文索引时，如果查询字符串的长度过短，那么将无法得到期望的搜索结果。MySQL 全文索引所能找到的词默认最小长度为 4 个字符，由参数 ft_min_word_len 控制。另外，如果查询的字符串包含停止词，那么该停止词将会被忽略。

```
mysql> show variables like '%ft_min_word_len%';
+-----------------+-------+
| Variable_name   | Value |
+-----------------+-------+
| ft_min_word_len | 4     |
+-----------------+-------+
1 row in set (0.01 sec)
```

如果可能，请尽量先创建表并插入所有数据后，再创建全文索引，而不要在创建表时就直接创建全文索引，因为前者比后者的全文索引效率要高。

全文索引的缺点如下所示：

① 数据表越大，全文索引效果越好，比较小的数据表会返回一些难以理解的结果。

② 全文检索以整个单词作为匹配对象，单词变形（加上扩展名，复数形式），就被认为另一个单词。

③ 只有由字母、数字、单引号、下画线构成的字符串被认为是单词，带注音符号的字母仍是字母，像 C++不再认为是单词。

④ 查询不区分大小写。

⑤ 只能在 MyISAM 上使用，InnoDB 引擎从 5.6.4 开始也支持全文索引。

⑥ 全文索引创建速度慢，而且对全文索引的各种数据修改操作也慢。

【真题 228】　简单描述在 MySQL 中，索引、唯一索引、主键、联合索引的区别，它们对数据库的性能有什么影响？

答案：索引、唯一索引、主键、联合索引的区别如下。

1）索引是一种特殊的文件（InnoDB 数据表上的索引是表空间的一个组成部分），它们包含着对数据表里所有记录的引用指针。普通索引（由关键字 KEY 或 INDEX 定义的索引）的唯一任务是加快对数据的访问速度。

2）唯一索引：普通索引允许被索引的数据列包含重复的值，如果能确定某个数据列只包含彼此各不相同的值，在为这个数据索引创建索引时就应该用关键字 UNIQE 把它定义为一个唯一索引，唯一索引可以保证数据记录的唯一性。

3）主键：一种特殊的唯一索引，在一张表中只能定义一个主键索引，主键用于唯一标识一条记录，用关键字 PRIMARY KEY 来创建。

4）联合索引：索引可以覆盖多个数据列，如 INDEX 索引就是联合索引。

索引可以极大地提高数据的查询速度，但是会降低插入、删除、更新表的速度，因为在执行这些写操作时，还要操作索引文件。

【真题 229】　在表中建立了索引以后，导入大量数据为什么会很慢？

答案：对已经建立了索引的表中插入数据时，插入一条数据就要对该记录按索引排序。因此，导入大量数据时速度会很慢。解决这种情况的办法是，在没有任何索引的情况插入数据，然后建立索引。

【真题 230】　什么是空间（SPATIAL）索引？

答案：使用 SPATIDX 参数可以设置索引为空间索引，可以用作地理数据支持。空间索引只能建立在空间数据类型上，这样可以提高系统获取空间数据的效率。MySQL 中的空间数据类型包括 GEOMETRY、POINT、LINESTRING 和 POLYGON 等。目前，只有 MyISAM 存储引擎支持空间检索（InnoDB 从 5.7.5 开始支持），而且索引的字段不能为空值。对于初学者来说，这类索引很少会用到。

6.2.23　MySQL 的 CHECK、OPTIMIZE 和 ANALYZE 的作用分别是什么?

分析表（ANALYZE）的主要作用是分析关键字的分布，检查表（CHECK）的主要作用是检查表是否存在错误，优化表（OPTIMIZE）的主要作用是消除删除或者更新造成的空间浪费。详细信息见下表。

	OPTIMIZE（优化）	ANALYZE（分析）	CHECK（检查）
作用	OPTIMIZE 可以回收空间、减少碎片、提高 I/O。如果已经删除了表的大部分数据，或者如果已经对含有可变长度行的表（含有 VARCHAR、BLOB 或 TEXT 列的表）进行了很多更改，那么应使用 OPTIMIZE TABLE 命令对表进行优化，将表中的空间碎片进行合并，并且消除由于删除或者更新造成的空间浪费	ANALYZE 用于收集优化器统计信息，分析和存储的关键字分布，分析的结果可以使数据库系统获得准确的统计信息，使得 SQL 能生成正确的执行计划。对于 MyISAM 表，本语句与使用 myisamchk -a 相当	CHECK 的主要作用是检查表是否存在错误，CHECK 也可以检查视图是否有错误，例如，在视图定义中视图引用的表已不存在。可以使用 REPAIR TABLE 来修复损坏的表
语法	OPTIMIZE [NO_WRITE_TO_BINLOG | LOCAL] TABLE tbl_name [, tbl_name] ...	ANALYZE [NO_WRITE_TO_ BINLOG | LOCAL] TABLE tbl_name [, tbl_name] ...	CHECK TABLE tbl_name [, tbl_name] ... [option] ... option = { FOR UPGRADE | QUICK | FAST | MEDIUM | EXTENDED | CHANGED}

（续）

	OPTIMIZE（优化）	ANALYZE（分析）	CHECK（检查）
举例	OPTIMIZE TABLE mysql.user;	ANALYZE TABLE mysql.user;	check table mysql.user;
注意事项	OPTIMIZE 只对 MyISAM、BDB 和 InnoDB 表起作用	ANALYZE 只对 MyISAM、BDB 和 InnoDB 表起作用	CHECK 只对 MyISAM 和 InnoDB 表起作用

需要注意以下几点：

① 对于 InnoDB 引擎的表来说，通过设置 innodb_file_per_table 参数，设置 InnoDB 为独立表空间模式，这样每个数据库的每个表都会生成一个独立的 ibd 文件，用于存储表的数据和索引，这样可以一定程度上减轻 InnoDB 表的空间回收问题。另外，在删除大量数据后，InnoDB 表可以通过 alter table 但是不修改引擎的方法来回收不用的空间，该操作会重建表：

```
mysql>alter table city engine=innodb;
Query OK, 0 rows affected (0.08 sec)
Records: 0  Duplicates: 0  Warnings: 0
```

② ANALYZE、CHECK、OPTIMIZE、ALTERTABLE 执行期间将对表进行锁定（数据库系统会对表加一个只读锁，在分析期间，只能读取表中的记录，不能更新和插入记录），因此一定注意要在数据库不繁忙时执行相关的操作。

6.2.24 真题

【真题 231】 如果 MySQL 密码丢了，那么如何找回密码？

答案：步骤如下：

1）关闭 MySQL，/data/3306/mysql stop 或 pkill mysqld。

2）mysqld_safe --defaults-file=/data/3306/my.cnf --skip-grant-table &。

3）mysql -uroot -p -S /data/3306/mysql.sock ，按〈Enter〉键进入。

4）修改密码，UPDATE mysql.user SET password=PASSWORD("oldlhr123") WHERE user='root' and host='localhost';。

【真题 232】 mysqldump 备份 mysqllhr 库及 MySQL 库的命令是什么？

答案：mysqldump -uroot -plhr123 -S /data/3306/mysql.sock -B --events -x MySQL mysqllhr > /opt/$(date +%F).sql。

【真题 233】 如何不进入 MySQL 客户端，执行一条 SQL 命令，账号为 User，密码为 Passwd，库名为 DBName，SQL 为 SELECT sysdate();

答案：采用-e 选项，命令为 mysql -uUser -pPasswd -D DBName -e "SELECT sysdate();"。

【真题 234】 在一个给定数据库中，有办法查询所有的存储过程和存储函数吗？

答案：有。例如，给定的数据库名为 lhrdb，可以对 INFORMATION_SCHEMA.ROUTINES 表进行查询。对于存储例程内包体的查询，可通过 SHOW CREATE FUNCTION（对于存储函数）和 SHOW CREATE PROCEDURE（对于存储例程）语句来查询：

```
mysql> SELECT ROUTINE_TYPE,ROUTINE_NAME   FROM INFORMATION_SCHEMA.ROUTINES WHERE ROUTINE_SCHEMA=
'lhr_test';
+---------------+----------------------+
| ROUTINE_TYPE  | ROUTINE_NAME         |
+---------------+----------------------+
| PROCEDURE     | demo_inout_parameter |
| PROCEDURE     | demo_in_parameter    |
| PROCEDURE     | demo_out_parameter   |
| PROCEDURE     | p1                   |
| PROCEDURE     | p2                   |
| PROCEDURE     | proc1                |
```

```
| PROCEDURE      | test1                      |
+---------------+----------------------------+
7 rows in set (0.00 sec)
mysql> SHOW CREATE PROCEDURE lhr_test.proc1\G;
*************************** 1. row ***************************
                Procedure: proc1
                 sql_mode: STRICT_TRANS_TABLES,NO_ENGINE_SUBSTITUTION
          Create Procedure: CREATE DEFINER=`root`@`%` PROCEDURE `proc1`(out s int)
begin
select count(*) into s from mysql.user;
end
character_set_client: utf8
collation_connection: utf8_general_ci
    Database Collation: latin1_swedish_ci
1 row in set (0.00 sec)
```

【真题 235】　MySQL 5.7 支持语句级或行级的触发器吗？

答案：在 MySQL 5.7 中，触发器是针对行级的。即触发器在对插入、更新、删除的行级操作时被触发。MySQL 5.7 不支持 FOR EACH STATEMENT。

【真题 236】　MySQL 的注释符号有哪些？

答案：MySQL 注释符有以下 3 种：#、--（注意--后面有一个空格）、/**/。

【真题 237】　如何查看 MySQL 数据库的大小？

答案：查询所有数据的大小：

```
select concat(round(sum(data_length/1024/1024/1024),2),'GB') as data from information_schema.tables;
```

查看指定数据库的大小，如查看数据库 lhrdb 的大小：

```
select concat(round(sum(data_length/1024/1024/1024),2),'GB') as data from information_schema.tables where table_schema='lhrdb';
```

查看指定数据库的某个表的大小，如查看数据库 lhrdb 中 t_lhr 表的大小：

```
select concat(round(sum(data_length/1024/1024),2),'MB') as data from information_schema.tables where table_schema='lhrdb' and table_name='t_lhr';
```

【真题 238】　如何查看 MySQL 的位数？

答案：查看 MySQL 位数的办法有以下几种：

① mysql -V。

② mysql> show variables like '%version_%'。

③ which mysql |xargs file　（Linux/UNIX 系统）。

④ echo STATUS|mysql -uroot -ppassword |grep Ver。

【真题 239】　MySQL 有关权限的表有哪几个？

MySQL 服务器通过权限表来控制用户对数据库的访问，权限表存放在 MySQL 数据库里，由 mysql_install_db 脚本初始化。这些权限表包括 user、db、tables_priv、columns_priv、procs_priv 和 host。MySQL 启动时读取这些信息到内存中去，或者在权限变更生效时，重新读取到内存中去。这些表的作用如下。

● user：记录允许连接到服务器的用户账号信息，里面的权限是全局级的。

● db：记录各个账号在各个数据库上的操作权限。

● tables_priv：记录数据表级的操作权限。

● columns_priv：记录数据列级的操作权限。

● host：配合 db 权限表对给定主机上数据库级操做权限做更细致的控制。这个权限表不受 GRANT 和 REVOKE 语句的影响。

● procs_priv：规定谁可以执行哪个存储过程。

【真题 240】　如果 MySQL 数据库的服务器 CPU 非常高，那么该如何处理？

答案：当服务器 CPU 很高时，可以先用操作系统命令 top 观察是不是 mysqld 占用导致的，如果不是，那么找出占用高的进程，并进行相关处理。如果是 mysqld 造成的，那么可以使用 show processlist 命令查看里面数据库的会话情况，是不是有非常消耗资源的 SQL 在运行。找出消耗高的 SQL，看看执行计划是否准确，INDEX 是否缺失，或者实在是数据量太大造成。一般来说，肯定要 kill 掉这些线程（同时观察 CPU 使用率是否下降），等进行相应的调整（如加索引、改写 SQL、改内存参数）之后，再重新运行这些 SQL。也有可能是每个 SQL 消耗资源并不多，但是突然之间，有大量的会话连接数据库导致 CPU 飙升，这种情况就需要跟应用一起来分析为何连接数会激增，再做出相应的调整，如限制连接数等。

【真题 241】 如何查询某个表属于哪个库？

答案：可以通过 INFORMATION_SCHEMA 库来查询。例如，若想查询表 T_MAX_LHR 是属于哪个库的，则可以执行：

```
mysql> SELECT TABLE_NAME,TABLE_SCHEMA FROM INFORMATION_SCHEMA.TABLES WHERE TABLE_NAME=
'T_MAX_LHR';
+-------------+--------------+
| TABLE_NAME  | TABLE_SCHEMA |
+-------------+--------------+
| T_MAX_LHR   | db1          |
+-------------+--------------+
1 row in set (0.37 sec)
```

以上结果说明，T_MAX_LHR 表属于 db1 库。

【真题 242】 一张表里面有 ID 自增主键，当 INSERT 了 17 条记录之后，删除了第 15、16、17 条记录，重启 MySQL，再 INSERT 一条记录，这条记录的 ID 是 18 还是 15？

答案：根据表的类型不同而不同：

1）如果表的类型是 MyISAM，那么是 18。因为 MyISAM 表会把自增主键的最大 ID 记录到数据文件里，重启 MySQL 自增主键的最大 ID 也不会丢失。

2）如果表的类型是 InnoDB，那么是 15。InnoDB 表只是把自增主键的最大 ID 记录到内存中，所以重启数据库或者是对表进行 OPTIMIZE 操作，都会导致最大 ID 丢失。

【真题 243】 MySQL 中的 mysql_fetch_row() 和 mysql_fetch_array() 函数的区别是什么？

答案：这两个函数返回的都是一个数组，区别就是第一个函数返回的数组是只包含值，只能像 row[0]、row[1] 这样以数组下标来读取数据，而 mysql_fetch_array() 返回的数组既包含第一种，也包含键值对的形式，可以这样读取数据如数据库的字段是 username、passwd，则可以 row['username']，row['passwd']。

【真题 244】 什么是 MySQL 的 GTID？

答案：GTID（Global Transaction ID，全局事务 ID）是全局事务标识符，是一个已提交事务的编号，并且是一个全局唯一的编号。GTID 是从 MySQL 5.6 版本开始在主从复制方面推出的重量级特性。GTID 实际上是由 UUID+TID 组成的。其中，UUID 是一个 MySQL 实例的唯一标识。TID 代表了该实例上已经提交的事务数量，并且随着事务提交单调递增。下面是一个 GTID 的具体形式：

```
3E11FA47-71CA-11E1-9E33-C80AA9429562:23
```

GTID 的作用如下：

① 根据 GTID 可以知道事务最初是在哪个实例上提交的。

② GTID 的存在方便了 Replication 的 Failover。因为不用像传统模式复制那样去找 master_log_file 和 master_log_pos。

③ 基于 GTID 搭建主从复制更加简单，确保每个事务只会被执行一次。

【真题 245】 在 MySQL 中如何有效地删除一个大表？

答案：在 Oracle 中，对于大表的删除可以通过先 TRUNCATE + REUSE STORAGE 参数，再使用 DEALLOCATE 逐步缩小，最后 DROP 掉表。在 MySQL 中，对于大表的删除，可以通过建立硬链接（Hard

Link）的方式来删除。建立硬链接的方式如下所示：

```
ln big_table.ibd big_table.ibd.hdlk
```

建立硬链接之后就可以使用 DROP TABLE 删除表了，最后在 OS 级别删除硬链接的文件即可。

为什么通过这种方式可以快速删除呢？当多个文件名同时指向同一个 INODE 时，这个 INODE 的引用数 N>1，删除其中任何一个文件都会很快。因为其直接的物理文件块没有被删除，只是删除了一个指针而已。当 INODE 的引用数 N=1 时，删除文件时需要把与这个文件相关的所有数据块清除，所以会比较耗时。

【真题 246】 MySQL 的企业版和社区版的区别有哪些？

答案：用户通常可以到官方网站 www.mysql.com 下载最新版本的 MySQL 数据库。按照用户群分类，MySQL 数据库目前分为社区版（Community server）和企业版（Enterprise），它们最重要的区别在于：社区版是自由下载而且完全免费的，但是官方不提供任何技术支持，适用于大多数普通用户；企业版是收费的，不能在线下载，但是它提供了更多的功能和更完备的技术支持，更适合于对数据库的功能和可靠性要求较高的企业客户。

【真题 247】 在 Linux 下安装 MySQL 有哪几种方式？它们的优缺点各有哪些？

答案：在 Windows 下可以使用 NOINSTALL 包和图形化包来安装，在 Linux 下可以使用 3 种方式来安装，见下表。

	RPM（Redhat Package Manage）	二进制（Binary Package）	源码（Source Package）
优点	安装简单，适合初学者学习使用	安装简单；可以安装到任何路径下，灵活性好；一台服务器可以安装多个 MySQL	在实际安装的操作系统中，可根据需要定制编译，最灵活；性能最好；一台服务器可以安装多个 MySQL
缺点	需要单独下载客户端和服务器；安装路径不灵活，默认路径不能修改，一台服务器只能安装一个 MySQL	已经经过编译，性能不如源码编译的好；不能灵活定制编译参数	安装过程较复杂，编译时间长
文件布局	/usr/bin：客户端程序和脚本 /usr/sbin：mysqld 服务器 /var/lib/mysql：日志文件，数据库 /usr/share/doc/packages：文档 /usr/include/mysql：包含(头)文件 /usr/lib/mysql：库文件 /usr/share/mysql：错误消息和字符集文件 /usr/share/sql-bench：基准程序	bin：客户端程序和 mysqld 服务器 data：日志文件、数据库 docs：文档、ChangeLog include：包含(头)文件 lib：库 scripts：mysql_install_db 用来初始化系统数据库 share/mysql：错误消息文件 sql-bench：基准程序	bin：客户端程序和脚本 include/mysql：包含（头）文件 info：Info 格式的文档 lib/mysql：库文件 libexec：mysqld 服务器 share/mysql：错误消息文件 sql-bench：基准程序和 crash-me 测试 var：数据库和日志文件
主要安装过程	在大多数情况下，下载 MySQL-server 和 MySQL-client 就可以了，安装方法如下：rpm -ivh MySQL-server* MySQL-client*	1）添加用户 groupadd mysql useradd -g mysql mysql 2）安装 tar -xzvf mysql-VERSION-OS.tar.gz -C /mysql/ ln -s MySQL-VERSION-OS mysql 或用 mv 命令 3）初始化，MySQL 5.7 之后用 mysqld --initialize scripts/mysql_install_db 4）启动数据库并修改密码等 mysqld_safe & set password=password('lhr');	除了第二步的安装过程外，其他步骤和二进制基本一样（MySQL 5.7 开始使用 cmake）： gunzip < mysql-VERSION.tar.gz | tar -xvf - cd mysql-VERSION ./configure --prefix=/usr/local/mysql make && make install

【真题 248】 在 MySQL 中，如何查看表的详细信息，如存储引擎、行数、更新时间等？

答案：可以使用 SHOW TABLE STATUS 获取表的详细信息，语法如下：

```
SHOW TABLE STATUS
    [{FROM | IN} db_name]
    [LIKE 'pattern' | WHERE expr]
```

例如：

```
1) show table status from db_name                        #查询 db_name 数据库里所有表的信息
2) show table status from db_name like 'lhrusr'\G;        #查询 db_name 里 lhrusr 表的信息
3) show table status from db_name like 'uc%'             #查询 db_name 数据库里表名以 uc 开头的表的信息
```

下面的 SQL 语句查询了 mysql 数据库中的 user 表的详细信息：

```
mysql>show table status from mysql like 'user'\G;
*************************** 1. row ***************************
          Name: user
         Engine: MyISAM
        Version: 10
     Row_format: Dynamic
           Rows: 7
 Avg_row_length: 85
    Data_length: 596
Max_data_length: 281474976710655
   Index_length: 2048
      Data_free: 0
 Auto_increment: NULL
    Create_time: 2017-08-25 18:37:13
    Update_time: 2017-08-25 19:06:01
     Check_time: NULL
      Collation: utf8_bin
       Checksum: NULL
  Create_options:
        Comment: Users and global privileges
```

其中，每列的含义见下表。

列　名	解　释
Name	表名
Engine	表的存储引擎，在 MySQL 4.1.2 之前，该列的名字为 Type
Version	表的.frm 文件的版本号
Row_format	行存储格式（Fixed、Dynamic、Compressed、Redundant、Compact）。对于 MyISAM 引擎，可以是 Dynamic、Fixed 或 Compressed。动态行的行长度可变，如 Varchar 或 Blob 类型字段。固定行是指行长度不变，如 Char 和 Integer 类型字段
Rows	行的数目。对于非事务性表，这个值是精确的；对于事务性引擎，这个值通常是估算的。例如 MyISAM，存储精确的数目。对于其他存储引擎，如 InnoDB，本值是一个大约的数，与实际值相差可达 40%~50%。在这些情况下，使用 SELECT COUNT(*)来获得准确的数目。对于在 INFORMATION_SCHEMA 数据库中的表，Rows 值为 NULL
Avg_row_length	平均每行包括的字节数
Data_length	表数据的大小（和存储引擎有关）
Max_data_length	表可以容纳的最大数据量（和存储引擎有关）
Index_length	索引的大小（和存储引擎有关）
Data_free	对于 MyISAM 引擎，标识已分配，但现在未使用的空间，并且包含了已被删除行的空间
Auto_increment	下一个 Auto_increment 的值
Create_time	表的创建时间
Update_time	表的最近更新时间
Check_time	使用 check table 或 myisamchk 工具检查表的最近时间
Collation	表的默认字符集和字符排序规则

（续）

列　　名	解　　释
Checksum	如果启用，则对整个表的内容计算时的校验和
Create_options	指表创建时的其他所有选项
Comment	包含了其他额外信息，对于 MyISAM 引擎，包含了注释。对于 InnoDB 引擎，则保存着 InnoDB 表空间的剩余空间信息。如果是一个视图，那么注释里面包含了 VIEW 字样

也可以使用 information_schema.tables 表来查询，如下所示：

```
SELECT table_name,Engine,Version,Row_format,table_rows,Avg_row_length,
    Data_length,Max_data_length,Index_length,Data_free,Auto_increment,
    Create_time,Update_time,Check_time,table_collation,Checksum,
    Create_options,table_comment
FROM information_schema.tables
WHERE Table_Schema='mysql' and table_name='user'\G;
```

第7章 SQL Server 数据库

SQL Server 数据库也是一种比较重要的数据库，在面试笔试中也会经常涉及，因此有必要对这种数据库进行简单介绍。SQL Server 部分内容较少，也比 MySQL 和 Oracle 简单，最核心的内容还是公共部分的 SQL 查询。

7.1 SQL Server 有 Linux 版本吗？

微软在 2016 年推出了 Linux 系统的 SQL Server 预览版，并将于 2017 年全面发布这款产品。微软云计算和企业业务负责人斯科特·格里斯（Scott Guthrie）表示，该公司将会推出本地版和云计算版两个版本。格里斯称，Linux 版 SQL Server 将包含 SQL Server 2016 中的 Stretch Database 功能，但该公司并未明确披露其他新技术是否也会整合到 Linux 版中，而微软发言人证实，不会将 SQL Server 2016 的所有功能都引入 Linux，只会提供"核心关系型数据库功能"。

红帽产品和技术总裁保罗·康美尔（Paul Cormier）表示，该公司将在红帽企业版 Linux 中提供 SQL Server。Canonical 创始人马克·沙特沃斯（Mark Shuttleworth）也表示，Ubuntu 开发者也将可以使用 SQL Server 数据库。微软还在预览版页面上披露，Linux 版 SQL Server 已经可以在 Ubuntu 中使用。微软发言人表示，预览版已经支持 Ubuntu，该公司今后还将支持红帽企业版 Linux 和其他平台。微软为了在 Linux 上使用 SQL Server，创建了 SQL 平台抽象层（SQLPAL，SQL Platform Abstraction Layer）。正因为有了这个 SQL 平台抽象层更加加快了 SQL Server 的移植速度。

7.2 SQL Server 如何查看版本？

方法一：图形界面查询（见下图）。

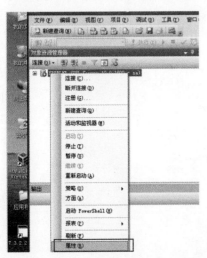

方法二：可以通过 SQL 语句查询来获取数据库的版本，SQL 语句为 SELECT @@VERSION

Microsoft SQL Server 2008 (RTM) - 10.0.1600.22 (Intel X86)   Jul 9 2008 14:43:34   Copyright (c) 1988-2008 Microsoft Corporation Enterprise Edition on Windows NT 5.1 <X86> (Build 2600: Service Pack 3) (VM)

下图为 SQL 语句查看 SQL Server 版本的截图

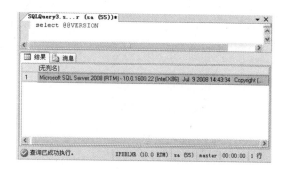

7.3　SQL Server 数据库如何启动？

在 Windows 服务控制台里手动启动，这个也是最常用的方式。按〈Windows+R〉键打开运行窗口，然后输入 services.msc 打开服务窗口，如下图所示。

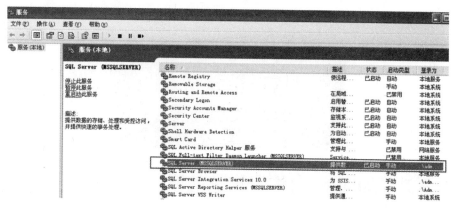

另外，SQL Server 自己提供的启动方式可以手动启动，如下图所示。

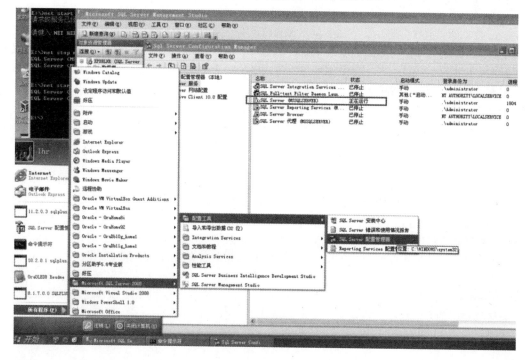

在 SQL Server 的 SSMS 里面手动启动它，利用这种方式可以进行手动重启数据库，如下图所示。

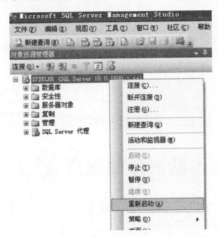

另外，通过 Windows 命令窗口，可以使用"net start mssqlserver"命令手动启动 SQL Server 数据库，如下图所示。

7.4 SQL Server 有哪些默认的系统数据库？

总体而言，SQL Server 有以下 4 个默认的数据库：Master、Model、Tempdb 和 Msdb。

1．Master

Master 数据库（主数据库）保存放在 SQL Server 实体上的所有数据库元数据的详细信息，它还是将引擎固定起来的粘合剂。由于如果不使用 Master 数据库，那么 SQL Server 就不能启动，因此必须要小心地管理好这个数据库。因此，对这个数据库进行常规备份是十分必要的。这个数据库还包括了诸如系统登录、配置设置、已连接的 Server 信息、扩展存储过程等。

2．Model

Model 数据库（模型数据库）是一个用来在实体上创建新用户数据库的模板数据库，可以把任何存储过程、视图、用户等放在模型数据库里，这样在创建新数据库时，新数据库就会包含存放在模型数据库里的所有对象了。

3．Tempdb

Tempdb 数据库存有临时对象，如全局和本地临时表和存储过程。这个数据库在 SQL Server 每次重启时都会被重新创建，而其中包含的对象是依据模型数据库里定义的对象被创建的。除了这些对象，Tempdb 还存有其他对象，如表变量、来自表值函数的结果集，以及临时表变量。因为 Tempdb 会保留 SQL Server 实体上所有数据库的对象类型，所以对数据库进行优化配置是非常重要的。

4．Msdb

Msdb 数据库用来保存数据库备份、SQL Agent 信息、DTS 程序包和 SQL Server 任务等信息，以及诸如日志转移这样的复制信息。

从 SQL Server Studio 中可以查看所有的数据库，如下图所示。

【真题249】（ ）保存所有的临时表和临时存储过程。

A．master 数据库 B．tempdb 数据库 C．model 数据库 D．msdb 数据库

答案：B。

7.5 SQL Server 物理文件有哪 3 种类型？

SQL Server 数据库文件组成如下所示：

1）主数据文件：默认扩展名为.mdf。

2）辅助数据文件：默认扩展名为.ndf（一个数据库可以创建多个.ndf 文件）。

3）事务日志文件：默认扩展名为.ldf（记录对数据库的所有操作，但不包含所操作的数据）。

所有的数据文件和日志文件默认位置在 C:/ProgramFiles/MicrosoftSQLServer/MSSQL.n/MSSQL/Data（其中，n 是标识已安装的 SQL Server 实例名称_实例名）。需要注意的是，应当将所有的数据和对象存储在.ndf 文件中，而.mdf 文件只负责存储数据目录，这样可以有效地避免访问时的磁盘争用。

物理文件组成也可以参考下图。

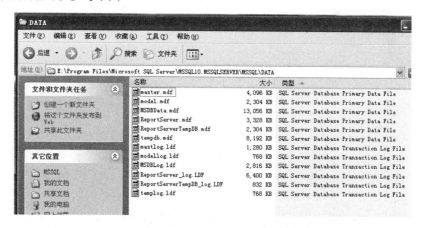

7.6 SQL Server 的哪类视图是可以更新的？

SQL Server 2000 有以下两种方法增强可更新视图的类别：

（1）INSTEAD OF 触发器

可以在视图上创建 INSTEAD OF 触发器，从而使视图可更新。当对一个定义了 INSTEAD OF 触发器的视图执行操作时，实际上执行的是触发器中定义的操作，而不是触发了触发器的数据修改语句。因此，如果在视图上存在 INSTEAD OF 触发器，那么通过该语句可更新相应的视图。

（2）分区视图

如果视图属于"分区视图"的指定格式，那么该视图的可更新性将受到限制。如果视图没有 INSTEAD OF 触发器，或者视图不是分区视图，那么视图只有满足下列条件才可更新。

- SELECT_statement 在选择列表中没有聚合函数，也不包含 TOP、GROUP BY、UNION 或 DISTINCT 子句。
- SELECT_statement 的选择列表中没有派生列。派生列是由任何非简单列表达式（使用函数、加法或减法运算符等）所构成的结果集列。
- SELECT_statement 中的 FROM 子句至少引用一个表。SELECT_statement 必须且不能只包含非表格格式的表达式（即不是从表派生出的表达式）。例如，以下视图是不可更新的：

```
CREATE VIEW NoTable AS
SELECT GETDATE() AS CurrentDate,
       @@LANGUAGE AS CurrentLanguage,
       CURRENT_USER AS CurrentUser;
```

7.7　SQL Server 标准的 SQL 与 T-SQL 的区别是什么？

SQL（Structrued Query Language 的缩写，结构化查询语言）是负责与数据库交互的标准。作为关系型数据库的标准语言，它已被众多商用 DBMS 产品所采用，使得它已成为关系型数据库领域中一个主流语言，不仅包含数据查询功能，还包括插入、删除、更新和数据定义功能。

T-SQL 是 SQL 语言的一种版本，且只能在 SQL Server 上使用。它是 ANSI SQL 的加强版语言，提供了标准的 SQL 命令。另外，T-SQL 还对 SQL 做了许多补充，提供了类似 C、Basic 和 Pascal 的基本功能，如变量说明、流控制语言、功能函数等。

SQL 部分永远是数据库操作的核心部分，所以，这方面的知识点非常重要。

【真题 250】　假设有表数据：TABLE

ID NAME NUM

A　a　9

A　b　11

B　f　7

B　g　8

所要结果：

A b 11

B g 8

请写出获得此结果的 SQL 语句。

答案：本题考察的是聚合函数和子查询，先按照 ID 列进行分组找出 NUM 最大的值，然后回表查询即可得最终结果，最终 SQL 语句如下所示：

```
SELECT * FROM TABLEWHERE NUM IN (SELECT MAX(NUM) FROM TABLE GROUP   BY ID);
```

【真题 251】　设教学数据库中有 3 个基本表：

学生表 S（S#，SNAME，AGE，SEX），其属性表示学生的学号、姓名、年龄和性别；选课表 SC（S#，C#，GRADE），其属性表示学生的学号、所学课程的课程号和成绩；课程表 C（C#，CNAME，TEACHER），其属性表示课程号、课程名称和任课教师姓名。

下面的题目都是针对上述 3 个基本表操作的。

1）试写出下列插入操作的 SQL 语句：

把 SC 表中每门课程的平均成绩插入到另一个已存在的表 SC_C（C#，CNAME，AVG_GRADE）中，其中，AVG_GRADE 为每门课程的平均成绩。

答案：

> INSERT INTO SC_C(C#,CNAME,AVG_GRADE) SELECT SC.C#,C.CNAME,AVG(GRADE) FROM SC,C WHERE SC.C#=C.C# GROUP BY SC.C#, C.CNAME;

2）试写出下列删除操作的 SQL 语句：

从 SC 表中把 WU 老师的女学生选课元组删去。

答案：

> DELETE FROM SC WHERE S# IN (SELECT S# FROM S WHERE SEX='女') AND C# IN (SELECT C# FROM C WHERE TEACHER='WU');

【真题 252】 设有如下关系表：

供应者：SUPPLIER（SNO，SNAME，CITY），其中，SNO 为供应者编号，SNAME 为供应者姓名，CITY 为所在城市。

零件：PART（PNO，PNAME，WEIGHT），其中，PNO 为零件号，PNAME 为零为件名称，WEIGHT 为重量。

工程：JOB（JNO，JNAME，CITY），其中，JNO 为工程号，JNAME 为工程名，CITY 为所在城市。

联系关系：SPJ（SNO，PNO，JNO，QTY），其中，QTY 为数量。

1）查找给工程 J1 提供零件 P1 的供应者号 SNO。

答案：

> SELECT SNO　FROM SPJ,PART,JOB WHERE SPJ.PNO = PART.PNO　AND SPJ.JNO = JOB.JNO　AND PART.PNAME = 'P1' AND JOB.JNAME = 'J1';

2）查找在北京的供应者给武汉的工程提供零件的零件号。

答案：

> SELECT PNOFROM SPJ,PART,JOB　WHERE SPJ.PNO = PART.PNO　AND SPJ.JNO = JOB.JNOAND　JOB.CITY = '武汉'AND SUPPLIER.CITY = '北京';

3）查找由供应者 S1 提供的零件名 PNAME。

答案：

> SELECT PNAME FROM PART WHERE PNO IN (SELECT PNO FROM SPJ, SUPPLIER WHERE SPJ.SNO = SUPPLIER.SNOAND SUPPLIER.SNAME = 'S1');

4）查找 CITY 值为上海的工程号和名称。

答案：

> SELECT JNO,JNAME FROM JOB WHERE CITY = '上海';

5）将工程 J3 的城市改为广州。

答案：

> UPDATE JOB SET CITY = '广州' WHERE JNAME = 'J3';

6）将所有重 20kg 的零件改为重 10kg。

答案：

> UPDATE PART SET WEIGHT='10kg' WHERE WEIGHT='20kg';

7）将给工程 J1 提供零件 P1 的供应者 S1 改为 S2。

答案：

> UPDATE SUPPLIER SET SNAME = 'S2'WHERE SNAME = 'S1' AND SNO IN
> (SELECT SNO FROM SPJ,JOB,PART WHERE SPJ.JNO = JOB.JNOAND JOB.JNAME = 'J1' AND SPJ.PNO = PART.PNOAND PART.PNAME = 'P1');

8）将值（S3，麦苗，上海）加到 SUPPLIER 中。

答案：

```
INSERT INTO SUPPLIER VALUES('S3', '麦苗', '上海');
```

9）删除所有上海工程的数据。

答案：

```
DELETE FROM SPJ WHERE JNO IN (SELECT JNO FROM JOB WHERE CITY = '上海');
DELETE FROM JOB WHERE CITY = '上海';
```

需要注意的是，上述语句的顺序不能弄反。

7.8 SQL Server 采用什么方法可以保证数据的完整性？

可以采用如下的规则来保证数据的完整性：

（1）实体完整性

实体完整性表示每张表的主键唯一且不能为空。可以通过索引、UNIQUE 约束、PRIMARY KEY 约束或 IDENTITY 属性来实现实体完整性。

（2）域完整性

域完整性是指给定列的输入有效性。强制域有效性的方法有限制类型（通过数据类型）、格式（通过 CHECK 约束和规则）或可能值的范围（通过 FOREIGN KEY 约束、CHECK 约束、DEFAULT 定义、NOT NULL 定义和规则）。

（3）引用完整性

在插入或删除记录时，引用完整性保持表之间已定义的关系。在 SQL Server 2000 中，引用完整性基于外键与主键之间或外键与唯一键之间的关系（通过 FOREIGN KEY 和 CHECK 约束）。引用完整性确保键值在所有表中一致。这样的一致性要求不能引用不存在的值，如果键值更改了，那么在整个数据库中，对该键值的所有引用要进行一致的更改。

（4）用户定义完整性

用户定义完整性能够定义不属于其他任何完整性分类的特定业务规则。所有的完整性类型都支持用户定义完整性（CREATE TABLE 中的所有列级和表级约束、存储过程和触发器）。

7.9 登录名、服务器角色、用户名和数据库角色

登录名就是可以登录该服务器的名称；服务器角色就是该登录名对该服务器具有的权限，一个服务器可以有多个角色，一个角色可以有多个登录名，就像操作系统可以有多个登录用户一样。固定服务器角色见下表。

固定服务器角色	描　　述
Sysadmin	可以在 SQL Server 中执行任何操作
serveradmin	可以设置服务器范围的配置选项，可以关闭服务器
setupadmin	可以管理链接服务器和启动过程
securityadmin	可以管理登录和 CREATE DATABASE 权限，还可以读取错误日志和更改密码
processadmin	可以管理在 SQL Server 中运行的进程
dbcreator	可以创建、更改和删除数据库
diskadmin	可以管理磁盘文件
bulkadmin	可以执行 BULK INSERT 语句
db_owner	在数据库中有全部权限

（续）

固定服务器角色	描　　述
db_accessadmin	可以添加或删除用户 ID
db_securityadmin	可以管理全部权限、对象所有权、角色和角色成员资格
db_ddladmin	可以发出 ALL DDL，但不能发出 GRANT、REVOKE 或 DENY 语句
db_backupoperator	可以发出 DBCC、CHECKPOINT 和 BACKUP 语句
db_datareader	可以选择数据库内任何用户表中的所有数据
db_datawriter	可以更改数据库内任何用户表中的所有数据
db_denydatareader	不能选择数据库内任何用户表中的任何数据
db_denydatawriter	不能更改数据库内任何用户表中的任何数据

在使用的过程中，一般使用 sa（登录名）或 Windows Administration（Windows 集成验证登录方式）登录数据库，这种登录方式登录成功以后具有最高的服务器角色，也就是可以对服务器进行任何一种操作，而这种登录名具有的用户名是 DBO（数据库默认用户，具有所有权限）。在使用的过程中，一般感觉不到 DBO 的存在，但它确实存在。一般通常创建用户名与登录名相同（如果不改变用户名称，那么系统会自动创建与登录名相同的用户名，这个不是强制相同的），如创建了一个登录名称为“ds”，那么可以为该登录名“ds”在指定的数据库中添加一个同名用户，使登录名“ds”能够访问该数据库中的数据。

7.10　SQL Server 中的完全备份、差异备份和日志备份的区别是什么？

完全备份可对整个数据库进行备份。这包括对部分事务日志进行备份，以便在还原完整数据库备份之后，能够恢复完整数据库。

差异备份基于的是最近一次的完全备份。差异备份仅捕获自上次完全备份后发生更改的数据。差异备份基于的完全备份称为差异的“基准”。完全备份可以用作一系列差异备份的基准，包括数据库备份、部分备份和文件备份。文件差异备份的基准备份可以包含在完全备份、文件备份或部分备份中。

日志备份分为事务日志备份和结尾日志备份。在创建任何日志备份之前，必须至少创建一个完全备份，以后可以随时备份事务日志。建议经常执行日志备份，这样既可尽量减少丢失工作的风险，也可以截断事务日志。通常，数据库管理员偶尔（如每周）会创建完全备份，还可以选择以较短间隔（如每天）创建一系列差异备份。数据库管理员可以比较频繁地（如每隔 10min）创建事务日志备份。对于给定的备份类型，最恰当的备份间隔取决于一系列因素，如数据的重要性、数据库的大小和服务器的工作负载。结尾日志备份捕获尚未备份的任何日志记录（“结尾日志”），以防丢失所做的工作并确保日志链完好无损。在将 SQL Server 数据库恢复到其最近一个时间点之前，必须先备份数据库的事务日志。结尾日志备份将是数据库还原计划中相关的最后一个备份。

7.11　SQL Server 提供的 3 种恢复模型分别是什么？它们有什么区别？

SQL Server 提供了以下 3 种恢复模型：

① 简单恢复，允许将数据库恢复到最新的备份。

② 完全恢复，允许将数据库恢复到故障点状态。

③ 大容量日志记录恢复，允许大容量日志记录操作。

这些模型都是针对不同的性能、磁盘和磁带空间以及保护数据丢失的需要。例如，当选择恢复模型时，必须考虑下列业务要求之间的权衡：

① 大规模操作的性能（如创建索引或大容量装载）。

② 数据丢失表现（如已提交的事务丢失）。

③ 事务日志空间损耗。

④ 备份和恢复过程的简化。

根据正在执行的操作，可以有多个适合的模型。选择了恢复模型后，设计所需的备份和恢复过程。下表提供了 3 种恢复模型的优点和含义的概述。

恢复模型	优点	工作损失表现	能否恢复到即时点
简单恢复	1）允许高性能大容量复制操作 2）收回日志空间以使空间要求最小	必须重做自最新的数据库或差异备份后所发生的更改	可以恢复到任何备份的结尾处。随后必须重做更改
完全恢复	1）数据文件丢失或损坏不会导致工作损失 2）可以恢复到任意即时点（如应用程序或用户错误之前）	1）正常情况下没有 2）如果日志损坏，那么必须重做自最新的日志备份后所发生的更改	可以恢复到任何即时点
大容量日志记录恢复	允许高性能大容量复制操作。大容量操作使用最少的日志空间	如果日志损坏，或者自最新的日志备份后发生了大容量操作，那么必须重做自上次备份后所做的更改	可以恢复到任何备份的结尾处。随后必须重做更改

简单恢复所需的管理最少。在简单恢复模型中，数据只能恢复到最新的完整数据库备份或差异备份的状态。不使用事务日志备份，而使用最小事务日志空间。一旦不再需要日志空间从服务器故障中恢复，日志空间就可重新使用。与完整模型或大容量日志记录模型相比，简单恢复模型更容易管理，但如果数据文件损坏，那么数据损失表现会更高。

完全恢复和大容量日志记录恢复模型为数据提供了最大的保护性。这些模型依靠事务日志提供完全的可恢复性，并防止最大范围的故障情形所造成的工作损失。完全恢复模型提供最大的灵活性，可将数据库恢复到更早的即时点。

大容量日志记录模型为某些大规模操作（如创建索引或大容量复制）提供了更高的性能和更低的日志空间损耗。不过这将牺牲时间点恢复的某些灵活性。很多数据库都要经历大容量装载或索引创建的阶段，因此可能希望在大容量日志记录模型和完全恢复模型之间进行切换。

7.12　SQL Server 数据库有哪 3 类触发器？

SQL Server 包括以下 3 种常规类型的触发器：DML 触发器、DDL 触发器和登录触发器。

1. DML 触发器

当数据库中表中的数据发生变化时，包括 INSERT、UPDATE、DELETE 等任意操作，如果对该表编写了对应的 DML 触发器，那么该触发器自动执行。DML 触发器的主要作用在于强制执行业务规则，以及扩展数据库的约束、默认值等。因为约束只能约束同一个表中的数据，而触发器中则可以执行任意 SQL 命令。

2. DDL 触发器

DDL 触发器主要用于审核与规范对数据库中表、触发器和视图等结构上的操作，如修改表、修改列、新增表和新增列等操作。它在数据库结构发生变化时执行，主要用它来记录数据库的修改过程，以及限制程序员对数据库的修改，如不允许删除某些指定表等。

3．登录触发器

登录触发器是在用户与数据库实例建立会话时触发 LOGIN 事件。登录触发器将在登录的身份验证阶段完成之后且用户会话实际建立之前触发。因此，来自触发器内部且通常将到达用户的所有消息（如错误消息和来自 PRINT 语句的消息）会传送到数据库的错误日志。如果身份验证失败，那么将不触发登录触发器。

7.13　真题

7.13.1　简答题

【真题 253】　SQL Server 如何获取系统时间？

答案：利用函数 GETDATE 可以获取系统时间，查询语句为 SELECT GETDATE()。

【真题 254】　请写出 4 条最基本的 SQL 语句。

答案：SELECT * FROM 表名;

INSERT INTO 表名(字段,字段,…);

UPDATE 表名 SET (字段=值,字段=值，…) WHERE (条件);

DELETE FROM　表名　WHERE (条件);

【真题 255】　学生信息管理系统中有一张表 STUDENT，其中有字段 ID、NAME、SEX、BIRTH，请回答如下问题：

1）找出 NAME 相同的学生（用一句 SQL 语句）。

2）用一句 SQL 语句把学生 SEX 为男的改为女，女的改为男。

答案：1）SELECT * FROM STUDENT WHERE NAME IN (SELECT NAME FROM STUDENT GROUP　BY NAME HAVING COUNT(NAME)>1) ;

2）UPDATE STUDENT SET SEX = CASE SEX WHEN '男' THEN '女' ELSE '男' END;

【真题 256】　SQL Server、Access、Oracle 三种数据库之间的区别是什么？

答案：Access 是一种桌面数据库，只适合于数据量少的应用系统，在处理少量数据和单机访问的数据时是很好的，效率也很高。但是 Access 数据库有一定的极限，如果数据达到 100MB 左右，那么很容易造成 Access 假死，或者消耗掉服务器的内存导致服务器崩溃。

SQL Server 是基于服务器端的中型的数据库，可以适合大容量数据的应用。因为现在数据库都使用标准的 SQL 语言对数据库进行管理，所以如果是标准 SQL 语言，那么两者基本上都可以通用的。SQL Server 还有更多的扩展，可以用存储过程、函数等。

Oracle 是基于服务器的大型数据库，主要应用于银行、证券类业务等。

【真题 257】　SQL Server 的两种存储结构是什么？

答案：SQL Server 的两种存储结构是页与区间。

（1）页：用于数据存储的连续的磁盘空间块，SQL Server 中数据存储的基本单位是页，磁盘 I/O 操作在页级执行，页的大小为 8KB，每页的开头是 96B 的页头，用于存储有关页的系统信息，包括页码、页类型、页的可用空间以及拥有该页的对象的分配单元 ID。

（2）区间：区间是管理空间的基本单位，一个区间是 8 个物理上连续的页（即 64KB）的集合，所有页都存储在区间中。SQL Server 有两种类型的区间：统一区间和混合区间。

- 统一区间：由单个对象所有，区间中的所有 8 页只能由一个对象使用。
- 混合区间：最多可由 8 个对象共享。区间中 8 页中的每页可以由不同对象所有，但是一页总是只能属于一个对象。

【真题 258】　SQL Server 如何查询阻塞？

答案：SQL Server 的阻塞查询主要来自 sys.sysprocesses。通常在处理时需要加入其他相关的视图或表，如 sys.dm_exec_connections，sys.dm_exec_sql_text。

【真题 259】 在 SQL Server 中，请用 SQL 创建一张本地临时表和全局临时表，里面包含两个字段 ID 和 IDVALUES，类型都是 INT 型，并解释两者的区别。

答案：在 SQL Server 中，临时表有以下两种类型：本地临时表和全局临时表。临时表与永久表相似，但临时表存储在 Tempdb 中，当不再使用时会自动删除。本地临时表只对创建这个表的用户的 SESSION 可见，对其他进程是不可见的。当创建它的进程消失时，这个临时表就自动删除。本地临时表的名称以单个数字符号（#）打头。全局临时表对整个 SQL Server 实例都可见，但是所有访问它的 SESSION 都消失时，它也自动删除。全局临时表的名称以两个数字符号（##）打头。它们的创建语句如下所示：

```
本地临时表：CREATE TABLE #XX(ID INT, IDVALUES INT);
全局临时表：CREATE TABLE ##XX(ID INT, IDVALUES INT);
```

7.13.2　选择题

【真题 260】 在 SQL Server .Net 中（　　）命名空间提供了访问数据库的接口。

A．System.Data.SqlCommand
B．System.Data.Sql
C．System.Data.SqlClient
D．System.Data.SqlServer

答案：C。

System.Data 命名空间提供对表示 ADO.NET 结构的类的访问。通过 ADO.NET 可以生成一些组件，用于有效管理多个数据源的数据。在断开连接的情形中（如 Internet），ADO.NET 提供在多层系统中请求、更新和协调数据的工具。ADO.NET 结构也在客户端应用程序（如 ASP.NET 创建的 Windows 窗体或 HTML 页）中实现。ADO.NET 结构的中心构件是 DataSet 类。每个 DataSet 都可以包含多个 DataTable 对象，每个 DataTable 都包含来自单个数据源（如 SQL Server）的数据。

使用 System.Data.SqlClient 命名空间（用于 SQL Server 的.NET Framework 数据提供程序）、System.Data.Odbc 命名空间（用于 ODBC 的.NET Framework 数据提供程序）、System.Data.OleDb 命名空间（用于 OLE DB 的.NET Framework 数据提供程序）或 System.Data.OracleClient 命名空间（用于 Oracle 的.NET Framework 数据提供程序），可访问要与 DataSet 结合使用的数据源。每个.NET Framework 数据提供程序都有相应的 DataAdapter，可以将它用作数据源和 DataSet 之间的桥梁。

所以，本题的答案为 C。

【真题 261】 公司有一个 DB Server，名为 AllWin，其上安装了 MS SQL Server 2000。现在需要写一个数据库连接字符串，用以连接 AllWin 上 SQL SERVER 中的一个名为 PubBase 实例的 Test 库。请问，应该选择字符串（　　）。

A．"Server=AllWin;Data Source=PubBase;Initial Catalog=Test;Integrated Security=SSPI"
B．"Server= AllWin;Data Source=PubBase;Database=Test;Integrated Security= SSPI"
C．"Data Source= AllWin \PubBase;Initial Category=PubBase;Integrated Security= SSPI"
D．"Data Source= AllWin \ PubBase;Database=Test;Integrated Security= SSPI"

答案：B。

使用服务器名\实例名作为连接指定 SQL Server 实例的数据源。如果使用的是 SQL Server 2008 Express 版，那么实例名为 SQLEXPRESS。

1．标准安全连接

```
Data Source = myServerAddress;Initial Catalog = myDataBase;User Id = myUsername;Password = myPassword;
```

2．可替代的标准安全连接

```
Server = myServerAddress;Database = myDataBase;User ID = myUsername;Password = myPassword;Trusted_Connection = False;
```

3．信任连接

```
Data Source = myServerAddress;Initial Catalog = myDataBase;Integrated Security = SSPI;
```

4．可替代的信任连接

```
Server = myServerAddress;Database = myDataBase;Trusted_Connection = True;
```

所以，本题的答案为 B。

【真题 262】 Python 可以访问 Microsoft SQL Server 数据库吗？（　　）

A．可以，但只能通过 ODBC 访问

B．不行

C．可以，通过标准 Python 数据库 API 访问

D．可以，但数据库大小必须小于 512MB

答案：A。

Python 访问 Microsoft SQL Server 数据库只能通过 ODBC 去访问。所以，本题的答案为 A。

【真题 263】 在 SQL Server 2005 中运行如下 T-SQL 语句，假定 SALES 表中有多行数据，则执行查询之后的结果是（　　）。

```
BEGIN TRANSACTION A
    Update SALES Set qty=30 WHERE qty<30;
BEGIN TRANSACTION B
    Update SALES Set qty=40 WHERE qty<40;
    Update SALES Set qty=50 WHERE qty<50;
    Update SALES Set qty=60 WHERE qty<60
COMMIT TRANSACTION B
COMMIT TRANSACTION A
```

A．SALES 表中 qty 列的最小值大于等于 60　　B．SALES 表中 qty 列的数据全部为 50

C．SALES 表中 qty 列的最小值大于等于 30　　D．SALES 表中 qty 列的最小值大于等于 40

答案：A。

【真题 264】 下列 ASP.NET 语句（　　）正确地创建了一个与 SQL Server 2000 数据库的连接。

A．SqlConnection con1 = new SqlConnection(Data Source = localhost; Integrated Security = SSPI; Initial Catalog = myDB)

B．SqlConnection con1 = new Connection("Data Source = localhost; Integrated Security = SSPI; Initial Catalog = myDB")

C．SqlConnection con1 = new SqlConnection("Data Source = localhost; Integrated Security = SSPI; Initial Catalog = myDB")

答案：C。

连接语法为

```
Data Source = myServerAddress;Initial Catalog = myDataBase;User Id = myUsername;Password = myPassword;
```

方法为 SqlConnection con1 = new SqlConnection("")。

所以，本题的答案为 C。

【真题 265】 在使用 ADO.NET 编写连接到 SQL Server 2012 数据库的应用程序时，从提高性能角度考虑，应创建（　　）类的对象，并调用其 Open 方法连接到数据库。

A．Connection　　　　B．OdbcConnection　　　　C．SqlConnection　　　　D．OleDbConnection

答案：C。

第8章 其他数据库

大数据技术在近几年发展十分迅速，在互联网公司及传统公司都得到了广泛的应用。传统的关系数据库在应付 Web 2.0 网站，特别是超大规模和高并发的 SNS（Social Network Site，社交网）类型的 Web 2.0 纯动态网站已经显得力不从心，暴露了很多难以克服的问题，而非关系型的数据库 NoSQL（Not Only SQL，泛指非关系型的数据库，意即"不仅仅是 SQL"）则由于其本身的特点得到了非常迅速的发展。NoSQL 数据库的产生就是为了解决大规模数据集合以及多重数据种类带来的挑战，尤其是大数据应用难题。NoSQL 的拥护者们提倡运用非关系型的数据存储，相对于铺天盖地的关系型数据库运用，这一概念无疑是一种全新的思维的注入。NoSQL 的兴起主要是因为随着 Web 2.0 时代的到来，关系型数据库越来越不能满足互联网应用的需求，导致了 NoSQL 的兴起。这些需求包括：1）数据的高并发读/写；2）数据的高可用性；3）海量数据存储；4）海量数据的实时分析等。

大数据技术都有哪些呢？它们和 NoSQL 的关系是什么？大数据技术很多，占据主流地位的大数据技术有 Hadoop、Storm、Spark 等，它们又由很多更具体的技术所组成。例如，组成 Hadoop 大数据平台的技术有 HDFS、YARN、MapReduce、Ambari、Avro、Cassandra、Chukwa、HBase、Hive、Mahout、Pig、Tez、ZooKeeper 等。大数据技术是对海量的结构化和非结构化的数据进行提取、管理、处理、分析、存储等的技术，所以大数据技术和 NoSQL 的关系是包含关系。NoSQL 技术主要是面向结构化数据和非结构化数据进行存储和管理的技术。所以 NoSQL 只是大数据的一个方面，大数据技术中，涉及存储的还可以是关系数据库及分布式文件系统等。

数据库可以按照存储模型、关系型/非关系型来进行分类，其分类如下图所示。

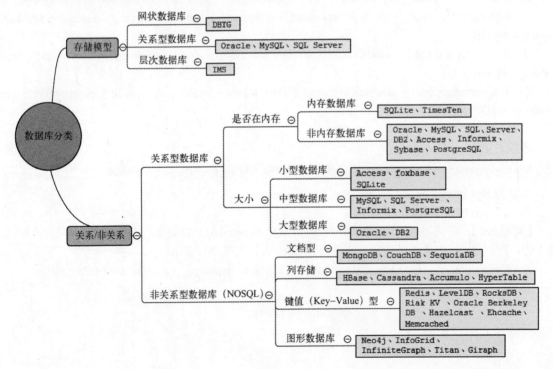

8.1　网状数据库与层次数据库

若按照使用的数据存储模型来划分，则可以把数据库分为网状数据库（Network Database）、关系型数据库（Relational Database）和层次数据库（Hierarchical Database）。其中，商业中使用最广泛的数据库主要是关系型数据库，如 Oracle、MySQL、DB2、SQL Server 等。

网状数据库（Network Database）是指处理以记录类型为结点的网状数据模型的数据库，处理方法是将网状结构分解成若干棵二级树结构，称为系，其代表是 DBTG（DataBase Task Group，数据库任务组）系统。系类型是两个或两个以上的记录类型之间联系的一种描述。在一个系类型中，有一个记录类型处于主导地位（称为系主记录类型），其他称为成员记录类型。系主记录类型和成员之间的联系是一对多的关系。1969 年美国的 CODASYL 组织提出了一份"DBTG 报告"，之后，根据 DBTG 报告实现的系统一般称为 DBTG 系统。现有的网状数据库系统大都是采用 DBTG 方案。DBTG 系统是典型的三级结构体系：子模式、模式、存储模式。相应的数据定义语言分别称为子模式定义语言（SubSchema Data Definition Language，SSDL），模式定义语言（Schema Data Definition Language，SDDL），设备介质控制语言（Device Medium Control Language，DMCL），数据操纵语言（Data Manipulation Language，DML）。

层次数据库（Hierarchical Database）也叫树状数据库，它是将数据组织成有向有序的树结构，并用"一对多"的关系连接不同层次的数据库。最著名最典型的层次数据库是 IBM 公司的 IMS（Information Management System）数据库。IMS 是 IBM 公司研制的最早的大型数据库管理系统，其数据库模式是多个物理数据库记录型（PDBR，Physical Data Base Record）的集合。每个 PDBR 对应层次数据模型的一个层次模式。各个用户所需数据的逻辑结构称为外模式，每个外模式是一组逻辑数据库记录型（LDBR，Logical Data Base Record）的集合。LDBR 是应用程序所需的局部逻辑结构。

【真题 266】　下面系统中，不属于关系型数据库管理系统的是（　　）。

A．Oracle　　　　　B．SQL Server　　　　　C．IMS　　　　　D．DB2

答案：C。

常用的关系型数据库管理系统主要有 Oracle、SQL Server、DB2、MySQL 等，而 IMS 是 IBM 公司开发的一种层次数据库。

所以，本题的答案为 C。

【真题 267】　从计算机软件系统的构成看，DBMS 是建立在（　　）之上的软件系统。

A．硬件系统　　　　B．操作系统　　　　　C．语言处理系统　　　　D．编译系统

答案：B。

从计算机软件系统的构成看，DBMS 是建立在操作系统之上的软件系统，是操作系统的用户。操作系统负责计算机系统的进程管理、作业管理、存储器管理、设备管理、文件管理等，因此 DBMS 对数据的组织、管理和存取离不开操作系统的支持。当 DBMS 遇到创建和撤销进程、进程通信、读/写磁盘等要求时，必须请求操作系统的服务。

本题中，对于选项 A，DBMS 不能直接建立在硬件系统上。所以，选项 A 错误。

对于选项 B，DBMS 是建立在操作系统之上的软件系统，是操作系统的用户。所以，选项 B 正确。

对于选项 C，语言处理系统是和 DBMS 并行的系统，DBMS 不能建立在语言处理系统之上。所以，选项 C 错误。

对于选项 D，编译系统是建立在硬件系统之上的系统。所以，选项 D 错误。

所以，本题的答案为 B。

【真题 268】　在关系数据库中，用来表示实体之间联系的是（　　）。

A．树结构　　　　　B．网结构　　　　　C．线性表　　　　　D．二维表

答案：D。

在关系数据库中用二维表来表示实体之间的联系。可以把数据看成一个二维表，而每一个二维表称为一个关系。所以，选项 D 正确。

【真题 269】 下列属于关系型数据库的是（   ）（多选题）。

A．Oracle   B．MySQL   C．IMS   D．MongoDB

答案：A、B。

Oracle 和 MySQL 都属于关系型数据库。IMS 是 IBM 公司开发的一种层次数据库。IBM 公司开发了以下两种数据库类型，一种是关系数据库，典型代表产品是 DB2；另一种则是层次数据库，代表产品是 IMS（Information Management System，层次数据库）。IMS 是最早的大型数据库管理系统，其数据库模式是多个物理数据库记录型（Physical Data Base Record，PDBR）的集合。每个 PDBR 对应层次数据模型的一个层次模式。各个用户所需数据的逻辑结构称为外模式，每个外模式是一组逻辑数据库记录型（LDBR，Logical Data Base Record）的集合。LDBR 是应用程序所需的局部逻辑结构。MongoDB 属于非关系型数据库。

所以，本题的答案为 A、B。

8.2 关系型数据库

8.2.1 RDBMS

RDBMS（Relational Database Management System，关系型数据库管理系统）是 E.F.Codd 博士在其发表的论文《大规模共享数据银行的关系型模型》（Communications of the ACM 杂志 1970 年 6 月刊）基础上设计出来的。关系型数据库是建立在关系模型基础上的数据库，借助于集合代数等数学概念和方法来处理数据库中的数据。现实世界中的各种实体以及实体之间的各种联系均用关系模型来表示。结构化查询语言（Structured Query Language，SQL）就是一种基于关系型数据库的语言，这种语言执行对关系型数据库中数据的检索和操作。关系模型由关系数据结构、关系操作集合、关系完整性约束 3 部分组成。截至 2017 年，业界普遍使用的关系型数据库管理系统产品有 Oracle、MySQL、DB2 以及 SQL Server 等。

RDBMS 的特点如下所示：

1）数据以表格的形式出现。

2）每一行存储着一条单独的记录。

3）每个列作为一条记录的一个属性而存在。

4）许多的行和列组成一张表。

5）若干的表组成数据库。

若按照大小来分类，则关系型数据库可以简单分为以下几类。

● 小型数据库：Access、foxbase、SQLite。

● 中型数据库：MySQL、SQL Server、Informix。

● 大型数据库：Oracle、DB2。

Oracle 数据库又名 Oracle RDBMS，或简称 Oracle，是甲骨文公司的一款关系型数据库管理系统。它是数据库领域一直处于领先地位的产品。可以说，Oracle 数据库系统是目前世界上流行的关系型数据库管理系统，系统可移植性好、使用方便、功能强大，适用于各类大、中、小、微机环境。它是一种效率高、可靠性好、适应高吞吐量的数据库解决方案。

MySQL 是一个关系型数据库管理系统，由瑞典 MySQL AB 公司开发，目前是 Oracle 旗下公司。MySQL 是最流行的关系型数据库管理系统，在 Web 应用方面，MySQL 是最好的 RDBMS（Relational Database Management System，关系型数据库管理系统）应用软件之一。

SQL Server 是由 Microsoft 开发和推广的关系型数据库管理系统（DBMS），它最初是由 Microsoft、Sybase 和 Ashton-Tate 三家公司共同开发的，并于 1988 年推出了第一个 OS/2 版本。SQL Server 是一个全面的数据库平台，使用集成的商业智能（Business Intelligence，BI）工具提供了企业级的数据管理。SQL Server 数据库引擎为关系型数据和结构化数据提供了更安全可靠的存储功能，使用户可以构建和管理用于业务的高可用和高性能的数据应用程序。SQL Server 近年来不断更新版本，目前最新的版本是 SQL Server 2016。

除了 Oracle、MySQL 和 SQL Server 之外，下面介绍几种其他常见数据库。

8.2.2　PostgreSQL

PostgreSQL 是一款对象关系型数据库管理系统（ORDBMS）。PostgreSQL 支持大部分 SQL 标准，并且提供了许多其他现代特性：复杂查询、外键、触发器、视图、事务完整性、MVCC。同样，PostgreSQL 可以用许多方法进行扩展，如通过增加新的数据类型、函数、操作符、聚集函数、索引等。

PostgreSQL 的优点如下：

- PostgreSQL 包括了目前世界上较丰富的数据类型的支持，其中有些数据类型可以说连商业数据库都不具备，如 IP 类型和几何类型等。
- PostgreSQL 是全功能的自由软件数据库，很长时间以来，PostgreSQL 是唯一支持事务、子查询、多版本并发控制（MVCC）、数据完整性检查等特性的一种自由软件的数据库管理系统。
- PostgreSQL 拥有一支非常活跃的开发队伍，而且在许多黑客的努力下，PostgreSQL 的质量日益提高。
- 从技术角度来讲，PostgreSQL 采用的是比较经典的 C/S（Client/Server）结构，也就是一个客户端对应一个服务器端守护进程的模式，这个守护进程分析来自客户端的查询请求，生成规划树，进行数据检索并最终把结果格式化输出后返回给客户端。为了便于客户端的程序的编写，由数据库服务器提供了统一的客户端 C 接口。不同的客户端接口都是源自这个 C 接口，如 ODBC、JDBC、Python、Perl、Tcl、C/C++、ESQL 等，同时要指出的是，PostgreSQL 对接口的支持也是非常丰富的，几乎支持所有类型的数据库客户端接口。这一点也可以说是 PostgreSQL 一大优点。
- PostgreSQL 是目前支持平台最多的数据库管理系统的一种，所支持的平台多达十几种，包括不同的系统，不同的硬件体系。至今，它仍然保持着支持平台最多的数据库管理系统的称号。

PostgreSQL 的缺点是，它还欠缺一些比较高端的数据库管理系统需要的特性，如数据库集群，更优良的管理工具和更加自动化的系统优化功能等提高数据库性能的机制等。

8.2.3　DB2

DB2 是美国 IBM 公司开发的一套关系型数据库管理系统，它主要的运行环境为 UNIX（包括 IBM 自家的 AIX）、Linux、IBM i（旧称 OS/400）、z/OS，以及 Windows 服务器版本。

DB2 主要应用于大型应用系统，具有较好的可伸缩性，可支持从大型机到单用户环境，应用于所有常见的服务器操作系统平台下。DB2 提供了高层次的数据利用性、完整性、安全性、可恢复性，以及小规模到大规模应用程序的执行能力，具有与平台无关的基本功能和 SQL 命令。DB2 采用了数据分级技术，能够使大型机数据很方便地下载到 LAN 数据库服务器，使得客户机/服务器用户和基于 LAN 的应用程序可以访问大型机数据，并使数据库本地化及远程连接透明化。DB2 以拥有一个非常完备的查询优化器而著称，其外部连接改善了查询性能，并支持多任务并行查询。DB2 具有很好的网络支持能力，每个子系统可以连接十几万个分布式用户，可同时激活上千个活动线程，对大型分布式应用系统尤为适用。

与其他主流数据库管理系统比起来，DB2 有其优势也有自己的不足。在数据仓库系统上，DB2 的性能是非常优秀的。同时 DB2 对优化器做得相当完美，对于大部分复杂查询可以有效地将其重写为最优语句，并且分配合理的执行计划。

DB2 在关闭机制上有一定的不足。这与 DB2 的设计框架相关，内存锁的使用在提升效率的同时也对系统的优化要求提到了最高。如果用户对数据库的本身优化和应用程序优化做得不足，那么 DB2 会容易出现锁等待现象。

8.2.4　Microsoft Access

Microsoft Access 是由微软发布的关系数据库管理系统。它结合了 Microsoft Jet Database Engine 和图形用户界面两项特点，是 Microsoft Office 的系统程序之一。

Microsoft Access 是微软把数据库引擎的图形用户界面和软件开发工具结合在一起的一个数据库管理系统。它是微软 Office 的一个成员，在包括专业版和更高版本的 Office 版本里面被单独出售。Microsoft Access 以它自己的格式将数据存储在基于 Access Jet 的数据库引擎里。

软件开发人员和数据架构师可以使用 Microsoft Access 开发应用软件，"高级用户"可以使用它来构建软件应用程序。和其他办公应用程序一样，Access 支持 Visual Basic 宏语言，它是一个面向对象的编程语言，可以引用各种对象，包括 DAO（数据访问对象）、ActiveX 数据对象及许多其他的 ActiveX 组件。可视对象用于显示表和报表，它们的方法和属性是在 VBA 编程环境下。VBA 代码模块可以声明和调用 Windows 操作系统函数。

Microsoft Access Basic 提供了一个丰富的开发环境。这个开发环境给提供足够的灵活性和对 Microsoft Windows 应用程序接口的控制，同时避免用高级或低级语言开发环境开发时所碰到的各种麻烦。不过，许多优化、有效数据和模块化方面只能是应用程序设计者才能使用。开发者应致力于谨慎地使用算法。除了一般的程序设计概念，还有一些特别的存储空间的管理技术，正确使用这些技术可以提高应用程序的执行速度，减少应用程序所消耗的存储资源。

Microsoft Access 的缺点如下：①数据库过大时，一般 Microsoft Access 数据库达到 100MB 左右时，性能就会开始下降。②容易出现各种因数据库刷写频率过快而引起的数据库问题。③Microsoft Access 数据库安全性比不上其他类型的数据库。

Microsoft Access 在很多地方得到了广泛使用，如小型企业、大公司的部门。Access 的用途一般体现在以下两个方面：①用来进行数据分析：Access 有强大的数据处理、统计分析能力，利用 Access 的查询功能，可以方便地进行各类汇总、平均等统计，并可灵活设置统计的条件。例如，在统计分析上万条记录、十几万条记录及以上的数据时，速度快且操作方便，这一点是 Excel 无法与之相比的。②用来开发软件：Access 用来开发软件，如生产管理、销售管理、库存管理等各类企业管理软件，其最大的优点是：易学。

另外，在开发一些小型网站 Web 应用程序时，用来存储数据，如 ASP+Access。这些应用程序都利用 ASP 技术在 Internet Information Services 运行。比较复杂的 Web 应用程序则使用 PHP+MySQL 或者 ASP+Microsoft SQL Server。

8.2.5　Sybase

Sybase 是美国 Sybase 公司研制的一种关系型数据库系统，是一种典型的在 UNIX 或 Windows 平台上客户机/服务器环境下的大型数据库系统。Sybase 提供了一套应用程序编程接口和库，可以与非 Sybase 数据源及服务器集成，允许在多个数据库之间复制数据，适于创建多层应用。系统具有完备的触发器、存储过程、规则以及完整性定义，支持优化查询，具有较好的数据安全性。Sybase 通常用于客户机/服务器环境，采用该公司研制的 PowerBuilder 为开发工具，在我国大中型系统中具有广泛的应用。

Sybase 数据库的特点如下：

（1）基于客户/服务器体系结构的数据库

一般的关系数据库都是基于主/从式模型的。在主/从式的结构中，所有的应用都运行在一台机器上。

用户只是通过终端发送命令或简单地查看应用运行的结果。在客户/服务器结构中，应用被分在了多台机器上运行。一台机器是另一个系统的客户，或是另外一些机器的服务器。这些机器通过局域网或广域网连接起来。

（2）真正开放的数据库

由于采用了客户/服务器结构，应用被分在了多台机器上运行。更进一步，运行在客户端的应用不必是 Sybase 公司的产品。对于一般的关系数据库，为了让其他语言编写的应用能够访问数据库，提供了预编译。Sybase 数据库不只是简单地提供了预编译，而且公开了应用程序接口 DB-LIB，鼓励第三方编写 DB-LIB 接口。由于开放的客户 DB-LIB 允许在不同的平台使用完全相同的调用，因而使得访问 DB-LIB 的应用程序很容易从一个平台向另一个平台移植。

（3）一种高性能的数据库

Sybase 真正吸引人的地方还是它的高性能，体现在以下几方面：

1）可编程数据库。

通过提供存储过程，创建了一个可编程数据库。存储过程允许用户编写自己的数据库子例程。这些子例程是经过预编译的，因此不必为每次调用都进行编译、优化、生成查询规划，因而查询速度要快得多。

2）事件驱动的触发器。

触发器是一种特殊的存储过程。通过触发器可以启动另一个存储过程，从而确保数据库的完整性。

3）多线索化。

Sybase 数据库的体系结构的另一个创新之处就是多线索化。一般的数据库都依靠操作系统来管理与数据库的连接。当有多个用户连接时，系统的性能会大幅度下降。Sybase 数据库不让操作系统来管理进程，把与数据库的连接当作自己的一部分来管理。此外，Sybase 的数据库引擎还代替操作系统来管理一部分硬件资源，如端口、内存、硬盘，绕过了操作系统这一环节，提高了性能。

8.2.6　内存数据库

内存数据库就是将数据放在内存中直接操作的数据库。相对于磁盘，内存的数据读/写速度要高出几个数量级，将数据保存在内存中相比从磁盘上访问能够极大地提高应用的性能，典型的内存数据库有 SQLite、Membase 和 TimesTen。SAP 公司专门开发了一款大型的内存数据库 HANA，并且在逐步占领市场，而传统的数据库巨头 Oracle 公司开发的 TimesTen 也是一款内存数据库。可以预见，内存数据库将会是未来的一个发展趋势。内存数据库适用于数据变化快且数据库大小可预见（适合内存容量）的应用程序。关系型数据库的差异和特点对比见下表。

	非内存数据库				内存数据库	
代表数据库	Oracle	MySQL	SQL Server	DB2	SQLite	TimesTen
开发公司	甲骨文	瑞典 MySQL AB 公司开发，后被 Oracle 收购	微软	IBM	D.Richar dHipp	1992 始于惠普实验室研究项目，1996 年 TimesTen 公司成立，2005 年被 Oracle 收购
最新版本	12C R2	MySQL 5.7	SQL Server 2016	V10.5	SQLite 3	12.1.0.3.0
软件支持平台	Linux、AIX、Windows	Linux、AIX、Windows	Windows，Linux 版 SQL Server 预览版已发布	Linux、AIX、Windows	Linux、Windows	Linux、AIX、Windows

（续）

适用场景	非内存数据库					内存数据库
	大型业务，如电信、移动、联通、公安系统	1) Web 网站系统 2) 日志记录系统 3) 数据仓库系统 4) 嵌入式系统	免费，适用于小型企业	主要用于移动计算	嵌入式数据库项目、需要数据库的小型桌面软件、需要数据库的手机软件	响应时间极高的系统
安装包大小	>2GB	300MB	3GB	500MB	5MB	200MB

1. 内存数据库 SQLite

SQLite 是一款非常流行的免费开源轻型嵌入式数据库，是遵守 ACID 的关系型数据库管理系统。它包含在一个相对较小的 C 库中。它提供了一个清爽的 SQL 接口，相当小的内存占用和高速的响应。它是 D.RichardHipp 建立的公有领域项目。SQLite 实现了自给自足的、无服务器的、零配置的、事务型的 SQL 数据库引擎。SQLite 的设计目标是嵌入式的，而且目前已经在很多嵌入式产品中使用了它，如在手机开发中。SQLite 占用资源非常低，在嵌入式设备中，可能只需要几百千字节的内存就够了。SQLite 能够支持 Windows、Linux、UNIX 等主流的操作系统，同时能够跟很多程序语言相结合，如 C#、PHP、Java 等，还有 ODBC 接口。

SQLite 具有以下的特点：

- 支持 ACID 事务处理。
- 零配置，无须安装和管理配置。
- 存储在单一磁盘文件中的一个完整的数据库。
- 数据库文件可以在不同字节顺序的机器间自由共享。
- 支持数据库大小至 2TB。
- 足够小，大致 13 万行 C 代码，约 4MB 左右。
- 包含 TCL 绑定，同时通过 Wrapper 支持其他语言的绑定。
- 良好注释的源代码，并且有着 90%以上的测试覆盖率。
- 独立，没有额外依赖。
- 源码完全的开源，可以用于任何用途。
- 支持多种开发语言，包括 C、C++、PHP、Perl、Java、C#、Python 和 Ruby 等。

有人说 SQLite 很像 Microsoft 的 Access，但是事实上它们区别很大。例如，SQLite 支持跨平台，操作简单，能够使用很多语言直接创建数据库，而不像 Access 一样需要 Office 的支持。

在 SQLite 的命令行中输入 ".help" 即可获取所有 SQLite 支持的点命令，也可以发现，点命令不需要以 ";" 结尾，如下所示：

```
D:\Program_files\sqlite>sqlite3
SQLite version 3.19.3 2017-06-08 14:26:16
Enter ".help" for usage hints.
Connected to a transient in-memory database.
Use ".open FILENAME" to reopen on a persistent database.
sqlite>.help
.auth ON|OFF            Show authorizer callbacks
.backup ?DB? FILE      Backup DB (default "main") to FILE
…省略部分…
```

常用的 SQLite 的点命令如下表所示：

CMD 命令	解　释
.backup ?DB? FILE	备份 DB 数据库（默认是"main"）到 FILE 文件
.bail ON/OFF	发生错误后停止。默认为 OFF
.databases	列出附加数据库的名称和文件
.dump ?TABLE?	以 SQL 文本格式转储数据库。如果指定了 TABLE 表，那么只转储匹配 LIKE 模式的 TABLE 表
.echo ON/OFF	开启或关闭 echo 命令
.exit	退出 SQLite 提示符
.explain ON/OFF	开启或关闭适合于 EXPLAIN 的输出模式。如果没有带参数，那么为 EXPLAIN on 及开启 EXPLAIN
.header(s) ON/OFF	开启或关闭头部显示
.help	显示帮助消息
.import FILE TABLE	导入来自 FILE 文件的数据到 TABLE 表中
.indices ?TABLE?	显示所有索引的名称。如果指定了 TABLE 表，则只显示匹配 LIKE 模式的 TABLE 表的索引
.load FILE ?ENTRY?	加载一个扩展库
.log FILE/off	开启或关闭日志。FILE 文件可以是 stderr（标准错误）/stdout（标准输出）
.mode MODE	设置输出模式，MODE 可以是下列之一：csv 逗号分隔的值；column 左对齐的列；html HTML 的\<table\>代码；insert TABLE 表的 SQL 插入（insert）语句；line 每行一个值；list 由.separator 字符串分隔的值；tabs 由 Tab 分隔的值；tcl TCL 列表元素
.nullvalue STRING	在 NULL 值的地方输出 STRING 字符串
.output FILENAME	发送输出到 FILENAME 文件
.output stdout	发送输出到屏幕
.print STRING...	逐字地输出 STRING 字符串
.prompt MAIN CONTINUE	替换标准提示符
.quit	退出 SQLite 提示符
.read FILENAME	执行 FILENAME 文件中的 SQL
.schema ?TABLE?	显示 CREATE 语句。如果指定了 TABLE 表，那么只显示匹配 LIKE 模式的 TABLE 表
.separator STRING	改变输出模式和.import 所使用的分隔符
.show	显示各种设置的当前值
.stats ON/OFF	开启或关闭统计
.tables ?PATTERN?	列出匹配 LIKE 模式的表的名称
.timeout MS	尝试打开锁定的表 MS
.width NUM NUM	为"column"模式设置列宽度
.timer ON/OFF	开启或关闭 CPU 定时器测量

【真题 270】　在手机开发中常用的数据库是（　　）。

A．SQLite　　　　B．Oracle　　　　C．SQL Server　　　　D．DB2

答案：A。

【真题 271】　若 SQLite 数据库里没有任何表，则在硬盘上会有文件吗？

答案：如果不往数据库里面添加任何的表，这个数据库等于没有建立，不会在硬盘上产生任何文件。

【真题 272】　在 SQLite 中支持分页吗？

答案：SQLite 是支持分页查询的。如果想要取 ACCOUNT 表的第 11～20 行数据，那么可以执行：

SELECT * FROM ACCOUNT LIMIT 9 OFFSET 10;

以上语句表示从 ACCOUNT 表获取数据，跳过 10 行，取 9 行。也可以这样写"SELECT * FROM ACCOUNT LIMIT 10,9;"，和上面的的效果一样。

【真题 273】 如何建立自动增长字段？

答案：声明为 INTEGER PRIMARY KEY 的列将会自动增长。

【真题 274】 SQLite3 支持何种数据类型？

答案：支持的数据类型包括 NULL、INTEGER、REAL、TEXT、BLOB、SMALLINT、INTERGER、DATE、TIMESTAMP、GRAPHIC 等类型。

【真题 275】 SQLite 允许向一个 integer 型字段中插入字符串吗？

答案：这是 SQLite 的一个特性，而不是一个 bug。SQLite 不强制数据类型约束。任何数据都可以插入任何列。可以向一个整型列中插入任意长度的字符串，向布尔型列中插入浮点数，或者向字符型列中插入日期型值。在 CREATE TABLE 中所指定的数据类型不会限制在该列中插入任何数据。任何列均可接受任意长度的字符串，只有一种情况除外：标志为 INTEGER PRIMARY KEY 的列只能存储 64 位整数，当向这种列中插除整数以外的数据时，将会产生错误。

SQLite 确实使用声明的列类型来指示所期望的格式。假如向一个整型列中插入字符串时，SQLite 会试图将该字符串转换成一个整数。如果可以转换，它将插入该整数；否则将插入字符串。这种特性有时被称为类型或列亲和性（type or column affinity）。

【真题 276】 为什么 SQLite 不允许在同一个表不同的两行上使用 0 和 0.0 作为主键？

答案：主键必须是数值类型，将主键改为 TEXT 型将不起作用。每一行必须有一个唯一的主键。对于一个数值型列，SQLite 认为'0'和'0.0'是相同的，因为它们在作为整数比较时是相等的。所以，这样值就不唯一了。

【真题 277】 多个应用程序或一个应用程序的多个实例可以同时访问同一个数据库文件吗？

答案：多个进程可同时打开同一个数据库。多个进程可以同时进行 SELECT 操作，但在任一时刻，只能有一个进程对数据库进行更改。

【真题 278】 SQLite 线程安全吗？

答案：SQLite 线程是安全的。为了达到线程安全，SQLite 在编译时必须将 SQLITE_THREADSAFE 预处理宏置为 1。在 Windows 和 Linux 上，已编译的好的二进制发行版中都是这样设置的。如果不确定你所使用的库是否是线程安全的，那么可以调用 sqlite3_threadsafe()接口查询。

【真题 279】 在 SQLite 数据库中如何列出所有的表和索引？

答案：如果运行 sqlite3 命令行来访问数据库，则可以输入".tables"来获得所有表的列表。或者，可以输入".schema"来看整个数据库模式，包括所有的表的索引。输入这些命令，后面跟一个 LIKE 模式匹配可以限制显示的表。

【真题 280】 SQLite 数据库有已知的大小限制吗？

答案：在 Windows 和 UNIX 下，版本 2.7.4 的 SQLite 可以达到 2^{41}B（2TB）。SQLite 版本 3.0 则对单个记录容量没有限制。表名、索引表名、视图名、触发器名和字段名没有长度限制。但 SQL 函数的名称（由 sqlite3_create_function() API 函数创建）不得超过 255 个字符。

【真题 281】 在 SQLite 中，VARCHAR 字段最长是多少？

答案：SQLite 不强制 VARCHAR 的长度，可以在 SQLite 中声明一个 VARCHAR(10)，SQLite 还是允许放入 500 个字符，并且这 500 个字符是原封不动的，它永远不会被截断。

【真题 282】 在 SQLite 中，如何在一个表上添加或删除一列？

答案：SQLite 支持 ALTER TABLE 操作，可以使用它来在表的末尾增加一列，可更改表的名称。如果需要对表结构做更复杂的改变，那么必须重新建表。重建时可以先将已存在的数据放到一个临时表中，删除原表，创建新表，然后将数据从临时表中复制回来。

假设有一个 t1 表，其中有 a、b、c 三列，如果要删除列 c，那么可以按照如下的步骤来做：

```
BEGIN TRANSACTION;
CREATE TEMPORARY TABLE t1_backup(a,b);
INSERT INTO t1_backup SELECT a,b FROM t1;
DROP TABLE t1;
CREATE TABLE t1(a,b);
INSERT INTO t1 SELECT a,b FROM t1_backup;
DROP TABLE t1_backup;
COMMIT;
```

【真题 283】 iOS 中持久化的方式有（　　）。（多选题）

A. 属性列表文件　　　　　　B. 对象归档　　　　　　C. SQLite 数据库　　　　　D. CoreData

答案：A、B、C、D。

iOS 是由苹果公司开发的移动操作系统。iOS 中的数据持久化方式有以下几种：属性列表、对象归档、SQLite 数据库和 CoreData。SQLite 是一款非常流行的免费开源轻型嵌入式数据库，是遵守 ACID 的关系型数据库管理系统，它包含在一个相对较小的 C 库中。SQLite 实现了自给自足的、无服务器的、零配置的、事务型的 SQL 数据库引擎。SQLite 的设计目标是嵌入式的，而且目前已经在很多嵌入式产品中使用了它，如在手机开发中。CoreData 本质上是使用 SQLite 保存数据，但是它不需要编写任何 SQL 语句。所以，本题的答案为 A、B、C、D。

【真题 284】 下列关于数据持久化的描述中，正确的有（　　）。（多选题）

A. 在内存中缓存多个 Bitmap 对象是一种数据持久化方法

B. SQLite 数据库文件可以保存在 SD 卡中

C. ContentProvider 的主要目的是为了将 Android 应用的数据持久化

D. 数据持久化就是将内存的数据保存到外存

答案：B、D。

Android 数据持久化主要有以下几种：①保存到 Shared Preferences；②保存到手机内存；③保存到 SDCard 中；④保存到 SQlite 数据库中。

本题中，对于选项 A，这种类似于内存缓存的机制不是数据持久化。所以，选项 A 错误。

对于选项 C，ContentProvider 的目的是对外暴露数据供其他程序查询。系统自带的 provider 放在 android.provider 包下，如通讯录等。如果需要，那么开发者也可以提供自己的。所以，选项 C 错误。

【真题 285】 SQLite（　　）支持多线程并发操作。

A. 可以　　　　　　B. 不可以

答案：A。

【真题 286】 （　　）通过 SQL 语法查询 SQLite 中的数据。

A. 能　　　　　　B. 不能

答案：A。

【真题 287】 可以关闭打开的 SQLite 数据库的函数是（　　）。

A. sqlite3_close()　　　　B. close()　　　　C. sqlite3_close($dbhandle)　　D. 其他选项都正确

答案：C。

sqlite3_close 函数用于关闭之前打开的 database_connection 对象，其中所有和该对象相关的 prepared_statements 对象都必须在此之前先被销毁。

【真题 288】 （　　）函数能够打开 SQLite 数据库，并且在该数据库不存在的情况下构造一个该名字的数据库。

A. sqlite3_create()　　　　B. sqlite3_exec()　　　C. sqlite3_current()　　　　D. sqlite3_open()

答案：D。

本题中，对于选项 A，没有 sqlite3_create()函数。所以，选项 A 错误。

对于选项 B，sqlite3_exec()执行一条 SQL 语句的函数。所以，选项 B 错误。

对于选项 C，没有 sqlite3_current()函数。所以，选项 C 错误。

对于选项 D，函数 sqlite3_open 原型如下所示：

```
int sqlite3_open(
    const char *filename,              /* Database filename (UTF-8) */
    sqlite3 **ppDb                     /* OUT: SQLite db handle */
);
```

函数 sqlite3_open()用于开始数据库操作。需要传入两个参数，第一个参数是数据库文件名，如 E:/test.db。文件名不需要一定存在，如果此文件不存在，那么 SQLite 会自动建立它。如果它存在，那么就尝试把它当数据库文件来打开。第二个参数是 SQLite 的句柄。所以，选项 D 正确。

所以，本题的答案为 D。

【真题 289】 当 App 应用被系统强制终止时，SQLite 未提交的事务会（　　）。

A．回滚　　　　　B．未提交事务，需要人工介入　　　　C．提交　　　　D．数据库崩溃

答案：A。

SQLite 在执行一个事务中的每条语句时，支持读事务和写事务。应用程序只能在读或写事务中，才能从数据库中读数据，只能在写事务中才能向数据库中写数据。应用程序不需要明确告诉 SQLite 去执行事务中的单个 SQL 语句，SQLite 默认是这样做的，这样的系统叫作自动提交模式。这些事务被叫作自动事务或系统级事务。如果事务中止或失败，或应用程序关闭连接，那么整个事务回滚。SQLite 在事务完成时恢复到自动提交模式上来。

SQLite 使用下面的命令来控制事务：

1）BEGIN TRANSACTION：开始事务处理。

2）COMMIT：保存更改，或者可以使用 END TRANSACTION 命令。

3）ROLLBACK：回滚所做的更改。

所以，本题的答案为 A。

【真题 290】 能否对 SQLite 中的表建索引（　　）。

A．不能　　　　　　　　　　　B．能

答案：B。SQLite 中可以对表创建索引，包括单列索引、唯一索引、组合索引等类型。

【真题 291】 关于 SQLite 数据库，下列说法正确的有（　　）。（多选题）

A．SqliteOpenHelper 类主要是用来创建数据库和更新数据库

B．SQLiteDatabase 类是用来操作数据库的

C．在每次调用 SqliteDatabase 的 getWritableDatabase()方法时，会执行 SqliteOpenHelper 的 onCreate 方法

D．当数据库版本发生变化时，可以自动更新数据库结构

答案：A、B、D。

SQLiteOpenHelper 主要用于创建和更新数据库，而 SQLiteDatabase 主要用于执行 SQL 语句。getReadableDatabase()并不是以只读方式打开数据库，而是先执行 getWritableDatabase()，只有在失败的情况下才被调用。getWritableDatabase()和 getReadableDatabase()方法都可以获取一个用于操作数据库的 SQLiteDatabase 实例。getWritableDatabase()方法以读/写方式打开数据库，一旦数据库的磁盘空间满了，数据库就只能读而不能写，getWritableDatabase()打开数据库就会出错。getReadableDatabase()方法先以读/写方式打开数据库，若使用数据库的磁盘空间满了，就会打开失败，当打开失败后会继续尝试以只读方式打开数据库。

所以，本题的答案为 A、B、D。

【真题 292】 操作 SQLite 数据库，以下正确的是（　　）。（多选题）

A．Cursor 类：可以用来访问查询结果中的记录

B．数据库在用户手机上，表一旦创建无法修改

C．SQLiteOpenHelper 抽象类：通过从此类继承实现用户类，来提供 onCreate、onUpgrade 等操作函数。

D．主键必须名为"_id"，否则查询时会报错

答案：A、C。

本题中，对于选项 A，有关 Cursor 需要了解以下几点：

● Cursor 是每行的集合。

● 使用 moveToFirst()定位第一行。

● 必须知道每一列的名称。

● 必须知道每一列的数据类型。

● Cursor 是一个随机的数据源。

● 所有的数据都是通过下标取得的。

所以，选项 A 正确。

SQLite 的 ALTER TABLE 命令可以不通过执行一个完整的转储和数据的重载来修改已有的表。可以使用 ALTER TABLE 语句重命名表，还可以在已有的表中添加额外的列。在 SQLite 中，除了重命名表和在已有的表中添加列，ALTER TABLE 命令不支持其他操作。选项 B 的说法显然错误。

Android 平台提供给开发人员一个数据库辅助类来创建或打开数据库，这个辅助类继承自 SQLite OpenHelper 类。在该类的构造器中，调用 Context 中的方法创建并打开一个指定名称的数据库对象。继承和扩展 SQLiteOpenHelper 类主要做的工作就是重写以下两个方法：

1）onCreate(SQLiteDatabase db)：当数据库被首次创建时执行该方法，一般将创建表等初始化操作在该方法中执行。

2）onUpgrade(SQLiteDatabse dv, int oldVersion,int new Version)：当打开数据库时传入的版本号与当前的版本号不同时会调用该方法。

除了上述两个必须要实现的方法外，还可以选择性地实现 onOpen 方法，该方法会在每次打开数据库时被调用。SQLiteOpenHelper 类的基本用法是：当需要创建或打开一个数据库并获得数据库对象时，首先根据指定的文件名创建一个辅助对象，然后调用该对象的 getWritableDatabase 或 getReadableDatabase 方法获得 SQLiteDatabase 对象。调用 getReadableDatabase 方法返回的并不总是只读数据库对象，一般来说，该方法和 getWriteableDatabase 方法的返回情况相同，只有在数据库仅开放只读权限或磁盘已满时，才会返回一个只读的数据库对象。所以，选项 C 的说法显然正确。

SQLite 对主键的命名没有要求主键必为"_id"，所以选项 D 错误。

所以，本题的答案为 A、C。

【真题 293】 SQLite 是嵌入式数据库吗（没有独立的运行进程）？（　　　）

A．是　　　　　　　　　　　　B．不是

答案：A。

SQLite 是一款嵌入式数据库，它没有独立运行的进程，它与所服务的应用程序在应用程序进程空间内共生共存。它的代码与应用程序代码也是在一起的，或者说嵌入其中，作为托管它的程序的一部分。对外部观察者而言，无法明确看到这样的程序有一个关系型数据库管系统（RDBMS）在运行。程序只需要做自己的事，管理自己的数据，不需要详细了解 SQLite 是如何工作的。但是在内部，有个完整的、自我包含的数据库引擎在工作。

所以，本题的答案为 A。

2．Oracle 内存数据库 TimesTen

TimesTen 是一个针对内存进行了优化的关系数据库，它是一款 Oracle 内存数据库。TimesTen 为应用程序提供了当今实时企业和行业所需的即时响应性和非常高的吞吐量。TimesTen 作为缓存或嵌入式数据库部署在应用程序层中，利用标准的 SQL 接口对完全位于物理内存中的数据存储进行操作。所包括的复制技术能够在 TimesTen 数据库之间进行实时事务复制，以实现高可用性和负载共享。

TimesTen 的优点如下所示：

● 有商业公司的技术支持，技术响应快速，可以和 Oracle 数据库通信。

● 能及时响应，完全居于内存，对于 CPU 和磁盘的 I/O 压力非常低，具有高事务吞吐量。

● 支持标准 SQL 语句查询。

● 可持久化和可恢复到内存中。

● 高性能，高可用，并且无数据丢失。

● 支持主从模式，支持分布式。

TimesTen 的缺点是，对于很多公司来说价格很贵。

TimesTen 可以作为独立的数据库使用，也可以作为 Oracle 数据库的内存缓存使用。TimesTen 适用于：①实时计费系统（移动，联通）、基金。②股票实时撮合交易系统。③网站 Cache 层或者持久层。

【真题 294】 什么是 Oracle TimesTen 内存数据库？

答案：Oracle TimesTen 内存数据库是一款内存优化的关系型数据库。该产品可使应用大幅提高响应速度和吞吐量来满足当今有实时需求的企业，尤其适合电信、金融、互联网、旅游、在线游戏、保险等行业的企业。部署在应用层的 TimesTen 数据库是一款可嵌入式或者独立的数据库。它完全驻留在物理内存中，通过标准 SQL 接口进行数据库操作。此外，该产品还包括复制技术来进行实时事务在 TimesTen 数据库之间的复制，进而实现高可用性和分担负载的目的。

【真题 295】 什么是 Oracle TimesTen 应用层数据库缓存？

答案：自从 Oracle 12c 数据库推出了 In-Memory 功能，为了避免理解上的误解，将之前的 In-Memory Database Cache 改为了应用层数据库缓存。该功能是 Oracle TimesTen 数据库的一个选项，来提供实时的对 Oracle 数据库的读/写缓存。通过把性能敏感的表的子集从 Oracle 数据库层缓存到应用层，来提高应用事务响应时间。缓存表在 TimesTen 数据库中的管理仍然是常规的关系型数据库表的管理方式。因此，可以提供给应用一个完全通用和功能完备的关系型数据库，与 Oracle 数据库保持缓存透明维护的一致，并且实时高效的内存数据库。为了实现高可用性，Oracle TimesTen 应用层数据库缓存可以通过使用 Active-Standby 配置的部署方案，且缓存表可以在 Oracle TimesTen 数据库之间进行实时复制。

【真题 296】 TimesTen 内存数据库是否是 Oracle 12c 数据库的一部分？

答案：Oracle TimesTen 应用层数据库缓存是针对 Oracle 12c 和 11g 数据库的一个数据库功能。它包括了 TimesTen 内存数据库和缓存技术。可以使得 TimesTen 作为一个内存缓存数据库自动将数据在 TimesTen 和 Oracle 数据库同步。Oracle TimesTen 内存数据库需要单独购买 License，包括 TimesTen 内存数据库和复制组件。

【真题 297】 TimesTen 数据库有哪些大小限制？

答案：TimesTen 数据库的大小受限于服务器上的物理内存大小。

【真题 298】 哪些应用最适合运行 TimesTen？

答案：TimesTen 被用在众多电信应用系统中，如认证授权、计费、呼叫中心等。也同样可以部署在金融应用系统中，如安全贸易、反欺诈、股票证券、网上银行等方面。其他应用系统包括游戏公司、CRM 系统、飞机订票系统、旅游运输和国防应用系统等。

【真题 299】 什么是 TimesTen 复制？

答案：TimesTen 复制是 TimesTen 内存数据库和 TimesTen 应用层数据库缓存的一个组件。TimesTen 复制技术可以在 TimesTen 服务器之间实现实时数据复制。用于创建高可用性的架构、容灾站点，在多结点分布数据。复制技术支持 Active/Standby 或者 Active/Active 的配置，使用同步或者异步的数据传输机制。

【真题 300】 TimesTen 复制如何保证在系统宕机时的数据可持续性？

答案：TimesTen 复制可以配置为整个数据库级别的复制到一个或多个 TimesTen 结点。在一次 Failover 后，备结点变为主结点，而发生问题的结点可以从新的主结点得到恢复。

【真题 301】 TimesTen 复制支持什么样的网络协议？

答案：TimesTen 复制在复制的结点之间通过 LAN 或者 WAN，使用的是 TCP/IP socket。

【真题 302】 TimesTen 的复制是否可以是双向的？

答案：单向和双向复制都是支持的。对于双向复制来说，建议负载要平均来避免可能发生的大量冲突。一旦复制冲突发生，即更新同一个数据库的行，TimesTen 复制支持基于时间戳的冲突检测和解决。

8.3　非关系型数据库（NoSQL）

NoSQL 数据库的分类如下：键值（Key-Value）数据库、列存储数据库、文档型数据库和图形（Graph）数据库，见下表。

分类	键值（Key-Value）数据库	列存储数据库	文档型数据库	图形（Graph）数据库
简介	主要会使用到一个散列表，这个表中有一个特定的键和一个指向特定数据的指针。Key-Value 模型对于信息系统来说，其优势在于简单、易部署，如果只对部分值进行查询或更新，那么键值数据库就显得效率低下了。键值数据库的特点包含以键为索引的存储方式，访问速度极快	通常是用来应对分布式存储的海量数据，键仍然存在，但是它们的特点是键指向了多个列	对于文档型数据库，其灵感来自于 Lotus Notes 办公软件，而且它与第一种键值存储类似。这种类型的数据模型是版本化的文档，半结构化的文档以特定的格式存储，如 JSON。文档型数据库可以看作键值数据库的升级版，允许它们之间嵌套键值，而且文档型数据库比键值数据库的查询效率更高	对于图形（Graph）数据库，它与其他行列以及刚性结构的 SQL 数据库不同，它是使用灵活的图形模型，并且能够扩展到多台服务器上。NoSQL 数据库没有标准的查询语言（SQL），因此进行数据库查询需要制定数据模型。许多 NoSQL 数据库都有 REST 式的数据接口或者查询 API
特点	以键为索引的存储方式，访问速度极快	以列相关存储架构进行数据存储，适合于批量数据处理和即席查询	面向集合存储，模式自由，使用高效的二进制数据存储等	以结点、关系、属性为基础存储数据，善于处理大量复杂、互连接、低结构化的数据
数据库举例	Redis、LevelDB、RocksDB、Riak KV、Oracle Berkeley DB（Oracle BDB）、Hazelcast、Ehcache、Memcached、Tokyo Cabinet/Tyrant、Dynamo、FoundationDB、MemcacheDB、Aerospike、Voldemort	HBase、Cassandra、Accumulo、HyperTable、Druid、Vertica	CouchDB、MongoDB、SequoiaDB、CouchBase、MarkLogic、Clusterpoint	Neo4J、InfoGrid、Infinite Graph、OrientDB、ArangoDB、MapGraph
典型应用场景	内容缓存，主要用于处理大量数据的高访问负载，也用于一些日志系统等，高读取、快速检索	分布式的文件系统，适合于批量数据处理和即席查询	Web 应用（与 Key-Value 类似，Value 是结构化的，不同的是数据库能够了解 Value 的内容），适用于数据变化较少，执行预定义查询，进行数据统计的应用程序以及需要提供数据版本支持的应用程序	社交网络，推荐系统等，专注于构建关系图谱、社会关系、公共交通网络、地图及网络拓扑
数据模型	Key 指向 Value 的键值对，通常用 HASH TABLE 来实现。	以列簇式存储，将同一列数据存在一起	Key-Value 对应的键值对，Value 为结构化数据	图结构
优点	查找速度快	查找速度快，可扩展性强，更容易进行分布式扩展	数据结构要求不严格，表结构可变，不像关系型数据库一样需要预先定义表结构	利用图结构相关算法，如最短路径寻址、N 度关系查找等
缺点	数据无结构化，通常只被当作字符串或者二进制数据	功能相对局限	查询性能不高，而且缺乏统一的查询语法	很多时候需要对整个图做计算才能得出需要的信息，而且这种结构不太好做分布式的集群方案

下表总结了 MongoDB、Riak KV、Hypertable 和 HBase 这 4 种产品的主要特性。

特性	MongoDB	Riak KV	HyperTable	HBase
逻辑数据模型	文档	键值（Key-Value）	列存储	列存储
CAP 支持	AP	AP	CA	CA
动态添加删除结点	支持（很快在下一发布中就会加入）	支持	支持	支持
多 DC 支持	支持	不支持	支持	支持
接口	多种特定语言 API（Java、Python、Perl、C#等）	HTTP 之上的 JSON	REST、Thrift、Java	C++、Thrift
持久化模型	磁盘	磁盘	内存加磁盘（可调的）	内存加磁盘（可调的）
相对性能	更优（C++编写）	最优（Erlang 编写）	更优（C++编写）	优（Java 编写）
商业支持	10gen.com	Basho Technologies	Hypertable Inc	Cloudera

8.3.1 键值（Key-Value）数据库 Redis

Redis（REmote DIctionary Server）是一个开源的、内存中的键值（Key-Value）数据存储系统。它使用 ANSI C 语言编写、遵守 BSD 协议（Berkeley Software Distribution，伯克利软件发行版）、支持网络、可基于内存也可持久化的日志型数据库，并提供多种语言的 API。它可以用作数据库、缓存和消息中间件。Redis 通常被称为数据结构服务器，因为它支持多种类型的数据结构，如字符串（Strings）、散列（Hashes）、列表（Lists）、集合（Sets）、有序集合（Sorted Sets）与范围查询、Bitmaps、Hyperloglogs 和地理空间（Geospatial）索引半径查询。这些类型的元素也都是字符串类型。也就是说，列表（Lists）和集合（Sets）这些集合类型也只能包含字符串（Strings）类型。Redis 内置了复制（Replication）、LUA 脚本（Lua scripting）、LRU 驱动事件（LRU eviction）、事务（Transactions）和不同级别的磁盘持久化（Persistence），并通过 Redis 哨兵（Sentinel）和自动分区（Cluster）提供高可用性（High Availability）。

Redis 是基于内存的，因此对于内存是有非常高的要求，会把数据实时写到内存中，再定时同步到文件。Redis 可以当作数据库来使用，但是有缺陷，在可靠性上没有 Oracle 关系型数据库稳定。Redis 可以作为持久层的 Cache 层，它可以缓存计数、排行榜样和队列（订阅关系）等数据库结构。

Redis 的优点如下：

- 完全居于内存，数据实时地读/写内存，定时闪回到文件中，性能极高，读写速度快，Redis 能支持超过 100KB/s 的读写频率。
- 支持高并发，官方宣传支持 10 万级别的并发读/写。
- 支持机器重启后，重新加载模式，不会丢失数据。
- 支持主从模式复制，支持分布式。
- 丰富的数据类型--Redis 支持 Strings、Lists、Hashes、Sets 及 Ordered Sets 数据类型。
- 原子--Redis 的所有操作都是原子性的。
- 丰富的特性--Redis 还支持 Publish/Subscribe 等特性。
- 开源。

Redis 的缺点如下所示：

- 数据库容量受到物理内存的限制，不能用作海量数据的高性能读/写。
- 没有原生的可扩展机制，不具有自身可扩展能力，要依赖客户端来实现分布式读/写。
- Redis 使用的最佳方式是全部数据 In-Memory。虽然 Redis 也提供持久化功能，但实际更多的是一个 disk-backed 功能，跟传统意义上的持久化有比较大的区别。
- 现在的 Redis 只适合的场景主要局限在较小数据量的高性能操作和运算上。

- 相比于关系型数据库，由于其存储结构相对简单，因此 Redis 并不能对复杂的逻辑关系提供很好的支持。
- Redis 不支持复杂逻辑查询，不适合大型项目要求。

Redis 可以适用于以下场景：

- 在非可靠数据存储中，可以作为数据持久层或者数据缓存区。
- 对于读/写压力比较大，实时性要求比较高的场景下。
- 关系型数据库不能胜任的场景（如在 SNS 订阅关系）。
- 订阅-发布系统。Pub/Sub 从字面上理解就是发布（Publish）与订阅（Subscribe），在 Redis 中，可以设定对某一个 Key 值进行消息发布及消息订阅，当一个 Key 值上进行了消息发布后，所有订阅它的客户端都会收到相应的消息。这一功能最明显的用法就是用作实时消息系统，如普通的即时聊天、群聊等功能。
- 事务（Transactions）。虽然 Redis 的 Transactions 提供的并不是严格的 ACID 的事务（如一串用 EXEC 提交执行的命令，如果在执行中服务器宕机，那么会有一部分命令执行了，剩下的没执行），但是这些 Transactions 还是提供了基本的命令打包执行的功能（在服务器不出问题的情况下，可以保证一连串的命令是顺序在一起执行的）。

【真题 303】 试比较 TimesTen 和 Redis 数据库。

答案：见以上分析。

8.3.2　键值（Key-Value）数据库 Memcached

Memcached 是一个高性能的、自由开源的、基于内存的 Key-Value 存储的分布式内存对象缓存系统，用于动态 Web 应用以减轻数据库负载。它通过在内存中缓存数据与对象来降低数据库的物理读，从而提高动态、数据库驱动网站的速度。Memcached 的守护进程（daemon）是用 C 语言编写，但是客户端可以用任何语言来编写，并通过 Memcached 协议与守护进程通信。

Memcached 作为高速运行的分布式缓存服务器，具有以下的特点：协议简单；基于 libevent 的事件处理；内置内存存储方式；Memcached 不互相通信的分布式。

Memcached 是一种基于内存的 Key-Value 存储，用来存储小块的任意数据（字符串、对象）。这些数据可以是数据库调用、API 调用或者是页面渲染的结果。Memcached 简洁而强大，它的简洁设计便于快速开发，减轻了开发难度，解决了大数据量缓存的很多问题。它的 API 兼容大部分流行的开发语言。所以，本质上它是一个简洁的 Key-Value 存储系统。Memcached 一般的使用目的是，通过缓存数据库查询结果，减少数据库访问次数，以提高动态 Web 应用的速度、提高可扩展性。

Memcached 的服务器和客户端通信并不使用复杂的 XML 等格式，而使用简单的基于文本行的协议。所以，它既支持 TCP，也支持 UDP。可以把 PHP 的 Session 存放到 Memcached 中。通过 telnet 也能在 Memcached 上保存数据、取得数据。为了提高性能，Memcached 中保存的数据都存储在 Memcached 内置的内存存储空间中。由于数据仅存在于内存中，因此重启 Memcached、重启操作系统会导致全部数据消失。另外，内容容量达到指定值之后，就基于 LRU（Least Recently Used）算法自动删除不使用的缓存。Memcached 本身是为缓存而设计的服务器，因此并没有过多考虑数据的永久性问题。

许多语言都实现了连接 Memcached 的客户端，其中以 Perl、PHP 为主，还包括 Python、Ruby、C#、C/C++、Lua 等语言。

8.3.3　文档型数据库 MongoDB

MongoDB 是一个基于分布式文件存储的数据库，它由 C++语言编写，旨在为 Web 应用提供可扩展的高性能数据存储解决方案。由于它支持的数据结构非常松散，因此可以存储比较复杂的数据类型。MongoDB 最大的特点是支持的查询语言非常强大，其语法有点类似于面向对象的查询语言，几乎可以实现类似关系型数据库单表查询的绝大部分功能，而且还支持对数据建立索引。

MongoDB 将数据存储为一个文档，数据结构由键值（Key-Value）对组成。MongoDB 文档类似于JSON 对象。字段值可以包含其他文档、数组及文档数组。

MongoDB 的主要特点如下所示：

- MongoDB 的提供了一个面向文档存储，操作起来比较简单，文件存储格式为 BSON（Binary Serialized Document Format，一种 JSON 的扩展）。
- 可以在MongoDB记录中设置任何属性的索引（如：FirstName="Sameer",Address="8 Gandhi Road"）来实现更快的排序。
- 可以通过本地或网络创建数据镜像，这使得 MongoDB 有更强的扩展性。
- 如果负载增加（需要更多的存储空间和更强的处理能力），那么它可以分布在计算机网络中的其他结点上，这就是所谓的分片。
- MongoDB 支持丰富的查询表达式。查询指令使用 JSON 形式的标记，可轻易查询文档中内嵌的对象及数组。支持动态查询，支持完全索引，包含内部对象。
- MongoDB 使用 UPDATE()命令可以实现替换完成的文档（数据），或者一些指定的数据字段。
- MongoDB 中的 Map/Reduce 主要是用来对数据进行批量处理和聚合操作。
- Map 和 Reduce。Map 函数调用 emit(key,value)遍历集合中所有的记录，将 key 与 value 传给 Reduce 函数进行处理。
- GridFS 是 MongoDB 中的一个内置功能，可以用于存放大量小文件。
- MongoDB 允许在服务端执行脚本，可以用 JavaScript 编写某个函数，直接在服务端执行，也可以把函数的定义存储在服务端，下次直接调用即可。
- MongoDB 支持各种编程语言：RUBY、PYTHON、Java、C++、PHP、C#等多种语言。
- MongoDB 安装简单，易部署。
- 自动处理碎片，以支持云计算层次的扩展性。
- 使用高效的二进制数据存储，包括大型对象（如视频等）。
- 支持复制和故障恢复。

MongoDB 服务端可运行在 Linux、Windows 或 Mac os x 平台，支持 32 位和 64 位应用，默认端口为 27017。推荐运行在 64 位平台，因为 MongoDB 在 32 位模式运行时支持的最大文件尺寸为 2GB。MongoDB 的主要目标是在键/值存储方式（提供了高性能和高度伸缩性）和传统的 RDBMS 系统（具有丰富的功能）之间架起一座桥梁，它集两者的优势于一身。根据官方网站的描述，MongoDB 适用于以下场景。

- 网站实时数据处理：MongoDB 非常适合实时的插入、更新与查询，并具备网站实时数据存储所需的复制及高度伸缩性。
- 缓存：由于性能很高，MongoDB 也适合作为信息基础设施的缓存层。在系统重启之后，由MongoDB 搭建的持久化缓存层可以避免下层的数据源过载。
- 大尺寸、低价值的数据：使用传统的关系型数据库存储一些数据时可能会比较昂贵，在此之前，很多时候程序员往往会选择传统的文件进行存储。
- 高伸缩性的场景：MongoDB 非常适合由数十台或数百台服务器组成的数据库，MongoDB 的路线图中已经包含对 MapReduce 引擎的内置支持。
- 用于对象及 JSON 数据的存储：MongoDB 的 BSON 数据格式非常适合文档化格式的存储及查询。

MongoDB 的使用也会有一些限制，不适用的场景如下：

- 高度事务性的系统：MongoDB 不支持类似关系型数据库的事务，这也导致了 MongoDB 的很多应用场景受限。例如，银行或会计系统。传统的关系型数据库目前还是更适用于需要大量原子性复杂事务的应用程序。
- 传统的商业智能应用：针对特定问题的 BI 数据库会产生高度优化的查询方式。对于此类应用，数据仓库可能是更合适的选择。

【真题 304】 以下 4 个选项中，不同与其他 3 个的是（　　）。

A．MySQL　　　　　B．MongoDB　　　　　C．DB2　　　　　D．PostgreSQL

答案：B。本题中，选项 A、选项 C 和选项 D 的数据库都属于关系型数据库，只有选项 B 属于非关系型数据库。

【真题 305】 以下关于 NoSQL 的说法中，不正确的是（　　）。

A．MongoDB 支持 CAP 定理中的 AP，MySQL 支持 CAP 中的 CA，全部都支持不可能存在

B．Redis 支持字符串、散列、列表、集合、有序集合等数据结构，目前 Redis 不支持事务

C．Memcached 既支持 TCP，也支持 UDP，可以把 PHP 的 Session 存放到 Memcached 中

D．MongoDB 不用先创建 Collection 的结构就可以直接插入数据，目前 MongoDB 不支持事务

答案：B。

8.3.4　行存储和列存储

将表放入存储系统中的方法有以下两种：行存储（Row Storage）和列存储（Column Storage），绝大部分数据库是采用行存储的。行存储法是将各行放入连续的物理位置，这很像传统的记录和文件系统，然后由数据库引擎根据每个查询提取需要的列。列存储法是将数据按照列存储到数据库中，与行存储类似。列存储是相对于传统关系型数据库的行存储来说的，简单来说，两者的区别就是如何组织表，列存储将所有记录中相同字段的数据聚合存储，而行存储将每条记录的所有字段的数据聚合存储。Sybase 在 2004 年就推出了列存储的 Sybase IQ 数据库系统，主要用于在线分析、数据挖掘等查询密集型应用。

列存储不同于传统的关系型数据库，其数据在表中是按行存储的，列方式所带来的重要好处之一就是，由于查询中的选择规则是通过列来定义的，因此整个数据库是自动索引化的。按列存储每个字段的数据聚集存储，在查询时，只需要少数几个字段的时候，能大大减少读取的数据量。

应用行存储的数据库系统称为行式数据库，同理，应用列存储的数据库系统称为列式数据库。随着列式数据库的发展，传统的行式数据库加入了列式存储的支持，形成具有两种存储方式的数据库系统。

传统的关系型数据库，如 Oracle、DB2、MySQL、SQL Server 等采用行式存储法，当然传统的关系型数据库也在不断发展中。随着 Oracle 12c 推出了 In Memory 组件，使得 Oracle 数据库具有了双模式数据存放方式，从而能够实现对混合类型应用的支持：传统的以行形式保存的数据满足 OLTP 应用；列形式保存的数据满足以查询为主的 OLAP 应用。新兴的 Hbase、HP Vertica、EMC Greenplum 等分布式数据库采用列存储，当然这些数据库也有对行式存储的支持，如 HP Vertica。随着传统关系型数据库与新兴的分布式数据库的不断发展，列式存储与行式存储会不断融合，数据库系统会呈现双模式数据存放方式，这也是商业竞争的需要。

行存储和列存储的区别见下表。

项　　目	列存储（Column Storage）	行存储（Row Storage）
存储模型	DSM（Decomposition Storage Model）	NSM（N-ary Storage Model）
存储数据的方式	按列存储，一行数据包含一个列或者多个列，每个列用单独一个 cell 来存储数据	按行存储，把一行数据作为一个整体来存储
索引	数据即索引	没有索引的查询使用大量 I/O
使用场合	适用于 OLAP、数据仓库、数据挖掘等查询密集型应用，不适用在 OLTP，或者更新操作，尤其是插入、删除操作频繁的场合	适用于 OLTP 系统，插入更新等频繁的系统

（续）

项　　目	列存储（Column Storage）	行存储（Row Storage）
优点	1）每个字段的数据聚集存储，在查询只需要少数几个字段时，能大大减少读取的数据量，大幅降低系统的 I/O，尤其是在海量数据查询时，I/O 向来是系统的主要瓶颈之一。据 C-Store、MonetDB 的作者调查和分析，查询密集型应用的特点之一就是查询一般只关心少数几个字段，而相对应地，NSM 中每次必须读取整条记录 2）既然是一个字段的数据聚集存储，那就更容易为这种聚集存储设计更好的压缩/解压算法。换句话说，列式存储天生就是适合压缩，因为同一列里面的数据类型是相同	从查询来说，行存储比较适合随机查询，并且 RDBMS 大多提供二级索引，在整行数据的读取上，要优于列式存储

由于设计上的不同，列式数据库在并行查询处理和压缩上更有优势，而且数据是以列为单元存储，完全不用考虑数据建模或者说建模更简单了。要查询计算哪些列上的数据，直接读取列就行。没有万能的数据库，列式数据库也并非万能，只不过给 DBA 提供了更多的选择，DBA 需根据自己的应用场景自行选择。

Cassandra 是一套开源分布式 NoSQL 数据库系统。它最初由 Facebook 开发，用于储存收件箱等简单格式数据，集 GoogleBigTable 的数据模型与 Amazon Dynamo 的完全分布式的架构于一身。Facebook 于 2008 将 Cassandra 开源，此后，由于 Cassandra 良好的可扩展性，被 Digg、Twitter 等知名 Web 2.0 网站所采纳，成为一种流行的分布式结构化数据存储方案。

Cassandra 是一个混合型的非关系的数据库，类似于 Google 的 BigTable。其主要功能比 Dynamo（分布式的 Key-Value 存储系统）更丰富，但支持度却不如文档存储 MongoDB。它是一个网络社交云计算方面理想的数据库。

Cassandra 的主要特点就是它不是一个数据库，而是由一堆数据库结点共同构成的一个分布式网络服务，对 Cassandra 的一个写操作，会被复制到其他结点上去，对 Cassandra 的读操作，也会被路由到某个结点上面去读取。对于一个 Cassandra 群集来说，扩展性能是比较简单的事情，只管在群集里面添加结点就可以了。

和其他数据库比较，选择 Cassandra 用于网站数据库，有以下几个突出特点。

① 模式灵活：使用 Cassandra，像文档存储，不必提前解决记录中的字段，也可以在系统运行时随意地添加或移除字段。

② 可扩展性：Cassandra 是纯粹意义上的水平扩展。为给集群添加更多容量，可以指向另一台计算机。不必重启任何进程，改变应用查询，或手动迁移任何数据。

③ 多数据中心：可以调整结点布局来避免某一个数据中心起火，一个备用的数据中心将至少有每条记录的完全复制。

④ 范围查询：如果不喜欢全部的键值查询，那么可以设置键的范围来查询。

⑤ 列表数据结构：在混合模式可以将超级列添加到 5 维。对于每个用户的索引，这是非常方便的。

⑥ 分布式写操作：有可以在任何地方任何时间集中读或写任何数据，并且不会有任何单点失败。

8.4　时间序列数据库

时间序列数据库（Time Series DB）简称 TSDB。它是一个比较特殊的数据库，主要存放时间序列数据。时间序列数据就是数据格式里包含 timestamp 字段的数据，如股票市场的价格、环境中的温度、主机的 CPU 使用率等。时间序列数据最重要的一个问题就是如何去查询它。在查询时，对于时间序列总是会带上一个时间范围去过滤数据。同时查询的结果里也总是会包含 timestamp 字段。时间序列数据不同于传统数据，它有以下两大特点：①数据结构简单 ②数据量大。

因为时间序列数据自身的特点，传统的数据库显得有些力不从心，所以近年来涌现了很多优秀的时间序列数据库，如 InfluxDB、RRDtool、Graphite、OpenTSDB、Druid、Prometheus 和 Kdb+等数据库，其中 Kdb+也是关系型数据库。TSDB 的典型特征如下：

- 数据库 90%以上的工作量是高频、高容量的写入。
- 写操作通常是随着时间追加到现有的表中。
- 这些写操作通常是按一定时序的，如每秒钟或者每分钟。
- 更新单个点数据的操作很少。
- 删除数据几乎总是跨越大的时间范围（日、月或年）进行，几乎从不到一个特定的点。
- 数据库查询操作通常是在某序列中有序的，可能是按时间排序或者按某功能排序，执行并行读取或者多组读取是常见的。

TSDB 其实在自动化、石油、化工等其他行业早已经普及使用。对于大部分 DBA 而言，TSDB 是使用在监控上，将监控数据存放到 TSDB 中，便于分析和报警。

InfluxDB 由 Golang 编写，也是 Golang 社区中比较著名的一个，目前在 TSDB 中排名第一。最新的版本是 1.2，之前的版本之间变动很大，很多网上资料都已失效，文档要以官方为准。作为最流行的 TSDB，可靠性和稳定性有一定保障，支持类 SQL 查询语言，使用方便。

8.5　NewSQL

近年来，随着数据库技术的发展，NoSQL 和新生阶段的 NewSQL 增长势头十分强劲。NewSQL 是对各种新型可扩展、高性能数据库的简称，它们不仅有 NoSQL 对海量数据库的存储管理能力，还保持了传统数据库支持 ACID 和 SQL 等特性。这类新式的关系型数据库针对 OLTP（读-写）工作负载，同时追求提供和 NoSQL 系统相同的扩展性能。目前所熟知的 NewSQL 数据库包括 Google 的 Spanner 与 Amazon 的 Aurora 等。数据库的发展从 SQL（关系数据库）到 NoSQL（非关系数据库），又到 NewSQL（关系数据库），每个发展阶段都是由于业务的发展需要所推动的。

由于传统数据库是基于磁盘的体系设计，因此在很多方面都无法突破，只能进行修补，难以有大的飞跃。NewSQL 能够结合传统关系型数据库和 NoSQL 的优势，且容易横向扩展，这是数据库发展的必然方向。目前市场上大多数 NewSQL 数据库都被作为叠加方案使用，以弥补已有数据库的不足，企业在选用时还需根据自身情况，考虑整体方案做出决策。对于技术资源并不丰富的企业，选用供应商提供的整合成熟方案也是一种不错的选择。

目前 NewSQL 系统大致分为以下 3 类：

1）第一类的 NewSQL 系统是全新的数据库平台，它们均采取了不同的设计方法。它们大概分两类：①这类数据库工作在一个分布式集群的结点上，其中每个结点拥有一个数据子集。SQL 查询被分成查询片段发送给自己所在的数据的结点上执行。这些数据库可以通过添加额外的结点来线性扩展。现有的这类数据库有 Google Spanner、VoltDB、Clustrix、NuoDB。②这些数据库系统通常有一个单一的主结点的数据源，它们有一组结点用来做事务处理，这些结点接到特定的 SQL 查询后，会把它所需的所有数据从主结点上取回来后执行 SQL 查询，再返回结果。

2）第二类是高度优化的 SQL 存储引擎。这些系统提供了与 MySQL 相同的编程接口，但扩展性比内置的引擎 InnoDB 更好。这类数据库系统有 TokuDB、MemSQL。

3）这类系统提供了分片的中间件层，数据库自动分割在多个结点运行。这类数据库包括 ScaleBase、dbShards、Scalearc。

在 NewSQL 数据库中，TiDB 是基于 Google Spanner & F1 实现的分布式 NewSQL 数据库，目标定位支持 100%的 OLTP+80%的 OLAP，除了底层的 RocksDB 存储引擎之外，分布式 SQL 解析层、分布式 KV 存储引擎（TiKV）完全自主设计和研发。TiDB 是开源且网络接口和语法是与 MySQL 兼容的，可以简单理解为一个可以无限水平扩展的 MySQL，提供分布式事务、跨结点 JOIN、保证跨数据中心的数据的强一致性（ACID 跨行事务支持）、故障自恢复的高可用、提供更快的查询和写入吞吐；对业务没有任何侵入性，简化开发，利于维护和平滑迁移。

8.6 区块链

区块链就是一个去中心化的信任机制。区块链技术是指一种全民参与记账的方式，所有的系统背后都有一个数据库，可以把数据库看成一个大账本，而目前是各自记各自的账。也可以把区块链看成一种分布式公共数据库，它能永久保存数字交易的记录。换言之，区块链是一种存储所有数字交易且不可更改的日志文件。这个分布式数据库并非由中心管理员控制，而是由重复数据库组成的网络控制的（意味着网络中每个结点都存储了区块链的一份重复项），该数据库在同一网络内可见可共享。

区块链技术是比特币（比特币是一种使用 P2P 技术的去中心化数字货币）的底层技术，比特币在没有任何中心化机构运营和管理的情况下，多年运行非常稳定，没有出现过任何问题，所以有人注意到了它的底层技术，把比特币技术抽象提取出来，称之为区块链技术，或者分布式账本技术。区块链技术不局限于比特币，它可以用于创造任何其他加密货币。

区块链主要的优势是无须中介参与、过程高效透明且成本很低、数据高度安全。所以，如果在这三个方面有任意一个需求的行业都有机会使用区链技术。区块链技术有以下几个特点。

① 公开共享：总账的条目（成为"区块"）由各个服务器或者说结点保存，各个结点能够看到创建之时保存在区块中的交易数据。

② 去中心化：不需要一个中央机构对交易进行批准以及设置规则。

③ 安全：数据库中的记录不可更改、不可逆。加入总账的条目无法再编辑或篡改——即便数据库运营方也不行。

④ 可信任：区块链网络的分布式性质要求各个结点达成共识，只有达成共识，未知方之间的交易才能被认可。

⑤ 自动化：根据区块链的软件设计，存在矛盾的交易或可疑交易不会被写入数据集中，交易可自动进行。

区块链是支持加密货币存在的底层技术。比特币是流行最广的加密货币，也是区块链技术被创造出来的初衷。对于消费者，加密货币是他们进行支付的新选择，这种方式比传统金融机构所提供的服务速度更快、价格更低，而且不需要提供个人信息。虽然人们开始越发接受加密货币的支付方式，但加密货币价格的波动性和投机机会让消费者更多地选择交易加密货币，而非用加密货币购买商品和服务。尽管如此，加密货币带来一种前所未有的前景，即让消费者只要满足技术条件，就可以随时随地参与到全球支付体系中，不受信用历史或银行账户的限制。

云计算通常定义为通过互联网来提供动态易扩展且经常是虚拟化的资源，但是提供云计算平台的往往是一个中心化机构。而区块链组成的网络一般是没有特定的机构，所以区块链更接近分布式计算系统的定义，属于分布式计算的一种。

比特币和 Q 币到底有什么区别？Q 币是一种中心化的电子货币，包括总量、发行方式都是由腾讯公司控制的。而比特币的总量、发行方式都是由程序和加密算法预先设定后，在全世界的多个结点上运行，没有任何人和机构可以修改，不受任何单一人或者机构来控制。一般称 Q 币为电子货币或者企业代币，称比特币为数字货币或者加密数字货币。

除传统的支付系统以外，区块链技术还可能给各种各样的交易带来颠覆性影响。金融服务机构可以将区块链技术用于任何目前需要受信第三方验证的交易，以及任何电子化存储的记录。这些交易包括但不限于电子或实物资产的转让、知识产权的保护、托管链条的验证。在网络犯罪盛行和监管要求趋紧的时代，这种能够保护和验证几乎所有类型的交易且具有强大的反欺诈功能的系统，有望给金融机构带来革命性的影响。

在金融服务行业，区块链技术已经找到一些创新性的应用方式。例如，纳斯达克为 Nasdaq Private

Market（纳斯达克私人市场）推出基于区块链的系统。全球许多其他交易所和银行，包括伦敦证券交易所、芝加哥商品交易所集团、法国兴业银行、瑞士银行也成立了交易后分布式总账工作组（Post Trade Distributed Ledger Working Group），研究如何应用区块链技术优化清算、结算和交易报告。花旗、巴克莱和德国银行等机构在探索如何将区块链融入它们的支付系统。高盛为其虚拟货币"SETLcoin"申请了专利。区块链也在快速地渗透到金融服务行业以外。可能的应用领域包括智能合约、智能财产、公证服务、医疗卫生等。

目前，区块链技术处于一个非常早期的阶段，不仅尚未形成统一的技术标准，而且各种技术方案还在快速发展中。

第9章 操作系统、网络和存储

对于计算机系统而言，操作系统充当着基石的作用，它是连接计算机底层硬件与上层应用软件的桥梁，控制其他程序的运行，并且管理系统相关资源，同时提供配套的系统软件支持。对于专业的程序员而言，掌握一定的操作系统知识必不可少，因为不管面对的是底层嵌入式开发，还是上层的云计算开发，都需要使用到一定的操作系统相关知识。所以，对操作系统相关知识的考查是程序员面试笔试必考项之一。

9.1 进程管理

9.1.1 进程与线程有什么区别?

进程是具有一定独立功能的程序关于某个数据集合上的一次运行活动，它是系统进行资源分配和调度的一个独立单位。例如，用户运行自己的程序，系统就创建一个进程，并为它分配资源，包括各种表格、内存空间、磁盘空间、I/O 设备等，然后该进程被放入到进程的就绪队列，进程调度程序选中它，为它分配 CPU 及其他相关资源，该进程就被运行起来。

线程是进程的一个实体，是 CPU 调度和分配的基本单位，线程自己基本上不拥有系统资源，只拥有一点在运行中必不可少的资源（如程序计数器、一组寄存器和栈），但是它可以与同属一个进程的其他的线程共享进程所拥有的全部资源。

在没有实现线程的操作系统中，进程既是资源分配的基本单位，又是调度的基本单位，它是系统中并发执行的单元。在实现了线程的操作系统中，进程是资源分配的基本单位，而线程是调度的基本单位，是系统中并发执行的单元。

需要注意的是，尽管线程与进程很相似，但两者也存在着很大的不同，区别如下：

1）一个线程必定属于也只能属于一个进程；而一个进程可以拥有多个线程，并且至少拥有一个线程。

2）属于一个进程的所有线程共享该线程的所有资源，包括打开的文件、创建的 Socket 等。不同的进程互相独立。

3）线程又被称为轻量级进程。进程有进程控制块，线程也有线程控制块。线程控制块比进程控制块小得多。线程间切换代价小，进程间切换代价大。

4）进程是程序的一次执行，线程可以理解为程序中一个程序片段的执行。

5）每个进程都有独立的内存空间，而线程共享其所属进程的内存空间。

程序、进程与线程的区别见下表。

名　　称	描　　述
程序	一组指令的有序结合，是静态的指令，是永久存在的
进程	具有一定独立功能的程序关于某个数据集合上的一次运行活动，是系统进行资源分配和调度的一个独立单元。进程的存在是暂时的，是一个动态概念
线程	线程的一个实体，是 CPU 调度和分配的基本单元，是比进程更小的能独立运行的基本单元。本身基本上不拥有系统资源，只拥有一点在运行中必不可少的资源（如程序计数器、一组寄存器和栈）。一个线程可以创建和撤销另一个线程，同一个进程中的多个线程之间可以并发执行

简言之，一个程序至少有一个进程，一个进程至少有一个线程。

9.1.2　内核线程和用户线程的区别

根据操作系统内核是否对线程可感知，可以把线程分为内核线程和用户线程。

内核线程的建立和销毁都是由操作系统负责、通过系统调用完成的，操作系统在调度时，参考各进程内的线程运行情况做出调度决定。如果一个进程中没有就绪态的线程，那么这个进程也不会被调度占用 CPU。

和内核线程相对应的是用户线程，用户线程指不需要内核支持而在用户程序中实现的线程，其不依赖于操作系统核心。用户进程利用线程库提供创建、同步、调度和管理线程的函数来控制用户线程。用户线程多见于一些历史悠久的操作系统，如 UNIX 操作系统，不需要用户态/核心态切换，速度快，操作系统内核不知道多线程的存在，因此一个线程阻塞将使得整个进程（包括它的所有线程）阻塞。由于这里的处理器时间片分配是以进程为基本单位的，因此每个线程执行的时间相对减少。为了在操作系统中加入线程支持，采用了在用户空间增加运行库来实现线程，这些运行库被称为"线程包"，用户线程是不能被操作系统所感知的。

9.2　内存管理

9.2.1　内存管理有哪几种方式？

常见的内存管理方式有块式管理、页式管理、段式管理和段页式管理。最常用的是段页式管理。

1）块式管理：把主存分为一大块一大块的，当所需的程序片断不在主存时就分配一块主存空间，把程序片断载入主存，就算所需的程序片段只有几个字节也只能把这一块分配给它。这样会造成很大的浪费，平均浪费了 50%的内存空间，但是易于管理。

2）页式管理：用户程序的地址空间被划分成若干个固定大小的区域，这个区域被称为"页"。相应地，内存空间也被划分为若干个物理块，页和块的大小相等。可将用户程序的任一页放在内存的任一块中，从而实现了离散分配。这种方式的优点是页的大小是固定的，因此便于管理；缺点是页长与程序的逻辑大小没有任何关系。这就导致在某个时刻一个程序可能只有一部分在主存中，而另一部分则在辅存中。这不利于编程时的独立性，并给换入/换出处理、存储保护和存储共享等操作造成麻烦。

3）段式管理：段是按照程序的自然分界划分的并且长度可以动态改变的区域。使用这种方式，程序员可以把子程序、操作数和不同类型的数据和函数划分到不同的段中。这种方式将用户程序地址空间分成若干个大小不等的段，每段可以定义一组相对完整的逻辑信息。存储分配时，以段为单位，段与段在内存中可以不相邻接，也实现了离散分配。

分页对程序员而言是不可见的，而分段通常对程序员而言是可见的，因而分段为组织程序和数据提供了方便，但是对程序员的要求也比较高。

分段存储主要有以下优点：

① 段的逻辑独立性不仅使其易于编译、管理、修改和保护，也便于多道程序共享。

② 段长可以根据需要动态改变，允许自由调度，以便有效利用主存空间。

③ 方便分段共享、分段保护、动态链接、动态增长。

分段存储的缺点如下：

① 由于段的大小不固定，因此存储管理比较麻烦。

② 会生成段内碎片，这会造成存储空间利用率降低。段式存储管理比页式存储管理方式需要更多的硬件支持。

由于页式管理和段式管理都有各种各样的缺点，因此为了把这两种存储方式的优点结合起来，新引入了段页式管理。

4）段页式管理：段页式存储组织是分段式和分页式结合的存储组织方法，这样可充分利用分段管理和分页管理的优点。

① 用分段方法来分配和管理虚拟存储器。程序的地址空间按逻辑单位分成基本独立的段，而每一段有自己的段名，再把每段分成固定大小的若干页。

② 用分页方法来分配和管理内存。即把整个主存分成与上述页大小相等的存储块，可装入作业的任何一页。程序对内存的调入或调出是按页进行的，但它又可按段实现共享和保护。

9.2.2 什么是虚拟内存？

虚拟内存简称虚存，是计算机系统内存管理的一种技术。它是相对于物理内存而言的，可以理解为"假的"内存。它使得应用程序认为它拥有连续可用的内存（一个连续完整的地址空间），允许程序员编写并运行比实际系统拥有的内存大得多的程序，这使得许多大型软件项目能够在具有有限内存资源的系统上实现。实际上，它通常被分割成多个物理内存碎片，还有部分暂时存储在外部磁盘存储器上，在需要时进行数据交换。虚存比实存有以下好处：

1）扩大了地址空间。无论是段式虚存，还是页式虚存，或是段页式虚存，寻址空间都比实存大。

2）内存保护。每个进程运行在各自的虚拟内存地址空间，互相不能干扰对方。另外，虚存还对特定的内存地址提供写保护，可以防止代码或数据被恶意篡改。

3）公平分配内存。采用了虚存之后，每个进程都相当于有同样大小的虚存空间。

4）当进程需要通信时，可采用虚存共享的方式实现。

不过，使用虚存也是有代价的，主要表现在以下几个方面：

1）虚存的管理需要建立很多数据结构，这些数据结构要占用额外的内存。

2）虚拟地址到物理地址的转换，增加了指令的执行时间。

3）页面的换入/换出需要磁盘 I/O，这是很耗时间的。

4）如果一页中只有一部分数据，就会浪费内存。

9.2.3 什么是内存碎片？什么是内碎片？什么是外碎片？

内存碎片是由于多次进行内存分配造成的，当进行内存分配时，内存格式一般为（用户使用段）（空白段）（用户使用段）。当空白段很小时可能不能提供给用户足够多的空间，如夹在中间的空白段的大小为5，而用户需要的内存大小为6，这样会产生很多的间隙造成使用效率的下降，这些很小的空隙叫碎片。

内碎片：分配给程序的存储空间没有用完，有一部分是程序不使用，但其他程序也没法用的空间。内碎片是处于区域内部或页面内部的存储块，占有这些区域或页面的进程并不使用这个存储块，而在进程占有这块存储块时，系统无法利用它，直到进程释放它或进程结束时，系统才有可能利用这个存储块。

外碎片：由于空间太小，小到无法给任何程序分配（不属于任何进程）的存储空间。外部碎片是处于任何已分配区域或页面外部的空闲存储块，这些存储块的总和可以满足当前申请的长度要求，但是由于它们的地址不连续或其他原因，使得系统无法满足当前申请。

内碎片和外碎片是一对矛盾体，一种特定的内存分配算法，很难同时解决好内碎片和外碎片的问题，只能根据应用特点进行取舍。

9.2.4 虚拟地址、逻辑地址、线性地址、物理地址有什么区别？

虚拟地址是指由程序产生的由段选择符和段内偏移地址组成的地址。这两部分组成的地址并没有直接访问物理内存，而是要通过分段地址的变换处理后才会对应到相应的物理内存地址。

逻辑地址是指由程序产生的段内偏移地址。有时直接把逻辑地址当成虚拟地址，两者并没有明确的界限。

线性地址是指虚拟地址到物理地址变换之间的中间层，是处理器可寻址的内存空间（称为线性地址空间）中的地址。程序代码会产生逻辑地址，或者说是段中的偏移地址，加上相应段基址就生成了一个线性地址。如果启用了分页机制，那么线性地址可以再经过变换产生物理地址。若没有采用分页机制，那么线性地址就是物理地址。

物理地址是指现在 CPU 外部地址总线上的寻址物理内存的地址信号，是地址变换的最终结果。

虚拟地址到物理地址的转化方法是与体系结构相关的，一般有分段与分页两种方式。以 x86 CPU 为例，分段、分页都是支持的。内存管理单元负责从虚拟地址到物理地址的转化。逻辑地址是段标识+段内偏移量的形式，MMU 通过查询段表，可以把逻辑地址转化为线性地址。如果 CPU 没有开启分页功能，那么线性地址就是物理地址；如果 CPU 开启了分页功能，则 MMU 还需要查询页表来将线性地址转化为物理地址：逻辑地址（段表）→线性地址（页表）→物理地址。

映射是一种多对一的关系，即不同的逻辑地址可以映射到同一个线性地址上；不同的线性地址也可以映射到同一个物理地址上。同一个线性地址在发生换页以后，也可能被重新装载到另外一个物理地址上，所以这种多对一的映射关系也会随时间发生变化。

9.3　存储

9.3.1　Linux 下逻辑卷管理（LVM）是什么？其常用命令有哪些？

1. LVM 简介

由于传统的磁盘管理不能对已有的磁盘空间进行动态的管理，因此就诞生出了 LVM 技术。LVM（Logical Volume Manager，逻辑卷管理）是 Linux 环境下对磁盘分区进行管理的一种机制。现在不仅仅是 Linux 系统上可以使用 LVM 这种磁盘管理机制，对于其他的类 UNIX 操作系统，以及 Windows 操作系统都有类似于 LVM 这种磁盘管理软件。

LVM 是通过将底层的物理硬盘抽象地封装起来，然后以逻辑卷的方式呈现给上层应用。在传统的磁盘管理机制中，上层应用是直接访问文件系统，从而对底层的物理硬盘进行读取。在 LVM 中，其通过对底层的硬盘进行封装，当对底层的物理硬盘进行操作时，其不再是针对分区进行操作，而是通过逻辑卷对其进行底层的磁盘管理操作。例如，增加一个物理硬盘，这时上层的服务是感觉不到的，因为呈现给上次服务的是以逻辑卷的方式。

LVM 最大的特点就是可以对磁盘进行动态管理。逻辑卷的大小是可以动态调整的，而且不会丢失现有的数据。如果新增加了硬盘，那么也不会改变现有上层的逻辑卷。作为一个动态磁盘管理机制，逻辑卷技术大大提高了磁盘管理的灵活性。

有以下 4 个基本的逻辑卷概念。

① PE（Physical Extend）：物理拓展，一个 PE 默认的大小是 4MB。

② PV（Physical Volume）：物理卷。

③ VG（Volume Group）：卷组。

④ LV（Logical Volume）：逻辑卷，创建的逻辑卷大小一定是 PE 的整数倍（即逻辑卷的大小一定要是 4MB 的整数倍）。

在使用 LVM 对磁盘进行动态管理以后，是以逻辑卷的方式呈现给上层服务的。所以，所有的操作目的其实就是去创建一个 LV，LV 就是用来取代之前的分区。通过对逻辑卷进行格式化，然后进行挂载操作就可以使用了。

LVM 的工作原理如下：

① 物理磁盘被格式化为 PV，空间被划分为一个个的 PE。

② 不同的 PV 加入到同一个 VG 中，不同 PV 的 PE 全部进入到了 VG 的 PE 池内。

③ LV 基于 PE 创建，大小为 PE 的整数倍，组成 LV 的 PE 可能来自不同的物理磁盘。

④ LV 现在就可以直接格式化后挂载使用了。

⑤ LV 的扩充缩减实际上就是增加或减少组成该 LV 的 PE 数量，其过程不会丢失原始数据。
PE、PV、VG 和 LV 的关系如下图所示。

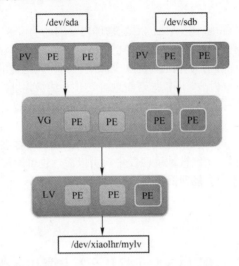

2. 创建 LVM

首先将物理硬盘格式化成 PV，然后将多个 PV 加入到创建好的 VG 中，最后通过 VG 创建所需要的 LV。管理 LVM 的常见命令如下所示。

PV 相关：

```
pvcreate /dev/sda4   #将物理硬盘格式化成 PV（物理卷）
pvdisplay  #创建完 PV 以后，可以使用 pvdisplay（显示详细信息）、pvs 命令来查看当前 PV 的信息
pvs  #创建完 PV 以后，可以使用 pvdisplay（显示详细信息）、pvs 命令来查看当前 PV 的信息
```

在创建完 PV 以后，这时需要创建一个 VG，然后将 PV 都加入到这个卷组当中，与 VG 相关的命令如下：

```
vgcreate vg_orasoft /dev/sda4   #创建 VG，在创建卷组时要给该卷组起一个名字，这里为 vg_orasoft
vgdisplay   #在创建好 VG 以后，可以使用 vgdisplay 或者 vgs 命令来查看 VG 的信息
vgs
```

因为创建好的 PV、VG 都是底层的东西，上层使用的是逻辑卷，所以要基于 VG 创建的逻辑卷才行，与 LV 相关的命令如下：

```
lvcreate -n lv_orasoft_u01 -L 1G vg_orasoft   #通过 lvcreate 命令基于 VG 创建好逻辑卷，名字为 lv_orasoft_u01，大小为 1GB
lvdisplay   #使用 lvdisplay 或者 lvs 命令来查看创建好的逻辑卷的信息
lvs
ls /dev/vg_orasoft/lv_orasoft_u01
```

每创建好一个逻辑卷，都会在/dev 目录下出现一个以该卷组命名的文件夹，基于该卷组创建的所有的逻辑卷都是存放在这个文件夹下面。

在创建好 PV、VG 及 LV 后，这时如果要使用逻辑卷，就必须将其格式化成用户所需要用的文件系统，并将其挂载起来，然后就可以像使用分区一样去使用逻辑卷了。

```
mkfs.ext4 /dev/vg_orasoft/lv_orasoft_u01   #格式化逻辑卷
mkdir /u11 #创建挂载点
mount /dev/vg_orasoft/lv_orasoft_u01 /u11   #挂载逻辑卷
```

通过以上步骤，所需要的逻辑卷就已经挂载好了，并且可以像使用分区一样来对其进行文件操作了。

3. 删除 LVM

在创建好逻辑卷后，可以通过创建文件系统，挂载逻辑卷来使用它。如果不想使用了，那么也可以将其删掉。需要注意的是，对于创建物理卷、创建卷组以及创建逻辑卷是有严格顺序的，同样，对于删

除逻辑卷、删除卷组以及删除物理卷也是有严格顺序要求的，其顺序大致如下所示：

① 首先将正在使用的逻辑卷卸载掉，通过 umount 命令。

② 将逻辑卷先删除，通过 lvremove 命令。

③ 删除卷组，通过 vgremove 命令。

④ 最后再删除物理卷，通过 pvremove 命令。

4．扩展 LVM

使用 LVM 逻辑卷可以对磁盘进行动态的管理。在传统的磁盘管理方式中，如果出现分区大小不足的情况，那么此时只能通过加入一块物理硬盘，然后对其进行分区，因为加入的硬盘作为独立的文件系统存在，所以对原有分区并没有影响。如果此时需要扩大分区，那么就只能先将之前的分区卸载掉，然后将所有的信息转移到新的分区下，最后再将新的分区挂载上去。如果是在生产环境下，那么这种操作几乎是不可能的，正因为如此，才出现了 LVM 的磁盘管理方式，可以动态地对磁盘进行管理。

在对逻辑卷进行扩展时，其实际就是向逻辑卷中增加 PE 的数量，而 PE 的数量是由 VG 中剩余 PE 的数量所决定的。需要注意的是，逻辑卷的扩展操作可以在线进行，不需要卸载掉之前的已挂载逻辑卷。这样的好处就是当逻辑卷的大小不够用时，不需要对其进行卸载，就可以动态地增加逻辑卷的大小，并不会对系统产生任何影响。例如，服务器上运行着一个重要的服务或者数据库，并要求 7×24 小时不间断保持在线，那么这样动态增加逻辑卷的大小就非常有必要了。

扩展一个逻辑卷其实是非常简单的，首先要保证 VG 中有足够的空闲空间，其次就是对逻辑卷进行动态的扩展，最后在扩展完逻辑卷以后还必须要更新文件系统。如果 VG 中 PE 的数量已经不足了，此时如果需要扩展逻辑卷，发现卷组中的空间已经不够用了，这时就必须对卷组进行扩展，使得卷组中有足够的空闲空间，最后再来扩展逻辑卷。卷组其实就是将多块 PV 加入到 VG 当中，所以卷组的扩展也非常简单，只需要增加一块物理硬盘，将其格式化成 PV，然后再将这个 PV 加入到该卷组中即可。

扩展逻辑卷的步骤如下：

```
vgextend vg_orasoft /dev/sdb3 #扩展 VG 卷组
lvextend -L +9G /dev/vg_orasoft/lv_orasoft_u01 #增加 9GB
lvextend -L 20G /dev/vg_orasoft/lv_orasoft_u01 #扩展到 20GB
resize2fs /dev/vg_orasoft/lv_orasoft_u01 #更新文件系统
```

逻辑卷的收缩操作必须离线执行，要先卸载掉逻辑卷才可以，否则就可能造成逻辑卷里的文件发生损害。收缩逻辑卷的命令如下所示：

```
lvreduce -L -4G /dev/vg_orasoft/lv_orasoft_u01 #减小 4GB 大小的逻辑卷
```

重命名逻辑卷：

```
lvrename /dev/vg_orasoft/lv_ora_soft_u01 /dev/vg_orasoft/lv_orasoft_u01
```

将逻辑卷的挂载信息添加到/etc/fstab 文件中，这样在每次系统启动时就可以自动挂载文件系统了：

```
/dev/vg_orasoft/lv_orasoft_u01 /u01    ext4 defaults 0 0
```

查找逻辑卷：

```
lvmdiskscan
vgchange -ay
```

9.3.2　AIX 下管理 LV 的常用命令有哪些?

AIX（Advance Interactive eXecutive）也可以叫作 An IBM Unix，是一种能同时运行 32 位和 64 位应用软件的 64 位操作系统，是真正的第二代 UNIX，具有性能卓越、易于使用、扩充性强、适合企业关键应用等的众多特点。有关 AIX 下的存储管理，首先需要掌握下表中的一些概念。

术　语	简　　介	图　　示
VG（Volume Group，卷组）	1）一个 VG 可以拥有多个硬盘，但至少拥有一个硬盘（hdisk） 2）一个硬盘（hdisk）只能属于一个 VG，不能同时属于多个不同 VG 3）用户可以创建多个不同 VG，rootvg 是操作系统所在的 VG。系统在安装时，在选择安装的内置硬盘物理卷时创建了根卷组 rootvg，并创建了 AIX 操作系统所必需的系统逻辑卷 4）用户数据的硬盘不要放在 rootvg 里，应该为它们独立创建 VG，这样可以保证数据的安全和独立性，而且修改或安装操作系统时不会影响用户 5）虽然一个 VG 最大可允许 32 个 PV，但是让一个卷组增加到多于 3 个物理卷是不明智的。因为 VG 中硬盘越多，整个 VG 的其他硬盘受到某个磁盘毁坏的影响的风险也越高	
PV（Physical Volume，物理卷） PP（Physical Partition，物理分区）	1）VG、LV、LP 是逻辑概念；PV、PP 是物理概念 2）在 AIX 存储管理器中，一个硬盘就是一个 PV 3）在硬盘添加到一个卷组的过程中，就按卷组定义的 PP 的大小被格式化成很多大小相等的 PP 4）同一个 VG 中的不同 PV 的 PP 大小要一样，默认的 PP 大小为 4MB；不同的 VG，PP 大小可以不同 5）系统新添加一块硬盘，系统认为这个硬盘是个设备，因为 AIX 系统的存储管理都是基于逻辑卷管理器，所以 PV 必须加入一个 VG 中，LVM 才能使用这个 PV，也就是系统才能使用其存储空间	
LV（Logical Volume，逻辑卷） LP（Logical Partition，逻辑分区） LVM（Logical Volume Manager，逻辑卷管理器）	1）AIX 存储管理的一个很重要的特点就是引入了"逻辑卷"这个概念，几乎所有 AIX 的存储管理都围绕"逻辑卷"展开 2）逻辑卷 LV 由多个逻辑上连续的逻辑分区组成 3）逻辑分区与物理分区存在映射关系，它们大小一样 4）LVM 是 AIX 系统存储管理的核心技术 5）在系统安装后，默认创建了多个系统逻辑卷，它们是以 hd 开头，如 hd4、hd1、hd2 等 6）在创建了逻辑卷后，可以在上面创建应用，如用于日志文件系统，如/dev/hd4；用于换页空间，如/dev/hd6；用于日志文件系统日志，如/dev/hd8；用于引导内核，如/dev/hd5；还可以直接是裸设备，用于数据库软件的数据存取等 7）每个卷组中用户可定义的逻辑卷最大可达 256，但是实际的限制取决于分配给卷组的物理卷个数 8）若逻辑卷空间不足，则只要卷组中还有足够的 PP 数量，那么逻辑卷空间都可以动态增大	
文件系统（File System）	1）文件系统是数据存储方式，是存储文件的目录层次结构 2）不同文件系统的数据存在硬盘的不同逻辑卷中 3）AIX 支持文件系统类型有日志文件系统 jfs、cdrfs、nfs 等 4）文件系统的内容通过目录连接在一起形成用户所见的文件视图	
换页空间（Paging Space）	假设一个 AIX 系统物理内存（RAM）为 256MB，则该系统正在运行的 AIX 操作系统，数据库应用和 TCP/IP 共占用了 248MB，如果一个需要 32MB 内存的应用程序启动后，RAM 中的一些内容必须移出（页换出），为应用程序腾出空间且保证被移出的内容在需要时还可以访问	

（续）

术　语	简　介	图　示
VGDA（Volume Group Description Area，卷组描述区）	VGDA 是硬盘上的一块区域，存在于每一个 PV 的开始处，包含整个卷组的信息，用于描述该 PV 所属的 VG 所包含的所有 LV 和 PV 信息。VGDA 的存在使得每一个 VG 都可以自我描述 每个 PV 上 VGDA 的个数随组成该 VG 的 PV 个数的不同而不同：若 VG 中包含单个 PV，则该 PV 上有两个 VGDA；若 VG 中包含两个 PV，则一个 PV 上有两个 VGDA，另一个 PV 上有一个 VGDA；若 VG 中包含 3 个或 3 个以上的 PV，则每个 PV 上都有一个 VGDA 当在一个 VG 中添加或删除一个 PV 时，会相应修改 VGDA 中的信息 为了确保描述卷组内逻辑卷和物理卷管理数据的完整性，要激活一个卷组，系统要求必须要有足够的可用的 VGDA 的个数，即满足 Quorum，Quorum 一般要求至少要有 51%可用。Quorum 用来指定为保持系统中某个 VG 的激活状态而必须可用的 VGDA 的数目	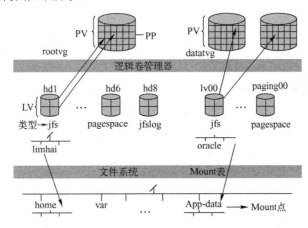
VGSA（Volume Group Status Area，卷组状态区）	VGSA 用于描述一个 VG 中所有的 PP 和 PV 的状态信息。VGSA 也是 VG 中的一块重要区域，它由 127B 组成，每个 PV 有一个 VGSA，每一位代表这个 PV 的一个 PP 的状态	

AIX 系统的存储结构图如下所示。

AIX 的一些系统逻辑卷如下。

● Paging Space：/dev/hd6，用于存储虚拟内存中信息的固定的磁盘空间。

● Journal Log：/dev/hd8，用于记录系统中文件系统结构的改变。

● Boot LV：/dev/hd5，用于系统启动映像的物理上连续的磁盘空间。

AIX 的一些文件系统如下。

● /（root）：系统启动进程所需的重要的系统设备信息及应用程序的存储空间。

● /usr：/dev/hd2，系统命令、信息库以及应用程序的存储空间。

● /var：/dev/hd9var，系统的日志文件和打印数据文件的存储空间。

● /home：/dev/hd1，系统中用户数据的存储空间。

● /tmp：/dev/hd3，系统临时文件和用户工作的存储空间。

一些常见的 LVM 命令见下表。

命 令	SMIT 快速路经	简 要 说 明
chpv	smit chpv	更改物理卷的特征
lspv	smit lspv	列出有关物理卷的信息
migratepv	smit migratepv	将物理分区从一个物理卷迁移到其他物理卷
mkvg	smit mkvg	创建卷组
lsvg	smit lsvg	列出有关卷组的信息
reducevg	smit reducevg	从卷组中删除某个物理卷
chvg	smit chvg	更改卷组的特征
importvg	smit importvg	将卷组的定义导入系统
exportvg	smit exportvg	从系统中删除某个卷组的定义
varyonvg	smit varyonvg	激活某个卷组
varyoffvg	smit varyoffvg	禁用某个卷组
mklv	smit mklv	创建逻辑卷
lslv	smit lslv	列出有关某个逻辑卷的信息
chlv	smit chlv	更改逻辑卷的特征
rmlv	smit rmlv	删除逻辑卷
extendlv	smit extendlv	扩展逻辑卷
mklvcopy	smit mklvcopy	创建逻辑卷的副本
rmlvcopy	smit rmlvcopy	删除逻辑卷的副本

注意，SMIT（System Management Interface Tool）是 AIX 系统用于系统管理的工具环境。它是以功能菜单的方式提供给 AIX 用户一个管理接口，以完成相应的系统管理功能。SMIT 有以下两种工作环境：ASCII 界面（命令行环境下执行 smit 命令或 smitty 命令都可以进入到 smitty 工具的主菜单）和图形界面（在图形终端下，smit 命令进入图形界面的 smitty 主菜单项，这里支持鼠标下的操作）。同时，系统通过两个日志文件（smit.log 和 smit.script）记录了用户所做的 SMIT 操作。

最后再介绍一下在 AIX 环境下，配置 RAC 共享存储的命令。例如，/dev/rhdisk10 是需要配置的共享盘：

```
chown grid.asmadmin /dev/rhdisk10    #查询磁盘属性
chmod 660    /dev/rhdisk10    #查询磁盘权限信息
lquerypv –h /dev/hdisk10    #查询磁盘头是否被使用
chdev –l hdisk10 –a reserve_policy=no_reserve –a algorithm=round_robin –a queue_depth=32 –a pv=yes    #修改磁盘属性信息
lsattr –El hdisk10    #查询磁盘属性信息
```

9.3.3　什么是 GPFS？

IBM 的 GPFS（General Parallel File System，通用并行文件系统）可以让用户共享文件系统，这些文件系统可以跨多个结点、多个硬盘。GPFS 文件系统提供了许多标准的 UNIX 文件系统接口，大多数应用不需要修改或重新编译就可运行在 GPFS 文件系统上。UNIX 文件系统上的实用程序也为 GPFS 所支持，也就是用户可以继续使用他们所熟悉的 UNIX 命令来进行常规的文件操作，但是用户需要使用 GPFS 文件系统的特有的管理命令来管理 GPFS 文件系统。在某些银行类的数据库架构中，其数据库的归档文件一般存放在 GPFS 中。

GPFS 提供的文件系统服务既适用于并行应用，也可用于串行应用。GPFS 使得并行应用可同时访问文件系统上同一个文件或不同的文件。GPFS 特别适合于集中对数据的访问超过了分布式文件服务器的处理能力的应用环境。它不适用于以热备份为主的应用环境或数据很容易按照结点划分区的应用环境。

GPFS 是一种定义在多个结点上的集群文件系统。运行 GPFS 的全部结点集称为 GPFS 群集。在 GPFS 群集中，所有结点又被分成多个 GPFS 结点集，在同一个结点集的结点可共享其所属的 GPFS 文件系统，而其他结点集中的结点是无法访问它的。GPFS 支持 lc、rpd、hacmp 和 sp 等多种群集类型。

下面给出一些 GPFS 中常用的命令：

```
ps –ef|grep mmfs              #查看 PGFS 的进程
mmlsconfig                    #查看 GPFS 的配置
mmlscluster                   #查看 GPFS 的成员
mmgetstate –Las               #查看 GPFS 集群各结点的状态
mmlsnsd                       #查看 NSD 的服务器
mmstartup  –a                 #启动 GPFS 系统
mmgetstate –a                 #查看 GPFS 集群状态
mmshutdown -a                 #关闭 GPFS 集群
```

常用的维护路径如下。

- GPFS 的安装路径：/usr/lpp/mmfs。
- GPFS 的命令路径：/usr/lpp/mmfs/bin。
- GPFS 的日志：/var/adm/ras/mmfs.log.latest。
- GPFS 的配置文件：/var/mmfs/gen/mmsdrfs。

9.3.4　什么是 RAID？各种级别的 RAID 的区别是什么？

独立冗余磁盘阵列（Redundant Array of Independent Disk，RAID）是一种把多块独立的硬盘（物理硬盘）按不同的方式组合起来形成一个硬盘组（逻辑硬盘），从而提供比单个硬盘更高的存储性能与数据备份能力的技术。RAID 特色是 N 块硬盘同时读取速度加快及提供容错性。可以将 RAID 分为不同级别，级别并不代表技术高低，选择哪一种 RAID 产品纯视用户的操作环境及应用而定，与级别高低没有必然关系。其中，RAID0、RAID1、RAID5、RAID10 这 4 种级别比较典型，所以这里只讨论这 4 种级别，它们的具体区别见下表。

类型	RAID0	RAID1	RAID5	RAID10
简介	RAID0 称为条带化（Striping、Stripe）存储，它的原理是，将连续的数据分散到不同的磁盘上存储，这些不同的磁盘能同时并行存取数据（速度快，读/写均可以并行处理），因此其读/写速率为单个磁盘的 N 倍（N 为组成 RAID0 的磁盘个数），但是却没有数据冗余，单个磁盘的损坏会导致数据的不可修复。RAID0 成本低，要求至少两个磁盘，一般只是在那些对数据安全性要求不高的情况下才被使用	镜像存储（mirroring），没有数据校验。数据被同等地写入两个或多个磁盘中，可想而知，写入速度会比较慢，但读取速度会比较快。读取速度可以接近所有磁盘吞吐量的总和，写入速度受限于最慢的磁盘。RAID1 也是磁盘利用率最低的一个。如果用两个不同大小的磁盘建立 RAID1，那么较大的磁盘多出来的部分可以另作他用，不会浪费	RAID0 和 RAID1 的折中方案，读取速度比较快（不如 RAID0，因为多存储了校验位），安全性也很高（可以利用校验位恢复数据），空间利用率也不错（不完全复制，只冗余校验位），这也是互联网公司用得比较多的存储方案。RAID5 是 RAID 级别中最常见的一个类型	RAID10 是先镜像再分区数据，是将所有硬盘分为两组，然后将这两组各自视为 RAID1 运作。RAID10 有着不错的读取速度，而且拥有比 RAID0 更高的数据保护性

（续）

类型	RAID0	RAID1	RAID5	RAID10
图示	 RAID 0 Disk 0　Disk 1	 RAID 1 DRIVE 1　DRIVE 2 Mirrored Data to both Drives	 RAID 5	 RAID 10 RADI 0 RAID 1　RAID 1
读写性能	最好（因并行性而提高）	读和单个磁盘无分别，写则要写两边	读：RAID5=RAID0（相近似的数据读取速度） 写：RAID5<对单个磁盘进行写入操作（多了一个奇偶校验信息写入）	读：RAID10=RAID0 写：RAID10=RAID1
安全性	最差（完全无安全保障）	最高（提供数据的百分之百备份）	中	RAID10=RAID1
冗余	无	只要系统中任何一对镜像盘中有一块磁盘可以使用，甚至可以在一半数量的硬盘出现问题时系统都可以正常运行	奇偶校验，只允许一块磁盘损坏	只要一对镜像盘中有一块磁盘可以使用就没问题
需要的磁盘数	至少需要两块磁盘	至少需要 2+2N 块磁盘（N≥0）	至少需要 3 块磁盘	至少需要 4+2N 块磁盘（N≥0）
磁盘利用率	最高（100%）	差（50%）	(N-1)/N，即只浪费一块磁盘用于奇偶校验	RAID10=RAID1（50%）
成本	最低	最高	中	RAID10=RAID1
应用方面	个人用户	适用于存放重要数据，如服务器和数据库存储等领域	是一种存储性能、数据安全和存储成本兼顾的存储解决方案	集合了 RAID0、RAID1 的优点，但是空间上由于使用镜像，而不是类似 RAID5 的"奇偶校验信息"，磁盘利用率一样是 50%

可以根据数据读/写的特点、可靠性要求以及投资预算等方面来选择合适的 RAID 级别，如：

- 数据读/写都很频繁，可靠性要求也很高，最好选择 RAID10。
- 数据读很频繁，写相对较少，对可靠性有一定要求，可以选择 RAID5。
- 数据读/写都很频繁，但可靠性要求不高，可以选择 RAID0。

9.4　OS

9.4.1　接触过哪些 OS 系统？常用命令有哪些？

首先，对于 Oracle 数据库而言，常用的系统是 Linux、AIX、Windows、HP-UX 等，对于 MySQL

常用的系统是 Linux 系统，对于 SQL Server 常用的系统是 Windows 系统。

IT 人员对 Windows 系统都很熟悉，需要重点学习的是 Windows 下的服务和注册表，希望读者可以查找相关资料对 Windows 下的服务和注册表进行深入的学习。需要注意的是，按〈Windows+R〉键可以打开运行框，输入 services.msc 即可打开 Windows 的服务。

对于 Linux 和 AIX 系统，需要了解以下几个常用的命令，见下表。

命令描述	Linux	AIX
查看 CPU 的利用率	top	topas/nmon
查看内存的使用率	vmstat/free	vmstat
查看磁盘的使用率	df -h	df -g
查看进程	ps -ef	ps -ef

Linux 下的 top 截图如下图所示。

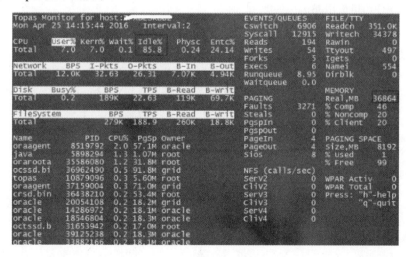

AIX 下输入 topas 如下图所示。

9.4.2　会写 SHELL 脚本吗?

这里以几道真题为例，简单讲解与 SHELL 有关的面试题。在实际工作中，要写的 SHELL 脚本要复杂得多。

【真题 306】 如何统计文件 a.txt 有多少非空行?

答案:

```
grep -c '^..*$' a.txt
```

或

```
grep −v '^$' a.txt | wc −l
```

【真题 307】 文件 b.txt，每行以 "：" 符分成 5 列，如 "1:apple:3:2012-10-25:very good"，如何得到所有行第三列的总和值？

答案：

```
awk 'BEGIN {FS=":"; s=0} {s+=$3} END {print s}' b.txt
```

【真题 308】 取文件 c.txt 的第 60～480 行记录，忽略大小写，统计出重复次数最多的那条记录及重复次数。

答案：

```
sed −n '60,480'p c.txt | sort | uniq −i −c | sort −rn | head −n 1
```

【真题 309】 如何生成日期格式的文件？

答案：在 Linux/UNIX 上，使用 "'date +%y%m%d'或$(date +%y%m%d)"，如：

```
touch exp_table_name_'date +%y%m%d'.dmp
DATE=$(date +%y%m%d)
```

或者：

```
DATE=$(date +%Y%m%d −−date '1 days ago')    #获取昨天或多天前的日期
```

在 Windows 上，使用%date:~4,10%，其中 4 是开始字符，10 是提取长度，表示从 date 生成的日期中提取从 4 开始长度是 10 的串。如果想得到更精确的时间，那么在 Windows 上面还可以使用 time。

【真题 310】 如何测试磁盘性能？

答案：用类似如下的方法测试写能力：

```
time dd if=/dev/zero of=/oradata/biddb/testind/testfile.dbf bs=1024000 count=1000
```

期间系统 I/O 使用可以用 iostat：

```
iostat −xnp 2 #显示 Busy 程度
```

【真题 311】 如何格式化输出结果？

答案：可以使用 column 命令，如下所示：

```
[oracle@rhel6lhr ~]$ mount
/dev/sda2 on / type ext4 (rw)
proc on /proc type proc (rw)
sysfs on /sys type sysfs (rw)
devpts on /dev/pts type devpts (rw,gid=5,mode=620)
tmpfs on /dev/shm type tmpfs (rw,size=2G)
[oracle@rhel6lhr ~]$ mount | column −t
/dev/sda2              on  /         type  ext4     (rw)
proc                  on  /proc     type  proc     (rw)
sysfs                 on  /sys      type  sysfs    (rw)
devpts                on  /dev/pts  type  devpts   (rw, gid=5, mode=620)
tmpfs                 on  /dev/shm  type  tmpfs    (rw, size=2G)
[oracle@rhel6lhr ~]$ cat /etc/passwd
root:x:0:0:root:/root:/bin/bash
bin:x:1:1:bin:/bin:/sbin/nologin
[oracle@rhel6lhr ~]$ cat /etc/passwd | column −t −s:
root      x  0  0    root        /root        /bin/bash
bin       x  1  1    bin         /bin         /sbin/nologin
```

9.4.3 AIX 系统下的 LPar、逻辑 CPU、虚拟 CPU、物理 CPU 的含义分别是什么?

1. LPar、DLPar、WPar

IBM 目前的分区技术有以下两种，分别为逻辑分区（Logical Partitions，LPar）和微分区（Micro-

Partitioning）。

　　LPar 是指将一个物理的服务器划分成若干个虚拟的或逻辑的服务器，每个虚拟的或逻辑的服务器运行自己独立的操作系统，有自己独享的处理器、内存和 I/O 资源，系统资源（如 CPU、内存和 I/O）在不同的系统分区之间移动时，需要所影响的系统分区重新引导。动态 LPar（Dynamic Logical Partitions，DLPar）可以在不同的分区之间移动资源时，不影响分区的正常运行，即不需要重新引导分区，这将大大提高应用的灵活性和系统的可用性。LPar 的配置和管理是通过硬件管理控制台（Hardware Management Console，HMC）来实现的。

　　微分区（Micro-Partitioning）技术使得动态逻辑分区的资源调整功能不但可以移动物理资源，还可移动、增减虚拟资源，这样系统管理员就可以根据分区系统负荷和分区业务运行特点，随时将资源动态分配到需要的地方，从而大大提高资源的利用效率和灵活性。微分区通过虚拟 I/O 服务器（Virtual I/O Server，VIO Server）实现。VIO Server 提供了在多个 LPar 之间共享 I/O 资源的能力。在 VIO Server 上定义虚拟以太网和磁盘设备，然后使它们对系统上的其他 LPAR 可用。如果没有共享所管理系统上的 I/O 设备的能力，那么每个 LPar 都将需要自己的专用设备。

　　WPar（Workload Partition，工作负载分区）是由软件创建的、AIX 6 映像中的虚拟化的操作系统环境。对于所承载的应用程序来说，每个工作负载分区都是一个安全的、隔离的环境。WPar 中的应用程序认为，它正执行于自己的、专门的 AIX 实例中。

　　这几种技术的比较见下表。

比较项目	LPar	DLPar	Micro-Partitioning
最小 CPU 数	1C/128MB	1C/128MB	1/10C
资源调整	分区重新启动	分区不需要重新启动	分区不需要重新启动
实现方式	HMC 或 IVM	HMC 或 IVM	HMC 或 IVM
	软件自带	软件自带	购买 apv（p5）/powerVM(p6)许可
资源共享	NO（除电源）	NO（除电源）	共享处理器池、虚拟 I/O、虚拟 LAN
操作系统	AIX 5.1 及以上或 Linux	AIX 5.2 及以上或 Linux	AIX 5.2（apv）或 linux、powerVM（p6 AIX6.1）
硬件基础	定义了名为 Hypervisor 的新层。该层位于硬件之上，并且使用称为 hypervisor 调用的硬件，通过一组低层的例程进行操作。操作系统通过这些 Hypervisor 调用为 Hypervisor 提供了接口		

2．Dedicated（独占）模式和 Shared（共享）模式

　　分区有以下两种模式，分别是 Dedicated（独占）模式和 Shared（共享）模式。Dedicated 和 Shared 模式的区别在于 CPU 的使用方式不同，在 Dedicated 分区中，分配给此分区的 CPU 仅供此分区使用，即使此分区 CPU 处于困置状态，只要分区启动，其 CPU 就是固定的（可以通过动态分区方式进行手工 CPU 的移动，调整到其他分区)，因此被称为"独占"分区；而共享分区则是所有配置为共享方式的分区（还有在同一共享池等要求）共用这些 CPU。如果某一分区的 CPU 空闲，那么可以被其他分区使用。如果所有的分区都很忙，那么这些共享分区根据分配给此分区的 Processing Unit（即物理 CPU）、Virtual Processor（逻辑 CPU）、Capped/Uncapped（是否封顶）、Weight（权重）等几个值进行 CPU 分配。

3．逻辑 CPU、虚拟 CPU、物理 CPU

　　PU（Processing Unit）决定了此分区（确保）分配的物理 CPU，在 AIX 操作系统中被称为 Entitlement CPU（或简称 EntCPU）。如果此分区需要 CPU 资源，那么无论其他分区处于什么状态，此为必须保证获得的物理 CPU 数值。因此，在一个其享分区池中，所有分区的 Entitlment CPU 总和不能大于此共享池所拥有的全部物理 CPU 数量。Processing Unit 的最小分配单位是 0.1 个 CPU，最大为当前可用的所有物理 CPU。

　　在微分区概念里，只有整个机器才有物理 CPU 配置的概念。在单个 LPar 上已经基本没有物理 CPU 的概念了，取而代之的是物理 CPU 处理能力。因为物理 CPU 已经不再单独划拨给某个 LPar，而是按需

从 CPU 资源池获得物理 CPU 处理能力，所以其获得处理能力的大小是跟某些参数相关的。

1）在创建 LPar 时，有一个值 EC（Entitled Capacity，授权处理能力），是指在极端情况下（机器上所有 LPar 都很忙），该 LPar 也保证能从资源池里获得这么多的物理 CPU 处理能力。这个值只在 LPar 创建时有意义，在运行时并无太大的意义。一个机器上所有活动 LPar 的 EC 值加起来不会超过机器总 CPU 配置值。以上所讲都是指在 Uncapped 模式下的情形；如果 LPar 设置为 Capped 模式，那么最多能使用到 EC 值的物理 CPU 处理能力。

2）单个 LPar 想要获得额外的（超过 EC）的物理 CPU 处理能力，取决于资源池里有多少物理 CPU 处于空闲状态；其次有一个参数权重值（Weight），也决定了该 LPar 在获得额外 CPU 处理能力时的竞争力。

3）单个 LPar 获得的物理 CPU 处理能力（Used CPU）最大不会超过虚拟 CPU 配置值，而且不会超过 EC 值*10。

下图是 NMON 的截图：

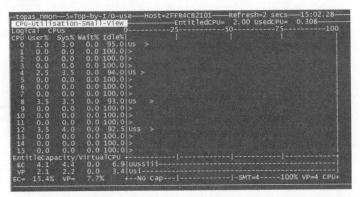

Virtual Procesor（VP，虚拟 CPU）决定了此分区"最多"可以获得的物理 CPU 资源，即使是 Uncapped（不封顶）方式，一个分区也不可能抢占超过分配给这个分区的 Virtual Processor 数量的物理 CPU。一个 VP 从操作系统上看就是一个 proc 设备。VP 的分配没有什么限制，即使只有一个物理 CPU，也可以分配给这个分区多达 10 个 VP（VP 不能超过分配的物理 CPU 数量的 10 倍，如果是 0.1 物理 CPU，那么可以分配 1 个 VP，而 0.9 个物理 CPU 则可以分配 9 个 VP，如果是 2.3 个物理 CPU 那么不能超过 23）。另外，VP 也不能少于分配的物理 CPU 数量，0.1～0.9 都作为一个物理 CPU 计算比例，即如果分配了 2.3 个物理 CPU，则 VP 不能少于 3 个。

虚拟 CPU 可以理解成物理 CPU 处理能力的一个体现、一个载体，它的联机配置值是一个最重要的参数值，虚拟 CPU 的颗数基本决定了该 LPar 可以获得物理 CPU 处理能力的上限。现在 LPar 配置清单上关于 CPU 的配置数，一般都是指虚拟 CPU 的颗数。基本可以把它等同理解成传统分区上物理 CPU 的配置值，只是没有将物理 CPU 实际划拨给该 LPar 而已。

微分区下有一个概念 SMT（Simultaneous Multi Threading Mode，模拟并发多线程），一个 CPU 同一时刻只能响应一个线程（某些进程是单线程，某些是多线程的），所以 CPU 的颗数决定了联机并发处理能力。SMT 技术使一颗虚拟 CPU 能模拟成为两个逻辑 CPU，变相地使同一时刻系统能够处理的线程数大大的增加了。简单来说，虚拟 CPU 和逻辑 CPU 的关系就是 1:1（SMT 关闭时）或者是 1:2（SMT 开启时），Power7 甚至可以支持 1:4。一般来讲，对于联机并发事务比较多的系统，SMT 打开是比较好的，而晚间批量时（无联机业务，多为单线程任务，需要单颗 CPU 处理能力比较强），SMT 关闭比较好。SMT 开关可以联机改变生效，一般都是常设为打开的。

由于一个分区的 VP 和 PU 数量不相同，而且 VP 一定大于 PU，当这个分区比较繁忙时，CPU 的需求量可能超过了分配的 PU 数量，因此如果此时该分区是 Uncapped 的分区，那么它可从共享 CPU 的一组分区中"借用"PU，即把别的分区的空闲 CPU 时间片"抢占"过来。如果分区是 Capped（封顶），那么分区用尽分配给它的 EntitlementPU 之后就无法再获得更多的 CPU 资源了。如果共享分区组中有多个分区都需要 CPU 资源，此时已经没有空闲的 CPU 资源，那么参数 Weight（权重）就起作用了，权重从 0～255，权重越高的，越优先获得 CPU 资源（权重 0 相当于封顶 Capped）。

4．CPU 个数查询

① smtctl。

```
# smtctl
This system is SMT capable.
SMT is currently enabled.
SMT boot mode is not set.
    SMT threads are bound to the same physical processor.
proc0 has 2 SMT threads.
    Bind processor 0 is bound with proc0
    Bind processor 1 is bound with proc0

proc2 has 2 SMT threads.
    Bind processor 2 is bound with proc2
    Bind processor 3 is bound with proc2

proc4 has 2 SMT threads.
    Bind processor 4 is bound with proc4
    Bind processor 5 is bound with proc4

proc6 has 2 SMT threads.
    Bind processor 6 is bound with proc6
    Bind processor 7 is bound with proc6
```

可以看到，该系统具有 SMT 能力且当前 SMT 功能已启用。4 个虚拟 CPU 对应着 8 个逻辑 CPU。

② bindprocessor。

```
# bindprocessor -q
The available processors are: 0 1 2 3 4 5 6 7
```

可以看到可用的逻辑 CPU 个数是 8 个（0～7）。

③ prtconf。

```
# prtconf
System Model: IBM,9131-52A
Machine Serial Number: 0677A5G
Processor Type: PowerPC_POWER5
Number Of Processors: 4 ⇒》有 4 个虚拟 CPU
Processor Clock Speed: 1648 MHz
CPU Type: 64-bit
Kernel Type: 64-bit
LPAR Info: 1 06-77A5G
```

④ lsdev。

```
# lsdev -Cc processor
proc0 Available 00-00 Processor
proc2 Available 00-02 Processor
proc4 Available 00-04 Processor
proc6 Available 00-06 Processor
```

可以看到系统中有 4 个虚拟 CPU。

⑤ vmstat。

```
# vmstat
System configuration: lcpu=8 mem=7936MB
```

可以看到系统中有 8 个逻辑 CPU。

5. 微分区情况下 CPU 监控

可以使用以下几个命令：

① topas。

在微分区模式下，topas 的 CPU 监控多出两个值：Physc 和%EntC，见下图。其中，Physc 表示实际使用的 CPU 处理能力，这里相当于使用了 1.07 颗物理 CPU；%Entc，使用的 CPU 处理能力分配给 LPar 的 CPU 处理能力。在非受限模式下，该值可超过 100%。

```
Kernel    2.4    |#
User     26.1    |########
Wait      0.1    |#
Idle     71.5    |####################
Physc =  1.07                     %EntC=  29.8
```

使用 topas –L 命令，可以查看 entitled capacity 为 3.60，%EntC=1.1/3.60*100≈29.51。

```
Interval:    2     Logical Partition: LPAR_BANCSCARD1    Tue May 11 10:04:23 2010
Psize:       -                     Shared SMT  ON        Online Memory:   12288.0
Ent: 3.60                           Mode: UnCapped       Online Logical CPUs:    8
Partition CPU Utilization                                Online Virtual CPUs:    4
%usr %sys %wait %idle physc  %entc %lbusy     app    vcsw  phint   %hypv   hcalls
 27    1    0    72   1.1   29.51  13.23        -    1825    73    12.2    8558
==============================================================================
LCPU  minpf majpf  intr   csw   icsw rung lpa  scalls usr sys _wt idl   pc   lcsw
Cpu0     1     0   1153  1703    835    0 100    1484  95   4   0   1  0.35   682
Cpu1     0     0     18    18      0    0   0       0   0   1   0  99  0.01   690
Cpu2   477     0    485   694    347    0 100    8207  96   4   0   0  0.67   151
Cpu3     0     0     18     0      0    0   0       0   0   1   0  99  0.02   162
Cpu4     0     0     15     0      0    0   0       0   0   0  27  73  0.00    24
Cpu5     0     0     12     0      0    0   0       0   0   0  23  77  0.00    24
Cpu6     0     0     35     0      0    0   0       0   0   0  30  70  0.00    45
Cpu7     0     0     11     0      0    0   0       0   0   0  16  84  0.00    45
```

从上图中可以看到如下信息：

- 系统的虚拟 CPU（VP）为 4 颗，可在系统中使用 lsdev –Cc processor 查看。
- SMT 是 ON 的状态，每一颗虚拟 CPU 都分配两颗逻辑 CPU，逻辑 CPU 为 8 颗。
- CPU 采用非受限模式，分配的处理能力是 3.60 颗 CPU。
- %lbusy：有效使用的逻辑 CPU 占 13.23%（user+sys）。

可使用 topas 命令，按〈C〉键查看每个逻辑 CPU 的使用情况，如下图所示。也可使用 topas –L 查看。

```
CPU    User%   Kern%  Wait%  Idle%  Physc
0      88.8    10.9   0.0    0.3    0.62
2      87.5    12.1   0.0    0.4    0.40
3       0.0     4.1   0.0   95.9    0.02
1       0.0     2.8   0.0   97.2    0.03
4       0.0    24.0   0.0   76.0    0.00
7       0.0    25.8   0.0   74.2    0.00
5       0.0    27.5   0.0   72.5    0.00
```

② NMON。

在 NMON 中，按〈C〉键，可得到 LPar 的 CPU 运行监控图，如下图所示。在 topas 中监控的大部分信息都可以得到显示。

```
┌topas_nmon──W=WLM──────────Host=bancscard1───Refresh=2 secs──10:26.05──
│CPU-Utilisation-Small-View─────────────EntitledCPU=  3.60 UsedCPU=  0.043──
│Logical   CPUs ┌--------+---25-------+---50------+----75------+---100
│CPU User% Sys% Wait% Idle%|
│ 0   1.0   2.0   0.5  96.5|s        >
│ 1   0.0   0.0   0.0 100.0|>
│ 2   0.0   0.0   0.0 100.0|>
│ 3   0.0   0.0   0.0 100.0|>
│ 4   0.0   0.0   0.0 100.0|>
│ 5   0.0   0.0   0.0 100.0|>
│ 6   0.0   0.0   0.0 100.0|>
│ 7   0.0   0.0   0.0 100.0|>
│EntitleCapacity/VirtualCPU+----------+----------+----------+----------+
│ EC  0.4   0.5   0.0   0.3|
│ VP  0.4   0.4   0.0   0.3|
│EC=  1.2% VP=   1.1%   +--No Cap---|--Folded=3--|----------100% VP=4 CPU+
```

监控内容增加一项内容 Folded：

从 AIX 5.3 开始，系统引入虚拟 CPU folding 功能。对于非受限的微分区，为在需要时拿到较多 CPU 资源，一般配置较高的 VP 数量。当系统空闲时，Hypervisor 为了维护这些闲置的虚拟 CPU，需消耗一定资源。引入 folding 功能后，当 CPU 空闲时，Hypervisor 将这些 CPU 标记为"待唤醒"状态，降低了 Hypervisor 负担。Folding 主要包括以下特点：

- 空闲的 VP 不会立即从 LPar 中拿走，只是标记一个闲置状态，当有新的处理作业时，立即唤醒即可使用。
- 当系统很忙时，体现不出 folding 功能的优点。
- 若关闭 folding 功能，则所有的 VP 都将映射到物理 CPU 上。

③ vmstat。

在微分区模式下，vmstat 的 CPU 监控增加 pc 和 ec 项，分别对应 topas 中的 Physc 和%EntC。

④ lparstat。

显示内容 Physc、%EntC、lbusy。

⑤ sar。

显示内容：Physc、%EntC，如 sar 1 10。也可显示每个逻辑 CPU 的使用情况，如 sar -P ALL 1 10。使用 sar -P ALL 和 mpstat -s 可以看到逻辑 CPU 消耗物理 CPU 的比例，如下图所示。

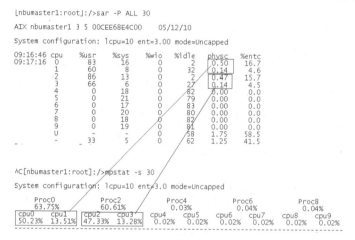

也可在 topas 中查看各逻辑 CPU 消耗占物理 CPU 的比例，如下图所示。

```
Topas Monitor for host:      nbumaster1
Wed May 12 09:28:29 2010   Interval:  2

CPU   User%  Kern%  Wait%  Idle% Physc
cpu2   83.1   15.6    0.0    1.2  0.48
cpu1   80.5    3.3    0.0   16.2  0.22
cpu0   79.8   18.2    0.0    2.0  0.49
cpu3   72.4    5.2    0.0   22.4  0.16
cpu4    0.0   18.5    0.0   81.5  0.00
cpu5    0.0   22.0    0.0   78.0  0.00
cpu9    0.0   20.0    0.0   80.0  0.00
cpu6    0.0   17.4    0.0   82.6  0.00
cpu7    0.0   22.0    0.0   78.0  0.00
cpu8    0.0   19.4    0.0   80.6  0.00
```

⑥ mpstat。

如查看 SMT 的信息：mpstat -s 1。

6. LPar 的其他常用命令

1）bootinfo -b：检测上次正确引导的设备。
2）bootinfo -K：查看操作系统内核。
3）bootinfo -y：查看系统硬件所能支持的内核。
4）prtconf -k：系统内核。
5）prtconf -c：cpu 位数，硬件位数。
6）bootinfo -r：查看系统内存。
7）bootinfo -e：查看系统能否从磁带启动，1 为可以，0 为不能。
8）uname -L：查看 LPar 的名称。
9）lparstat -i：查看 LPar 的各种配置参数。

9.4.4 NMON 的作用是什么?

NMON（Nigel's Monitor）工具是 IBM 提供的免费的在 AIX 与各种 Linux 操作系统上广泛使用的监控与分析工具。NMON 既可以联机查看 AIX 或 Linux 的当前各项系统性能（磁盘、CPU、I/O 和内存等），也可以将服务器的系统资源耗用情况收集起来并输出到一个特定的文件，并利用 Excel 分析工具 nmon_analyser 进行数据的统计分析，而且可以自动地生成相应的图形，使得 DBA 或系统管理员可以非常直观地观察 OS 性能（CPU、I/O 和内存等）的变化过程。比较常见的是收集一整天的信息，然后每天生成一张 Excel 表。NMON 运行不会占用过多的系统资源，通常情况下 CPU 利用率不会超过 2%。针对不同的操作系统版本，NMON 有相应版本的程序。

目前 NMON 已开源，以 sourceforge 为根据地，网址是 http://nmon.sourceforge.net。下载软件时需要根据不同的系统进行下载。NMON 工具是一个独立的二进制文件（不同的 AIX 或 Linux 版本中该文件也有所不同）。NMON 其实就是一个 SHELL 脚本，文件大小不到 500KB，基本可以在 5s 内完成该工具的安装。

在 AIX 系统下，NMON 的一个开始界面见下图。

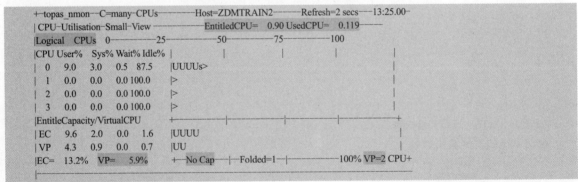

输入"h"查看帮助信息；输入"c"可以查看系统 CPU 的使用情况；输入"m"查看系统内存使用情况；输入"d"查看系统磁盘 I/O 情况；输入"r"查看系统基本情况，包括几颗 CPU 及其主频，系统所在机器的型号及序列号，操作系统版本等；输入"p"显示 LPar 信息；输入"t"按 CPU 使用率的各进程排名。下面以"c"为例介绍在 AIX 系统下的界面：

```
+-topas_nmon--C=many-CPUs--------Host=ZDMTRAIN2-------Refresh=2 secs---13:25.00-
| CPU-Utilisation-Small-View----------EntitledCPU    0.90 UsedCPU   0.119----
|Logical  CPUs  0---------25---------50---------75---------100
|CPU User%   Sys% Wait% Idle% |         |         |         |          |
|  0   9.0   3.0   0.5  87.5  |UUUUs>                                  |
|  1   0.0   0.0   0.0 100.0  |>                                       |
|  2   0.0   0.0   0.0 100.0  |>                                       |
|  3   0.0   0.0   0.0 100.0  |>                                       |
|EntitleCapacity/VirtualCPU   +---------+---------+---------+----------+
|EC    9.6   2.0   0.0   1.6  |UUUU                                    |
|VP    4.3   0.9   0.0   0.7  |UU                                      |
|EC=  13.2%   VP=    5.9%     +--No Cap--|-Folded=1-|--------100% VP=2 CPU+
+------------------------------------------------------------------------------
```

其中，各个参数的解释如下所示。

① EntitledCPU=0.90：授权 CPU 处理能力为 0.9。

② UsedCPU=0.119：该 LPar 即时使用的物理 CPU 值为 0.119（即时获得的 CPU 处理能力）。由于设置模式为 Uncap（即 NoCap），因此该 LPar 在有比较大的负载时，这个值会超过 EC=0.9，但不会超过 VP=2，也不会超过 EC×10=9。

③ VP=2：虚拟 CPU 配置值为 2 颗，最重要的 CPU 参数配置值之一。

④ VP=5.9%：虚拟 CPU 使用率，这项值是判断该 LPar 上虚拟 CPU 是否需要扩容的最直接反映。如果该项值持续超过 98%，那么可以考虑调大虚拟 CPU 配置颗数。一般来说，VP 值不要小于 2。

上面所讲的只是在服务器监控，其实真正需要的是如何收集这些数据并处理分析它们。NMON 提供了一个 nmon_analyser 的分析工具，可利用 Excel 进行统计结果的分析。在测试时，可使用下列命令进行数据的输出：

```
./nmon–fT –r nmon_lhr –s 5 –c 5 –m /home/
```

上面命令的含义是，–f 表示输出文件（按标准格式输出文件名称：<hostname>_YYYYMMDD_HHMM.nmon）；–T 表示输出最耗资源的进程；–r 表示 NMON 生成的标题，监控记录的标题；–s 表示收集数据的时间间隔；–c 表示收集次数；–m 表示生成的数据文件的存放目录。在这个例子中，是每隔 5s 监控一次，共执行 5 次。

如果想在后台运行 NMON，那么可用：

```
nohup ./ nmon_x86_fedora5–fT –s 10 –c 120
```

命令在后台启动相关的进程运行 NMON 工具。如果想结束该进程，那么可以使用：

```
ps –aef|grep *nmon*
```

查出该进程 ID，然后使用：

```
kill –9 进程 ID
```

杀掉即可。

若想自动按天采集数据，则可以在 crontab 中增加一条记录：

```
0 0 * * * root nmon –s300 –c288 –f –m /home/ > /dev/null 2>&1
```

300×288=86400s，正好是一天的数据。

在生成 nmon 文件之后，就可以使用 nmon_analyser 工具进行分析处理了。

9.4.5　Linux 环境下/dev/shm 目录的作用是什么？

/dev/shm/是 Linux 下一个非常有用的目录，因为这个目录不在硬盘上，而是在内存里。在 Linux 下，它默认最大为内存的一半大小，使用"df –h /dev/shm/"命令可以查看，但它并不会真正地占用这块内存。如果/dev/shm/下没有任何文件，那么它占用的内存实际上就是 0B。

```
[root@rhel6lhr ~]# df –h /dev/shm/
Filesystem      Size   Used Avail Use% Mounted on
tmpfs           2.0G   211M 1.8G 11% /dev/shm
```

默认系统就会加载/dev/shm，它就是所谓的 tmpfs。tmpfs 是一个文件系统，而不是块设备。

tmpfs 有以下优势：

① 动态文件系统的大小。

② tmpfs 的另一个主要的好处是它闪电般的速度。因为典型的 tmpfs 文件系统会完全驻留在 RAM 中，读/写几乎可以是瞬间的。

③ tmpfs 数据在重新启动之后不会保留，因为虚拟内存本质上就是易失的。

默认的最大一半内存大小在某些场合可能不够用，所以一般都要调高些，这时可以用 mount 命令来管理它：

```
# mount –o remount,size=1.5G /dev/shm
```

如果需要永久修改/dev/shm 的值，那么需要修改/etc/fstab 文件：

```
tmpfs /dev/shm tmpfs defaults,size=1.5G 0 0
```

然后重新挂载：

```
# mount –o remount /dev/shm
```

若有时不能卸载该目录，报错："umount: /dev/shm: device is busy."，则可以用 fuser 处理：

```
# fuser –km /dev/shm
# umount /dev/shm
# mount /dev/shm
```

需要注意的是，在 Oracle 11g 中，如果采用 AMM 内存管理，那么当 MEMORY_TARGET 的值大于 /dev/shm 时，就会报 "ORA-00845: MEMORY_TARGET not supported on this system" 错误，解决办法就是增加/dev/shm 的大小。

9.4.6 Linux 下的常用设备有哪些？

Linux 是文件型系统，所有硬件和软件一样都会在对应的目录下面有相应的文件表示，一般保存在 dev 这个目录下，即对于 dev 这个目录下面的文件，表示的都是 Linux 的设备。通过这种方式，直接读文件、写文件就可以向设备发送读或者写操作了。按照读/写存储数据方式，可以把设备分为以下几种：字符设备、块设备和伪设备，见下图。

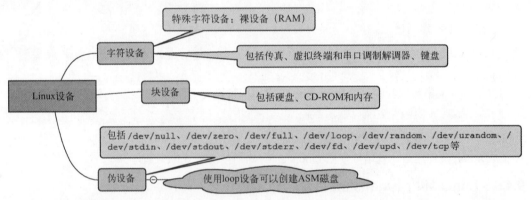

1）字符设备是指每次与系统传输 1 个字符的设备。这些设备结点通常为传真、虚拟终端和串口调制解调器、键盘之类设备提供流通信服务，它通常不支持随机存取数据。字符设备在实现时，大多不使用缓存器。系统直接从设备读取或写入每一个字符。例如，键盘这种设备提供的就是一个数据流，当输入 "xiaomaimiao" 这个字符串时，键盘驱动程序会按照和输入完全相同的顺序返回这几个字符组成的数据流，它们是顺序的，即先返回 x，最后是 o。

2）块设备是指与系统间用块的方式移动数据的设备。这些设备结点通常代表可寻址设备，如硬盘、CD-ROM 和内存区域。块设备通常支持随机存取和寻址，并使用缓存器。操作系统为输入/输出分配了缓存以存储一块数据。当程序向设备发送了读取或者写入数据的请求时，系统把数据中的每一个字符存储在适当的缓存中。当缓存被填满时，会采取适当的操作（把数据传走），而后系统清空缓存。它与字符设备的不同之处是，是否支持随机存储。字符型是流形式，逐一存储。

3）在类 UNIX 操作系统中，设备结点并不一定要对应物理设备。没有这种对应关系的设备是伪设备。操作系统使用伪设备提供了多种功能。经常使用到的伪设备包括/dev/null、/dev/zero、/dev/full、/dev/loop、/dev/random、/dev/urandom、/dev/stdin、/dev/stdout、/dev/stderr、/dev/fd、/dev/upd、/dev/tcp 等。这些设备在 Linux 的 SHELL 命令里有特殊的作用。

- /dev/stdin 指的就是键盘设备；/dev/stdout 指向标准输出，因此重定向给它的数据，最终发送到屏幕上（fd1）；/dev/stderr 指向错误输出，默认也是输出到屏幕上面，但是它的内容不能通过管道传递给 grep，管道只能传递标准输出，如 cat>teststdin</dev/stdin。
- /dev/null 是个黑洞设备，它丢弃写入其中的一切数据，空设备通常被用于丢弃不需要的输出流，任何写入该设备的数据都会被丢弃掉。从这里面读取的数据返回是空，如 cattest.sh >/dev/null。

- /dev/zero 是一个特殊的文件，当读它时，它会提供无限的空字符（NULL、ASCII NULL、0x00）。其中的一个典型用法是用它提供的字符流来覆盖信息，另一个常见用法是产生一个特定大小的空白文件。
- /dev/full（常满设备）是一个特殊设备文件，总是在向其写入时返回设备无剩余空间（错误码为 ENOSPC），读取时则与/dev/zero 相似，返回无限的空字符（NULL、ASCII NULL、0x00）。这个设备通常被用来测试程序在遇到磁盘无剩余空间错误时的行为。
- /dev/random 是一个特殊的设备文件，可以用作随机数发生器或伪随机数发生器。它允许程序访问来自设备驱动程序或其他来源的背景噪声。
- /dev/fd 记录用户打开的文件描述符。
- /dev/tcp[udp]/host/port 读取该类形式设备，将会创建一个连接 host 主机 port 端口的 tcp[upd]连接。
- /dev/loop 循环设备可以把 loop 文件作为块设备挂载使用，如 mount -o loop example.img/home/chengmo/img。

在这里详细介绍一下 loop 设备。在进行某些测试时，往往需要新建一些磁盘分区或者设备等，此时对硬盘进行重新划分往往不太方便。在这种情况下，可以通过 loop 伪设备来实现循环挂载，从而达到目的。在使用之前，循环设备必须与现存文件系统上的文件相关联。这种关联将提供给用户一个应用程序接口，接口将允许文件视为块特殊文件使用。因此，如果文件中包含一个完整的文件系统，那么这个文件就能如同磁盘设备一般被挂载。这种设备文件经常被用于光盘或磁盘镜像。通过循环挂载来挂载包含文件系统的文件，使处在这个文件系统中的文件得以被访问。这些文件将出现在挂载点目录。

在 Linux 中，设备名按照相应设备驱动程序的符号表项进行命名，loop 设备结点通常命名为/dev/loop0、/dev/loop1。默认情况下 Linux 支持的 loop 设备是 8 个。如果需要超过 8 个 loop 设备，那么可能会遇到类似 "no such device" 或 "could not find any free loop device" 的错误，这是因为超过了可用 loop 设置设备的最大限制，此时可以通过修改/etc/modprobe.conf 配置文件，增加如下参数的方式进行扩展：

```
options loop max_loop=20   #此次增加到 20 个
```

保存退出即可，如果要马上生效，那么可以通过 modprobe -v loop 命令立即加载该模块。另外一种扩展 loop 设备数量的办法是，用 mknod 命令创建 loop 块设备：

```
mknod -m 0660 /dev/loopX b 7 X
```

其中的 X 代表第 X 个 loop 设备。示例如下：

```
[root@rhel6lhr dev]# ll loop*
brw-rw---- 1 root disk 7, 0 Jul 27 09:39 loop0
brw-rw---- 1 root disk 7, 1 Jul 27 09:39 loop1
brw-rw---- 1 root disk 7, 2 Jul 27 09:39 loop2
brw-rw---- 1 root disk 7, 3 Jul 27 09:39 loop3
brw-rw---- 1 root disk 7, 4 Jul 27 09:39 loop4
brw-rw---- 1 root disk 7, 5 Jul 27 09:39 loop5
brw-rw---- 1 root disk 7, 6 Jul 27 09:39 loop6
brw-rw---- 1 root disk 7, 7 Jul 27 09:39 loop7
[root@rhel6lhr dev]# mknod -m 0660 /dev/loop8 b 7 8
[root@rhel6lhr dev]# ll loop*
brw-rw---- 1 root disk 7,    0 Jul 27 09:39 loop0
brw-rw---- 1 root disk 7,    1 Jul 27 09:39 loop1
brw-rw---- 1 root disk 7,    2 Jul 27 09:39 loop2
brw-rw---- 1 root disk 7,    3 Jul 27 09:39 loop3
brw-rw---- 1 root disk 7,    4 Jul 27 09:39 loop4
brw-rw---- 1 root disk 7,    5 Jul 27 09:39 loop5
brw-rw---- 1 root disk 7,    6 Jul 27 09:39 loop6
```

```
brw-rw----  1 root disk 7,  7 Jul 27 09:39 loop7
brw-rw----  1 root root 7,  8 Jul 27 19:36 loop8
[root@rhel6lhr dev]# chown root:disk /dev/loop8
[root@rhel6lhr dev]# ll loop*
brw-rw----  1 root disk 7,  0 Jul 27 09:39 loop0
brw-rw----  1 root disk 7,  1 Jul 27 09:39 loop1
brw-rw----  1 root disk 7,  2 Jul 27 09:39 loop2
brw-rw----  1 root disk 7,  3 Jul 27 09:39 loop3
brw-rw----  1 root disk 7,  4 Jul 27 09:39 loop4
brw-rw----  1 root disk 7,  5 Jul 27 09:39 loop5
brw-rw----  1 root disk 7,  6 Jul 27 09:39 loop6
brw-rw----  1 root disk 7,  7 Jul 27 09:39 loop7
brw-rw----  1 root disk 7,  8 Jul 27 19:36 loop8
```

使用命令 losetup –a 可以查询目前被使用的 loop 设备：

```
[root@rhel6lhr dev]# losetup -a
/dev/loop0: [0005]:6631 (/dev/sr0)
/dev/loop1: [fd01]:131081 (/u05/oracle/asmdisk/disk1)
/dev/loop2: [fd01]:131080 (/u05/oracle/asmdisk/disk2)
/dev/loop3: [fd01]:131082 (/u05/oracle/asmdisk/disk3)
/dev/loop4: [fd01]:131083 (/u05/oracle/asmdisk/disk4)
```

使用 loop 设备可以创建 ASM 磁盘，通过 Faking 的方式不需要额外添加磁盘。可以在现有文件系统上分配一些空间用于 ASM 磁盘，过程如下所示：

```
mkdir  -p  /oracle/asmdisk
dd if=/dev/zero of=/oracle/asmdisk/disk1 bs=1024k count=1000
dd if=/dev/zero of=/oracle/asmdisk/disk2 bs=1024k count=1000

/sbin/losetup /dev/loop1 /oracle/asmdisk/disk1
/sbin/losetup /dev/loop2 /oracle/asmdisk/disk2

raw /dev/raw/raw1 /dev/loop1
raw /dev/raw/raw2 /dev/loop2

chmod 660 /dev/raw/raw1
chmod 660 /dev/raw/raw2
chown oracle:dba /dev/raw/raw1
chown oracle:dba /dev/raw/raw2
```

将以下内容添加到文件/etc/rc.local 文件中：

```
/sbin/losetup /dev/loop1 /oracle/asmdisk/disk1
/sbin/losetup /dev/loop2 /oracle/asmdisk/disk2

raw /dev/raw/raw1 /dev/loop1
raw /dev/raw/raw2 /dev/loop2

chmod 660 /dev/raw/raw1
chmod 660 /dev/raw/raw2
chown oracle:dba /dev/raw/raw1
chown oracle:dba /dev/raw/raw2
```

这样就可以使用 ASM 磁盘了。

【真题 312】 什么是字符设备、块设备和裸设备？

答案：字符设备：对字符设备的读/写不需要通过 OS 的缓冲区（Buffer），它不可被文件系统 MOUNT。字符特殊文件与外设进行 I/O 操作时每次只传输一个字符，通常不支持随机存取数据。

块设备：对块设备的读写需要通过 OS 的缓冲区（Buffer），它可以被 MOUNT 到文件系统中。块设备文件用来同外设进行定长的包传输，它使用了 Cache 机制，在外设和内存之间一次可以传送一整块数据。块设备通常支持随机存取和寻址，并使用缓存器。

裸设备：也叫裸分区（原始分区），是一种没有经过格式化，不被 UNIX/Linux 通过文件系统来读取的特殊字符设备。裸设备可以绑定一个分区，也可以绑定一个磁盘。裸设备使用字符特殊文件，它由应用程序负责对它进行读/写操作，不经过文件系统的缓冲。

【真题 313】　对于 Oracle 数据库，使用裸设备的好处有哪些？

答案：因为使用裸设备避免了再经过 OS 这一层，数据直接从 Disk 到数据库进行传输，所以对于读/写频繁的数据库应用来说，使用裸设备可以极大地提高数据库系统的性能。当然，这是以磁盘的 I/O 非常大，并且磁盘 I/O 已经成为系统瓶颈的情况下才成立。如果磁盘读/写确实非常频繁，以至于磁盘读/写成为系统瓶颈的情况成立，那么采用裸设备确实可以大大提高性能。

【真题 314】　能够使用一个磁盘的第一个分区作为裸设备吗？

答案：可以，但是不推荐。因为磁盘的第一个分区常常包含这个磁盘的一些信息，以及逻辑卷的一些控制信息。若这些部分被裸设备覆盖，则磁盘就会变得不可识别，导致系统崩溃。

【真题 315】　能否把整个裸设备都作为 Oracle 的数据文件吗？

答案：不行。必须让数据文件的大小稍微小于该裸设备的实际大小，一般来说，至少要空出两个 Oracle 块的大小来。

【真题 316】　裸设备应该属于哪个用户？

答案：应该由 root 来创建裸设备，然后再分配给 Oracle 用户以供使用。同时还要把它归入 Oracle 用户所在的用户组，通常都是 DBA 组。

【真题 317】　在创建数据文件时如何指定裸设备？

答案：和普通文件没有什么太大的区别，都是在单引号里边写上裸设备的详细路径就可以了。例如，要创建一个表空间，使用两个裸设备，每个分别为 30MB 的大小，可以用下面的命令：

```
CREATE TABLESPACE RAW_TS
DATAFILE '/dev/raw1' SIZE 30712k
DATAFILE '/dev/raw2' SIZE 30712k;
```

【真题 318】　如何在裸设备上进行备份？

答案：在裸设备上，不能使用 UNIX 实用程序来进行备份，唯一的办法是使用最基本的 UNIX 命令 dd 来进行备份，如 dd if=/dev/raw1 of=/dev/rmt0 bs=16k。

【真题 319】　Linux 如何绑定裸设备？

答案：有以下两种方式。

1）命令绑定：

```
raw /dev/raw/raw[n] /dev/xxx
```

其中 n 的范围是 0～8191。raw 目录不存在可以创建。执行这个命令，就会在/dev/raw 下生成一个对应的 raw[n]文件。用命令方式绑定裸设备在系统重启后会失效。

2）修改文件。

修改/etc/sysconfig/rawdevices 文件如下，以开机时自动加载裸设备，如：

```
/dev/raw/raw1 /dev/sdb1
```

这种方式是通过启动服务的方式来绑定裸设备。也可以把这个命令写在/etc/rc.local 上，使每次启动都执行这些命令。

【真题 320】　如何把裸设备作为 Oracle 数据文件？

答案：步骤：1）绑定裸设备；2）改变裸设备属性。

两种方法：

① 把以下命令加入/etc/rc.local 上：

```
chown oracle:oinstall /dev/raw/raw1
```

② 修改/etc/udev/permissions.d/50-udev.permissions 文件。

将该文件中的

```
raw/*:root:disk:0660
```

修改为

```
raw/*:oracle:oinstall:0660
```

该命令即修改裸设备的默认属性为 oracle:oinstall，默认的 mode 是 0660。如果是用 lvm，那么也需要把逻辑卷绑定到裸设备上，过程和绑定到普通分区类似。

【真题 321】 使用裸设备作为 Oracle 数据文件有什么需要注意的？

答案：使用裸设备作为 Oracle 的数据文件必须注意以下几点：

1）一个裸设备只能放置一个数据文件。2）数据文件的大小不能超过裸设备的大小。为了简单起见，对所有的文件设置称比裸设备小 1MB 即可。3）数据文件最好不要设置成自动扩展，如果设置成自动扩展，则一定要把 MAXSIZE 设置为比裸设备小。

【真题 322】 是否可以直接用逻辑卷作为 Oracle 数据文件？

答案：在 Linux 下，Oracle 不能直接把逻辑卷作为裸设备，要进行绑定，UNIX 下不需要进行绑定。

【真题 323】 如何知道当前绑定了什么裸设备？

答案："raw -qa" 命令列出当前绑定的所有裸设备。

【真题 324】 如何知道某个裸设备的大小？

答案：找出裸设备对应的是哪个实际的块设备，然后用 fdisk -l /dev/[h,s]dXN 查询那个块设备的大小。也可以用 blockdev 命令来计算，如：

```
#blockdev --getsize /dev/raw/raw1
11718750
```

11718750 表示有多少 OS BLOCK。一般一个 OS BLOCK 的大小是 512B，所以，11718750×512/1024/1024/1024 = 5722(m)就是裸设备的大小。

【真题 325】 数据库中可以同时以文件和裸设备作为数据文件吗？

答案：可以。甚至在同一个表空间中，也可以部分数据文件用文件系统，部分文件用裸设备。但是不建议这样做，因为会增加管理的复杂度。

【真题 326】 如何取消裸设备的绑定？

答案：用 raw 把 major 和 minor 设成 0 就可以取消裸设备的绑定。例如：

```
raw /dev/raw/raw1 0 0
```

这个命令取消绑定裸设备的绑定，/dev/raw/raw1 会被删除。

【真题 327】 裸设备可以绑定的对象有哪些？

答案：可以绑定整个没有分区的硬盘，可以绑定硬盘的某个分区，可以绑定逻辑卷等。

9.4.7 什么是 YUM？如何配置本地 YUM 源？

YUM（Yellow dog Updater, Modified）是一个软件包管理器，可以从指定的地方（相关网站的 RPM 包地址或本地的 RPM 路径）自动下载 RPM 包并且安装，能够很好地解决依赖关系问题，能更方便地添加、删除、更新 RPM 包，便于管理大量系统的更新问题。具体来说，YUM 的特点如下：

● 可同时配置多个资源库（Repository）。

● 简洁的配置文件（/etc/yum.conf、/etc/yum.repos.d 下的文件）。

● 自动解决增加或删除 RPM 包时遇到的依赖性问题。

● 使用方便。

● 保持与 RPM 数据库的一致性。

在 Linux 上安装 Oracle 数据库时常常需要安装一些系统 RPM 包，但是这些包一般都存在依赖性关系，所以此时可以借助 YUM，配置本地 YUM 源来很好地解决这个问题。配置本地 YUM 源的步骤如下所示：

首先创建镜像文件的挂载路径：

```
mkdir -p /media/lhr/cdrom
mount /dev/sr0 /media/lhr/cdrom/
```

设置开机自动挂载系统镜像文件，在文件/etc/fstab 添加以下内容：

```
/dev/sr0 /media/lhr/cdrom iso9660 defaults,ro,loop 0 0
```

修改配置文件：

```
cd /etc/yum.repos.d/
cp rhel-media.repo rhel-media.repo.bk
```

编辑文件/etc/yum.repos.d/rhel-media.repo：

```
[rhel-media]
name=Red Hat Enterprise Linux 6.5
baseurl=file:///media/lhr/cdrom
enabled=1
gpgcheck=1
gpgkey=file:///media/lhr/cdrom/RPM-GPG-KEY-redhat-release
```

YUM 的命令形式如下所示：

```
yum [options] [command] [package ...]
```

其中的[options]是可选的，选项包括-h（帮助）、-y（当安装过程提示选择全部为 yes）、-q（不显示安装的过程）等。[command]为所要进行的操作，[package ...]是操作的对象。

YUM 部分常用的命令如下。

1）自动搜索最快镜像插件：yum install yum-fastestmirror。

2）安装 YUM 图形窗口插件：yum install yumex。

3）查看可能批量安装的列表：yum grouplist。

1．安装

1）yum install：全部安装。

2）yum install package1：安装指定的安装包 package1。

3）yum groupinsall group1：安装程序组 group1。

2．更新和升级

1）yum update：全部更新。

2）yum update package1：更新指定程序包 package1。

3）yum check-update：检查可更新的程序。

4）yum upgrade package1：升级指定程序包 package1。

5）yum groupupdate group1：升级程序组 group1。

3．查找和显示

1）yum info package1：显示安装包信息 package1。

2）yum list：显示所有已经安装和可以安装的程序包。

3）yum list package1：显示指定程序包安装情况 package1。

4）yum groupinfo group1：显示程序组 group1 信息 yum search string，根据关键字 string 查找安装包。

4．删除程序

1）yum remove | erase package1：删除程序包 package1。

2）yum groupremove group1：删除程序组 group1。

3）yum deplist package1：查看程序 package1 依赖情况。

5．清除缓存

1）yum clean packages：清除缓存目录下的软件包。

2）yum clean headers：清除缓存目录下的 headers。

3）yum clean oldheaders：清除缓存目录下旧的 headers。

4）yum clean, yum clean all (= yum clean packages; yum clean oldheaders) 清除缓存目录下的软件包及旧的 headers。

9.4.8 Linux 下如何设置定时任务（crontab）？

系统常常会定时执行一行工作，如每天的系统信息统计、系统安全检查等，而系统管理员和一般使用者也可以设定定时执行一些工作，这些工作可以是只执行一次，也可以是定时重复执行。如果要设定只执行一次的工作，如设定在今天 10:00 时执行某个指令，那么可以使用 at 指令。如果要设定重复报行的工作，如设定每天 12 点执行某个指令，那么可以使用 crontab 指令，或者是由系统管理员编辑/etc/crontab 这个文件来进行设定。

/etc/crontab 的内容说明：

```
[root@rhel6lhr ~]# more /etc/crontab
SHELL=/bin/bash
PATH=/sbin:/bin:/usr/sbin:/usr/bin
MAILTO=root
HOME=/

# For details see man 4 crontabs

# Example of job definition:
# ----------------- minute (0 - 59)
# |  .--------------- hour (0 - 23)
# |  |  .------------ day of month (1 - 31)
# |  |  |  .--------- month (1 - 12) OR jan,feb,mar,apr ...
# |  |  |  |  .------ day of week (0 - 6) (Sunday=0 or 7) OR sun,mon,tue,wed,thu,fri,sat
# |  |  |  |  |
# *  *  *  *  * user-name command to be executed
```

其中，

- minute：代表一小时内的第几分，范围为 0~59，每分钟用*或者*/1 表示。
- hour：代表一天中的第几小时，范围为 0~23。
- day of month：代表一个月中的第几天，范围为 1~31。
- month：代表一年中第几个月，范围为 1~12。
- day of week：代表星期几，范围为 0~7（0 及 7 都是星期天）。
- user-name：要使用什么身份执行该指令，当使用 crontab -e 编辑时，不必加此字段。
- command：所要执行的指令。

除此之外，在时间的字段中，也可以用一个开头为@的字符串来表示各种排程时间意义。

- @reboot：开机时跑一次。
- @yearly：每年跑一次，等于 0 0 1 1 *。
- @annually：和@yearly 一样。
- @monthly：每月跑一次，等于 0 0 1 * *，也就是每月一日半夜 12 点执行。
- @weekly：每周跑一次，等于 0 0 * * 0，也就是每个周日半夜 12 点执行。
- @daily：每天跑一次，等于 0 0 * * *，也就是每天半夜 12 点执行。
- @midnight：和@daily 一样。
- @hourly：每小时跑一次，等于 0 * * * *。

还可以用一些特殊符号：

- "*"表示任何时刻。小时的字段中如果是*，则表示每小时；天的字段中如果是*，则表示每天，依此类推。
- ","表示分割，分开几个离散的数字，对于分的参数而言，1、2、5、9表示将在1、2、5、9分时各执行一次。也可以写成这样1-2,12-14，表示在1、2、12、13、14分各执行一次。
- "—"表示一个区间范围，如第2个参数里的1~5，就表示1~5点，共5次。
- "/n"表示每n个单位执行一次，如第2个参数里，"*/1"就表示每隔1h执行一次命令，如在分的字段填0-23/2，则表示1~22分之间，每隔2m执行一次，也就是0,2,4,6,8,10,12,14,16,18,20,22。如果在分的字段是*/5，则表示每5m一次。

常用的crontab的命令如下所示：

```
crontab –l                    #列出某个用户crond服务的详细内容
crontab –r                    #删除某个用户的crond服务
crontab –e                    #编辑某个用户的crond服务
```

crontab对应的服务为crond，可以用"service crond status"查看crond服务状态，如果没有启动，那么使用"service crond start"或"/etc/init.d/crond restart"启动它。需要将crond设置为系统启动后自动启动的服务，可以在/etc/rc.d/rc.local中，在末尾加上：

```
service crond start
```

或者改变其运行级别，让crond在开机时运行；

```
chkconfig —levels 35 crond on
```

要特别注意的是，在使用crontab时，运行脚本中能够访问到的环境变量和当前测试环境中的环境变量未必一致，一个比较保险的做法是在运行的脚本程序中自行设置环境变量（export）。例如，使用Oracle用户运行一些脚本时，脚本里需要加上Oracle的环境变量。

如果以一般使用者或是管理员的身份执行crontab –e来设定crontab，那么不必设定身份的字段，因为crontab会自动取得身份。

有时在执行crontab时会报无权限使用：

```
[oracle@dlhr ~]$ crontab –e
/var/spool/cron/oracle: Permission denied
```

出现如上错误，查看crontab的权限：

```
[root@dlhr u01]# ll /usr/bin/crontab
–rwxr–xrwx. 1 root root 47520 Mar   4   2013 /usr/bin/crontab
```

因为crontab要使用到除了crontab之外的其他文件，而那些文件普通用户是没有更改权限的，所以需要增加对文件系统的特权，让它可以对其他文件也有更改权限，更改权限方式如下：

```
[root@dlhr u01]# chmod u+s /usr/bin/crontab
```

更改后的权限：

```
[root@dlhr u01]# ll /usr/bin/crontab
–rwsr–xr–x. 1 root root 47520 Mar   4   2013 /usr/bin/crontab
```

crontab的运行日志文件为/var/log/cron。若crontab没有运行，则可以查询该日志文件进行诊断。

有时，在Oracle用户下执行crontab –l报错：

```
$ crontab –l
crontab: you are not authorized to use cron. Sorry.
```

此时，解决方法为，到root用户下，修改文件/etc/cron.allow，添加Oracle用户：

```
root
```

```
lhr
oracle
```

保存后，先执行 crontab –e 添加定时任务，才能 crontab –l 查看，否则会报错：

```
$ crontab –l
crontab: can't open your crontab file.
```

这里的 "/etc/cron.deny" 表示不能使用 crontab 命令的用户，"/etc/cron.allow" 表示能使用 crontab 的用户。如果两个文件同时存在，那么/etc/cron.allow 优先。如果两个文件都不存在，那么只有超级用户可以安排作业。

每个用户都会生成一个自己的 crontab 文件。这些文件在/var/spool/cron 目录下，直接查看这个文件，里面的内容和对应用户显示的 crontab –l 一致：

```
[root@rhel6lhr ~]# cd /var/spool/cron
[root@rhel6lhr cron]# ll
total 8
–rw――――― 1 oracle oinstall 206 Jan 23   2015 oracle
–rw――――― 1 root     root        63 Jun 15   2015 root
[root@rhel6lhr cron]# more oracle
2 12 * * 1 /home/oracle/lhr/alert_log_archive.sh
5 * * * *   /home/oracle/lhr/awr/rungetawr.sh
#2 12 * * 1 /home/oracle/lhr/rman/rman_backup_full.sh
40 11 * * * /home/oracle/lhr/rman/run_rman_incremental.sh
[root@rhel6lhr cron]# more root
*/10 * * * * /usr/sbin/ntpdate us.pool.ntp.org | logger –t NTP
```

9.4.9 Linux 文件的 3 种时间（mtime、atime、ctime）的区别是什么？

在 Windows 下，一个文件有创建时间、修改时间和访问时间。在 Linux 下，一个文件也有以下 3 种时间：访问时间、修改时间、状态时间。在 Linux 中，文件是没有创建时间的，如果刚刚创建一个文件，则它的 3 个时间都等于创建时间。下面分别介绍这 3 种时间状态。

- 修改时间（mtime，Modify time）：文件的内容被最后一次修改的时间，"ls –l" 命令显示出来的文件时间就是这个时间。当用 vim 对文件进行编辑之后保存，它的 mtime 就会相应改变。
- 访问时间（atime，Access time）：对文件进行一次读操作，它的访问时间就会改变，如 cat、more 等操作，但是 stat、ls 命令对 atime 是不会有影响的。
- 状态时间（ctime，Change time）：当文件的状态被改变时，状态时间就会随之改变。例如，当使用 chmod、chown 等命令改变文件属性时，ctime 就会变动。

可以使用 stat 命令查看文件的 mtime、atime、ctime 属性，也可以通过 ls 命令来查看，具体如下：

```
ls –lc filename   #列出文件的 ctime
ls –lu filename   #列出文件的 atime
ls –l filename    #列出文件的 mtime
```

以下示例是查看 a.txt 文件的属性：

```
[root@rhel6lhr adump]# stat a.txt
  File: `a.txt'
  Size: 2              Blocks: 8          IO Block: 4096      regular file
Device: fd07h/64775d   Inode: 278405      Links: 1
Access: (0644/–rw–r––r––)  Uid: (    0/    root)  Gid: (    0/    root)
Access: 2017–08–22 18:03:35.432369855 +0800
Modify: 2017–08–22 18:04:05.602610124 +0800
Change: 2017–08–22 18:04:05.602610124 +0800
[root@rhel6lhr adump]# ls –lc a.txt
–rw–r––r–– 1 root root 2 Aug 22 18:04 a.txt
[root@rhel6lhr adump]# ls –lu a.txt
–rw–r––r–– 1 root root 2 Aug 22 18:03 a.txt
```

9.5　网络

9.5.1　TCP 和 UDP 的区别有哪些?

传输层协议主要有 TCP 与 UDP。UDP (User Datagram Protocol) 提供无连接的通信,不能保证数据包被发送到目标地址,典型的即时传输少量数据的应用程序通常使用 UDP。TCP (Transmission Control Protocol) 是一种面向连接(连接导向)的、可靠的、基于字节流的通信协议,它为传输大量数据或为需要接收数据许可的应用程序提供连接定向和可靠的通信。

TCP 连接就像打电话,用户拨特定的号码,对方在线并拿起电话,然后双方进行通话,通话完毕之后再挂断,整个过程是一个相互联系、缺一不可的过程。而 UDP 连接就像发短信,用户短信发送给对方,对方有没有收到信息,发送者根本不知道,而且对方是否回答也不知道,对方对信息发送者发送消息也是一样。

TCP 与 UDP 都是一种常用的通信方式,在特定的条件下发挥不同的作用。具体而言,TCP 和 UDP 的区别主要表现为以下几个方面:

1) TCP 是面向连接的传输控制协议,而 UDP 提供的是无连接的数据报服务。

2) TCP 具有高可靠性,确保传输数据的正确性,不出现丢失或乱序;UDP 在传输数据前不建立连接,不对数据报进行检查与修改,无须等待对方的应答,所以会出现分组丢失、重复、乱序,应用程序需要负责传输可靠性方面的所有工作。

3) TCP 对系统资源要求较多,UDP 对系统资源要求较少。

4) UDP 具有较好的实时性,工作效率较 TCP 高。

5) UDP 的段结构比 TCP 的段结构简单,因此网络开销也小。

UDP 比 TCP 的效率要高,为什么 TCP 还能够保留呢? 其实,TCP 和 UDP 各有所长、各有所短,适用于不同要求的通信环境,有些环境采用 UDP 确实高效,而有些环境需要可靠的连接,此时采用 TCP 则更好。在提及 TCP 时,一般也提及 IP。IP 是一种网络层协议,它规定每个互联网上的计算机都有一个唯一的 IP 地址,这样数据包就可以通过路由器的转发到达指定的计算机,但 IP 并不保证数据传输的可靠性。

9.5.2　Ping 命令是什么?

Ping(Packet Internet Grope,因特网包探索器)是一个用于测试网络连接量的程序。它使用的是 ICMP,Ping 发送一个 ICMP (Internet Control and Message Protocal,因特网控制报文协议) 请求消息给目的地并报告是否收到所希望的 ICMP 应答。

ICMP 是 TCP/IP 协议簇的一个子协议,用于在 IP 主机、路由器之间传递控制消息。它是用来检查网络是否通畅或者网络连接速度的命令。

由于网络上的机器都有唯一确定的 IP 地址,当给目标 IP 地址发送一个数据包(包括对方的 IP 地址和自己的地址以及序列数)时,对方就要返回一个同样大小的数据包(包括双方地址),根据返回的数据包可以确定目标主机的存在,可以初步判断目标主机的操作系统等。

例如,执行命令 pingwww.xidian.edu.cn 通常是通过 DNS 服务器,如果这里出现故障,则表示 DNS 服务器的 IP 地址配置不正确或 DNS 服务器有故障。也可以利用该命令实现域名对 IP 地址的转换功能。例如,ping 某一网络地址 www.baidu.com,出现 "Reply from 119.75.217.109: bytes=32 time=31ms TTL=48" 则表示本地与该网络地址之间的线路是畅通的;如果出现 "Request timed out",则表示此时发送的小数据包不能到达目的地,此种情况可能有两种原因导致,第一种是网络不通,第二种是网络连通状况不佳。

此时可以使用带参数的 Ping 来确定是哪一种情况。例如，ping www.baidu.com -t -w 3000 不断地向目的主机发送数据，并且响应时间增大到 3000ms，此时如果都是显示 "Request timed out"，则表示网络之间确实不通；如果不是全部显示 "Request timed out"，则表示此网站还是通的，只是响应时间长或通信状况不佳。

由于 ping 使用的是 ICMP，有些防火墙软件会屏蔽掉 ICMP，所以有时 ping 的结果只能作为参考，ping 不通并不能就一定说明对方 IP 不存在。一般而言，在通过 ping 进行网络故障判断时，如果 ping 运行正确，则大体上就可以排除网络访问层、网卡、Modem 的输入/输出线路、电缆和路由器等存在的故障，从而减小了问题的范围。

9.5.3 常用的网络安全防护措施有哪些？

计算机网络由于分布式特性，使得它容易受到来自网络的攻击。网络安全是指 "在一个网络环境里，为数据处理系统建立和采取的技术与管理的安全保护，利用网络管理控制和技术措施保护计算机软件、硬件数据不因为偶然或恶意的原因而遭到破坏、更改和泄露"。常见的网络安全防护措施有加密技术、验证码技术、认证技术、访问控制技术、防火墙技术、网络隔离技术、入侵检测技术、防病毒技术、数据备份与恢复技术、VPN 技术、安全脆弱性扫描技术、网络数据存储、备份及容灾规划等。

1）加密技术。数据在传输过程中有可能因攻击者或入侵者的窃听而失去保密性。加密技术是最常用的保密安全手段之一，它对需要进行伪装的机密信息进行变换，得到另外一种看起来似乎与原有信息不相关的表示。合法用户可以从这些信息中还原出原来的机密信息，而非法用户如果试图从这些伪装后的信息中分析出原有的机密信息，要么这种分析过程根本是不可能的，要么代价过于巨大，以至于无法进行。

2）验证码技术。普遍的客户端交互，如留言本、会员注册等仅是按照要求输入内容，但网络上有很多非法应用软件，如注册机，可以通过浏览 Internet，扫描表单，然后在系统上频繁注册，频繁发送不良信息，造成不良的影响，或者通过软件不断地尝试，盗取用户密码。通过使用验证码技术，使客户端输入的信息都必须经过验证，从而可以有效解决别有用心的用户利用机器人（或恶意软件）自动注册、自动登录、恶意增加数据库访问、用特定程序暴力破解密码等问题。

验证码是指将一串随机产生的数字或符号生成一幅图片，图片里加上一些干扰像素，由用户肉眼极易识别其中的验证码信息，输入表单提交网络应用程序验证，验证成功后才能使用某项功能。放在会员注册、留言本等所有客户端提交信息的页面，要提交信息，必须要输入正确的验证码，从而可以防止不法用户用软件频繁注册、频繁发送不良信息等。

使用验证码技术必须保证所有客户端交互部分都输入验证码，测试提交信息时不输入验证码或者故意输入错误的验证码，如果信息都不能提交，则说明验证码有效，同时在验证码输入正确下提交信息，如果能提交，说明验证码功能已完善。

3）认证技术。认证技术是信息安全的一项重要内容，很多情况下，用户并不要求信息保密，只要确认网络服务器或在线用户不是假冒的，自己与他们交换的信息未被第三方修改或伪造，且网上通信是安全的。

认证是指核实真实身份的过程，是防止主动攻击的重要技术之一，是一种可靠地证实被认证对象（包括人和事）是否名副其实或者是否有效的过程，因此也称为鉴别或验证。认证技术的作用主要是通过一定的手段在网络上弄清楚对象是谁，具有什么样的特征（特征具有唯一性）。认证可以是某个个人、某个机构代理、某个软件（如股票交易系统），这样可以确定对象的真实性，防止假冒、篡改等行为。

4）访问控制技术。网络中拥有各种资源，通常可以是被调用的程序、进程，要存取的数据、信息，要访问的文件、系统，或者是各种各样的网络设备，如打印机、硬盘等。网络中的用户必须根据自己的权限范围来访问网络资源，从而保证网络资源受控地、合法地使用。

访问控制是在身份认证的基础上针对越权使用资源的防范（控制）措施，是网络安全防范和保护的主要策略。它的主要任务是防止网络资源被非法使用、非法访问和不慎操作造成破坏。它也是维护网络系统安全、保护网络资源的重要手段。

实现访问控制的关键是采用何种访问控制策略。目前主要有以下 3 种不同类型的访问控制策略：自主访问控制（DAC）、强制访问控制（MAC）和基于角色的访问控制（RBAC）。目前 DAC 应用最多，主要采用访问控制表（ACL）实现，如 Apache Web 服务器、JDK 开发平台都支持 ACL。

此外，在路由器的许多其他配置任务中都需要使用访问控制列表，如网络地址转换、按需拨号路由、路由重分布、策略路由等很多场合都需要访问控制列表。访问控制列表从概念上来讲并不复杂，复杂的是对它的配置和使用，许多初学者往往在使用访问控制列表时出现错误。

除了上述提及的网络安全技术外，其他常见的安全技术还有防火墙技术、网络隔离技术、入侵检测技术、防病毒技术、数据备份与恢复技术、VPN（Virtual Private Network，虚拟专用网络）技术、安全脆弱性扫描技术、物理安全技术、虚拟网络技术、漏洞扫描技术、主机防护技术、安全评估技术、安全审计技术等。但是没有一种安全技术可以完美解决网络上的所有安全问题，各种安全技术必须相互关联、相互补充，形成网络安全的立体纵深、多层次防御体系。

9.5.4　交换机与路由器有什么区别？

交换机是一种基于 MAC（网卡的硬件地址）识别，能完成封装转发数据包功能的网络设备。它具有流量控制能力，主要用于组建局域网。例如，搭建一个公司网络，一般会使用交换机。常见的交换机种类有以太网交换机、光纤交换机等。路由器是连接 Internet 中各局域网、广域网的网络设备。它是网络的枢纽，是组成广域网的一个重要部分，用于为数据包找到最合适的到达路径。

具体而言，交换机与路由器的区别主要表现在以下 3 个方面：

1）工作层次不同。交换机一般工作在 OSI 模型的数据链路层，而路由器工作在 OSI 模型的网络层。由于交换机工作在 OSI 模型的数据链路层，所以它的工作原理比较简单，而路由器工作在 OSI 模型的网络层，可以得到更多的协议信息，路由器可以做出更加智能的转发决策。

2）数据转发所依据的对象不同。交换机是利用物理地址来确定转发数据的目的地址，而路由器则是利用 IP 地址来确定数据转发的地址。IP 地址是在软件中实现的，描述的是设备所在的网络，物理地址一般是指 MAC 地址，它通常是硬件自带的，由网卡生产商来分配的，而且已经固化到了网卡中去，一般来说是不可更改的（可以通过工具来修改机器的 MAC 地址）；而 IP 地址则通常由网络管理员或系统自动分配。

3）传统的交换机只能分割冲突域，不能分割广播域；而路由器可以分割广播域。由交换机连接的网段仍属于同一个广播域，广播数据包会在交换机连接的所有网段上传播，在某些情况下会导致通信拥塞以及产生安全漏洞。连接到路由器上的网段会被分配成不同的广播域，广播数据不会穿过路由器。虽然第三层以上交换机具有 VLAN 功能，也可以分割广播域，但是各子广播域之间是不能通信交流的，它们之间的交流仍然需要路由器。

4）交换机负责同一网段的通信，路由器负责不同网段的通信。路由器提供了防火墙的服务，它仅仅转发特定地址的数据包，不传送、不支持路由协议的数据包，也不传送未知目标网络数据包，从而可以防止广播风暴。

9.5.5　DNS 的作用是什么？

DNS（Domain Name System，域名系统）是互联网核心协议之一，是 IP 地址映射查询和管理的方法。它的主要功能是实现主机名到 IP 地址的转换，即根据域名查出对应的 IP 地址。

DNS 系统包括 DNS 服务器与 DNS 客户端，提供 DNS 服务的主机称为 DNS 主机，也叫域名服务器，提出"域名查询"请求的主机叫 DNS 客户端。DNS 客户端也具有简单的 DNS 查询功能，它是以文本方式保存在自己的系统中。Linux 下一共有 3 个文件，文件名为/etc/host.conf、/etc/resolv.conf、/etc/hosts。Windows 下的文件名为 C:\Windows\System32\drivers\etc\hosts。

常用的 DNS 检测工具有 dig、host、nslookup、whois 等。DNS 的查询方式包括递归查询和迭代查询。递归查询一般发生在 DNS 客户端到 DNS 服务器之间，迭代查询一般发生在 DNS 服务器与 DNS 服务器之间。Linux 下 DNS 的实现所用的软件是 bind。

谷歌公共域名解析服务（Google Public DNS）是由谷歌公司于 2009 年发布的一项新的 DNS 服务，主要为了替代 ISPs（互联网服务提供商）或其他公司提供的 DNS 服务。普通用户要使用 Google DNS 非常简单，因为 Google 为它们的 DNS 服务器选择了两个非常简单易记的 IP 地址："8.8.8.8" 和 "8.8.4.4"。用户只要在系统的网络设置中选择这两个地址为 DNS 服务器即可。除此之外，114DNS 的公众服务地址为 "114.114.114.114"，OpenDNS 的公众服务地址为 "208.67.222.222"。将 DNS 地址设为 "114.114.114.119" 和 "114.114.115.119"，可拦截钓鱼、木马病毒网站，这些网站被 114DNS 拦截之后，计算机安全专家可按需要选择继续访问。将 DNS 地址设为 "114.114.114.110" 和 "114.114.115.110"，可拦截色情、钓鱼、木马病毒网站，保护少年儿童免受网络色情内容毒害的同时增强网络安全。

9.6 真题

【真题 328】 如何禁止操作系统更新文件的 atime 属性？

答案：atime 是 Linux/UNIX 系统下的一个文件属性，每当读取文件时，OS 都会将读操作发生的时间回写到磁盘上。对于读/写频繁的数据库文件来说，记录文件的访问时间一般没有任何用处，反而会增加磁盘系统的负担，影响 I/O 的性能。因此，可以通过设置文件系统的 mount 属性，阻止操作系统写 atime 信息，以减轻磁盘 I/O 的负担。在 Linux 下的具体做法如下。

1）修改文件系统配置文件/etc/fstab，指定 noatime 选项：

```
/dev/vg_orasoft/lv_orasoft_u01 /u01    ext4 defaults,noatime 0 0
```

2）重新 mount 文件系统：

```
#mount   -oremount   /u01
```

完成上述操作，以后读/u01 下文件就不会再写磁盘了。

【真题 329】 如何查看某个进程的具体线程信息？

答案：一个线程必定属于也只能属于一个进程；而一个进程可以拥有多个线程并且至少拥有一个线程。线程又被称为轻量级进程（Light Weight Process，LWP）。进程有进程控制块，线程也有线程控制块。但线程控制块比进程控制块小得多。线程间切换代价小，进程间切换代价大。每个进程都有独立的内存空间，而线程共享其所属进程的内存空间。

```
pstree –p pid
ps –eLf | grep pid
ps –Lf pid
pstack pid
top –Hp pid
```

通过 "cat /proc/pid/status" 可以查看某个进程的进程状态信息。

【真题 330】 在 Linux 中，如何将一个命令放在后台运行？

答案：可以有以下两种方式。

1）command &：后台运行，若关掉终端则会停止运行。

2）nohup command &：后台运行，若关掉终端则命令也会继续运行。

Linux 提供了 fg 和 bg 命令，可以轻松调度正在运行的任务。假设发现前台运行的一个程序需要很长的时间，但是需要干其他的事情，那么就可以按〈Ctrl+Z〉键挂起这个程序，然后可以看到系统提示：

```
[1]+ Stopped /root/bin/rsync.sh
```

可以把程序调度到后台执行：（bg 后面的数字为作业号）

```
#bg 1
[1]+ /root/bin/rsync.sh &
```

用 jobs 命令查看正在运行的任务：

```
#jobs
[1]+ Running /root/bin/rsync.sh &
```

如果想把它调回到前台运行，那么可以用 fg：

```
#fg 1
/root/bin/rsync.sh
```

这样，就可以在控制台上等待这个任务完成了。常见命令如下。

1）&：将指令丢到后台中去执行。

2）[ctrl]+z：将前台任务丢到后台中暂停。

3）jobs：查看后台的工作状态。

4）fg %jobnumber：将后台的任务拿到前台来处理。

5）bg %jobnumber：将任务放到后台中去处理。

6）kill：管理后台的任务。

【真题 331】 Linux 和 AIX 中如何修改主机名？

答案：Linux 修改主机名，有以下两个文件需要配置，分别为/etc/sysconfig/network 和/etc/hosts，修改后重启主机，永久生效。若临时修改主机名，则可以使用 hostname newname 命令，重新启动系统后，设置失效。

AIX 修改主机名：

① 修改主机名暂时生效：hostname NEW_HOSTNAME。

② 永久生效：

```
smit hostname
或者 smit tcpip - futher configureation - hostname -set the hostname
uname -S hostname
或者直接用命令 chdev -l inet0 -a hostname=NEW_HOSTNAME
```

【真题 332】 Linux 下如何查看系统启动时间和运行时间？

答案：可以用 uptime 和查看/proc/uptime 文件。

① uptime 命令。

输出：16:11:40 up 59 days, 4:21, 2 users, load average: 0.00, 0.01, 0.00

② 查看/proc/uptime 文件计算系统启动时间

```
cat /proc/uptime
```

输出：5113396.94 575949.85

第一个数字即是系统已运行的时间 5113396.94s，运用系统工具 date 即可算出系统启动时间。

```
date -d "$(awk -F. '{print $1}' /proc/uptime) second ago" +"%Y-%m-%d %H:%M:%S"
```

输出：2008-11-09 11:50:31

③ 查看/proc/uptime 文件计算系统运行时间：

```
more /proc/uptime | awk -F. '{run_days=$1 / 86400;run_hour=($1 % 86400)/3600;run_minute=($1 % 3600)/60;run_second=$1 % 60;printf("系统已运行：%d 天%d 时%d 分%d 秒\n",run_days,run_hour,run_minute,run_second)}'
```

输出：系统已运行 59 天 4 时 13 分 9 秒

此外，还可以使用如下命令查询。

```
1）who -b：查看最后一次系统启动的时间。
2）who -r：查看当前系统运行时间。
3）last  reboot：可以看到 Linux 系统历史启动的时间。
4）top 命令的 up：表示系统到目前运行了多久时间。
5）w 命令的 up：表示系统到目前运行了多久时间。
```

【真题 333】 Linux 和 AIX 中如何配置静态 IP 地址？

答案：在 AIX 中，正确更改 IP 地址是用 smit tcpip 进入菜单之后，选择 "further configuration" → "Network Interfaces" → "Network Interface Selection" → "Change/show characteristic of a network interface" 来更改 IP，这样 /etc/hosts 就不会新加入一条记录，只需更改文件中相应的 IP 就行了。

在 Linux 系统安装完以后，通过命令模式配置网卡 IP。配置文件通常是 /etc/sysconfig/network-scripts/ifcfg-interface-name。网卡 1 的文件名通常为 /etc/sysconfig/network-scripts/ifcfg-eth0，网卡 2 的文件名通常为 /etc/sysconfig/network-scripts/ifcfg-eth1。配置文件中的一些常用参数如下：

```
DEVICE=eth0                        #物理设备名
IPADDR=192.168.1.10                #IP 地址
NETMASK=255.255.255.0              #设置子网掩码
NETWORK=192.168.1.0               #网络地址(可不要)
BROADCAST=192.168.1.255           #广播地址（可不要）
GATEWAY=192.168.1.1               #网关地址，虚拟机环境下的网关一般为 x.x.x.2，否则不能正常连接外网
ONBOOT=yes                        # [yes|no]（引导时是否激活设备）
USERCTL=no                        #[yes|no]（非 root 用户是否可以控制该设备）
BOOTPROTO=static                  #[none|static|bootp|dhcp]（引导时不使用协议|静态分配|BOOTP|DHCP）
HWADDR=00:0C:29:C6:A1:AB          #mac 地址
BOOTPROTO=static                  #启用静态 IP 地址
ONBOOT=yes                        #开启自动启用网络连接
DNS1=8.8.8.8                      #设置主 DNS
DNS2=8.8.4.4                      #设置备 DNS
```

需要注意的是，多次添加和删除网卡可能引起配置不正确，此时就需要修改文件 /etc/udev/rules.d/70-persistent-net.rules，保证该文件中的内容是正确的，如网卡名和 MAC 地址。

Linux 下启动和关闭网络的命令如下：

```
chkconfig NetworkManager off
chkconfig network on
service NetworkManager stop
service network start
```

可以使用字符界面设置 IP 地址：

```
[root@rhel6 ~]# export LANG=C
[root@rhel6 ~]# setup
```

【真题 334】 Linux 中如何彻底关闭防火墙？

答案：如下所示：

```
1）chkconfig iptables off：永久。
2）service iptables stop：临时。
3）chkconfig iptables --list。
4）/etc/init.d/iptables status：会得到一系列信息，说明防火墙开着。
5）/etc/rc.d/init.d/iptables stop：关闭防火墙。
6）setup：图形界面。
```

【真题 335】 Linux 下如何查询物理 CPU、逻辑 CPU 的个数？

答案：主要是通过查询文件 /proc/cpuinfo 获取，可以通过脚本一次性查询所有信息：

```
#!/bin/bash
physicalNumber=0
coreNumber=0
logicalNumber=0
HTNumber=0

logicalNumber=$(grep "processor" /proc/cpuinfo|sort -u|wc -l)
physicalNumber=$(grep "physical id" /proc/cpuinfo|sort -u|wc -l)
coreNumber=$(grep "cpu cores" /proc/cpuinfo|uniq|awk -F':' '{print $2}'|xargs)
HTNumber=$((logicalNumber / (physicalNumber * coreNumber)))
```

```
echo "****** CPU Information ******"
echo "Logical CPU Number    : ${logicalNumber}"
echo "Physical CPU Number : ${physicalNumber}"
echo "CPU Core Number       : ${coreNumber}"
echo "HT Number             : ${HTNumber}"

echo "****************************"
```

结果如下：

```
[root@rhel6lhr ~]# vi c.sh
[root@rhel6lhr ~]# sh c.sh
****** CPU Information ******
Logical CPU Number    : 2
Physical CPU Number : 1
CPU Core Number       : 2
HT Number             : 1
****************************
```

【真题 336】 如何实时查看日志输出？

答案：可以使用命令"tail -f"来实时查看日志的输出。在 Windows 下也有 tail.exe 工具，直接复制到目录 C:\Windows\System32 下，然后直接输入命令"tail -f 文件名"即可。

第 10 章　数据库程序员面试笔试真题库

10.1　真题一

一、选择题

1．小明设计了如下的学籍管理系统，已知关系：

学籍（学号，学生姓名）PK=学号
成绩（科目号，成绩，学号）PK=科目代码，FK=学号

已有表记录如下，能够插入成绩记录的是（　　　）。（多选题）

学籍表		成绩表		
学号	姓名	科目号	成绩	学号
1	张三	1	76	1
2	李四	3	56	3
3	王二	4	88	4
4	赵六			

　　A．(1,99,5)　　　　　　B．(5,68,1)　　　　　　C．(3,70,7)　　　　　　D．(7,45,NULL)

2．下列对数据库第二范式的理解，正确的是（　　　）。

　　A．数据库表的每一列都是不可分割的原子数据项

　　B．在 1NF 基础上，任何非主属性不依赖于其他非主属性

　　C．在 1NF 基础上，非码属性必须完全依赖于码

　　D．以上说法都不正确

3．下列选项中，不属于 SQL 约束的是（　　　）。

　　A．UNIQUE　　　　B．PRIMARY KEY　　　C．FOREIGN KEY　　　D．BETWEEN

4．公司中有多个部门和多名职员，每个职员只能属于一个部门，一个部门可以有多名职员，则实体部门和职员间的联系是（　　　）。

　　A．1:1 联系　　　　　B．m:1 联系　　　　　C．1:m 联系　　　　　　D．m:n 联系

5．以 A、B 表为例，主外键为 ID。INNER JOIN、LEFT JOIN 和 RIGHT JOIN 的区别是（　　　）。

　　A．A INNER JOIN B：返回 A 和 B 中符合 ON 条件式的记录

　　B．A LEFT JOIN B：返回 B 中的所有记录和 A 中符合 ON 条件式的记录

　　C．A RIGHT JOIN B：返回 A 中的所有记录和 B 中符合 ON 条件式的记录

　　D．以上答案都不正确

6．适合建立索引的字段是（　　　）。（多选题）

　　A．在 SELECT 子句中的字段　　　　　　　　B．外键字段

　　C．主键字段　　　　　　　　　　　　　　　D．在 WHERE 子句中的字段

7．What view would you use to determine if a given tablespace is fully self-contained for the execution of a tablespace point-in-time recovery?

　　A．TS_CHECK　　　　　　　　　　　　　　B．TPITR_CHECK

　　C．TS_PITR_CHECK（tablespace point-in-time recovery）

D．CHECK_TSPITR　　　　　　　　　　E．PITR_TS_CHECK

8．下列有关 Oracle 系统进程和作用的描述，说法正确的有（　　）。（多选题）

A．数据写进程（dbwr）：负责将更改的数据从数据库缓冲区高速缓存写入数据文件

B．进程监控（pmon）：负责在一个 Oracle 进程失败时清理资源

C．归档进程（arcn）：在每次日志切换时把已满的日志组进行备份或归档

D．系统监控（smon）：检查数据库的一致性，如有必要还会在数据库打开时启动数据库的恢复

9．Which three components does the Scheduler use for managing tasks within the Oracle environment? (Choose three)

A．a job　　　　　　B．a program　　　　　　C．a schedule　　　　D．a PL/SQL procedure

10．Which of the following are valid program types for a lightweight job? (Choose all that apply)

A．PLSQL_BLOCK　　　　　B．EXECUTABLE　　　　　C．JAVA_STORED_PROCEDURE

D．STORED_PROCEDURE　　　　　　E．EXTERNAL

二、简答题

1．画出 Oracle 软件的体系结构图。

2．描述 Oracle 数据库启动的 3 个步骤。

3．在 MySQL 中，创建用户 OLDLHR，使之可以管理数据库 OLDLHR。

4．在 MySQL 中，如何查看创建的用户 OLDLHR 拥有哪些权限？

5．在 MySQL 中，把 TEST 表的 ID 列设置为主键，并在 NAME 字段上创建普通索引。

10.2　真题二

一、选择题

1．一般数据库若日志满了，则会出现（　　）。

A．不能执行任何操作

B．只能执行查询等读操作，不能执行更改、备份等写操作

C．查询、更新等读/写操作正常运行

D．只能执行更改、备份等写操作，不能进行查询等读操作

2．SQL 语言集数据查询、数据操纵、数据定义和数据控制功能于一体，其中，CREATE、DROP、ALTER 语句实现的是（　　）功能。

A．数据查询　　　　　　B．数据操纵　　　　　　C．数据定义　　　　　　D．数据控制

3．SQL 语言集数据定义功能、数据操纵功能和数据控制功能于一体。下面所列语句中，属于数据控制功能的是（　　）。

A．GRANT　　　　　　B．CREATE　　　　　　C．INSERT　　　　　　D．SELECT

4．Oracle 实例启动和关闭的信息记载到（　　）中。

A．告警文件　　　　　B．后台进程跟踪文件　　C．服务器进程跟踪文件　D．参数文件

5．下列有关 InnoDB 和 MyISAM 的说法中，正确的是（　　）。（多选题）

A．InnoDB 不支持 FULLTEXT 类型的索引

B．InnoDB 执行 DELETE FROM TABLE 命令时，不会重新建表

C．MyISAM 的索引和数据是分开保存的

D．MyISAM 支持主外键、索引及事务的存储

6．从客户端通过 SQL*Plus 登录 Oracle 某个特定用户，必须要提供的信息有（　　）。

A．用户名、口令、监听　　　　　　　　　B．用户名、监听、端口号

C．用户名、口令、本地服务名　　　　　　D．用户名、口令、目录方法名配置

7．下列选项中，不属于 SQL 语句的是（　　）。

    A．DESC   B．SELECT   C．ALTER TABLE   D．TRUNCATE

8．下列关于 SQL 语句书写规则的描述中，正确的是（   ）。

    A．SQL 语句区分大小写，要求关键字必须大写，对象名小写

    B．SQL 语句必须在一行书写完毕，并且用分号结尾

    C．SQL 语句的缩进可以提高语句的可读性，并且可以提高语句的执行性能

    D．SQL 语句中为了提高可读性，通常会把一些复杂的语句中每个子句写在单独的行上

9．在客户端配置本地服务名时，下列信息中，不需要提供的是（   ）。

    A．服务器地址   B．服务器监听的端口号   C．网络协议

    D．服务器端目录配置   E．ORACLE_SID 或数据库服务名

10．下列 SQL 命令中，能够在 SQL*Plus 环境下执行特定的脚本文件的是（   ）。（两个选项）

    A．@   B．START   C．RUN   D．/   E．EXECUTE

二、简答题

下面是 EMP 雇员表的信息，依靠这些信息完成下面的试题。

EMP 雇员表的结构如下所示：

```
EMPNO        数值型 -- 雇员 ID
ENAME        字符型 -- 雇员姓名
JOB          字符型 -- 工作岗位
MGR          数值型 -- 上级领导 ID
HIREDATE     日期型 -- 雇用日期
SAL          数值型 -- 工资
COMM         数值型 -- 奖金
DEPTNO       数值型 -- 部门编号
```

1．下面的语句能执行成功吗？

```
SELECT ENAME, JOB, SAL SALARY FROM    EMP;
```

2．下面语句选取雇员编号、雇员姓名、年工资总和，其中有 3 处错误，请找出并纠正它们：

```
SELECT EMPNO,ENAME
       SAL X 12 ANNUAL SALARY
FROM EMP;
```

3．用一个查询语句显示 EMP 表中总共有哪些工作？

4．用一个查询语句显示工作岗位为 CLERK 或者 ANALYST 并且工资不等于 1000、3000、5000 的雇员的姓名、工作岗位、工资。

5．用一个查询语句显示工资最高的前 3 位雇员的姓名、工作岗位、工资。

10.3 真题三

一、选择题

1．下列关于 NULL 的描述中，不正确的是（   ）。

    A．当实际值是未知或没有任何意义时，可以使用 NULL 来表示它

    B．不要使用 NULL 来代表 0，两者是不同的

    C．不要使用 NULL 来代替空格，两个是不同的

    D．算术表达式 2000 + NULL 的结果等于 2000

2．PL/SQL 中的注释符有（   ）（两个选项）。

    A．--   B．% %   C．/* */   D．<-- -->   E．#

3．下列语句中使用了列别名，会导致错误的有（   ）（两个选项）。

    A．SELECT EMPNO, ENAME, SAL*12 "Annual Salary" FROM EMP;

B. SELECT EMPNO, ENAME, SAL*12 "AnnualSalary" FROM EMP;

C. SELECT EMPNO, ENAME, SAL*12 'Annual Salary' FROM EMP;

D. SELECT EMPNO, ENAME, SAL*12 'AnnualSalary' FROM EMP;

E. SELECT EMPNO, ENAME, SAL*12 AnnualSalary FROM EMP;

4. 下列情况中，会导致 Oracle 事务结束的有（ ）。（两个选项）

   A. PL/SQL 块结束   B. 发出 SAVEPOINT 语句

   C. 用户强行退出 SQL*Plus   D. 发出 SELECT 语句

   E. 发出 COMMIT 或 ROLLBACK 语句

5. 下列选项中，可能属于语句 SELECT ENAME FROM EMP WHERE ENAME LIKE '_A_B%' ESCAPE '\';的返回结果集的是（ ）。

   A. TABABA   B. A_BELL

   C. LA_BELL   D. TTABABA

6. 下面可以使用 TO_CHAR 函数的是（ ）（两个选项）。

   A. 把 10 转变为"TEN"   B. 把"10"转变为 10

   C. 把 10 转变为"10"   D. 把"TEN"转变为 10

   E. 把日期转变为字符表达式   F. 把字符表达式转变为日期

7. 下列比较为真的有（ ）。

   A. TRUNC(123.56) = 123   B. TRUNC(123.56,1) = 123.6

   C. ROUND(123.56) = 123   D. ROUND(123.56,1) = 123.5

8. 下列关于 TO_CHAR()、TO_DATE()函数使用过程中不会出错的有（ ）。（两个选项）

   A. SELECT TO_CHAR(SYSDATE,'YYYYMMDDHH24MISS') FROM DUAL;

   B. SELECT TO_CHAR(SYSDATE,'YYYY 年 MM 月 DD 日 HH24:MI:SS') FROM DUAL;

   C. SELECT TO_CHAR(SYSDATE,'YYYY'年'MM'月'DD'日' HH24:MI:SS') FROM DUAL;

   D. SELECT TO_DATE('20070605113430','YYYY###MM###DD##HH24##MISS') FROM DUAL;

9. 约束可以防止无效数据进入表中，维护数据一致性，Oracle 提供了若干种约束，下列描述正确的是（ ）。

   A. 主键约束、唯一约束、外键约束、条件约束、非空约束

   B. 唯一性索引、非唯一性索引、位图索引、位图连接索引、HASH 索引

   C. 列级约束、表级约束、单项约束、组合约束、连接约束

   D. 主键约束、唯一约束、外键约束、缺省值约束、非空约束

10. 下列对于视图的描述中，错误的是（ ）。

   A. 视图可以限制对数据库的访问，因为视图可以选择性地显示数据库的一部分数据

   B. 视图可以简化用户的查询，允许用户从多个表中检索数据而不需要知道基表是如何连接的

   C. 可以通过视图实现对基表的 DML 操作

   D. 在对视图执行 DML 操作时，可以不受基表的约束的限制

二、简答题

1. Oracle 有几种分区表？如何将一个非分区表转换为分区表？

2. Oracle 健康检查包含哪些方面？

3. RAC 的脑裂和健忘分别指的是什么？

4. 表 USERS 中有字段 ID，NAME。要求用数据库脚本实现以下功能，以 ID 为升序排列，并分页，每页 10 行。

5. MySQL 如何查询 SQL 语句的执行计划，从而知道是否使用了索引。

10.4 真题一答案

一、选择题

1. BD   2. C   3. D   4. C   5. A   6. BCD 7. C   8. ABCD   9、ABC

10. AD

二、简答题

1. 答案：略。参考 Oracle 部分。

2. 答案：略。参考 Oracle 部分。

3. 答案：

```
mysql> CREATE USER OLDLHR@'LOCALHOST' IDENTIFIED BY 'OLDLHR';
mysql> GRANT ALL ON OLDLHR.* TO OLDLHR@'LOCALHOST';
mysql> GRANT ALL ON OLDLHR.* TO OLDLHR@'LOCALHOST' IDENTIFIED BY 'OLDLHR';
Query OK, 0 rows affected (0.17 sec)
mysql> SELECT HOST,USER FROM MYSQL.USER;
+-----------+--------+
| Host      | user   |
+-----------+--------+
| 127.0.0.1 | root   |
| ::1       | root   |
| localhost |        |
| localhost | OLDLHR |
| localhost | root   |
+-----------+--------+
5 rows in set (0.03 sec)
```

4. 答案：

```
mysql> SHOW GRANTS FOR OLDLHR@LOCALHOST;
+-----------------------------------------------------------------------------------------+
| Grants for OLDLHR@localhost                                                              |
+-----------------------------------------------------------------------------------------+
| GRANT USAGE ON *.* TO 'OLDLHR'@'localhost' IDENTIFIED BY PASSWORD '*6BB4837EB74329105EE4568DDA7DC67ED2
CA2AD9' |
| GRANT ALL PRIVILEGES ON `OLDLHR`.* TO 'OLDLHR'@'localhost'                               |
+-----------------------------------------------------------------------------------------+
2 rows in set (0.02 sec)
```

5. 答案：

```
ALTER TABLE TEST CHANGE ID ID INT PRIMARY KEY AUTO_INCREMENT;
ALTER TABLE TEST ADD INDEX INDEX_NAME(NAME);
```

查看索引：

```
mysql> DESC TEST;
+-------+-------------+------+-----+---------+----------------+
| Field | Type        | Null | Key | Default | Extra          |
+-------+-------------+------+-----+---------+----------------+
| id    | int(11)     | NO   | PRI | NULL    | auto_increment |
| AGE   | tinyint(4)  | YES  |     | NULL    |                |
| name  | varchar(20) | NO   | MUL | NULL    |                |
+-------+-------------+------+-----+---------+----------------+
```

10.5 真题二答案

一、选择题

1. B   2. C   3. A   4. A   5. ABC   6. C   7. A   8. D   9. D   10. AB

二、简答题

1．答案：可以执行。

2．答案：列的别名若含有空格，则应该用双引号括起来，乘号应该为*，所以，正确的语句如下所示：

```
SELECT EMPNO,ENAME,SAL *12 "Annual Salary" FROM EMP;
```

3．答案：SELECT DISTINCT A.JOB FROM EMP A;。

4．答案：SELECT A.ENAME,A.JOB,A.SAL FROM EMP A WHERE A.JOB IN ('CLERK','ANALYST') AND A.SAL NOT IN (1000,3000,5000);。

5．答案：SELECT * FROM (SELECT A.ENAME,A.JOB,A.SAL FROM SCOTT.EMP A ORDER BY A.SAL DESC) WHERE ROWNUM<=3;。

10.6　真题三答案

一、选择题

1．D　　2．AC　3．CD　4．CE　5．C　　6．CE　7．A　　8．AD　9．A　　10．D

二、简单题

1．2．3的具体解答过程参考Oracle部分。

4．答案：程序如下所示：

```
CREATE PROCEDURE GETRECORD
@PAGEINDEX      INT = 1                        — 页码
AS
DECLARE @STRSQL    VARCHAR(6000)               — 查询语句
SET @STRSQL = ' SELECT TOP 10 * FROM USERS
   WHERE   ID >
   (
    SELECT MAX(ID)
    FROM (
    SELECT TOP ' + STR((@PAGEINDEX−1)*10) + ' ID
    FROM USERS ORDER BY   ID ASC
         ) AS   TBLTMP
                   ) ORDER BY ID ASC'
IF @PAGEINDEX = 1
BEGIN
     SET @STRSQL = 'SELECT TOP 10 * FROM USERS ORDER BY ID ASC'
END
EXEC (@STRSQL)
GO
```

5．答案：示例代码如下所示：

```
mysql> EXPLAIN SELECT * FROM TEST WHERE NAME="OLDLHR" AND SHOUJI LIKE "%135%"\G;
*************************** 1. row ***************************
           id: 1
  SELECT_type: SIMPLE
        table: test
         type: ref
possible_keys: index_name_shouji
          key: index_name_shouji
      key_len: 14
          ref: const
         rows: 1
        Extra: Using WHERE
1 row in set (0.00 sec)

ERROR:
No query specified
```

很明显，能够看到索引：index_name_shouji。

附　录

推荐资料

1. 推荐阅读的书籍

数据库类型	内容	书　名
Oracle	备份恢复	Oracle.Database.11g.RMAN 备份与恢复
	SQL 优化	基于 Oracle 的 SQL 优化
	RAC	Oracle RAC 核心技术详解
MySQL	SQL 部分	SQL Cookbook、The Art of SQL
	入门、进阶	MySQL 必知必会、MySQL 性能调优与架构设计、MySQL 数据库开发、高性能 MySQL、深入浅出 MySQL 数据库开发优化与管理维护、MySQL 管理之道、MySQL 技术内幕 InnoDB 存储引擎
SQL Server	入门、进阶	SQL Server 2008 查询性能优化、SQL Server 2005/2008 技术内幕全套、SQL Server 2008 管理员指南

2. 论坛或学习网站：

Oracle 10gR2 官方文档地址：http://www.oracle.com/pls/db102/portal.all_books、Oracle 11gR2 官方文档地址：http://docs.oracle.com/cd/E11882_01/index.htm、Concepts 翻译文档：http://www.zw1840.com/oracle/translation/concepts/、itpub（http://www.itpub.net/forum.php）、cuug（http://bbs.cuug.com/forum.php）、甲骨论（http://www.jiagulun.com/forum.php）、Oracle FAQ（http://www.orafaq.com/）、云和恩墨（http://www.eygle.com/）、Asktom（https://asktom.oracle.com）。

3. 大神的博客：

博主及简介	地　址
小麦苗	http://blog.itpub.net/26736162/abstract/1/
杨建荣	http://blog.itpub.net/23718752/abstract/1/
Roger	http://www.killdb.com/
Dave	http://blog.csdn.net/tianlesoftware
黄玮（Fuyuncat）	http://www.hellodba.com/index.php?lang=cn
乐沙弥的世界	http://blog.csdn.net/robinson_0612/article/category/901093
老熊的三分地	http://www.laoxiong.net/
Oracle 官方博客	https://blogs.oracle.com/database/
王朝阳	http://www.royalwzy.com/
三思笔记	http://www.5ienet.com/mydesign/list.asp
惜分飞	http://www.xifenfei.com/
yangtingkun	http://blog.itpub.net/4227/abstract/1/
warehouse 客栈	http://blog.itpub.net/19602/abstract/1/

4．QQ 群

618766405、170233858、335155934、62697850、180042757

5．微信公众号

微信公众号	维护人	简　介	二维码	微信公众号	维护人	简　介	二维码
xiaomai miaolhr	小麦苗	每天推送有关 Oracle 的实用资料		dbaplus	杨志洪等	围绕数据库、大数据，运营几个月受众过十万，成为运维圈最专注围绕"数据"的学习交流和专业社群	
jianron- gnotes	杨建荣	每天推送有关 Oracle 或 MySQL 的资料		OraNews	云和恩墨	关注云和恩墨，了解数据库领域最新动态，成功案例技术分享，ORA 错误查询	